Wolfram Koepf
Adi Ben-Israel
Bob Gilbert

Mathematik mit DERIVE

Aus dem Programm Computeralgebra

N. Blachmann
Mathematica griffbereit

E. Heinrich und H.-D. Janetzko
Das Mathematica Arbeitsbuch

W. Koepf, A. Ben-Israel und B. Gilbert
Mathematik mit DERIVE

Weitere Bände zur Computeralgebra sind in Vorbereitung.

Vieweg

Wolfram Koepf
Adi Ben-Israel
Bob Gilbert

Mathematik mit DERIVE

Mit 80 Abbildungen,
zahlreichen Übungsaufgaben
und Mustersitzungen
sowie einer Einführung in DERIVE

Die Deutsche Bibliothek - CIP-Einheitsaufnahme

Koepf, Wolfram:
Mathematik mit DERIVE / Wolfram Koepf; Adi Ben-Israel;
Bob Gilbert. - Braunschweig; Wiesbaden: Vieweg, 1993
ISBN-13: 978-3-528-06549-2 e-ISBN-13: 978-3-322-83117-0
DOI: 10.1007/978-3-322-83117-0
NE: Ben-Israel, Adi:; Gilbert, Bob:

Der Verlag Vieweg ist ein Unternehmen der Verlagsgruppe Bertelsmann International.

Gedruckt auf säurefreiem Papier

ISBN-13: 978-3-528-06549-2

Vorwort

Anläßlich eines Forschungsaufenthalts 1988/1989 von Bob Gilbert (University of Delaware, USA) am Fachbereich Mathematik der Freien Universität Berlin wurde ich durch ihn auf die Verwendung symbolischer Mathematikprogramme, und zwar des Computeralgebrasystems MACSYMA, in der mathematischen Forschung aufmerksam gemacht. Von diesem Zeitpunkt an kam ich von dem Gedanken der Benutzung solcher Programme in der mathematischen Lehre nicht mehr los.

Die Miniaturisierung in der Computertechnologie hatte derartige Programme nun auf kleinsten Rechnern verfügbar gemacht, und ich war sicher, daß dies die Praxis von Mathematikerinnen und Mathematikern sowie Mathematikanwendern in der nahen Zukunft radikal verändern wird. Anstatt schwierige Integrale von Hand auszurechnen – mit der Gefahr, sich in langwierigen Teilschritten zu verrechnen –, wird z. B. der zukünftige Bauingenieur versuchen, das betreffende Integral zunächst mit einem Mathematikprogramm zu lösen. Nur, wenn er hiermit scheitert, wird er zur bewährten Handberechnung übergehen. Wir wollen nicht verhehlen, daß auch dies eine nicht zu unterschätzende Gefahr birgt, nämlich die, Ergebnissen von Mathematikprogrammen unbegrenzt Vertrauen zu schenken. Genauso, wie man ein von Hand berechnetes Resultat durch Kontrollrechnungen so lange überprüfen muß, bis man sich des Ergebnisses sicher ist, muß man die Ergebnisse, die ein Mathematikprogamm erzeugt, einer sorgfältigen Überprüfung unterziehen.

Wenn aber solche Programme sowohl in der Forschung als auch in der Praxis von Bedeutung sind, sollten sie in der mathematischen Lehre ebenfalls eine Rolle spielen. Weil die Praxis der Arbeit mit einem Mathematikprogramm einer entsprechenden Schulung bedarf, muß diese in die Mathematikausbildung integriert werden. Dabei kann die Benutzung eines Mathematikprogramms in der mathematischen Lehre gleichzeitig ein großartiges Hilfsmittel sein. Wir beschlossen, gemeinsam ein Mathematik-Lehrbuch unter Verwendung eines Computeralgebrasystems zu schreiben. Zu dieser Zeit kam gerade das Mathematikprogamm DERIVE auf den Markt, und wir waren sofort sicher, daß dies das richtige Hilfsmittel für unseren Zweck darstellt.

DERIVE vereinigt graphische Fähigkeiten, die der Bearbeitung mit Papier und Bleistift gänzlich versagt bleiben, mit numerischen und symbolischen Rechenfähigkeiten, die häufig über die Möglichkeiten einer Handberechnung hinausgehen, und ist dabei kinderleicht zu bedienen. Man soll nun andererseits nicht glauben, daß Schülerinnen und Schüler bzw. Studentinnen und Studenten bei der Arbeit mit einem Mathematikprogramm gar nichts mehr selbst rechnen müssen. Ganz im Gegenteil wird man einem Mathematikprogramm oft nur dann die erhoffte Information entlocken können, wenn man über mögliche Umformungsmethoden und -mechanismen genauestens Bescheid weiß. In der Tat bedeutet der Einsatz von DERIVE für die Ausbildung, daß man sich mehr auf die zugrundeliegenden mathematischen Konzepte konzentrieren kann und sollte. Eine rein mechanische Benutzung von DERIVE ist jedenfalls nicht zu empfehlen.

Ich bekam von der Alexander von Humboldt-Stiftung ein Forschungsstipendium für einen Forschungsaufenthalt an der University of Delaware/USA, zur Verfügung gestellt, wo ich zusammen mit Bob Gilbert und Adi Ben-Israel (Rutgers-University, USA) an der Einbindung von DERIVE in die Mathematikausbildung arbeitete. Ferner wurde in den Jahren 1990–1992 von der FNK (Ständige Kommission für Forschung und wissenschaftlichen Nachwuchs) der FU Berlin mein diesbezügliches Forschungsprojekt *Symbolische Programmierung* gefördert.

Nach meinem Forschungsaufenthalt in den Vereinigten Staaten begann ich, im Rahmen der Analysis-Vorlesungen am Fachbereich Mathematik der Freien Universität Berlin meine Erfahrungen in die Praxis umzusetzen. Aus dieser Vorlesungsaktivität ist das vorliegende Buch entstanden.

In erster Linie ist das Buch also für Mathematikstudenten an deutschen Hochschulen gedacht. Das Buch ermöglicht es, den kanonischen Stoff durchzunehmen und den Studentinnen und Studenten gleichzeitig die intelligente Benutzung von DERIVE beizubringen. Dabei wurde die Benutzung von DERIVE nicht zum Selbstzweck, sondern als didaktisches Hilfsmittel eingesetzt. Wirklich rechenintensive Problemstellungen sind dann nicht von vornherein aussichtslos.

Die folgende Vorgehensweise hat sich als günstig herausgestellt: Unsere Studentinnen und Studenten haben in der ersten Semesterwoche unter Anleitung den Anhang über DERIVE (Kapitel 13) selbständig durchgearbeitet. Dies gab ihnen genügend Kenntnisse über die Benutzung von DERIVE, um in der Folge Übungsaufgaben mit DERIVE erfolgreich bearbeiten zu können. In der Regel war eine der 5 wöchentlichen Übungsaufgaben zur expliziten Benutzung von DERIVE gedacht. Zur Behandlung der Übungsaufgaben standen unseren Studentinnen und Studenten die PCs des Computer-Labors am Fachbereich Mathematik zur Verfügung.

Die im Buch integrierten DERIVE-Sitzungen habe ich als Dozent mit DERIVE vorgeführt. Dazu genügen im Prinzip Folien mit der Bildschirminformation von DERIVE. Besser ist natürlich ein LCD-Display-Bildschirm, mit dem sich mit Hilfe eines Overheadprojektors der Computerbildschirm an die Wand werfen läßt. Mit dieser Ausrüstung können die DERIVE-Sitzungen direkt vorgeführt werden.

Im übrigen stellte sich heraus, daß nur sehr wenige Studentinnen und Studenten noch keine Berührung mit Computerprogrammen gehabt hatten und daß den meisten die Arbeit mit DERIVE leicht fiel.

Gleichzeitig mit unseren Bemühungen, die Benutzung von DERIVE oder anderen Mathematikprogrammen für den Mathematikunterricht auszuloten, wurde diese Fragestellung auch in folgenden Zusammenhängen untersucht:

- In der Zeitschrift *Didaktik der Mathematik* und auch in weiteren didaktikorientierten Zeitschriften wird dieses Thema seit einiger Zeit ausgiebig erörtert.

Man siehe dazu z. B. die auf S. 376 zitierten Arbeiten [Engel], [Schönwald], [KB], [Scheu], [Koepf1], [Koepf2], [Koepf3], [Koepf4] und [Treiber].

- Das österreichische Unterrichtsministerium hat eine Lizenz von DERIVE für Österreichs Gymnasien erworben, s. [Kutzler].

Daher möchten wir die Lektüre und den Einsatz dieses Buchs auch folgendem Personenkreis wärmstens ans Herz legen:

- Gymnasiallehrerinnen und -lehrer, die in ihrem Unterricht mit DERIVE arbeiten wollen und das Buch dazu als zusätzliches Unterrichtsmaterial verwenden, werden vielfältige Anregungen für die Anwendung von DERIVE schöpfen können. Wir empfehlen die Vorstellung zum Stoff passender DERIVE-Sitzungen zusammen mit der Bearbeitung der mit dem Symbol ◇ versehenen Übungsaufgaben. Einige davon verbinden in ausgezeichneter Weise mathematische Wissensvermittlung mit dem Einsatz von DERIVE.
- Besonders interessierte Schülerinnen und Schüler der gymnasialen Oberstufe können mit Hilfe von DERIVE auch ein wenig Luft in der (noch) höheren Mathematik schnuppern, und sie werden sogleich ausgebildet in der Benutzung eines Mathematikprogramms, das vielleicht in Kürze bereits die Taschenrechner ablösen wird. Bereits jetzt gibt es DERIVE im Westentaschenformat, s. [Kutzler].
- Schließlich bietet sich das Buch für die Benutzung in der Mathematikausbildung an Fachhochschulen an. Gerade hier, wo es auf eine praxisnahe Ausbildung ankommt, kommt man an Mathematikprogrammen in der nahen Zukunft nicht vorbei.

Zwar ist das Gesamtniveau des Buchs sowohl für Gymnasien als auch für Fachhochschulen ohne Zweifel zu hoch, wenn man aber die Beweise wegläßt bzw. verkürzt und sich auf die Benutzung von DERIVE konzentriert, kann das Buch gute Hilfe leisten.

Hier seien einige Beispiele möglicher Unterrichtsprojekte aufgeführt, bei denen die Benutzung von DERIVE sehr hilfreich sein kann:

- Primzahlen, s. § 13 sowie [Scheu].
- Definition des Integrals, s. Kapitel 7–8 sowie [KB].
- Definition von e, s. § 4.2 und § 5.2.
- Newtonverfahren, s. § 10.5 sowie [Treiber].
- Iteration und Chaos, s. § 10.6 und [Zeitler].
- Reihenkonvergenz, s. § 4.4, § 11.3, § 12.3 sowie [Koepf4].
- Lagrange-Interpolation, s. § 3.4 und § 12.4 sowie [Koepf3].
- Rekursionsformeln für Integrale durch partielle Integration, s. § 11.4.

Nun ein paar Worte zur Gestaltung des vorliegenden Buchs:

- Für Dezimaldarstellungen verwenden wir den Dezimalpunkt statt des Dezimalkommas, zum einen, um eine mit Taschenrechner- oder Computerausgaben verträgliche Darstellung zu gewährleisten, zum anderen, um Verwechslungen bei Vektoren vorzubeugen.

- Die Graphiken wurden mit dem Computeralgebrasystem MATHEMATICA erzeugt und die generierten POSTSCRIPT-Versionen wurden noch einer programmiertechnischen Verfeinerung unterzogen.

- Übungsaufgaben, die besonders wichtig für das Verständnis des behandelten Stoffs sind und im weiteren verwendet werden, sollten von jeder/m Lernenden bearbeitet werden und sind durch das Symbol $\circ$ gekennzeichnet.

- Besonders schwierige oder technische Übungsaufgaben sind mit einem Stern ($\star$) gekennzeichnet. Sie sind nur beim Einsatz des Buchs an Hochschulen gedacht.

- Übungsaufgaben, die für Handberechnung zu langwierig erscheinen, tragen das Symbol $\diamond$ und sollten mit DERIVE bearbeitet werden. Wir ermuntern ausdrücklich, auch andere Übungsaufgaben – sofern nicht explizit anders gefordert – unter Zuhilfenahme von DERIVE zu lösen. Auch – oder gerade –, wenn die Lösung mit DERIVE nicht immer auf Anhieb gelingen wird, ist der Lerneffekt groß: Bei der Bearbeitung jeder Übungsaufgabe lernt der Schüler oder Student sowohl einen mathematischen Sachverhalt als auch etwas Neues zur Bedienung von DERIVE dazu.

- Englische Übersetzungen wichtiger mathematischer Fachausdrücke sind als Fußnoten angegeben, da Fachliteratur heutzutage meist auch von deutschen Autoren auf Englisch geschrieben wird.

- Gleichungen, auf die verwiesen wird, sind durchnumeriert und *rechts* mit einer Gleichungsnummer versehen. Tritt eine Gleichungsnummer *links* auf, so handelt es sich um eine Gleichung, die bereits früher vorkam und zur Erinnerung noch einmal aufgeschrieben wurde.

- Das Ende von Beispielen, Definitionen usw. wird durch das $\triangle$-Zeichen angegeben, falls es nicht mit dem Beginn eines neuen Beispiels, einer neuen Definition usw. zusammenfällt. Das Ende eines Beweises ist durch das $\square$-Zeichen gekennzeichnet.

- Die Ausgaben von DERIVE sind teilweise versionsabhängig und ebenso von einigen Einstellungen abhängig. In diesem Licht müssen die angegebenen Ausgaben betrachtet werden. Sie können nicht unbedingt genau so reproduziert werden. Ich verwendete grundsätzlich die Standardeinstellung bei der Version 2.54, sofern nicht anders angegeben.

- Gegen Überweisung von 20, – DM (Wolfram Koepf, Postgiroamt Berlin, Bankleitzahl 100 100 10, Kontonummer 40 26 21 - 109, Verwendungszweck: DERIVE-Diskette, 360 kB, 1.2 MB oder 5.25 Zoll, mit vollständiger Adresse) kann beim Autor eine Diskette bestellt werden, die alle DERIVE-Sitzungen sowie die mit DERIVE bearbeiteten Übungsaufgaben enthält.

Ich möchte mich an dieser Stelle bei allen recht herzlich bedanken, die bei der Durchführung des vorliegenden Buchprojekts mitgewirkt bzw. sie ermöglicht haben. Insbesondere bedanke ich mich bei der Alexander von Humboldt-Stiftung für das zur Verfügung gestellte Feodor-Lynen-Forschungsstipendium, bei der FU Berlin für die Förderung meines Forschungsprojekts *Symbolische Programmierung* sowie beim Fachbereich Mathematik der Freien Universität Berlin für die Zuweisung eines Forschungstutors.

Bei der Erstellung des Index haben Sven Guckes und Rolf Krause geholfen, und Gregor Stölting sowie Dr. Jörg Witte haben Korrektur gelesen.

Berlin, am 8. Juni 1993 Wolfram Koepf

Inhaltsverzeichnis

Liste der Abbildungen

1 Mengen und Zahlen

1.1 Mengen und Aussagen

In der Mathematik spielen die Zahlen eine wichtige Rolle. Zahlen werden zu Mengen zusammengefaßt. So spricht man z. B. von der Menge der reellen Zahlen, die in § 1.3 betrachtet wird.

Eine *Menge*[1] A ist eine Zusammenfassung von Objekten, die die *Elemente* von A genannt werden. Wir schreiben

$$A = \{a, b, c, \ldots\}\,.$$

Ist a ein Element von A, schreiben wir $a \in A$. Eine Menge A heißt *Teilmenge*[2] der Menge B, wenn alle $x \in A$ auch Elemente von B sind. Wir schreiben dann $A \subset B$ oder $B \supset A$. Die *Vereinigung*[3]

$$A \cup B := \{x \mid x \in A \text{ oder } x \in B\}$$

von A und B enthält sowohl die Elemente von A als auch die von B. Das Symbol $:=$ bedeutet hier *ist definiert durch*. Außerdem bezeichnet

$$A \cap B := \{x \mid x \in A \text{ und } x \in B\}$$

den *Durchschnitt*[4] von A und B, und

$$A \setminus B := \{x \mid x \in A \text{ und } x \notin B\}$$

steht für die *Mengendifferenz*. Dabei bedeutet $x \notin B$, daß x kein Element von B ist. Man beachte, daß B keine Teilmenge von A sein muß. Durch

$$\emptyset := \{\}$$

stellen wir die *leere Menge*[5] dar, die keine Elemente enthält. Ist der Durchschnitt zweier Mengen A und B leer ($A \cap B = \emptyset$), d. h. besitzen sie keine gemeinsamen Elemente, werden A und B *disjunkt* genannt.

Für die beiden Mengen $A := \{a, b, c, d, e\}$ und $B := \{a, c, e, g\}$ z. B. gilt weder $A \subset B$ noch $B \subset A$. Es gelten jedoch die Beziehungen $A \cup B = \{a, b, c, d, e, g\}$, $A \cap B = \{a, c, e\}$, $A \setminus B = \{b, d\}$ und schließlich $B \setminus A = \{g\}$.

[1] Englisch: set
[2] Englisch: subset
[3] Sprich: Die Menge aller x, für die $x \in A$ oder $x \in B$ gilt. Englisch: union
[4] Englisch: intersection
[5] Englisch: empty set

Sind zwei Aussagen S und T *äquivalent* (gleichwertig, S genau dann, wenn T), dann schreiben wir $S \Leftrightarrow T$. Beispielsweise gilt

$$A = B \iff (x \in A \quad \Leftrightarrow \quad x \in B)$$

oder

$$x \in A \cup B \iff (x \in A \quad \text{oder} \quad x \in B) .$$

Wenn die Aussage S die Aussage T *impliziert* (T folgt aus S), so schreiben wir $S \Rightarrow T$. Beispielsweise gilt

$$A \subset B \iff (x \in A \quad \Rightarrow \quad x \in B) .$$

In der modernen Mathematik werden neue wahre Aussagen mit Hilfe von Implikationen (Folgerungen) aus alten abgeleitet. Deshalb benötigt man eine bestimmte Anzahl einfacher Regeln, die als wahr angenommen werden. Diese Regeln werden *Axiome* genannt. Die Axiome für die Menge der reellen Zahlen umfassen 13 Regeln für diese. Die meisten werden der Leserin und dem Leser sehr bekannt vorkommen. Diese Regeln werden in § 1.3 eingeführt.

Übungsaufgaben

1.1 *In einer Übungsgruppe mit* 21 *Studenten gibt es* 8 *Raucher,* 14 *Studenten trinken manchmal Alkohol, und* 5 *Studenten tun beides. Wieviele Studenten trinken nicht und sind Nichtraucher?*

1.2 *Angenommen* $A := \{1, 2, \ldots, 10\}$, $B := \{x \mid x \text{ ist gerade}\}$, $C := \{2, 4, 6, 8, 10\}$ *und* $D := \{1, 3, 5, 7, 9\}$.

(a) *Gib alle möglichen Mengen an, die man aus A, B, C und D mit $\cup, \cap$ und $\setminus$ bilden kann.*

(b) *Ist eine der Mengen eine Teilmenge einer anderen?*

(c) *Welche Mengen sind disjunkt?*

1.2 Natürliche Zahlen und vollständige Induktion

Mit $\mathbb{N}_0$ bezeichnen wir die Menge der *natürlichen Zahlen* oder der *nichtnegativen ganzen Zahlen*

$$\mathbb{N}_0 := \{0, 1, 2, 3, 4, \ldots\} .$$

Wir nehmen an, daß Leserinnen und Leser mit den Operationen der *Addition* $(+)$ und der *Multiplikation* $(\cdot, \times)$ auf $\mathbb{N}_0$ vertraut sind.

Definition 1.1 (Induktionsprinzip) Jedoch wollen wir auf folgende bemerkenswerte Eigenschaft von $\mathbb{N}_0$ näher eingehen:

(a) $0 \in \mathbb{N}_0$,

(b) ist $N \in \mathbb{N}_0$, dann ist auch $N+1 \in \mathbb{N}_0$.

Die plausible Tatsache, daß jede Teilmenge M von $\mathbb{N}_0$ mit diesen beiden Eigenschaften ganz $\mathbb{N}_0$ ist, heißt *Induktionsprinzip*. Das heißt, ist $0 \in M$, und liegt für jede Zahl N aus M auch die nachfolgende Zahl $N+1$ in M, dann gilt $M = \mathbb{N}_0$. △

Das Induktionsprinzip wird zum Beweis von *Sätzen*[6] verwendet, in denen eine *Variable* vorkommt, die Werte in $\mathbb{N}_0$ annehmen kann. Möchte man beweisen, daß die Aussage $A(n)$ für alle $n \in \mathbb{N}_0$ wahr ist, dann sagt das Induktionsprinzip, daß es genügt nachzuweisen, daß

(a) $A(0)$ wahr ist

und

(b) wenn $A(N)$ für ein $N \in \mathbb{N}_0$ wahr ist, dann auch $A(N+1)$ gilt.

Mit dem Induktionsprinzip umfaßt die Menge $M \subset \mathbb{N}_0$ der Zahlen $n \in \mathbb{N}_0$, für die $A(n)$ wahr ist, ganz $\mathbb{N}_0$.

Wir wollen diese Methode noch aus einem anderen Blickwinkel betrachten. Anstatt die Implikationskette

$$A(0) \quad \text{und} \quad \big(A(0) \Rightarrow A(1)\big) \quad \text{und} \quad \big(A(1) \Rightarrow A(2)\big) \quad \text{und} \quad \ldots \tag{1.1}$$

zu beweisen (was auch gar nicht möglich wäre, da dies unendlich viele Implikationen sind), beweisen wir $A(0)$ sowie, daß *für beliebiges* $N \in \mathbb{N}$ die Aussage $A(N) \Rightarrow A(N+1)$ wahr ist. Dies ist natürlich gleichwertig zu der Beweiskette (1.1). Wir können auch die folgende Beschreibung dieses Prozesses geben: Nimm an, eine unendliche Folge numerierter Dominosteine sei gegeben. Nimm ferner an, wir arrangieren diese Steine in der Reihenfolge ihrer Nummern in einem derartigen Abstand, daß jeder den darauffolgenden umwirft, falls er selbst umfällt. Werfen wir nun den ersten Stein um, dann ist es klar, daß dieser den zweiten, der wiederum den dritten Stein umwerfen wird, und schließlich werden alle Steine umfallen. Etwas Ähnliches geschieht beim Induktionsprozeß.

Im Folgenden werden wir diese Methode auf einige Beispiele anwenden. Man nennt dieses Verfahren *Beweis durch vollständige Induktion*.

Zuerst weisen wir eine Summenformel nach. Die Summe der Zahlen a_k für $k = 0, \ldots, n$ wird durch das Symbol[7]

$$\sum_{k=0}^{n} a_k := a_0 + a_1 + \cdots + a_n$$

[6] Ein *Satz* ist ein aus den Axiomen hergeleiteter wahrer Sachverhalt. Englisch: theorem

[7] Der Ausdruck, der mit Hilfe der Punkte dargestellt wird, wird gerade durch das Induktionsprinzip definiert.

dargestellt (eine entsprechende Notation wird auch verwendet, wenn der Startwert von k nicht bei 0 liegt). Das Symbol Σ ist das Zeichen für *Summe*[8]. Man beachte, daß k durch jedes andere Symbol ersetzt werden kann, ohne daß sich die Bedeutung des Ausdrucks ändert. Ein solches Objekt heißt *Summationsindex* oder *Summationsvariable.*

Beispiel 1.1 (Eine Summenformel) Wir betrachten die Summe der ersten natürlichen Zahlen

$$0 + 1 + 2 + 3 + \cdots + n\,. \tag{1.2}$$

Auf Grund unserer Vereinbarung können wir die Summe (1.2) schreiben als

$$0 + 1 + 2 + 3 + \cdots + n = \sum_{k=0}^{n} k\,.$$

Wir beweisen die Aussage

$$A(n): \qquad \sum_{k=0}^{n} k = \frac{n(n+1)}{2} \tag{1.3}$$

durch vollständige Induktion. Dazu müssen wir

(a) den *Induktionsanfang* „$A(0)$ ist wahr" zeigen und

(b) nachweisen, daß die Aussage $A(N+1)$ aus der Gültigkeit der *Induktionsvoraussetzung* $A(N)$ folgt.

Schritt (b) wird der *Induktionsschritt* genannt.

In unserem Beispiel ist der Induktionsanfang $A(0)$ die Aussage $0 = 0$, die offensichtlich wahr ist. Den Induktionsschritt erhalten wir aus der Gleichungskette[9]

$$\sum_{k=0}^{N+1} k \overset{\text{(def.)}}{=\!=} \left(\sum_{k=0}^{N} k\right) + (N+1) \overset{(A(N))}{=\!=} \frac{N(N+1)}{2} + (N+1) = \frac{(N+1)(N+2)}{2}\,,$$

wobei sich die erste Gleichung aus der Definition der Summe und die zweite durch die Induktionsvoraussetzung ergibt. Die sich ergebende Gleichung entspricht genau der Aussage $A(N+1)$. Man beachte, daß lediglich die Berechnung

$$\frac{N(N+1)}{2} + N + 1 = \frac{(N+1)(N+2)}{2}\,, \tag{1.4}$$

ausgeführt werden mußte – eine rein algebraische Umformung.

[8]Der griechische Buchstabe Σ („Sigma") entspricht dem S des Wortes Summe.

[9]Die Notation $\overset{\text{(def.)}}{=\!=}$ weist darauf hin, daß diese Gleichung auf Grund der Definition der Summe gilt, während die Notation $\overset{(A(N))}{=\!=}$ besagt, daß sich die rechte Seite mit Hilfe der Induktionsvoraussetzung $A(N)$ ergibt.

Sitzung 1.1 An dieser Stelle wollen wir untersuchen, wie man DERIVE erfolgreich anwendet. Angenommen, man will die Gleichung (1.4) durch eine symbolische Umformung mit Hilfe von DERIVE nachweisen. Dazu startet man DERIVE, indem man `DERIVE` eingibt (oder `derive`, da das Betriebssystem MS-DOS oder PC-DOS Groß- und Kleinschreibung nicht unterscheidet), und dann die `<RETURN>`- oder `<ENTER>`-Taste[10] (Zeilenschalttaste) drückt. Man kommt so in das Hauptmenü von DERIVE. Der Begrüßungsbildschirm von DERIVE sieht ungefähr aus wie in Abbildung 1.1.

```
                          D E R I V E
                   A Mathematical Assistant

                         Version 2.54


               Copyright (C) 1988 through 1992 by
                      Soft Warehouse, Inc.
                 3660 Waialae Avenue, Suite 304
               Honolulu, Hawaii, 96816-3236, USA

If you have received this product as "shareware" or "freeware", you have an
unauthorized copy, because it is a violation of our copyright to distribute
DERIVE on a free trial basis.

To obtain a licensed copy, or if you know of any person or company distributing
DERIVE as shareware or freeware, please contact us at the above address or fax
(808) 735-1105.

                        Press H for help



COMMAND: Author Build Calculus Declare Expand Factor Help Jump soLve Manage
         Options Plot Quit Remove Simplify Transfer moVe Window approX
Enter option
                                   Free:100%             Derive Algebra
```

Abbildung 1.1 Der Bildschirm beim Start von DERIVE

Die Hervorhebung des Wortes `Author` zeigt an, daß man nach nochmaligem Drücken der `<ENTER>`-Taste einen eigenen Ausdruck eingeben kann. Die Eingabesyntax von DERIVE benutzt die Symbole `+`, `-`, `*` für Addition, Subtraktion und Multiplikation sowie `/` für die Division und für Brüche. Außerdem kann man Klammern `()` und das Potenzsymbol `^` verwenden. Wir drücken `<ENTER>` und schreiben `n(n+1)/2 + n+1` als Antwort auf die Eingabeaufforderung `Author expression:`. Nach nochmaliger Eingabe von `<ENTER>` wird der Ausdruck eingelesen, DERIVE bringt ihn in die übliche mathematische Form und gibt die Zeile

$$1: \quad \frac{n(n+1)}{2} + n + 1 \,.$$

aus. Man beachte, daß DERIVE die üblichen Prioritäten der arithmetischen Operationen verwendet. Multiplikation und Division haben eine höhere Priorität als Addition

[10] Englisch: key

und Subtraktion („Punkt vor Strich!"[11]), und es liegt am Benutzer, einen Ausdruck richtig einzugeben. Deshalb sollte man lieber zuviele als zuwenige Klammern verwenden!

Nach nochmaliger Eingabe von **<ENTER>** kann man einen weiteren `Author` Ausdruck eingeben. Wir schreiben nun **(n+1)(n+2)/2** und drücken **<ENTER>**. DERIVE antwortet mit

$$2: \qquad \frac{(n+1)(n+2)}{2}.$$

Nun wollen wir wissen, ob die beiden eingegebenen Ausdrücke algebraisch übereinstimmen, indem wir nachprüfen, ob ihre Differenz 0 ergibt. Da jeder Ausdruck von DERIVE eine Nummer bekommen hat, können wir diese Nummer als Referenz für den entsprechenden Ausdruck verwenden[12]. Geben wir z. B. den Ausdruck **#2-#1** ein, so gibt DERIVE die Zeile

$$3: \qquad \frac{(n+1)(n+2)}{2} - \left[\frac{n(n+1)}{2} + n + 1\right]$$

aus. Man beachte, daß DERIVE die Formeln zunächst nicht verändert. Dies geschieht erst durch Aufruf des `Simplify` Kommandos. Die Antwort von DERIVE lautet dann

$$4: \qquad 0,$$

das gewünschte Ergebnis. Abbildung 1.2 zeigt den Bildschirminhalt nach unserer Beispielsitzung.

Nun wollen wir unsere DERIVE-Sitzung in einer Datei *speichern*. Dazu verwenden wir den Befehl `Transfer Save`. Antworten wir **sitzung1 <ENTER>** auf DERIVEs Frage nach einem Dateinamen, dann schreibt DERIVE den Inhalt unserer ersten Sitzung in die Datei **SITZUNG1.MTH** ins augenblickliche Verzeichnis. Wir verlassen dann DERIVE mit dem Befehl `Quit`. Das DOS Kommando **type sitzung1.mth** gibt den Inhalt unserer Datei aus:

```
n*(n+1)/2+n+1

(n+1)*(n+2)/2

(n+1)*(n+2)/2-(n*(n+1)/2+n+1)

0
```

[11] Im Zweifelsfall wendet DERIVE Operationen *gleicher* Priorität immer von links nach rechts an.
[12] Das Symbol **#**n bezieht sich auf den Ausdruck mit der Zeilennummer n.

Man beachte, daß DERIVE unsere Formeln im *Eingabeformat* und nicht im *Ausgabeformat* der Bildschirmdarstellung gespeichert hat. Dies ermöglicht uns, die Sitzung mit Hilfe des `Transfer Load` oder `Transfer Merge` Menüs später wieder zu *laden*. Bei `Load` wird die bisherige Sitzung gelöscht, während `Merge` die geladenen Ausdrücke anhängt.

```
         n (n + 1)
1:      ─────────── + n + 1
             2

       (n + 1) (n + 2)
2:     ───────────────
              2

       (n + 1) (n + 2)    ┌ n (n + 1)         ┐
3:     ─────────────── -  │ ───────── + n + 1 │
              2           └     2             ┘

4:
──────────────────────────────────────────────────────────────────────
COMMAND: Author Build Calculus Declare Expand Factor Help Jump soLve Manage
         Options Plot Quit Remove Simplify Transfer moVe Window approX
Compute time: 0.1 seconds
Simp(3)                          Free:39%                  Derive Algebra
```

Abbildung 1.2 Der Bildschirm bei einer DERIVE-Sitzung

Wie wir oben gesehen haben (wo?), kann das Induktionsprinzip auch für Definitionen verwendet werden. Diese Technik wird *rekursive Definition* genannt.

Definition 1.2 (Fakultät) So kann man beispielsweise die *Fakultät*[13] $n!$ rekursiv definieren durch

$$\begin{aligned} 0! &:= 1 \\ (n+1)! &:= (n+1) \cdot n! \quad (n \in \mathbb{N}) \,. \end{aligned} \tag{1.5}$$

Dabei ist $\mathbb{N} := \mathbb{N}_0 \setminus \{0\}$ die Menge der *positiven natürlichen Zahlen*. Manchmal schreibt man auch

$$n! = n(n-1)\cdots 1$$

als Abkürzung für die rekursive Definition. Diese Schreibweise macht jedoch nur für $n \in \mathbb{N}$ Sinn. $\triangle$

Für Produkte führt man ein Symbol ein, das dem Summensymbol entspricht:

$$\prod_{k=0}^{n} a_k := a_0 \cdot a_1 \cdots a_n$$

(und entsprechend, wenn der Index k nicht bei 0 beginnt). Das Symbol Π ist das Zeichen für *Produkt*[14]. Wir können also auch

[13] Sprich: „n Fakultät". Englisch: factorial

[14] Der griechische Buchstabe Π („Pi") entspricht dem P des Wortes Produkt.

$$n! = \prod_{k=1}^{n} k$$

schreiben. Damit das Produktsymbol auch für $n = 0$ sinnvoll bleibt, setzen wir („leeres Produkt")

$$\prod_{k=1}^{0} a_k := 1 .$$

Entsprechendes gilt immer, wenn der Anfangswert von k den Endwert um 1 übertrifft. Aus ähnlichen Gründen setzen wir („leere Summe")

$$\sum_{k=k_0}^{k_1} a_k := 0$$

für $k_0 = k_1 + 1$.

Beispiel 1.2 (Binomialkoeffizienten) Die *Binomialkoeffizienten* $\binom{n}{k}$ sind für $0 \le k \le n$ durch[15]

$$\binom{n}{k} := \frac{n!}{k!\,(n-k)!}$$

erklärt. Wir können den Bruch wie folgt kürzen

$$\binom{n}{k} = \frac{n(n-1)\cdots(n+1-k)}{k(k-1)\cdots 1} = \prod_{j=1}^{k} \frac{n+1-j}{j} ,$$

wobei Nenner und Zähler des resultierenden Produkts die gleiche Anzahl von Faktoren besitzen – nämlich k. Die Binomialkoeffizienten können mit dem *Pascalschen*[16] *Dreieck* erzeugt werden,

$$\begin{array}{ccccccccccc}
 & & & & 1 & & & & & & n=0 \\
 & & & 1 & & 1 & & & & & n=1 \\
 & & 1 & & 2 & & 1 & & & & n=2 \\
 & & & \searrow & & \swarrow & & & & & \\
 & 1 & & 3 & & 3 & & 1 & & & n=3 \\
\nearrow & & \vdots\nearrow & & \vdots\nearrow & & \vdots\nearrow & & & & \\
k=0 & \vdots & k=1 & \vdots & k=2 & \vdots & k=3 & \vdots & & \ddots &
\end{array}$$

[15] Sprich: „n über k".

[16] Blaise Pascal [1623–1662]

bei dem jeder Eintrag die Summe der beiden darüberstehenden Einträge bildet. Dies werden wir nun beweisen.

Dazu müssen wir zeigen, daß

$$\binom{n+1}{k} = \binom{n}{k} + \binom{n}{k-1} \tag{1.6}$$

für alle $n \in \mathbb{N}$ $(0 \le k \le n)$ gilt. Es gilt tatsächlich

$$\begin{aligned}\binom{n}{k} + \binom{n}{k-1} &= \frac{n!}{k!\,(n-k)!} + \frac{n!}{(k-1)!\,(n-k+1)!} \\ &= \frac{n!}{k!\,(n-k+1)!}\Big((n-k+1)+k\Big) \\ &= \frac{(n+1)!}{k!\,(n-k+1)!} = \binom{n+1}{k},\end{aligned}$$

was das Resultat beweist. Diese Beweistechnik nennt man einen *direkten Beweis.*

Sitzung 1.2 DERIVE kennt sowohl die Fakultät als auch die Binomialkoeffizienten. Die Fakultät kann so eingegeben werden, wie wir dies gewohnt sind. Zum Beispiel kann man den Befehl `Author` `50! <ENTER>` eingeben und mittels `Simplify` vereinfachen. Das Ergebnis ist

2 : 30414093201713378043612608166064768844377641568960512000000000000 .

Der Binomialkoeffizient $\binom{n}{k}$ wird in DERIVE `COMB(n,k)` genannt, da er die Anzahl von Kombinationen angibt, mit der k Objekte einer Grundgesamtheit von n Objekten entnommen werden können. Alle Funktionen von DERIVE werden in Großbuchstaben ausgegeben, können jedoch auch in Kleinschreibung eingegeben werden. Die Vereinfachung von `COMB(n,k)` ergibt

4 : $\dfrac{n!}{k!\,(n-k)!}$.

Nun beweisen wir Aussage (1.6) nochmals: Vereinfachung des Ausdrucks `COMB(n+1,k) - COMB(n,k) - COMB(n,k-1)` erzeugt erneut 0. Auch die Beziehung

$$\binom{n}{k} = \binom{n}{n-k},$$

welche direkt aus der Definition folgt, kann mit DERIVE nachvollzogen werden.

Definition 1.3 (Potenz) Auch die Potenz[17] ist rekursiv definiert durch

$$k^n := \prod_{j=1}^{n} k \qquad (n \in \mathbb{N}_0) \tag{1.7}$$

Diese Definition gilt im Augenblick nur für $k \in \mathbb{N}_0$, wird aber später auf reelle Zahlen erweitert werden. Durch die Definition des Produktsymbols ist $k^0 = 1$. Die Zahl n heißt der *Exponent* von k^n.

[17] Englisch: power

Sitzung 1.3 Wir wollen nun nachprüfen, ob DERIVE ähnlich wie Gleichung (1.3) eine Formel für $\sum_{k=1}^{n} k^m$ für $m \in \mathbb{N}$ findet. Dazu geben wir `k^m` ein und wählen dann das `Calculus` Menü aus. Wie man sieht, kann man in diesem Menü Funktionen differenzieren und integrieren, man kann Grenzwerte, Produkte und Summen bilden sowie Taylor-Entwicklungen berechnen. Wir wollen mit dem `Calculus Sum` Befehl eine Summe bilden. DERIVE fragt nun nach dem zu summierenden *Ausdruck* **`expression`**, nach der *Summationsvariablen* **`variable`** sowie nach den *Summationsgrenzen* `lower limit` und `upper limit`. Wir produzieren damit die Summe

$$\sum_{k=1}^{n} k^m . \tag{1.8}$$

Dasselbe Ergebnis kann man auch durch Eingabe des Ausdrucks `SUM(k^m,k,1,n)` erzeugen. (Entsprechend gibt es für Produkte das `Calculus Product` Menü bzw. die `PRODUCT` Prozedur.) Man versuche nun, (1.8) mit `Simplify` zu vereinfachen. Man stellt fest, daß DERIVE den Ausdruck nicht verändert. Dieses Beispiel liegt außerhalb der Fähigkeiten von DERIVE.
Es stellt sich nun die Frage, ob DERIVE das Problem für ein *festes* m lösen kann. Wir versuchen es mit $m = 3$, indem wir m durch 3 ersetzen. Dies geschieht mit dem `Manage Substitute` Menü. DERIVE fragt dann für jede Variable, die im betrachteten Ausdruck vorkommt, ob diese ersetzt werden soll. Wir müssen also die Frage `SUBSTITUTE value: k` durch die Eingabe von `<ENTER>` verneinen, da wir ja nicht k durch etwas anderes ersetzen wollen. Hingegen müssen wir in der Zeile `SUBSTITUTE value: m` die Variable m durch 3 ersetzen. Schließlich bestätigen wir die Zeile `SUBSTITUTE value: n` durch erneute Eingabe von `<ENTER>`. Dies liefert

$$\sum_{k=1}^{n} k^3 \tag{1.9}$$

und `Simplify` ergibt dann

$$\frac{n^2(n+1)^2}{4} , \tag{1.10}$$

also das gewünschte Ergebnis.

Definition 1.4 (Potenzen mit negativem Exponenten) Man kann die Potenz auch für negative Exponenten durch

$$k^{-n} := \frac{1}{k^n} \qquad (n \in \mathbb{N})$$

definieren. Dies hat den Vorteil, daß die Potenzregeln

$$k^{n+m} = k^n \cdot k^m$$

und

$$k^{nm} = (k^n)^m$$

dann für ganze Zahlen m und n gelten.

ÜBUNGSAUFGABEN

1.3 *Beweise durch vollständige Induktion, daß die Ausdrücke* (1.9) *und* (1.10) *übereinstimmen.*

∘ **1.4** *Man bestimme mit Hilfe von* DERIVE *jeweils eine Formel für den Ausdruck* (1.8) *für* $m = 2, \ldots, 6$ *und beweise die Formeln durch vollständige Induktion. Insbesondere gilt für die Summe der ersten Quadratzahlen*

$$\sum_{k=1}^{n} k^2 = \frac{n(n+1)(2n+1)}{6} . \tag{1.11}$$

1.5 *Zeige die Beziehungen*

$$\binom{n}{0} + \binom{n}{1} + \binom{n}{2} + \cdots + \binom{n}{n} = 2^n$$

und

$$\binom{n}{0} - \binom{n}{1} + \binom{n}{2} \mp \cdots + (-1)^n \binom{n}{n} = 0$$

durch vollständige Induktion. Schreibe die Formeln mit einem Summenzeichen und überprüfe die Beziehungen mit DERIVE *für* $n = 1, \ldots, 10$.

◇ **1.6** *Man errate eine explizite Formel für*

$$s_n := \sum_{k=1}^{n} k \cdot k! ,$$

und beweise diese durch vollständige Induktion. Hinweis: *Benutze* DERIVE *und die* VECTOR *Funktion (s.* DERIVE*-Sitzung* 13.3*).*

⋆ **1.7** *Beweise, daß der Bruch*

$$\frac{n^{m+1} + (n+1)^{2m-1}}{n^2 + n + 1}$$

für alle $n, m \in \mathbb{N}$ *eine natürliche Zahl ist.* Hinweis: *Man führe eine vollständige Induktion bzgl. der Variablen* m *durch.*

◇ **1.8** *Löse mit* DERIVE*: Wie viele Terme* n *braucht man, um ein Resultat mit 3 gleichen Dezimalstellen für die Summe* $\sum\limits_{k=1}^{n} k$ *zu erhalten? Welches ist die resultierende Summe?*

1.9 *Zeige, daß für alle* $n \in \mathbb{N}$ *die Zahl* $5^{2n+1}2^{n+2} + 3^{n+2}2^{2n+1}$ *den Faktor 19 besitzt.*

1.3 Die reellen Zahlen

Wenn man ohne Einschränkungen mit der *Subtraktion* $(-)$ arbeitet – der zur Addition inversen Operation –, dann muß man die negativen Zahlen zu $\mathbb{N}_0$ hinzunehmen und erhält so die *Menge der ganzen Zahlen*[18]

$$\mathbb{Z} := \{\ldots, -3, -2, -1, 0, 1, 2, 3, \ldots\} .$$

Verwendet man nun die *Division* $(/)$ – also die zur Multiplikation inverse Operation – ohne Einschränkungen, so muß man die *Brüche*[19] zu $\mathbb{Z}$ hinzunehmen und erhält damit die Menge der *rationalen Zahlen*[20]

$$\mathbb{Q} := \left\{ \frac{n}{m} \middle| n, m \in \mathbb{Z}, m \neq 0 \right\} .$$

Der Bruch $\frac{n}{m}$ steht als Abkürzung für „n geteilt durch m". Wir schreiben auch n/m oder $n \div m$. Die Zahl n heißt der *Zähler*[21] und m der *Nenner*[22] von $\frac{n}{m}$. Die Additionsregel und die Multiplikationsregel für die rationalen Zahlen

$$\frac{n}{m} + \frac{k}{j} = \frac{nj + mk}{mj} \tag{1.12}$$

und

$$\frac{n}{m} \cdot \frac{k}{j} = \frac{nk}{mj} \tag{1.13}$$

sowie die Subtraktionsregel und die Divisionsregel

$$\frac{n}{m} - \frac{k}{j} = \frac{nj - mk}{mj} \tag{1.14}$$

und

$$\frac{n}{m} \Big/ \frac{k}{j} = \frac{\frac{n}{m}}{\frac{k}{j}} = \frac{nj}{mk} \tag{1.15}$$

sind durch Erweiterung der entsprechenden Regeln in $\mathbb{Z}$ eindeutig festgelegt, wobei die Zahl $n \in \mathbb{Z}$ mit dem Bruch $\frac{n}{1} \in \mathbb{Q}$ identifiziert wird. Aus der Additionsregel (1.12) folgt für $k = 0$, daß

$$\frac{n}{m} = \frac{nj}{mj} \tag{1.16}$$

für alle $j \in \mathbb{Z} \setminus \{0\}$ gilt: Enthalten der Zähler nj und der Nenner mj einer rationalen Zahl q einen gemeinsamen Faktor j, so können wir q *kürzen* und den gemeinsamen Faktor weglassen.

[18] Englisch: set of integers
[19] Englisch: fractions
[20] Englisch: set of rational numbers
[21] Englisch: numerator
[22] Englisch: denominator

Sitzung 1.4 In DERIVE kann man mit rationalen Zahlen arbeiten, deren Zähler und Nenner beliebige Länge haben, insbesondere also auch mit beliebig großen ganzen Zahlen. Das hatten wir bereits bei der Auswertung von 50! gesehen. DERIVE führt mit rationalen Zahlen exakte Berechnungen durch, und `Simplify` überführt diese dann in eine gekürzte Form. Man gebe noch einmal **50!** ein. Zuerst wollen wir die Faktoren dieser Zahl mit Hilfe des `Factor` Menüs untersuchen. Wir erhalten

2 : $2^{47}3^{22}5^{12}7^{8}11^{4}13^{3}17^{2}19^{2}23^{2}29\ 31\ 37\ 41\ 43\ 47$

und sehen, daß 50! den Faktor 2 insgesamt 47-mal enthält, 22-mal der Faktor 3 vorkommt usw. Außerdem sehen wir, daß die *Primzahlen* bis 50 – also die Zahlen, die keine nichttriviale Faktorisierung haben –, gerade die Zahlen $2, 3, 5, 7, 11, 13, 17, 19, 23, 29, 31, 37, 41, 43$ und 47 sind (warum?). Wir erzeugen nun den Bruch $\frac{12345}{50!}$ durch Eingabe von **12345/#1** (falls 50! die Zeilennummer 1 hat) und erhalten zunächst

3 : $\dfrac{12345}{50!}$.

`Simplify` erzeugt daraus den gekürzten Bruch

4 : $\dfrac{823}{2027606213447558536240840544404317922958509437930700800000000000}$.

Wir kommen nun zu der Menge der *reellen Zahlen*[23] $\mathbb{R}$. Es stellte sich heraus, daß es sehr schwierig ist, von $\mathbb{Q}$ zu $\mathbb{R}$ kommen. Es lagen 20 Jahrhunderte zwischen der Erkenntnis, daß es nicht-rationale Zahlen gibt, und der Lösung dieses Erweiterungsproblems.

Die Notwendigkeit, Erweiterungen von $\mathbb{N}_0$ zu $\mathbb{Z}$ und schließlich zu $\mathbb{Q}$ zu bilden, ergab sich aus der Tatsache, daß die lineare Gleichung

$$m \cdot x + n = 0 \tag{1.17}$$

mit $n \in \mathbb{N}$ und $m = 1$ keine Lösung $x \in \mathbb{N}_0$ besitzt. Darüberhinaus besitzt sie für $m, n \in \mathbb{Z}$ im allgemeinen keine Lösung $x \in \mathbb{Z}$. Wir wissen jedoch, daß die Gleichung (1.17) für alle $n, m \in \mathbb{Q}$, $m \neq 0$ die eindeutige Lösung $x = -n/m \in \mathbb{Q}$ hat.

Beispiel 1.3 (Eine nicht-rationale Zahl) Die griechischen Mathematiker wußten, daß die quadratische Gleichung

$$x^2 = 2 \tag{1.18}$$

keine Lösung $x \in \mathbb{Q}$ hat. Wir wollen dies nun zeigen. Wir nehmen an, es gäbe eine rationale Lösung ($n, m \in \mathbb{Z}$)

$$x = \frac{n}{m} \in \mathbb{Q}$$

von Gleichung (1.18) und zeigen, daß dies zu einem Widerspruch führt. Wir wollen voraussetzen, daß n und m keinen gemeinsamen Faktor besitzen, da dieser gekürzt werden kann[24]. Es gilt dann definitionsgemäß

[23] Englisch: set of real numbers

[24] Die Schreibweise $\stackrel{(1.13)}{=\!=}$ deutet an, daß wir Gleichung (1.13) verwendet haben, um zur rechten Seite zu kommen.

$$\left(\frac{n}{m}\right)^2 \overset{(1.13)}{=\!=} \frac{n^2}{m^2} = 2$$

oder (wenn wir beide Seiten mit m^2 multiplizieren)

$$n^2 = 2m^2 . \tag{1.19}$$

Daraus sehen wir, daß n^2 eine gerade Zahl[25] ist, da sie 2 als Faktor besitzt. Auf der anderen Seite sind die Quadrate ungerader Zahlen[26] immer ungerade,[27] so daß n selbst gerade sein muß. Also hat n den Faktor 2, d. h.

$$n = 2l$$

für ein $l \in \mathbb{Z}$. Wir setzen das nun in Gleichung (1.19) ein und erhalten daraus

$$(2l)^2 = 4l^2 = 2m^2$$

oder (wenn wir beide Seiten durch 2 teilen)

$$2l^2 = m^2 .$$

Somit ist m^2 gerade. Daraus folgt, daß m selbst (wie oben) eine gerade Zahl ist. Wir haben nun also gezeigt, daß sowohl n als auch m gerade sind, obwohl wir vorausgesetzt hatten, daß sie keinen gemeinsamen Faktor besitzen. Dies ist ein Widerspruch! Wir haben zwei Zahlen ohne gemeinsamen Faktor gefunden, die beide den Faktor 2 besitzen. Die einzige Schlußfolgerung aus dieser Situation ist, daß unsere Annahme, daß es eine rationale Lösung von Gleichung (1.18) gibt, falsch sein muß.

Dies war ein Beispiel für einen *Beweis durch Widerspruch.* $\triangle$

Der Wunsch, Gleichung (1.18) lösen zu können, macht die *Erweiterung von* $\mathbb{Q}$ notwendig. Die Schwierigkeiten der Erweiterung von $\mathbb{Q}$ nach $\mathbb{R}$ läßt es angemessener erscheinen, $\mathbb{R}$ unabhängig von $\mathbb{Q}$ durch *Axiome* zu definieren, die die üblichen Regeln für Addition, Multiplikation und einer Anordnung auf $\mathbb{R}$ festlegen. Dies soll nun geschehen.

Wir erklären $\mathbb{R}$ als eine Menge mit den beiden Operationen *Addition* (+) und *Multiplikation* (·), so daß für alle $x, y \in \mathbb{R}$ die Zahlen $x+y$ und $x \cdot y$ Elemente von $\mathbb{R}$ sind und für diese die folgenden Regeln gelten (wobei x, y, z für beliebige Elemente aus $\mathbb{R}$ stehen):

Regeln für die Addition:

REGEL 1: (Assoziativgesetz der Addition)

$$x + (y + z) = (x + y) + z .$$

[25] Englisch: even number

[26] Englisch: odd number

[27] Dies ist eine Nebenrechnung, die man bitte überprüfen möge!

REGEL 2: (Neutrales Element der Addition)
Es gibt eine Zahl $0 \in \mathbb{R}$ (Null), so daß gilt

$$x + 0 = x \, .$$

REGEL 3: (Additives Inverses)
Für jedes $x \in \mathbb{R}$ gibt es ein additives Inverses $(-x) \in \mathbb{R}$, so daß

$$x + (-x) = 0 \, .$$

REGEL 4: (Kommutativgesetz der Addition)

$$x + y = y + x \, .$$

Regeln für die Multiplikation:

REGEL 5: (Assoziativgesetz der Multiplikation)

$$x \cdot (y \cdot z) = (x \cdot y) \cdot z \, .$$

REGEL 6: (Neutrales Element der Multiplikation)
Es gibt eine Zahl $1 \in \mathbb{R}$ (Eins), $1 \neq 0$, derart, daß für alle $x \neq 0$ gilt

$$x \cdot 1 = x \, .$$

REGEL 7: (Multiplikatives Inverses)
Für jedes $x \in \mathbb{R} \setminus \{0\}$ gibt es ein multiplikatives Inverses $\frac{1}{x} \in \mathbb{R}$, so daß

$$x \cdot \frac{1}{x} = 1 \, .$$

REGEL 8: (Kommutativgesetz der Multiplikation)

$$x \cdot y = y \cdot x \, .$$

Man sieht, daß die Regeln 1–4 den Regeln 5–8 entsprechen.

Man sagt, $\mathbb{R}$ sei eine *Gruppe* bezüglich der Addition (Regeln 1–4); dementsprechend ist $\mathbb{R} \setminus \{0\}$ eine Gruppe bezüglich der Multiplikation (Regeln 5–8). Eine Menge, die diese beiden Eigenschaften hat und zudem das Distributivgesetz

REGEL 9: (Distributivgesetz)

$$x \cdot (y + z) = x \cdot y + x \cdot z$$

erfüllt, nennt man einen *Körper*[28]. Somit ist $\mathbb{R}$ ein Körper bezüglich der beiden Operationen $(+)$ und $(\cdot)$.

[28] Englisch: field

Wir bemerken, daß in $\mathbb{Q}$ diese Regeln auch erfüllt sind. Somit ist $\mathbb{Q}$ ebenfalls ein Körper bezüglich $(+)$ und $(\cdot)$.

Statt $x + (-y)$ schreibt man auch $x - y$ und statt $x \cdot \frac{1}{y}$ schreibt man $\frac{x}{y}$ oder x/y. Die Zahl $-x$ heißt das *Negative* von x und $\frac{1}{x}$ ist der *Kehrwert*[29] von x. Die arithmetischen Regeln (1.12)–(1.16) für rationale Zahlen können aus den Regeln 1–9 abgeleitet werden und gelten auch in $\mathbb{R}$.

Auf Grund der Regeln 1 und 4 haben alle Arten, auf die drei reelle Zahlen x, y und z summiert werden können – also $(x+y)+z$, $x+(y+z)$, $(x+z)+y$, $x+(z+y)$, $(y+x)+z$, $y+(x+z)$, $(y+z)+x$, $y+(z+x)$, $(z+x)+y$, $z+(x+y)$, $z+(y+x)$ und $(z+y)+x$ – denselben Wert. Wir können die Summe somit abkürzend als $x+y+z$ schreiben. Durch das Induktionsprinzip gilt dasselbe für eine endliche Anzahl n reeller Zahlen x_k $(k = 1, \ldots, n)$, und es ist gerechtfertigt, $\sum_{k=1}^{n} x_k$ zu schreiben. Wegen der Regeln 5 und 8 gilt das gleiche für Produkte.

Die folgenden Regeln für *Doppelsummen* können mittels Induktion aus dem Assoziativ-, dem Kommutativ- und dem Distributivgesetz hergeleitet werden:[30]

$$\sum_{k=1}^{n}\left(\sum_{j=1}^{m} x_{jk}\right) = \sum_{j=1}^{m}\left(\sum_{k=1}^{n} x_{jk}\right) =: \sum_{k=1}^{n}\sum_{j=1}^{m} x_{jk} \tag{1.20}$$

und

$$\left(\sum_{k=1}^{n} x_k\right)\left(\sum_{j=1}^{m} y_j\right) = \sum_{k=1}^{n}\left(\sum_{j=1}^{m} y_j\right) x_k = \sum_{k=1}^{n}\sum_{j=1}^{m} y_j x_k\,. \tag{1.21}$$

Wie für die ganzen Zahlen definiert man die Potenzen reeller Zahlen durch Gleichung (1.7).

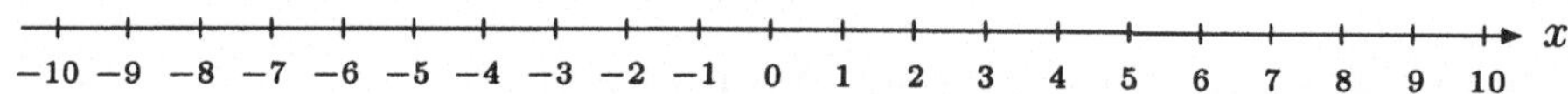

Abbildung 1.3 Die Zahlengerade zur Darstellung der reellen Zahlen

Für gewöhnlich identifizieren wir $\mathbb{R}$ mit einer Geraden, z. B. der x-Achse eines Koordinatensystems. Punkte auf einer Geraden unterliegen einer natürlichen Ordnung: der Richtung der Achse. Für zwei Punkte auf der Geraden ist es immer eindeutig, welcher links und welcher rechts liegt. Ist unsere Gerade die x-Achse, deren Richtungspfeil nach rechts zeigt, und der Punkt x liegt links vom Punkt y, dann sagen wir „*x ist kleiner als y*" bzw. „*y ist größer als x*", und wir schreiben dies als $x < y$ bzw. $y > x$. Gilt $x < y$ oder $x = y$, so schreiben wir $x \leq y$ bzw. $y \geq x$ und sagen „x ist kleiner oder gleich y" bzw. „y ist größer oder gleich x". Wenn entweder $x < y$ oder $x > y$ gilt, dann sagen wir „x ist ungleich y" und schreiben dafür $x \neq y$.

[29] Englisch: reciprocal

[30] Das Symbol =: bedeutet, daß das Objekt auf der rechten Seite durch die linke Seite definiert wird.

Ordnungsregeln:

Es gibt eine Operation $<$ („kleiner"), derart, daß

REGEL 10: (Trichotomie)
für alle $x, y \in \mathbb{R}$

$$\text{entweder} \quad x < y \quad \text{oder} \quad x = y \quad \text{oder} \quad x > y \quad \text{gilt.}$$

REGEL 11: (Transitivität)

$$x < y \quad \text{und} \quad y < z \quad \Rightarrow \quad x < z\,.$$

REGEL 12: (Monotonie)

(a) $$x < y \quad \Rightarrow \quad x + z < y + z$$

und

(b) $$(x < y \quad \text{und} \quad z > 0) \quad \Rightarrow \quad xz < yz\,.$$

Wir sagen, daß $\mathbb{R}$ ein *angeordneter Körper* ist, da er den Regeln 10–12 gehorcht. Somit ist $\mathbb{Q}$ ebenfalls ein angeordneter Körper, und es gibt (wenigstens) eine weitere Regel für $\mathbb{R}$, die den Unterschied zwischen $\mathbb{R}$ und $\mathbb{Q}$ präzisiert, auf die wir später eingehen werden.

Die Ordnung auf $\mathbb{R}$ teilt die reelle Achse in zwei Teile. Die Zahlen auf der rechten Seite der Null heißen *positive reelle Zahlen* und werden mit $\mathbb{R}^+ := \{x \in \mathbb{R} \mid x > 0\}$ bezeichnet. Die Zahlen auf der linken Seite heißen *negative reelle Zahlen*.

Wenn wir an späterer Stelle in diesem Buch mit Ungleichungen arbeiten, werden wir wesentlich mehr Regeln benötigen. Wir stellen einige davon hier vor und beweisen, daß sie aus den Regeln 1–12 abgeleitet werden können.

Satz 1.1 (Ordnungsregeln) Die folgenden Regeln gelten für alle $x, y \in \mathbb{R}$:[31]

(a) ist $x < y$, dann ist $-x > -y$,

(b) ist $x \neq 0$, dann ist $x^2 > 0$,

(c) $1 > 0$,

(d) ist $x > 0$, dann ist $\frac{1}{x} > 0$,

(e) ist $0 < x < y$, dann ist $\frac{1}{x} > \frac{1}{y}$,

(f) ist $x < y$, dann ist $x < \frac{1}{2}(x + y) < y$.

[31] Die in (e) auftretende Ungleichungskette $0 < x < y$ ist eine Abkürzung für die beiden Ungleichungen $0 < x$ und $x < y$. Man mache sich klar, daß Ungleichungsketten nur wegen der Transitivität sinnvoll sind.

Beweis:

(a) Gilt $x < y$, dann ergibt sich mit Regel 12 (a):
$x + (-x - y) = -y < y + (-x - y) = -x$,

(b) $x > 0 \overset{\text{(Regel 12(b))}}{\Longrightarrow} x \cdot x > 0$ und

$x < 0 \overset{\text{(Regel 12(a))}}{\Longrightarrow} -x > 0 \overset{\text{(Regel 12(b))}}{\Longrightarrow} (-x) \cdot (-x) = x^2 > 0$,

(c) wähle $x = 1$ in (b) ,

(d) wäre $\frac{1}{x} \leq 0$, so wäre $1 = x \cdot \frac{1}{x} \leq 0$, ein Widerspruch,

(e) multipliziert man $x < y$ mit $\frac{1}{xy} > 0$, so folgt $\frac{1}{y} < \frac{1}{x}$,

(f) $x < y \implies x = \frac{x}{2} + \frac{x}{2} \overset{(x<y)}{<} \frac{x}{2} + \frac{y}{2} \overset{(x<y)}{<} \frac{y}{2} + \frac{y}{2} = y$. □

Definition 1.5 (Arithmetisches Mittel) Der Wert $\frac{1}{2}(x+y)$ heißt *arithmetischer Mittelwert*[32] von x und y. △

Wegen Satz 1.1 (e) liegt das arithmetische Mittel zweier reeller (rationaler) Zahlen zwischen diesen, so daß zwischen zwei beliebigen reellen (rationalen) Zahlen immer eine weitere reelle (rationale) Zahl liegt. Aus der wiederholten Fortsetzung dieses Prozesses folgt, daß zwischen zwei beliebigen reellen (rationalen) Zahlen immer unendlich viele andere reelle (rationale) Zahlen liegen.

Definition 1.6 (Intervall) Ein *Intervall* ist ein Abschnitt reeller Zahlen, die zwischen zwei reellen Zahlen $a \leq b$ liegen. Man schreibt

$$[a, b] := \{x \in \mathbb{R} \mid a \leq x \leq b\} \ , \qquad (a, b) := \{x \in \mathbb{R} \mid a < x < b\} \ ,$$

$$(a, b] := \{x \in \mathbb{R} \mid a < x \leq b\} \ , \qquad [a, b) := \{x \in \mathbb{R} \mid a \leq x < b\} \ .$$

Ein Intervall der Form $[a, b]$ heißt *abgeschlossen*[33], (a, b) heißt *offen*[34], während $(a, b]$ und $[a, b)$ *halboffen* genannt werden. Insbesondere gilt $[a, a] = \{a\}$ und $(a, a] = [a, a) = (a, a) = \emptyset$. Die Differenz $b - a$ ist ein Maß für die *Länge* eines Intervalls I, die wir auch mit $|I|$ abkürzen. Geometrisch betrachtet ist dies der *Abstand* zwischen dem oberen und dem unteren Endpunkt des Intervalls. *unendlich*[35] (dafür schreiben wir ∞) ist als Grenze eines halboffenen Intervalls zulässig, so daß z. B. gilt

$$(-\infty, b] = \{x \in \mathbb{R} \mid x \leq b\} \ .$$

Man beachte, daß ∞ keine reelle Zahl, sondern nur ein Symbol ist.

[32] Englisch: arithmetic mean value
[33] Englisch: closed interval
[34] Englisch: open interval
[35] Englisch: infinity

Definition 1.7 (Betrag und Vorzeichen) Der Abstand zwischen einer reellen Zahl x und 0 auf der Zahlengeraden heißt der *Betrag*[36] von x, wofür wir auch $|x|$ schreiben. Der Betrag ist also definiert durch

$$|x| := \begin{cases} x & \text{falls } x \geq 0 \\ -x & \text{sonst} \end{cases} \quad . \tag{1.22}$$

Die *Vorzeichenfunktion* sign zeigt an, ob eine reelle Zahl positiv oder negativ ist und wird definiert durch

$$\operatorname{sign} x := \begin{cases} 1 & \text{falls } x > 0 \\ -1 & \text{falls } x < 0 \\ 0 & \text{falls } x = 0 \end{cases} \quad . \tag{1.23}$$

Man zeige, daß für alle $x \in \mathbb{R}$ die Beziehung $x = \operatorname{sign} x \cdot |x|$ gilt!

Beispiel 1.4 (Dreiecksungleichung) Eine für die Analysis äußerst wichtige Eigenschaft der Betragsfunktion ist die sogenannte *Dreiecksungleichung*[37], deren Bezeichnung erst in § 2.1 klarwerden wird. Sie besagt, daß für alle $x, y \in \mathbb{R}$ die Ungleichung

$$|x + y| \leq |x| + |y| \tag{1.24}$$

gilt. Dies zeigt man leicht durch eine Fallunterscheidung: Ist eine der beiden Zahlen x oder y gleich Null, so gilt in Ungleichung (1.24) sogar die Gleichheit. Sind x und y beide positiv oder beide negativ, so gilt ebenfalls die Gleichheit in (1.24). Ist aber z. B. $x > 0$, aber $y < 0$, so gilt

$$|x + y| = \Big||x| - |y|\Big| = \left\{ \begin{array}{ll} |x| - |y| & \text{falls } |x| \geq |y| \\ |y| - |x| & \text{falls } |x| < |y| \end{array} \right\} \leq |x| + |y| \,,$$

was den Beweis der Dreiecksungleichung vervollständigt. △

Neben der Darstellung durch Brüche gibt es eine weitere Möglichkeit, rationale Zahlen zu repräsentieren. Diese kommt vom *Divisionsalgorithmus* und heißt *Dezimaldarstellung*. Beispielsweise ergibt der Divisionsalgorithmus

$$\frac{25}{2} = 25/2 = 12.5 \,,$$

welches eine Abkürzung für $12.5000\ldots = 1 \cdot 10 + 2 \cdot 1 + 5 \cdot \frac{1}{10} + 0 \cdot \frac{1}{100} + \cdots$ ist. Ein weiteres Beispiel ist

$$64/3 = 21.333\ldots = 2 \cdot 10 + 1 \cdot 1 + 3 \cdot \frac{1}{10} + 3 \cdot \frac{1}{100} + 3 \cdot \frac{1}{1000} + \cdots \,.$$

[36] Englisch: absolute value, modulus

[37] Englisch: triangle inequality

Mit dem Divisionsalgorithmus kann man zeigen, daß rationale Zahlen eine *periodische* Dezimaldarstellung besitzen. Das heißt, es gibt in der Darstellung einen Abschnitt, der sich fortlaufend wiederholt. Es zeigt sich, daß nicht-rationale Zahlen auch eine Dezimaldarstellung besitzen – mit dem Unterschied, daß diese nicht periodisch ist.

Wir werden uns nun diesen Unterschied zwischen $\mathbb{Q}$ und $\mathbb{R}$ genauer ansehen. Wir haben gesehen, daß es keine rationale Zahl $x \in \mathbb{Q}$ mit $x^2 = 2$ gibt. In $\mathbb{R}$ gibt es für jedes $y \in \mathbb{R}^+$ eine positive Zahl $x \in \mathbb{R}^+$, für die $x^2 = y$ gilt. Diese Zahl heißt die *Quadratwurzel*[38] von y. Wir schreiben sie als $x = \sqrt{y}$.

Was wir von $x = \sqrt{2}$ wissen, ist die definierende Gleichung $x^2 = 2$. Aus ihr können wir eine rationale *Approximation* gewinnen: Hat man einen Schätzwert x_0 für $\sqrt{2}$ mit $x_0^2 < 2$, dann weiß man, daß $x_0 < x$ ist, und gilt $x_0^2 > 2$, dann ist $x_0 > x$, da für $x > 0$

$$x < y \iff x^2 < y^2 \tag{1.25}$$

gilt (man beweise dies durch Anwendung der Regeln 1–12!). Wir zeigen nun, wie man zu einer beliebig genauen Näherung für $\sqrt{2}$ kommt.

Sitzung 1.5 Wir benutzen DERIVE, um zu einer rationalen Näherung für $\sqrt{2}$ zu gelangen. Wegen $1 < 2 < 4$ weiß man, daß $1 < \sqrt{2} < \sqrt{4} = 2$ gilt. Wir schätzen, daß 1.4^2 nahe bei 2 liegt. Deshalb wenden wir die `Simplify` Prozedur auf `1.4^2` an und erhalten als Ergebnis $\frac{49}{25}$. Wie wir schon betont haben, führt DERIVE exakte Berechnungen mit rationalen Zahlen durch und stellt diese als Brüche dar. Um mit Dezimaldarstellungen zu arbeiten, verwendet man `approX` statt `Simplify`. Auf diese Weise erhält man 1.96, was offensichtlich kleiner als 2 ist. 1.5^2 ergibt 2.25, was größer als 2 ist, so daß $1.4 < \sqrt{2} < 1.5$ gilt. Wir berechnen nun die nächste Dezimale, indem wir die Näherungen $1.41^2 = 1.9881$ und $1.42^2 = 2.0164$ verwenden. Die dritte Dezimale erhalten wir aus den Berechnungen $1.411^2 = 1.99092$, $1.412^2 = 1.99374$, $1.413^2 = 1.99656$, $1.414^2 = 1.99939$ und $1.415^2 = 2.00222$. Schließlich erhalten wir die vierte Dezimale mit $1.4141^2 = 1.99967$, $1.4142^2 = 1.99996$ und $1.4143^2 = 2.00024$. Also haben wir schließlich $1.4142 < \sqrt{2} < 1.4143$.
DERIVE kennt die Quadratwurzelfunktion unter dem Namen `SQRT`.[39] Sie kann auch durch die Tastenkombination `<ALT>Q` eingegeben werden. Wendet man z. B. `approX` auf `SQRT(2)` (oder auch `SQRT 2`) an, so erhält man 1.41421 als Näherung für $\sqrt{2}$. (Man beachte, daß `Simplify` den Ausdruck `SQRT(2)` symbolisch beläßt.)
Die Genauigkeit bei der Arithmetik mit reellen Zahlen ist bei DERIVE auf 6 Stellen voreingestellt. Sie kann mit dem Befehl `Options Precision Digits` verändert werden. Wir geben 60 als neuen Wert für die Stellenzahl ein.
Mit den *Kursortasten* kann man in dem Fenster, in dem unsere Ausdrücke stehen, von Ausdruck zu Ausdruck springen. Wir gehen mit der Kursortaste `<UP>` (Aufwärtskursortaste) zu $\sqrt{2}$ zurück und benutzen dann das `approX` Kommando.[40] Dies führt zum Ergebnis

$$1.41421356237309504880168872420969807856967187537694807317667\,.$$

[38] Englisch: square root

[39] Wir erinnern daran, daß Funktionen in DERIVE groß geschrieben werden, jedoch auch in Kleinbuchstaben eingegeben werden können.

[40] Man achte darauf, nicht versehentlich die 6-stellige Näherung von $\sqrt{2}$ zu `approX`imieren!

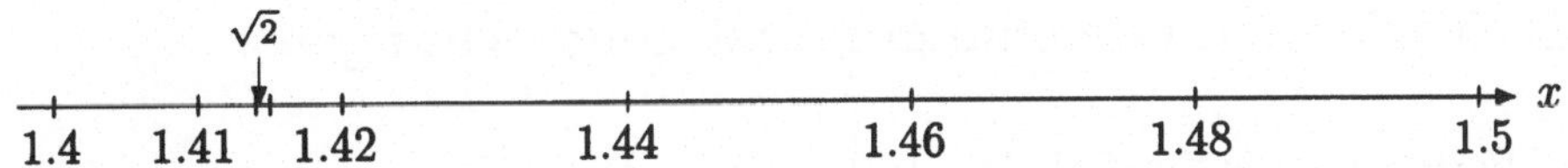

Abbildung 1.4 Die irrationale Zahl $\sqrt{2}$ auf der Zahlengeraden

Eine reelle Zahl, die nicht rational ist, wird *irrational* genannt. $\sqrt{2}$ ist ein Beispiel einer irrationalen Zahl.

Daß man durch Approximationsverfahren wie in DERIVE-Sitzung 1.5 tatsächlich immer reelle Zahlen erzeugt, ist eine fundamentale Eigenschaft von $\mathbb{R}$, mit der wir uns in § 1.5 ausführlich beschäftigen werden.

ÜBUNGSAUFGABEN

1.10 *Zeige, daß* $\sqrt{3}$ *irrational ist.* Hinweis: *Passe den Beweis für* $\sqrt{2}$ an.

◇ **1.11** *Berechne* $\sqrt{3}$ *durch wiederholtes Quadrieren mit* DERIVE *auf vier Stellen genau, und gib die entsprechende Folge ineinander geschachtelter Intervalle an. Berechne dann* $\sqrt{3}$ *in einem Schritt auf 60 Dezimalen genau.*

⋆ **1.12** *Zeige, daß die Lösungen der quadratischen Gleichung* $ax^2+bx+c=0$ *irrational sind, falls die Koeffizienten* a, b, c *ungerade ganze Zahlen sind.*

1.13 (Dreiecksungleichung) *Zeige, daß für alle* $x, y \in \mathbb{R}$ *die Ungleichung*

$$|x-y| \geq \big||x|-|y|\big|$$

gilt.

1.14 (Dreiecksungleichung) *Zeige durch Induktion, daß für alle* $n \in \mathbb{N}$ *und* $x_k \in \mathbb{R}$ $(k = 1, \ldots, n)$ *gilt*

$$\left|\sum_{k=1}^{n} x_k\right| \leq \sum_{k=1}^{n} |x_k| .$$

◇ **1.15** *Wie erwähnt, haben rationale Zahlen periodische Dezimaldarstellungen. Bestimme die Perioden der rationalen Zahlen*

$$\frac{1}{7}, \quad \frac{2}{7}, \quad \frac{4}{13}, \quad \frac{3}{2}, \quad \frac{2}{9}, \quad \frac{100}{81}, \quad \frac{123}{456}$$

mit DERIVE. *Dazu verwende man eine genügend große Genauigkeit* `Options Precision Digits`. *Durch Beobachten einer Periode ist natürlich kein Beweis für ihre Gültigkeit erbracht, da bei genauerer Rechnung die Periodizität wieder verschwinden könnte. Wie kann man die periodische Darstellung – einmal beobachtet – trotzdem beweisen? Man beweise alle beobachteten Perioden mit* DERIVE.

1.4 Variablen, Gleichungen und Ungleichungen

Eine *Variable* ist ein Symbol, das als Platzhalter für Zahlen verwendet wird. Eine *reelle Variable* ist eine Variable, die eine reelle Zahl repräsentiert. Für reelle Variablen benutzen wir oft die Buchstaben x, y und z. Wir werden aber auch andere Symbole wie x_1, x_2 und x_3 verwenden. Als *ganzzahlige Variablen* benutzen wir gewöhnlich die Symbole j, k, l, m und n.

In diesem Kapitel haben wir schon Gleichungen benutzt. Eine *Gleichung*[41] ist ein Ausdruck der Form LS = RS (Linke Seite = Rechte Seite), wobei LS und RS irgendwelche Ausdrücke sind. Wir werden ein solches Objekt auch dann als Gleichung bezeichnen, wenn diese nicht *wahr*[42] ist. Meist enthält eine Gleichung Variablen und wird nur dann wahr, wenn man bestimmte Werte für die Variablen *einsetzt* (*substituiert*).

Um eine Gleichung zu *lösen*[43], muß man diejenigen Einsetzungen finden, für die die Gleichung wahr ist. Zum Beispiel ist die Gleichung

$$3x = 5$$

genau dann wahr, wenn wir $\frac{5}{3}$ für x einsetzen. Die Gleichung lautet dann

$$3 \cdot \frac{5}{3} = 5 .$$

Es gibt auch Gleichungen, die nie wahr sind wie z. B. die Gleichung

$$x = x + 1 .$$

Eine Gleichung verändert ihren Wahrheitsgehalt nicht, wenn man auf beiden Seiten der Gleichung denselben Ausdruck addiert oder subtrahiert, mit demselben Ausdruck multipliziert oder durch denselben Ausdruck dividiert. Das gleiche gilt, wenn man von beiden Seiten das Negative nimmt oder den Kehrwert bildet. Man muß nur darauf achten, daß keine Division durch Null auftritt, da unsere Regeln für $\mathbb{R}$ eine Division durch 0 nicht zulassen.

Als Beispiel betrachten wir die Gleichung

$$\frac{1}{1-x} = \frac{1}{x-x^2} . \tag{1.26}$$

Bildet man auf beiden Seiten den Kehrwert, so erhält man

$$1 - x = x - x^2 , \tag{1.27}$$

und die Subtraktion von $x - x^2$ ergibt rechts 0 und links

$$1 - x - (x - x^2) = 1 - x - x + x^2 = 1 - 2x + x^2 = (1-x)^2 . \tag{1.28}$$

[41] Englisch: equation
[42] Englisch: true
[43] Englisch: solve

Der letzte Ausdruck ist offensichtlich genau dann Null, wenn $x = 1$ ist.

Wir fragen uns also, ob $x = 1$ eine Lösung der Gleichung (1.26) ist. Setzt man den Wert 1 für x in Gleichung (1.26) ein, so erhält man den nicht zulässigen Ausdruck

$$\frac{1}{0} = \frac{1}{0},$$

der deshalb auch nicht wahr ist. Dies liegt an der Division durch 0. Auf der anderen Seite ist $x = 1$ eine Lösung von Gleichung (1.27).

In DERIVE-Sitzung 13.4 im Anhang (Kapitel 13) wird das Lösen von Gleichungen mit DERIVE behandelt.

Eine *Ungleichung*[44] ist ein Ausdruck der Form LS $\leq$ RS, oder ein ensprechender Ausdruck mit $\geq, <$ oder $>$ statt $\leq$.

Die Regeln 11 und 12 stellen erlaubte Regeln zur Umformung von Ungleichungen dar. So darf man eine reelle Zahl auf beiden Seiten addieren. Außerdem darf man auf beiden Seiten mit einer positiven reellen Zahl multiplizieren, ohne daß sich die Gültigkeit der Ungleichung ändert. Multiplikation mit einer negativen Zahl hingegen ändert die Richtung des Ungleichungssymbols. (Dies war der Inhalt von Satz 1.1 (a). Man schaue sich den Satz nochmals an!)

Sitzung 1.6 DERIVE ist in der Lage, sowohl Gleichungen als auch Ungleichungen zu bearbeiten. Zunächst wollen wir die quadratische Gleichung **ax^2+bx+c=0** lösen. Dazu geben wir den Ausdruck ein und benutzen das **soLve** Menü. DERIVE antwortet mit

$$2: \quad x = \frac{\sqrt{(b^2 - 4ac)} - b}{2a}$$

$$3: \quad x = -\frac{\sqrt{(b^2 - 4ac)} + b}{2a},$$

was die Lösung einer allgemeinen quadratischen Gleichung darstellt. Mit dieser Formel sollte man vertraut sein.

Wir wollen nun die Ungleichung $ax \geq 1$ nach x auflösen. Dazu geben wir den Ausdruck **ax>=1** ein und wählen dann das **soLve** Menü. Als Auflösung dieser Ungleichung nach der Variablen x gibt DERIVE

$$5: \quad x\,\texttt{SIGN}\,(a) \geq \frac{1}{|a|}$$

aus. DERIVE benutzt also auch die Betragsfunktion $|a|$ (der entsprechende Eingabebefehl ist **ABS(a)** oder auch **|a|**) sowie die Vorzeichenfunktion **SIGN(a)**[45]. Man interpretiere DERIVEs Ausgabe!

[44] Englisch: inequality

[45] Die **SIGN** Funktion von DERIVE unterscheidet sich etwas von unserer Definition, da sie für $x = 0$ *undefiniert* ist.

Will man die Ungleichung weiter vereinfachen, muß man DERIVE mitteilen, ob a positiv oder negativ ist. Für gewöhnlich nimmt DERIVE an, daß jede verwendete Variable reell ist. Wir wollen nun a mit Hilfe des `Declare Variable Domain` Befehls als positive Variable deklarieren. Auf die Anfrage nach dem Definitionsbereich (`Domain`) `DECLARE VARIABLE: Domain: Positive Nonnegative Real Complex Interval` geben wir `P` für `Positive` ein. Diese Vorgehensweise deklariert a als positive Variable. Schließlich vereinfachen wir mit `Simplify` das obige Ergebnis und erhalten so das gewünschte Resultat

$$6: \qquad x \geq \frac{1}{a} \, .$$

Als nächstes wollen wir eine Erweiterung der Formel $(a+b)^2 = a^2+2ab+b^2$ für höhere Exponenten bestimmen. Wir geben dazu den Ausdruck `(a+b)^n` ein. Das Ausmultiplizieren eines Produkts, z. B. die Umformung $(a+b)^2$ zur Summe $a^2+2ab+b^2$, nennt man *Expansion*, während die umgekehrte Umformung *Faktorisierung* heißt. Man versuche, den Ausdruck mit dem `Expand` Menü zu expandieren. DERIVE fragt dann nach den Variablen, nach denen expandiert werden soll. Geben wir `<ENTER>` auf diese Nachfrage ein, so wird versucht, nach allen Variablen zu expandieren. DERIVE kann diese Aufgabe nicht lösen und gibt die Eingabeformel als Antwort zurück.

Wir hoffen, daß DERIVE die Aufgabe für eine *feste* natürliche Zahl n lösen kann, und wollen dies nun ausprobieren. Dazu verwenden wir die `VECTOR` Prozedur. Die Eingabe von `VECTOR(#7,n,0,5)` erzeugt die Liste von Formeln, die man erhält, wenn man in unseren Ausdruck für n nacheinander die Werte $0, \ldots, 5$ einsetzt. `Expand` erzeugt das Ergebnis

$$10: \qquad \left[1, a+b, a^2+2ab+b^2, a^3+3a^2b+3ab^2+b^3, a^4+4a^3b+6a^2b^2+4ab^3+b^4, \ldots\right] \, .$$

Wir können jedoch nicht alles sehen, da nicht das gesamte Ergebnis auf den Bildschirm paßt. Um die Unterausdrücke auf den Bildschirm zu bringen, kann man mit der `<DOWN>`-Taste (Abwärtskursortaste) oder der `<RIGHT>`-Taste (Rechtskursortaste) den *ersten Unterausdruck* markieren. Mit `<RIGHT>` kommt man zum *nächsten Unterausdruck*. Entsprechend erhält man mit der `<LEFT>`-Taste (Linkskursortaste) den vorhergehenden Unterausdruck. Man vergleiche die Einträge im Pascalschen Dreieck mit den gefundenen Koeffizienten!

Es spricht einiges für die Tatsache, daß diese Koeffizienten tatsächlich die Binomialkoeffizienten sind. Wir lassen DERIVE die Vermutung für $n = 0, \ldots, 5$ überprüfen. Der Ausdruck `VECTOR(SUM(COMB(n,k)*a^k*b^(n-k),k,0,n),n,0,5)` erzeugt die vermutete Formel. Man vergleiche mit Zeile 10!

Beispiel 1.5 (Binomischer Lehrsatz) Die oben erwähnten Fälle werden durch die wichtige Gleichung

$$(a+b)^n = \sum_{k=0}^{n} \binom{n}{k} a^{n-k} b^k \qquad (n \in \mathbb{N}_0) \tag{1.29}$$

erfaßt, die für alle $a, b \in \mathbb{R}$ gilt. Diese Gleichung heißt *Binomischer Lehrsatz*. Wir werden ihn nun durch Induktion beweisen. (Man beachte, daß obiger Beweis mit DERIVE natürlich nur für $n = 0, \ldots, 5$ gilt.)

Wir wollen zuerst den Spezialfall $b := x$ und $a := 1$ betrachten

$$A(n): \qquad (1+x)^n = 1 + \binom{n}{1}x + \binom{n}{2}x^2 + \cdots + \binom{n}{n}x^n . \tag{1.30}$$

Der Induktionsanfang $A(0)$ ist trivial. Wir nehmen nun an, daß $A(n)$ gilt und müssen $A(n+1)$ zeigen[46]. Aus der Induktionsvoraussetzung erhalten wir zunächst

$$x(1+x)^n = x + \binom{n}{1}x^2 + \binom{n}{2}x^3 + \cdots + \binom{n}{n}x^{n+1}$$

und folglich

$$\begin{aligned}
(1+x)^{n+1} &= (1+x)\cdot(1+x)^n = (1+x)^n + x(1+x)^n \\
&\overset{(A(n))}{=\!=} 1 + \left(\binom{n}{0}+\binom{n}{1}\right)x + \left(\binom{n}{1}+\binom{n}{2}\right)x^2 + \cdots \\
&\quad + \left(\binom{n}{n-1}+\binom{n}{n}\right)x^n + x^{n+1} \\
&\overset{(1.6)}{=\!=} 1 + \binom{n+1}{1}x + \binom{n+1}{2}x^2 + \cdots + \binom{n+1}{n}x^n + x^{n+1} ,
\end{aligned}$$

wobei wir die Eigenschaft der Binomialkoeffizienten verwendet haben, durch welche das Pascalsche Dreieck definiert worden war. Die resultierende Gleichung ist gerade der Inhalt von $A(n+1)$, so daß der Beweis damit vollständig ist. Gleichung (1.30) gilt also für alle $n \in \mathbb{N}_0$.

Schließlich erhalten wir Gleichung (1.29) für $a \neq 0$ durch die Rechnung

$$(a+b)^n = a^n \cdot \left(1 + \frac{b}{a}\right)^n \overset{(x:=b/a)}{=\!=} a^n \cdot \sum_{k=0}^{n} \binom{n}{k}\frac{b^k}{a^k} = \sum_{k=0}^{n}\binom{n}{k}a^{n-k}b^k$$

unter Anwendung von Gleichung (1.30). Für $a = 0$ ist (1.29) trivialerweise richtig.

Beispiel 1.6 (Bernoullische Ungleichung) Eine der wichtigsten Ungleichungen der Analysis ist die *Bernoullische*[47] *Ungleichung*

$$(1+x)^n \geq 1 + nx \qquad (n \in \mathbb{N}_0,\ x \geq -1) . \tag{1.31}$$

Für $x \geq 0$ folgt sie sofort aus dem Binomischen Lehrsatz, sie ist aber vor allem wichtig für $x \in (-1, 0)$. Wir beweisen sie durch Induktion nach n. Der Induktionsanfang für $n = 0$ ist die Ungleichung $1 \geq 1$, welche offenbar richtig ist. Gilt als Induktionsvoraussetzung (1.31) für n, so folgt für $n+1$

$$(1+x)^{n+1} = (1+x)\cdot(1+x)^n \geq (1+x)(1+nx) = 1+(n+1)x+nx^2 \geq 1+(n+1)x .$$

[46] Wenn wir bisher der Übersichtlichkeit halber den Induktionsschritt noch mit N statt mit n durchgeführt haben, so werden wir von nun an der Einfachheit halber auf diese Umbenennung verzichten.

[47] Jakob I. Bernoulli [1654–1705]

Übungsaufgaben

1.16 *Zeige, daß die Gleichung*

$$(x_1^2 + x_2^2) \cdot (y_1^2 + y_2^2) = (x_1 y_1 + x_2 y_2)^2 + (x_1 y_2 - x_2 y_1)^2$$

für $x_1, x_2, y_1, y_2 \in \mathbb{R}$ gilt.

◇ **1.17** *Überprüfe die Gleichung*

$$\sum_{k=1}^{n} x_k^2 \cdot \sum_{k=1}^{n} y_k^2 - \left(\sum_{k=1}^{n} x_k y_k \right)^2 = \sum_{k=1}^{n} \sum_{j=k+1}^{n} (x_k y_j - x_j y_k)^2 \tag{1.32}$$

($x_k, y_k \in \mathbb{R}$, $(k = 1, \ldots, n)$) mit Derive *für $n = 2, \ldots, 6$.* Hinweis: *Man deklariere x und y als Funktionen von k mit Hilfe des* `Declare Function` *Menüs und gebe* `<ENTER>` *auf* Derives *Frage* `DECLARE FUNCTION: value` *ein. Dadurch deklariert man x und y als willkürliche Funktionen ohne vordefinierten Wert. Schreibe nun $x(k)$ und $y(k)$, bzw. $x(j)$ und $y(j)$ für x_k, y_k, x_j bzw. y_j.*

⋆ **1.18** *Zeige Gleichung (1.32) durch vollständige Induktion.*

⋆ **1.19** *Beweise die Cauchy[48]-Schwarzsche[49] Ungleichung*

$$\left(\sum_{k=1}^{n} x_k y_k \right)^2 \leq \sum_{k=1}^{n} x_k^2 \cdot \sum_{k=1}^{n} y_k^2$$

für $x_k, y_k \in \mathbb{R}$ $(k = 1, \ldots, n)$.

∘ **1.20** *Zeige die Ungleichung*

$$2^n < n!$$

für $n \geq 4$.

∘ **1.21** *Zeige, daß für alle $x \in \mathbb{R} \setminus \{1\}$ gilt:*

$$\sum_{k=0}^{n} x^k = \frac{1 - x^{n+1}}{1 - x} \,.$$

∘ **1.22** *Zeige, daß für $x, y \in \mathbb{R}$ und $n \in \mathbb{N}_0$ die Gleichung*

$$x^n - y^n = (x - y) \left(x^{n-1} + x^{n-2} y + \cdots + x y^{n-2} + y^{n-1} \right)$$

gilt und schreibe die rechte Seite mit dem Summenzeichen.

---

[48] Augustin-Louis Cauchy [1789–1857]

[49] Hermann Amandus Schwarz [1843–1921]

◇ **1.23** *Löse Gleichungen* (1.26) *und* (1.27) *mit* DERIVE. *Zeige Gleichungen* (1.4) *und* (1.28) *mit* DERIVE. *Faktorisiere dazu die linken Seiten.*

◇ **1.24** *Vereinfache* $|x| \cdot \operatorname{sign} x$ *mit* `Simplify` *in* DERIVE *und beweise das Resultat.*

◇ **1.25** *Bestimme die Werte von*

$$b(m,n) := \sum_{k=0}^{n} (-1)^k \binom{n}{k} k^m \qquad (n \in \mathbb{N}\ \ (0 \le m \le n-1))$$

für $n := 1, \ldots, 5$ *mit* DERIVE. *Beweise das sich offenbarende Resultat durch Induktion. Wie lautet das Ergebnis für* $m = n$?

⋆ **1.26** *Zeige, daß für jedes* $n \in \mathbb{N}$

(a) $(n!)^2 \ge n^n$, (b) $1^1 \cdot 2^2 \cdot 3^3 \cdots n^n \le n^{\frac{n(n+1)}{2}}$.

◇ **1.27** *Löse die Gleichung*

$$1 - \frac{x}{1} + \frac{x(x-1)}{1 \cdot 2} - \frac{x(x-1)(x-2)}{1 \cdot 2 \cdot 3} \pm \cdots + (-1)^n \frac{x(x-1)(x-2)\cdots(x-n+1)}{n!} = 0 \, .$$

Hinweis: *Benutze* DERIVE, *um die Gleichung für* $n = 1, 2, \ldots, 5$ *zu lösen, und errate die allgemeine Lösung. Führe dann einen Induktionsbeweis.*

⋆ **1.28** *Löse das Gleichungssystem*

$$x^2 = a + (y-z)^2 \, , \qquad y^2 = b + (z-x)^2 \, , \qquad z^2 = c + (x-y)^2 \, ,$$

nach den Unbekannten x, y *und* z *auf.*

1.5 Zwei fundamentale Eigenschaften der reellen Zahlen

In diesem Abschnitt behandeln wir eine fundamentale Eigenschaft des Systems der reellen Zahlen, die die *Supremumseigenschaft* genannt wird und die das wesentliche Unterscheidungsmerkmal zwischen $\mathbb{Q}$ und $\mathbb{R}$ darstellt. Wir werden zeigen, daß $\mathbb{R}$ als Folge der Supremumseigenschaft eine weitere wichtige Eigenschaft hat, die wir *Intervallschachtelungseigenschaft* nennen. Beide Eigenschaften werden wir an verschiedenen Stellen dieses Buchs immer wieder brauchen. Um die Supremumseigenschaft formulieren zu können, benötigen wir einige Definitionen.

Definition 1.8 (Obere und untere Schranke, Beschränktheit) Sei irgendeine Menge $M \subset \mathbb{R}$ reeller Zahlen gegeben. Eine Zahl $c \in \mathbb{R}$ heißt *obere Schranke* von M, wenn für alle $m \in M$ die Ungleichung $m \le c$ gilt. Entsprechend heißt $c \in \mathbb{R}$ *untere Schranke* von M, wenn für alle $m \in M$ die Ungleichung $c \le m$ gilt. Hat M eine obere Schranke, so heißt M *nach oben beschränkt*, wohingegen M bei Existenz einer unteren Schranke *nach unten beschränkt* genannt wird. Ist M sowohl nach oben als auch nach unten beschränkt, so nennen wir M *beschränkt*[50], andernfalls *unbeschränkt*.

[50] Englisch: bounded

Beispiel 1.7 (Intervalle) Für ein Intervall $I = (a, b)$ ist z. B. $b+1$ eine obere und $a-10$ eine untere Schranke, folglich ist I beschränkt. Es gibt aber unendlich viele weitere obere und untere Schranken von I. Hat eine Menge M nämlich eine obere Schranke, so ist jede größere Zahl auch eine obere Schranke von M. Es gibt aber eine ausgezeichnete obere Schranke im Falle unseres Intervalls I, nämlich die Zahl b, welche nicht nur eine obere Schranke von I ist, sondern sogar die kleinstmögliche, d. h. es gibt keine weitere obere Schranke von I, die noch kleiner ist.

Definition 1.9 (Supremum und Infimum) Wir nennen die Zahl $c \in \mathbb{R}$ die *kleinste obere Schranke*[51] einer Menge $M \subset \mathbb{R}$, wenn c eine obere Schranke von M ist und wenn zudem für jede weitere obere Schranke d die Ungleichung $c \leq d$ gilt. Entsprechend heißt c die *größte untere Schranke*[52] von M, wenn c eine untere Schranke von M ist und wenn zudem für jede weitere untere Schranke d die Ungleichung $d \leq c$ gilt. Die kleinste obere Schranke c einer Menge M wird auch *Supremum* von M genannt und mit $c = \sup M$ abgekürzt. Entsprechend nennt man die größte untere Schranke c von M auch *Infimum* von M, und wir verwenden die Schreibweise $c = \inf M$. Liegen $\sup M$ bzw. $\inf M$ sogar in M, hat also M ein größtes bzw. kleinstes Element, so wird dies das *Maximum* bzw. *Minimum* von M genannt und mit $\max M$ bzw. $\min M$ bezeichnet. $\triangle$

Nun können wir die Supremumseigenschaft der reellen Zahlen formulieren.

REGEL 13: (Supremumseigenschaft[53])
Jede nichtleere nach oben beschränkte Menge $M \subset \mathbb{R}$ reeller Zahlen hat ein Supremum.

Es ist klar, daß die Menge $\mathbb{Q}$ der rationalen Zahlen die Supremumseigenschaft *nicht* besitzt. Zum Beispiel hat die Menge

$$M := \{x \in \mathbb{Q} \mid x^2 < 2\}$$

kein Supremum in $\mathbb{Q}$, da man sonst folgern könnte, daß $\sqrt{2}$ rational ist. Nun stellen wir eine Beziehung her zwischen der Supremumseigenschaft und Approximationen.

Wir betrachten $\sqrt{2}$ als eine Zahl, die zwar nicht rational ist, aber beliebig genau durch rationale Zahlen angenähert werden kann. Deshalb gaben wir in DERIVE-Sitzung 1.5 eine Folge *schrumpfender geschachtelter Intervalle* ($I_1 = [1, 2]$, $I_2 = [1.4, 1.5]$, $I_3 = [1.41, 1.42]$, $I_4 = [1.414, 1.415]$, $I_5 = [1.4142, 1.4143], \ldots$) an, von denen wir *annehmen*, daß sie gegen eine reelle Zahl konvergieren[54].

[51] Englisch: least upper bound
[52] Englisch: greatest lower bound
[53] Aus Symmetriegründen gilt auch eine entsprechende Infimumseigenschaft, siehe Übungsaufgabe 1.30.
[54] Diese Annahme ist für $\mathbb{Q}$ falsch.

Definition 1.10 (Schrumpfende Intervallschachtelung) Die Aussage, daß die Intervalle geschachtelt sind, bedeutet dabei, daß $I_1 \supset I_2 \supset I_3 \supset \cdots$ gilt, und die Aussage, daß sie schrumpfen, heißt, daß die Längen $|I_k|$ der Intervalle $I_k := [a_k, b_k]$, also $|I_k| = b_k - a_k$, gegen Null streben, wenn k gegen unendlich strebt.[55]

REGEL 14: (Intervallschachtelungseigenschaft)
Zu jeder Folge schrumpfender geschachtelter Intervalle I_k $(k \in \mathbb{N})$, $I_k \subset \mathbb{R}$, gibt es eine Zahl $c \in \mathbb{R}$ mit der Eigenschaft[56]

$$\bigcap_{k \in \mathbb{N}} [a_k, b_k] = \{c\} .$$

$\mathbb{Q}$ besitzt die Intervallschachtelungseigenschaft nicht, da sonst wieder $\sqrt{2}$ rational wäre. Die Intervallschachtelungseigenschaft ist also eine andere Möglichkeit, den Unterschied zwischen $\mathbb{Q}$ und $\mathbb{R}$ zu präzisieren. Sie macht $\mathbb{R}$ *vollständig*[57], d. h. sie garantiert, daß alle konvergenten Folgen – wie z. B. Dezimaldarstellungen –, reelle Zahlen darstellen. Die Vollständigkeit von $\mathbb{R}$ wird genauer in Kapitel 4 untersucht.

Zunächst werden wir nachweisen, daß jede schrumpfende Intervallschachtelung (auch ohne Verwendung der Regel 14) *höchstens* einen Punkt gemeinsam haben kann[58].

Lemma 1.1 Jede schrumpfende Intervallschachtelung I_k $(k \in \mathbb{N})$, $I_k \subset \mathbb{R}$, hat höchstens einen Punkt $c \in I_k$ $(k \in \mathbb{N})$ gemeinsam.

Beweis: Wir nehmen an, die schrumpfende Intervallschachtelung habe die zwei Punkte $c \neq d$ gemeinsam. Dann ist

$$e := |c - d| > 0 . \tag{1.33}$$

Ferner gelten für alle $k \in \mathbb{N}$ die Beziehungen

$$a_k \leq c \leq b_k \qquad \text{und} \qquad a_k \leq d \leq b_k .$$

Da $[a_k, b_k]$ schrumpft, $b_k - a_k$ also gegen 0 strebt, gibt es offenbar ein $K \in \mathbb{N}$ derart[59], daß $b_K - a_K \leq \frac{e}{3}$. Dann gelten aber auch die Beziehungen

$$c - a_K \leq b_K - a_K \leq \frac{e}{3} \qquad \text{und} \qquad d - a_K \leq b_K - a_K \leq \frac{e}{3} ,$$

und schließlich mit der Dreiecksungleichung

$$|c - d| = |c - a_K + a_K - d| = |(c - a_K) + (a_K - d)| \leq |c - a_K| + |a_K - d| \leq \frac{e}{3} + \frac{e}{3} = \frac{2e}{3}$$

im Widerspruch zu Gleichung (1.33). □

[55] Eine mathematisch exakte Definition dieser intuitiv verständlichen Eigenschaft wird in Kapitel 4 gegeben.

[56] Mit $\bigcap_{k \in \mathbb{N}} M_k$ bezeichnen wir den Durchschnitt aller Mengen M_k $(k \in \mathbb{N})$.

[57] Englisch: complete

[58] Ein Lemma ist eine relativ einfache Aussage, die dazu benutzt wird, um schwerere Resultate zu beweisen, also ein Hilfssatz.

[59] Daß dies so ist, ist intuitiv klar, und wird genauer in Kapitel 4 untersucht.

Dies ist das erste Mal, daß wir eine Beweisführung durch Ungleichungen mit Hilfe der Dreiecksungleichung geführt haben. Diese Methode zieht sich wie ein roter Faden durch die gesamte Analysis und auch durch dieses Buch.

Wir zeigen nun, daß die Intervallschachtelungseigenschaft eine Folge der Supremumseigenschaft ist.

Satz 1.2 Aus der Supremumseigenschaft folgt die Intervallschachtelungseigenschaft.

Beweis: Gelte die Supremumseigenschaft. Wir wollen zeigen, daß für eine beliebige vorgegebene Folge schrumpfender geschachtelter Intervalle $[a_k, b_k]$ $(k \in \mathbb{N})$ eine reelle Zahl existiert, die allen Intervallen gemeinsam ist. Wegen Lemma 1.1 wissen wir, daß es ja höchstens einen solchen Punkt geben kann. Zu diesem Zweck betrachten wir die folgende Menge

$$M := \{x \in \mathbb{R} \mid x \le b_k \text{ für alle } k \in \mathbb{N}\} .$$

Da für alle $k \in \mathbb{N}$ die Beziehung $a_k \le b_k$ gilt, sind alle Zahlen a_k Elemente von M, und M ist somit nicht leer. Als nächstes stellen wir fest, daß für alle $k \in \mathbb{N}$ die Zahl b_k eine obere Schranke von M ist, womit M nach oben beschränkt ist. Auf Grund der Supremumseigenschaft hat M also ein Supremum $c = \sup M \in \mathbb{R}$. Wir werden nun zeigen, daß für alle $k \in \mathbb{N}$ die Beziehungen

$$c \in [a_k, b_k] \quad \text{oder äquivalent} \quad a_k \le c \le b_k \quad \text{oder äquivalent} \quad a_k \le c \text{ und } c \le b_k \tag{1.34}$$

gelten, so daß c diejenige reelle Zahl ist, die in allen Intervallen $[a_k, b_k]$ liegt, nach der wir suchen.

Da für alle $k \in \mathbb{N}$ die Zahl a_k in M liegt und c eine obere Schranke von M ist, gilt

$$a_k \le c$$

für alle $k \in \mathbb{N}$, und die erste Ungleichung von (1.34) ist bewiesen. Weil weiter für alle $k \in \mathbb{N}$ die Zahl b_k eine obere Schranke und weil c die kleinste obere Schranke von M ist, gilt auch die Ungleichung

$$c \le b_k$$

für alle $k \in \mathbb{N}$ gemäß der Definition des Supremums, und wir sind fertig. □

ÜBUNGSAUFGABEN

1.29 *Bei der Definition* 1.9 *des Supremums und Infimums sprachen wir von der kleinsten oberen und der größten unteren Schranke. Zeige, daß in der Tat höchstens jeweils ein solches Objekt existieren kann.*

1.30 *Formuliere eine der Supremumseigenschaft entsprechende Infimumseigenschaft und zeige, daß diese in* $\mathbb{R}$ *gültig ist.*

∘ **1.31** *Hat* $\mathbb{N}$ *obere oder untere Schranken? Ist* $\mathbb{N}$ *nach oben oder nach unten beschränkt?*

∘ **1.32 (Archimedische[60] Eigenschaft)** *Zeige, daß die reellen Zahlen die archimedische Eigenschaft haben: Zu je zwei positiven reellen Zahlen* $x, y \in \mathbb{R}^+$ *gibt es eine natürliche Zahl* $n \in \mathbb{N}$ *derart, daß* $x < n \cdot y$ *gilt.* Hinweis: *Verwende die Unbeschränktheit von* $\mathbb{N}$, *s. Übungsaufgabe* 1.31.
Wegen dieser Eigenschaft sagt man, der Körper $\mathbb{R}$ *(wie auch* $\mathbb{Q}$*) sei archimedisch angeordnet.*

[60] ARCHIMEDES [287?–212 v. Chr.]

★ **1.33** *Zeige, daß in jedem reellen Intervall $I = (a, b)$ mindestens eine und damit unendlich viele rationale Zahlen liegen.* Hinweis: *Verwende die Archimedische Eigenschaft, s. Übungsaufgabe* 1.32.

1.34 *Zeige: Es gilt $c = \sup M$ genau dann, wenn für alle $n \in \mathbb{N}$ eine Zahl $m \in M$ existiert, derart, daß die Ungleichungskette*

$$c - \frac{1}{n} \le m \le c$$

erfüllt ist.

1.35 *Zeige: Gilt für alle $n \in \mathbb{N}$ die Ungleichungskette $0 \le a \le \frac{1}{n}$, so ist $a = 0$.*

1.36 *Bestimme die Suprema und Infima der folgenden Mengen reeller Zahlen.*

$$\text{(a)}\ \{x \in \mathbb{R} \mid x^2 < 3\}\ ,\quad \text{(b)}\ \{x \in \mathbb{R} \mid x^2 > 3\}\ ,\quad \text{(c)}\ \{x \in \mathbb{R} \mid x^3 < 2\}\ ,$$

$$\text{(d)}\ \left\{\frac{n-1}{n+1}\ \middle|\ n \in \mathbb{N}\right\}\ ,\quad \text{(e)}\ \left\{\frac{(-1)^n}{n}\ \middle|\ n \in \mathbb{N}\right\}\ ,\quad \text{(f)}\ \left\{\frac{1}{1+x^2}\ \middle|\ x \in \mathbb{Q}\right\}\ .$$

Welche der Suprema und Infima sind Maxima bzw. Minima?

1.37 *Zeige durch Induktion, daß jede endliche Menge reeller Zahlen ein Maximum und ein Minumum besitzt.*

1.6 Die komplexen Zahlen

Das reelle Zahlensystem wurde so definiert, daß die quadratische Gleichung $x^2 = 2$ eine Lösung hat. Es zeigt sich jedoch, daß die quadratische Gleichung

$$x^2 = -1 \tag{1.35}$$

keine reelle Lösung besitzt. Dies liegt daran, daß die Quadrate aller reellen Zahlen außer 0 positiv sind (s. Teil (b) von Satz 1.1) und $0^2 = 0$ gilt. Deshalb kann keine reelle Zahl Gleichung (1.35) erfüllen.

Aus diesem Grund erzeugt man eine neue Zahlenmenge, indem man eine Lösung von Gleichung (1.35) zu $\mathbb{R}$ hinzufügt. Diese Lösung bezeichnen wir mit i und nennen sie die *imaginäre Einheit*[61]. Es gilt also *per definitionem*

$$i^2 = -1\ . \tag{1.36}$$

Da wir i mit reellen Zahlen addieren und multiplizieren wollen, betrachten wir die Menge der *komplexen Zahlen*[62]

$$\mathbb{C} := \{z = x + i \cdot y \mid x, y \in \mathbb{R}\}\ .$$

[61] Englisch: imaginary unit

[62] Englisch: set of complex numbers

Die reellen Zahlen sind diejenigen komplexen Zahlen, die die Form $x + i \cdot 0$ haben. Für eine komplexe Zahl $z = x + iy$ heißt die reelle Zahl x der *Realteil*[63] von z, und die reelle Zahl y heißt *Imaginärteil*[64] von z. Wir schreiben $x = \operatorname{Re} z$ und $y = \operatorname{Im} z$.

Wie funktionieren nun die Addition und die Multiplikation komplexer Zahlen? Dazu muß man nur Gleichung (1.36) anwenden, wenn die imaginäre Einheit auftritt. Für die komplexen Zahlen $z := x + iy$ und $w := u + iv$ gilt dann

$$z + w = (x + iy) + (u + iv) = (x + u) + i \cdot (y + v) \tag{1.37}$$

und

$$z \cdot w = (x+iy) \cdot (u+iv) = xu + xiv + iyu + i^2yv = (xu - yv) + i \cdot (xv + yu)\,. \tag{1.38}$$

Dabei haben wir Gleichung (1.36) verwendet und angenommen, daß die Assoziativ-, Kommutativ- und Distributivgesetze gelten. Tatsächlich *definiert* man die Additions- und die Multiplikationsoperation in $\mathbb{C}$ durch die Regeln (1.37)–(1.38). Es zeigt sich, daß $\mathbb{C}$ mit diesen beiden Operationen denselben Regeln 1–9 genügt, die auch für die reellen Zahlen gelten. Eine solche Menge nannten wir einen *Körper*. Somit ist $\mathbb{C}$, genauso wie $\mathbb{R}$ und $\mathbb{Q}$, ein Körper, der allerdings *nicht* angeordnet ist, da wegen (1.36) die Anordnungsaxiome (Regeln 10–12) nicht erfüllt sein können.

Man beachte, daß $0 = 0 + i \cdot 0$ und $1 = 1 + i \cdot 0$ die neutralen Elemente bzgl. der Addition und der Multiplikation für $\mathbb{C}$ sind und daß

$$-z := -x + i \cdot (-y)$$

und

$$\frac{1}{z} := \frac{1}{x + iy} = \frac{x - iy}{(x + iy)(x - iy)} = \frac{x}{x^2 + y^2} + i \cdot \frac{-y}{x^2 + y^2} \tag{1.39}$$

die Inversen der Addition bzw. der Multiplikation darstellen, s. auch Übungsaufgabe 1.38. Bei der Betrachtung des Kehrwerts (1.39) einer komplexen Zahl $z = x+iy \neq 0$ bekamen wir eine übliche Darstellung in der Form $a+ib$, $(a, b \in \mathbb{R})$, indem wir mit $\overline{z} := x - iy$ erweiterten. Das Produkt $z \cdot \overline{z} = x^2 + y^2$ ist nämlich positiv. Die Zahl $\overline{z}$ heißt die zu z *konjugiert-komplexe Zahl*. Mit Hilfe der konjugiert-komplexen Zahl kann man

$$\frac{z + \overline{z}}{2} = \frac{(x + iy) + (x - iy)}{2} = x = \operatorname{Re} z$$

und

$$\frac{z - \overline{z}}{2i} = \frac{(x + iy) - (x - iy)}{2i} = y = \operatorname{Im} z$$

schreiben. Darüberhinaus ist die Bildung der konjugiert-komplexen Zahl mit dem komplexen Produkt vertauschbar

$$\overline{z \cdot w} = \overline{z} \cdot \overline{w}\,, \tag{1.40}$$

wie man leicht nachprüfen kann.

[63] Englisch: real part

[64] Englisch: imaginary part

Sitzung 1.7 Man kann in DERIVE mit komplexen Zahlen arbeiten. Die imaginäre Einheit wird eingegeben, indem man die <ALT> Taste niederdrückt und i eingibt (<ALT>I) oder indem man #i schreibt. Die imaginäre Einheit wird durch î auf dem Bildschirm dargestellt. Die konjugiert-komplexe Zahl $\overline{z}$ von z heißt bei DERIVE CONJ(z), die Schreibweise für den Real- und den Imaginärteil lautet RE(z) und IM(z).

Man gebe (x+îy)(u+îv) als [Author] Kommando ein. Nach Vereinfachung mit [Simplify] erhält man wieder Gleichung (1.38). Deklariere die Variable z durch Eingabe von z:=x+îy. Man vereinfache mit [Simplify] $-z$ und $1/z$ und – nach der Deklaration w:=u+îv – die Ausdrücke $z \cdot w$ und z/w. Vereinfache mit [Simplify] die Ausdrücke $z \cdot \overline{z}$, $(z+\overline{z})/2$ und $(z-\overline{z})/(2i)$. Überprüfe Gleichung (1.40)! Löse die quadratische Gleichung $x^2+2x+2=0$ mit DERIVE!

Die Konstruktion von $\mathbb{C}$ garantiert, daß alle quadratischen Gleichungen innerhalb von $\mathbb{C}$ gelöst werden können. Dies ist ein Spezialfall eines grundlegenden Ergebnisses – des *Fundamentalsatzes der Algebra*[65].

Satz 1.3 (Fundamentalsatz der Algebra) Jede Gleichung der Form

$$\sum_{k=0}^{n} a_k z^k = 0 \quad (a_k \in \mathbb{C} \quad (k=0,\ldots,n)),$$

wobei z eine komplexe Variable ist, hat eine komplexe Lösung.

ÜBUNGSAUFGABEN

o **1.38** *Beweise, daß* $\mathbb{C}$ *mit den Operationen, die durch die Gleichungen* (1.37) *und* (1.38) *erklärt werden, ein Körper ist, also den Regeln* 1–9 *genügt.*

1.39 (Binomischer Lehrsatz) *Man zeige, daß der Binomische Lehrsatz*

$$(a+b)^n = \sum_{k=0}^{n} \binom{n}{k} a^{n-k} b^k \qquad (n \in \mathbb{N}_0) \tag{1.29}$$

auch für alle $a, b \in \mathbb{C}$ *gültig ist.* Hinweis: $\mathbb{C}$ *ist Körper.*

1.40 *Sei* $z := x+iy$ *und* $w := u+iv$. *Berechne* z/w *von Hand.*

1.41 *Sei* $z := x+iy$. *Berechne* $\operatorname{Re} \frac{1+z}{1-z}$. Hinweis: *Erweitere den Bruch mit* $(1-\overline{z})$.

1.42 *Berechne zunächst* $1/i$ *und dann allgemein* i^n *für* $n \in \mathbb{Z}$.

⋆ **1.43** *Bestimme die Summen*

(a) $\binom{n}{0}+\binom{n}{4}+\binom{n}{8}+\ldots,$ (b) $\binom{n}{1}+\binom{n}{5}+\binom{n}{9}+\ldots,$

(c) $\binom{n}{2}+\binom{n}{6}+\binom{n}{10}+\ldots,$ (d) $\binom{n}{3}+\binom{n}{7}+\binom{n}{11}+\ldots$

für $n \in \mathbb{N}$. Hinweis: *Man entwickle* $(1+1)^n$, $(1-1)^n$, $(1+i)^n$ *und* $(1-i)^n$ *mit dem Binomischen Lehrsatz und kombiniere auf geeignete Weise.*

[65] Einen Beweis dieses Satzes geben wir nicht. Dies wird üblicherweise in der *komplexen Analysis*, die man auch *Funktionentheorie* nennt, getan. Eine Sammlung von Beweisen findet man auch in dem Band [Zahlen].

1.7 Abzählbare und überabzählbare Mengen

Wir haben nun einige Mengen kennengelernt, die unendlich viele Elemente enthalten, nämlich $\mathbb{N}$, $\mathbb{Z}$, $\mathbb{Q}$, $\mathbb{R}$ und $\mathbb{C}$. In diesem Abschnitt werden wir sehen, daß es ein weiteres wesentliches Unterscheidungsmerkmal zwischen $\mathbb{Q}$ und $\mathbb{R}$ gibt: In gewisser Beziehung gibt es viel mehr irrationale als rationale Zahlen. Genauer gilt: Die rationalen Zahlen lassen sich durchnumerieren, die irrationalen nicht.

Definition 1.11 (Abzählbare und überabzählbare Mengen) Ein Menge M, deren Elemente sich durchnumerieren lassen

$$M = \{m_1, m_2, m_3, m_4, \ldots\} \tag{1.41}$$

heißt *abzählbar*[66]. Ist eine Menge M nicht abzählbar, nennen wir sie *überabzählbar*.

Beispiel 1.8 (Endliche Mengen sind abzählbar) Natürlich ist jede endliche Menge abzählbar. Man wählt sich ein beliebiges Element aus, gibt ihm die Nummer 1 bzw. den Namen m_1 (gemäß (1.41)). Danach wählt man nacheinander ein noch nicht numeriertes Element aus, gibt ihm die nächste zu vergebende Nummer und fährt solange fort, bis alle Elemente aufgebraucht sind. Da die Menge nur endlich viele Elemente hat, ist man nach endlich vielen Schritten fertig und alle Elemente sind numeriert.

Beispiel 1.9 ($\mathbb{N}$ und verwandte Mengen) Die Menge der positiven natürlichen Zahlen $\mathbb{N}$ ist *das Musterbeispiel* einer abzählbaren Menge, da jede natürliche Zahl gerade einer der zu vergebenden Nummern entspricht.

$n \in \mathbb{N}$	1	2	3	4	5	6	7	8	9	...
Nummer	1	2	3	4	5	6	7	8	9	...

Aber auch die Menge der positiven geraden Zahlen

$$G := \{g \in \mathbb{N} \mid g \text{ ist gerade}\} = \{2, 4, 6, \ldots\}$$

ist abzählbar. Das sieht man an der Numerierung

$g \in G$	2	4	6	8	10	12	14	16	18	...
Nummer	1	2	3	4	5	6	7	8	9	...

Weiter ist die Menge

$$P := \{p \in \mathbb{N} \mid p \text{ ist nur durch 1 und } p \text{ teilbar}\} = \{2, 3, 5, 7, 11, 13, \ldots\}$$

der Primzahlen abzählbar:

[66] Englisch: countable set

$p \in P$	2	3	5	7	11	13	17	19	23	...
Nummer	1	2	3	4	5	6	7	8	9	...

.

Schließlich ist auch die Menge $\mathbb{N}_0$ abzählbar:

$n \in \mathbb{N}_0$	0	1	2	3	4	5	6	7	8	...
Nummer	1	2	3	4	5	6	7	8	9	...

.

Beispiel 1.10 ($\mathbb{Z}$ ist abzählbar) $\mathbb{N}_0$ war ein Beispiel einer *Obermenge* von $\mathbb{N}$, die trotzdem abzählbar ist. Wir werden sehen, daß wir noch wesentlich mehr Zahlen dazunehmen können, ohne die Klasse der abzählbaren Mengen zu verlassen. Wie können wir $\mathbb{Z}$ durchnumerieren? Nun, wir können *nicht* zunächst die positiven Zahlen durchnumerieren und danach die negativen, da dann bereits nach der ersten Hälfte der Prozedur die Nummern ausgegangen sind. Wir können jedoch immer *abwechselnd* eine positive und eine negative Zahl numerieren, und erfassen so offenbar alle ganzen Zahlen:

$n \in \mathbb{Z}$	0	1	−1	2	−2	3	−3	4	−4	...
Nummer	1	2	3	4	5	6	7	8	9	...

.

Beispiel 1.11 ($\mathbb{Q}$ ist abzählbar) Auf den ersten Blick scheint es unwahrscheinlich, daß sich auch die rationalen Zahlen durchnumerieren lassen, da die Elemente dieser Menge auf dem Zahlenstrahl dicht liegen, d. h. zwischen je zwei rationalen Zahlen liegen ja unendlich viele weitere. Andererseits haben wir aus dem letzten Beispiel gelernt, daß man durch geschickte Wahl der Reihenfolge allerhand erreichen kann. Bei $\mathbb{Q}$ gehen wir folgendermaßen vor. Die Zahl 0 bekommt die Nummer 1. Die restlichen rationalen Zahlen haben alle eine Darstellung als Bruch $\pm\frac{m}{n}$ mit $m, n \in \mathbb{N}$. Diese Zahlen können wir offensichtlich in folgendem quadratischen Schema anordnen:

$$
\begin{array}{ccccccccccc}
1 & -1 & 2 & -2 & 3 & -3 & 4 & -4 & 5 & -5 & \cdots \\
\frac{1}{2} & -\frac{1}{2} & \frac{2}{2} & -\frac{2}{2} & \frac{3}{2} & -\frac{3}{2} & \frac{4}{2} & -\frac{4}{2} & \frac{5}{2} & -\frac{5}{2} & \cdots \\
\frac{1}{3} & -\frac{1}{3} & \frac{2}{3} & -\frac{2}{3} & \frac{3}{3} & -\frac{3}{3} & \frac{4}{3} & -\frac{4}{3} & \frac{5}{3} & -\frac{5}{3} & \cdots \\
\frac{1}{4} & -\frac{1}{4} & \frac{2}{4} & -\frac{2}{4} & \frac{3}{4} & -\frac{3}{4} & \frac{4}{4} & -\frac{4}{4} & \frac{5}{4} & -\frac{5}{4} & \cdots \\
\frac{1}{5} & -\frac{1}{5} & \frac{2}{5} & -\frac{2}{5} & \frac{3}{5} & -\frac{3}{5} & \frac{4}{5} & -\frac{4}{5} & \frac{5}{5} & -\frac{5}{5} & \cdots \\
\vdots & \vdots & \vdots & \vdots & \vdots & \vdots & \vdots & \vdots & \vdots & \vdots & \ddots
\end{array}
$$

Jede rationale Zahl (außer 0) kommt in diesem Schema mindestens einmal vor.[67] Eine Durchnumerierung bekommen wir nun z. B. durch folgendes Diagonalverfahren: Man starte in obigem Schema links oben in der Ecke (bei der 1), gehe dann um ein Feld nach rechts (zur -1), laufe längs der Diagonalen nach links unten weiter (zu $1/2$), gehe dann um ein Feld nach unten (zu $1/3$), um dann wieder längs der Diagonalen nach rechts oben weiterzufahren, usw. Schließlich numeriere man die Zahlen derart, daß jede rationale Zahl nur bei ihrem *ersten* Auftreten notiert wird. Der Anfang dieser numerierten Liste sieht dann folgendermaßen aus:

$q \in \mathbb{Q}$	0	1	-1	$\frac{1}{2}$	$\frac{1}{3}$	$-\frac{1}{2}$	2	-2	$-\frac{1}{3}$	$\frac{1}{4}$	$\frac{1}{5}$	$-\frac{1}{4}$	$\frac{2}{3}$	3	...
Nummer	1	2	3	4	5	6	7	8	9	10	11	12	13	14	...

Da jede rationale Zahl nun genau eine Nummer hat, ist $\mathbb{Q}$ abzählbar. $\triangle$

Nach all den Beispielen abzählbarer Mengen wird man sich fragen: Gibt es vielleicht überhaupt keine überabzählbaren Mengen? Das wesentliche Ergebnis dieses Abschnitts ist die Aussage, daß die Menge der reellen Zahlen $\mathbb{R}$ überabzählbar ist!

Satz 1.4 ($\mathbb{R}$ ist überabzählbar) Die Menge $\mathbb{R}$ ist überabzählbar.

Beweis: Wenn $\mathbb{R}$ überabzählbar ist, so kann dies – nachdem $\mathbb{Q}$ ja abzählbar war – nur an derjenigen Regel liegen, die $\mathbb{R}$ und $\mathbb{Q}$ unterschied: am Intervallschachtelungsaxiom. Wir formulieren die Aussage des Satzes um: Sei eine beliebige durchnumerierte Menge $M = \{m_1, m_2, m_3, m_4, \ldots\} \subset \mathbb{R}$ reeller Zahlen gegeben. Dann gibt es immer eine reelle Zahl x, die nicht in M enthalten ist[68]. Sei also M beliebig vorgegeben. Wir konstruieren eine Intervallschachtelung, der wir konstruktionsgemäß ansehen können, daß in ihrem Durchschnitt keine der Zahlen $m_1, m_2, \ldots$ enthalten ist.

Wir wählen dazu zuerst ein Intervall $I_1 = [a_1, b_1]$ der Länge $|I_1| = 1$ derart aus, daß der erste Wert aus M, also m_1, nicht in I_1 enthalten ist, z. B. $I_1 = [m_1 + 1, m_1 + 2]$. Danach teilen wir I_1 in drei gleich große Teilintervalle der Länge $1/3$.[69] In wenigstens einem dieser Teilintervalle kommt m_2 nicht vor. Von denjenigen Teilintervallen mit dieser Eigenschaft suchen wir eines aus und nennen es I_2. Offenbar gilt dann $I_2 \subset I_1$ und $|I_2| = \frac{1}{3}$. Wir fahren nun fort, das jeweilig übrigbleibende Intervall I_{k-1} zu dritteln und das neue Intervall I_k so auszuwählen, daß m_k nicht in I_k enthalten ist. Wir bekommen so schließlich eine schrumpfende Intervallschachtelung $I_1 \supset I_2 \supset I_3 \supset I_4 \ldots$ mit $|I_k| = \frac{1}{3^k}$, welche nach dem Intervallschachtelungsaxiom ein gemeinsames reelles Element $x \in \bigcap\limits_{k \in \mathbb{N}} I_k$ hat. Gemäß Konstruktion ist für jedes $k \in \mathbb{N}$ die Zahl $m_k \notin I_k$, und somit erst recht $m_k \notin \bigcap\limits_{k \in \mathbb{N}} I_k$. Somit ist tatsächlich $x \in \mathbb{R} \setminus M$. $\square$

Eine weitere wichtige Begriffsbildung ist die des Mengenprodukts.

[67] Tatsächlich kommt jede rationale Zahl sogar *unendlich oft* in dieser Liste vor! Daher gibt es offenbar unendlich mal *mehr* natürliche als rationale Zahlen! Es ist schon ein Kreuz mit dem Unendlichen...

[68] Man mache sich klar, warum daraus unser Satz folgt!

[69] Man überlege sich, warum wir das Intervall nicht einfach halbieren.

Definition 1.12 (Kreuzprodukt zweier Mengen) Mit $A \times B$ bezeichnen wir die Menge der Paare

$$A \times B := \{(a,b) \mid a \in A \text{ und } b \in B\} ,$$

und nennen diese Menge das *Kreuzprodukt* der Mengen A und B. Ist $A = B$, so schreiben wir auch $A^2 := A \times A$ und ferner rekursiv ($n \in \mathbb{N}$)

$$A^n := \begin{cases} A \times A^{n-1} = \underbrace{A \times A \times \cdots \times A}_{n-\text{mal}} & \text{falls } n > 1 \\ A & \text{falls } n = 1 \end{cases} .$$

Beispielsweise ist $\mathbb{R}^n$ ($\mathbb{C}^n$) die Menge der sogenannten *n-tupel*[70] *reeller (komplexer) Zahlen.*

Ist A überabzählbar, so ist auch A^n überabzählbar. In Übungsaufgabe 1.44 soll man zeigen, daß andererseits für abzählbares A auch A^n abzählbar ist.

ÜBUNGSAUFGABEN

1.44 *Zeige, daß für eine abzählbare Menge A auch A^n abzählbar ist. Insbesondere: $\mathbb{Q}^n$ ist für jedes $n \in \mathbb{N}$ abzählbar.* Hinweis: *Man mache eine ähnliche Konstruktion wie in Beispiel* 1.11.

[70] Als Fortsetzung von Quartupel, Quintupel, ...

2 Der Euklidische Raum

2.1 Der zweidimensionale euklidische Raum

Auf ähnliche Weise wie die reellen Zahlen geometrisch eine Zahlengerade darstellen, repräsentieren Paare reeller Zahlen Punkte in einer Ebene[1].

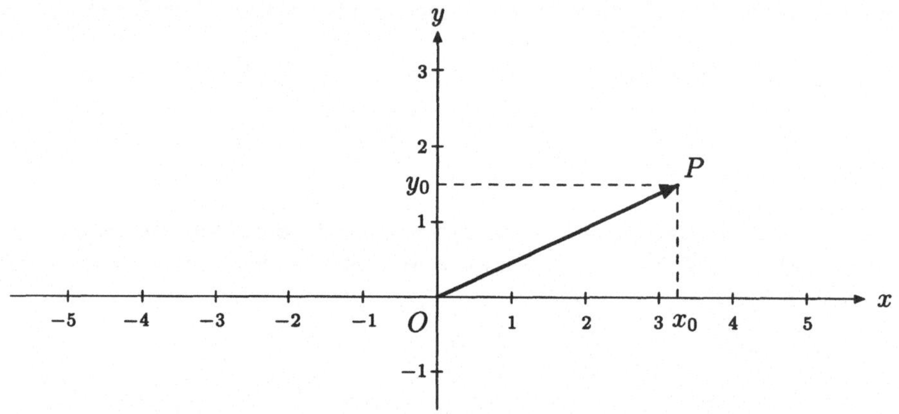

Abbildung 2.1 Ein kartesisches x-y-Koordinatensystem

Der Punkt O ist ein ausgezeichneter Punkt und heißt der *Ursprung*[2]. Er ist der Schnittpunkt der beiden Linien in Abbildung 2.1, die die *Koordinatenachsen* genannt werden, und die *senkrecht* (wir sagen auch *orthogonal*) aufeinander stehen. Diese Achsen heißen x- und *y-Achse*. Jede Achse hat eine *Richtung*[3], die durch die Pfeile festgelegt ist. Schließlich ist für jede Achse eine Einheit festgelegt, so daß die reellen Zahlen auf ihr dargestellt werden können. In dieser, wie auch in späteren Abbildungen, ist dies durch die Skalierung jeder Achse angedeutet. Für gewöhnlich wählen wir die Länge der Einheit für beide Achsen gleich. Die x-Achse zeigt nach rechts, die y-Achse nach oben. Ein *Punkt P* dieser Ebene wird durch ein *Paar* (x_0, y_0) reeller Zahlen dargestellt. Die Zahlen x_0 und y_0 heißen x- bzw. *y-Koordinate* von P. Der Ursprung hat die Koordinaten $(0, 0)$.

Diese Anordnung heißt *kartesisches*[4] *Koordinatensystem*.

Die Menge aller Paare (x, y) reeller Zahlen $\mathbb{R}^2 := \{(x, y) \mid x, y \in \mathbb{R}\}$ heißt

[1] Englisch: plane
[2] Englisch: origin
[3] Englisch: direction of axis
[4] René Descartes [1596–1650] führte Koordinatensysteme in die Algebra ein.

der *2-dimensionale Euklidische*[5] *Raum*[6]. Die Elemente von $\mathbb{R}^2$ werden auch 2-dimensionale *Vektoren* genannt. Manchmal betrachten wir einen Vektor als Pfeil von O nach P und nicht als den Punkt P in der Ebene. Wir bezeichnen Vektoren meist mit einem fettgedruckten Buchstaben vom Ende des Alphabets und ihre Koordinaten werden entsprechend indiziert, z. B. $\boldsymbol{x} = (x_1, x_2)$, $\boldsymbol{y} = (y_1, y_2)$ und $\boldsymbol{z} = (z_1, z_2)$. Der Vektor $\mathbf{0} = (0, 0)$ entspricht dem Ursprung O und wird *Nullvektor* genannt. Man beachte, daß y_1 die x-Koordinate des Vektors $y = (y_1, y_2)$ genauso bezeichnen kann, wie die y-Koordinate des Punktes $P_1 = (x_1, y_1)$!

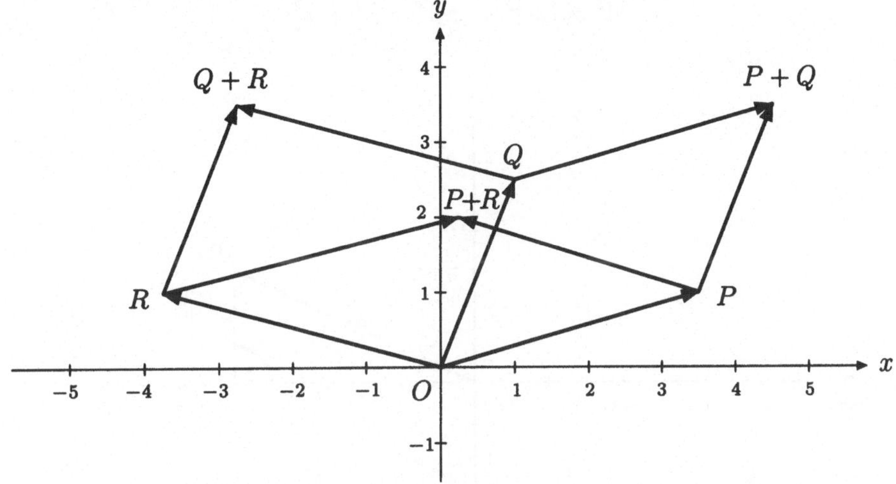

Abbildung 2.2 Die Parallelogrammregel für die Addition

Die *Addition* und die *Subtraktion* von Vektoren wird koordinatenweise erklärt:

$$\boldsymbol{x} + \boldsymbol{y} = (x_1, x_2) + (y_1, y_2) := (x_1 + y_1, x_2 + y_2) \tag{2.1}$$

und

$$\boldsymbol{x} - \boldsymbol{y} = (x_1, x_2) - (y_1, y_2) := (x_1 - y_1, x_2 - y_2) .$$

Die Addition von $\boldsymbol{x}$ und $\boldsymbol{y}$ kann graphisch mit folgender *Parallelogrammregel* dargestellt werden: $\boldsymbol{x} + \boldsymbol{y}$ ist der Vektor, der von O zu dem Punkt zeigt, den wir erhalten, wenn wir eine verschobene Kopie von $\boldsymbol{y}$ an $\boldsymbol{x}$ anhängen (oder eine verschobene Kopie von $\boldsymbol{x}$ an $\boldsymbol{y}$). Abbildung 2.2 verdeutlicht diese Regel. Offensichtlich wird das Negative $-\boldsymbol{x}$ eines Vektors $\boldsymbol{x}$ durch denjenigen Vektor dargestellt, der in die entgegengesetzte Richtung zeigt. Deshalb kann die Subtraktion $\boldsymbol{x} - \boldsymbol{y}$ dargestellt werden, indem man eine negative Kopie von $\boldsymbol{y}$ an $\boldsymbol{x}$ anhängt. Insbesondere gilt $\boldsymbol{x} - \boldsymbol{x} = \mathbf{0}$ für alle $\boldsymbol{x} \in \mathbb{R}^2$.

[5] EUKLID [um 300 v. Chr.]
[6] Englisch: Euclidean space

Wir führen nun den Begriff der Länge eines Vektors in $\mathbb{R}^2$ ein. Sei $P = \boldsymbol{x} = (x_1, x_2)$ ein Punkt der Ebene, siehe Abbildung 2.3. Wir stellen fest, daß der Abstand zwischen Ursprung und der *Projektion* $A = (x_1, 0)$ von P auf die x-Achse gleich $|x_1|$ ist (der Abstand ist positiv, auch wenn x_1 negativ ist!). Der Abstand zwischen A und P ist gleich $|x_2|$. Wir stellen weiter fest, daß das Dreieck $\overline{OAP}$ in A einen rechten Winkel hat, so daß sich aus dem *Satz des Pythagoras*[7] für den Abstand d zwischen P und dem Ursprung (und deshalb auch für die Länge des Vektors $\boldsymbol{x}$) die Gleichung

$$d^2 = |x_1|^2 + |x_2|^2 = x_1^2 + x_2^2$$

ergibt.

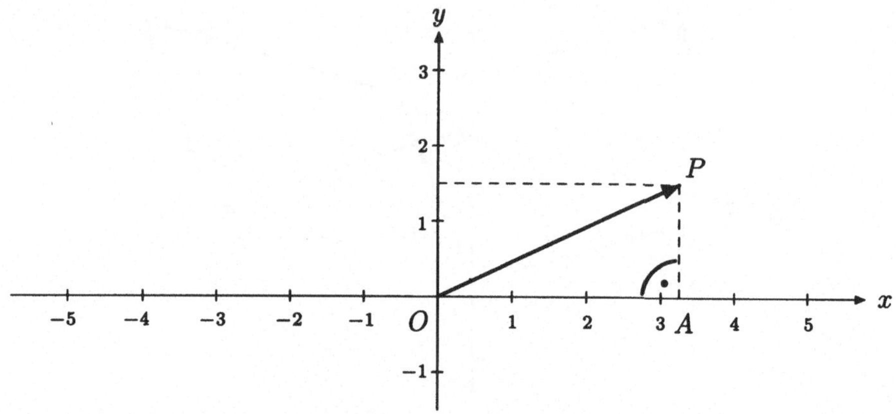

Abbildung 2.3 Der Betrag

Dieser Abstand heißt wie im reellen Fall der *Betrag* von $\boldsymbol{x}$. Auf Grund unserer Überlegungen definieren wir ihn durch[8]

$$|\boldsymbol{x}| := \sqrt{x_1^2 + x_2^2}\,. \tag{2.2}$$

Sind nun $P = \boldsymbol{x} = (x_1, x_2)$ und $Q = \boldsymbol{y} = (y_1, y_2)$ zwei beliebige Vektoren, so können wir durch Betrachtung des Dreiecks $\overline{PAQ}$ mit $A = (y_1, x_2)$ leicht feststellen, daß der Abstand zwischen $\boldsymbol{x}$ und $\boldsymbol{y}$ durch

$$\text{DIST}\,(\boldsymbol{x}, \boldsymbol{y}) := \sqrt{(y_1 - x_1)^2 + (y_2 - x_2)^2} = |\boldsymbol{y} - \boldsymbol{x}|$$

gegeben ist. Wie man aus der Parallelogrammregel geometrisch sieht, gilt die Ungleichung

$$|\boldsymbol{x} + \boldsymbol{y}| \le |\boldsymbol{x}| + |\boldsymbol{y}| \tag{2.3}$$

[7] PYTHAGORAS [um 570–497 v. Chr.]

[8] Wir *definieren* den Betrag gemäß (2.2). Für uns ist ausschließlich diese Definition maßgebend und nicht ihr geometrischer Inhalt oder der Satz des Pythagoras. Wir haben unsere Definition lediglich *in Übereinstimmung* mit der Elementargeometrie gewählt. Für eine andere (ebenfalls mögliche) Definition des Betrags siehe Übungsaufgabe 2.4.

für alle $\boldsymbol{x}, \boldsymbol{y} \in \mathbb{R}^2$. Aus naheliegenden Gründen heißt diese Ungleichung *Dreiecksungleichung*. Als Übung möge man die Gültigkeit der Dreiecksungleichung mit Hilfe der Ordnungsregeln für reelle Zahlen nachweisen, s. Übungsaufgabe 2.1.

Die obige Definition (2.2) des Betrags stellt eine Erweiterung der Definition für $\mathbb{R}^1 := \mathbb{R}$ dar, denn für die reellen Zahlen

$$x \in \mathbb{R} \quad \leftrightarrow \quad (x, 0) \in \mathbb{R}^2 \tag{2.4}$$

erhalten wir[9]

$$|(x, 0)| = \sqrt{x^2} = |x| \, .$$

Die letzte Gleichung folgt aus der Definition der Quadratwurzel[10]. Deshalb gilt Gleichung (2.3) auch für $\boldsymbol{x}, \boldsymbol{y} \in \mathbb{R}$. Diesen Fall hatten wir bereits in Beispiel 1.4 betrachtet.

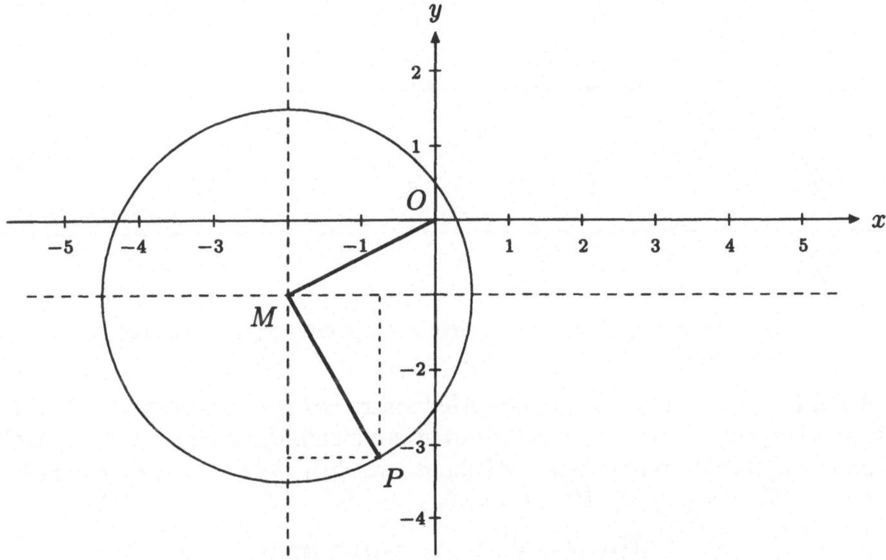

Abbildung 2.4 Zur Kreisgleichung

In $\mathbb{R}^2$ stellt der Ort aller Punkte $P = \boldsymbol{x} = (x, y)$, die vom Mittelpunkt $M = (x_0, y_0)$ den gleichen Abstand r haben, also die Menge

$$\left\{P \in \mathbb{R}^2 \;\middle|\; |P - M| = r\right\} = \left\{\boldsymbol{x} = (x, y) \in \mathbb{R}^2 \;\middle|\; (x - x_0)^2 + (y - y_0)^2 = r^2\right\} \, ,$$

als Folge des Satzes von Pythagoras die *Kreislinie*[11] mit dem *Mittelpunkt* M und dem *Radius* r dar, s. Abbildung 2.4.

[9] Wir stellen uns bei dieser Sichtweise vor, daß $\mathbb{R}^1$ in $\mathbb{R}^2$ auf die gleiche Weise eingebettet ist wie eine Gerade in eine Ebene.

[10] Man erinnere sich, daß die Quadratwurzel einer positiven Zahl a die *positive* Lösung der Gleichung $x^2 = a$ ist.

[11] Englisch: circle. Kreisscheibe heißt dagegen „disk".

Übungsaufgaben

2.1 *Beweise die Dreiecksungleichung* (2.3).

2.2 *Wann gilt in der Dreiecksungleichung* (2.3) *die Gleichheit?*

2.3 *Weise nach, daß für beliebige Zahlen* $x_1, x_2, \ldots, x_n \in \mathbb{R}^2$ *die Ungleichung*

$$|x_1 + x_2 + \cdots + x_n| \leq |x_1| + |x_2| + \cdots + |x_n| \tag{2.5}$$

gilt. Warum gilt Gleichung (2.5) *auch für* $x_1, x_2, \ldots, x_n \in \mathbb{R}$*?*

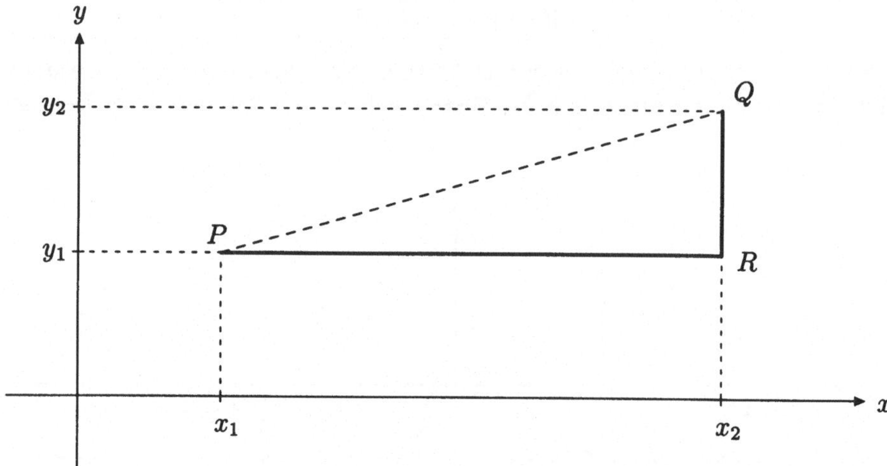

Abbildung 2.5 Abstandsmessung auf Achsenparallelen

∘ **2.4** *Abbildung* 2.5 *zeigt, wie man den Abstand zwischen den beiden Punkten* P *und* Q *statt euklidisch (Luftlinie) durch Betragssummenbildung längs Achsenparallelen messen kann. Der Betragssummen-Abstand zwischen zwei beliebigen Punkten* $P = (x_1, y_1)$ *und* $Q = (x_2, y_2)$ *in* $\mathbb{R}^2$ *ist definiert durch*

$$\mathrm{DIST_{sum}}(P, Q) := |x_2 - x_1| + |y_2 - y_1| \, .$$

Zeige:

(a) *Der Betragssummen-Abstand* $\mathrm{DIST_{sum}}(P, Q)$ *ist für beliebige Punkte* P *und* Q *größer oder gleich dem Euklidischen Abstand* $\mathrm{DIST}(P, Q)$.

(b) *Es gibt Punkte* P *und* Q*, für die die beiden Abstände übereinstimmen. Wann ist dies der Fall?*

(c) *Für beliebige Punkte* P *und* Q *gilt* $\mathrm{DIST_{sum}}(P, Q) \leq \sqrt{2} \cdot \mathrm{DIST}(P, Q)$.

⋆ **2.5 (Höhe eines Tetraeders)** *Ein Tetraeder ist eine Pyramide absoluter Symmetrie, d. h. es hat 4 kongruente gleichseitige Dreiecke als Seiten. Berechne bei gegebener Kantenlänge* a *die Höhe des Tetraeders. Hinweis: Berechne die Höhe eines gleichseitigen Dreiecks und zeige, daß die Projektion der Pyramidenspitze beim Tetraeder die Höhe der Pyramidenbasis im Verhältnis 2 zu 1 teilt.*

2.2 Die Gaußsche Zahlenebene

Ähnlich wie der Euklidische Raum $\mathbb{R}^2$ besteht die Menge der komplexen Zahlen aus Paaren reeller Zahlen. Tatsächlich identifiziert man $\mathbb{C}$ mit der Menge $\mathbb{R}^2$, wobei die Additionsregel (1.37) der Vektoraddition (2.1) entspricht und die Multiplikationsregel (1.38) für die Elemente $z = x + iy := (x, y) \in \mathbb{R}^2$ hinzukommt[12].

Daraus folgt insbesondere, daß wir $\mathbb{C}$ mit einer x-y-Ebene identifizieren können, derart, daß die x-Achse den Realteil und die y-Achse den Imaginärteil der komplexen Zahl $z = x + iy$ darstellt. Diese Darstellung der komplexen Zahlen wird die *Gaußsche*[13] *Zahlenebene* genannt. Die multiplikative Einheit 1 wird durch den Punkt $(1, 0) \in \mathbb{R}^2$ dargestellt, wohingegen die imaginäre Einheit i dem Punkt $(0, 1) \in \mathbb{R}^2$ entspricht. Die x-Achse heißt in diesem Fall *reelle Achse* und die y-Achse *imaginäre Achse*.

So gibt es auch für komplexe Zahlen den Begriff des *Betrages* als Abstand zwischen z und dem Ursprung in der Gaußschen Zahlenebene, und es gilt gemäß (2.2)

$$|x + iy| := \sqrt{x^2 + y^2} \tag{2.6}$$

oder entsprechend

$$|z| := \sqrt{z \cdot \overline{z}}\,. \tag{2.7}$$

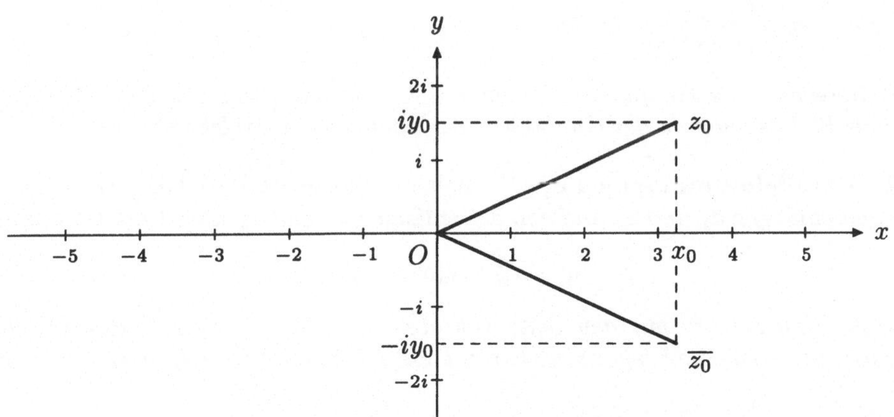

Abbildung 2.6 Die Gaußsche Zahlenebene

Sitzung 2.1 Die **ABS** Funktion kann bei DERIVE auch für komplexe Zahlen verwendet werden. Bestimme $|1 + i|$, und gib eine geometrische Interpretation in der Gaußschen Ebene an. Zeige, daß die Gleichungen (2.6) und (2.7) sich entsprechen. Zeige, daß für alle komplexen Zahlen $z := x + iy$ und $w := u + iv$ die Beziehung

[12]Bei dieser Darstellung wird die Identifikation $x \in \mathbb{R} \leftrightarrow (x, 0) \in \mathbb{R}^2 \leftrightarrow x + 0 \cdot i \in \mathbb{C}$ aus (2.4) besonders deutlich.

[13]CARL FRIEDRICH GAUSS [1777–1855]

$$|z \cdot w| = |z| \cdot |w| \tag{2.8}$$

(oder einfacher $|z \cdot w|^2 = (|z| \cdot |w|)^2$) gilt.

Die Tatsache (2.8), daß der Betrag mit der Bildung von Produkten vertauschbar ist, folgt aus der entsprechenden Regel für die konjugiert-komplexe Zahl (1.40)

$$|z \cdot w|^2 = (z \cdot w) \cdot (\overline{z \cdot w}) \overset{(1.40)}{=\!=} z \cdot w \cdot \overline{z} \cdot \overline{w} = (z \cdot \overline{z}) \cdot (w \cdot \overline{w}) = |z|^2 \cdot |w|^2 .$$

Übungsaufgaben

2.6 *Beweise, daß für alle komplexen Zahlen* $z \in \mathbb{C} \setminus \{0\}$

(a) $\left|\frac{1}{z}\right| = \frac{1}{|z|}$ *und* (b) $|z^n| = |z|^n$ *für alle* $n \in \mathbb{Z}$ *gilt.*

2.7 *Wo in der Gaußschen Zahlenebene liegen die Zahlen* z*, für die*

$$|z + 1| = |z - 1|$$

gilt? Gib sowohl ein geometrisches als auch ein rechnerisches Argument.

2.8 *Erkläre das Ergebnis von Übungsaufgabe 1.41 für* $|z| = 1$ *geometrisch.*

2.9 *Zeige, daß* $\left|\frac{z-a}{1-\overline{a}z}\right| = 1$ *ist für alle* $z \in \mathbb{C}$ *mit* $|z| = 1$ *und alle* $a \in \mathbb{C}$ *mit* $a \neq z$.

2.10 *Berechne alle komplexen Zahlen* $z \in \mathbb{C}$*, die die Gleichung* $z^8 = 1$ *erfüllen. Zeichne die Lösungen in der Gaußschen Zahlenebene ein. Welche Figur ergeben sie?*

2.11 (Parallelogrammgleichung) *Zeige die folgende Beziehung zwischen den Diagonalenlängen* d_1 *und* d_2 *und den Seitenlängen* a_1 *und* a_2 *eines Parallelogramms:*

$$d_1^2 + d_2^2 = 2(a_1^2 + a_2^2) .$$

Hinweis: *Man arbeite mit den Seitenvektoren* $z_1 \in \mathbb{C}$ *und* $z_2 \in \mathbb{C}$ *des Parallelogramms, und stelle die Diagonalenvektoren mit Hilfe von Addition bzw. Subtraktion dar.*

2.12 *Seien* $z_1, z_2 \in \mathbb{C}$ *zwei komplexe Zahlen, und sei*[14] α *der Winkel zwischen den Vektoren* z_1 *und* z_2 *in der Gaußschen Zahlenebene. Bezeichnet* $\cos\alpha$ *den elementargeometrischen Kosinus des Winkels* α *(Ankathete/Hypotenuse), dann gilt die Beziehung* $\operatorname{Re}(z_1\overline{z_2}) = |z_1||z_2|\cos\alpha$.

2.13 (Kosinussatz) *Zeige unter Benutzung von Aufgabe 2.12 den Kosinussatz:*

$$|z_1|^2 + |z_2|^2 - 2|z_1||z_2|\cos\alpha = |z_2 - z_1|^2 .$$

[14]Das Symbol α ist der griechische Buchstabe „alpha".

3 Funktionen und Graphen

3.1 Reelle Funktionen und ihre Graphen

Definition 3.1 (Reelle Funktionen) Eine *reelle Funktion* f ist eine Regel, die den reellen Zahlen $x \in D$ des *Definitionsbereichs* $D \subset \mathbb{R}$ jeweils eine reelle Zahl $f(x)$ zuordnet. Die Zahl $f(x)$ heißt der *Wert*[1] *von* f an der Stelle x oder das *Bild*[2] von x unter der Funktion f. Entsprechend heißt x ein *Urbild*[3] des Punktes $f(x)$. Wir schreiben in dieser Situation auch $x \mapsto f(x)$. Beim Ausdruck $f(x)$ sagen wir manchmal auch, daß x das *Argument* dieses Funktionsaufrufs sei. Die Menge aller Werte von f

$$f(D) := \{f(x) \in \mathbb{R} \mid x \in D\}$$

heißt der *Wertebereich* oder auch *Bild*[4] von f. Wir nennen x die *unabhängige Variable* von f. Häufig ist der Definitionsbereich $D \subset \mathbb{R}$ von f ein Intervall oder ganz $\mathbb{R}$. Um den Definitionsbereich einer Funktion zu spezifizieren, verwenden wir die ausführlichere Schreibweise $f : D \to \mathbb{R}$ oder auch

$$f: \begin{array}{l} D \to \mathbb{R} \\ x \mapsto f(x) \end{array} .$$

Beispiel 3.1 Die Betragsfunktion

$$|x| := \begin{cases} x & \text{falls } x \geq 0 \\ -x & \text{sonst} \end{cases} \tag{1.22}$$

und die Vorzeichenfunktion

$$\operatorname{sign} x := \begin{cases} 1 & \text{falls } x > 0 \\ -1 & \text{falls } x < 0 \\ 0 & \text{falls } x = 0 \end{cases} , \tag{1.23}$$

die wir in Kapitel 1 definiert haben, stellen Beispiele von Funktionen dar, die in ganz $\mathbb{R}$ erklärt sind. Auch die Quadratfunktion $\operatorname{sqr}(x) := x^2$ und die Quadratwurzelfunktion $\operatorname{sqrt}(x) := \sqrt{x}$ sind reelle Funktionen. Man beachte jedoch, daß letztere Funktion nur für nichtnegative x-Werte definiert ist. Der Definitionsbereich der Wurzelfunktion ist also $\mathbb{R}_0^+ = [0, \infty)$ und nicht $\mathbb{R}$. $\triangle$

---

[1] Englisch: value
[2] Englisch: image
[3] Englisch: preimage
[4] Englisch: range

Man kann eine reelle Funktion f mit Hilfe eines x-y-Koordinatensystems graphisch darstellen. Dazu zeichnet man das Bild der Punkte

$$\{(x,y) \in \mathbb{R}^2 \mid y = f(x)\} .$$

Diese ebene Menge heißt der *Graph* von f. Es folgen die Graphen der Betragsfunktion, der Vorzeichenfunktion sowie der Quadrat- und der Wurzelfunktion.

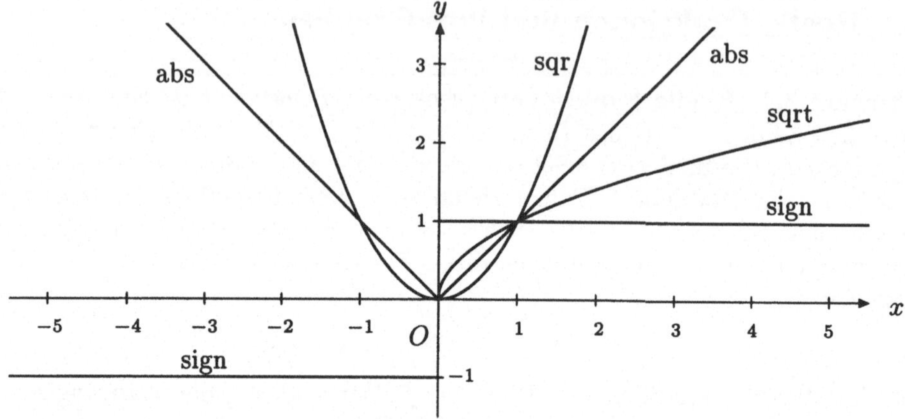

Abbildung 3.1 Einige Beispielgraphen reeller Funktionen

DERIVE-Sitzung 13.5 gibt eine Anleitung, wie man DERIVE zur graphischen Darstellung benutzen kann.

Das Beispiel der Kreisgleichung

$$x^2 + y^2 = 1 , \tag{3.1}$$

die für jedes $x \in (-1, 1)$ zwei Lösungen y hat, zeigt, daß eine Gleichung mit zwei Variablen x und y nicht einer Funktion $x \mapsto y(x)$ entsprechen muß. Jede Gleichung E, die wie Gleichung (3.1) die Variablen x und y miteinander in Verbindung setzt, heißt *implizite Funktion*. Die graphische Darstellung einer impliziten Funktion erhält man durch Darstellung der Menge[5]

$$\{(x,y) \in \mathbb{R}^2 \mid E \text{ ist wahr}\} .$$

Nur wenn die Gleichung eine *eindeutige Lösung* $y(x)$ besitzt und damit eindeutig nach y *aufgelöst*[6] werden kann, ist eine implizite Funktion tatsächlich eine Funktion – denn eine Funktion muß definitionsgemäß für jedes x aus ihrem Definitionsbereich genau einen Wert $y(x)$ besitzen. Auch wenn diese Eigenschaft für alle Zahlen x in einem bestimmten Intervall $I \subset \mathbb{R}$ gilt, so heißt das noch lange nicht, daß wir tatsächlich eine *explizite Formel* $y(x)$ angeben können.

[5] Man kann zumindest *prinzipiell* zu so einer graphischen Darstellung gelangen; es ist jedoch oft schwer, die Werte $(x, y) \in \mathbb{R}^2$ zu bestimmen, für die die Gleichung E gilt.

[6] Die Auflösbarkeit ist somit gleichwertig mit der Existenz einer eindeutigen Lösung und nicht mit der Existenz einer Formel für diese Lösung.

Graphisch betrachtet bedeutet die Tatsache, daß man die Gleichung an einer Stelle x_0 nach y auflösen kann, daß die Parallele zur y-Achse, die durch x_0 geht, den zugehörigen Graphen genau einmal schneidet.

ÜBUNGSAUFGABEN

3.1 *Gib eine explizite Darstellung der impliziten Funktion*

$$\Big||x| + |y-3| - 3\Big| = 1 \, .$$

3.2 *Zeige: Ersetzt man x durch x/a für ein $a > 0$ in der impliziten Funktionsgleichung*

$$F(x,y) = 0 \tag{3.2}$$

(wobei F eine beliebige Funktion der beiden Variablen x und y ist), so ändert sich die Skalierung in x-Richtung um den Faktor a, so daß der Graph von Gleichung (3.2) in Richtung der x-Achse um den Faktor a gedehnt oder (falls $a < 1$) gestaucht wird. Ersetzen wir y in Gleichung (3.2) durch y/b ($b > 0$), so wird der Skalierungsfaktor in y-Richtung um den Faktor b vergrößert oder verkleinert, und der Graph in y-Richtung gedehnt oder gestaucht. (Genau diese Substitutionen werden im `Scale` *und im* `Zoom` *Befehl bei* DERIVE *durchgeführt.)*

Stelle die Einheitskreislinie mit der Gleichung $x^2 + y^2 = 1$ graphisch dar. Benutze den `Zoom` *Befehl, um die Skalierung einer der Achsen zu ändern. Wie sieht das Bild nun aus?*

◇ **3.3** *Zeige mit quadratischer Ergänzung (s. Umformung von Gleichung (3.10)), daß der Graph einer Gleichung der Form*

$$x^2 + ax + y^2 + by + c = 0 \tag{3.3}$$

immer ein Kreis ist oder so degeneriert, daß es keinen reellen Graphen gibt. Zeige, daß der Radius r dieses Kreises durch $r = \frac{\sqrt{a^2+b^2-4c}}{2}$ gegeben ist. Prüfe nach, ob folgende Gleichungen einem Kreis entsprechen, berechne ihren Mittelpunkt und Radius und stelle die Funktionen mit DERIVE *graphisch dar.*

(a)	$x^2 + x + y^2 + y = 0$,	(b)	$2x^2 - x + 2y^2 - 2y - 3 = 0$,
(c)	$x^2 + 4x + y^2 - 4y - 3 = 0$,	(d)	$3x^2 - 20x + 3y^2 - 4y + 3 = 0$,
(e)	$x^2 - 2x + y^2 + 2y + 2 = 0$,	(f)	$x^2 - kx + y^2 + 2y = 0$ $(k = 0, \ldots, 5)$.

◇ **3.4** *Der Graph der impliziten Gleichung*

$$\frac{y^2}{b^2} + \frac{x^2}{a^2} = 1$$

ist ein gedehnter Kreis, eine sog. Ellipse. Stelle die Ellipsen für $b := 1$ und die Werte $a := 1/2, 1, 2,$ und 3 graphisch dar.

3.5 *Konstruiere entsprechend Gleichung (3.3) die Gleichung einer allgemeinen Ellipse, die durch Verschiebung in x- und y-Richtung entsteht.*

◇ **3.6** *Betrachte die implizite Funktion, die durch die Gleichung*

$$y^3 - 3y - x = 0 \tag{3.4}$$

definiert wird und die Gleichung

$$y(0) = 0$$

erfüllt. Die Gleichung (3.4) kann man leicht explizit nach x auflösen. Stelle den entsprechenden Graphen mit DERIVE *dar. Man beachte, daß nun die y-Achse nach rechts, und die x-Achse nach oben zeigt. Wie würde der Graph in einem gewöhnlichen x-y-Koordinatensystem aussehen?*
Lasse DERIVE *die Gleichung (3.4) nach y auflösen.* DERIVE *kann alle Gleichungen dritten Grades*[7] *(und einige vierten Grades) lösen*[8]*. Die Ausgabe ist jedoch im allgemeinen zu unübersichtlich und daher nicht von großem Interesse. Im vorliegenden Fall ist dies jedoch nicht so. Es macht nichts, wenn die Ausgabe im Augenblick nicht verstanden wird. Sie wird später verständlich werden. Man kann jedoch $y(x)$ graphisch darstellen. Dazu muß man diejenige Lösung finden, die der Bedingung $y(0) = 0$ genügt. Stelle alle drei Lösungen graphisch dar und achte darauf, wie diese ineinander übergehen.*
Wie sieht der größtmögliche Definitionsbereich der betrachteten impliziten Funktion aus?

3.2 Lineare Funktionen und Geraden

Jede Gleichung der Form

$$Ax + By = C \qquad (A, B, C \in \mathbb{R})$$

stellt eine Gerade L in $\mathbb{R}^2$ dar. Gilt $B \neq 0$, dann ist diese Gleichung nach y auflösbar und man erhält

$$y = -\frac{A}{B}x + \frac{C}{B} =: mx + b\,. \tag{3.5}$$

Für $-\frac{A}{B}$ schreibt man meist m. Diese Zahl heißt *Steigung*[9] der Geraden L. Die Zahl $b := \frac{C}{B}$ ist der *y-Achsenabschnitt* von L. Denn für $x = 0$ erhalten wir gerade $y = b$, so daß L die y-Achse im Punkt $(0, b)$ schneidet. Was ist aber die geometrische Bedeutung der Steigung? Vergrößern wir den Wert von x um 1, so entspricht die

[7] Der Grad eines Polynoms wird in § 3.3 erklärt.
[8] Solange der Speicherplatz ausreicht.
[9] Englisch: slope

Änderung des y-Wertes der Differenz der y-Werte an der Stelle $x+1$ und der Stelle x:[10]

$$y(x+1) - y(x) = \Big(m(x+1) + b\Big) - (mx+b) = m\,.$$

Dies gibt der Steigung m eine Bedeutung: Sie ist gleich der Veränderung in Richtung der y-Achse, wenn x um 1 vergrößert wird. Wir betrachten nun eine beliebige Änderung des x-Wertes. Eine solche Änderung auf der x-Achse wird oft mit Δx bezeichnet[11], während die entsprechende Änderung auf der y-Achse durch

$$\Delta y := y(x+\Delta x) - y(x)$$

berechnet werden kann. Bei unserer Geradengleichung folgt nun

$$\Delta y = y(x+\Delta x) - y(x) = \Big(m(x+\Delta x) + b\Big) - (mx+b) = m \cdot \Delta x\,,$$

so daß die Steigung m in allen Punkten $x \in \mathbb{R}$ dem Verhältnis $\Delta y/\Delta x$ entspricht, s. Abbildung 3.2.

Die Darstellung (3.5) der Geradengleichung heißt *Steigungs-Achsenabschnitts-Form*. Dies ist die wichtigste Art der Darstellung, da hier die Geradengleichung nach y aufgelöst ist und deshalb die Gerade mit einer Funktion

$$f: \begin{array}{l} \mathbb{R} \to \mathbb{R} \\ x \mapsto f(x) := y = mx + b \end{array}$$

in Verbindung steht. Eine derartige Funktion heißt *lineare Funktion*.

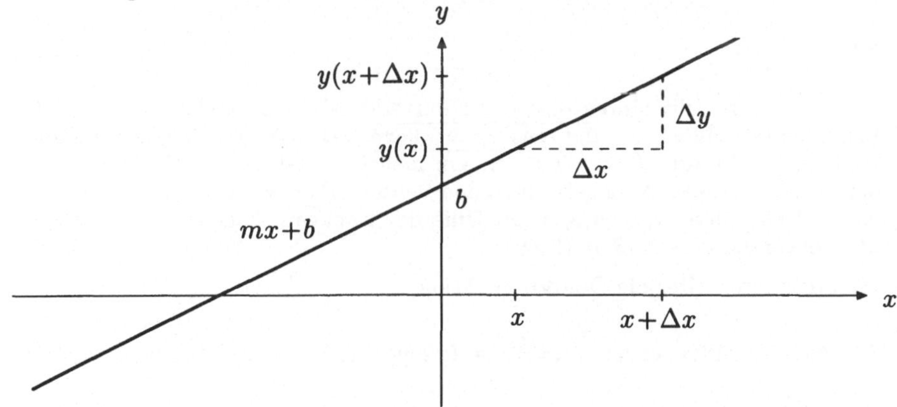

Abbildung 3.2 Die Steigung einer linearen Funktion

Wir wollen nun die Gleichung für eine Gerade aufstellen, die durch zwei Punkte $P_1 = (x_1, y_1)$ und $P_2 = (x_2, y_2)$ $(x_1 \neq x_2)$ geht. In diesem Fall gilt offensichtlich

[10] Man beachte, daß $y(x+1)$ auf der linken Seite den Funktionswert von y an der Stelle $x+1$ bezeichnet, während $m(x+1)$ im mittleren Ausdruck das Produkt der Zahlen m und $x+1$ ist.

[11] Der griechische Buchstabe Δ („Delta") entspricht dem D des Wortes Differenz.

$$m = \frac{\Delta y}{\Delta x} = \frac{y_2 - y_1}{x_2 - x_1}\,, \tag{3.6}$$

so daß diese Zahl der Steigung m entspricht. Wir berechnen weiter den y-Achsenabschnitt b. Dazu beachte man, daß aus der Gleichung

$$y_1 = mx_1 + b$$

folgt, daß gilt

$$b = y_1 - mx_1 = y_1 - \frac{y_2 - y_1}{x_2 - x_1}x_1 = \frac{y_1x_2 - y_2x_1}{x_2 - x_1}\,. \tag{3.7}$$

Wir wollen jedoch noch andere Darstellungen für die Geradengleichung angeben, die man sich leichter merken kann. Da die Steigung m für alle Punkte $P = (x, y)$ gleich ist, erhalten wir nämlich

$$m = \frac{y - y_1}{x - x_1} = \frac{y_2 - y_1}{x_2 - x_1}\,. \tag{3.8}$$

Die linke Gleichung der Gleichungskette (3.8) heißt *Punkt-Steigungs-Form*, während die rechte Gleichung von (3.8) *Zwei-Punkte-Form* der Geradengleichung genannt wird.

Sitzung 3.1 Die Steigung und den y-Achsenabschnitt der Geraden durch die Punkte $P_1 = (x_1, y_1)$ und $P_2 = (x_2, y_2)$ erhält man durch Auflösen der beiden Gleichungen

$$y_1 = mx_1 + b$$

und

$$y_2 = mx_2 + b$$

nach b und m. Wir führen dies mit DERIVE durch. Man ändere dazu den Eingabemodus mit Hilfe des `Options Input Word` Befehls von `Character` (Buchstabeneingabe) in `Word` (Worteingabe), um mehrbuchstabige Variablennamen wie `y1` eingeben zu können. Man gebe dann den Vektor `[y1 = m x1 + b, y2 = m x2 + b]` ein und löse diese Gleichungen mit Hilfe des `soLve` Befehls nach b und m auf. Man bekommt erneut (3.6)–(3.7).

Man definiere weiter die DERIVE Funktion

```
ZWEIPUNKTEFORM(x,x1,y1,x2,y2) := (y2-y1)/(x2-x1)*x+(y1 x2-y2 x1)/(x2-x1)
```

deren Wert der rechten Seite der Geradengleichung durch die Punkte P_1 und P_2 entspricht (s. Gleichungen (3.6) und (3.7)).

Berechne die rechten Seiten der Geradengleichungen für die Gerade durch $(1, 0)$ und $(0, 1)$ und für die Gerade durch $(0, 0)$ und $(1, 1)$ mit der Funktion `ZWEIPUNKTEFORM`, und stelle alle drei Geraden graphisch dar!

Man stelle zuletzt die Gerade mit der Steigung $m := 1$ und dem y-Achsenabschnitt $b := -1$ graphisch dar.

Man sieht, daß zwei der Geraden *parallel* sind und daß sie *senkrecht* (*orthogonal*) auf der dritten Geraden stehen[12]. Was charakterisiert diese Eigenschaften?

Addiert man zu einer beliebigen Gleichung $y = f(x)$ eine Zahl y_0, so *verschiebt* sich der Graph von f in y-Richtung um y_0 Einheiten, da für alle x der Funktionswert $f(x) + y_0$ gerade um diesen Summanden größer als $f(x)$ ist. Deshalb sind zwei Geraden (von denen keine parallel zur y-Achse verlaufe) genau dann *parallel*, wenn sie die gleiche Steigung haben, oder – äquivalent ausgedrückt – wenn die zugehörigen Funktionen sich um eine bestimmte Konstante unterscheiden.

Eine Parallelverschiebung zeigt, daß die Orthogonalität zweier Geraden nicht von ihrem y-Achsenabschnitt abhängt. Zwei Geraden (von denen keine parallel zur y-Achse verlaufe)

$$L_1 : \quad y = m_1 x \qquad \text{bzw.} \qquad L_2 : \quad y = m_2 x$$

stehen genau dann senkrecht aufeinander, wenn L_2 aus L_1 erzeugt werden kann, indem man die x-Richtung von L_1 zur y-Richtung von L_2 und die y-Richtung von L_1 zur negativen x-Richtung von L_2 macht (man mache sich klar, was das geometrisch bedeutet!). Das heißt, wir müssen in der Gleichung von L_1 gleichzeitig x durch y und y durch $-x$ ersetzen, um die Gleichung von L_2 zu erhalten:

$$-x = m_1 y \implies y = -\frac{1}{m_1} x = m_2 x \; .$$

Da die rechte Gleichung nun die von L_2 sein soll, folgt die Beziehung $m_2 = -\frac{1}{m_1}$. Gilt umgekehrt diese Beziehung, dann sind L_1 und L_2 orthogonal, wie man durch eine ähnliche Betrachtung sieht.

ÜBUNGSAUFGABEN

◇ **3.7** *Schreibe eine* DERIVE *Funktion* `PUNKTSTEIGUNGSFORM(x,m,x1,y1)`, *die die rechte Seite der Gleichung der Geraden durch den Punkt* (x_1, y_1) *mit der Steigung* m *erzeugt. Überprüfe die Funktion und stelle die Parallelen mit Steigung 2 durch die Punkte* $(0,k)$, $(k = -4, -3, \ldots, 4)$ *sowie ihre Orthogonaltrajektorien*[13] *durch die Punkte* $(k,0)$, $(k = -4, -3, \ldots, 4)$ *mit* DERIVE *graphisch dar. Man verwende dazu die* `VECTOR` *Funktion.*

3.3 Reelle Polynome

Der Ausdruck

$$p(x) = a_0 + a_1 x + a_2 x^2 + \cdots + a_n x^n = \sum_{k=0}^{n} a_k x^k \quad (a_k \in \mathbb{R} \quad (k = 0, \ldots, n))$$

---

[12] Wenn, wie im Anhang (Kapitel 13) beschrieben, die `Ticks` von DERIVE richtig eingestellt sind.

[13] Damit werden die auf den gegebenen Geraden senkrecht stehenden Geraden bezeichnet.

(wir verwenden weiterhin die Konvention $x^0 = 1$) heißt *reelles Polynom* bzgl. der Variablen x. Der höchste Exponent n heißt *Grad*[14] des Polynoms, und wir schreiben $\deg p = n$. Ein Polynom vom Grad 1 ist eine lineare Funktion. Ein Polynom vom Grad 2 nennen wir *quadratisch*, während ein Polynom vom Grad 3 *kubisch* genannt wird. Entsprechend unserer Vereinbarung ist eine konstante Funktion ein Polynom vom Grad 0. Die Zahl $a_k \in \mathbb{R}$ $(k = 0, \ldots, n)$ heißt der k. *Koeffizient* des Polynoms. Zwei Polynome stimmen offensichtlich nur dann überein, wenn alle ihre Koeffizienten gleich sind.

Wir wollen uns zunächst mit quadratischen Funktionen beschäftigen. Die einfachste Funktion dieses Typs ist die Quadratfunktion

$$f(x) = x^2 , \tag{3.9}$$

die wir schon in Abbildung 3.1 auf S. 46 graphisch dargestellt hatten.

Sitzung 3.2 Wir wollen die graphische Darstellung quadratischer Funktionen genauer betrachten. Stelle die Gleichung (3.9) mit DERIVE graphisch dar. Der Graph heißt *Parabel*. Den Ursprung nennt man den *Scheitel* der Parabel. Wie sehen die Graphen anderer quadratischer Funktionen aus? Man betrachte mit Hilfe der `VECTOR` Funktion $y = k\,x^2$ sowie $y = k\frac{x^2}{3} - (k+1)x - 1$ jeweils für $k = -4, -3, \ldots, 4$ (man vereinfache die Vektoren zuerst mit `Simplify` !).

Betrachtet man die Graphen einiger quadratischer Funktionen, so stellt man fest, daß sie alle sehr ähnlich aussehen, nämlich wie eine Parabel, deren Scheitel verschoben worden ist, und deren Öffnung entweder in Richtung der positiven oder der negativen y-Achse zeigt. Können wir dies beweisen? Die allgemeine quadratische Funktion hat die Form $(a, b, c \in \mathbb{R})$

$$f(x) = ax^2 + bx + c . \tag{3.10}$$

Wir führen folgende Umformung durch und benutzen dabei die *quadratische Ergänzung*[15]

$$\begin{aligned} f(x) &= ax^2 + bx + c = a\left(x^2 + \frac{b}{a}x + \frac{c}{a}\right) = a\left(x^2 + \frac{b}{a}x + \frac{b^2}{4a^2}\right) + c - \frac{b^2}{4a} \\ &= a\left(x + \frac{b}{2a}\right)^2 + \left(c - \frac{b^2}{4a}\right) . \end{aligned}$$

Es zeigt sich, daß der Graph von f dem von $y = ax^2$ entspricht, wobei der Scheitel um $-\frac{b}{2a}$ in x-Richtung und um $c - \frac{b^2}{4a}$ in y-Richtung verschoben wurde. Dies folgt aus der Tatsache, daß eine Ersetzung von x durch $x - B$ in der Gleichung $y = f(x)$ (mit einer Konstanten $B \in \mathbb{R}$) dazu führt, daß sich der x-Wert der Gleichung um B Einheiten nach links und damit der Graph um denselben Betrag nach rechts verschiebt.

[14] Englisch: degree

[15] Die quadratische Ergänzung wird auch zur Lösung der allgemeinen quadratischen Gleichung verwendet. Englisch: completion

Was haben die Lösungen der quadratischen Gleichung

$$ax^2 + bx + c = 0 \tag{3.11}$$

mit der zugehörigen Parabel zu tun? Offensichtlich repräsentiert Gleichung (3.11) alle Zahlen x mit $f(x) = 0$ in Gleichung (3.10). Geometrisch bedeutet dies, daß die Lösungen der Gleichung (3.11) diejenigen Zahlen x sind, für die die Parabel (3.10) den y-Wert 0 hat und deshalb die x-Achse schneidet.

Sitzung 3.3 Wir wollen mit DERIVE ein Beispiel dieser Art vorstellen. Man definiere $y{=}x^2{-}x{-}3/4$ und stelle den Graphen dieser Funktion dar. Man schätze, wo die Nullstellen liegen, löse die entsprechende quadratische Gleichung $y = 0$ und vergleiche.

Polynome mit einem Grad n, der größer als 2 ist, sind auf ähnliche Weise mit dem *Monom* $p(x) = x^n$ verbunden.

Sitzung 3.4 Stelle die ersten zehn Monome `VECTOR(x^n,n,1,10)` graphisch dar[16]. Wie man sieht, steigt das Wachstum für $x > 1$ mit dem Grad an. Die Werte von x^n sind für negative x positiv, wenn n gerade ist, und negativ für ungerade n. Für ungerade n sind die Graphen symmetrisch zum Ursprung, während sie für gerade n symmetrisch zur y-Achse sind. Die Punkte $(0,0)$ und $(1,1)$ liegen auf den Graphen aller Monome.

Die erwähnten Symmetrieeigenschaften von Monomen können leicht nachgewiesen werden. Man beachte, daß zwei ebene Punkte (x_1, y_1) und (x_2, y_2) genau dann symmetrisch zum Ursprung sind, wenn $x_2 = -x_1$ und $y_2 = -y_1$ gilt, so daß der Graph einer Funktion f genau dann symmetrisch zum Ursprung ist, wenn gilt

$$f(-x) = -f(x) \quad (x \in \mathbb{R})\,. \tag{3.12}$$

Weiterhin sind zwei ebene Punkte (x_1, y_1) und (x_2, y_2) genau dann symmetrisch zur y-Achse, wenn $x_2 = -x_1$ und $y_2 = y_1$ gilt, so daß der Graph einer Funktion f genau dann symmetrisch zur y-Achse ist, wenn gilt

$$f(-x) = f(x) \quad (x \in \mathbb{R})\,. \tag{3.13}$$

Für das Monom $p(x) = x^n$ erhalten wir

$$p(-x) = (-x)^n = (-1)^n \cdot x^n = -x^n = -p(x)\,,$$

falls n ungerade ist und

$$p(-x) = (-x)^n = (-1)^n \cdot x^n = x^n = p(x)\,,$$

falls n gerade ist. Dies liegt an der Beziehung

$$(-1)^n = \begin{cases} 1 & \text{falls } n \text{ gerade ist} \\ -1 & \text{falls } n \text{ ungerade ist} \end{cases} \tag{3.14}$$

[16] Wer einen langsamen Rechner hat, sollte nur die ersten 5 Monome graphisch darstellen, da die Ausgabe sonst sehr lange dauern kann.

(s. Übungsaufgabe 3.9). Wir nennen deshalb Funktionen mit der Eigenschaft (3.12) *ungerade Funktionen*[17] und Funktionen mit der Eigenschaft (3.13) *gerade Funktionen*[18]. Wir wollen erwähnen, daß man jede beliebige Funktion f (die in einem zum Ursprung symmetrischen Intervall I definiert ist, z. B. $I = \mathbb{R}$) auf genau eine Weise in eine Summe aus einer geraden und einer ungeraden Funktion zerlegen kann, s. Übungsaufgabe 3.10. Diese Funktionen werden der *gerade* bzw. der *ungerade Anteil* von f genannt und sind wie folgt definiert:

$$f_{\text{gerade}} := \frac{f(x)+f(-x)}{2} \quad \text{und} \quad f_{\text{ungerade}} := \frac{f(x)-f(-x)}{2} . \tag{3.15}$$

Diese Konstruktion wird später z. B. dazu benutzt werden, die hyperbolischen Funktionen zu erklären.

Sitzung 3.5 DERIVE kann Polynome in zwei Standardformate umformen. Dies geschieht mit Hilfe der Menüs `Expand` und `Factor`. Definiere den Ausdruck `PRODUCT(x-1/k,k,1,10)`. Dies ist die faktorisierte Form eines Polynoms, an der man sofort die *Nullstellen*[19] ablesen kann, d. h. diejenigen Punkte, an denen das Polynom verschwindet bzw. den Wert Null hat. Expandiere nun den Ausdruck mit dem `Expand` Menü. Die expandierte Form eines Polynoms ist die Form, bei der alle Faktoren mit Hilfe des Distributivgesetzes ausmultipliziert worden sind. Faktorisiere das Ergebnis mit dem Befehl `Factor Rational` wieder zurück. DERIVE findet alle Faktoren $(x-a)$ mit rationalem[20] a. In bestimmten Fällen findet DERIVE auch irrationale und komplexe Faktoren. Um jedoch nicht unnötig Rechenzeit zu verschwenden, empfiehlt es sich, zuerst die rationale Faktorisierung zu verwenden. Nur wenn diese erfolglos bleibt, sollte man statt dessen auf die Faktorisierung mit `raDical` oder `Complex` ausweichen. Bei unserem Beispiel funktioniert die rationale Faktorisierung, obwohl auch diese einige Zeit benötigt. Man beachte, daß die Faktorisierung von Polynomen für gewöhnlich sehr zeitaufwendig ist[21].

Am Ende diese Abschnitts wollen wir einige zentrale algebraische Eigenschaften von Polynomen behandeln.

Satz 3.1 (Abdividieren von Nullstellen) Ist x_0 eine Nullstelle des Polynoms $p(x) = a_0 + a_1x + \cdots + a_nx^n$, dann ist $p(x)/(x-x_0)$ ein Polynom vom Grad $n-1$.

Beweis: Zum Beweis dieses Satzes benutzen wir die Identität

$$x^k - x_0^k = (x-x_0)\left(x^{k-1} + x_0x^{k-2} + \cdots + x_0^{k-2}x + x_0^{k-1}\right) = (x-x_0)q_{k-1}(x) , \tag{3.16}$$

die für alle $x, x_0 \in \mathbb{R}$ und $k \in \mathbb{N}$ gilt, siehe Übungsaufgabe 1.22. Hierbei stellt q_j offenbar ein Polynom vom Grad j bzgl. der Variablen x dar.

Ist nun x_0 eine Nullstelle von p, so folgt unter Verwendung von (3.16)

[17] Englisch: odd functions
[18] Englisch: even functions
[19] Englisch: zero
[20] Allerdings kann a symbolisch sein.
[21] Das ist nicht verwunderlich: Man versuche einmal, die gegebene expandierte Formel von Hand zu faktorisieren!

$$\begin{aligned} p(x) = p(x) - p(x_0) &= (a_0 + a_1 x + \cdots + a_n x^n) - (a_0 + a_1 x_0 + \cdots + a_n x_0^n) \\ &= (x - x_0)\,(a_1 + a_2 q_1(x) + a_3 q_2(x) + \cdots + a_n q_{n-1}(x)) \\ &= (x - x_0) q(x)\,, \end{aligned}$$

wobei q ein Polynom vom Grad $n - 1$ ist. Daraus folgt die Behauptung. □

Als sofortige Folgerung (Induktion!) haben wir[22]

Korollar 3.1 Ein nichtverschwindendes Polynom vom Grad n hat höchstens n Nullstellen. □

Eine weitere wichtige Folge ist der sogenannte *Identitätssatz für Polynome.*

Korollar 3.2 (Identitätssatz) Zwei Polynome $p(x) = a_0 + a_1 x + \cdots + a_n x^n$ und $q(x) = b_0 + b_1 x + \cdots + b_n x^n$ vom Grad n, die an $n + 1$ verschiedenen Stellen den gleichen Wert annehmen, sind identisch, d. h. $a_k = b_k$ $(k = 0, \ldots, n)$, und stimmen somit sogar für alle $x \in \mathbb{R}$ überein.

Beweis: Die Funktion $p - q$ ist offenbar ein Polynom mit $\deg(p - q) \leq n$. Da p und q an $n + 1$ Stellen übereinstimmen, hat $p - q$ andererseits mindestens $n + 1$ Nullstellen. Aus Korollar 3.1 folgt dann, daß $p - q$ das Nullpolynom ist. □

ÜBUNGSAUFGABEN

◇ **3.8** *Sei $f(x) = x^2 - x - 3/4$. In DERIVE-Sitzung 3.3 wurde der Graph dieser Funktion dargestellt und die entsprechende quadratische Gleichung $f(x) = 0$ gelöst. Bestimme anhand des Graphen, für welche Werte von x die Ungleichungen $f(x) < 0$ und $f(x) > 0$ gelten. Kann man diese Ungleichungen auch mit DERIVE lösen*[23].

3.9 *Beweise Gleichung (3.14) durch Induktion.*

∘ **3.10** *Zeige, daß für jede Funktion $f : I \to \mathbb{R}$ eines zum Ursprung symmetrischen Intervalls I genau eine gerade Funktion f_{gerade} sowie eine ungerade Funktion f_{ungerade} existiert, für die die Beziehung $f = f_{\text{gerade}} + f_{\text{ungerade}}$ gilt. Diese sind durch (3.15) gegeben.*

3.11 *Bestimme für ein allgemeines Polynom $\sum\limits_{k=0}^{n} a_k x^k$ vom Grad n die Zerlegung in geraden und ungeraden Anteil.*

3.12 *Untersuche die Summen, die Differenz, das Produkt und den Quotienten gerader und ungerader Funktionen. Welche Symmetrie haben die resultierenden Funktionen?*

3.13 *Zeige, daß die Funktion*

$$\sum_{k=0}^{n} a_k x^k \cdot \sum_{k=0}^{n} (-1)^k a_k x^k$$

gerade ist.

---

[22] Ein *Korollar* ist eine Folgerung aus einem Satz.

[23] Die Antwort auf diese Frage hängt von der Version von DERIVE ab.

◇ **3.14** *Stelle mit* DERIVE *die Funktion* $f(x) := x(x-1)(x-2)(x+1)(x+2)$ *graphisch dar. Welche Symmetrie besitzt* f*? Wie kann man die Symmetrie der Definition von* f *bzw. der ausmultiplizierten Form ansehen? Die Nullstellen von* f *sind offensichtlich* $-2, -1, 0, 1$ *und* 2. *Wo scheint das lokale Maximum und das lokale Minimum von* f *zu liegen? Finde Näherungswerte für den* x*- und den* y*-Wert dieser Stellen. (An späterer Stelle können wir beweisen, daß das positive lokale Maximum an der Stelle* $x = \sqrt{\frac{3}{2} - \frac{\sqrt{145}}{10}} = 0.5439122559023380307 6...$ *und das positive lokale Minimum an der Stelle* $x = \sqrt{\frac{3}{2} + \frac{\sqrt{145}}{10}} = 1.6444328681582685842 9...$ *liegen.)*

3.15 *Beweise durch quadratische Ergänzung, daß die Lösungsformel für quadratische Gleichungen aus* DERIVE*-Sitzung* 1.6 *richtig ist.*

◇ **3.16** *Bestimme mit Hilfe von* DERIVE *die Koeffizienten* a, b *und* c *der allgemeinen Parabel* $ax^2 + bx + c$, *die durch die Punkte* (x_1, y_1), (x_2, y_2) *und* (x_3, y_3) *geht. Verwende das Ergebnis, um die Parabeln zu ermitteln, deren Graph durch folgende Punkte geht:*

(a) $(-1, 1)$, $(0, 0)$ *und* $(1, 1)$, (b) $(-1, 0)$, $(0, 0)$ *und* $(1, 1)$,

(c) $(-1, -1)$, $(0, 0)$ *und* $(1, 1)$, (d) $(0, 0), (k, 0)$ *und* $(1, 1)$ $(k \in \mathbb{R} \setminus \{1\})$.

Man stelle die Lösungsfunktionen graphisch dar, bei (d) *für* $k = -4, -3, \ldots, 4$. *Was geschieht für* $k = 1$*?*

3.4 Polynominterpolation

In Anwendungsfällen haben wir für eine gesuchte reelle Funktion oft keine Funktionsgleichung, sondern nur einige (oder auch viele) Meßwerte – sagen wir n Stück. Wollen wir nun zu Werten kommen, die wir nicht gemessen haben (wir können ja nur eine endliche Zahl von Werten messen), so können wir den Graphen der gemessenen Punkte durch den Graphen eines Polynoms verbinden. Diese Art der Näherung heißt *Polynominterpolation.* Wir wissen aus Korollar 3.2, daß ein Polynom vom Grad n–1 durch n Punkte auf seinem Graphen eindeutig festgelegt wird. Es gibt zu obigem Problem also genau eine Lösung, wenn wir den Grad des Polynoms durch $n - 1$ beschränken.

Abbildung 3.3 zeigt ein Beispiel für eine solche Situation. Hier ist das *Interpolationspolynom* für die *Interpolationsdaten* $\{(-2, 0), (-1, 1), (0, 0), (1, 1), (2, 0)\}$ dargestellt. Die allgemeine Lösung dieses Interpolationsproblems kann man leicht hinschreiben und in eine DERIVE Funktion überführen. Wir verwenden dafür bestimmte Produkte, die sog. *Lagrangeschen*[24] *Polynome.*

[24] JOSEPH LOUIS LAGRANGE [1736–1813]

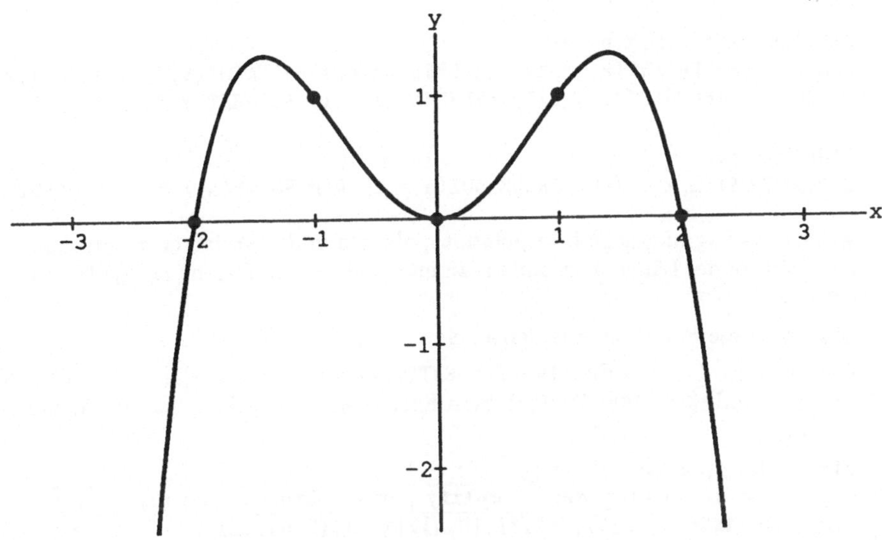

Abbildung 3.3 Interpolationspolynom für $\{(-2,0),(-1,1),(0,0),(1,1),(2,0)\}$

Es seien die Werte y_k an den Stellen x_k $(k=1,\ldots,n)$ gegeben, oder m. a. W. die Punkte (x_k,y_k) $(k=1,\ldots,n)$ des Graphen. Wir sehen, daß die Lagrangeschen Polynome

$$L_k(x) := \frac{(x-x_1)(x-x_2)\cdots(x-x_{k-1})}{(x_k-x_1)(x_k-x_2)\cdots(x_k-x_{k-1})}\,\frac{(x-x_{k+1})(x-x_{k+2})\cdots(x-x_n)}{(x_k-x_{k+1})(x_k-x_{k+2})\cdots(x_k-x_n)}$$

den Grad $n-1$ haben und die Werte

$$L_k(x_j) = \begin{cases} 1 & \text{falls } j=k \\ 0 & \text{falls } j\neq k \end{cases}$$

an den *Stützstellen* x_j $(j=1,\ldots,n)$ annehmen. Also löst das Polynom

$$L(x) := y_1L_1(x) + y_2L_2(x) + \cdots + y_nL_n(x) = \sum_{k=1}^{n} y_kL_k(x) \tag{3.17}$$

das gegebene Problem, da ein direkter Vergleich zeigt, daß

$$L(x_j) := y_1L_1(x_j) + y_2L_2(x_j) + \cdots + y_nL_n(x_j) = y_j$$

für alle $j=1,\ldots,n$ gilt. Diese nach obiger Bemerkung eindeutige Lösung des gegebenen Interpolationsproblems heißt *Lagrangesches Interpolationspolynom* und wird ausführlich in § 12.4 betrachtet werden.

Sitzung 3.6 Wir definieren die DERIVE Funktion **LAGRANGE(a,x)** durch[25]

```
LAGRANGE_AUX(a,x,k,n):=
PRODUCT((x-ELEMENT(a,j_,1))/(ELEMENT(a,k,1)-ELEMENT(a,j_,1)),j_,1,k-1)*
PRODUCT((x-ELEMENT(a,j_,1))/(ELEMENT(a,k,1)-ELEMENT(a,j_,1)),j_,k+1,n)

LAGRANGE(a,x):=
SUM(ELEMENT(a,k_,2)*LAGRANGE_AUX(a,x,k_,DIMENSION(a)),k_,1,DIMENSION(a))
```

welche das Lagrangesche Interpolationspolynom in der Variablen x berechnet, wobei **a** ein Vektor der Länge n ist und die zu interpolierenden Daten (x_k, y_k) $(k = 1, \ldots, n)$ enthält.

Man gebe die Funktionen fehlerfrei ein.

Die benutzte DERIVE Funktion **ELEMENT(v,k)** ergibt das k. Element des Vektors **v**, und die Funktion **DIMENSION(v)** berechnet seine Dimension, also die Anzahl seiner Elemente.

Für die Interpolationsdaten $\{(-2,0),(-1,1),(0,0),(1,1),(2,0)\}$ von Abbildung 3.3 ergibt eine Anwendung von `Simplify` bzw. `Expand` auf den `Author` Ausdruck `LAGRANGE([[-2,0],[-1,1],[0,0],[1,1],[2,0]],x)`

$$4: \quad \frac{x^2(2-x)(x+2)}{3} \qquad \text{bzw.} \qquad 5: \quad \frac{4x^2}{3} - \frac{x^4}{3}.$$

Man stelle die Interpolationsdaten[26] sowie das Interpolationspolynom graphisch dar!

ÜBUNGSAUFGABEN

◇ **3.17** *Zeige, daß die* DERIVE *Funktion* `LAGRANGE(a,x)` *aus* DERIVE-*Sitzung* 3.6 *das Lagrangesche Interpolationspolynom bzgl. der Variablen x berechnet, wobei* **a** *ein Vektor der Länge n ist und die zu interpolierenden Daten (x_k, y_k) $(k = 1, \ldots, n)$ enthält.*
Definiere `LAGRANGE` *und sichere die Funktion für spätere Verwendung in einer Datei. Berechne mit der Funktion dann das Interpolationspolynom für die folgenden Daten*

(a) `a:=[[-1,1],[0,0],[1,1]]` ,

(b) `a:=VECTOR([k,1/k],k,1,5)` ,

(c) `a:=[[0,0],[1,0],[2,0],[1/2,1]]` ,

(d) `a:=VECTOR(VECTOR(k^j,j,2,3),k,1,4)` ,

(e) `a:=[[0,0],[1,1],[2,2],[3,0]]` ,

(f) `a:=VECTOR([k,COMB(5,k)],k,0,5)` ,

(g) `a:=[[-4,0],[-3,1],[-2,1],[-1,1],[0,1],[1,1],[2,1],[3,1],[4,0]]` .

Stelle die gegebenen Interpolationsdaten und die zugehörigen Interpolationspolynome graphisch dar. Bestimme auch nichtpolynomiale Interpolationen ((b), (d))*.*

[25] Wir haben die Funktionen zur besseren Lesbarkeit mehrzeilig geschrieben. Man muß sie jedoch in einer Zeile eingeben.

[26] Dazu wende man das `Plot Plot` Kommando auf den mit Hilfe der Kursortasten hervorgehobenen Punktevektor an.

◇ **3.18** *Die folgenden Fragen betreffen die Definition von* `LAGRANGE(a,x)` *aus* DERIVE-*Sitzung* 3.6.

(a) *Wie könnte man auf die Hilfsfunktion* `LAGRANGE_AUX(a,x,k,n)` *verzichten? Gibt es irgendeinen Vorteil durch die Benutzung der Hilfsfunktion zur Definition von* `LAGRANGE(a,x)`*?*

(b) *Was ergibt* `LAGRANGE(a,x)`*, wenn die Interpolationsdaten* `a` *zwei Punkte mit dem gleichen x-Wert, aber verschiedenen y-Werten enthalten? Erkläre das Ergebnis!*

(c) *Warum wurden als Summations- bzw. Produktvariablen die Symbole* `j_` *und* `k_` *und nicht einfach* `j` *und* `k` *verwendet?*

3.19 *Zeige: Weisen die Interpolationsdaten eine gerade oder ungerade Symmetrie auf, ist das zugehörige Interpolationspolynom gerade bzw. ungerade.*

3.5 Rationale Funktionen im Reellen

Zur Konstruktion von Polynomen werden die Operationen Addition, Subtraktion und Multiplikation verwendet. Lassen wir zusätzlich die Division zu, kommen wir zur Familie der (reellen) *rationalen Funktionen* $r(x)$, die die Form

$$r(x) = \frac{p(x)}{q(x)}$$

haben, wobei p und q Polynome bzgl. x sind. Während Polynome für alle $x \in \mathbb{R}$ wohldefiniert sind (sie sind sogar für alle $x \in \mathbb{C}$ wohldefiniert – dies wird in § 3.6 genauer untersucht werden), sind rationale Funktionen an denjenigen Stellen $x \in \mathbb{R}$ nicht erklärt, an denen der Nenner $q(x)$ verschwindet.

Der Graph einer Funktion der Form $f(x) = \frac{a}{x}$ ($a \in \mathbb{R}$) wird *Hyperbel* genannt. Man beachte, daß f an der Stelle $x = 0$ nicht definiert ist. Ferner beobachte man das Verhalten der Hyperbeln in Abbildung 3.4 in der Nähe von $x = 0$! Wir nennen solche Stellen $x \in \mathbb{R}$ *Polstellen* von f.

Wir betrachten nun rationale Funktionen, deren Zähler- und Nennerpolynom linear sind. Diese haben die allgemeine Form $r(x) = \frac{ax+b}{cx+d}$ mit Konstanten $a, b, c, d \in \mathbb{R}$. Die Darstellung

$$r(x) = \frac{ax+b}{cx+d} = \frac{a}{c} + \frac{\frac{b}{c} - \frac{ad}{c^2}}{x + \frac{d}{c}} = A + \frac{B}{x - C} \tag{3.18}$$

(die wir z. B. durch Polynomdivision erhalten, s. Übungsaufgabe 3.25) zeigt, daß der Graph von r der Hyperbel $\frac{B}{x}$ entspricht, die um A Einheiten in Richtung der y-Achse und C Einheiten in Richtung der x-Achse verschoben ist.

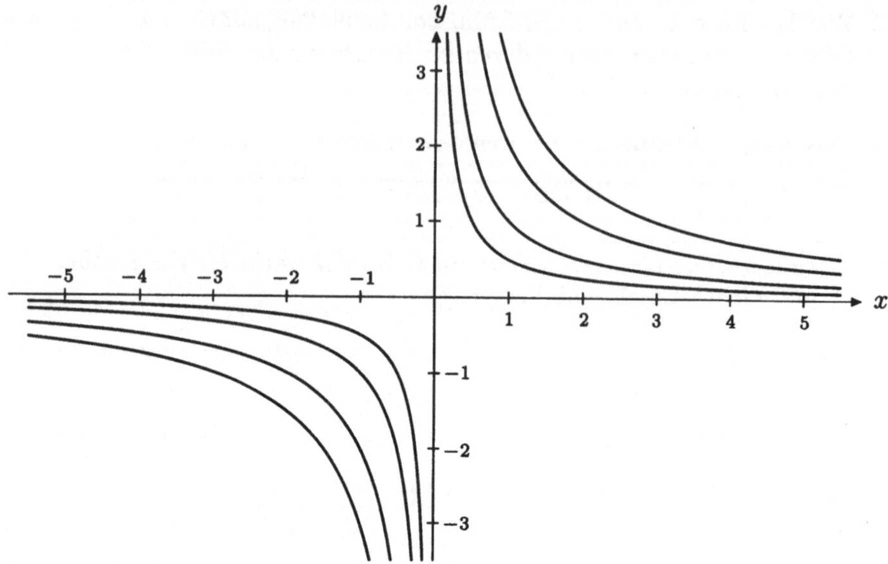

Abbildung 3.4 Die Graphen von $f(x) = \frac{a}{x}$ für $a = \frac{1}{2}, 1, 2$ und 3

Man betrachte die Graphen der rationalen Monome $f(x) = \frac{1}{x^n}$ mit DERIVE für $n = 1, \ldots, 10$. Diese haben alle $(1,1)$ als gemeinsamen Punkt und am Ursprung einen Pol.

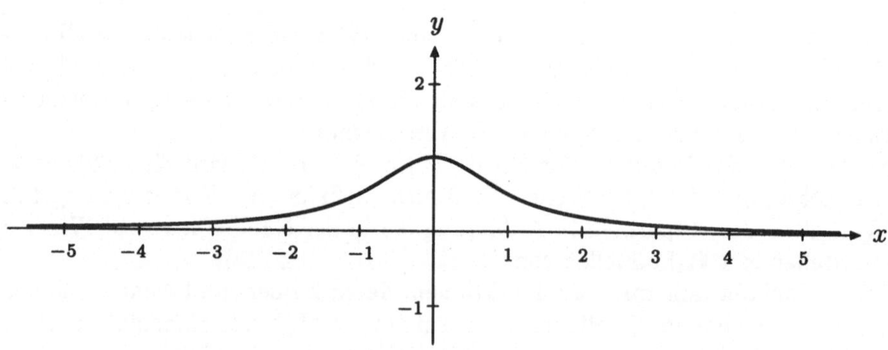

Abbildung 3.5 Der Graph der quadratischen rationalen Funktion $\frac{1}{1+x^2}$

Abbildung 3.5 zeigt als weiteres Beispiel die rationale Funktion $r(x) = \frac{1}{1+x^2}$, die sich vollkommen anders verhält. Man beachte, daß der Nenner $q(x) = 1 + x^2$ dieser quadratischen rationalen Funktion r auf Grund des Satzes 1.1 (b) nie verschwindet[27]. Dadurch unterscheidet sich der Graph von r sehr stark von einer Hyperbel.

[27] Dieser Satz hatte zum Inhalt, daß *reelle* Zahlen x nichtnegative Quadrate $x^2 \geq 0$ haben.

Bisher haben wir nur sehr einfache Polynome und rationale Funktionen betrachtet. Mit DERIVE können wir auch kompliziertere Beispiele untersuchen.

Sitzung 3.7 Stelle den Graphen der Funktion $f(x) = \frac{1+x}{(1-x)(2+x)(x-3)}$ mit DERIVE dar. Man sieht, daß die Funktion die Pole $x = -3$, $x = 1$, und $x = 3$ hat, und daß zwischen den letzten beiden Polen der Graph von f ein lokales Minimum in der Nähe von $(2, \frac{3}{4})$ annimmt. Wir werden nun durch wiederholte graphische Darstellung die Koordinaten dieses Punktes bestimmen. Bewege das *Zentrierkreuz* (das man z. B. in Abbildung 13.10 sehen kann) mit den *Kursortasten* oder mit dem `Move` Befehl in die Nähe des lokalen Minimums. Zentriere das Bild nun mit `Center`. DERIVE gibt den Graphen dann erneut aus. Diesen Vorgang kann man mit `Zoom` in Richtung `In` unterbrechen und erhält dadurch eine bessere Näherung des Graphen von f in der Umgebung des betrachteten Punktes. In der letzten Zeile von DERIVE, der *Statuszeile*, kann man die Koordinaten des Zentrierkreuzes und die Skalierungsfaktoren sehen.

Durch Wiederholen der Befehlsfolge `Center` und `Zoom` erhalten wir immer bessere Näherungen für die Koordinaten des Minimums.

Im allgemeinen sind die analytischen Eigenschaften von Polynomen und rationalen Funktionen recht kompliziert, so daß wir diese erst in den folgenden Kapiteln genauer betrachten werden. Ihr algebraisches Verhalten ist jedoch einfacher zu untersuchen.

Sitzung 3.8 Man gebe erneut den rationalen Ausdruck `(1+x)/((1-x)(2+x)(x-3))` ein. Die Anwendung des `Expand` Befehls[28] erzeugt die sog. *Partialbruchzerlegung*[29]

$$2: \quad \frac{1}{15(x+2)} + \frac{1}{3(x-1)} - \frac{2}{5(x-3)}$$

der Funktion.

Die Partialbruchzerlegung stellt in gewisser Hinsicht eine Vereinfachung dar: Eine rationale Funktion wird durch eine Summe rationaler Funktionen kleineren Grades dargestellt – in unserem Fall mit *konstanten* Zählern. Wir wollen nun untersuchen, wie man zu einer Partialbruchzerlegung kommt.

Die Partialbruchzerlegung einer rationalen Funktion r hängt offensichtlich von der Faktorisierung des Nenners q ab. Um eine Faktorisierung von q zu finden, verwenden wir die Tatsache, daß jeder Faktor $(x - x_0)$ eines Polynoms q einer Nullstelle x_0 von q entspricht, s. Satz 3.1. Wir können ferner die Lösungsformel für quadratische Gleichungen verwenden, um Nullstellen zu finden. Falls der Grad größer als 2 ist, müssen wir einige Nullstellen *erraten*[30], indem wir vernüftig scheinende Werte x_0

[28] Man beachte, daß `Expand` auf rationale Funktionen völlig anders wirkt als auf Polynome!

[29] Englisch: partial fraction decomposition

[30] Das Erraten von Nullstellen hängt offensichtlich von der Erfahrung oder sogar dem Scharfsinn des Ratenden ab. Die Tatsache, daß ein Programm wie DERIVE in der Lage ist, Polynome zu faktorisieren, ist nicht nur ein Resultat der hohen Rechengeschwindigkeit, sondern beruht im wesentlichen darauf, daß es eine Methode zur Bestimmung von Faktoren gibt, die immer erfolgreich ist. Eine derartige Methode nennt man einen *Algorithmus*. In DERIVE ist ein solcher Algorithmus implementiert. Dieser kann einen Faktor zumindest dann bestimmen, wenn der Real- und der Imaginärteil der zugehörigen Nullstelle rational ist – falls der Speicherplatz ausreicht.

in q einsetzen. Hat q eine Nullstelle, dann kann der Faktor $(x - x_0)$ von q gemäß Satz 3.1 gekürzt werden. Zur Durchführung dieser Kürzung verwenden wir die sog. *Polynomdivision* von q durch $(x - x_0)$. Wir geben ein Beispiel.

Beispiel 3.2 (Faktorisierung von Polynomen) Wie wollen eine Faktorisierung des Polynoms $q(x) := -x^3 + 2x^2 + 5x - 6$ bestimmen. Zuerst überführen wir q in eine standardisierte Form mit 1 als *führendem Koeffizienten*, dem Koeffizienten des Terms höchster Ordnung x^3

$$q(x) = -(x^3 - 2x^2 - 5x + 6)\,.$$

Da q den Grad 3 hat, kann man die Lösungsformel für quadratische Gleichungen nicht sofort anwenden. Wir müssen einen Faktor erraten. Durch Einsetzen einiger Werte für x finden wir heraus, daß $x_1 = 1$ eine Nullstelle von q ist. Die Polynomdivision

$$\begin{array}{rrrrrcccc}
 & (x^3 & -2x^2 & -5x & +6) & : & (x-1) & = & x^2 - x - 6 \\
- & (x^3 & -x^2) & & & & & & \\
\hline
 & & -x^2 & -5x & +6 & & & & \\
 & - & (-x^2 & +x) & & & & & \\
\hline
 & & & -6x & +6 & & & & \\
 & & - & (-6x & +6) & & & & \\
\hline
 & & & & 0 & & & &
\end{array}$$

führt zur Faktorisierung

$$q(x) = -(x^3 - 2x^2 - 5x + 6) = -(x-1)(x^2 - x - 6)\,.$$

Die Nullstellen des verbleibenden quadratischen Polynoms können mit der Lösungsformel für quadratische Gleichungen ermittelt werden. Sie sind $x_2 = -2$ und $x_3 = 3$. Wir haben die drei Faktoren $(x - 1)$, $(x + 2)$ und $(x - 3)$ bestimmt und somit die Produktdarstellung

$$q(x) = -(x^3 - 2x^2 - 5x + 6) = -(x-1)(x+2)(x-3)$$

gefunden. △

Wir wollen nun die Partialbruchzerlegung durchführen. Es können dabei die folgenden Situationen auftreten: Die reelle Faktorisierung des Nenners kann

1. einfache lineare Faktoren $(x - x_0)$,

2. Potenzen linearer Faktoren $(x - x_0)^n$ mit $n > 1$ und

3. quadratische Faktoren $x^2 + ax + b$, die in $\mathbb{R}$ irreduzibel sind,

enthalten. Hierbei heißt ein Polynom (über $\mathbb{R}$) *irreduzibel*, wenn es nicht in ein Produkt reeller Polynome kleinerer Ordnung zerlegt werden kann. Wir werden später beweisen, daß alle Faktoren auf lineare oder quadratische zurückgeführt werden können. Tritt der zweite Fall auf, nennt man x_0 eine n-fache Nullstelle von q. Hat ein Faktor $x^2 + ax + b$ *keine* reellen Nullstellen, dann tritt der dritte Fall auf. Offensichtlich geschieht dies genau dann, wenn man aus der Lösungsformel für quadratische Gleichungen keine reellen Werte erhält, d. h., wenn $a^2 - 4b < 0$ gilt. Im allgemeinen sind solche Faktoren wesentlich schwieriger zu bestimmen (vor allem, wenn man sie von Hand berechnen muß!). Die Form der Partialbruchzerlegung hängt offensichtlich von den auftretenden Fällen ab. Die allgemeine Form können wir Satz 3.2 entnehmen.

Das obige Beispiel ist besonders einfach, da der Nenner nur einfache lineare Faktoren enthält. Wir werden nun an diesem Beispiel zeigen, wie man die Partialbruchzerlegung berechnet, wenn man schon eine Faktorisierung des Nenners hat.

Beispiel 3.3 (Partialbruchzerlegung) Für die Partialbruchzerlegung von

$$r(x) = \frac{1+x}{(1-x)(2+x)(x-3)}$$

machen wir den Ansatz

$$r(x) = \frac{a}{x+2} + \frac{b}{x-1} + \frac{c}{x-3}$$

für r, und wir müssen die Werte der Konstanten a, b und c bestimmen. Da die beiden Formeln übereinstimmen müssen, bringen wir sie auf den Hauptnenner

$$\begin{aligned} \frac{1+x}{(1-x)(2+x)(x-3)} &= \frac{-1-x}{(x+2)(x-1)(x-3)} = \frac{a}{x+2} + \frac{b}{x-1} + \frac{c}{x-3} \qquad (3.19) \\ &= \frac{(x-1)(x-3)a + (x+2)(x-3)b + (x+2)(x-1)c}{(x+2)(x-1)(x-3)} \,. \end{aligned}$$

Offensichtlich müssen die Zähler des zweiten und des vierten Ausdrucks gleich sein, so daß wir zu der folgenden Polynomgleichung gelangen

$$-1 - x = (x-1)(x-3)a + (x+2)(x-3)b + (x+2)(x-1)c \,. \qquad (3.20)$$

Zur Bestimmung der passenden Werte für a, b und c stellen wir zwei Methoden vor.

Methode 1 (Einsetzen) Wir setzen für x geeignete Werte in Gleichung (3.20) ein und erhalten so ein Gleichungssystem mit den Unbekannten a, b und c, das besonders einfach ist. Die günstigsten Werte sind nämlich offensichtlich die Nullstellen des Nenners von r, da dann auf der rechten Seite von Gleichung (3.20) die meisten Summanden verschwinden. Wir erhalten so die drei Gleichungen

$$\begin{aligned} 1 &= 15\,a \\ -2 &= -6\,b \\ -4 &= 10\,c \,, \end{aligned}$$

die man sofort nach a, b und c auflösen kann. Falls der Nenner von r nur einfache reelle Nullstellen besitzt, ist diese Methode am günstigsten.

Wir wollen darauf verweisen, daß man zeigen kann (s. Übungsaufgabe 6.10), daß diese Methode korrekt ist. Wir haben nämlich eigentlich einen großen Fehler gemacht: Unsere Werte für a, b und c sind zwar Lösungen der Gleichung (3.20), wir können die Werte jedoch nicht in Gleichung (3.19) selbst einsetzen, da hier der Nenner verschwindet! (Diese Art von Fehler führt häufig zu vollkommen falschen Ergebnissen, s. Übungsaufgabe 3.22.)

Methode 2 (Koeffizientenvergleich) Um die Konstanten a, b und c zu finden, die Gleichung (3.20) erfüllen, können wir auch die Tatsache ausnützen, daß zwei Polynome genau dann gleich sind, wenn alle Koeffizienten übereinstimmen. Wenn wir nun Gleichung (3.20) ausmultiplizieren und Summanden mit gleichen Potenzen von x zusammenfassen, so erhalten wir

$$-x - 1 = x^2(a + b + c) - x(4a + b - c) + 3a - 2(3b + c) .$$

Durch Vergleich der Koeffizienten auf der rechten und der linken Seite der Gleichung erhalten wir das Gleichungssystem

$$\text{Koeffizienten von } x^0 : \qquad -1 = 3a - 2(3b + c) , \tag{3.21}$$

$$\text{Koeffizienten von } x^1 : \qquad -1 = -(4a + b - c) , \tag{3.22}$$

$$\text{Koeffizienten von } x^2 : \qquad 0 = a + b + c . \tag{3.23}$$

Die Lösung eines solchen linearen Gleichungssytemes ist immer möglich, aber u. U. sehr zeitaufwendig. Als Übungsaufgabe 3.27 soll dieses System gelöst werden. △

Wir nehmen an, daß Leserinnen und Leser mit der Lösung linearer Gleichungssysteme vertraut sind. Hierzu stellt DERIVE jedoch eine ausgezeichnete Hilfe dar.

> **Sitzung 3.9** Man definiere die Gleichungen (3.21)–(3.23) als Vektor und löse das System dann mit dem `soLve` Menü.

Beispiel 3.4 (Polynomanteil) Wir wollen nun den Fall betrachten, daß der Grad des Zählers größer oder gleich dem Grad des Nenners ist. Es gibt in diesem Falle einen polynomialen Anteil, den man ebenfalls durch Polynomdivision erhält. Wir ändern dazu ein altes Beispiel leicht ab. Wir wollen nun

$$\frac{x^3 - 2x^2 - 5x + 10}{x - 1}$$

vereinfachen. In Beispiel 3.2 haben wir durch Polynomdivision gezeigt, daß

$$\frac{x^3 - 2x^2 - 5x + 6}{x - 1} = x^2 - x - 6$$

gilt. Daraus folgt offensichtlich die Gleichung

$$\frac{x^3-2x^2-5x+10}{x-1} = \frac{x^3-2x^2-5x+6}{x-1} + \frac{4}{x-1} = x^2-x-6+\frac{4}{x-1}\,.$$

Wir haben also durch Polynomdivision den polynomialen Anteil und den Rest erhalten.

Beispiel 3.5 (Polynomdivision) Wir betrachten das schwierigere Beispiel

$$\frac{x^5}{x^4-2x^3+2x^2-2x+1}\,.$$

Polynomdivision ergibt

$$\begin{array}{rrrrrrl}
x^5 & : & (x^4-2x^3+2x^2-2x+1) & & & = & x+2+\dfrac{2x^3-2x^2+3x-2}{x^4-2x^3+2x^2-2x+1}\,.\triangle \\
-\ (x^5 & -2x^4 & +2x^3 & -2x^2 & +x) & & \\
\hline
& 2x^4 & -2x^3 & +2x^2 & -x & & \\
-\ & (2x^4 & -4x^3 & +4x^2 & -4x & +2) & \\
\hline
& 2x^3 & -2x^2 & +3x & -2 & &
\end{array}$$

Wir können nun das folgende fortgeschrittene Beispiel zur Partialbruchzerlegung angehen.

Beispiel 3.6 (nochmals Partialbruchzerlegung) Wir wollen die Partialbruchzerlegung von

$$\frac{x^5}{x^4-2x^3+2x^2-2x+1}$$

bestimmen. Die Rechnungen in Beispiel 3.5 zeigten, daß

$$\frac{x^5}{x^4-2x^3+2x^2-2x+1} = x+2+\frac{2x^3-2x^2+3x-2}{x^4-2x^3+2x^2-2x+1}$$

gilt. Wir müssen also noch die Partialbruchzerlegung von

$$\frac{2x^3-2x^2+3x-2}{x^4-2x^3+2x^2-2x+1}$$

finden. Hier ist der Grad des Zählers kleiner als der Grad des Nenners.

Zunächst bestimmen wir eine Faktorisierung des Nenners. Wir können erraten, daß $x=1$ eine Nullstelle ist. Durch Polynomdivision erhält man

$$\begin{array}{rrrrrl}
(x^4 & -2x^3 & +2x^2 & -2x & +1) & : (x-1) = x^3-x^2+x-1\,, \\
-\ (x^4 & -x^3) & & & & \\
\hline
& -x^3 & +2x^2 & -2x & +1 & \\
-\ & (-x^3 & +x^2) & & & \\
\hline
& & x^2 & -2x & +1 & \\
& - & (x^2 & -x) & & \\
\hline
& & & x & -1 & \\
& & - & (x & -1) & \\
\hline
& & & & 0 &
\end{array}$$

womit

$$x^4 - 2x^3 + 2x^2 - 2x + 1 = (x-1)(x^3 - x^2 + x - 1)\,.$$

Eine Anwendung derselben Methode mit demselben Faktor liefert die Darstellung

$$x^4 - 2x^3 + 2x^2 - 2x + 1 = (x-1)^2(x^2+1)\,.$$

Da der Faktor (x^2+1) in $\mathbb{R}$ irreduzibel ist (dies ist ja gerade der Ausdruck, der uns zur Definition der imaginären Einheit i veranlaßte!), ist dies die gesuchte reelle Faktorisierung.

Wir nehmen nun an, daß die Partialbruchzerlegung die Form

$$\begin{aligned}\frac{2x^3 - 2x^2 + 3x - 2}{(x-1)^2(x^2+1)} &= \frac{a+bx}{x^2+1} + \frac{c}{(x-1)^2} + \frac{d}{x-1}\\ &= \frac{x^3(b+d) + x^2(a-2b+c-d) - x(2a-b-d) + a + c - d}{(x-1)^2(x^2+1)}\end{aligned}$$

hat (Satz 3.2 macht genaue Aussagen über die allgemeine Form der Partialbruchzerlegung), so daß wir die Polynomidentität

$$2x^3 - 2x^2 + 3x - 2 = x^3(b+d) + x^2(a-2b+c-d) - x(2a-b-d) + a + c - d$$

erhalten. Durch Koeffizientenvergleich erhalten wir das lineare Gleichungssystem

$$\begin{aligned} a + c - d &= -2\\ -2a + b + d &= 3\\ a - 2b + c - d &= -2\\ b + d &= 2\,. \end{aligned} \tag{3.24}$$

Dieses System besitzt die Lösung (s. Übungsaufgabe 3.27)

$$a = -\frac{1}{2}\,,\quad b = 0\,,\quad c = \frac{1}{2}\,,\quad d = 2\,,$$

so daß wir schließlich die Partialbruchzerlegung

$$\frac{2x^3 - 2x^2 + 3x - 2}{(x-1)^2(x^2+1)} = -\frac{1}{2}\frac{1}{x^2+1} + \frac{1}{2}\frac{1}{(x-1)^2} + \frac{2}{x-1}$$

erhalten. Die ursprüngliche Funktion besitzt somit die Zerlegung

$$\frac{x^5}{x^4 - 2x^3 + 2x^2 - 2x + 1} = -\frac{1}{2}\frac{1}{x^2+1} + \frac{1}{2}\frac{1}{(x-1)^2} + \frac{2}{x-1} + x + 2\,. \quad \triangle$$

Der folgende Satz gibt eine allgemeine Beschreibung einer reellen Partialbruchzerlegung. Ein Beweis erfolgt in § 3.6.

Satz 3.2 (Reelle Partialbruchzerlegung) Sei $r(x) = \frac{p(x)}{q(x)}$ eine gegebene reelle rationale Funktion. Der Nenner habe die Faktorisierung

$$(x - x_1)^{p_1}(x - x_2)^{p_2} \cdots (x - x_M)^{p_M}(x^2 + A_1 x + B_1)^{q_1} \cdots (x^2 + A_N x + B_N)^{q_N}$$

mit den Nullstellen $x_1, \ldots, x_M$, und die Ausdrücke $x^2 + A_k x + B_k$ $(k = 1, \ldots, N)$ seien in $\mathbb{R}$ irreduzible quadratische Faktoren. Dann gibt es eine Darstellung der Form

$$\begin{aligned}
r(x) = \; & s(x) \\
& + \left(\frac{c_{11}}{x - x_1} + \frac{c_{12}}{(x - x_1)^2} + \cdots + \frac{c_{1p_1}}{(x - x_1)^{p_1}} \right) \\
& + \left(\frac{c_{21}}{x - x_2} + \frac{c_{22}}{(x - x_2)^2} + \cdots + \frac{c_{2p_2}}{(x - x_2)^{p_2}} \right) \\
& \;\vdots \\
& + \left(\frac{c_{M1}}{x - x_M} + \frac{c_{M2}}{(x - x_M)^2} + \cdots + \frac{c_{Mp_M}}{(x - x_M)^{p_M}} \right) \\
& + \left(\frac{d_{11}(x)}{x^2 + A_1 x + B_1} + \frac{d_{12}(x)}{(x^2 + A_1 x + B_1)^2} + \cdots + \frac{d_{1q_1}(x)}{(x^2 + A_1 x + B_1)^{q_1}} \right) \\
& + \left(\frac{d_{21}(x)}{x^2 + A_2 x + B_2} + \frac{d_{22}(x)}{(x^2 + A_2 x + B_2)^2} + \cdots + \frac{d_{2q_1}(x)}{(x^2 + A_2 x + B_2)^{q_2}} \right) \\
& \;\vdots \\
& + \left(\frac{d_{N1}(x)}{x^2 + A_N x + B_N} + \frac{d_{N2}(x)}{(x^2 + A_N x + B_N)^2} + \cdots + \frac{d_{Nq_1}(x)}{(x^2 + A_N x + B_N)^{q_N}} \right),
\end{aligned}$$

wobei s ein reelles Polynom ist, $c_{jk} \in \mathbb{R}$ Konstanten und $d_{jk}(x)$ lineare Funktionen bzgl. x sind, d. h. die Form $d_{jk}(x) = a_{jk}x + b_{jk}$ $(a_{jk}, b_{jk} \in \mathbb{R})$ besitzen. □

Übungsaufgaben

3.20 *Bestimme für die Funktion $f(x) := \frac{1}{1+x^3}$ die Zerlegung in geraden und ungeraden Anteil. Stelle f sowie den geraden und ungeraden Anteil graphisch dar.*

◇ **3.21** *Stelle den Graphen von $f(x) = \frac{x-1}{x^2-1}$ dar. Warum besitzt f nur an der Stelle $x = -1$ einen Pol, obwohl der Nenner von f die beiden Nullstellen -1 und 1 hat?*

3.22 *Sei $x = 1$. Dann gilt offensichtlich*

$$x = (1 - x) + 1 .$$

Wir teilen diese Gleichung durch $1-x$ und erhalten

$$\frac{x}{1-x} = \frac{1-x}{1-x} + \frac{1}{1-x} = 1 + \frac{1}{1-x} .$$

Wir ziehen nun auf beiden Seiten der Gleichung $x/(1-x)$ ab und bekommen die Gleichung

$$0 = 1 + \frac{1}{1-x} - \frac{x}{1-x} = 1 + \frac{1-x}{1-x} = 2\,,$$

und damit $0 = 2$. Mit solchen Umformungen kann man leicht beweisen, daß alle Zahlen gleich sind. Wo liegt der Fehler?

◇ **3.23** *Welches Verhalten kann man den Graphen in Abbildung 3.6 entnehmen?*

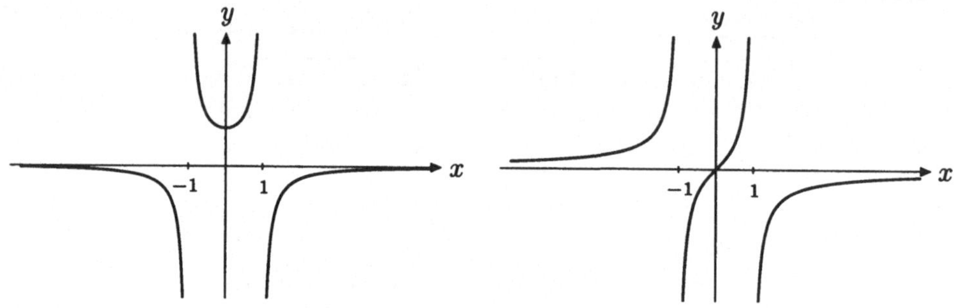

Abbildung 3.6 Zwei rationale Funktionen

Welche Form haben die zugehörigen Funktionsausdrücke? Versuche, entsprechende Formeln zu bestimmen, und stelle ihre Graphen mit DERIVE *dar, bis passende Formeln gefunden sind.*

◇ **3.24** *Stelle den Graphen der rationalen Funktion $f(x) = \frac{1+x^2}{x^3-2x-1}$ dar. Man gebe eine verbale Beschreibung seines Verhaltens und suche die Partialbruchzerlegung.*

3.25 *Beweise Gleichung (3.18) durch Polynomdivision von Hand sowie durch Nachrechnen mit* DERIVE.

3.26 *Die rationalen Faktoren von Polynomen lassen sich oft erraten. Finde Produktdarstellungen für*

(a) $q(x) = x^3 - x^2 - x + 1\,,$ (b) $q(x) = x^3 - 2x^2 + x\,,$

(c) $q(x) = 12x^3 + 36x^2 + 15x - 18\,,$ (d) $q(x) = x^4 + x^3 - 2x^2 - 6x - 4\,,$

(e) $q(x) = 16x^3 - 4x^2 - 8x + 3\,,$ (f) $q(x) = 5x^3 - 6x^2 + 5x - 6$

durch Anwendung der Polynomdivision. Ist DERIVE *in der Lage, die Polynome zu faktorisieren?*

3.27 *Löse die linearen Gleichungssysteme der Gleichungen*

(a) (3.21)–(3.23) , (b) (3.24)

von Hand und überprüfe die Ergebnisse mit DERIVE.

3.28 *Ermittle die Partialbruchzerlegung für*

(a) $\dfrac{1}{(x-2)(x-1)x(x+1)(x+2)}$, (b) $\dfrac{3x^4}{x^3-1}$,

(c) $\dfrac{1}{x^4-1}$, (d) $\dfrac{x^4+x^2}{x^3-x^2-x+1}$

von Hand und überprüfe die Ergebnisse mit DERIVE.

◇ **3.29** *Wende* `Expand` *auf den rationalen Ausdruck*

$$\frac{1}{x^2+2x-2}$$

an, um seine Partialbruchzerlegung zu bestimmen. Da das nicht funktioniert, versuche man es zunächst mit dem `Factor raDical` *Befehl. Diesen Trick sollte man sich merken.*

3.30 *Zeige durch Polynomdivision erneut, daß für alle $x \in \mathbb{R} \setminus \{1\}$ gilt*

$$\sum_{k=0}^{n} x^k = \frac{1-x^{n+1}}{1-x} ,$$

s. Übungsaufgabe 1.21.

3.31 *Zeige durch Polynomdivision erneut, daß für $x, y \in \mathbb{R}$ und $n \in \mathbb{N}_0$ die Gleichung*

$$x^n - y^n = (x-y)\left(x^{n-1} + x^{n-2}y + \cdots + xy^{n-2} + y^{n-1}\right)$$

gilt, s. Übungsaufgabe 1.22.

3.6 Rationale Funktionen im Komplexen

Eine *komplexe Funktion* f ordnet den komplexen Zahlen $z \in D$ des Definitionsbereichs $D \subset \mathbb{C}$ jeweils eine komplexe Zahl $f(z)$ zu. Wir schreiben meist z für komplexe Variablen und nicht x, da wir für z oft die Darstellung $z = x + iy$ $(x, y \in \mathbb{R})$ verwenden.

Komplexe Polynome und rationale Funktionen werden den reellen Polynomen und reellen rationalen Funktionen entsprechend definiert. Die komplexen Polynome dürfen allerdings auch komplexe Koeffizienten besitzen. Ein komplexes Polynom oder eine rationale Funktion r wird als Funktion

$$r : \begin{array}{c} \mathbb{C} \setminus A \to \mathbb{C} \\ z \mapsto r(z) \end{array}$$

betrachtet. A steht hier für die Menge der Nullstellen des Nenners von r. Man beachte, daß alle reellen Polynome und rationalen Funktionen auch als komplexe Polynome und rationale Funktionen aufgefaßt werden können. Komplexe Funktionen lassen sich graphisch nicht so einfach darstellen, da sie eine Gaußsche Ebene, die z-Ebene, in eine andere Ebene, die w-Ebene, abbilden. Eine graphische Darstellung würde also vier Dimensionen benötigen.

Auf der anderen Seite kann man für rationale Funktionen im Komplexen leichter algebraische Resultate erhalten als im reellen Fall, da der Fundamentalsatz der Algebra 1.3 zur Verfügung steht: Jedes komplexe Polynom $q(z)$ hat mindestens eine komplexe Nullstelle z_0 mit $q(z_0) = 0$ (s. § 1.6). Durch Induktion folgt daraus leicht, daß jedes Polynom q vom Grad m eine Darstellung der Form ($C \in \mathbb{C}$)

$$q(z) = C \cdot \prod_{k=1}^{m} (z - z_k) \tag{3.25}$$

besitzt, wobei die Zahlen $z_k \in \mathbb{C}$ Nullstellen von q sind (s. Übungsaufgabe 3.32). Diese *Produktdarstellung* oder *Faktorisierung* eines komplexen Polynoms kann man in DERIVE u. U. mit dem Befehl `Factor Complex` ermitteln. Zur Berechnung der komplexen Produktdarstellung wird dieselbe Methode angewendet wie im reellen Fall, also die Polynomdivision. In Darstellung (3.25) kann eine Zahl z_k offensichtlich mehrfach auftreten. Die Häufigkeit ihres Auftretens heißt *Ordnung* der Nullstelle z_k. Wir schreiben die Produktdarstellung deshalb in einer anderen Form, die der Ordnung der verschiedenen Nullstellen von q Rechnung trägt.

Satz 3.3 (Faktorisierung komplexer Polynome) Das Polynom q habe die *verschiedenen* Nullstellen z_k $(k = 1, \ldots, M)$ der Ordnung p_k. Dann hat q die Produktdarstellung

$$q(z) = C \prod_{k=1}^{M} (z - z_k)^{p_k} \ .$$

Nun müssen wir die komplexe Partialbruchzerlegung einer rationalen Funktion diskutieren, die etwas einfacher als im reellen Fall ist. Diese folgt aus der komplexen Produktdarstellung und ist Inhalt des folgenden Satzes.

Satz 3.4 (Komplexe Partialbruchzerlegung) Sei $r(z) = \frac{p(z)}{q(z)}$ eine komplexe rationale Funktion. Dann gibt es eine Darstellung der Form

$$\begin{aligned} r(z) &= s(z) + \sum_{k=1}^{M} \left(\frac{c_{k1}}{z - z_k} + \frac{c_{k2}}{(z - z_k)^2} + \cdots + \frac{c_{kp_k}}{(z - z_k)^{p_k}} \right) \\ &= s(z) \\ &\quad + \left(\frac{c_{11}}{z - z_1} + \frac{c_{12}}{(z - z_1)^2} + \cdots + \frac{c_{1p_1}}{(z - z_1)^{p_1}} \right) \\ &\quad + \left(\frac{c_{21}}{z - z_2} + \frac{c_{22}}{(z - z_2)^2} + \cdots + \frac{c_{2p_2}}{(z - z_2)^{p_2}} \right) \end{aligned}$$

$$\vdots$$

$$+ \left(\frac{c_{M1}}{z - z_M} + \frac{c_{M2}}{(z - z_M)^2} + \cdots + \frac{c_{Mp_M}}{(z - z_M)^{p_M}} \right) ,$$

wobei die z_k ($k = 1, \ldots, M$) die unterschiedlichen Nullstellen von q der Ordnung p_k sind, s ein Polynom ist, und die Zahlen $c_{kj} \in \mathbb{C}$ ($j = 1, \ldots, k$ ($k = 1, \ldots, M$)) komplexe Konstanten sind.

Beweis: Den polynomialen Anteil $s(z)$ erhält man wie üblich durch Polynomdivision. Man muß also nur noch die Gültigkeit der Darstellung für den Divisionsrest nachweisen, dessen Zähler einen kleineren Grad als $m := \deg q$ besitzt. Der Beweis erfolgt durch vollständige Induktion nach m. Der Induktionsanfang ($m := 1$) ist trivial (man schreibe die Aussage genau hin!). Als Induktionsvoraussetzung nehmen wir an, daß für jedes Polynom, dessen Nenner höchstens den Grad $m - 1$ hat, eine Partialbruchzerlegung existiert. Wir müssen nun zeigen, daß daraus eine entsprechende Darstellung für Polynome folgt, deren Nenner den Grad m haben. Es sei nun eine rationale Funktion $r = p/q$ vom Grad m gegeben. Dann hat q mindestens eine Nullstelle z_1, die die Ordnung p_1 habe. Damit besitzt q die Darstellung

$$q(z) = (z - z_1)^{p_1} S(z)$$

mit einem Polynom S, daß nicht in z_1 verschwindet. Also gilt $S(z_1) \neq 0$, und wir erhalten

$$r(z) - \frac{\frac{p(z_1)}{S(z_1)}}{(z - z_1)^{p_1}} = \frac{p(z)}{q(z)} - \frac{\frac{p(z_1)}{S(z_1)}}{(z - z_1)^{p_1}} = \frac{p(z) - \frac{p(z_1)}{S(z_1)} S(z)}{(z - z_1)^{p_1} S(z)} . \tag{3.26}$$

Dieser Ausdruck hat eine Nullstelle an der Stelle z_1, da

$$\frac{p(z_1) - \frac{p(z_1)}{S(z_1)} S(z_1)}{(z - z_1)^{p_1} S(z_1)} = 0$$

gilt. Es gibt nun zwei Möglichkeiten: Entweder ist der Zähler der rechten Seite von Gleichung (3.26), nämlich $p(z) - \frac{p(z_1)}{S(z_1)} S(z)$, identisch 0, oder er ist ein vom Nullpolynom verschiedenes Polynom, das höchstens den Grad $m - 1$ hat. Im ersten Fall folgt $r(z) = \frac{p(z_1)/S(z_1)}{(z - z_1)^{p_1}}$, und wir sind fertig (ohne die Induktionsvoraussetzung überhaupt zu verwenden). Im zweiten Fall garantiert der Satz über die komplexe Faktorisierung die Existenz eines Polynoms P, das höchstens den Grad $m - 2$ hat, mit

$$p(z) - \frac{p(z_1)}{S(z_1)} S(z) =: (z - z_1) P(z) .$$

Da z_1 auch eine Nullstelle des Nenners q von r ist, ist die Funktion Q, definiert durch

$$q(z) =: (z - z_1) Q(z) ,$$

ein Polynom vom Grad höchstens $m - 1$.

Wir erhalten nun als Ergebnis die Darstellung

$$r(z) = \frac{p(z)}{q(z)} = \frac{\frac{p(z_1)}{S(z_1)}}{(z - z_1)^{p_1}} + \frac{P(z)}{Q(z)} .$$

Da die Induktionsvoraussetzung eine Partialbruchzerlegung für $P(z)/Q(z)$ garantiert, ist damit unsere Aussage bewiesen. □

Wir können nun leicht das reelle Gegenstück zu unserem Satz entwickeln. Sei $r(x) = \frac{p(x)}{q(x)}$ eine reelle rationale Funktion mit Polynomen p und q, die den Grad n bzw. m haben. Dann sind die Koeffizienten von p und q reell. Sieht man q als komplexes Polynom an, so ist die Existenz einer komplexen Produktdarstellung gewährleistet.

Das reelle Polynom $q(x) = \sum\limits_{k=0}^{m} b_k x^k$, $(b_k \in \mathbb{R}\ (k = 0, \ldots, m))$ vom Grad m habe nun die Produktdarstellung

$$q(x) = C \prod_{k=1}^{m} (x - z_k) \quad (C \in \mathbb{C},\ z_k \in \mathbb{C}\ (k = 1, \ldots, m))\ .$$

Es gilt offensichtlich $C \in \mathbb{R}$, da $C = b_m$ als Koeffizient von x^m nach Voraussetzung reell ist. Dies sieht man durch Koeffizientenvergleich. Weiterhin werden wir zeigen, daß die Zahlen z_k $(k = 1, \ldots, m)$ entweder reell sind oder in Paaren z_j, z_k mit $z_j = \overline{z_k}$ auftreten. Dies liegt daran, daß mit $q(z_k) = 0$ auch

$$q(z_j) = q(\overline{z_k}) = \sum_{k=0}^{m} b_k \overline{z_k}^k \overset{(b_k \in \mathbb{R})}{=\!=} \sum_{k=0}^{m} \overline{b_k} \overline{z_k}^k = \overline{\sum_{k=0}^{m} b_k z_k^k} = \overline{q(z_k)} = 0\ ,$$

da die b_k $(k = 0, \ldots, m)$ reell sind.

Wir erhalten nun eine Produktdarstellung mit linearen Faktoren der Form $(x - x_0)$ für die reellen Nullstellen und mit quadratischen Faktoren $(x^2 + A_0 x + B_0)$, die den nichtreellen Faktoren entsprechen (s. Übungsaufgabe 3.33).

Dieses Wissen ermöglicht uns dann, einen induktiven Beweis von Satz 3.2 zu führen, der dem Beweis für die komplexe Partialbruchzerlegung (Satz 3.4) ähnlich ist. Dieser Beweis ist Inhalt von Übungsaufgabe 3.36.

Sitzung 3.10 Die komplexe Partialbruchzerlegung ist in DERIVE nicht implementiert. Man beachte, daß die Anwendung von `Expand` auf den Ausdruck

$$1: \qquad \frac{1}{x^2 - 2x + 2}\ .$$

nicht den gewünschten Erfolg hat. Faktorisiert man nun den Ausdruck mit dem `Factor Complex` [31] Menü, so erhält man das Ergebnis

$$4: \qquad \frac{1}{(x - 1 - \hat{\imath})(x - 1 + \hat{\imath})}\ .$$

Eine weitere Anwendung des `Expand` Befehls zeigt, daß in DERIVE die reelle und nicht die komplexe Partialbruchzerlegung implementiert ist.

Dennoch können wir die Fähigkeiten von DERIVE zusammen mit den Anweisungen aus § 3.5 zur Bestimmung der komplexen Partialbruchzerlegung nutzen. Man mache dazu den Ansatz[32]

[31] Ist diese Faktorisierung erfolglos (bis Version 2.06), markiere man den Nenner mit den Kursortasten und faktorisiere ihn mit `Factor Complex`.

[32] Man verwende die <F4>-Taste, um hervorgehobene Ausdrücke (eingeklammert) in die `Author`-Editierlinie zu kopieren.

$$6: \qquad \frac{1}{x^2-2x+2} = \frac{a}{(x-1-\hat{\imath})} + \frac{b}{(x-1+\hat{\imath})},$$

multipliziere die gesamte Gleichung mit dem gemeinsamen Nenner und wende schließlich `Simplify` an. Man erhält dann das Resultat

$$9: \qquad 1 = (a+b)(x-1) + \hat{\imath}(b-a).$$

Wir wollen nun die Koeffizienten auf beiden Seiten dieser Gleichung miteinander vergleichen und verwenden dazu die Funktion **POLY_COEFF(f,x,k)** der **UTILITY** Datei **MISC.MTH**. Diese Funktion berechnet den k. Koeffizienten des Polynoms f bezüglich der Variablen x. Verwende zum Laden von **MISC.MTH** den `Transfer Load Utility` Befehl[33]. Eine Vereinfachung des Ausdrucks **VECTOR(POLY_COEFF(#9,x,k),k,0,1)** liefert

$$11: \qquad [1 = -a-b+\hat{\imath}(a-b), 0 = a+b].$$

Damit haben wir die Koeffizienten der Ordnungen 0 und 1 auf den beiden Seiten der Polynomgleichung **#9** gleichgesetzt. Schließlich berechnet `soLve` die gesuchten Werte für a und b, nämlich

$$12: \qquad \left[a = -\frac{\hat{\imath}}{2}, b = \frac{\hat{\imath}}{2}\right].$$

Setzt man diese Werte für a und b in Zeile **#6**, in der wir die Form der Partialbruchzerlegung festgelegt hatten, mit `Manage Substitute` ein, so erhält man die komplexe Partialbruchzerlegung

$$13: \qquad \frac{1}{x^2-2x+2} = \frac{-\frac{\hat{\imath}}{2}}{(x-1-\hat{\imath})} + \frac{\frac{\hat{\imath}}{2}}{(x-1+\hat{\imath})}.$$

ÜBUNGSAUFGABEN

3.32 (Komplexe Produktdarstellung) *Zeige mittels Induktion, daß ein komplexes Polynom q vom Grad m eine Darstellung der Form ($C \in \mathbb{C}$)*

$$q(z) = C \cdot \prod_{k=1}^{m} (z - z_k)$$

besitzt, wobei $z_k \in \mathbb{C}$ die Nullstellen von q sind. Verwende den Fundamentalsatz der Algebra (Satz 1.3), d. h. die Tatsache, daß jedes komplexe Polynom mindestens eine komplexe Nullstelle besitzt.

[33] Die Verwendung des `Utility` Befehls hat den Vorteil, daß die Definitionen nicht in das Ausgabeformat des Bildschirmes umgewandelt werden. Dies ist die schnellste Art, Ausdrücke aus einer Datei einzulesen.

3.33 (Reelle Produktdarstellung) *Zeige: Jedes reelle Polynom q besitzt eine Produktdarstellung der Form*

$$q(x) = C(x - x_1)\cdots(x - x_M)(x^2 + A_1x + B_1)\cdots(x^2 + A_Nx + B_N) \qquad (3.27)$$

mit reellen Zahlen C, x_k $(k = 1, \ldots, M)$ *und* A_k, B_k $(k = 1, \ldots, N)$.

○ **3.34** *Man gebe die reellen Produktdarstellungen der folgenden Polynome an.*

(a) $4 + x^4$, (a) $1 + x^4$, (c) $1 + 2x^5 + x^{10}$.

3.35 *Zeige, daß ein reelles Polynom* $q(x)$ *mit ungeradem Grad eine reelle Nullstelle besitzt.*[34] *Verwende dazu die Produktdarstellung (3.27)*

3.36 (Reelle Partialbruchzerlegung) *Beweise Satz 3.2.* Hinweis: *Man betrachte ohne Beschränkung der Allgemeinheit eine rationale Funktion* $r(x) = p(x)/q(x)$, *deren Nenner q keine reellen Nullstellen besitzt. Dann hat q die gerade Ordnung* $2m$ $(m \in \mathbb{N})$. *Mache einen Induktionsbeweis nach m wie in Satz 3.4 unter Verwendung der beiden Nullstellen* $z_1, \overline{z_1}$, *die dem quadratischen Faktor* $x^2 + Ax + B$ *entsprechen.*

◇ **3.37** *Bestimme komplexe Partialbruchzerlegungen für*

(a) $\dfrac{2x}{x^2 - 4x + 8}$, (b) $\dfrac{1 + x + x^2}{x^4 - 1}$, (c) $\dfrac{1}{x^4 - 1}$,

(d) $\dfrac{x - x^2}{1 + 2x^2 + x^4}$, (e) $\dfrac{1 + x + x^2 + x^3}{x^4 - 1}$,

(f) $\dfrac{1 + 2x + 3x^2}{16 - 24x + 18x^2 - 6x^3 + x^4}$, (g) $\dfrac{x^2 - 2x + 1}{2 - 2x + 5x^2 - 4x^3 + 4x^4 - 2x^5 + x^6}$.

3.7 Umkehrfunktionen und algebraische Funktionen

Oft stellt sich die Aufgabe, eine Operation rückgängig zu machen. Um die Eingabe a nach einer Addition $a + b$ wiederzugewinnen, muß man b abziehen. Die Subtraktion wird deshalb als *Umkehrfunktion*[35] der Addition bezeichnet. Entsprechend ist die Division die Umkehrfunktion der Multiplikation.

Wir wollen uns nun dem allgemeinen Problem zuwenden, die Anwendung eines Funktionsaufrufs $f(x)$ auf eine Zahl $x \in \mathbb{R}$ wieder rückgängig zu machen. Dazu benötigen wir einige neue Begriffsbildungen.

[34] Einen anderen Beweis werden wir in § 6.3 mit Hilfe analytischer Methoden geben.
[35] Englisch: inverse function

Definition 3.2 (Surjektivität, Injektivität, Bijektivität, Umkehrfunktion, Komposition) Die Funktion $f : D \to W$ bilde den Definitionsbereich D auf Werte in der Menge W ab. Die Menge W der möglichen Bildwerte nennen wir *Wertevorrat*[36]. Werden alle Werte des Wertevorrats wirklich angenommen, gilt also $W = f(D)$, so nennen wir die Funktion f *surjektiv*.

Im allgemeinen kann ein von f angenommener Wert mehrere Urbilder haben. Ist dies nicht der Fall, ist also für zwei verschiedene $x_1, x_2 \in D, x_1 \neq x_2$ stets $f(x_1) \neq f(x_2)$, so nennen wir f *injektiv*[37]. Ist f surjektiv sowie injektiv, sprechen wir von einer *bijektiven*[38] Funktion.

Ist f injektiv, gibt es zu jedem $y \in f(D)$ genau ein Urbild x, und man nennt die Funktion $f^{-1} : f(D) \to D$, die jedem $y \in f(D)$ dieses Urbild $x \in D$ zuordnet, die *Umkehrfunktion* oder *inverse Funktion* von f.

Dann ist folglich f^{-1} bijektiv, und es gilt nach Definition

$$f^{-1}(f(x)) = x \quad \text{für alle } x \in D \quad \text{sowie} \quad f(f^{-1}(y)) = y \quad \text{für alle } y \in f(D). \tag{3.28}$$

Sind $f : A \to B$ und $g : B \to C$ zwei Funktionen, so wird die *Komposition* bzw. *Hintereinanderausführung* $g \circ f$ von f und g durch

$$g \circ f(x) := g(f(x))$$

erklärt. Bezeichnet man ferner mit

$$\mathrm{id}_A : \begin{array}{l} A \to A \\ x \mapsto \mathrm{id}_A(x) := x \end{array}$$

die *identische Funktion in A*, die alle Elemente unverändert läßt, so können wir (3.28) auch in der Form

$$f^{-1} \circ f = \mathrm{id}_D \qquad \text{sowie} \qquad f \circ f^{-1} = \mathrm{id}_{f(D)}$$

schreiben.

Beispiel 3.7 (Quadratwurzel) Ein Beispiel einer Umkehrfunktion ist die Quadratwurzel. Wie wir bereits in § 1.3 definiert hatten, ist die Quadratwurzel von y diejenige *positive* reelle Zahl $x = \sqrt{y}$, deren Quadrat gleich y ist. Wir haben also die Gleichung $y = x^2$ nach x aufgelöst und die positive Lösung ausgewählt. Es gibt für diese Fragestellung auch noch eine zweite, die negative, Lösung $x_2 = -\sqrt{y}$.

Die Wurzelfunktion ist allerdings *nicht* die Umkehrfunktion der Quadratfunktion

$$f : \begin{array}{l} \mathbb{R} \to \mathbb{R} \\ x \mapsto f(x) := x^2 \end{array},$$

[36]Man beachte, daß W von manchen Autoren auch *Wertebereich* genannt wird. Bei uns jedoch ist der Wertebereich der Bildbereich $f(D)$ von f.

[37]Englisch: univalent

[38]Englisch: one-to-one

da diese Funktion offensichtlich nicht injektiv ist. (Zum Beispiel ist der Punkt 1 sowohl das Bild von 1 als auch das von -1 unter f.) Die Quadratwurzelfunktion ist stattdessen die Umkehrfunktion der modifizierten Quadratfunktion

$$f: \begin{array}{l} \mathbb{R}_0^+ \to \mathbb{R} \\ x \mapsto f(x) := x^2 \end{array} .$$

Diese Funktion ist nicht für alle Werte aus $\mathbb{R}$ definiert, sondern nur für die nichtnegative reelle Achse. Für diese x-Werte ist der Wert $y = f(x)$ wegen (1.25) eindeutig. Um die Quadratfunktion umkehrbar zu machen, müssen wir also den Definitionsbereich in passender Weise einschränken. $\triangle$

Definition 3.3 (Einschränkung) Wenn wir den Definitionsbereich einer Funktion $f : M \to W$ auf die Menge A beschränken, so nennen wir die resultierende Funktion $f : A \to M$ die *Einschränkung* von f auf A und schreiben $f\Big|_A$.

Mit dieser Schreibweise folgt also kurz: nicht x^2, sondern $x^2\Big|_{\mathbb{R}^+}$ ist injektiv und besitzt eine Umkehrfunktion.

In Beispiel 3.9 werden wir zeigen, daß wirklich jede Zahl $y \in \mathbb{R}^+$ eine Quadratwurzel besitzt.

Beispiel 3.8 (Geometrische Deutung der Umkehrfunktion) Wir geben nun eine geometrische Deutung der Umkehrfunktionen. Betrachten wir dazu die Graphen in Abbildung 3.1. Was haben der Graph der Quadratfunktion und der Graph der Wurzelfunktion miteinander zu tun? Offenbar entsteht der Graph der Wurzelfunktion durch Spiegelung desjenigen Teils des Graphen der Quadratfunktion, der rechts vom Ursprung liegt, an der Winkelhalbierenden, d. h. der Geraden mit der Gleichung $y = x$. Wir werden sehen, daß diese geometrische Betrachtungsweise für alle Umkehrfunktionen zutrifft.

Der Graph der Funktion f besteht nämlich aus den Punkten $(x, f(x))$ und der Graph der Umkehrfunktion f^{-1} definitionsgemäß aus den Punkten $(f(x), x)$. Geometrisch bedeutet dies natürlich, daß für die Graphen gerade die x- und die y-Achse vertauscht sind. Diese Vertauschung entspricht offenbar einer Spiegelung an der Geraden $y = x$. $\triangle$

Wir lernen nun eine wichtige Klasse von Funktionen kennen, die immer injektiv sind und daher Umkehrfunktionen besitzen.

Definition 3.4 (Monotone Funktionen) Eine Funktion $f : I \to \mathbb{R}$ eines Intervalls $I = [a, b]$ heißt *monoton*, insbesondere

$$\begin{array}{c} \textit{wachsend}^{39} \\ \textit{streng wachsend} \\ \textit{fallend}^{40} \\ \textit{streng fallend} \end{array} \quad \text{falls} \quad \left\{ \begin{array}{l} f(u) \le f(v) \\ f(u) < f(v) \\ f(u) \ge f(v) \\ f(u) > f(v) \end{array} \right. \quad \text{für jedes } a \le u < v \le b \text{ gilt.}$$

Ist f streng fallend oder streng wachsend, so heißt f auch *streng monoton.*

Beispiel 3.9 (Monome) Für jedes $n \in \mathbb{N}$ ist das Monom

$$f_n : \begin{array}{l} \mathbb{R}^+ \to \mathbb{R} \\ x \mapsto f_n(x) := x^n \end{array}$$

streng wachsend. Für alle $x_1, x_2 \in \mathbb{R}$ gilt nämlich die Beziehung (s. Übungsaufgaben 1.22 sowie 3.31)

$$f_n(x_2) - f_n(x_1) = x_2^n - x_1^n = (x_2 - x_1)(x_2^{n-1} + x_1 x_2^{n-2} + x_1^2 x_2^{n-3} + \cdots + x_1^{n-1}),$$

aus der für $0 < x_1 < x_2$ die Ungleichung $f_n(x_2) - f_n(x_1) > 0$ folgt. $\triangle$

Beispiel 3.10 (Vorzeichenfunktion) Die Vorzeichenfunktion $\operatorname{sign} x$ ist auf ganz $\mathbb{R}$ wachsend. Selbstverständlich ist sie als stückweise konstante Funktion nicht streng wachsend.

Es gilt nun folgendes allgemeines Kriterium.

Satz 3.5 (Streng monotone Funktionen haben eine Umkehrfunktion) Ist $f : I \to W$ eine auf einem reellen Intervall I definierte streng monoton wachsende (bzw. fallende) Funktion, so ist f injektiv, es existiert also die Umkehrfunktion $f^{-1} : f(I) \to I$, welche ebenfalls streng monoton wachsend (bzw. fallend) ist.

Beweis: Wir betrachten den Fall einer streng wachsenden Funktion f; ist nämlich f streng fallend, so ist $-f$ streng wachsend. Wir haben zu zeigen, daß für $x_1 \neq x_2$ auch $f(x_1) \neq f(x_2)$ ist. Wegen der Trichotomie ist für $x_1 \neq x_2$ entweder $x_1 < x_2$ oder $x_1 > x_2$. Es folgt dann aus dem strengen Wachstum von f, daß entweder $f(x_1) < f(x_2)$ oder $f(x_1) > f(x_2)$, jedenfalls $f(x_1) \neq f(x_2)$ gilt. Das aber zeigt die Injektivität. Also existiert f^{-1}.

Wäre nun f^{-1} nicht streng wachsend, so gäbe es zwei Punkte $y_1, y_2 \in f(I)$, für die zwar $y_1 < y_2$, aber trotzdem $f^{-1}(y_1) \geq f^{-1}(y_2)$ gilt. Aus dem Wachstum von f folgt daraus dann

$$y_1 = f(f^{-1}(y_1)) \geq f(f^{-1}(y_2)) = y_2$$

im Widerspruch zur Voraussetzung $y_1 < y_2$. Somit ist f^{-1} streng wachsend. $\square$

Beispiel 3.11 (Wurzelfunktionen) Da die Monomfunktion $f_n(x) := x^n$ für alle $n \in \mathbb{N}$ nach Beispiel 3.9 auf der nichtnegativen reellen Achse $\mathbb{R}^+$ eine streng wachsende Funktion ist, zeigt eine Anwendung von Satz 3.5, daß f_n dort eine Umkehrfunktion f_n^{-1} besitzt. Der Wert $f_n^{-1}(y)$ wird die n. *Wurzel* von y genannt und mit $\sqrt[n]{y}$ abgekürzt. Man beachte, daß gemäß unserer Definition die n. Wurzel einer positiven Zahl y diejenige *positive* Zahl x ist, deren n. Potenz y ist.

Da es monotone Funktionen gibt, deren Bild kein Intervall ist, s. Übungsaufgabe 3.43, liefert eine Anwendung von Satz 3.5 keinen Hinweis darüber, ob tatsächlich für jedes $y \in \mathbb{R}^+$ eine n. Wurzel *existiert*. Der Satz besagt lediglich, daß die n. Wurzel – falls existent – *eindeutig* ist.

[39]Englisch: increasing
[40]Englisch: decreasing

Man kann nun aber die Zahl $x = \sqrt[n]{y}$ genau wie im Fall von $\sqrt{2}$ (s. DERIVE-Sitzung 1.5) durch Angabe einer schrumpfenden Intervallschachtelung $I_k = [a_k, b_k]$ ($k \in \mathbb{N}$) von Intervallen der Länge $|I_k| = b_k - a_k = \frac{1}{10^{k-1}}$ bestimmen, für deren Endpunkte jeweils die Ungleichungen $a_k^n \leq y \leq b_k^n$ gelten. Auf Grund der Intervallschachtelungseigenschaft gibt es dann einen Punkt $x \in \mathbb{R}$, der allen Intervallen angehört, d.h. $x \in I_k$ für alle $k \in \mathbb{N}$. Es bleibt dann zu zeigen, daß dieses x wirklich das gegebene Problem löst, daß also $x^n = y$ ist. Da nun aber für alle $k \in \mathbb{N}$ einerseits gemäß Konstruktion die Ungleichungen $a_k^n \leq y \leq b_k^n$, andererseits wegen der Monotonie der Monomfunktion f_n aber auch die Ungleichungen $a_k^n \leq x^n \leq b_k^n$ gelten, folgt die Behauptung, wenn wir nachweisen können, daß $[a_k^n, b_k^n]$ ($k \in \mathbb{N}$) eine schrumpfende Intervallschachtelung ist, aus Lemma 1.1. Dazu haben wir lediglich zu zeigen, daß $b_k^n - a_k^n$ gegen Null strebt. Dies aber folgt aus der Ungleichungskette

$$b_k^n - a_k^n = (b_k - a_k) \sum_{j=1}^{n} a_k^{j-1} b_k^{n-j} \leq (b_k - a_k) \sum_{j=1}^{n} b_1^{n-1} = (b_k - a_k) n b_1^{n-1} \leq \frac{n b_1^{n-1}}{10^{k-1}},$$

welche zeigt, daß $b_k^n - a_k^n$ genauso wie $b_k - a_k$ selbst (möglicherweise etwas langsamer) gegen Null strebt, da der auftretende Faktor $n b_1^{n-1}$ gar nicht von k abhängt.

Die dritte Wurzel heißt auch *Kubikwurzel.* Ist n ungerade, dann existiert die reelle Umkehrfunktion in ganz $\mathbb{R}$, s. Übungsaufgabe 3.39.

Die n. Wurzel wird oft durch

$$y = \sqrt[n]{x} =: x^{\frac{1}{n}} \tag{3.29}$$

als rationale Potenz dargestellt. Denn so können die Rechenregeln für Potenzen

$$a^{x+y} = a^x \cdot a^y \tag{3.30}$$

und

$$a^{xy} = (a^x)^y \tag{3.31}$$

für $a \in \mathbb{R}^+$ auf rationale Exponenten $x, y \in \mathbb{Q}$ verallgemeinert werden (s. Übungsaufgabe 3.38). $\triangle$

Wir beschäftigen uns nun allgemein mit den Umkehrfunktionen von Polynomen.

Definition 3.5 (Algebraische Funktionen) Wenn x und y eine Gleichung der Form

$$F(x, y) = \sum_{j=0}^{m} \sum_{k=0}^{n} a_{jk} x^j y^k = 0 \tag{3.32}$$

erfüllen, wobei $F(x, y)$ ein Polynom in den beiden Variablen x und y ist, dann nennen wir y eine *implizite algebraische Funktion* von x. Damit y wirklich eine Funktion ist, muß Gleichung (3.32) in einem bestimmten reellen Intervall I nach y auflösbar sein. Ist dies der Fall, so erfüllt die resultierende Funktion $f : I \to \mathbb{R}$ die Gleichung $F(x, f(x)) = 0$ ($x \in I$) und heißt *explizite algebraische Funktion*. Ist eine Funktion nicht algebraisch, so nennen wir sie *transzendent*. $\triangle$

Man beachte, daß alle bisher untersuchten Funktionen algebraisch waren. Eine rationale Funktion r der Variablen x ist die Lösung einer Gleichung der Form $q(x)y - p(x) = 0$ mit Polynomen p und q, die Quadratwurzelfunktion ist eine spezielle Lösung der Gleichung $y^2 - x = 0$, und die n. Wurzelfunktion eine Lösung der Gleichung $y^n - x = 0$.

Beispiel 3.12 (Eine transzendente Funktion) Die Exponentialfunktion a^x, die für positives $a \in \mathbb{R}^+$ wegen der Festlegung (3.29) für rationale Exponenten $x = \frac{n}{m} \in \mathbb{Q}$ durch

$$a^x = a^{\frac{n}{m}} = \sqrt[m]{a^n}$$

gegeben ist, kann an dieser Stelle nicht für beliebiges $x \in \mathbb{R}$ definiert werden. Es wird sich herausstellen, daß es eine den Regeln (3.30)–(3.31) genügende Fortsetzung der angegebenen Funktion auf ganz $\mathbb{R}$ gibt, die allerdings nicht algebraisch, also transzendent ist. Diese reelle (sowie die komplexe) Exponentialfunktion wird später in Kapitel 5 behandelt werden.

ÜBUNGSAUFGABEN

3.38 *Zeige, daß die Potenzregeln* (3.30)–(3.31) *für alle $a \in \mathbb{R}^+$ und $x, y \in \mathbb{Q}$ gelten.*

3.39 *Zeige, daß die Monomfunktion $f(x) := x^n$ ($n \in \mathbb{N}$) für ungerades n auf ganz $\mathbb{R}$ streng wachsend und somit injektiv ist. Damit ist für ungerade $n \in \mathbb{N}$ die n. Wurzel in ganz $\mathbb{R}$ sinnvoll definiert.*

3.40 *Zeige, daß die Monomfunktion $f(x) := x^n$ ($n \in \mathbb{Z} \setminus \mathbb{N}_0$) für negatives n auf $\mathbb{R}^+$ streng fallend und somit injektiv ist.*

3.41 *Zeige, daß die Dirichletsche*[41] *Funktion*

$$\text{DIRICHLET}\,(x) = \begin{cases} 1 & \text{falls } x \text{ rational} \\ 0 & \text{falls } x \text{ irrational} \end{cases} \tag{3.33}$$

in keinem reellen Intervall monoton ist. Hinweis: *Verwende das Ergebnis von Übungsaufgabe* 1.33.
Die Dirichlet-Funktion ist ziemlich künstlich, aber sie hat – durch ihre eigentümliche Definition – so eigenartige Eigenschaften, daß sie sich hervorragend für Gegenbeispiele in der Analysis eignet.

3.42 *Seien zwei wachsende Funktionen $f, g : I \to W$ eines Intervalls I gegeben. Dann ist auch $f + g$ wachsend. Ist ferner $f, g > 0$ in I, so sind $f \cdot g$ wachsend sowie $1/f$ fallend. Dabei folgt aus strengem Wachsen wieder strenges Wachsen.*

3.43 *Gib ein Beispiel einer Funktion $f : [0,1] \to \mathbb{R}$, die streng wachsend ist, deren Bild $f([0,1])$ jedoch kein Intervall ist. Drücke diese Eigenschaft mit Hilfe des Begriffs der Surjektivität aus.*

[41] PETER GUSTAV LEJEUNE DIRICHLET [1805–1859]

◇ **3.44** *Zeige, daß die folgenden Funktionen bijektiv sind, und gib ihre Umkehrfunktion jeweils explizit an.*

(a) $f_1 : [1,\infty) \to [1,\infty)$ *mit* $f_1(x) = x^2 - 2x + 2$,

(b) $f_2 : (\infty,1] \to (\infty,1]$ *mit* $f_2(x) = x^2 - 2x + 2$,

(c) $f_3 : \mathbb{R} \setminus \{-1\} \to \mathbb{R}$ *mit* $f_3(x) = \dfrac{1-x}{1+x}$,

(d) $f_4 : [1,\infty) \to [0,\infty)$ *mit* $f_4(x) = \sqrt{x-1} + \dfrac{x-1}{2}$.

◇ **3.45** *Bestimme die Nullstellen des Ausdrucks* $\sqrt{x-1} + 1 - \sqrt{2\sqrt{x-1} + x}$.

◇ **3.46** *Welches sind die reellen Lösungen der Gleichung*

$$\sqrt{x+3-4\sqrt{x-1}} + \sqrt{x+8-6\sqrt{x-1}} = 1 \,?$$

Hinweis: *Bestimme zunächst einen geeigneten Definitionsbereich für x auf der reellen Achse. Benutze* DERIVE, *um den Graph der Funktion auf der linken Seite darzustellen, und beweise die Vermutung, die sich daraus ergibt.*

◇ **3.47** *Stelle die folgenden algebraischen Funktionen $x \mapsto y$ graphisch dar, und gib Definitionsbereiche an, in denen sie injektiv sind. Gib soweit möglich eine explizite Darstellung der Funktionen bzw. ihrer Umkehrfunktionen an. Man beachte, daß diese vom gewählten Definitionsbereich abhängen können.*

(a) $y^2 + x^3 = 1$, (b) $x^2 - xy + y^2 = 1$, (c) $x^2 - y^2 = 1$,

(d) $y^2 = x^2$, (e) $y^3 = x^2$, (f) $y^2 = x^4$.

◇ **3.48** *Stelle mit* DERIVE *die Graphen der folgenden algebraischen Funktionen dar.*

(a) $x^3 + y^3 = 3xy$, (b) $x^2 + y^4 - y^2 = 1$,

(c) $y^m = x$ für $m = 3, \ldots, 5$, (d) $(x^2 + y^2)^2 = 9(x^2 - y^2)$,

(e) $x^4 - 4x^3 + 3x^2 + 2x^2y^2 = y^2 + 4xy^2 - y^4$.

3.49 (Fixpunktsatz) *Sei $f : [0,1] \to [0,1]$ wachsend. Dann gibt es eine Stelle $x_0 \in [0,1]$ derart, daß $f(x_0) = x_0$ gilt.* Hinweis: *Man betrachte die Menge*

$$\{x \in [0,1] \mid f(x) \le x\} \ .$$

○ **3.50** *Die Komposition zweier injektiver (surjektiver) Funktionen ist wieder injektiv (surjektiv).*

3.51 *Die Komposition wachsender Funktionen ist wachsend.*

3.52 *Zeige: Ist $f : [-a,a] \to \mathbb{R}$ eine ungerade injektive Funktion, dann ist f^{-1} ebenfalls ungerade.*

4 Folgen, Konvergenz und Grenzwerte

4.1 Konvergenz reeller Zahlenfolgen

Bislang haben wir aus den linearen Funktionen durch Anwendung der algebraischen Operationen Addition, Subtraktion, Multiplikation und Division die rationalen Funktionen konstruiert sowie ferner im wesentlichen durch das Betrachten von Umkehrfunktionen algebraische Funktionen wie die Wurzelfunktionen erklärt.

Weitere Funktionen lassen sich definieren, indem man Grenzprozesse mit den bereits bekannten Objekten durchführt. In diesem Kapitel werden wir Folgen und Reihen sowie ihre Grenzwerte betrachten.

Sicherlich besitzt jeder eine Vorstellung von einer reellen Zahlenfolge. Hier ist eine genaue Erklärung, was wir unter einer reellen Folge verstehen.

Definition 4.1 (Reelle Zahlenfolge) Eine *reelle Zahlenfolge*[1] ist ein geordneter, unendlicher Vektor $(a_0, a_1, a_2, \ldots)$, wobei die Zahlen $a_n \in \mathbb{R}$ $(n \in \mathbb{N}_0)$ reelle Zahlen sind[2].

Das Symbol n nennen wir den *Index* der Folge. Manchmal beginnt die Indizierung einer Folge mit dem Index $n = 1$ statt mit $n = 0$ (oder bei einer anderen ganzen Zahl). Je nachdem werden wir die Abkürzungen $(a_n)_{n\in\mathbb{N}_0}$ oder $(a_n)_{n\in\mathbb{N}}$ benutzen. Ist der Wert des Anfangsindex nicht von Bedeutung, so verwendet man die kürzere Notation $(a_n)_n$.

Eine *Teilfolge*[3] einer Folge $(a_n)_n$ wird erzeugt, indem man nur gewisse Elemente der Folge $(a_n)_n$ auswählt. Eine Teilfolge bezeichnet man mit $(a_{n_k})_k$,wobei n_k angibt, welche Elemente der Folge ausgewählt werden[4]. △

In diesem Abschnitt wird besprochen, wie die *metrische Struktur* der reellen Zahlen, d. h. die Möglichkeit, den Abstand zwischen zwei Zahlen zu messen, uns dazu befähigt, eine Aussage über die Konvergenz einer Zahlenfolge zu machen. Schauen wir uns dazu zunächst einige Beispiele an.

Beispiel 4.1 (Die Folge der Kehrwerte) Wir betrachten die Folge

$$(a_n)_n := \left(\frac{1}{n}\right)_{n\in\mathbb{N}} = \left(1, \frac{1}{2}, \frac{1}{3}, \frac{1}{4}, \ldots\right).$$

[1] Englisch: sequence

[2] Im Sinne einer algebraischen Beschreibung ist eine Folge eine *Funktion* $a : \mathbb{N}_0 \to \mathbb{R}$, deren Definitionsbereich die natürlichen Zahlen sind.

[3] Englisch: subsequence

[4] Genauer: $n_k : \mathbb{N}_0 \to \mathbb{N}_0$ ist eine monotone Folge, s. Definition 4.4.

Es ist offensichtlich, daß mit größer werdendem n die Werte der Folge $\frac{1}{n}$ immer kleiner werdende positive Zahlen darstellen, d. h. sie kommen Null beliebig nahe. Dies kann präzise formuliert und durch die folgende Methode nachgeprüft werden. Angenommen, man wähle sich *irgendeine* positive reelle Zahl[5][6] $\varepsilon > 0$. Man stelle sich diese Zahl als die *gewünschte Genauigkeit*[7] vor. Dann ist es möglich, einen Index $N \in \mathbb{N}$ zu finden, so daß a_n kleiner (oder gleich) der gewählten Genauigkeit ε ist für alle größeren Indizes $n \geq N$. Wir wünschen also, daß

$$0 < a_n = \frac{1}{n} \leq \varepsilon \,. \tag{4.1}$$

Bezeichnet $[x]$ die größte ganze Zahl, welche kleiner oder gleich x ist, so gilt (4.1) offenbar für alle[8]

$$n \geq N := \left[\frac{1}{\varepsilon}\right] ,$$

was unsere Behauptung bestätigt.

Beispiel 4.2 (Eine alternierende Folge) Das zuvor gegebene Beispiel war etwas speziell: Alle Zahlen a_n ($n \in \mathbb{N}$) sind positiv. Dies ist jedoch nicht der Fall bei der alternierenden Folge

$$(b_n)_n := \left(\frac{(-1)^n}{n}\right)_{n\in\mathbb{N}} = \left(-1, \frac{1}{2}, -\frac{1}{3}, \frac{1}{4}, \ldots\right) .$$

Hierbei nehmen für wachsendes n nicht die Werte der Zahlen b_n selbst, sondern stattdessen deren Beträge $|b_n|$ ab.

Für gegebenes $\varepsilon > 0$ kann man mit Hilfe obiger Rechnung den Index $N := \left[\frac{1}{\varepsilon}\right]$ finden, derart, daß der Betrag $|b_n| = \frac{1}{n}$ kleiner (oder gleich) ε ist. △

Eine solche Folge $(b_n)_n$, bei der b_n gegen Null strebt, nennt man eine Nullfolge.

Beispiel 4.3 (Eine Teilfolge) Eine Teilfolge einer Folge (a_n) erzeugt man, indem man z. B. nur jene Indizes auswählt, welche die Form $n_k := 2^k$ haben. Wenn man die Beispielfolge $(a_n)_n = \left(\frac{1}{n}\right)_n$ betrachtet, so erhält man die Teilfolge

$$(a_{n_k})_{k\in\mathbb{N}_0} = \left(\frac{1}{n_k}\right)_{k\in\mathbb{N}_0} = \left(\frac{1}{2^k}\right)_{k\in\mathbb{N}_0} = \left(1, \frac{1}{2}, \frac{1}{4}, \frac{1}{8}, \frac{1}{16}, \ldots\right) .$$

Sitzung 4.1 Man kann DERIVE zur graphischen Darstellung von Folgen verwenden. Wir benutzen hier die Beispielfolge $(b_n) := \left(\frac{(-1)^n}{n}\right)$. Um die ersten 70 Koordinatenpaare dieser Folge zu erhalten, geben wir `VECTOR([n,(-1)^n/n],n,1,70)` ein. Diesen Ausdruck vereinfachen wir mit `Simplify` und erhalten

---

[5]Das Symbol ε ist der griechische Buchstabe „epsilon".

[6]Um eine derartige Genauigkeit auszudrücken, werden wir in Zukunft immer den griechischen Buchstaben ε verwenden.

[7]Englisch: precision

[8]Um die Existenz dieser Zahl $N \in \mathbb{N}$ zu garantieren, braucht man die archimedische Eigenschaft von $\mathbb{R}$, s. Übungsaufgaben 1.31 und 1.32.

$$2: \quad \left[[1,-1], \left[2, \frac{1}{2}\right], \left[3, -\frac{1}{3}\right], \left[4, \frac{1}{4}\right], \left[5, -\frac{1}{5}\right], \left[6, \frac{1}{6}\right], \left[7, -\frac{1}{7}\right], \left[8, \frac{1}{8}\right], \ldots\right].$$

Nun wechsle man mit `Plot` in ein `Plot` Fenster[9], bewege das Zentrierkreuz mit `Move` auf den Punkt $(30, 1)$, wähle mit `Scale` die Skalierungsfaktoren $(8, 1)$, zentriere mit `Center` das `PLOT`-Fenster und stelle den Ausdruck `#2` graphisch dar. DERIVE erzeugt daraus einen aus Punkten bestehenden Graphen der gegebenen Menge von Koordinatenpaaren.

DERIVE benutzt die x-Achse des `PLOT`-Fensters zur Darstellung für das jeweils erste Element der Paare, d. h. in unserem Fall der Werte von n, und die y-Achse für das jeweils zweite Element der Paare, $\frac{(-1)^n}{n}$. Wie man sieht, wird der Wert von $\left|\frac{(-1)^n}{n}\right|$ kleiner mit zunehmenden n.

Wir wählen nun `eps:=0.1`, stellen diesen konstanten Ausdruck graphisch dar und verfahren ebenso mit dem Ausdruck `-eps`. Dadurch erhalten wir Abbildung 4.1.

Man kann nun die Gültigkeit der Ungleichung $|b_n| \leq \varepsilon$ für $n \geq N$ geometrisch so deuten, daß alle jene Punkte des Graphen der Folge, deren n groß genug ist, in dem Parallelstreifen $\{(x, y) \in \mathbb{R}^2 \mid |y| \leq \varepsilon\}$ liegen. Eine Nullfolge ist nun durch die Tatsache charakterisiert, daß dies für *jede* Wahl von ε gilt, d. h. wie klein man den Streifen auch wählen mag.

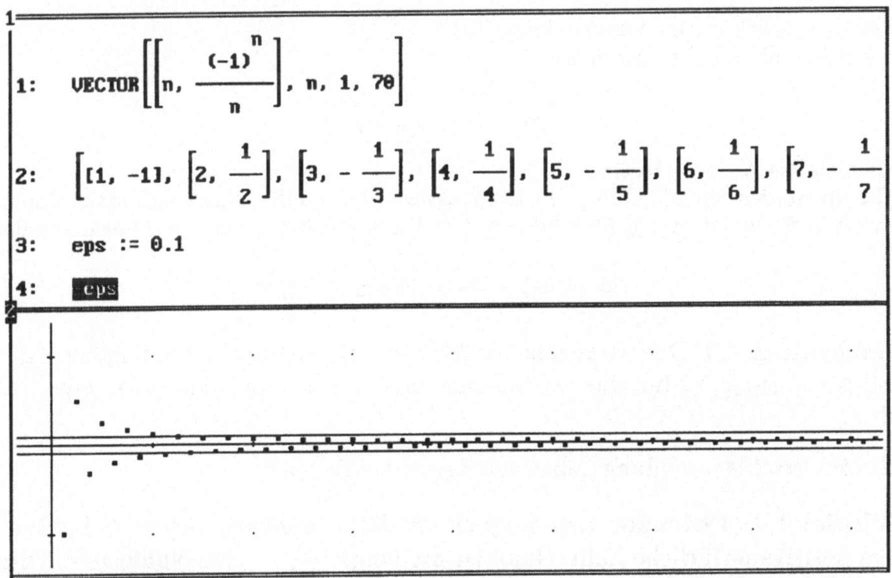

Abbildung 4.1 Graphische Darstellung einer Nullfolge

[9]Ab Version 2.10 wird automatisch ein neues Fenster geöffnet. Wer dies nicht wünscht, sollte die Option `Overlay` wählen.

Definition 4.2 (Nullfolge) Eine Folge $(a_n)_n$ heißt *Nullfolge*, wenn für jedes $\varepsilon > 0$ ein Index $N \in \mathbb{N}$ existiert, so daß für alle $n \geq N$ die Ungleichung $|a_n| \leq \varepsilon$ gilt. $\triangle$

Zunächst werden wir ein Vergleichskriterium angeben, das uns des öfteren erlaubt zu entscheiden, ob eine Folge eine Nullfolge ist.

Lemma 4.1 (Vergleich von Nullfolgen) Seien $(a_n)_n$ und $(b_n)_n$ reelle Zahlenfolgen mit folgenden Eigenschaften:

(a) $(b_n)_n$ ist eine Nullfolge.

(b) $|a_n| \leq C|b_n|$ gilt für alle $n \in \mathbb{N}$ und ein Konstante $C \in \mathbb{R}$.

Dann ist auch $(a_n)_n$ eine Nullfolge. Weiter gilt:

(c) Sind $(a_n)_n$ und $(b_n)_n$ Nullfolgen, so ist auch ihre Summe $(a_n + b_n)_n$ eine Nullfolge.

Beweis: Sei $\varepsilon > 0$ gegeben. Dann wähle man $N \in \mathbb{N}$ derart, daß für alle $n \geq N$ gilt:

$$|b_n| \leq \frac{\varepsilon}{C}$$

Dies ist möglich wegen Voraussetzung (a)[10].

Auf Grund von (b) folgern wir

$$|a_n| \leq C\,|b_n| \leq C\frac{\varepsilon}{C} = \varepsilon\,,$$

was die erste Aussage beweist.

(c) Nun werden wir die Gültigkeit der Aussage über die Summe begründen. Dafür wähle man $N \in \mathbb{N}$, so daß $|a_n| \leq \frac{\varepsilon}{2}$ und $|b_n| \leq \frac{\varepsilon}{2}$.[11] Dann erhält man mit der Dreiecksungleichung

$$|a_n + b_n| \leq |a_n| + |b_n| \leq \frac{\varepsilon}{2} + \frac{\varepsilon}{2} = \varepsilon\,. \qquad \square$$

Bemerkung 4.1 Der vorangehende Beweis zeigt ebenfalls, daß folgendes gilt: Aus $|a_n| \leq C\varepsilon \ \ (n \geq N)$ für eine reelle Konstante $C \in \mathbb{R}$ folgt, daß $(a_n)_n$ eine Nullfolge ist. $\triangle$

Als eine erste Anwendung geben wir folgendes Beispiel:

Beispiel 4.4 (Potenzen mit negativem Exponenten) Sei $m \in \mathbb{N}$ eine beliebige positive natürliche Zahl. Dann ist die Folge $\left(\frac{1}{n^m}\right)_n$ eine Nullfolge[12]. Dies folgt aus Lemma 4.1, da für alle $m \in \mathbb{N}$ gilt:

$$\frac{1}{n^m} = \frac{1}{n} \cdot \frac{1}{n^{m-1}} \leq \frac{1}{n}\,.$$

[10] Da $(b_n)_n$ eine Nullfolge ist, gilt $|b_n| \leq \varepsilon' \ \ (n \geq N)$ für *alle* $\varepsilon' > 0$, und wir dürfen somit $\varepsilon' := \frac{\varepsilon}{C}$ wählen.

[11] Aus offensichtlichem Grund nennt man diese typische Art der Argumentation ein $\frac{\varepsilon}{2}$-*Argument*.

[12] In Fällen wie diesem ist es wichtig zu wissen, welche der Variablen n oder m in dem gegebenen Ausdruck den Index der Folge darstellt.

Beispiel 4.5 Ein weiteres wichtiges Beispiel einer Nullfolge ist die Folge $(x^n)_n$ für eine reelle Zahl $x \in \mathbb{R}$ mit $|x| < 1$. Für $x = 0$ ist die Aussage trivial, so daß wir annehmen, daß $0 < |x| < 1$ gegeben ist. Dann ist $\frac{1}{|x|} = 1 + h$ für ein positives $h \in \mathbb{R}^+$. Mit der Bernoullischen Ungleichung bekommen wir

$$\left(\frac{1}{|x|}\right)^n = (1+h)^n \geq 1 + nh > nh \geq \frac{1}{\varepsilon} \qquad \text{oder} \qquad |x|^n \leq \varepsilon$$

für alle $n \geq \frac{1}{\varepsilon h}$. $\triangle$

Nullfolgen sind solche Folgen, die gegen Null streben. Es liegt nahe, daß es auch konvergente Folgen geben kann, die gegen andere reelle Zahlen streben.

Definition 4.3 (Konvergenz und Grenzwert) Wir sagen, die Folge $(a_n)_n$ *konvergiert gegen* a, wenn die Folge $(a_n - a)_n$ eine Nullfolge ist. Die Zahl a heißt *Grenzwert*[13] oder *Limes* der Folge $(a_n)_n$. Für den Fall, daß $(a_n)_n$ gegen a konvergiert, schreiben wir[14]

$$\lim_{n\to\infty} a_n = a \qquad \text{oder auch} \qquad a_n \to a \quad (n \to \infty)\,.$$

Eine Folge $(a_n)_n$ heißt *konvergent*, wenn es eine Zahl $a \in \mathbb{R}$ gibt mit $\lim\limits_{n\to\infty} a_n = a$, andernfalls *divergent*. $\triangle$

Man beachte, daß eine Folge $(a_n)_n$ *per definitionem* genau dann gegen a konvergiert, wenn für jedes $\varepsilon > 0$ ein Index $N \in \mathbb{N}$ existiert, so daß für alle Indizes $n \geq N$ die Ungleichung

$$|a_n - a| \leq \varepsilon$$

erfüllt ist.

Bemerkung 4.2 Unter Benutzung der soeben eingeführten Notation können wir die Aussagen in Lemma 4.1 umschreiben in

$$b_n \to 0 \quad \text{und} \quad |a_n| \leq C\,|b_n| \quad (n \in \mathbb{N},\ C \in \mathbb{R}) \implies a_n \to 0$$

und

$$a_n \to 0 \quad \text{und} \quad b_n \to 0 \implies (a_n + b_n) \to 0\,.$$

Mit Hilfe dieser Notation ist es uns möglich, die explizite Benutzung eines ε zu umgehen, was manchmal angenehmer sein mag.

Zunächst zeigen wir, daß der Grenzwert einer Folge eindeutig ist.

Lemma 4.2 (Eindeutigkeit des Grenzwertes) Konvergiert die Folge $(a_n)_n$, so besitzt sie einen eindeutigen Grenzwert.

[13] Englisch: limit

[14] In Worten: Der Grenzwert von a_n für n gegen unendlich ist gleich a.

Beweis: Die Idee des Beweises ist wie folgt: Existieren zwei Grenzwerte a und b, so müssen alle Zahlen a_n sowohl in einer Umgebung von a als auch in einer Umgebung von b liegen. Daraus folgt, daß a und b übereinstimmen müssen.

Wir nehmen an, der Grenzwert sei nicht eindeutig. Dann existieren zwei verschiedene Zahlen $a, b \in \mathbb{R}$, $a \neq b$, mit $a_n \to a$ und $a_n \to b$. Wir wählen nun $\varepsilon := \frac{|a-b|}{4}$. Dann existiert ein $N \in \mathbb{N}$, so daß für alle $n \geq N$ gilt[15]

$$|a_n - a| \leq \varepsilon = \frac{|a-b|}{4} \qquad \text{und} \quad |a_n - b| \leq \varepsilon = \frac{|a-b|}{4} .$$

Aus der Dreiecksungleichung folgt dann

$$|a-b| = |(a-a_n) + (a_n - b)| \leq |a - a_n| + |a_n - b| \leq \frac{|a-b|}{4} + \frac{|a-b|}{4} = \frac{|a-b|}{2} .$$

Da nach Annahme $a \neq b$ ist, dürfen wir dann diese Ungleichung durch die positive Zahl $|a-b|$ dividieren und erhalten daraus den Widerspruch $1 \leq \frac{1}{2}$. Folglich gilt $a = b$. □

Wir werden nun einige Beispiele konvergenter und divergenter Folgen geben.

Beispiel 4.6 (Konvergente und divergente Folgen) Wir betrachten die Folgen $(a_n)_n$ mit

$$\text{(a)} \quad a_n := 1, \qquad \text{(b)} \quad a_n := (-1)^n, \qquad \text{(c)} \quad a_n := 1 + \frac{(-1)^n}{n}, \qquad \text{(d)} \quad a_n := n.$$

(a) Die konstante Folge $(1)_n$ konvergiert offensichtlich gegen $a = 1$, da $|a_n - a| = 0$ für alle $n \in \mathbb{N}_0$, und somit $|a_n - a| \leq \varepsilon$ für jedes $\varepsilon > 0$ und alle $n \in \mathbb{N}_0$.
(b) Die Werte der Folge $((-1)^n)_n$ sind abwechselnd 1 und -1. Nach Lemma 4.2 kann diese Folge nicht konvergieren, da sie sonst zwei verschiedene Grenzwerte haben müßte.
(c) Da $|a_n - 1| = \frac{1}{n}$, folgt aus dem Beweis aus Beispiel 4.1, daß $a_n \to 1$.
(d) Diese Folge divergiert auf eine ganz spezielle Art, nämlich gegen $+\infty$. Dies bedeutet einerseits, daß es keine reelle Zahl a mit $a_n \to a$ gibt, d. h. (a_n) divergiert, und andererseits, daß es für jedes $A \in \mathbb{R}^+$ einen Index $N \in \mathbb{N}$ gibt, so daß $a_n \geq A$ für alle Indizes $n \geq N$ gilt. In diesem Fall sagen wir, $(a_n)_n$ *divergiert bestimmt gegen* $+\infty$ und schreiben

$$\lim_{n\to\infty} a_n = +\infty .$$

Die bestimmte Divergenz gegen $-\infty$ wird analog definiert. △

Das letzte Beispiel ist ein Beispiel einer unbeschränkten Folge. Als nächstes zeigen wir, daß konvergente Folgen immer beschränkt sind.

Satz 4.1 (Konvergente Folgen sind beschränkt) Ist die reelle Folge $(a_n)_{n\in\mathbb{N}_0}$ konvergent, so ist sie beschränkt, d. h. es existiert eine reelle Zahl $A \in \mathbb{R}$, so daß $|a_n| \leq A$ für alle $n \in \mathbb{N}_0$.

[15] Gilt die erste Aussage für alle $n \geq N_1$ und die zweite Aussage für alle $n \geq N_2$, dann wählen wir die größere der beiden Zahlen N_1 und N_2.

Beweis: Angenommen, $\lim_{n\to\infty} a_n = a$. Wir wählen $\varepsilon := |a|$.[16] Dann gibt es einen Index $N \in \mathbb{N}$, so daß $|a_n - a| \le |a|$ und damit

$$|a_n| = |a_n - a + a| \le |a_n - a| + |a| \le 2|a|$$

für alle $n \ge N$ unter Benutzung der Dreiecksungleichung folgt.

Bezeichnen wir mit b die größte der N Zahlen $|a_n|$ $(n = 0, \ldots, N-1)$, so gilt

$$|a_n| \le \begin{cases} b & \text{falls } n = 0, \ldots, N-1 \\ 2|a| & \text{falls } n \ge N \end{cases} .$$

Wählen wir $A := \max\{b, 2|a|\}$, dann folgt das Resultat. □

Bemerkung 4.3 Eine kurze Notation des Inhaltes von Satz 4.1 ist

$$a_n \to a \implies |a_n| \le A \ \ (A \in \mathbb{R}) .$$

Sitzung 4.2 DERIVE besitzt die Fähigkeit, Grenzwerte zu bestimmen. Dafür benutzt man das Kommando `Calculus Limit`. Man gebe **(2n+1)/(3n-2)** ein:

$$1: \quad \frac{2n+1}{3n-2} .$$

Mit dem `Calculus Limit` Befehl konstruiere man den Grenzwert dieses Ausdrucks für $n \to \infty$. DERIVEs Symbol für ∞ ist **inf**. Der eingegebene Ausdruck wird angezeigt als

$$2: \quad \lim_{n\to\infty} \frac{2n+1}{3n-2} .$$

Mit `Simplify` berechnet DERIVE nun den Grenzwert

$$3: \quad \frac{2}{3} .$$

Als weitere Möglichkeit kann man auch die DERIVE Funktion **LIM(f,x,a)** benutzen, um den Grenzwert von f für $x \to a$ zu finden. Bei unserem Beispiel erhält man also mit **LIM(#1,n,inf)** das gleiche Ergebnis.

Man benutze geeignete Einstellungen, um **VECTOR([n,#1],n,1,70)** graphisch darzustellen. Weiter definiere man **eps:=0.1**, und erstelle die Graphen für die Werte **2/3+eps** und **2/3-eps**. Wie kann man die Eigenschaft der Konvergenz geometrisch deuten?

DERIVEs Antwort ist mit Hilfe der folgenden grundlegenden Rechenregeln für Grenzwerte einfach nachzuvollziehen. Diese Regeln besagen, daß die Grenzwertoperation mit Addition, Subtraktion, Multiplikation und Division vertauschbar ist.

[16] Wir nehmen an, daß $a \neq 0$. Der Fall $a = 0$ ist noch einfacher und wird als Übungsaufgabe gestellt.

Satz 4.2 (Regeln für Grenzwerte) Sind $(a_n)_n$ und $(b_n)_n$ zwei Folgen mit den Grenzwerten $\lim_{n\to\infty} a_n = a$ und $\lim_{n\to\infty} b_n = b$, dann gelten

(a) $\lim_{n\to\infty} (C\, a_n) = C\, a$ für alle Konstanten $C \in \mathbb{R}$,

(b) $\lim_{n\to\infty} (a_n \pm b_n) = a \pm b$,

(c) $\lim_{n\to\infty} a_n b_n = ab$,

(d) $\lim_{n\to\infty} \frac{a_n}{b_n} = \frac{a}{b}$, sofern $b_n \neq 0$ $(n \in \mathbb{N}_0)$[17] und $b \neq 0$,

(e) **(Sandwichprinzip)** Gilt $b = a$ sowie $a_n \leq c_n \leq b_n$ für alle $n \geq N$, so folgt $\lim_{n\to\infty} c_n = a$.

Beweis: Auf Grund unserer Annahme gibt es zu jedem $\varepsilon > 0$ ein $N \in \mathbb{N}$ derart, daß für alle $n \geq N$ gilt

$$|a_n - a| \leq \varepsilon \quad \text{und} \quad |b_n - b| \leq \varepsilon\,.$$

Weiterhin gilt nach Satz 4.1

$$|a_n| \leq A \quad \text{and} \quad |b_n| \leq B$$

für geeignete $A, B \in \mathbb{R}$.
(a) Nach Lemma 4.1 gilt offensichtlich $C(a_n - a) \to 0$.
(b) $|(a_n \pm b_n) - (a \pm b)| = |(a_n - a) \pm (b_n - b)| \leq |a_n - a| + |b_n - b| \leq 2\varepsilon$. Wiederum folgt aus Lemma 4.1, daß $(a_n \pm b_n) - (a \pm b) \to 0$.
(c) In ähnlicher Weise erhalten wir

$$|a_n b_n - ab| = |a_n(b_n - b) + (a_n - a)b| \leq (|a_n| + |b|)\varepsilon \leq (A + |b|)\varepsilon\,,$$

und somit $a_n b_n \to ab$.
(d) Aus $b \neq 0$ folgt (man wähle hierfür $\varepsilon := \frac{|b|}{2}$), daß eine Zahl $N \in \mathbb{N}$ existiert, so daß für alle $n \geq N$ gilt:

$$|b_n - b| \leq \frac{|b|}{2}\,.$$

Mit Hilfe der Dreiecksungleichung folgt dann $|b| = |(b - b_n) + b_n| \leq |b - b_n| + |b_n|$, so daß

$$|b_n| \geq |b| - |b - b_n| = |b| - |b_n - b| \geq |b| - \frac{|b|}{2} = \frac{|b|}{2}\,. \tag{4.2}$$

Durch Anwendung der Kehrwertoperation auf diese Ungleichung erhalten wir

$$\left|\frac{1}{b_n}\right| \leq \frac{2}{|b|}\,.$$

Hiermit bekommen wir schließlich

$$\left|\frac{a_n}{b_n} - \frac{a}{b}\right| = \left|\frac{a_n b - b_n a}{b_n b}\right| = \frac{|a_n(b - b_n) + b_n(a_n - a)|}{|b_n||b|} \leq \frac{A\varepsilon}{|b_n||b|} + \frac{\varepsilon}{|b|} \leq \frac{2A}{|b|^2}\varepsilon + \frac{\varepsilon}{|b|} = \frac{2A + |b|}{|b|^2}\varepsilon,$$

[17]Da es bei der Grenzwertbildung auf endlich viele Anfangsglieder einer Folge nicht ankommt, ist diese Bedingung letztlich unnötig. Sofern nämlich $b \neq 0$, folgt automatisch, daß für alle $n \geq N$ auch $b_n \neq 0$ ist, s. (4.2).

welches die Aussage bestätigt.
(e) Es gibt ein $N_1 \in \mathbb{N}$ derart, daß für alle $n \geq N_1$ sowohl $a_n \in [a-\varepsilon, a+\varepsilon]$, als auch $b_n \in [a-\varepsilon, a+\varepsilon]$ gilt. Da nach Voraussetzung $c_n \in [a_n, b_n]$ liegt, gilt dann auch $c_n \in [a-\varepsilon, a+\varepsilon]$. □

Bemerkung 4.4 (Linearität der Grenzwertoperation) Die beiden Rechenregeln (a) und (b) des Satzes bezeichnet man als die *Linearität* der Grenzwertoperation. Linearität ist eine sehr wichtige Eigenschaft der Grenzwertoperation. Wir werden später die Differentiation und die Integration mit Hilfe von Grenzwerten definieren. Somit wird die Linearität auf Differentiation und Integration vererbt werden.

Bemerkung 4.5 (Vertauschbarkeit der Grenzwertoperation mit rationalen Funktionen) Man kann den Grenzwert einer beliebigen rationalen Funktion der Variablen n für $n \to \infty$ berechnen, indem man die Regeln induktiv anwendet. Zur Erinnerung sei erwähnt, daß rationale Funktionen aus den konstanten Funktionen und der identischen Abbildung $f(x) := x$ mit Hilfe einer endlichen Anzahl von Additionen, Subtraktionen, Multiplikationen und Divisionen gebildet werden. Folglich kann der Grenzwert berechnet werden durch Anwendung der Grenzwertoperation auf jeden einzelnen der Operanden[18].

Wir erläutern nun die dargelegten Ideen mit den folgenden Beispielen.

Beispiel 4.7 (Grenzwerte rationaler Funktionen) In DERIVE-Sitzung 4.2 berechnete DERIVE den Grenzwert $\lim\limits_{n\to\infty} \frac{2n+1}{3n-2}$. Eine Anwendung von Satz 4.2 ergibt

$$\lim_{n\to\infty} \frac{2n+1}{3n-2} = \lim_{n\to\infty} \frac{2+\frac{1}{n}}{3-\frac{2}{n}} = \frac{2+\lim\limits_{n\to\infty}\frac{1}{n}}{3-\lim\limits_{n\to\infty}\frac{2}{n}} = \frac{2+0}{3-0} = \frac{2}{3}.$$

Als zweites Beispiel betrachten wir

$$\lim_{n\to\infty} \frac{\sum\limits_{k=0}^{5} kn^k}{\sum\limits_{k=1}^{3} n^{2k-1}} = \frac{\lim\limits_{n\to\infty}(5n^5+4n^4+3n^3+2n^2+n)}{\lim\limits_{n\to\infty}(n^5+n^3+n)} = \frac{\lim\limits_{n\to\infty}\left(5+\frac{4}{n}+\frac{3}{n^2}+\frac{2}{n^3}+\frac{1}{n^4}\right)}{\lim\limits_{n\to\infty}\left(1+\frac{1}{n^2}+\frac{1}{n^4}\right)} = 5.$$

Nun modifizieren wir das letzte Beispiel. Sei $K \in \mathbb{N}$ gegeben. Dann ist

$$\begin{aligned}
\lim_{n\to\infty} \frac{\sum\limits_{k=1}^{2K-1} kn^k}{\sum\limits_{k=1}^{K} n^{2k-1}} &= \frac{\lim\limits_{n\to\infty}\sum\limits_{k=1}^{2K-1} kn^{k-(2K-1)}}{\lim\limits_{n\to\infty}\sum\limits_{k=1}^{K} n^{2k-1-(2K-1)}} \\
&= \frac{\lim\limits_{n\to\infty}\left(\frac{1}{n^{2K-2}}+\frac{2}{n^{2K-3}}+\frac{3}{n^{2K-4}}+\cdots+\frac{2K-2}{n}+(2K-1)\right)}{\lim\limits_{n\to\infty}\left(\frac{1}{n^{2K-2}}+\frac{1}{n^{2K-4}}+\frac{1}{n^{2K-6}}+\cdots+\frac{1}{n^2}+1\right)} = 2K-1.
\end{aligned}$$

[18]In Kapitel 6 werden wir sehen, daß dies ein spezieller Fall der Vertauschbarkeit der Grenzwertoperation mit beliebigen stetigen Funktionen ist.

Beispiel 4.8 (Grenzwert von Wurzelausdrücken) Wir betrachten

$$a_n := \sqrt{n+1} - \sqrt{n}\,.$$

Es gilt

$$\begin{aligned}\sqrt{n+1} - \sqrt{n} &= \frac{\left(\sqrt{n+1} - \sqrt{n}\right)\left(\sqrt{n+1} + \sqrt{n}\right)}{\sqrt{n+1} + \sqrt{n}} \\ &= \frac{(n+1) - n}{\sqrt{n+1} + \sqrt{n}} = \frac{1}{\sqrt{n+1} + \sqrt{n}} \le \frac{1}{2\sqrt{n}} \to 0\end{aligned}$$

für $n \to \infty$. Unser Erfolg hing von der Verfügbarkeit eines besonderen Tricks ab. Weitere Beispiele dieses Typs sind in Übungsaufgabe 4.3 zu lösen. Später werden wir uns mit allgemeineren Methoden zur Bestimmung von Grenzwerten beschäftigen, die uns einen systematischeren Zugang erlauben werden. $\triangle$

Der folgende Satz besagt, daß die Grenzwertoperation mit der Ordnungsrelation „$\le$" verträglich ist.

Satz 4.3 (Verträglichkeit der Grenzwertoperation mit „$\le$") Sind $(a_n)_n$ und $(b_n)_n$ zwei Folgen mit den Grenzwerten $\lim\limits_{n\to\infty} a_n = a$ und $\lim\limits_{n\to\infty} b_n = b$, dann gilt

$$a_n \le b_n \;\; (n \in \mathbb{N}) \quad \Longrightarrow \quad a \le b\,.$$

Insbesondere folgt also aus $b_n \ge 0$, daß $b \ge 0$.

Beweis: Angenommen, es wäre $b < a$. Setze $\varepsilon := \frac{a-b}{3} > 0$. Dann ist für ein $N \in \mathbb{N}$ und alle $n \ge N$

$$|a_n - a| \le \varepsilon = \frac{a-b}{3} \qquad \text{sowie} \qquad |b_n - b| \le \varepsilon = \frac{a-b}{3}\,,$$

und damit liegt für $n \ge N$ der Wert a_n im Intervall $[a - \frac{a-b}{3}, a + \frac{a-b}{3}]$ und ferner der Wert b_n im Intervall $[b - \frac{a-b}{3}, b + \frac{a-b}{3}]$. Hieraus folgt

$$b_n < b + \frac{a-b}{3} = \frac{a}{3} + \frac{2b}{3} < \frac{2a}{3} + \frac{b}{3} = a - \frac{a-b}{3} < a_n\,,$$

im Widerspruch zur Voraussetzung. $\square$

Wir merken an, daß die Aussage des Satzes selbstverständlich auch dann noch gilt, wenn die Bedingung $a_n \le b_n$ nur für fast alle n, d. h. für $n \ge N$ gültig ist. Andererseits gilt aber

Bemerkung 4.6 (Unverträglichkeit der Grenzwertoperation mit „$<$") Man beachte, daß i. a. keineswegs aus $a_n < b_n$ die Beziehung $\lim\limits_{n\to\infty} a_n < \lim\limits_{n\to\infty} b_n$ folgt. Zum Beispiel ist $b_n = \frac{1}{n} > 0$, aber $\lim\limits_{n\to\infty} b_n = 0$.

Beispiel 4.9 Nun wollen wir einige weitere wichtige Grenzwerte bestimmen.

(a) $\lim\limits_{n\to\infty} n^m x^n = 0$ falls $|x| < 1$ und $m \in \mathbb{N}$.

Die beiden Faktoren $n^m \to \infty$ und $x^n \to 0$ wirken in verschiedene Richtung, und wir haben zu zeigen, daß der zweite Faktor sich durchsetzt.

Ohne Beschränkung der Allgemeinheit sei $0 < x < 1$. Ist $a_n := n^m x^n$, so folgt für den Quotienten

$$\frac{a_{n+1}}{a_n} = \frac{(n+1)^m x^{n+1}}{n^m x^n} = \left(1 + \frac{1}{n}\right)^m x \to x \,.$$

Sei nun $r \in (x, 1)$ (z. B. $r = \frac{x+1}{2})$[19]. Dann gibt es ein $N \in \mathbb{N}$ derart, daß $\frac{a_{n+1}}{a_n} \leq r < 1$ für alle $n \geq N$. Man sieht nun nacheinander, daß

$$\frac{a_{N+1}}{a_N} \leq r \,, \qquad \frac{a_{N+2}}{a_N} \leq r^2 \,, \qquad \frac{a_{N+3}}{a_N} \leq r^3 \,, \quad \ldots$$

und schließlich durch Induktion für alle $n \geq N$

$$\frac{a_n}{a_N} \leq r^{n-N} \qquad \text{oder} \qquad 0 \leq n^m x^n \leq \frac{a_N}{r^N} r^n \to 0 \,,$$

und mit dem Sandwichprinzip folgt die Behauptung aus Beispiel 4.5.

(b) $\lim\limits_{n\to\infty} \sqrt[n]{n} = 1$.

Sei $\varepsilon > 0$ vorgegeben. Dann ist $0 < \frac{1}{1+\varepsilon} < 1$, und somit wegen (a) (für $m = 1$)

$$\lim_{n\to\infty} \frac{n}{(1+\varepsilon)^n} = 0 \,.$$

Daher gibt es ein $N \in \mathbb{N}$ derart, daß $1 \leq n \leq (1+\varepsilon)^n$ für alle $n \geq N$ gilt. Da $\sqrt[n]{x}$ monoton wachsend ist, gilt auch

$$1 \leq \sqrt[n]{n} \leq 1 + \varepsilon \,,$$

und die Behauptung folgt.

(c) $\lim\limits_{n\to\infty} \sqrt[n]{a} = 1$ für $a \in \mathbb{R}^+$.

Für alle $n \geq \max\{a, \frac{1}{a}\}$ gilt $\frac{1}{n} \leq a \leq n$, so daß aus dem Wachstum von $\sqrt[n]{\ }$ folgt

$$1 \leftarrow \frac{1}{\sqrt[n]{n}} \leq \sqrt[n]{a} \leq \sqrt[n]{n} \to 1 \,.$$

[19] Welches ε haben wir damit gewählt?

ÜBUNGSAUFGABEN

◇ **4.1** *Man prüfe die Beispiele 4.7 mit* DERIVE. *Hinweis: Obwohl* DERIVE *den expliziten Ausdruck für die Summen, die im letzten Beispiel vorkommen, finden kann, kann es jedoch nicht den Grenzwert finden. Dies liegt daran, daß K automatisch als eine beliebige reelle Zahl angenommen wird. Man versuche es mit einer geeigneten Wahl des Definitionsbereichs für K. Das Kommando zur Änderung des Definitionsbereichs heißt* `Declare Variable Domain`.

4.2 *Man betrachte die folgenden reellen Folgen a_n. Man bestimme, welche der Folgen konvergent sind, und gegebenenfalls ihren Grenzwert $\lim\limits_{n\to\infty} a_n$.*

(a) $a_n = n + \dfrac{1}{n+2}$, (b) $a_n = \dfrac{\sum\limits_{k=1}^{n} k^2}{n^3}$,

(c) $a_n = n^2$, (d) $a_n = \dfrac{(n+1)^3 - (n-1)^3}{(n+1)^2 + (n-1)^2}$,

(e) $a_n = \dfrac{(n+1)^k - n^k}{n^{k-1}} \quad (k \in \mathbb{N})$, (f) $a_n = \dfrac{(n+1)^k - (n-1)^k}{(n+1)^{k-1} + (n-1)^{k-1}} \; (k \in \mathbb{N})$.

4.3 *Man bestimme den Grenzwert der folgenden Ausdrücke für $n \to \infty$.*

(a) $\dfrac{7n^2 + 3n - 1}{n^3 + 2}$, (b) $\sqrt{n}\left(\sqrt{n+1} - \sqrt{n}\right)$,

(c) $\sqrt{n + \sqrt{n}} - \sqrt{n}$, (d) $\sqrt{9n^2 + 2n + 1} - 3n$,

(e) $\dfrac{1}{n^2}\sum\limits_{k=1}^{n} k$, (f) $\dfrac{\sum\limits_{k=1}^{n} k^m}{n^{m+1}} \; (m \in \mathbb{N})$.

4.4 *Man bestimme die Grenzwerte*

(a) $\lim\limits_{n\to\infty} \sqrt[3]{n(n+1)^2} - \sqrt[3]{n^2(n+1)}$, (b) $\lim\limits_{n\to\infty} \sqrt[3]{n^2}\left(\sqrt[3]{n+1} - \sqrt[3]{n}\right)$.

4.5 *Bestimme*

$$\lim_{n\to\infty} n^{\frac{k-1}{k}}\left((n+1)^{\frac{1}{k}} - n^{\frac{1}{k}}\right)$$

4.6 *Man gebe eine genaue Definition einer Teilfolge, indem man die charakterisierenden Eigenschaften der Auswahlfunktion $k \mapsto n_k$ beschreibe.*

4.7 *Man zeige, daß jede Teilfolge einer konvergenten Folge $(a_n)_n$ denselben Grenzwert besitzt.*

4.8 *Führe den Beweis von Satz 4.1 für $a = 0$ aus.*

4.9 *Sei $(a_n)_n$ eine Folge, die gegen a konvergiert. Zeige, daß dann auch die Folge*

$$b_n := \frac{1}{n}(a_1 + \cdots + a_n)$$

gegen a konvergiert.

4.2 Fundamentale Konvergensätze für Folgen

Zur Anwendung der bisherigen Konvergenzkriterien ist immer die *Kenntnis des Grenzwerts* erforderlich. Da die Grenzwertbestimmung andererseits sehr schwierig sein kann, entwickeln wir in diesem Abschnitt Kriterien, mit denen die Konvergenz einer Folge entschieden werden kann, ohne den Grenzwert zu kennen. Unser erstes Kriterium ist ein Satz über *monotone* Folgen, der zeigt, daß in diesem Fall auch die Umkehrung von Satz 4.1 gilt.

In Analogie zu monotonen Funktionen definieren wir

Definition 4.4 (Monotone Folgen) Eine Folge $(a_n)_{n\in\mathbb{N}}$ heißt *monoton*, insbesondere

$$\begin{array}{c} \textit{wachsend} \\ \textit{streng wachsend} \\ \textit{fallend} \\ \textit{streng fallend} \end{array} \quad \text{falls} \quad \left\{ \begin{array}{l} a_n \le a_{n+1} \\ a_n < a_{n+1} \\ a_n \ge a_{n+1} \\ a_n > a_{n+1} \end{array} \right. \quad \text{für jedes } n \in \mathbb{N} \text{ gilt.}$$

Ist die Folge $(a_n)_n$ streng fallend oder streng wachsend, so heißt sie auch *streng monoton*.

Satz 4.4 (Aus Beschränktheit und Monotonie folgt Konvergenz) Ist $(a_n)_n$ eine wachsende nach oben beschränkte Folge, so ist sie konvergent. Ebenso konvergiert jede fallende nach unten beschränkte Folge.

Beweis: Wir beweisen nur den ersten Teil der Aussage, da die zweite Aussage analog dazu gezeigt werden kann. Da $(a_n)_n$ nach oben beschränkt ist, besitzt die Menge $\{a_n \in \mathbb{R} \mid n \in \mathbb{N}\}$ ein Supremum

$$a := \sup\{a_n \in \mathbb{R} \mid n \in \mathbb{N}\} \in \mathbb{R} .$$

Wir wollen zeigen, daß die Folge $(a_n)_n$ gegen a konvergiert. Nach Definition der kleinsten oberen Schranke existiert für jedes vorgegebene $\varepsilon > 0$ ein N derart, daß $a - a_N \le \varepsilon$. Da $(a_n)_n$ wachsend ist, erhalten wir für $n \ge N$

$$a_N \le a_n, \qquad \text{d.h.} \qquad |a_n - a| = a - a_n \le a - a_N \le \varepsilon ,$$

und somit $\lim\limits_{n\to\infty} a_n = a$. □

Wir kommen nun zu einem sehr interessanten und wichtigen Beispiel[20].

---

[20]Die Konvergenz der in der folgenden DERIVE-Sitzung betrachteten Folge wird im Anschluß unter Anwendung von Satz 4.4 bewiesen werden.

Sitzung 4.3 Wir betrachten die Folge $(a_n)_n$ mit $a_n := \left(1+\frac{1}{n}\right)^n$. Man gebe den Ausdruck `(1+1/n)^n` ein. Zunächst berechnen wir die ersten 9 Elemente dieser Folge, indem wir `approX` auf `VECTOR(#1,n,1,9)` anwenden. DERIVEs Antwort ist

$$3: \quad [2, 2.25, 2.37037, 2.44140, 2.48832, 2.52162, 2.54649, 2.56578, 2.58117]\ .$$

Die Konvergenz ist offenbar nicht sehr schnell, so daß wir lieber die Werte einer Teilfolge bestimmen. Wir nehmen diejenigen n, die die Form $n = 2^k$ haben, indem wir in `#1` mit `Manage Substitute` n durch 2^k ersetzen. Mit `Simplify` bekommen wir

$$4: \quad \left[1+\frac{1}{2^k}\right]^{2^k},$$

und `approX` `VECTOR(#4,k,1,9)` liefert

$$6: \quad [2.25, 2.44140, 2.56578, 2.63792, 2.67699, 2.69734, 2.70772, 2.71298, 2.71563]\ .$$

Offenbar konvergiert selbst diese Teilfolge noch zu langsam (da noch nicht einmal die ersten 4 Dezimalen klar zu sein scheinen), so daß wir es mit der Teilfolge $(a_{10^k})_k$ versuchen. Nachdem wir erneut mit `Manage Substitute` 10^k für n in Ausdruck `#1` eingesetzt haben, liefert eine Approximation von `VECTOR(#7,k,1,9)`

$$9: \quad [2.59374, 2.70481, 2.71692, 2.71814, 1, 1, 1, 1, 1]\ .$$

Welch eine Überraschung! Wer glaubt, daß der Grenzwert unserer Folge wirklich 1 ist? Diese Berechnung ist ein typisches Beispiel einer *katastrophalen Termauslöschung*[21], die auftreten kann, wenn man numerisch mit reeller Arithmetik mit *fester Stellenzahl* arbeitet[22]. DERIVEs Standardgenauigkeit sind 6 Stellen. So führt die Berechnung $(1+\frac{1}{10^{10}})^{10^{10}} = (1.0000000001)^{10^{10}}$ zu 1, da die interne Darstellung der Zahl 1.0000000001 bei 6-stelliger Genauigkeit 1 ist – es gibt keine bessere 6-stellige Approximation! – und $1^{10^{10}}$ ist in der Tat 1. Momentan mögen wir den Eindruck haben, daß 2.71814 die bisher wohl beste Approximation von $\lim\limits_{n\to\infty}\left(1+\frac{1}{n}\right)^n$ ist. Wir werden später sehen, daß

$$\lim_{n\to\infty}\left(1+\frac{1}{n}\right)^n =: e = 2.718281828459045235360287471352662497\ldots,$$

und die Zahl e wird sich als sehr wichtig erweisen. In Beispiel 5.1 werden wir eine wesentlich bessere Approximationsmöglichkeit für e kennenlernen.

[21] Englisch: catastrophic cancellation

[22] Eine katastrophale Termauslöschung ist beim *numerischen* Rechnen immer möglich, während sie bei der *symbolischen* Arbeit mit einem Computer Algebra System wie DERIVE nicht auftritt. Verwenden wir `Simplify` anstatt `approX`, bekommen wir keine falschen Berechnungen. Auf der anderen Seite brauchen rational exakte Berechnungen oft sehr viel Zeit oder aber der Speicherplatz reicht nicht aus (s. Übungsaufgabe 4.16), so daß es in vielen Fällen keine Alternative zur reellen Gleitkommaarithmetik gibt. Wir können aber DERIVEs Gleitkommagenauigkeit erhöhen, um genauere Resultate zu erzielen, s. Übungsaufgabe 4.17.

Beispiel 4.10 (Konvergenz von $\left(1+\frac{x}{n}\right)^n$) Nun wollen wir beweisen, daß die soeben betrachtete Folge tatsächlich konvergiert und erweitern das Problem auf die Folge $(e_n(x))_{n\in\mathbb{N}}$ mit

$$e_n(x) := \left(1+\frac{x}{n}\right)^n$$

für ein beliebiges $x \in \mathbb{R}$. Wir zeigen zunächst, daß die Folgenelemente für alle großen n monoton wachsen. Sei nämlich $n > -x$. Dann erhalten wir

$$\begin{aligned} e_{n+1}(x) - e_n(x) &= \left(1+\frac{x}{n+1}\right)^{n+1} - \left(1+\frac{x}{n}\right)^n = \left(\frac{n+1+x}{n+1}\right)^{n+1} - \left(\frac{n+x}{n}\right)^n \\ &= \left(\frac{n+x}{n}\right)^{n+1}\left(\left(\frac{(n+1+x)n}{(n+1)(n+x)}\right)^{n+1} - \frac{n}{n+x}\right) \\ &= \left(\frac{n+x}{n}\right)^{n+1}\left(\left(1-\frac{x}{(n+1)(n+x)}\right)^{n+1} - \frac{n}{n+x}\right) \\ &\geq \left(\frac{n+x}{n}\right)^{n+1}\left(\left(1-\frac{x}{n+x}\right) - \frac{n}{n+x}\right) \geq 0 \end{aligned}$$

durch eine Anwendung der Bernoullischen Ungleichung (1.31). Dies impliziert insbesondere für $x = 1$ und $x = -1$, daß die Folgen $e_n := e_n(1) = (1+\frac{1}{n})^n$ sowie $f_n := e_n(-1) = (1-\frac{1}{n})^n$ für alle $n \in \mathbb{N}$ monoton wachsen. Wir halten fest, daß daher die Folge

$$g_n := \frac{1}{f_{n+1}} = \frac{1}{\left(1-\frac{1}{n+1}\right)^{n+1}} = \left(\frac{n+1}{n}\right)^{n+1} = \left(1+\frac{1}{n}\right)^{n+1} \tag{4.3}$$

monoton fallend ist.

Wir zeigen nun zunächst, daß $e_n(x)$ für alle $x \in (-2,2)$, und damit insbesondere für $x = 1$ und $x = -1$, beschränkt ist. Dies sieht man aus den Abschätzungen

$$\begin{aligned} |e_n(x)| &= \left|\left(1+\frac{x}{n}\right)^n\right| = \left|\sum_{k=0}^{n}\binom{n}{k}\frac{x^k}{n^k}\right| \leq \sum_{k=0}^{n}\binom{n}{k}\frac{|x|^k}{n^k} \\ &= \sum_{k=0}^{n}\frac{n(n-1)\cdots(n-k+1)}{n\cdot n\cdots n}\frac{|x|^k}{k!} \\ &= \sum_{k=0}^{n}\left(1-\frac{1}{n}\right)\left(1-\frac{2}{n}\right)\cdots\left(1-\frac{k-1}{n}\right)\frac{|x|^k}{k!} \qquad (4.4) \\ &\leq \sum_{k=0}^{n}\frac{|x|^k}{k!} \leq 1+|x|+\frac{|x|^2}{2}+\frac{|x|^3}{6}+\sum_{k=4}^{n}\frac{|x|^k}{2^k} \\ &= \frac{|x|}{2}+\frac{|x|^2}{4}+\frac{|x|^3}{24}+\sum_{k=0}^{n}\left(\frac{|x|}{2}\right)^k = \frac{|x|}{2}+\frac{|x|^2}{4}+\frac{|x|^3}{24}+\frac{1-\left(\frac{|x|}{2}\right)^{n+1}}{1-\frac{|x|}{2}}, \end{aligned}$$

die wir mit Hilfe der Binomialformel, der geometrischen Summenformel (s. Übungsaufgabe 1.21), sowie der Ungleichung $\frac{1}{k!} \leq \frac{1}{2^k}$, die für alle $k \geq 4$ gültig ist (s. Übungsaufgabe 1.20), bekommen. Diese Berechnung zeigt, daß $e_n(x)$ für alle $x \in (-2, 2)$ beschränkt ist, da in diesem Fall $\left(\frac{|x|}{2}\right)^{n+1} \to 0$ strebt für $n \to \infty$.

Als monotone[23] beschränkte Folge konvergiert also $e_n(x)$ für alle $x \in (-2, 2)$.

Nachdem wir jetzt wissen, daß $e := \lim\limits_{n\to\infty} \left(1 + \frac{1}{n}\right)^n$ existiert, können wir die Beschränktheit und damit die Konvergenz von $e_n(x)$ nun sogar für alle $x \in \mathbb{R}$ nachweisen. Sei dazu $m \in \mathbb{N}$ eine natürliche Zahl, die größer oder gleich x ist[24]. Dann folgt

$$\left|\left(1 + \frac{x}{n}\right)^n\right| \leq \left(1 + \frac{|x|}{n}\right)^n \leq \left(1 + \frac{m}{n}\right)^n = \left(1 + \frac{1}{j}\right)^{mj} = \left(\left(1 + \frac{1}{j}\right)^j\right)^m \leq e^m$$

für die Teilfolge mit Indizes $n = mj$ $(j \in \mathbb{N})$. Bei einer monoton steigenden Folge garantiert selbstverständlich die Beschränktheit einer Teilfolge bereits die Beschränktheit der ganzen Folge (warum?), und wir sind fertig.

Wir können nun noch eine Intervallschachtelung für die Zahl $e := \lim\limits_{n\to\infty} \left(1 + \frac{1}{n}\right)^n$ angeben. Da $e_n = \left(1 + \frac{1}{n}\right)^n$ monoton wächst, und $g_n = \left(1 + \frac{1}{n}\right)^{n+1}$ gemäß (4.3) monoton fällt, da ferner

$$e_n = \left(1 + \frac{1}{n}\right)^n \leq \left(1 + \frac{1}{n}\right)^{n+1} = g_n$$

sowie

$$\lim_{n\to\infty} e_n = \lim_{n\to\infty} \left(1 + \frac{1}{n}\right)^n = \lim_{n\to\infty} \left(1 + \frac{1}{n}\right)^n \cdot \lim_{n\to\infty} \left(1 + \frac{1}{n}\right) = \lim_{n\to\infty} g_n$$

gilt, folgt nämlich, daß

$$I_n := [e_n, g_n] = \left[\left(1 + \frac{1}{n}\right)^n, \left(1 + \frac{1}{n}\right)^{n+1}\right]$$

eine gegen e schrumpfende Intervallschachtelung ist. $\triangle$

Mit Hilfe der eben betrachteten Folgen gelingt es, eine erste Abschätzung für die Fakultätsfunktion zu finden, die auf STIRLING[25] zurückgeht. Eine genauere Version der Stirlingschen Formel wird in § 11.4 behandelt werden.

[23] Daß nur für $n > -x$ Monotonie vorliegt, schadet der Konvergenz natürlich nicht.

[24] Hier verwenden wir die Archimedische Eigenschaft der reellen Zahlen, s. Übungsaufgabe 1.32.

[25] JAMES STIRLING [1692–1770]

Beispiel 4.11 (Stirlingsche Formel) Dazu betrachten wir für $n \in \mathbb{N}$ zunächst die Folge $c_n := \frac{n^n}{e^n n!}$. Wegen

$$\frac{c_{n+1}}{c_n} = \frac{(n+1)^{n+1}}{e^{n+1}(n+1)!} \cdot \frac{e^n n!}{n^n} = \frac{1}{e}\left(\frac{n+1}{n}\right)^n = \frac{\left(1+\frac{1}{n}\right)^n}{e} < 1$$

ist c_n monoton fallend, und somit gilt für alle $n \in \mathbb{N}$ die Beziehung $c_n \leq c_1$ oder $\frac{n^n}{e^n n!} \leq \frac{1}{e}$ und schließlich

$$n! \geq e \cdot \left(\frac{n}{e}\right)^n \qquad (n \in \mathbb{N})\,. \tag{4.5}$$

Ebenso zeigt man, daß $d_n := nc_n$ wegen

$$\frac{d_{n+1}}{d_n} = \frac{1}{e}\left(\frac{n+1}{n}\right)^{n+1} = \frac{\left(1+\frac{1}{n}\right)^{n+1}}{e} > 1$$

monoton wächst, und somit für alle $n \in \mathbb{N}$ die Beziehung $d_n \geq d_1$ oder

$$n! \leq en \cdot \left(\frac{n}{e}\right)^n \qquad (n \in \mathbb{N})$$

gilt. Damit haben wir für $n!$ obere und untere Schranken gefunden, die gewöhnlich viel leichter zu berechnen sind:

$$e \cdot \left(\frac{n}{e}\right)^n \leq n! \leq en \cdot \left(\frac{n}{e}\right)^n \qquad (n \in \mathbb{N})\,. \quad \triangle \tag{4.6}$$

Satz 4.4 betont die Wichtigkeit monotoner Folgen. Wir zeigen als nächstes, daß jede Folge eine monotone Teilfolge enthält.

Lemma 4.3 (Existenz monotoner Teilfolgen) Jede reelle Folge hat entweder eine fallende oder eine wachsende Teilfolge.

Beweis: Zum Beweis führen wir das Konzept einer *Spitze* ein. Wir sagen, daß ein Index n eine Spitze der Folge $(a_n)_{n\in\mathbb{N}}$ ist, wenn $a_m \leq a_n$ für alle $m \geq n$ gilt[26]. Es können nun zwei Möglichkeiten auftreten: Entweder es gibt endlich viele oder unendlich viele Spitzen.

Besitzt die Folge nun unendlich viele Spitzen $n_1 < n_2 < n_3 < n_4 < \ldots$, so gilt nach Definition $a_{n_1} \geq a_{n_2} \geq a_{n_3} \geq a_{n_4}, \ldots$ In diesem Fall ist $(a_{n_k})_k$ die gesuchte monotone Folge, nämlich fallend. Gibt es aber nur endlich viele Spitzen, so gibt es eine größte Spitze n_0. Sei nun $n_1 > n_0$ und somit keine Spitze. Dann existiert $n_2 > n_1$ mit $a_{n_2} > a_{n_1}$. Durch Wiederholung dieses Arguments finden wir eine Folge $n_1 < n_2 < n_3 \ldots$ derart, daß $a_{n_1} < a_{n_2} < a_{n_3} < a_{n_4} < \ldots$, also eine (streng) wachsende Folge.

Somit haben wir in beiden möglichen Fällen eine monotone Folge konstruiert. □

Wir sind nun in der Lage, den wichtigen *Satz von Bolzano*[27]*-Weierstraß*[28] zu beweisen.

[26] Man mache sich geometrisch anhand des Graphen einer Folge klar, was das bedeutet!

[27] BERNHARD BOLZANO [1781–1848]

[28] KARL WEIERSTRASS [1815–1897]

Satz 4.5 (Satz von Bolzano-Weierstraß) Jede beschränkte Folge besitzt eine konvergente Teilfolge.

Beweis: Eine beschränkte Folge besitzt nach Lemma 4.3 eine monotone Teilfolge, die gemäß Satz 4.4 konvergiert. □

Schließlich beweisen wir nun das *Cauchysche Konvergenzkriterium*, welches eine wesentliche Charakterisierung von Konvergenz liefert[29]. Dazu benötigen wir den Begriff der *Cauchyfolge*.

Definition 4.5 (Cauchyfolge) Eine reelle Folge heißt *Cauchyfolge*, wenn zu jedem $\varepsilon > 0$ ein Index $N \in \mathbb{N}$ existiert, so daß für alle $m, n \geq N$ gilt

$$|a_n - a_m| \leq \varepsilon . \quad \triangle$$

Es gilt

Satz 4.6 (Cauchysches Konvergenzkriterium) Eine reelle Folge $(a_n)_n$ konvergiert genau dann, wenn sie eine Cauchyfolge ist.

Beweis: Wir nehmen zunächst an, daß die Folge $(a_n)_n$ gegen a konvergiert. Dann existiert zu jedem $\varepsilon > 0$ ein Index $N \in \mathbb{N}$, so daß für alle $n \geq N$ gilt

$$|a_n - a| \leq \frac{\varepsilon}{2}.$$

Für $m \geq N$ und $n \geq N$ folgt mit Hilfe der Dreiecksungleichung, daß

$$|a_n - a_m| = |(a_n - a) + (a - a_m)| \leq |a_n - a| + |a - a_m| \leq \varepsilon ,$$

und somit ist $(a_n)_n$ eine Cauchyfolge.

Sei nun eine Cauchyfolge $(a_n)_n$ gegeben. Dann müssen wir die *Existenz* einer Zahl $a \in \mathbb{R}$ nachweisen, für die $a_n \to a$ gilt.

Dazu verwenden wir den Satz von Bolzano-Weierstraß. Um dieses Ergebnis zu benutzen, müssen wir zunächst nachweisen, daß jede Cauchyfolge $(a_n)_n$ beschränkt ist.

Wir wählen $\varepsilon := 1$ in der Definition der Cauchyfolge. Dann können wir einen Index $N \in \mathbb{N}$ finden, so daß $|a_n - a_m| \leq 1$ für alle $m, n \geq N$. Daraus folgt mit Hilfe der Dreiecksungleichung

$$|a_n| = |a_n - a_m + a_m| \leq |a_n - a_m| + |a_m| \leq 1 + |a_m| .$$

Wählt man speziell $m := N$, so erhalten wir für $n \geq N$

$$|a_n| \leq 1 + |a_N| .$$

Bezeichnet man die größte der $N + 1$ Zahlen $|a_n|$ $(n = 0, \ldots, N)$ mit b, dann folgt

$$|a_n| \leq \left\{ \begin{array}{ll} b & \text{falls } n = 0, \ldots, N-1 \\ 1 + b & \text{falls } n \geq N \end{array} \right\} \leq 1 + b .$$

Wählen wir nun $A := 1 + b$, so sehen wir, daß $(a_n)_n$ beschränkt ist.

[29] Bei manchen Autoren wird auch der Inhalt von Satz 4.6 zur Definition der Vollständigkeit des reellen Zahlensystems verwendet.

Nach Satz 4.5 existiert also eine konvergente Teilfolge von $(a_n)_n$. Diese Teilfolge konvergiere gegen a, d. h.

$$\lim_{k\to\infty} a_{n_k} = a \in \mathbb{R} . \tag{4.7}$$

Gemäß der Definition einer Cauchyfolge gilt, daß für alle $\varepsilon > 0$ eine Zahl $N \in \mathbb{N}$ existiert, so daß

$$|a_n - a_m| \le \frac{\varepsilon}{2}$$

für alle $m, n \ge N$. Weiterhin existiert nach (4.7) ein Index K, so daß

$$|a_{n_k} - a| \le \frac{\varepsilon}{2}$$

für alle $k \ge K$. Wir definieren $\overline{N} := \max\{N, n_K\}$. Dann gilt für alle $n \ge \overline{N}$, daß

$$|a_n - a| \le |a_n - a_{n_k}| + |a_{n_k} - a| \le \frac{\varepsilon}{2} + \frac{\varepsilon}{2} = \varepsilon .$$

Dies beweist, daß $\lim\limits_{n\to\infty} a_n = a$. □

Diesen Satz werden wir später häufig benutzen, gibt er uns doch Gelegenheit, die Konvergenz einer beliebigen Folge direkt durch eine Abschätzung der Koeffizienten (ohne Kenntnis des Grenzwerts) nachzuweisen.

ÜBUNGSAUFGABEN

4.10 *Beweise, daß eine fallende nach unten beschränkte Folge $(a_n)_n$ reeller Zahlen konvergiert.*

4.11 *Zeige, daß die Folge $a_n := \sqrt[n]{n}$ für $n \ge 3$ fallend ist.* Hinweis: *Verwende, daß $\left(1 + \frac{1}{n}\right)^n$ wächst.*

4.12 *Berechne*

(a) $\lim\limits_{n\to\infty} \dfrac{1}{\sqrt[n]{n!}}$, (b) $\lim\limits_{n\to\infty} \dfrac{n}{\sqrt[n]{n!}}$.

◇ **4.13** *Man betrachte die Folge $(F_n)_{n\in\mathbb{N}_0}$ der sogenannten Fibonacci-Zahlen*[30], *die rekursiv durch*

$$F_n := \begin{cases} 0 & \text{falls } n = 0 \\ 1 & \text{falls } n = 1 \\ F_{n-1} + F_{n-2} & \text{falls } n \ge 2 \end{cases}$$

definiert sind. Die Fibonacci-Zahlen wachsen sehr schnell. Berechne mit DERIVE *iterativ die ersten 50 Fibonacci-Zahlen. Zeige, daß auf der anderen Seite*

$$\lim_{n\to\infty} \frac{F_{n+1}}{F_n} = \frac{1}{2}\left(1 + \sqrt{5}\right) = 1.6180... ,$$

d. h., die Quotienten aufeinanderfolgender Fibonacci-Zahlen streben gegen eine feste Zahl.

[30] LEONARDO VON PISA, genannt FIBONACCI [1465–1526].

4.14 *Zeige, daß die folgenden Folgen konvergieren und bestimme ihren Grenzwert.*

(a) $a_n := \left(1+\frac{1}{3}\right)\left(1+\left(\frac{1}{3}\right)^2\right)\left(1+\left(\frac{1}{3}\right)^4\right)\cdots\left(1+\left(\frac{1}{3}\right)^{2^n}\right)$,

(b) $b_n := \left(1-\frac{1}{4}\right)\left(1-\frac{1}{9}\right)\left(1-\frac{1}{16}\right)\cdots\left(1-\frac{1}{n^2}\right)$.

Hinweise:
(a) *Man multipliziere a_n mit dem Ausdruck $\left(1-\frac{1}{3}\right)=\frac{2}{3}$.*
(b) *Man suche nach kürzbaren Faktoren in b_n.*

◇ **4.15** *Zeige, daß die folgenden Folgen konvergieren und bestimme ihren Grenzwert mit* DERIVE.

(a) **(Geschachtelte Wurzeln)**
$c_0 := 1,\ c_{n+1} := \sqrt{1+c_n}$, *numerisch*
$c_0 := x,\ c_{n+1} := \sqrt{1+c_n}$, *symbolisch.*

(b) **(Kettenbruch)**
$d_0 := 1,\ d_{n+1} := \frac{1}{1+d_n}$, *numerisch*
$d_0 := x,\ d_{n+1} := \frac{1}{1+d_n}$, *symbolisch.*

Des weiteren berechne man $c_1, c_2, \ldots, c_5$ und $d_1, d_2, \ldots, d_{10}$ in den symbolisch zu lösenden Fällen. Erkennst du das Muster? Wie sieht d_{11} aus?

◇ **4.16** *Vereinfache den Ausdruck $\left(1+\frac{1}{n}\right)^n$ für $n = 10, 100$ und 1000 mit* `Simplify` *und vergleiche die Rechenzeiten.*

◇ **4.17** *Benutze eine Genauigkeit von 10, 15 und 25 Dezimalen, um Approximationen für $\lim_{n\to\infty}\left(1+\frac{1}{n}\right)^n$ zu erhalten, die eine höhere Genauigkeit haben als die in* DERIVE-*Sitzung 4.3.*

4.18 *Zeige: Sind $k, n \in \mathbb{N}$, dann gilt für alle $k \geq en$ die Ungleichung*

$$\frac{1}{k!} \leq \frac{1}{n^k}\,.$$

Hinweis: *Benutze Gleichung (4.5).*

4.19 *Zeige die Konvergenz von $e_n(x)$ für alle $x \in \mathbb{R}$ durch eine Anpassung des gegebenen Beweises unter Benutzung des Resultats aus Übungsaufgabe 4.18.*

4.20 *Berechne*

(a) $\lim_{n\to\infty}\left(1-\frac{1}{n}\right)^n$ *und* (b) $\lim_{n\to\infty}\left(1-\left(\frac{1}{n}\right)^2\right)^n$.

4.3 Reihen

In diesem Abschnitt werden wir über solche Folgen reden, welche aufeinanderfolgende Terme einer anderen Folge summieren.

Wir alle benutzen solche Reihen in vielen Situationen, oft jedoch, ohne uns darüber bewußt zu sein, z. B. bei der Division. Betrachte das folgende Beispiel.

Beispiel 4.12 (Eine Reihe als Ergebnis des Divisionsalgorithmus) Berechnen wir die Dezimaldarstellung des Bruchs $\frac{10}{9}$ mit Hilfe des Divisionsalgorithmus, dann erhalten wir

$$\begin{array}{rl} & 10.000\ldots \; : \; 9 \; = \; 1.11\ldots \\ - & 9. \\ \hline & 1.0 \\ - & .9 \\ \hline & .10 \\ - & .09 \\ \hline & .01 \\ & \vdots \end{array}$$

woraus die Darstellung

$$\frac{10}{9} = 1 + 0.1 + 0.01 + 0.001 + \cdots = 1 + \frac{1}{10} + \frac{1}{100} + \cdots = \sum_{k=0}^{\infty} \frac{1}{10^k} \tag{4.8}$$

folgt. △

Tatsächlich ist bei der Benutzung des Dezimalsystems eine Summe der Form

$$\sum_{k=0}^{\infty} \frac{a_k}{10^k} \quad (a_k = 0, 1, \ldots, 9)$$

ganz natürlich, da sie wie in dem obigen Beispiel eine reelle Zahl darstellt.

Es ist für uns nicht ganz einfach, die Schwierigkeiten der alten griechischen Mathematiker mit derartigen Beispielen nachzuvollziehen. Sie gaben die folgende als Geschichte verkleidete Beschreibung der obigen Summe (4.8).

Beispiel 4.13 (Achilles und die Schildkröte) Achilles soll ein Wettrennen mit einer Schildkröte bestreiten. Da Achilles zehnmal schneller als die Schildkröte ist, ist es nur fair, daß die Schildkröte einen Vorsprung von 1 Stadium erhält. Die Frage ist nun, ob es Achilles möglich ist, die Schildkröte zu überholen. Der Wettkampf beginnt. Nachdem Achilles das erste Stadium gerannt ist, erreicht er den Punkt, an dem die Schildkröte startete. Bezeichnen wir diesen Punkt mit P_1. Jedoch ist die Schildkröte in der Zwischenzeit um den zehnten Teil eines Stadiums, d. h. 0.1 St, weitergelaufen und an dem Punkt P_2 angekommen. Als nächstes rennt Achilles bis zum Punkt P_2, und wenn er dort ankommt, ist die Schildkröte bereits wiederum einen zehnten Teil, d. h. 0.01 St, weiter, beim Punkt P_3. Offensichtlich wiederholt sich dieser Vorgang immer so weiter. Wie soll es also für Achilles möglich sein, die Schildkröte zu überholen?

Andererseits wußten die Griechen natürlich, daß Achilles die Schildkröte überholen *wird*. Wir wissen überdies genau, *wo* dies geschehen wird. Man beachte, daß die Entfernung zwischen P_1 und Achilles' Startpunkt P_0 1 St ist, die Entfernung zwischen P_2 und P_0 ist 0.1 St größer, die Entfernung zwischen P_3 und P_0 ist weitere 0.01 St größer, und so weiter. Somit wird Achilles die Schildkröte bei dem Grenzpunkt P_∞ der Folge $(P_0, P_1, P_2, \ldots)$ überholen. Die vom Startpunkt P_0 zurückgelegte Distanz (vgl. Abbildung 4.2) berechnet sich somit durch

$$1\,\mathrm{St} + 0.1\,\mathrm{St} + 0.01\,\mathrm{St} + 0.001\,\mathrm{St} + \cdots = \frac{10}{9}\,\mathrm{St}.$$

Die alten Griechen konnten nicht akzeptieren, daß eine Folge von Punkten einer Geraden gegen einen Punkt der Geraden konvergieren kann. Entscheidender jedoch ist die Tatsache, daß sie das Problem nicht von einem dynamischen Standpunkt aus betrachteten. Betrachtet man nämlich die Zeitabschnitte, die Achilles rennen muß, um die Distanz zwischen P_k und P_{k+1} zurückzulegen, so beobachtet man, daß diese immer kleiner werden, und zwar so stark, daß sogar ihre Summe noch konvergiert.

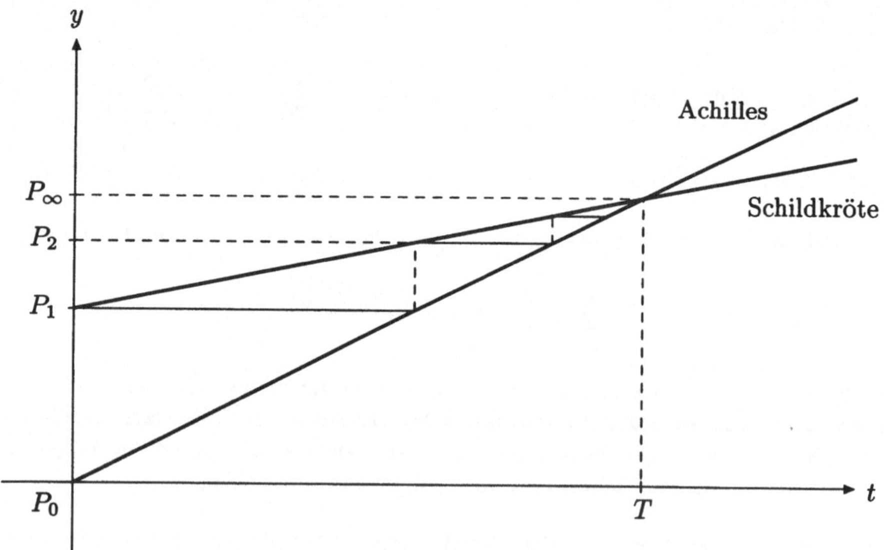

Abbildung 4.2 Der Wettlauf zwischen Achilles und der Schildkröte

In Abbildung 4.2 haben wir das Problem dynamisch aufgefaßt und die Zeit-Weg-Graphen sowohl für Achilles als auch für die Schildkröte dargestellt. Da wir annehmen, daß sich beide mit einer konstanten Geschwindigkeit bewegen, sind beide Zeit-Wege-Graphen linear. Die Tatsache, daß die Geschwindigkeiten unterschiedlich sind, drückt sich in unterschiedlichen Steigungen aus. Somit ist der Zeitpunkt T, an dem Achilles die Schildkröte überholen wird, gegeben als die Zeitkoordinate des Schnittpunktes der beiden Graphen, und der zugehörige y-Wert ist der Grenzpunkt P_∞. Der Weg, den die alte Geschichte beschreibt, ist hier dargestellt durch die gestrichelten Streckenstücke und wird nie beendet werden. Wir bemerken, daß die alte Geschichte niemals die Zeit nach dem Überholen betrachtet und uns somit nichts darüber erzählen kann. $\triangle$

In unserem Beispiel haben wir eine Reihe der Art $\sum\limits_{k=0}^{\infty} a_k$ betrachtet, deren erzeugende Folge a_k eine Nullfolge bildet. Wie wir sehen werden, ist dies eine notwendige Bedingung für die Konvergenz einer Reihe. Andererseits ist diese Bedingung nicht hinreichend, wie das folgende Beispiel zeigt.

Beispiel 4.14 (Harmonische Reihe) Wir betrachten die Reihe

$$\sum_{k=1}^{\infty} \frac{1}{k}, \tag{4.9}$$

welche man die *harmonische Reihe* nennt. Wir werden zeigen, daß die *Partialsummen*

$$\sum_{k=1}^{n} \frac{1}{k} = 1 + \frac{1}{2} + \frac{1}{3} + \cdots + \frac{1}{n}$$

nicht beschränkt sind, so daß die Reihe (4.9) nicht konvergiert. Tatsächlich betrachten wir die speziellen Partialsummen[31] mit $n := 2^N$ für ein $N \in \mathbb{N}$. Für diese erhalten wir

$$\begin{aligned}
& 1 + \frac{1}{2} + \frac{1}{3} + \cdots + \frac{1}{2^N} \\
= \; & 1 + \frac{1}{2} + \left(\frac{1}{3} + \frac{1}{4}\right) + \left(\frac{1}{5} + \frac{1}{6} + \frac{1}{7} + \frac{1}{8}\right) + \cdots + \left(\frac{1}{2^{N-1}+1} + \frac{1}{2^{N-1}+2} + \cdots + \frac{1}{2^N}\right) \\
\geq \; & 1 + \frac{1}{2} + \underbrace{\left(\frac{1}{4} + \frac{1}{4}\right)}_{2 \text{ Terme}} + \underbrace{\left(\frac{1}{8} + \frac{1}{8} + \frac{1}{8} + \frac{1}{8}\right)}_{4 \text{ Summanden}} + \cdots + \underbrace{\left(\frac{1}{2^N} + \frac{1}{2^N} + \cdots + \frac{1}{2^N}\right)}_{2^{N-1} \text{ Summanden}} \\
= \; & \underbrace{1 + \frac{1}{2} + \frac{1}{2} + \cdots + \frac{1}{2}}_{N \text{ Summanden}} = 1 + \frac{N}{2}.
\end{aligned}$$

Somit sind die betrachteten Partialsummen unbeschränkt, und aus Satz 4.1 folgt, daß die harmonische Reihe (4.9) nicht konvergiert.

[31] Diese bilden eine Teilfolge der Folge der Partialsummen der Reihe.

Definition 4.6 (Konvergenz einer Reihe) Wir definieren eine *unendliche Reihe*[32]

$$\sum_{k=0}^{\infty} a_k := \lim_{n\to\infty} \sum_{k=0}^{n} a_k$$

als den Grenzwert ihrer Partialsummen, sofern dieser existiert. In diesem Falle sagen wir, daß die Reihe konvergiert. △

Wir beweisen nun die oben erwähnte notwendige Bedingung für die Konvergenz einer Reihe.

Lemma 4.4 Konvergiert die Reihe $\sum\limits_{k=0}^{\infty} a_k$, so muß die erzeugende Folge a_k notwendigerweise eine Nullfolge sein.

Beweis: Wir benutzen das Cauchykriterium. Sei $\varepsilon > 0$ vorgegeben. Nach Satz 4.6 existiert dann ein $N \in \mathbb{N}$, so daß

$$|s_n - s_m| = \left| \sum_{k=m+1}^{n} a_k \right| \le \varepsilon$$

für alle $m, n \ge N$. Wir wählen $m := n - 1$ und erhalten speziell

$$|a_n| \le \varepsilon$$

für alle $n \ge N + 1$. Da ε beliebig war, gilt $|a_n| \to 0$. □

Beispiel 4.15 (Die geometrische Reihe) Eine besonders wichtige Reihe ist die *geometrische Reihe*

$$\sum_{k=0}^{\infty} ar^k = a + ar + ar^2 + ar^3 + \cdots,$$

deren Partialsumme

$$s_n = a + ar + ar^2 + ar^3 + \cdots + ar^n$$

bereits in Übungsaufgabe 1.21 betrachtet worden war. Ziehen wir von dieser Gleichung die mit r multiplizierte ab

$$\begin{array}{rcccccccccccc} s_n & = & a & + & ar & + & ar^2 & + & ar^3 & + & \cdots & + & ar^n \\ -rs_n & = & & - & (ar & + & ar^2 & + & ar^3 & + & \cdots & + & ar^n & + & ar^{n+1}) \\ \hline (1-r)s_n & = & a & & & & & & & & & & & - & ar^{n+1} \end{array},$$

erhalten wir für $r \ne 1$

$$s_n(1-r) = a - ar^{n+1} \qquad \text{oder} \qquad s_n = a\frac{1-r^{n+1}}{1-r}.$$

[32] Englisch: infinite series

Da für $|r| < 1$ die Beziehung $\lim_{n\to\infty} r^n = 0$ gilt, können wir wiederum schließen, daß in diesem Fall

$$\sum_{k=0}^{\infty} ar^k = \lim_{n\to\infty} a\frac{1-r^{n+1}}{1-r} = \frac{a}{1-r}.$$

Als spezielles Beispiel einer geometrischen Reihe betrachten wir noch einmal den Fall von Achilles und der Schildkröte, wobei $a = 1\,\text{km}$ und $r = \frac{1}{10}$ sind, und finden, daß die zurückgelegte Distanz bis zum Überholungspunkt gegeben ist durch die Reihe

$$\sum_{k=0}^{\infty}(1\,\text{km})\left(\frac{1}{10}\right)^k = \frac{1}{1-\frac{1}{10}}\,\text{km} = \frac{10}{9}\,\text{km}\,,$$

man vergleiche (4.8).

Die geometrische Reihe wird für uns im folgenden Abschnitt sehr nützlich sein als Vergleichsreihe, um festzustellen, ob andere Reihen konvergieren.

Beispiel 4.16 (Partielle Summation) Ein weiteres Beispiel für eine Reihe, bei der wir eine explizite Formel für die Partialsummen bestimmen können, ist

$$\sum_{k=1}^{\infty}\frac{1}{k(k+1)} = \frac{1}{1\cdot 2}+\frac{1}{2\cdot 3}+\frac{1}{3\cdot 4}+\frac{1}{4\cdot 5}+\dots\,.$$

Hier benutzen wir die Partialbruchzerlegung und erhalten

$$s_n = \sum_{k=1}^{n}\frac{1}{k(k+1)} = \sum_{k=1}^{n}\left(\frac{1}{k}-\frac{1}{k+1}\right) = \sum_{k=1}^{n}\frac{1}{k} - \sum_{k=1}^{n}\frac{1}{k+1}\,. \tag{4.10}$$

Die letzte Differenz ausgeschrieben

$$\begin{array}{rcl} \sum_{k=1}^{n}\frac{1}{k} & = & 1 + \frac{1}{2} + \frac{1}{3} + \frac{1}{4} + \cdots + \frac{1}{n} \\ -\sum_{k=1}^{n}\frac{1}{k+1} & = & -\left(\frac{1}{2} + \frac{1}{3} + \frac{1}{4} + \cdots + \frac{1}{n} + \frac{1}{n+1}\right) \\ \hline s_n & = & 1 - \frac{1}{n+1} \end{array}$$

zeigt, daß sich fast alle Terme gegenseitig wegheben, und führt zu dem Ergebnis

$$s_n = 1 - \frac{1}{n+1}\,.$$

Offensichtlich gilt also

$$\sum_{k=1}^{\infty}\frac{1}{k(k+1)} = \lim_{n\to\infty} s_n = \lim_{n\to\infty}\left(1-\frac{1}{n+1}\right) = 1\,.$$

Eine Summe, die sich wie (4.10) zusammenziehen läßt, nennt man auch *Teleskopsumme*.

Übungsaufgaben

4.21 (Linearität der Reihenkonvergenz) *Man zeige: Sind* $A := \sum_{k=0}^{\infty} a_k$ *und* $B := \sum_{k=0}^{\infty} b_k$ *zwei konvergente Reihen, die gegen* A *bzw.* B *konvergieren, so konvergiert die Reihe* $\sum_{k=0}^{\infty} (a_k + b_k)$ *gegen* $A + B$. *Ferner konvergiert für jede Zahl* $c \in \mathbb{R}$ *die Reihe* $\sum_{k=0}^{\infty} c\, a_k$ *gegen* $c\, A$.

◇ **4.22** *Zeige, daß die folgenden Reihen konvergieren, und bestimme ihre Grenzwerte.*

(a) $\displaystyle\sum_{k=1}^{\infty} \frac{1}{k(k+1)(k+2)}$, (b) $\displaystyle\sum_{k=1}^{\infty} \frac{1}{4k^2-1}$,

(c) $\displaystyle\sum_{k=6}^{\infty} \frac{1}{k^2-25}$, (d) $\displaystyle\sum_{k=1}^{\infty} \frac{1}{k(k+1)(k+2)(k+3)}$.

◇ **4.23** *Berechne, wie viele Terme der Reihe* $\sum_{k=1}^{\infty} \frac{1}{k}$ *addiert werden müssen, damit die Partialsumme größer als* 7 *(bzw.* 5*) ist.*

4.24 *Verwende das Cauchykriterium, um die Divergenz von* $\sum_{k=1}^{\infty} \frac{1}{k}$ *nachzuweisen. Zeige, daß andererseits* $\sum_{k=1}^{\infty} \frac{(-1)^k}{k}$ *konvergiert.*

4.25 *Berechne eine Zahl* $a < 2.8$ *derart, daß* $\sum_{k=0}^{n} \frac{1}{k!} < a$ *für alle* $n \in \mathbb{N}$ *(man vergleiche* (4.4)*).*

◇ **4.26 (Zahldarstellung mit verschiedenen Basen)** *Genauso, wie man reelle und insbesondere rationale Zahlen* x *durch Dezimalentwicklungen darstellen kann, kann man die Basis* 10 *durch eine andere positive natürliche Zahl* $n \in \mathbb{N}$ *ersetzen und erhält Darstellungen der Form* $(m \in \mathbb{Z})$

$$x = m + \sum_{k=1}^{\infty} \frac{a_k}{n^k} ,$$

wobei die Koeffizienten $a_k = 0, 1, \ldots, n-1$ $(k \in \mathbb{N})$ *aus dem Ziffernbereich der Basis* n *entnommen werden.*

DERIVE *kann mit verschiedenen Basen rechnen. Um die Ein- bzw. Ausgabebasis zu verändern, verwendet man das* `Options Radix` *Menü.*

Man transformiere die dezimal dargestellten Brüche 1/2, 1/3, 1/7, 1/10 *in ihre Darstellungen bzgl. der Basen* 2, 3, 10 *und* 16. *Man beachte, daß bei Darstellungen mit Basen* $n > 10$ *die Buchstaben* $A \leftrightarrow 10$, $B \leftrightarrow 11$, … *verwendet werden.*

Welcher Bruch hat bzgl. der Basen 2, 3, 10 und 16 die Darstellung

$$0.\overline{10} := 0.101010101010\ldots?$$

4.27 *Versuche, die folgenden Reihen $\sum\limits_{k=1}^{\infty} a_k$ bzgl. ihrer Konvergenzgeschwindigkeit zu ordnen. Begründe deine Wahl.*

(a) $a_k = \dfrac{1}{k^m}\ (m \in \mathbb{N}, m \geq 2)$, (b) $a_k = \dfrac{1}{k^k}$,

(c) $a_k = x^k\ (x \in (0,1))$, (d) $a_k = \dfrac{1}{k!}$.

4.4 Konvergenzkriterien für Reihen

Wie wir im letzten Abschnitt gesehen haben, konvergieren nicht alle Reihen $\sum\limits_{k=0}^{\infty} a_k$, die von einer Nullfolge $(a_k)_k$ abstammen. Die Folge $(a_k)_k$ muß entweder eine spezielle Struktur oder eine bestimmte Konvergenzgeschwindigkeit aufweisen.

Vom ersten Typ ist das folgende Kriterium, das auf LEIBNIZ[33] zurückgeht.

Satz 4.7 (Leibnizkriterium) Ist die erzeugende Folge $(a_k)_k$ eine fallende Nullfolge positiver Zahlen, so konvergiert die alternierende Reihe $s := \sum\limits_{k=0}^{\infty} (-1)^k a_k$. Weiterhin gilt für den Fehler $|s - s_n|$ die Ungleichung

$$|s - s_n| = \left| \sum_{k=0}^{\infty} (-1)^k a_k - \sum_{k=0}^{n} (-1)^k a_k \right| = \left| \sum_{k=n+1}^{\infty} (-1)^k a_k \right| \leq a_{n+1} ,$$

d. h., der Fehler ist immer kleiner als der Betrag des ersten weggelassenen Summanden.

Beweis: Wir bezeichnen die Partialsumme mit $s_n := \sum\limits_{k=0}^{n} (-1)^k a_k$. Da die Koeffizienten a_k nichtnegativ sind, schließen wir, daß alle Elemente der Folge mit geradem Index nichtnegativ sind, $(-1)^{2m} a_{2m} \geq 0$ $(m \in \mathbb{N}_0)$, und alle mit ungeradem Index nichtpositiv sind, $(-1)^{2m-1} a_{2m-1} \leq 0$ $(m \in \mathbb{N})$. Wir beweisen, daß unter diesen Umständen die Folge der Intervalle $(m \in \mathbb{N})$

$$(I_1 := [s_1, s_0], I_2 := [s_3, s_2], I_4 := [s_5, s_4], \ldots, I_m := [s_{2m+1}, s_{2m}], \ldots)$$

eine schrumpfende Intervallschachtelung bildet, und somit gegen ihre repräsentierende reelle Zahl konvergiert, siehe Abbildung 4.3. Wir erhalten

$$s_{2m+1} - s_{2m-1} = \sum_{k=0}^{2m+1} (-1)^k a_k - \sum_{k=0}^{2m-1} (-1)^k a_k = a_{2m} - a_{2m+1} \geq 0 ,$$

[33] GOTTFRIED WILHELM LEIBNIZ [1646–1716]

weil $(a_k)_k$ fallend ist, und somit wächst $(s_{2m-1})_m$. Weiterhin gilt

$$s_{2m+2} - s_{2m} = \sum_{k=0}^{2m+2} (-1)^k a_k - \sum_{k=0}^{2m} (-1)^k a_k = a_{2m+2} - a_{2m} \leq 0\,,$$

und somit fällt $(s_{2m})_m$. Diese Eigenschaften zeigen, daß $(I_m)_m$ tatsächlich eine Intervallschachtelung bildet, und es bleibt zu zeigen, daß $|I_m| \to 0$. Dies folgt jedoch aus der Gleichung

$$|I_m| = s_{2m} - s_{2m+1} = \sum_{k=0}^{2m} (-1)^k a_k - \sum_{k=0}^{2m+1} (-1)^k a_k = -(-1)^{2m+1} a_{2m+1} = a_{2m-1} \to 0\,.$$

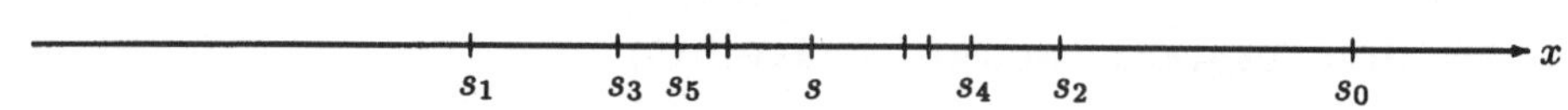

Abbildung 4.3 Konvergenz einer alternierenden Reihe mit fallenden Gliedern

Es bleibt die Aussage über den Fehler zu zeigen. Ist m gerade, dann liegt $s \in [s_{2m-1}, s_{2m}]$, und es folgt

$$s - s_{2m-1} \leq s_{2m} - s_{2m-1} = a_{2m}$$

und damit die Behauptung. Der Fall, daß m ungerade ist, wird ebenso behandelt. □

Beispiel 4.17 (Alternierende harmonische Reihe) Wir betrachten die Reihe

$$A := \sum_{k=1}^{\infty} \frac{(-1)^{k+1}}{k} = 1 - \frac{1}{2} + \frac{1}{3} - \frac{1}{4} \pm \cdots\,.$$

Offensichtlich ist die Reihe alternierend und hat betragsmäßig fallende Glieder und konvergiert somit wegen Satz 4.7. Andererseits haben wir jedoch noch keine Methode zur Hand, um den Grenzwert zu bestimmen.

Ein weiteres Beispiel vom selben Typ ist die Reihe

$$B := \sum_{k=0}^{\infty} \frac{(-1)^k}{2k+1} = 1 - \frac{1}{3} + \frac{1}{5} - \frac{1}{7} \pm \cdots\,.$$

Später werden wir sehen, daß $A = \ln 2$ und $B = \frac{\pi}{4}$ ist. △

Definition 4.7 Eine Reihe $\sum a_k$ heißt *absolut konvergent*, falls die Reihe $\sum |a_k|$ konvergiert. △

Es ist eine wichtige Tatsache, daß die Konvergenz einer Reihe, deren Terme nicht notwendigerweise dasselbe Vorzeichen haben, aus der Konvergenz der entsprechenden Betragsreihe folgt.

Satz 4.8 (Absolute Konvergenz impliziert Konvergenz) Konvergiert die Reihe $\sum |a_k|$, so konvergiert auch die Reihe $\sum a_k$.

Beweis: Mit der Dreiecksungleichung folgt

$$|s_n - s_m| = |a_{m+1} + a_{m+2} + \cdots + a_n| \leq |a_{m+1}| + |a_{m+2}| + \cdots + |a_n|, \tag{4.11}$$

wenn $n > m$ ist. Weil $\sum |a_k|$ konvergiert, existiert zu gegebenem $\varepsilon > 0$ eine Zahl $N \in \mathbb{N}$, derart, daß für $n > m \geq N$ die rechte Seite der Ungleichung (4.11) kleiner gleich ε gemacht werden kann. Somit ist die linke Seite kleiner gleich ε, und mit dem Cauchykriterium folgt, daß die Reihe $\sum a_k$ konvergiert. □

Hier sind zwei Beispiele für Konvergenz und absolute Konvergenz.

Beispiel 4.18 Die Reihe $\sum\limits_{k=1}^{\infty} \frac{(-1)^k}{2^k}$ ist konvergent, da sie absolut konvergiert. Andererseits ist die Reihe $\sum\limits_{k=1}^{\infty} \frac{(-1)^k}{k}$ konvergent, obwohl sie nicht absolut konvergiert. Somit zeigt die alternierende harmonische Reihe, daß die Umkehrung von Satz 4.8 nicht gilt.

Definition 4.8 Konvergente Reihen, die nicht absolut konvergieren, heißen *bedingt konvergent.* △

Wir wenden uns nun weiteren Konvergenzkriterien für Reihen zu, welche alle Kriterien für absolute Konvergenz darstellen und die Konvergenzgeschwindigkeit mit der anderer Reihen vergleichen. Das einfachste Kriterium dieser Art ist das folgende Vergleichskriterium, das wir wegen seiner Bedeutung als Satz angeben.

Satz 4.9 (Majoranten- und Minorantenkriterium) Angenommen, es gibt ein $N \in \mathbb{N}$ derart, daß für alle $k \geq N$ gilt $0 \leq a_k \leq b_k$. Dann folgt die Konvergenz der Reihe $\sum\limits_{k=0}^{\infty} a_k$ aus der Konvergenz der Reihe $\sum\limits_{k=0}^{\infty} b_k$ und die Divergenz der Reihe $\sum\limits_{k=0}^{\infty} b_k$ aus der Divergenz der Reihe $\sum\limits_{k=0}^{\infty} a_k$.

Beweis: Man betrachte die Partialsummen $s_n = a_0 + a_1 + \cdots + a_n$ und $S_n = b_0 + b_1 + \cdots + b_n$. Dann gilt offensichtlich $s_n \leq S_n$. Konvergiert nun die Reihe $\sum\limits_{k=0}^{\infty} b_k$, so ist die Folge der Partialsummen $(S_n)_n$ beschränkt, und somit ist die Folge $(s_n)_n$ für $n \geq N$ monoton und beschränkt und konvergiert gemäß Satz 4.4. Ist andererseits $\sum\limits_{k=0}^{\infty} a_k$ divergent, so ist wegen der Monotonie die Folge der Partialsummen $(s_n)_n$ gemäß Satz 4.4 unbeschränkt. Damit ist auch $(S_n)_n$ unbeschränkt und folglich divergent. □

Aus naheliegenden Gründen nennen wir eine konvergente Vergleichsreihe $\sum\limits_{k=0}^{\infty} b_k$ eine Majorante und eine divergente Vergleichsreihe $\sum\limits_{k=0}^{\infty} a_k$ eine Minorante. Natürlich gilt der Satz auch, falls die Summation bei einem von Null verschiedenen Index beginnt.

Das folgende Kriterium ist eines der wichtigsten Konvergenzkriterien für Reihen, weil es so einfach zu überprüfen ist. Es vergleicht die Konvergenzgeschwindigkeit einer Reihe mit der einer geometrischen Reihe.

Satz 4.10 (Quotientenkriterium) Sei $\sum a_k$ eine Reihe, für die[34] $\lambda := \lim\limits_{k\to\infty} \left|\frac{a_{k+1}}{a_k}\right|$ existiert. Dann gilt:

$$\text{Für } \begin{cases} \lambda < 1 & \text{konvergiert die Reihe absolut} \\ \lambda > 1 & \text{divergiert die Reihe} \\ \lambda = 1 & \text{liefert das Kriterium keine Information} \end{cases} .$$

Beweis: Offenbar ist $\lambda \geq 0$. Ist $\lambda < 1$, so existiert eine positive Zahl $r < 1$ mit $\lambda < r$, so daß für alle $n \geq N$ gilt

$$\left|\frac{a_{n+1}}{a_n}\right| \leq r .$$

Dann hat man (mit Induktion)

$$|a_{N+1}| \leq r\,|a_N|, \quad |a_{N+2}| \leq r^2\,|a_N|, \ldots, \quad |a_{N+k}| \leq r^k\,|a_N| .$$

Daraus folgt, daß die Reihe $\sum |a_k|$ die geometrischen Reihe $|a_N| \sum r^k$ als Majorante hat, und wegen $r < 1$ folgt Konvergenz.

Falls $\lambda > 1$ ist, existiert eine positive Zahl $r > 1$, so daß man für alle $n \geq N$

$$\left|\frac{a_{n+1}}{a_n}\right| > r$$

erhält. Dadurch gilt $|a_{N+k}| \geq r^k\,|a_N|$, und somit folgt wegen $r > 1$, daß $\lim\limits_{k\to\infty} |a_k| \neq 0$, und die Reihe konvergiert nicht.

Für den letzten Fall betrachte man die Reihen mit positiven Koeffizienten $\sum\limits_{k=1}^{\infty} \frac{1}{k^2}$ und $\sum\limits_{k=1}^{\infty} 1$. Beispiel 4.16 zeigt, daß die erste Reihe beschränkt ist

$$\sum_{k=1}^{n} \frac{1}{k^2} = 1 + \sum_{k=2}^{n} \frac{1}{k^2} \leq 1 + \sum_{k=2}^{n} \frac{1}{k(k-1)} = 1 + \sum_{k=1}^{n-1} \frac{1}{k(k+1)} \leq 2 .$$

Daher folgt die Konvergenz aus Satz 4.4.[35] Die zweite Folge ist offensichtlich divergent. In beiden Fällen gilt jedoch

$$\lim_{k\to\infty} \frac{a_{k+1}}{a_k} = 1 .$$

□

Beispiel 4.19 Wir untersuchen die Konvergenz der Reihe

$$\sum_{k=0}^{\infty} a_k = \sum_{k=0}^{\infty} \frac{(-1)^k (k!)^2}{(2k)!} .$$

[34] Das Symbol λ ist der griechische Buchstabe „lambda".

[35] Man kann natürlich auch das Majorantenkriterium heranziehen.

Das Quotientenkriterium liefert

$$\lim_{k\to\infty}\left|\frac{a_{k+1}}{a_k}\right| = \lim_{k\to\infty}\frac{\left((k+1)!\right)^2}{(2k+2)!}\frac{(2k)!}{(k!)^2} = \lim_{k\to\infty}\frac{(k+1)^2}{(2k+2)(2k+1)} = \frac{1}{4}\,.$$

Daraus folgern wir, daß die Reihe absolut konvergiert. Da Konvergenz aus absoluter Konvergenz folgt, konvergiert die gegebene Reihe.

Beispiel 4.20 Ob die Reihe

$$\sum_{k=0}^{\infty} a_k = \sum_{k=1}^{\infty}\frac{2^k(k+1)!}{2\cdot 5\cdot 8\cdots(3k-1)}$$

konvergiert oder nicht, kann ebenfalls mit Hilfe des Quotientenkriteriums entschieden werden. Durch Vereinfachung erhält man

$$\frac{a_{k+1}}{a_k} = \frac{2^{k+1}(k+2)!}{(2\cdot 5\cdot 8\cdots(3k+2))}\frac{(2\cdot 5\cdot 8\cdots(3k-1))}{2^k(k+1!)} = \frac{2(k+2)}{3k+2}.$$

Dieser Term konvergiert für $k\to\infty$ gegen 2/3. Somit konvergiert die Reihe.

Beispiel 4.21 Die Reihe

$$\sum_{k=1}^{\infty}\frac{1}{k^\alpha} \quad (\alpha > 0) \tag{4.12}$$

kann allerdings nicht mit Hilfe des Quotientenkriteriums getestet werden. Es gilt:

$$\lim_{k\to\infty}\frac{(k+1)^{-\alpha}}{k^{-\alpha}} = \lim_{k\to\infty}\left(1+\frac{1}{k}\right)^{-\alpha} = 1\,.$$

Das ist natürlich nicht überraschend: Das Quotientenkriterium überprüft ja lediglich, ob eine geometrische Vergleichsreihe existiert. Für Reihen, die langsamer als geometrische Reihen konvergieren, ist es nicht geeignet.

Eine Methode, mit der man die Konvergenz der Reihe (4.12) überprüfen kann, wird in Übungsaufgabe 4.33 behandelt. Wir kommen ferner in § 11.5 auf dieses Problem zurück.

Sitzung 4.4 Auf einfache Weise können wir das Quotientenkriterium mit DERIVE verwenden. Die DERIVE Funktion

```
QUOTIENTENKRITERIUM(a,k):=IF(ABS(LIM(LIM(a,k,k+1)/a,k,inf))<1,
                            "SUM(a(k),k,0,inf) konvergiert absolut",
                            IF(ABS(LIM(LIM(a,k,k+1)/a,k,inf))>1,
                               "SUM(a(k),k,0,inf) divergiert",
                               "Quotientenkriterium versagt"
                              ),
                            "Berechnung zu schwierig"
                           )

QK(a,k):=QUOTIENTENKRITERIUM(a,k)
```

liefert eine Anwendung des Quotientenkriteriums.[36] Bei dieser Definition verwenden wir die DERIVE Funktion `IF(condition,first,second,third)`, die Fallunterscheidungen ermöglicht. Ist die Bedingung `condition` wahr, wird der Ausdruck `first` ausgewertet; ist die Bedingung falsch, so wird der Wert des Ausdrucks `second` zurückgegeben; kann schließlich DERIVE nicht entscheiden, ob die Bedingung wahr oder falsch ist, gibt es den Ausdruck `third` aus. Läßt man das vierte Argument weg, so wird der ganze `IF` Ausdruck als Ergebnis zurückgegeben, wenn DERIVE die Richtigkeit der Bedingung nicht feststellen kann.

In unserem Fall werden geschachtelte `IF` Anweisungen verwendet, um alle drei Fälle des Quotientenkriteriums abzudecken.

Wir testen die Funktion mit folgenden Beispielen:

Reihe	DERIVE Eingabe	DERIVE Ausgabe
$\sum_{k=0}^{\infty} x^k$	`QK(x^k,k)`	`"Berechnung zu schwierig"`
$\sum_{k=0}^{\infty} \frac{1}{k^2}$	`QK(1/k^2,k)`	`"Quotientenkriterium versagt"`
$\sum_{k=0}^{\infty} \frac{(k!)^2}{(2k)!}$	`QK(k!^2/(2k)!,k)`	`"SUM(a(k),k,0,inf) konvergiert absolut"`
$\sum_{k=0}^{\infty} \frac{k!}{k^k}$	`QK(k!/k^k,k)`	`"SUM(a(k),k,0,inf) konvergiert absolut"`

Legt man beim Beispiel $\sum_{k=0}^{\infty} x^k$ mit `Declare Variable` als Definitionsbereich für die Variable x das Intervall $(-1,1)$ fest, so kann DERIVE die Bedingung $\lim_{k\to\infty}\left|\frac{a_{k+1}}{a_k}\right| < 1$ entscheiden und gibt `"SUM(a(k),k,0,inf) konvergiert absolut"` aus. Ein anderer Definitionsbereich führt dann gegebenenfalls zu einem anderen Ergebnis.

Ein weiteres wichtiges Konvergenzkriterium, das die Konvergenzgeschwindigkeit einer Reihe mit der der geometrischen Reihe vergleicht, ist das Wurzelkriterium.

Satz 4.11 (Wurzelkriterium) Sei $\sum a_k$ eine Reihe, für die $\lambda := \lim_{k\to\infty} \sqrt[k]{|a_k|}$ existiert. Dann gilt:

$$\text{Für} \begin{cases} \lambda < 1 & \text{konvergiert die Reihe absolut} \\ \lambda > 1 & \text{divergiert die Reihe} \\ \lambda = 1 & \text{liefert das Kriterium keine Information} \end{cases} .$$

Beweis: Wieder gilt $\lambda \geq 0$. Falls $\lambda < 1$ ist, dann existiert eine positive Zahl $r < 1$ mit $\lambda < r$, so daß für alle $k \geq N$ gilt

$$\sqrt[k]{|a_k|} \leq r \qquad \text{bzw.} \qquad |a_k| \leq r^k .$$

[36]Der Ausdruck `LIM(a,k,k+1)`, der bei der Funktion `QUOTIENTENKRITERIUM` Verwendung findet, berechnet a_{k+1} und wird in DERIVE-Sitzung 6.3 erklärt werden. Der Funktionsname `QK` dient als Abkürzung.

Folglich kann die Reihe $\sum |a_k|$ mit der geometrischen Reihe $\sum r^k$ verglichen werden, die wegen $r < 1$ konvergiert.

Falls $\lambda > 1$ ist, dann existiert eine positive Zahl $r > 1$, so daß man für alle $k \geq N$ erhält

$$\sqrt[k]{|a_k|} > r \qquad \text{oder} \qquad |a_k| > r^k .$$

Dadurch gilt $|a_k| > 1$ für alle $k \geq N$, und somit ist $\lim\limits_{k\to\infty} a_k \neq 0$, und die Reihe konvergiert nicht.

Dieselben Beispiele wie in Satz 4.10 beweisen den letzten Fall. Dabei ist für $a_k = \frac{1}{k^2}$

$$\lim_{k\to\infty} \sqrt[k]{\frac{1}{k^2}} = \frac{1}{\sqrt[k]{k^2}} = 1$$

gemäß Beispiel 4.9 (b). □

Am Ende dieses Abschnitts beschäftigen wir uns mit der Umordnung von Reihen. Bei endlichen Summen darf man gemäß (1.20)–(1.21) beliebig umordnen. Gilt dies bei unendlichen Reihen auch? Zunächst definieren wir genau, was wir mit einer beliebigen Umordnung meinen.

Definition 4.9 (Umordnung einer Reihe) Sei $A := \sum\limits_{k=0}^{\infty} a_k$ eine beliebige Reihe. Für jede bijektive Abbildung[37] $\sigma : \mathbb{N}_0 \to \mathbb{N}_0$ heißt die Reihe $\sum\limits_{k=0}^{\infty} a_{\sigma(k)}$ eine *Umordnung* von A. △

Eine Umordnung einer Reihe ist also die Summation derselben Zahlenfolge in einer anderen Reihenfolge.

Der folgende Satz gibt als hinreichende Bedingung für die Konvergenz einer umgeordneten Reihe gegen denselben Grenzwert die absolute Konvergenz der Reihe. Ein nachfolgendes Beispiel zeigt, daß man auf diese Bedingung i. a. nicht verzichten kann.

Satz 4.12 (Umordnungssatz) Ist eine Reihe $\sum\limits_{k=0}^{\infty} a_k$ absolut konvergent, so ist auch jede umgeordnete Reihe $\sum\limits_{k=0}^{\infty} a_{\sigma(k)}$ wieder absolut konvergent mit gleicher Summe.

Beweis: Sei $A = \lim\limits_{n\to\infty} \sum\limits_{k=0}^{n} a_k$, und $\sigma : \mathbb{N}_0 \to \mathbb{N}_0$ bijektiv. Wir müssen zeigen, daß $\lim\limits_{m\to\infty} \sum\limits_{k=0}^{m} a_{\sigma(k)} = A$ gilt. Sei $\varepsilon > 0$ beliebig vorgegeben. Wegen der absoluten Konvergenz gibt es dann ein $N \in \mathbb{N}$ derart, daß[38]

$$\left|\sum_{k=N}^{\infty} a_k\right| \leq \sum_{k=N}^{\infty} |a_k| \leq \frac{\varepsilon}{2} .$$

[37] Das Symbol σ ist der griechische Buchstabe „sigma".

[38] Man mache sich klar, warum man die Dreiecksungleichung auch auf unendliche Summen anwenden kann!

Wegen der Bijektivität von σ gilt insbesondere $\sigma(\mathbb{N}) = \mathbb{N}$, und somit gibt es eine natürliche Zahl $M \geq N$ mit

$$\{0, 1, 2, \ldots, N-1\} \subset \{\sigma(0), \sigma(1), \ldots, \sigma(M)\} .$$

Sei nun $m > M$. Dann gilt

$$\begin{aligned}\left|\sum_{k=0}^{m} a_{\sigma(k)} - A\right| &= \left|\sum_{k=0}^{m} a_{\sigma(k)} - \sum_{k=0}^{N-1} a_k + \sum_{k=0}^{N-1} a_k - A\right| \\ &\leq \sum_{k=M+1}^{m} |a_k| + \left|\sum_{k=N}^{\infty} a_k\right| \leq \frac{\varepsilon}{2} + \frac{\varepsilon}{2} ,\end{aligned}$$

da die Summe der Beträge der a_k eine Cauchyfolge ist. Dies beweist die Konvergenz der umgeordenten Reihe gegen A. Eine einfache Abänderung des Beweisgangs liefert die absolute Konvergenz dieser Reihe, und wir sind fertig. □

Beispiel 4.22 (Umordnung bei bedingt konvergenten Reihen) Die alternierende harmonische Reihe $A := \sum\limits_{k=1}^{\infty} \frac{(-1)^{k+1}}{k} = 1 - \frac{1}{2} + \frac{1}{3} - \frac{1}{4} \pm \cdots$ war ein Beispiel einer bedingt konvergenten Reihe. Eine leichte Abänderung der Beweisanordnung für die Divergenz der harmonischen Reihe ergibt, daß auch die Anteile der positiven Summanden $A_+ = \sum\limits_{k=1}^{\infty} \frac{1}{2k}$ sowie der negativen Summanden $A_- = \sum\limits_{k=0}^{\infty} -\frac{1}{2k+1}$ jeweils bestimmt gegen $+\infty$ bzw. $-\infty$ streben. Für beliebig vorgegebenes $a \in \mathbb{R}$ können wir nun die alternierende harmonische Reihe so umordnen, daß die umgeordnete Reihe den Grenzwert a besitzt. Ohne Beschränkung der Allgemeinheit nehmen wir an, a sei positiv. Dann summieren wir solange positive Terme $\frac{1}{2} + \frac{1}{4} + \ldots$, bis a überschritten wurde, danach solange negative Terme $-1 - \frac{1}{3} - \ldots$, bis a wieder unterschritten wurde. Dieses Verfahren wiederholen wir nun induktiv, was wegen der Divergenz von A_+ sowie A_- möglich ist, und erzeugen somit eine gegen a schrumpfende Intervallschachtelung.

ÜBUNGSAUFGABEN

◇ **4.28** *Benutze die* DERIVE *Funktion* `QUOTIENTENKRITERIUM`, *um alle Reihen dieses Abschnitts auf Konvergenz zu untersuchen.*

4.29 *Gib je ein Beispiel einer konvergenten und einer divergenten Reihe, bei denen jeweils* $\lim\limits_{k\to\infty} \frac{a_{k+1}}{a_k}$ *nicht existiert.*

4.30 *Untersuche die folgenden Reihen auf Konvergenz oder Divergenz mit einem Kriterium deiner Wahl.*

(a) $\sum\limits_{k=0}^{\infty} \left(\frac{1}{2}\right)^{k-2}$, (b) $\sum\limits_{k=0}^{\infty} \left(\frac{k}{2}\right)^{k}$, (c) $\sum\limits_{k=0}^{\infty} \frac{k^k}{(k!)^2}$,

(d) $\sum\limits_{k=0}^{\infty} kx^k \; (-1<x<1)$, (e) $\sum\limits_{k=0}^{\infty} 2^k$, (f) $\sum\limits_{k=0}^{\infty} \frac{2^k}{(k+1)^2}$.

◇ **4.31** *Definiere eine* DERIVE *Funktion* `WURZELKRITERIUM`, *die analog zu* `QUOTIENTENKRITERIUM` *für eine erzeugende Folge das Wurzelkriterium überprüft. Teste die Funktion mit allen Beispielreihen dieses Abschnitts. Welche der beiden Funktionen ist in der Praxis erfolgreicher?*

4.32 (Verdichtungssatz) *Sei $(a_n)_n$ eine fallende Nullfolge und m eine natürliche Zahl $m \geq 2$. Dann haben die Reihen $\sum a_k$ und $\sum m^k a_{m^k}$ dasselbe Konvergenzverhalten, d. h. entweder beide konvergieren oder beide divergieren.*

4.33 *Verwende das Resultat aus Übungsaufgabe 4.32 für $m = 2$, um die Konvergenz der Reihe (4.12) zu untersuchen.*

4.34 (Cauchy-Schwarzsche Ungleichung) *Sind die Reihen $\sum\limits_{k=0}^{\infty} a_k^2$ sowie $\sum\limits_{k=0}^{\infty} b_k^2$ beide konvergent, so konvergiert die Reihe $\sum\limits_{k=0}^{\infty} a_k b_k$ absolut, und es gilt*

$$\left(\sum_{k=1}^{\infty} a_k b_k\right)^2 \leq \sum_{k=1}^{\infty} a_k^2 \cdot \sum_{k=1}^{\infty} b_k^2 .$$

Hinweis: *Verwende die Cauchy-Schwarzsche Ungleichung aus Übungsaufgabe 1.19.*

4.35 *Für welche Wahl von α und β konvergiert die Reihe*[39]

$$\alpha + \frac{1}{2}\beta + \frac{1}{3}\alpha + \frac{1}{4}\beta + \frac{1}{5}\alpha + \cdots ?$$

Wann konvergiert sie absolut?

⋆ **4.36** *Sei $a_k > 0$ und $\sum a_k$ konvergent. Dann gilt nach Lemma 4.4 $a_k \to 0$ für $k \to \infty$. Ist nun a_k ferner monoton fallend, so gilt sogar $ka_k \to 0$ für $k \to \infty$.* Hinweise: *Schreibe $k = n + p$, wobei n, p große positive Zahlen sind. Betrachte $ka_k = (n + p)a_{n+p}$. Zeige, daß*

$$\begin{aligned} ka_k = pa_{n+p} + na_{n+p} &\leq (a_n + a_{n+1} + \cdots + a_{n+p-1}) + na_{n+p} \\ &\leq (\sum_{j=n}^{\infty} a_j) + na_{p+n}. \end{aligned}$$

Nun mache die rechte Seite der Ungleichung $\leq \varepsilon$, indem du n und p geeignet wählst. Gehe sicher, daß du p und n in der richtigen Reihenfolge wählst.

4.37 *Betrachte eine konvergente Reihe $\sum a_k$, und sei $R_n = \sum\limits_{k=n}^{\infty} a_k$ $(n > 0)$. Es existiere eine Konstante $M > 0$ und r $(0 \leq r < 1)$, so daß $|a_k| \leq M r^k$. Zeige, daß dann $|R_n| \leq M \frac{r^n}{1-r}$.* Hinweis: *Durch formales Vorgehen erhält man*

[39] Das Symbol β ist der griechische Buchstabe „beta ".

$$|R_n| \leq \sum_{k=n}^{\infty} |a_k| \leq M \sum_{k=n}^{\infty} r^k . \tag{4.13}$$

Nun vervollständige das Problem. Gehe sicher, daß du jede Ungleichung in (4.13) begründen kannst.

◇ **4.38** *Jede der folgenden Reihen ist konvergent und habe den Grenzwert s. Wie groß muß man n wählen, damit $s_n = \sum\limits_{k=0,1}^{n} a_k$ die Zahl s mit einem Fehler von weniger als $1/100$ approximiert?*

(a) $\displaystyle\sum_{k=1}^{\infty} \frac{k!}{k^{k+1}}$, (b) $\displaystyle\sum_{k=0}^{\infty} k \left(\frac{1}{2}\right)^k$, (c) $\displaystyle\sum_{k=0}^{\infty} \left(k + \frac{1}{k+1}\right) \cdot \frac{k}{k!}$.

4.39 *Gib eine Umordnung der alternierenden harmonischen Reihe an, die bestimmt gegen $+\infty$ divergiert.*

4.40 (Konvergenzkriterium von Raabe[40]) *Gibt es zu einer Folge $(a_n)_n$ ein $N \in \mathbb{N}$, so daß für alle $n \geq N$ eine der Beziehungen*

$$\left|\frac{a_{n+1}}{a_n}\right| \leq 1 - \frac{\beta}{n} \quad \textit{mit einer Konstanten } \beta > 1 \qquad \text{bzw.} \qquad \frac{a_{n+1}}{a_n} \geq 1 - \frac{1}{n}$$

gilt, dann konvergiert die Reihe $\sum a_k$ absolut bzw. sie divergiert. Teste das Kriterium mit den Reihen $\sum\limits_{k=1}^{\infty} \frac{1}{k^\alpha}$ $(\alpha > 0)$.

◇ **4.41** *Schreibe mit Hilfe der* `IF` *Prozedur eine Funktion* `SYMMETRIE(f,x)`, *die*

- *die Antwort* `"ungerade"` *gibt, wenn f ungerade bzgl. x ist,*
- *die Antwort* `"gerade"` *gibt, wenn f gerade bzgl. x ist, und*
- *die Antwort* `"Symmetrie unbekannt"`, *wenn keine der beiden Symmetrien für f bzgl. x festgestellt werden kann.*

Man bestimme mit dieser Funktion die Symmetrie einiger Beispielfunktionen.

◇ **4.42** *Man verwende die* `IF` *Funktion, um die Fakultät gemäß ihrer Definition*

$$k! := \begin{cases} 0 & \text{falls } k = 0 \\ k\,(k-1)! & \text{falls } k \in \mathbb{N} \end{cases}$$

zu definieren und vergleiche die Ergebnisse mit der eingebauten Fakultätsfunktion.

◇ **4.43** *Verwende* `IF` *zur Definition einer* DERIVE *Funktion* `IST_PRIM(x)`, *die* `"JA"` *ausgibt, falls x eine Primzahl ist und* `"NEIN"`, *falls nicht.* Hinweis: *Man benutze* `NEXT_PRIME`, *s. Übungsaufgabe 13.6.*

---

[40] JOSEF LUDWIG RAABE [1801–1858]

4.44 *Sei* $(a_n)_n$ *eine Folge reeller Zahlen mit* $|a_n| \leq M$ *für alle* $n \geq 1$. *Man zeige:*

(a) *Für jedes* $x \in \mathbb{R}$ *mit* $|x| < 1$ *konvergiert die Reihe* $f(x) = \sum_{k=1}^{\infty} a_k x^k$.

(b) *Ist* $a_1 \neq 0$, *so gilt* $f(x) \neq 0$ *für alle* $x \in \mathbb{R}$ *mit* $0 < |x| < \frac{|a_1|}{2M}$.

◇ **4.45** *Verwende* IF *zur Definition einer* DERIVE *Funktion* `FIBONACCI(k)`, *die die Fibonacci-Zahlen aus Übungsaufgabe 4.13 berechnet. Berechne die 5., 10., 15. und 20. Fibonacci-Zahl und beobachte den Zeitaufwand. Erkläre!*

◇ **4.46** *Verwende* IF *zur Definition einer* DERIVE *Funktion* `BINOMIAL(n,k)`, *die den Binomialkoeffizienten* $\binom{n}{k}$ *berechnet, und teste sie.*

5 Die elementaren transzendenten Funktionen

5.1 Potenzreihen

Wir haben im letzten Abschnitt Reihen betrachtet. Besonders wichtig bei den dortigen Betrachtungen erwies sich die geometrische Reihe $\sum\limits_{k=0}^{\infty} x^k$ als Vergleichsreihe. Diese Reihe gehört zum Typus der Potenzreihen, Reihen mit einer ganz besonderen Struktur, die vor allem deshalb von besonderer Bedeutung sind, weil sie auf natürliche Weise Verallgemeinerungen von Polynomen darstellen.

Definition 5.1 (Potenzreihen) Ist $(a_k)_{k\in\mathbb{N}_0}$ eine Folge reeller Zahlen a_k, so heißt eine Reihe der Form

$$\sum_{k=0}^{\infty} a_k x^k = \lim_{n\to\infty} \sum_{k=0}^{n} a_k x^k$$

Potenzreihe[1]. Wir nennen die Zahl a_k den k. *Koeffizienten* der Potenzreihe. △

Potenzreihen entstehen also durch Grenzwertbildung aus Polynomen. Gibt es eine Menge $D \subset \mathbb{R}$ von x-Werten, für die eine Potenzreihe konvergiert, stellt eine solche Reihe eine Funktion $f : D \to \mathbb{R}$ dar. In Kapitel 12 werden wir Potenzreihen ganz allgemein behandeln. In diesem Abschnitt wollen wir zunächst drei spezielle Potenzreihen untersuchen, und es wird sich herausstellen, daß diese Reihen Darstellungen einer allgemeinen Exponentialfunktion – die wir in Beispiel 3.12 angekündigt hatten – sowie der uns aus der elementaren Trigonometrie bekannten Funktionen Sinus und Kosinus sind.

Während man allerdings in der elementaren Trigonometrie hauptsächlich geometrisch argumentiert – z. B. beim Beweis der Additionstheoreme – werden wir im Sinne einer algorithmischen Theorie ausschließlich auf Sachverhalte zurückgreifen, die wir hier aus den Eigenschaften der reellen Zahlen entwickelt haben oder entwickeln werden, um die Eigenschaften dieser Funktionen zu bestimmen.

Übungsaufgaben

5.1 *Sind* $f(x) = \sum\limits_{k=0}^{\infty} a_k x^k$ *und* $g(x) = \sum\limits_{k=0}^{\infty} b_k x^k$ *zwei Potenzreihen und* $C \in \mathbb{R}$, *so gilt*

$$f(x) + g(x) = \sum_{k=0}^{\infty} (a_k + b_k)\, x^k \qquad \text{und} \qquad Cf(x) = \sum_{k=0}^{\infty} C a_k x^k \,.$$

[1] Englisch: power series

Ferner gilt:

$$x \cdot \sum_{k=0}^{\infty} a_k x^k = \sum_{k=0}^{\infty} a_k x^{k+1} \qquad \text{sowie} \qquad \frac{1}{x} \cdot \sum_{k=1}^{\infty} a_k x^k = \sum_{k=0}^{\infty} a_k x^{k-1} \; .$$

5.2 *Zeige: Treten bei einer konvergenten Potenzreihe* $f(x) = \sum_{k=0}^{\infty} a_k x^k$ *nur gerade (ungerade) Potenzen auf, so ist* f *gerade (ungerade). Hat auf der anderen Seite eine gerade (ungerade) Funktion* f *eine Potenzreihenentwicklung* $f(x) = \sum_{k=0}^{\infty} a_k x^k$*, so treten nur gerade (ungerade) Potenzen auf. Der gerade bzw. ungerade Anteil einer Potenzreihe* $f(x) = \sum_{k=0}^{\infty} a_k x^k$ *ist durch*

$$\sum_{k=0}^{\infty} a_{2k} x^{2k} \qquad \text{bzw.} \qquad \sum_{k=0}^{\infty} a_{2k+1} x^{2k+1}$$

gegeben.

5.2 Die Exponential-, Sinus- und Kosinusreihe

Satz 5.1 (Die Exponential-, Sinus- und Kosinusreihe) Die Reihen

$$\exp x := \sum_{k=0}^{\infty} \frac{x^k}{k!} \; , \tag{5.1}$$

$$\sin x := \sum_{k=0}^{\infty} \frac{(-1)^k}{(2k+1)!} x^{2k+1} \; , \tag{5.2}$$

$$\cos x := \sum_{k=0}^{\infty} \frac{(-1)^k}{(2k)!} x^{2k} \tag{5.3}$$

heißen die *Exponential-*, *Sinus-* bzw. *Kosinusreihe.* Sie konvergieren für alle $x \in \mathbb{R}$ absolut. Durch sie werden somit Funktionen exp, sin und cos erklärt, die auf der ganzen reellen Achse definiert sind.

Beweis: Bezeichnen wir die Reihenglieder der Exponential-, Sinus- bzw. Kosinusreihe mit a_k, b_k bzw. c_k, so ergibt sich für jedes $x \in \mathbb{R}$

$$\lim_{k\to\infty} \left| \frac{a_{k+1}}{a_k} \right| = \lim_{k\to\infty} \left| \frac{x^{k+1}}{(k+1)!} \bigg/ \frac{x^k}{k!} \right| = \lim_{k\to\infty} \frac{|x|}{k+1} = 0$$

und ebenso

$$\left| \frac{b_{k+1}}{b_k} \right| = \frac{x^2}{(2k+2)(2k+3)} \to 0 \qquad \text{sowie} \qquad \left| \frac{c_{k+1}}{c_k} \right| = \frac{x^2}{(2k+1)(2k+2)} \to 0 \; ,$$

und die Behauptung folgt sofort aus dem Quotientenkriterium (Satz 4.10). □

Beispiel 5.1 (Reihendarstellung für e) Der Wert der n. Partialsumme der Exponentialreihe war uns bereits in der Ungleichungskette 4.4 begegnet. Damals benutzten wir die Ungleichung

$$e_n(x) = \left(1+\frac{x}{n}\right)^n = \sum_{k=0}^{n} \binom{n}{k} \frac{x^k}{n^k} = \sum_{k=0}^{n} \left(1-\frac{1}{n}\right) \cdots \left(1-\frac{k-1}{n}\right) \frac{x^k}{k!} \le \sum_{k=0}^{n} \frac{x^k}{k!} ,$$

welche für $x \geq 0$ gilt. Aus dieser folgt

$$\left(1+\frac{x}{n}\right)^n \le \exp x , \tag{5.4}$$

da ja alle Koeffizienten der Exponentialreihe positiv sind. Wir wollen uns im Moment generell auf den Fall $x \in \mathbb{R}_0^+$ beschränken. Aus (5.4) folgt dann durch Grenzübergang zunächst

$$\lim_{n\to\infty} \left(1+\frac{x}{n}\right)^n \le \exp x . \tag{5.5}$$

Wir wollen jetzt zeigen, daß in (5.5) sogar die Gleichheit gilt. Sei $m \in \mathbb{N}$ irgendeine feste natürliche Zahl. Für alle $n \geq m$ folgt dann die Ungleichung

$$\sum_{k=0}^{m} \left(1-\frac{1}{n}\right) \cdots \left(1-\frac{k-1}{n}\right) \frac{x^k}{k!} \le \sum_{k=0}^{n} \left(1-\frac{1}{n}\right) \cdots \left(1-\frac{k-1}{n}\right) \frac{x^k}{k!} = e_n(x) ,$$

da alle auftretenden Koeffizienten positiv sind, und somit für $n \to \infty$

$$\sum_{k=0}^{m} \frac{x^k}{k!} \le \lim_{n\to\infty} \left(1+\frac{x}{n}\right)^n .$$

Diese Ungleichung gilt nun für alle $m \in \mathbb{N}$, und lassen wir schließlich auch noch m gegen unendlich streben, bekommen wir das gewünschte Resultat

$$\exp x \le \lim_{n\to\infty} \left(1+\frac{x}{n}\right)^n ,$$

das zusammen mit (5.5) die Beziehung

$$\lim_{n\to\infty} \left(1+\frac{x}{n}\right)^n = \exp x \tag{5.6}$$

liefert. Insbesondere gilt für $x = 1$

$$e = \exp 1 = \sum_{k=0}^{\infty} \frac{1}{k!} . \tag{5.7}$$

In Übungsaufgabe 5.8 soll gezeigt werden, daß (5.6) sogar für alle $x \in \mathbb{R}$ gilt. $\triangle$

Sitzung 5.1 Die vorliegende Reihendarstellung für die Zahl e konvergiert bedeutend besser als die definierende Folge e_n. Dies liegt am schnellen Wachstum der Fakultätsfunktion. Aus den Abschätzungen (4.6) für die Fakultät ersieht man, daß $k!$ ähnlich schnell wie $(k/e)^k$ anwächst.

Wir berechnen die ersten 10 Partialsummen der Reihe (5.7) durch `approX` von `VECTOR(SUM(1/k!,k,0,n),n,1,10)`, und bekommen

$$[2, 2.5, 2.66666, 2.70833, 2.71666, 2.71805, 2.71825, 2.71827, 2.71828, 2.71828]\ .$$

Also hat bereits die 9. Partialsumme eine sechsstellige Genauigkeit.

Die Reihenentwicklung (5.7) kann ferner dazu benutzt werden, die Irrationalität von e nachzuweisen[2].

Satz 5.2 Die Zahl e ist irrational.

Beweis: Wir führen wieder einen Widerspruchsbeweis durch und nehmen also an, e sei rational. Da $e > 0$, gibt es dann zwei natürliche Zahlen p und $q \geq 2$ mit $e = \frac{p}{q}$. Daraus folgt aber, daß $q!\,e = q!\,\frac{p}{q} = p(q-1)! \in \mathbb{N}$ und ferner die folgende Summe natürlicher Zahlen

$$q! \sum_{k=0}^{q} \frac{1}{k!} = \sum_{k=0}^{q} q(q-1)\cdots(k+1) \in \mathbb{N}$$

auch eine natürliche Zahl ist, so daß schließlich

$$q! \sum_{k=q+1}^{\infty} \frac{1}{k!} = q! \sum_{k=0}^{\infty} \frac{1}{k!} - q! \sum_{k=0}^{q} \frac{1}{k!} = q!\,e - q! \sum_{k=0}^{q} \frac{1}{k!} \in \mathbb{Z}\,.$$

Andererseits können wir diesen Reihenrest folgendermaßen mit Hilfe einer geometrischen Reihe (grob!) abschätzen:

$$\begin{aligned}
0 < q! \sum_{k=q+1}^{\infty} \frac{1}{k!} &= q! \left(\frac{1}{(q+1)!} + \frac{1}{(q+2)!} + \frac{1}{(q+3)!} + \cdots \right) \\
&\leq \frac{q!}{(q+1)!} \left(1 + \frac{1}{q+2} + \frac{1}{(q+2)^2} + \cdots \right) \\
&= \frac{1}{q+1} \cdot \frac{1}{1 - \frac{1}{q+2}} = \frac{q+2}{(q+1)^2} = \frac{q+2}{q^2 + 2q + 1} \\
&= \frac{1}{q} \cdot \frac{q^2 + 2q}{q^2 + 2q + 1} \leq \frac{1}{q} \leq \frac{1}{2} < 1\,.
\end{aligned}$$

Da es keine ganze Zahl zwischen 0 und 1 gibt, haben wir einen Widerspruch, welcher unsere Behauptung beweist. □

Wir machen uns nun daran zu zeigen, daß die Exponentialfunktion wirklich die für rationale Exponenten bereits in § 3.7 eingeführte Potenzfunktion fortsetzt und ihren Namen somit zu Recht trägt.

[2] Man kann sogar beweisen, daß e *transzendent*, d. h. nicht algebraisch, ist, m. a. W.: e ist Lösung keiner algebraischen Gleichung. Ein Beweis für diesen Sachverhalt liegt allerdings außerhalb des Rahmens dieses Buchs.

Dazu müssen wir u. a. die Potenzregeln (3.30)–(3.31) nachweisen. Der folgende Satz zeigt zunächst, wie absolut konvergente Reihen multipliziert werden können. Diese Anordnung eines Produkts absolut konvergenter Reihen wird das *Cauchy-Produkt* genannt.

Satz 5.3 (Cauchy-Produkt) Seien zwei Reihen

$$\sum_{k=0}^{\infty} a_k \quad \text{und} \quad \sum_{j=0}^{\infty} b_j$$

gegeben, die beide absolut konvergieren. Dann ist auch die Reihe

$$\sum_{n=0}^{\infty} c_n$$

mit den Koeffizienten

$$c_n := \sum_{k=0}^{n} a_k b_{n-k} \, .$$

wieder eine absolut konvergente Reihe, und es gilt

$$\sum_{n=0}^{\infty} c_n = \left(\sum_{k=0}^{\infty} a_k\right) \cdot \left(\sum_{j=0}^{\infty} b_j\right) .$$

Beweis: Die Multiplikation zweier absolut konvergenter Reihen können wir – durch Ersetzung der Summationsvariablen j durch die neue Variable $n := j + k$ – zunächst formal schreiben als

$$\left(\sum_{k=0}^{\infty} a_k\right) \cdot \left(\sum_{j=0}^{\infty} b_j\right) = \sum_{j=0}^{\infty}\sum_{k=0}^{\infty} a_k b_j = \sum_{n=0}^{\infty}\sum_{k=0}^{\infty} a_k b_{n-k} = \sum_{n=0}^{\infty}\left(\sum_{k=0}^{n} a_k b_{n-k}\right) .$$

Die letzte Gleichheit gilt hierbei deshalb, weil aus der Definition von $n = j + k$ und den Laufbereichen für j und k folgt, daß k immer zwischen 0 und n liegt. Abbildung 5.1 gibt eine visuelle Darstellung der vorgenommenen Umordnung.

Daß diese formalen Umformungen zulässig sind, liegt an der absoluten Konvergenz und wird nun gezeigt. Sei eine beliebig angeordnete Reihe $\sum_{l=0}^{\infty} p_l$ der Produkte $a_k b_j$ $(k, j \in \mathbb{N}_0)$ gegeben. Dann gibt es offenbar für jede Partialsumme $\sum_{l=0}^{m} |p_l|$ ein $n \in \mathbb{N}$ derart, daß

$$\sum_{l=0}^{m} |p_l| \le (|a_0| + |a_1| + \cdots + |a_n|) \cdot (|b_0| + |b_1| + \cdots + |b_n|) \, ,$$

da für genügend großes n auf der rechten Seite alle Terme der linken Seite vorkommen. Dann gilt aber erst recht

$$\sum_{l=0}^{m} |p_l| \le \left(\sum_{k=0}^{\infty} |a_k|\right) \cdot \left(\sum_{j=0}^{\infty} |b_j|\right)$$

für alle $m \in \mathbb{N}$, und hieraus folgt aus dem Majorantenkriterium (Satz 4.9) die absolute Konvergenz der gegebenen Produktreihe. Ihr Grenzwert hängt also gemäß Satz 4.12 von der Anordnung nicht ab. Um ihn zu bestimmen, wählen wir die Anordnung

$$a_0b_0 + (a_0b_1 + a_1b_1 + a_1b_0) + \cdots + (a_0b_n + a_1b_n + \cdots + a_nb_n + a_nb_{n-1} + \cdots + a_nb_0)$$

$$+ \cdots = (a_0 + a_1 + \cdots + a_n) \cdot (b_0 + b_1 + \cdots + b_n) \to \left(\sum_{k=0}^{\infty} a_k\right) \cdot \left(\sum_{j=0}^{\infty} b_j\right) .$$

Also konvergiert eine beliebig angeordnete Produktreihe, insbesondere die Anordnung als Cauchy-Produkt, gegen $\left(\sum_{k=0}^{\infty} a_k\right) \cdot \left(\sum_{j=0}^{\infty} b_j\right)$. □

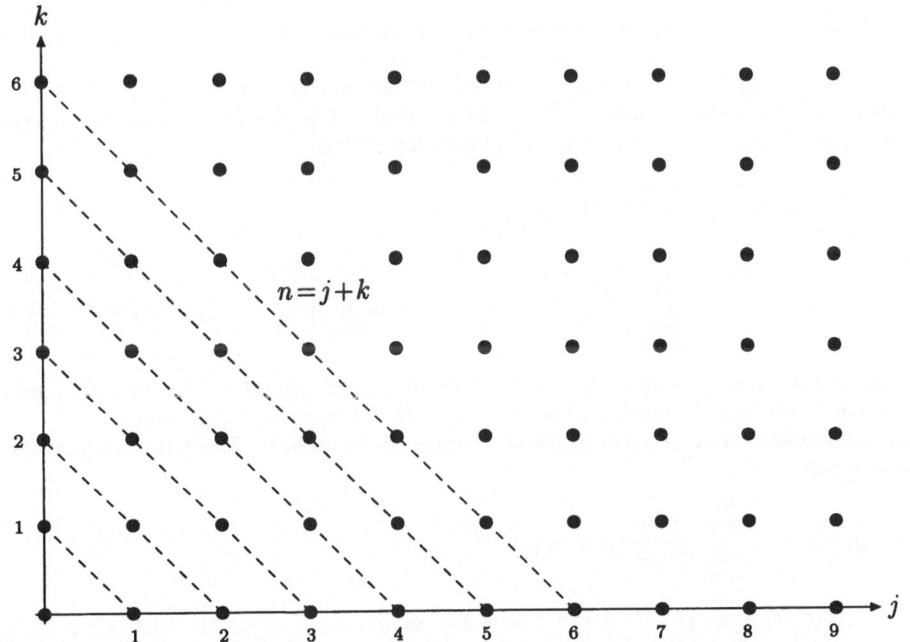

Abbildung 5.1 Darstellung der Umordnung beim Cauchy-Produkt

Bemerkung 5.1 Wir bemerken, daß der Beweis zeigt, daß unter den gegebenen Voraussetzungen die rein algebraische Umordnungsregel (1.21) auch für unendliche Summen gilt. △

Mit Hilfe des Cauchy-Produkts folgen die *Additionstheoreme* für die Exponential-, Sinus- und Kosinusfunktion.

Korollar 5.1 (Funktionalgleichungen der Exponential-, Sinus- und Kosinusfunktion) Für die Exponential-, Sinus- und Kosinusfunktion gelten folgende Additionstheoreme:

$$\exp(x+y) = \exp x \cdot \exp y\,, \tag{5.8}$$

$$\sin(x+y) = \cos x \sin y + \sin x \cos y\,, \tag{5.9}$$

$$\cos(x+y) = \cos x \cos y - \sin x \sin y\,. \tag{5.10}$$

Beweis: Anwendung des Cauchy-Produkts auf die Exponentialreihe liefert für die Koeffizienten der Produktfunktion $\exp x \cdot \exp y$

$$c_n = \sum_{k=0}^{n} \frac{x^k}{k!} \frac{y^{n-k}}{(n-k)!} = \frac{1}{n!} \sum_{k=0}^{n} \binom{n}{k} x^k y^{n-k} = \frac{(x+y)^n}{n!}$$

mit Hilfe des Binomischen Lehrsatzes. Offenbar ist dies der allgemeine Koeffizient der Exponentialreihe an der Stelle $x+y$, und somit gilt (5.8).

Als Vorbereitung für den Beweis der Additionstheoreme der Sinus- bzw. Kosinus-Funktion zerlegen wir das Polynom $(x+y)^{2n+1}$ unter Zuhilfenahme der Binomialformel in seinen (bezüglich der Variablen x) geraden und ungeraden Anteil

$$\begin{aligned}(x+y)^{2n+1} &= \sum_{l=0}^{2n+1} \binom{2n+1}{l} x^l y^{2n+1-l} \\ &= \sum_{k=0}^{n} \binom{2n+1}{2k} x^{2k} y^{2n+1-2k} + \sum_{k=0}^{n} \binom{2n+1}{2k+1} x^{2k+1} y^{2n-2k}\,,\end{aligned} \tag{5.11}$$

wobei wir beim ersten (geraden) Anteil die Variablensubstitution $l = 2k$, und beim zweiten (ungeraden) Anteil die Variablensubstitution $l = 2k+1$ vorgenommen haben.

Wir bekommen somit mit den üblichen – wegen der absoluten Konvergenz erlaubten – Umordnungen

$$\begin{aligned}\sin(x+y) &= \sum_{n=0}^{\infty} \frac{(-1)^n}{(2n+1)!} (x+y)^{2n+1} \\ &\overset{(5.11)}{=} \sum_{n=0}^{\infty} \frac{(-1)^n}{(2n+1)!} \left(\sum_{k=0}^{n} \binom{2n+1}{2k} x^{2k} y^{2n+1-2k} + \sum_{k=0}^{n} \binom{2n+1}{2k+1} x^{2k+1} y^{2n-2k} \right) \\ &= \sum_{n=0}^{\infty} \sum_{k=0}^{n} \frac{(-1)^n}{(2n+1)!} \binom{2n+1}{2k} x^{2k} y^{2n+1-2k} \\ &\quad + \sum_{n=0}^{\infty} \sum_{k=0}^{n} \frac{(-1)^n}{(2n+1)!} \binom{2n+1}{2k+1} x^{2k+1} y^{2n-2k} \\ &\overset{(n=j+k)}{=} \sum_{j=0}^{\infty} \sum_{k=0}^{\infty} \frac{(-1)^j(-1)^k}{(2k)!(2j+1)!} x^{2k} y^{2j+1} + \sum_{j=0}^{\infty} \sum_{k=0}^{\infty} \frac{(-1)^j(-1)^k}{(2k+1)!(2j)!} x^{2k+1} y^{2j} \\ &= \cos x \sin y + \sin x \cos y\,.\end{aligned}$$

Das Kosinus-Additionstheorem (5.10) wird auf die gleiche Weise bewiesen. □

ÜBUNGSAUFGABEN

5.3 *Zeige, daß die Sinus- bzw. Kosinusreihe für alle $x \in \mathbb{R}$ absolut konvergiert.*

5.4 *Führe den Beweis des Kosinus-Additionstheorems* (5.10) aus.

5.5 *Die Reihe* $\sum_{k=0}^{\infty} \frac{(-1)^k}{\sqrt{k+1}}$ *konvergiert nach dem Leibnizkriterium. Zeige, daß das Cauchy-Produkt dieser Reihe mit sich selbst divergiert.* Hinweis: *Für die Koeffizienten c_n des Cauchy-Produkts gilt $|c_n| \geq 1$ ($n \in \mathbb{N}$).*

5.6 *Zeige mit Hilfe des Cauchy-Produkts der geometrischen Reihe* $\sum_{k=0}^{\infty} x^k = \frac{1}{1-x}$ $(|x| < 1)$ *die Beziehung*

$$\sum_{k=0}^{\infty}(k+1)x^k = \frac{1}{(1-x)^2} \quad (|x| < 1).$$

5.7 (Doppelreihen) *Sei eine Doppelfolge a_{jk} ($j, k \in \mathbb{N}_0$) gegeben. Streben die Partialsummen $\sum_{j=0}^{m} \sum_{k=0}^{n} a_{jk}$ für $m, n \to \infty$ gegen s, so sagen wir, die Doppelreihe $\sum_{j,k=0}^{\infty} a_{jk}$ konvergiert gegen s. Konvergiert die Doppelreihe $\sum_{j,k=0}^{\infty} a_{jk}$, und konvergiert ferner jede Zeilenreihe $\sum_{k=0}^{\infty} a_{jk}$ ($j \in \mathbb{N}_0$), so konvergiert auch $\sum_{j=0}^{\infty} \left(\sum_{k=0}^{\infty} a_{jk}\right)$, und es gilt*

$$\sum_{j=0}^{\infty} \left(\sum_{k=0}^{\infty} a_{jk}\right) = \sum_{j,k=0}^{\infty} a_{jk}\,.$$

(Dies ist eine Reihenform der algebraischen Umordnungsregel (1.20) *).*

5.3 Eigenschaften der Exponentialfunktion

In diesem Abschnitt begründen wir, daß wir die Funktion $\exp x$ mit Recht eine Exponentialfunktion genannt haben. Sie stimmt nämlich für rationale Exponenten $x \in \mathbb{Q}$ mit e^x überein. Man beachte, daß der Ausdruck e^x bislang nur für rationale x erklärt war, s. Beispiel 3.12.

Satz 5.4 (exp x als Exponentialfunktion) Für alle $x \in \mathbb{R}$ und $r \in \mathbb{Q}$ gilt

(a) $\exp 0 = 1\,,$ (b) $\exp x > 0\,,$

(c) $\exp(-x) = \dfrac{1}{\exp x}\,,$ (d) $\exp r = e^r\,.$

Beweis: Einsetzen von $x = 0$ in die Reihendefinition (5.1) von $\exp x$ ergibt (a). Alle anderen Aussagen folgen dann direkt aus dem Additionstheorem (5.8).
(b) Ersetzen wir x und y in (5.8) durch $\frac{x}{2}$, bekommen wir $\exp x = \left(\exp \frac{x}{2}\right)^2 > 0$.
(c) Dies folgt für $y = -x$ in (5.8).
(d) Die Aussage gilt für $r = 0$ nach (a) und für $r = 1$ nach Definition von e. Wir zeigen (d) zunächst für $r \in \mathbb{N}$ mittels Induktion. Aus der rekursiven Definition der Potenz und der Induktionsvoraussetzung $\exp r = e^r$ (IV) folgt

$$e^{r+1} = e^r \cdot e \stackrel{\text{(IV)}}{=\!=} \exp r \cdot e \stackrel{(5.7)}{=\!=} \exp r \cdot \exp 1 \stackrel{(5.8)}{=\!=} \exp(r+1) .$$

Für negative $r \in \mathbb{Z}$ folgt die Behauptung dann aus (c) mittels der Definition 1.4. Sei nun $r \in \mathbb{Q}$ mit einer Darstellung $r = \frac{p}{q}$, wobei $p \in \mathbb{Z}$ und $q \in \mathbb{N}$. Gemäß der Definition von $e^{p/q}$ (s. Beispiel 3.12) bekommen wir dann

$$(\exp r)^q = \left(\exp \frac{p}{q}\right)^q = \underbrace{\exp \frac{p}{q} \cdot \exp \frac{p}{q} \cdots \exp \frac{p}{q}}_{q \text{ Faktoren}} \stackrel{(5.8)}{=\!=} \exp \underbrace{\left(\frac{p}{q} + \frac{p}{q} + \cdots + \frac{p}{q}\right)}_{q \text{ Summanden}} = \exp p = e^p$$

mit dem eben Bewiesenen, und somit $\exp r = e^{\frac{p}{q}} = e^r$. □

Der Inhalt dieses Satzes zeigt, daß $\exp : \mathbb{R} \to \mathbb{R}$ eine *Fortsetzung* der Exponentialfunktion $e^x : \mathbb{Q} \to \mathbb{R}$ ist. Daher ist die folgende Definition sinnvoll.

Definition 5.2 Für alle $x \in \mathbb{R}$ bedeute $e^x := \exp x$. △

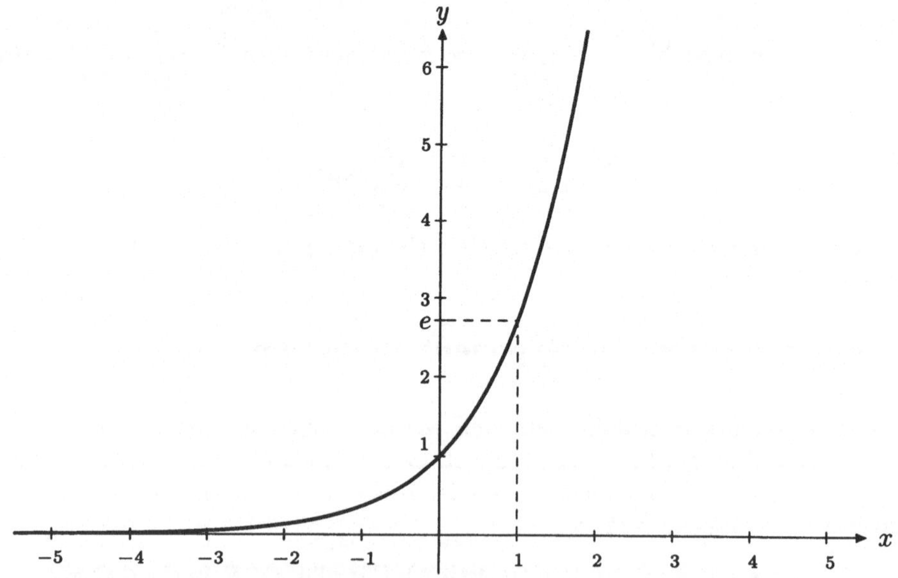

Abbildung 5.2 Eine graphische Darstellung der Exponentialfunktion $\exp x$

Gemäß der Definition als Reihe lassen sich die Werte von $\exp x$ desto besser berechnen, je kleiner $|x|$ ist. Für $|x| \leq 1$ ist die Konvergenz, wie wir in DERIVE-Sitzung 5.1

sahen, ausgezeichnet. Man wird dann $\exp x$ für große $|x|$ mittels des Additionstheorems der Exponentialfunktion aus betragsmäßig kleinen x-Werten berechnen. Eine graphische Darstellung der Exponentialfunktion ist in Abbildung 5.2 gegeben. Weitere Eigenschaften der Exponentialfunktion sowie eine Definition von a^x für beliebiges $a \in \mathbb{R}^+$ werden in den nächsten Kapiteln erörtert.

Sitzung 5.2 DERIVE kennt die Exponentialfunktion. Zum Beispiel wird der Ausdruck `LIM((1+x/n)^n,n,inf)` mit `Simplify` zu

2 : $\hat{e}^x$

vereinfacht in Übereinstimmung mit (5.6). Zur Eingabe von $\exp x$ verwendet man `EXP(x)` , welches ebenfalls zu $\hat{e}^x$ vereinfacht wird. Die Zahl e wird von DERIVE also durch das Symbol $\hat{e}$ dargestellt und kann durch die Tastenkombination `<ALT>E` oder durch `#e` eingegeben werden. Die Eingabe des Produkts `EXP(x) EXP(y)` wird zu

6 : $\hat{e}^{x+y}$

vereinfacht, weil bei der voreingestellten Vereinfachung automatisch Exponenten zusammenfaßt werden. Man kann diese Einstellung mit dem `Manage Exponential` Kommando abändern. Wählt man die `Expand` Richtung, wird der Ausdruck `#6` durch `Simplify` wieder in

7 : $\hat{e}^x \hat{e}^y$

umgewandelt.

Approximiert man `#e` mit einer 60-stelligen Genauigkeit, bekommt man den Zahlenwert

9 : 2.71828182845904523536028747135266249775724709369995957496696... .

ÜBUNGSAUFGABEN

5.8 *Zeige, daß die Beziehung* (5.6) *auch für $x < 0$ gültig ist.* Hinweis: *Man benutze Satz 5.4.*

◇ **5.9** *Stelle die ersten 10 Partialsummen der Exponentialreihe graphisch dar. Überlagere den Graphen der Exponentialfunktion, und beobachte die Konvergenz. Wo konvergiert die Exponentialreihe besonders schlecht?*

◇ **5.10** *Überlagere den Graphen der Exponentialfunktion den Graphen der Funktionen $e_n(x) = \left(1 + \frac{x}{n}\right)^n$ für einige $n \in \mathbb{N}$ und beobachte die Konvergenz. Wähle verschiedene Skalierungen. Welche qualitativen Aussagen kann man allgemein über die Graphen von $e_n(x)$ für große $n \in \mathbb{N}$ machen? Wie sehen sie bei* DERIVE *aus?*

◇ **5.11** *Berechne mit* DERIVE *die Partialsummen der Exponentialreihe für $x = -10$, bis (mit einer Genauigkeit von 3 Dezimalen) Konvergenz eintritt. Was beobachtet man?*

◇ **5.12** *Wie klein muß $|x|$ sein, damit die 5. Partialsumme $s_5(x)$ der Exponentialreihe den Wert e^x mit einer Genauigkeit von mindestens $\varepsilon := 10^{-5}$ approximiert, d. h. daß sie um höchstens ε vom wahren Wert abweicht:*

$$|e^x - s_5(x)| \leq \varepsilon\ ?$$

Hinweis: *Verwende* `soLve` *im* `Options Precision Approximate` *Modus, um die zu lösenden Gleichungen numerisch zu lösen.*

◇ **5.13** *Berechne e mit* DERIVE *mit der Standardgenauigkeit von 6 Dezimalen. Approximiere dann die 100-ste (1000-ste) Potenz dieser Näherung und vergleiche das Ergebnis mit einer Näherung von* exp 100 (exp 1000)*. Erkläre!*

5.4 Eigenschaften der trigonometrischen Funktionen

In diesem Abschnitt beschäftigen wir uns damit zu zeigen, daß die als Reihen definierten Funktionen $\sin x$ und $\cos x$ die uns aus der Elementargeometrie bekannten Sinus- bzw. Kosinusfunktionen darstellen. Wieder folgen die wesentlichen Eigenschaften aus den Additionstheoremen.

Satz 5.5 (Algebraische Eigenschaften der Sinus- und Kosinusfunktion) Die Funktionen $\sin x$ und $\cos x$ haben folgende Eigenschaften:

(a) $\sin 0 = 0$, (b) $\cos 0 = 1$,

(c) sin ist ungerade, (d) cos ist gerade.

Für alle $x \in \mathbb{R}$ gilt die Beziehung

(e) $\sin^2 x + \cos^2 x = 1$.

Beweis: Die Eigenschaften (a), (b), (c) und (d) folgen sofort aus den Reihendarstellungen (5.2) und (5.3). Die trigonometrische Formulierung des Satzes von Pythagoras (e) folgt aus

$$1 \overset{(b)}{=} \cos 0 = \cos(x - x) \overset{(5.10)}{=} \cos x \cos(-x) - \sin x \sin(-x) \overset{(c),\,(d)}{=} \cos^2 x + \sin^2 x\,. \quad \Box$$

In der elementaren Trigonometrie werden gewöhnlich noch zwei weitere Funktionen betrachtet: die Tangens- und die Kotangensfunktion. Wir definieren diese Funktionen mit Hilfe der Sinus- und Kosinusfunktion.

Definition 5.3 (Tangens- und Kotangensfunktion) Für alle $x \in \mathbb{R}$ sei

(a) $\tan x := \dfrac{\sin x}{\cos x}$, sofern $\cos x \neq 0$, und

(b) $\cot x := \dfrac{\cos x}{\sin x}$, sofern $\sin x \neq 0$. $\triangle$

Um den Definitionsbereich der Tangens- und Kotangensfunktion zu bestimmen, müssen wir also wissen, wo die Nullstellen der Sinus- bzw. Kosinusfunktion liegen. Die Existenz von Nullstellen der Sinus- und Kosinusfunktion werden wir im nächsten Kapitel nachweisen können.

Definition 5.4 Die kleinste positive Nullstelle der Kosinusfunktion bezeichnen wir mit[3] $\frac{\pi}{2}$.

Auf diese Weise wird die Kreiszahl π von der Geometrie unabhängig *definiert*. Die geometrischen Eigenschaften des Flächeninhalts und des Umfangs eines Kreises können dann an späterer Stelle gefolgert werden.

Im Augenblick postulieren wir die Existenz der Nullstelle $\frac{\pi}{2}$ der Kosinusfunktion, woraus sich weitere Eigenschaften der trigonometrischen Funktionen ableiten lassen.

Satz 5.6 (Analytische Eigenschaften der Sinus- und Kosinusfunktion) Gilt für einen Punkt $\frac{\pi}{2} \in \mathbb{R}$ die Beziehung $\cos\frac{\pi}{2} = 0$, dann gilt auch

(a) $\sin\pi = 0$, (b) $\cos\pi = -1$,

(c) $\sin(x + 2\pi) = \sin x$, (d) $\cos(x + 2\pi) = \cos x$.

Beweis: Wegen $\sin^2\frac{\pi}{2} = 1 - \cos^2\frac{\pi}{2} = 1$ folgen aus (5.9) bzw. (5.10) durch Einsetzen von $x = y = \frac{\pi}{2}$

$$\sin\pi = 2\cos\frac{\pi}{2}\sin\frac{\pi}{2} = 0\,, \qquad \text{bzw.} \qquad \cos\pi = \cos^2\frac{\pi}{2} - \sin^2\frac{\pi}{2} = -1\,,$$

also (a) und (b). Daraus folgt weiter

$$\begin{aligned}\sin(x + 2\pi) &\overset{(5.10)}{=} \sin(x+\pi)\cos\pi + \cos(x+\pi)\sin\pi \\ &\overset{(a),(b)}{=} -\sin(x+\pi) \overset{(5.10)}{=} -\sin x\cos\pi - \cos x\sin\pi \overset{(a),(b)}{=} \sin x\,,\end{aligned}$$

also (c), und (d) wird ebenso bewiesen. □

Definition 5.5 (Periodische Funktionen) Eine Funktion $f : \mathbb{R} \to \mathbb{R}$ der reellen Achse heißt *periodisch* mit der *Periode* x_0, falls für alle $x \in \mathbb{R}$ die Beziehung

$$f(x + x_0) = f(x)$$

erfüllt ist. △

Der Eigenschaften (c) bzw. (d) wegen sind $\sin x$ bzw. $\cos x$ also periodisch mit der Periode 2π. Folglich reicht eine Kenntnis der Werte der Sinus- und Kosinusfunktion im Intervall $[0, 2\pi]$ völlig aus, um die Funktionswerte in ganz $\mathbb{R}$ zu kennen. Die Graphen der trigonometrischen Funktionen sind in Abbildung 5.3 dargestellt.

---

[3] Das Symbol π ist der griechische Buchstabe „pi“.

Aus der 2π-Periodizität der Sinusfunktion und $\sin 0 = 0$ sowie $\sin\pi = 0$ folgt nun, daß $\sin(k\pi) = 0$ für alle $k \in \mathbb{Z}$. Ebenso folgt $\cos\left(-\frac{\pi}{2}\right) = \cos\left(\frac{\pi}{2}\right) = 0$, da cos gerade ist, und die 2π-Periodizität liefert die Nullstellen $\cos\left(\frac{\pi}{2} + k\pi\right) = 0$ $(k \in \mathbb{Z})$. Im nächsten Kapitel werden wir sehen, daß weitere Nullstellen der Sinus- und Kosinusfunktion nicht existieren. Daher wissen wir nun, für welche $x \in \mathbb{R}$ die Tangens- und Kotangensfunktion definiert sind.

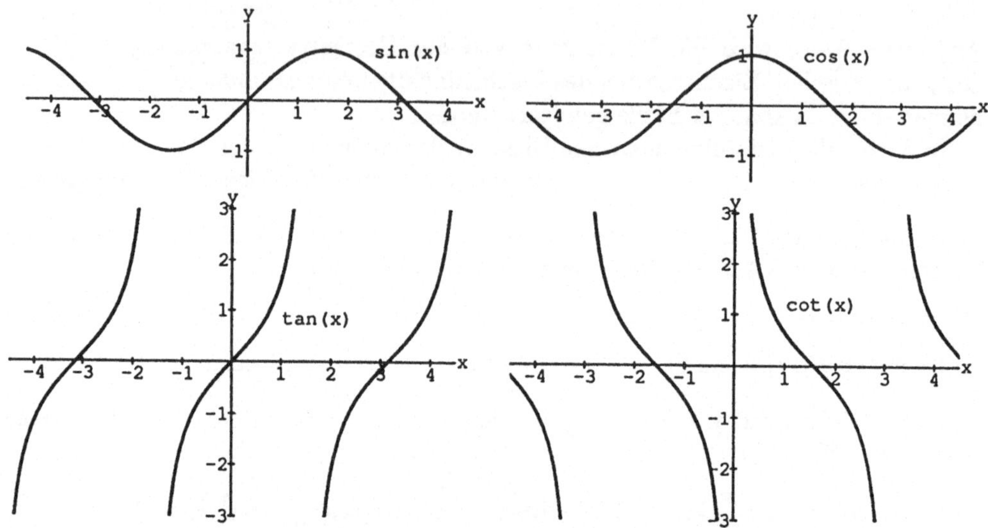

Abbildung 5.3 Die trigonometrischen Funktionen

Aus der Definition der Tangens- und Kotangensfunktion erhält man zusammen mit den Additionstheoremen der Sinus- und Kosinusfunktion folgende Eigenschaften, deren Beweis im Rahmen von Übungsaufgabe 5.15 durchgeführt werden soll.

Satz 5.7 (Eigenschaften der Tangens- und Kotangensfunktion) Für die Tangens- und Kotangensfunktion gelten die Beziehungen

(a) $\tan 0 = 0\,,$ (b) $\cot\dfrac{\pi}{2} = 0\,,$

(c) die Tangens- und Kotangensfunktion sind ungerade,

(d) die Tangens- und Kotangensfunktion haben die Periode π,

(e) $\tan(x+y) = \dfrac{\tan x + \tan y}{1 - \tan x \tan y}\,,$ (f) $\cot(x+y) = \dfrac{\cot x \cot y - 1}{\cot x + \cot y}\,.$

Sitzung 5.3 Man kann umfangreiche Transformationen für trigonometrische Funktionen mit DERIVE durchführen. In der höheren Mathematik arbeitet man üblicherweise nicht mit Winkelgraden[4]. Will man dennoch trigonometrische Funktionen in

[4]Englisch: degree

Winkelgraden auswerten, kann man die Konstante **deg** verwenden. Eine Vereinfachung des `Author` Ausdrucks `SIN(30 deg)`[5] ergibt z. B.

$$2: \quad \frac{1}{2}.$$

Die Kreiszahl π gibt man entweder durch `pi` oder mit der Tastenkombination `<ALT>P` ein. Eine `approX`imation von π mit 60-stelliger Genauigkeit ergibt

$$4: \quad 3.14159265358979323846264338327950288419716939937510582097494\ldots,$$

während der Ausdruck `COS(pi)` zu -1 vereinfacht wird.

Wir wollen nun die Additionstheoreme der Sinus- und Kosinusfunktion mit DERIVE behandeln. Man gebe den `Author` Ausdruck `SIN(x+y)` ein und wähle im `Manage Trigonometry` Menü die `Expand` Richtung. `Simplify` liefert dann

$$8: \quad \mathrm{COS}\,(x)\,\mathrm{SIN}\,(y) + \mathrm{SIN}\,(x)\,\mathrm{COS}\,(y).$$

Auf die gleiche Weise wird `COS(x+y)` zu

$$10: \quad \mathrm{COS}\,(x)\,\mathrm{COS}\,(y) - \mathrm{SIN}\,(x)\,\mathrm{SIN}\,(y)$$

vereinfacht. Wählt man nun andererseits die `Collect` Richtung, liefert eine Vereinfachung des Produkts `SIN(x) COS(y)`

$$12: \quad \frac{\mathrm{SIN}\,(x+y)}{2} + \frac{\mathrm{SIN}\,(x-y)}{2}.$$

Ein typisches Beispiel für die `Collect` Richtung ist das Zusammenfassen von Potenzausdrücken wie $\sin^m x$ und $\cos^m x$ bei festem $m \in \mathbb{N}$ zu Ausdrücken, die Winkelvielfache enthalten. Zum Beispiel wird `SIN^5(x)` in[6]

$$14: \quad \frac{\mathrm{SIN}\,(5x)}{16} - \frac{5\,\mathrm{SIN}\,(3x)}{16} + \frac{5\,\mathrm{SIN}\,(x)}{8}$$

umgewandelt. Andererseits werden mit `Manage Trigonometry Expand` Winkelvielfache eliminiert, und eine Vereinfachung von `SIN(5 x)` ergibt

$$16: \quad 16\,\mathrm{SIN}\,(x)\,\mathrm{COS}\,(x)^4 - 12\,\mathrm{SIN}\,(x)\,\mathrm{COS}\,(x)^2 + \mathrm{SIN}\,(x).$$

Gibt man man hier sogar noch die Präferenz der Sinusfunktion gegenüber der Kosinusfunktion mit Hilfe von `Manage Trigonometry Expand` **Toward** `Sines` vor, bekommt man den weiter vereinfachten Ausdruck

$$18: \quad 16\,\mathrm{SIN}\,(x)^5 - 20\,\mathrm{SIN}\,(x)^3 + 5\,\mathrm{SIN}\,(x).$$

---

[5] Man kann diese Konstante auch mit der ° Taste eingeben.

[6] DERIVE unterstützt diese Art der Eingabe der Potenz einer Funktion. Man beachte, daß der Exponent -1 (bei DERIVE) also *niemals* die Umkehrfunktion bezeichnet.

Wendet man dieselbe Einstellung auf **SIN(10 x)** an, erhält man

$$\mathrm{COS}\,(x)\,(512\,\mathrm{SIN}\,(x)^9 - 1024\,\mathrm{SIN}\,(x)^7 + 672\,\mathrm{SIN}\,(x)^5 - 160\,\mathrm{SIN}\,(x)^3 + 10\,\mathrm{SIN}\,(x))\,.$$

Wir verwenden jetzt bei **Manage Trigonometry** noch einmal die **Collect** Richtung, um eine explizite Formel für

$$\frac{1}{2} + \sum_{k=1}^{n} \cos(kx)$$

zu bekommen. Mit dieser Einstellung ergibt eine Vereinfachung des Summenausdrucks **1/2+SUM(COS(k x),k,1,n)**

$$22: \quad \frac{\mathrm{SIN}\,\left(x\left(n+\frac{1}{2}\right)\right)}{2\,\mathrm{SIN}\,\left(\frac{x}{2}\right)}\,.$$

Für einen Beweis dieser Beziehung s. Übungsaufgabe 5.22. Wir werden in § 5.5 auf diese Summe zurückkommen und einen alternativen Beweis für diese Umformung liefern.

Übungsaufgaben

◇ **5.14** *Stelle die ersten fünf Partialsummen der Sinusreihe (Kosinusreihe) (d. h. bis zur zehnten x-Potenz) graphisch dar. Überlagere den Graph der Sinusfunktion (Kosinusfunktion), und beobachte die Konvergenz. Was kann man über die Nullstellen der Sinusfunktion (Kosinusfunktion) aussagen? Wo liegt insbesondere die erste positive Nullstelle der Sinusfunktion (Kosinusfunktion) ungefähr?*

5.15 *Beweise die Eigenschaften der Tangens- und Kotangensfunktion aus Satz 5.7.*

5.16 *Zeige*

(a) $\sin x + \sin y = 2\sin\frac{x+y}{2}\cos\frac{x-y}{2}$, (b) $\sin x - \sin y = 2\cos\frac{x+y}{2}\sin\frac{x-y}{2}$,

(c) $\cos x + \cos y = 2\cos\frac{x+y}{2}\cos\frac{x-y}{2}$, (d) $\cos x - \cos y = -2\sin\frac{x+y}{2}\sin\frac{x-y}{2}$.

◇ **5.17** *Benutze geeignete Einstellungen von* **Manage Trigonometry**, *um die Ausdrücke* $\tan(2x)$ *bzw.* $\tan\frac{x}{2}$ *in die äquivalenten Terme*

$$\frac{2\sin x\cos x}{2\cos^2 x - 1} \quad \textit{sowie} \quad \frac{1-\cos x}{\sin x}$$

umzuformen.

◇ **5.18** *Expandiere die Ausdrücke* $\sin(nx)$ *und* $\cos(nx)$ *für* $n := 2, 3, 4, 5$ *mit* DERIVE *und rechne von Hand nach.*

◇ **5.19** *Fasse die Ausdrücke* $\sin^n x$ *und* $\cos^n x$ *für* $n := 2, 3, 4, 5$ *mit* DERIVE *zusammen und rechne von Hand nach.*

⋆ **5.20** *Beweise durch Induktion, daß für alle $n \in \mathbb{N}$ die Beziehungen*

(a) $\sin(nx) = \binom{n}{1} \sin x \cos^{n-1} x - \binom{n}{3} \sin^3 x \cos^{n-3} x + \binom{n}{5} \sin^5 x \cos^{n-5} x \mp \cdots,$

(b) $\cos(nx) = \binom{n}{0} \cos^n x - \binom{n}{2} \cos^{n-2} x \sin^2 x + \binom{n}{4} \cos^{n-4} x \sin^4 x \mp \cdots$

gelten.

5.21 *Beweise die Halbwinkelformeln für die Sinus- und Kosinusfunktion*

$$\cos\frac{x}{2} = \pm\sqrt{\frac{1+\cos x}{2}}, \qquad \sin\frac{x}{2} = \pm\sqrt{\frac{1-\cos x}{2}}.$$

Welches ist das korrekte Vorzeichen? Was kann mit den DERIVE *Funktionen*

```
COS1(x):=IF(x=pi,-1,SQRT((1+COS1(2x))/2))

SIN1(x):=IF(x=pi,0,SQRT((1-COS1(2x))/2))

TAN1(x):=SIN1(x)/COS1(x)
```

berechnet werden? Berechne die exakten Werte von $\tan(\pi/4)$, $\tan(\pi/8)$, $\tan(\pi/16)$ und $\sin(\pi/64)$. Approximiere diese, und vergleiche die Resultate mit den direkten Approximationen. Schreibe entsprechende Funktionen, um die trigonometrischen Funktionen an Halbwinkelwerten von $\pi/3$ zu berechnen. Berechne damit $\cos(\pi/12)$ und $\sin(\pi/24)$.

Bei der Einstellung `Manage Trigonometry Expand` *wendet* DERIVE *die Halbwinkelformeln an.*[7] *Berechne die obigen Werte direkt mit* DERIVE.

◇ **5.22** *Benutze* DERIVE, *um eine explizite Formel (d. h. eine Formel, die kein Summen- oder Produktzeichen – und natürlich keine Pünktchen – enthält) für die Summen ($n \in \mathbb{N}$)*

(a) $\sum_{k=0}^{n} \sin(kx)$, (b) $\sum_{k=0}^{n} \cos(kx)$,

anzugeben, und beweise diese durch Induktion. Hinweis: Man benutze geeignete Einstellungen von `Manage Trigonometry`*, um möglichst einfache Resultate zu erhalten.*

⋆ **5.23** *Welche Perioden hat die Dirichlet-Funktion*

(3.33) $$\mathrm{DIRICHLET}(x) = \begin{cases} 1 & \text{falls } x \text{ rational} \\ 0 & \text{falls } x \text{ irrational} \end{cases} \quad ?$$

◇ **5.24** *Man berechne $\sin x$ aus der Gleichung $\sin^{10} x + \cos^{10} x = \frac{1}{5}$.*

[7] ab Version 2.54

5.5 Die komplexe Exponentialfunktion

Grenzwerte und Konvergenz komplexer Folgen werden genauso wie Grenzwerte und Konvergenz reeller Folgen mit Hilfe der komplexen Betragsfunktion definiert.

Definition 5.6 (Konvergenz und Grenzwert) Eine Folge $(c_n)_n$ komplexer Zahlen $c_n \in \mathbb{C}$ heißt *konvergent*, wenn es eine Zahl $c \in \mathbb{C}$ gibt derart, daß für jedes $\varepsilon > 0$ ein Index $N \in \mathbb{N}$ existiert, so daß für alle Indizes $n \geq N$ die Ungleichung

$$|c_n - c| \leq \varepsilon$$

erfüllt ist, andernfalls heißt die Folge *divergent*. Die Zahl c heißt *Grenzwert* oder *Limes* der Folge $(c_n)_n$, und wir schreiben

$$\lim_{n\to\infty} c_n = c \qquad \text{oder auch} \qquad c_n \to c \quad (n \to \infty)\,. \quad \triangle$$

Somit übertragen sich alle Sätze, die sich nicht auf die Anordnungseigenschaften der reellen Zahlen beziehen, auf komplexe Folgen. Den wichtigen Satz von Bolzano-Weierstraß und das Cauchysche Konvergenzkriterium hatten wir jedoch unter Zuhilfenahme monotoner Folgen bewiesen, eine typisch reelle Argumentation.

Andererseits sieht man mit der Dreiecksungleichung leicht ein, daß eine komplexe Folge $(c_n)_n = (a_n + ib_n)_n$ $(a_n, b_n \in \mathbb{R})$ genau dann konvergiert, wenn die Folgen $(a_n)_n$ und $(b_n)_n$ der Real- bzw. Imaginärteile konvergieren, da

$$\frac{|a_n - a| + |b_n - b|}{\sqrt{2}} \leq |(a_n - a) + i(b_n - b)| = |c_n - (a + ib)| \leq |a_n - a| + |b_n - b|$$

(s. Übungsaufgabe 5.25 oder auch Übungsaufgabe 2.4), und daß

$$\lim_{n\to\infty} c_n = \lim_{n\to\infty} a_n + i \cdot \lim_{n\to\infty} b_n\,. \tag{5.12}$$

Somit gelten der Satz von Bolzano-Weierstraß und das Cauchysche Konvergenzkriterium auch für komplexe Folgen. Auch die Definition der Konvergenz einer komplexen Reihe ist eine direkte Übertragung der Definition aus dem Reellen.

Definition 5.7 (Konvergenz einer komplexen Reihe) Wir definieren eine *unendliche Reihe komplexer Zahlen* $c_k \in \mathbb{C}$ $(k \in \mathbb{N}_0)$

$$\sum_{k=0}^{\infty} c_k := \lim_{n\to\infty} \sum_{k=0}^{n} c_k$$

als den Grenzwert der Partialsummen, sofern dieser existiert. In diesem Falle sagen wir, daß die Reihe *konvergiert*. Die Reihe heißt *absolut konvergent*, sofern die Reihe der Beträge $\sum\limits_{k=0}^{\infty} |c_k|$ konvergiert. $\triangle$

Ist $c_k = a_k + ib_k$ $(a_k, b_k \in \mathbb{R})$, so konvergiert $\sum\limits_{k=0}^{\infty} c_k$ genau dann, wenn $\sum\limits_{k=0}^{\infty} a_k$ sowie $\sum\limits_{k=0}^{\infty} b_k$ konvergieren, und es gilt

$$\sum_{k=0}^{\infty} c_k = \sum_{k=0}^{\infty} a_k + i \cdot \sum_{k=0}^{\infty} b_k \, .$$

Wie im Reellen sind absolut konvergente Reihen auch konvergent, und ferner sind auch alle aus dem Majorantenkriterium folgenden Reihenkriterien wie das Quotientenkriterium oder das Wurzelkriterium für komplexe Reihen gültig.

Da die Konvergenz der in § 5.2 eingeführten Reihendarstellungen aus dem Quotientenkriterium folgte, ist insbesondere folgende Verallgemeinerung sinnvoll.

Definition 5.8 (Komplexe Exponential-, Sinus- und Kosinusfunktion) Die Reihen

$$\exp z := \sum_{k=0}^{\infty} \frac{z^k}{k!} \, , \quad \sin z := \sum_{k=0}^{\infty} \frac{(-1)^k}{(2k+1)!} z^{2k+1} \quad \text{sowie} \quad \cos z := \sum_{k=0}^{\infty} \frac{(-1)^k}{(2k)!} z^{2k}$$

heißen die *komplexe Exponential-*, *Sinus-* bzw. *Kosinusreihe*. Sie konvergieren für alle $z \in \mathbb{C}$ absolut. Durch sie werden somit in ganz $\mathbb{C}$ Funktionen exp, sin und cos erklärt, die die *komplexe Exponentialfunktion*, *Sinusfunktion* bzw. *Kosinusfunktion* heißen. Für $\exp z$ schreiben wir auch e^z. $\triangle$

Auf diese Weise haben wir die reelle Exponential-, Sinus- und Kosinusfunktion nach $\mathbb{C}$ *fortgesetzt*, und es wird sich herausstellen, daß sich die komplexe Exponentialfunktion für rein imaginäres Argument durch die reellen trigonometrischen Funktionen darstellen läßt. Über den Umweg durch das Komplexe werden wir also in die Lage versetzt, einen völlig neuen und vielleicht unerwarteten Zusammenhang zwischen der Exponentialfunktion und den trigonometrischen Funktionen herzustellen, welcher die Ergebnisse aus § 5.3–5.4 in ein ganz anderes Licht rückt.

Da der Satz über das Cauchy-Produkt ebenfalls im Komplexen gilt, gilt zunächst das Additionstheorem (5.8) auch für alle $x, y \in \mathbb{C}$, d. h.

$$e^{z+w} = e^z e^w \quad (z, w \in \mathbb{C}) \, , \qquad \text{insbesondere} \qquad e^z \cdot e^{-z} = 1 \, ,$$

und mit Induktion folgt

$$e^{nz} = \left(e^z\right)^n \quad (n \in \mathbb{Z}) \, . \tag{5.13}$$

Aus (5.12) folgt nun für die Exponentialreihe an der Stelle iz wegen $i^2 = -1$ durch Aufspaltung in geraden und ungeraden Anteil[8]

[8] Ist speziell $z = x \in \mathbb{R}$, so entspricht diese Aufspaltung auch der Zerlegung in Real- und Imaginärteil.

$$\begin{aligned} e^{iz} &= \sum_{k=0}^{\infty} \frac{(iz)^k}{k!} = \sum_{k=0}^{\infty} \frac{(iz)^{2k}}{(2k)!} + \sum_{k=0}^{\infty} \frac{(iz)^{2k+1}}{(2k+1)!} \\ &= \sum_{k=0}^{\infty} (-1)^k \frac{z^{2k}}{(2k)!} + i \cdot \sum_{k=0}^{\infty} (-1)^k \frac{z^{2k+1}}{(2k+1)!} = \cos z + i \cdot \sin z \,. \end{aligned}$$

Hierbei entstehen also gerade die Reihen der Kosinus- sowie Sinusfunktion, und wir haben die Eulersche[9] Identität.

Satz 5.8 (Eulersche Identität) Für alle $z \in \mathbb{C}$ gilt die Beziehung

$$e^{iz} = \cos z + i \sin z \,, \tag{5.14}$$

$\cos z$ ist also der gerade und $i \sin z$ der ungerade Anteil von e^{iz}. Für $z = x \in \mathbb{R}$ liegt eine Zerlegung in Real- und Imaginärteil vor

$$\cos x = \operatorname{Re}\left(e^{ix}\right) \qquad \text{und} \qquad \sin x = \operatorname{Im}\left(e^{ix}\right) \,.$$

Beispiel 5.2 (Komplexe Darstellung der Sinus- und Kosinusfunktion) Die Eulersche Identität kann nun wiederum zur Darstellung der Sinus- und Kosinusfunktion verwendet werden. Dazu wenden wir sie zunächst auf das Argument $-iz$ an und erhalten

$$e^{-iz} = \cos(-z) + i \sin(-z) = \cos z - i \sin z \,,$$

da cos gerade und sin ungerade ist. Hieraus folgen die Darstellungen (als gerader bzw. ungerader Anteil)

$$\cos z = \frac{1}{2}\left(e^{iz} + e^{-iz}\right) \qquad \text{sowie} \qquad \sin z = \frac{1}{2i}\left(e^{iz} - e^{-iz}\right) \,.$$

Ist ferner $z = x \in \mathbb{R}$, so folgt für das Konjugierte von e^{ix}

$$\overline{e^{ix}} = \cos x - i \sin x = e^{-ix} \,.$$

Beispiel 5.3 (Komplexe Form der Additionstheoreme) Es ist nun ein Leichtes zu sehen, daß auch die Additionstheoreme der Sinus- und Kosinusfunktion eine direkte Folge des Additionstheorems der Exponentialfunktion sind, da ja $(z, w \in \mathbb{C})$

$$e^{i(z+w)} = \cos(z+w) + i \sin(z+w)$$

und auf der anderen Seite

$$\begin{aligned} e^{iz} \cdot e^{iw} &= (\cos z + i \sin z) \cdot (\cos w + i \sin w) \\ &= \cos z \cos w - \sin z \sin w + i (\cos z \sin w + \sin z \cos w) \,. \end{aligned}$$

[9] Leonhard Euler [1707–1783]

Beispiel 5.4 (Pythagoreische Identität) Der trigonometrische Satz des Pythagoras ist nun nichts anderes als die komplexe Faktorisierung ($z \in \mathbb{C}$)

$$\cos^2 z + \sin^2 z = (\cos z + i \sin z)(\cos z - i \sin z) = e^{iz} \cdot e^{-iz} = e^0 = 1 .$$

Beispiel 5.5 (Eine Beziehung zwischen den wichtigsten Zahlen der Mathematik) Setzen wir in die Eulersche Identität den Wert $z = \pi$ ein, so erhalten wir die Gleichung

$$e^{i\pi} + 1 = 0 ,$$

welche eine Beziehung zwischen den Zahlen $0, 1, i, e$ und π herstellt.

Beispiel 5.6 (Formel von Moivre) In Übungsaufgabe 5.20 sollten für $n \in \mathbb{N}$ Summendarstellungen von $\sin(nx)$ sowie $\cos(nx)$ durch Induktion bewiesen werden. Mit der komplexen Exponentialfunktion sind diese Darstellungen in der *Formel von Moivre*[10] enthalten, die wir aus der Eulerschen Identität zusammen mit (5.13) an der Stelle iz erhalten

$$e^{inz} = \cos(nz) + i \sin(nz) = (\cos z + i \sin z)^n .$$

Entwickeln wir jetzt nämlich die Potenzen mit dem Binomischen Lehrsatz und nehmen wir eine Zerlegung in geraden und ungeraden Anteil vor, so folgt

$$\cos(nz) + i \sin(nz) = (\cos z + i \sin z)^n = \sum_{k=0}^{n} \binom{n}{k} i^k \sin^k z \cos^{n-k} z$$

$$= \sum_{k=0}^{n/2} \binom{n}{2k} (-1)^k \sin^{2k} z \cos^{n-2k} z + i \sum_{k=0}^{\frac{n-1}{2}} \binom{n}{2k+1} (-1)^k \sin^{2k+1} z \cos^{n-2k-1} z .$$

Getrennte Betrachtung des geraden bzw. ungeraden Anteils liefert die gewünschten Beziehungen.

Beispiel 5.7 (Trigonometrische Summen) In DERIVE-Sitzung 5.3 lieferte uns DERIVE eine geschlossene Formel für $\frac{1}{2} + \sum_{k=1}^{n} \cos(kx)$. Diese folgt mit der Moivreschen Formel aus

$$\sum_{k=0}^{n} \cos(kz) + i \sum_{k=1}^{n} \sin(kz) = \sum_{k=0}^{n} \Big(\cos(kz) + i \sin(kz) \Big) = \sum_{k=0}^{n} e^{ikz} = \sum_{k=0}^{n} \left(e^{iz}\right)^k$$

$$= \frac{1 - e^{i(n+1)z}}{1 - e^{iz}} = \frac{\left(1 - e^{i(n+1)z}\right) e^{-\frac{iz}{2}}}{\left(1 - e^{iz}\right) e^{-\frac{iz}{2}}} = \frac{e^{-\frac{iz}{2}} - e^{i(2n+1)\frac{z}{2}}}{e^{-\frac{iz}{2}} - e^{\frac{iz}{2}}}$$

$$= \frac{\cos\frac{z}{2} - i \sin\frac{z}{2} - \cos\left((2n+1)\frac{z}{2}\right) - i \sin\left((2n+1)\frac{z}{2}\right)}{-2i \sin\frac{z}{2}}$$

$$= \frac{1}{2} + \frac{\sin\left((2n+1)\frac{z}{2}\right)}{\sin\frac{z}{2}} + i \frac{\cos\frac{z}{2} - \cos\left((2n+1)\frac{z}{2}\right)}{2 \sin\frac{z}{2}}, \quad (5.15)$$

[10] ABRAHAM DE MOIVRE [1667–1754]

da $\sum\limits_{k=0}^{n} \left(e^{iz}\right)^k$ nichts anderes als die Partialsumme einer geometrischen Reihe ist. Getrennte Betrachtung des geraden und ungeraden Anteils liefert geschlossene Formeln für $\sum\limits_{k=0}^{n} \cos(kz)$ sowie $\sum\limits_{k=0}^{n} \sin(kz)$. △

Sitzung 5.4 DERIVE vereinfacht den Ausdruck `EXP(îx)` mit `Simplify` zu

$$2: \qquad \mathrm{COS}\,(x) + \hat{\imath}\ \mathrm{SIN}\,(x)\,,$$

produziert also die Eulersche Identität (5.14). Der Ausdruck

$$3: \qquad \sum_{k=0}^{n} \mathrm{EXP}\,(\hat{\imath} k x)$$

wird vereinfacht zu

$$4: \qquad \frac{\mathrm{SIN}\,\left(x\left(n+\frac{1}{2}\right)\right)}{2\ \mathrm{SIN}\,\frac{x}{2}} + \frac{1}{2} + \hat{\imath}\left(\frac{\mathrm{COT}\,(x)}{2} + \frac{1}{2\ \mathrm{SIN}\,(x)} - \frac{\mathrm{COS}\,\left(x\left(n+\frac{1}{2}\right)\right)}{2\ \mathrm{SIN}\,\frac{x}{2}}\right),$$

welches eine andere Form von (5.15) darstellt.

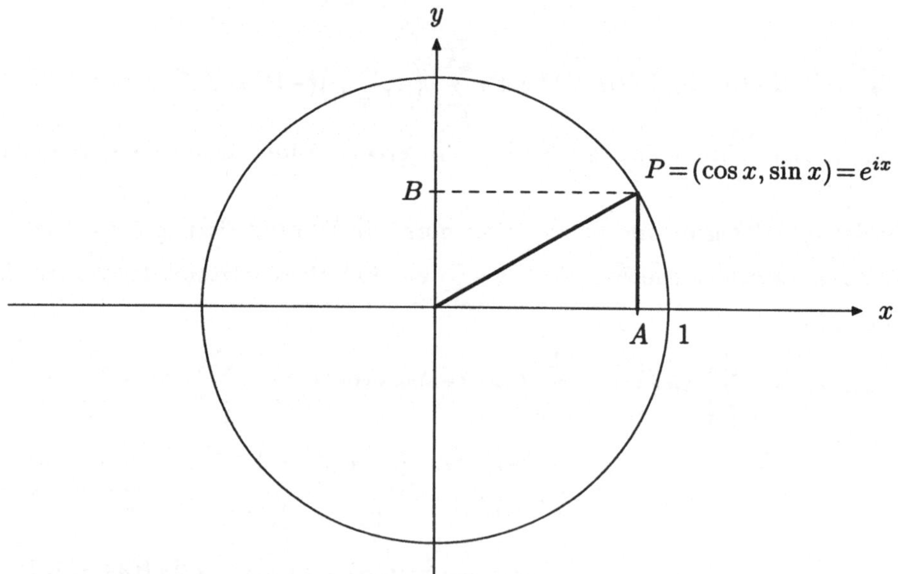

Abbildung 5.4 Kosinus und Sinus als Projektionen der Einheitskreislinie

Beispiel 5.8 (Kosinus und Sinus als Projektionen eines Punkts der Einheitskreislinie) Sei nun $z = x \in \mathbb{R}$. Dann folgt

$$\left|e^{ix}\right|^2 = e^{ix}\overline{e^{ix}} = e^{ix}e^{-ix} = 1\ ,$$

und folglich $\left|e^{ix}\right| = 1$. Dies zeigt, daß der Punkt $e^{ix} = \cos x + i \sin x$ auf der Einheitskreislinie[11] der Gaußschen Zahlenebene liegt.

Hiermit haben wir also die elementargeometrische Deutung der Kosinus- und Sinusfunktion wiedergefunden. Erst später werden wir allerdings beweisen können, daß das Argument x den im Bogenmaß gemessenen Winkel des erzeugenden Dreiecks $\overline{APB}$, s. Abbildung 5.4, d. h. die Länge des im Gegenuhrzeigersinn durchlaufenen Kreisbogens von 1 bis e^{ix} darstellt.

Noch fehlt uns die Möglichkeit zu entscheiden, ob auch umgekehrt zu jedem $z \in \mathbb{C}$ mit $|z| = 1$ ein $x \in \mathbb{R}$ mit $z = e^{ix}$ existiert[12]. Derartige Fragestellungen werden wir im nächsten Kapitel untersuchen, und die eben gestellte Frage wird dann positiv beantwortet werden. △

Schließlich wollen wir eine wichtige Eigenschaft der komplexen Exponentialfunktion festhalten.

Korollar 5.2 (Nullstellenfreiheit der komplexen Exponentialfunktion) Für alle $z \in \mathbb{C}$ gilt $e^z \neq 0$.

Beweis: Für alle $z = x + iy \in \mathbb{C}$ $(x, y \in \mathbb{R})$ haben wir die Darstellung

$$e^z = e^{x+iy} = e^x e^{iy} = e^x\,(\cos y + i \sin y)\ ,$$

aus der sofort folgt

$$|e^z| = |e^x|\,\left|e^{iy}\right| = |e^x| = e^x > 0\ .$$

□

ÜBUNGSAUFGABEN

5.25 *Für jede komplexe Zahl $z := x + iy$ $(x, y \in \mathbb{R})$ gilt*

$$\frac{|x| + |y|}{\sqrt{2}} \leq |z|\ ,$$

mit Gleichheit genau dann, wenn $|x| = |y|$ gilt.

5.26 *Gib Darstellungen für $\tan x$ und $\cot x$ mit Hilfe der komplexen Exponentialfunktion an.*

◇ **5.27** *Bestimme geschlossene Formeln für $\sum\limits_{k=0}^{n} k \cos(kx)$ sowie $\sum\limits_{k=0}^{n} k \sin(kx)$ mit Hilfe von* DERIVE. Hinweis: *Man verwende die komplexe Exponentialfunktion. Sollte* DERIVE *den komplexen Ausdruck nicht vereinfachen, ersetze man die imaginäre Einheit durch eine Variable i, vereinfache dann, und substituiere schließlich wieder die imaginäre Einheit zurück.*

⋆ **5.28** *Finde geschlossene Formeln für $\sum\limits_{k=0}^{n} \cos(kx + y)$ sowie $\sum\limits_{k=0}^{n} \sin(kx + y)$.*

[11] Englisch: unit circle

[12] Dies wird aus der elementargeometrischen Deutung natürlich klar!

5.6 Die hyperbolischen Funktionen

Die hyperbolischen Funktionen spielen in Anwendungen eine bedeutende Rolle. Die *hyperbolische Kosinusfunktion* $\cosh x$ („cosinus hyperbolicus") und die *hyperbolische Sinusfunktion* $\sinh x$ („sinus hyperbolicus") sind der gerade bzw. ungerade Anteil der Exponentialfunktion

$$\cosh x := \frac{e^x + e^{-x}}{2} \qquad \text{und} \qquad \sinh x := \frac{e^x - e^{-x}}{2} .$$

Betrachtet man komplexe Argumente, lassen sich die hyperbolischen Funktionen in direkte Beziehung zu den trigonometrischen Funktionen setzen

$$\sinh(ix) = \frac{e^{ix} - e^{-ix}}{2} = i \sin x \qquad \text{und} \qquad \cosh(ix) = \frac{e^{ix} + e^{-ix}}{2} = \cos x, \quad (5.16)$$

oder auch (man ersetze nun x durch x/i)

$$\begin{aligned} \sinh x &= i \sin\left(\frac{x}{i}\right) = i \sin(-ix) = -i \sin(ix) \qquad \text{und} \\ \cosh x &= \cos\left(\frac{x}{i}\right) = \cos(-ix) = \cos(ix) , \end{aligned} \quad (5.17)$$

da cos gerade und sin ungerade ist.

Wie bei den trigonometrischen Funktionen definiert man nun die *hyperbolische Tangensfunktion* $\tanh x$ („tangens hyperbolicus") und die *hyperbolische Kotangensfunktion* $\coth x$ („cotangens hyperbolicus") durch

$$\tanh x := \frac{\sinh x}{\cosh x} \qquad \text{und} \qquad \coth x := \frac{1}{\tanh x} .$$

Sitzung 5.5 DERIVE kennt die hyperbolischen Funktionen unter Benutzung unserer Notation und wandelt sie in Exponentialausdrücke um. Man stelle die hyperbolischen Funktionen graphisch dar! Vereinfacht man z. B. **TANH x**, erhält man

$$2: \qquad \frac{\hat{e}^{2x} - 1}{\hat{e}^{2x} + 1} ,$$

während **TANH (îx)** in

$$4: \qquad \hat{\imath}\, \mathrm{TAN}(x)$$

umgewandelt wird.

Beispiel 5.9 (Reihendarstellungen der hyperbolischen Funktionen) Als gerader bzw. ungerader Anteil der Exponentialfunktion haben $\sinh x$ und $\cosh x$ die Reihendarstellungen

$$\sinh x := \sum_{k=0}^{\infty} \frac{1}{(2k+1)!} x^{2k+1} \qquad \text{sowie} \qquad \cosh x := \sum_{k=0}^{\infty} \frac{1}{(2k)!} x^{2k} .$$

Beispiel 5.10 (Additionstheoreme der hyperbolischen Funktionen) Aus den trigonometrischen Additionstheoremen folgt gemäß (5.16)–(5.17)

$$\begin{aligned}\sinh(x+y) &= -i\sin(ix+iy) = -i\Big(\sin(ix)\cos(iy)+\cos(ix)\sin(iy)\Big)\\ &= \sinh x\cosh y - \cosh x\sinh y\end{aligned}$$

sowie

$$\begin{aligned}\cosh(x+y) &= \cos(ix+iy) = \cos(ix)\cos(iy)-\sin(ix)\sin(iy)\\ &= \cosh x\cosh y + \sinh x\sinh y\ .\end{aligned}$$

Beispiel 5.11 (Pythagoreische Identität) Mit Hilfe von (5.17) (oder natürlich direkt aus der Definition!) bekommt man die Identität

$$\cosh^2 x - \sinh^2 x = \cos^2(ix) + \sin^2(ix) = 1\ .$$

Übungsaufgaben

5.29 *Zeige:*

(a) $\tanh(x+y) = \dfrac{\tanh x + \tanh y}{1+\tanh x\tanh y}$, (b) $\coth(x+y) = \dfrac{1+\coth x\coth y}{\coth x + \coth y}$,

(c) $\sinh\dfrac{x}{2} = \pm\sqrt{\dfrac{1}{2}(\cosh x - 1)}$, (d) $\cosh\dfrac{x}{2} = \sqrt{\dfrac{1}{2}(\cosh x + 1)}$,

(e) $\sinh x + \sinh y = 2\sinh\left(\dfrac{x+y}{2}\right)\cosh\left(\dfrac{x-y}{2}\right)$,

(f) $\cosh x + \cosh y = 2\cosh\left(\dfrac{x+y}{2}\right)\cosh\left(\dfrac{x-y}{2}\right)$.

6 Stetige Funktionen

6.1 Grenzwerte und Stetigkeit

Wir betrachten in diesem Abschnitt Grenzwerte von Funktionen. Es wird sich zeigen, daß man dieses Konzept letztlich auf das Konzept der Grenzwerte von Folgen zurückführen kann.

Definition 6.1 (Grenzwert und Stetigkeit) Sei $a < \xi < b$,[1] ferner $I^\xi := (a,b) \setminus \{\xi\}$ ein an der Stelle ξ *punktiertes Intervall* und schließlich $f : I^\xi \to \mathbb{R}$ eine reelle Funktion in I^ξ. Die Zahl[2] $\eta \in \mathbb{R}$ heißt *Grenzwert* oder *Limes* von $f(x)$ für x gegen ξ, wenn es zu jeder vorgegebenen Zahl $\varepsilon > 0$ eine Zahl[3] $\delta > 0$ gibt, so daß

$$|f(x) - \eta| \leq \varepsilon$$

für alle $x \neq \xi$ mit

$$|x - \xi| \leq \delta \, .$$

Wir schreiben dafür

$$\lim_{x \to \xi} f(x) = \eta \qquad \text{oder} \qquad f(x) \to \eta \quad \text{für} \quad x \to \xi \, .$$

Ist nun weiter f auch an der Stelle ξ definiert, ist also[4] $f : (a,b) \to \mathbb{R}$, so heißt f *stetig*[5] *an der Stelle* ξ, falls

$$f(\xi) = \lim_{x \to \xi} f(x)$$

gilt, andernfalls *unstetig*. Wir nennen f im offenen Intervall (a,b) stetig, wenn f an jedem Punkt von (a,b) stetig ist. $\triangle$

Man denke sich wiederum ε als eine gegebene (oder verlangte) *Genauigkeit* einer Approximation des Werts η durch $f(x)$. Genau wie bei der Folgenkonvergenz sieht man, daß es höchstens einen Grenzwert geben kann.

---

[1] Das Symbol ξ ist der griechische Buchstabe „xi", das griechische x also. Damit dokumentieren wir, daß der Punkt ξ auf der x-Achse liegt.

[2] Das Symbol η ist der griechische Buchstabe „eta". Er liegt bei uns immer auf der y-Achse.

[3] Die Benutzung der beiden griechischen Buchstaben „epsilon" (ε) und „delta" (δ) zur Beschreibung der Stetigkeit wurde von WEIERSTRASS eingeführt.

[4] Wir nennen die Funktion hier weiterhin f, auch wenn sie einen anderen Definitionsbereich hat. Komplikationen hat man hierbei nicht zu erwarten.

[5] Englisch: continuous

Eine graphische Darstellung dieser Definition ist gegeben in Abbildung 6.1. Sie zeigt die bestmögliche Wahl für δ bei gegebenem ε.

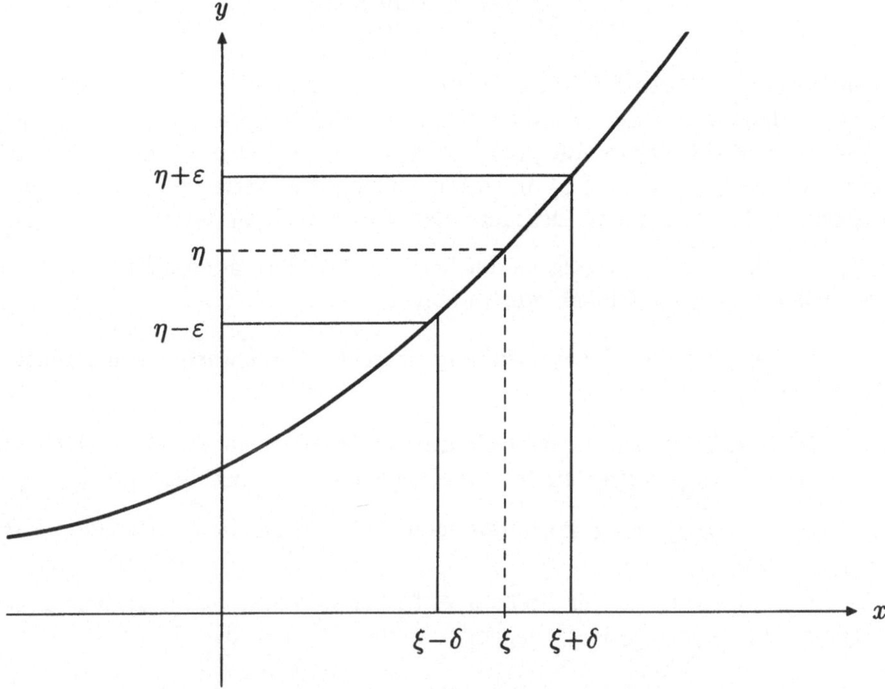

Abbildung 6.1 Beste Wahl von δ bei gegebenem ε

Beispiel 6.1 (Konstante Funktionen und Identität) Jede konstante Funktion $f(x) := C$ ($C \in \mathbb{R}$) ist in ganz $\mathbb{R}$ stetig, da für alle $x \in \mathbb{R}$ und jedes $\varepsilon > 0$

$$|f(x) - C| = 0 \leq \varepsilon \,,$$

und somit für alle $\xi \in \mathbb{R}$ die Beziehung $\lim\limits_{x \to \xi} f(x) = C = f(\xi)$ gilt.

Bei der identischen Funktion $\mathrm{id}_{\mathbb{R}}$ treffen wir für $\varepsilon > 0$ die Wahl $\delta := \varepsilon$. Sei nun $\xi \in \mathbb{R}$. Dann ist für alle x mit $|x - \xi| \leq \delta$

$$|\mathrm{id}_{\mathbb{R}}\,(x) - \xi| = |x - \xi| \leq \delta = \varepsilon \,,$$

und somit $\lim\limits_{x \to \xi} \mathrm{id}_{\mathbb{R}}\,(x) = \xi = \mathrm{id}_{\mathbb{R}}(\xi)$, und $\mathrm{id}_{\mathbb{R}}$ ist in ganz $\mathbb{R}$ stetig.

Beispiel 6.2 (Die Betragsfunktion) Die Betragsfunktion $\mathrm{abs}\,(x) := |x|$ stimmt für jedes $x > 0$ mit der identischen Funktion überein und ist somit für jedes $x > 0$ stetig. Für alle $x < 0$ gilt $\mathrm{abs}\,(x) = -x$, und wieder ist abs stetig. Wir zeigen, daß abs auch am Ursprung stetig ist. Für $\delta := \varepsilon$ und $|x| \leq \delta$ gilt nämlich offenbar $|\mathrm{abs}\,(x)| = |x| \leq \delta = \varepsilon$ und folglich $\lim\limits_{x \to 0} |x| = 0$. Somit ist abs in ganz $\mathbb{R}$ stetig.

Beispiel 6.3 (Sprungstelle) Betrachten wir die Sprungfunktion, die wie folgt definiert ist:

$$f(x) := \begin{cases} -1 & \text{falls } x < \xi \\ 1 & \text{falls } x > \xi \end{cases} .$$

Diese entspricht DERIVEs Funktion `SIGN(x-ξ)`, welche auch an der Stelle ξ undefiniert ist. Nähert sich x dem Punkt ξ von links, was wir mit $x \to \xi^-$ (oder $x \uparrow \xi$) andeuten, so sind die Werte von $f(x)$ immer -1; nähert sich x jedoch von rechts, was wir mit $x \to \xi^+$ (oder $x \downarrow \xi$) andeuten, so sind die Werte von $f(x)$ immer $+1$. Somit existiert $\lim\limits_{x\to\xi} f(x)$ nicht. Definiert man f nun auch an der Stelle ξ, sagen wir durch $f(\xi) := 0$, so ist f unstetig an der Stelle ξ. Auf der anderen Seite ist f stetig für alle reellen $x \neq \xi$, da f lokal konstant ist. $\triangle$

Wir untersuchen nun den Zusammenhang zwischen Grenzwerten von Funktionen und Folgenkonvergenz.

Satz 6.1 (Folgenkonvergenz und Folgenstetigkeit) Sei $f : I^\xi \to \mathbb{R}$ in einem an der Stelle $\xi \in \mathbb{R}$ punktierten Intervall gegeben. Dann ist $\lim\limits_{x\to\xi} f(x) = \eta$ genau dann, wenn für jede gegen ξ konvergierende Folge $(x_n)_n$ in I^ξ liegender Punkte $\lim\limits_{n\to\infty} f(x_n) = \eta$ ist.

Demnach ist f stetig an der Stelle $\xi \in \mathbb{R}$ genau dann, wenn für jede gegen ξ konvergierende Folge $(x_n)_n$ in I^ξ liegender Punkte $f(\xi) = \lim\limits_{n\to\infty} f(x_n)$ ist.

Beweis: Habe zunächst f an der Stelle ξ einen Grenzwert η. Dann gibt es zu vorgegebenem $\varepsilon > 0$ ein $\delta > 0$ derart, daß $|f(x) - \eta| \le \varepsilon$, wenn $|x - \xi| \le \delta$. Konvergiert nun $(x_n)_n$ gegen ξ, so gilt für alle $n \ge N$ die Beziehung $|x - x_n| \le \delta$ und folglich $|f(x_n) - \eta| \le \varepsilon$, d. h. $f(x_n)$ konvergiert gegen η.

Sei nun andererseits für jede gegen ξ konvergierende Folge $(x_n)_n$ in I^ξ liegender Punkte $\lim\limits_{n\to\infty} f(x_n) = \eta$. Angenommen, f konvergiere nun nicht gegen η für $x \to \xi$. Dann gibt es ein $\varepsilon > 0$ derart, daß für alle $\delta > 0$ im Intervall $[\xi - \delta, \xi + \delta]$ eine Zahl x mit $|f(x) - \eta| > \varepsilon$ existiert. Wir können also zu jeder Zahl $n \in \mathbb{N}$ ein $x_n \in [\xi - \frac{1}{n}, \xi + \frac{1}{n}]$ auswählen, für das $|f(x_n) - \eta| > \varepsilon$ gilt. Nach Wahl von x_n konvergiert $x_n \to \xi$ für $n \to \infty$. Andererseits konvergiert wegen $|f(x_n) - \eta| > \varepsilon$ die Folge $f(x_n)$ offenbar nicht gegen η, im Widerspruch zur Voraussetzung. Also war unsere Annahme falsch, und $\lim\limits_{x\to\xi} f(x) = \eta$. □

Eine direkte Folge aus diesem Satz ist

Korollar 6.1 (Vertauschung von Grenzprozessen mit stetigen Funktionen) Ist $f : I \to \mathbb{R}$ eine in einem offenen Intervall I stetige Funktion und $(x_n)_n$ eine Folge in I liegender Punkte. Konvergiert $(x_n)_n$ gegen einen Punkt $\xi \in I$, dann konvergiert $(f(x_n))_n$, und es gilt

$$\lim_{n\to\infty} f(x_n) = f\left(\lim_{n\to\infty} x_n\right) .$$ □

Mit Hilfe der Folgenkonvergenz lassen sich nun auch die Grenzwertregeln von Folgen auf Grenzwerte von Funktionen übertragen, und wir erhalten

Korollar 6.2 (Grenzwertregeln) Existieren die Grenzwerte $\lim\limits_{x\to\xi} f(x) = \eta_1$ und $\lim\limits_{x\to\xi} g(x) = \eta_2$, dann gilt

(a) $\lim\limits_{x\to\xi} (Cf(x)) = C\eta_1$ für alle Konstanten $C \in \mathbb{R}$,

(b) $\lim\limits_{x\to\xi} (f(x) \pm g(x)) = \eta_1 \pm \eta_2$,

(c) $\lim\limits_{x\to a} (f(x)g(x)) = \eta_1\eta_2$,

(d) $\lim\limits_{x\to\xi} \left(\frac{f(x)}{g(x)}\right) = \frac{\eta_1}{\eta_2}$ falls $\eta_2 \neq 0$.

(e) **(Sandwichprinzip)** Gilt $\eta_1 = \eta_2$ sowie $f(x) \leq h(x) \leq g(x)$ in einem an der Stelle ξ punktierten Intervall, so gilt auch $\lim\limits_{x\to\xi} h(x) = \eta_1$.

(f) **(Verträglichkeit mit „$\leq$")** Gilt $f(x) \leq g(x)$ in einem an der Stelle ξ punktierten Intervall, so gilt auch $\eta_1 \leq \eta_2$.

Beweis: Die Aussagen folgen direkt aus Satz 6.1 und den entsprechenden Regeln für Folgen (Satz 4.2). Zum Beispiel gilt

$$\lim_{x\to\xi} \frac{f(x)}{g(x)} = \lim_{n\to\infty} \frac{f(x_n)}{g(x_n)} = \frac{\lim\limits_{n\to\infty} f(x_n)}{\lim\limits_{n\to\infty} g(x_n)} = \frac{\eta_1}{\eta_2} ,$$

wenn $x_n \to \xi$ konvergiert. Die Verträglichkeit der Grenzwertoperation mit „$\leq$" folgt aus Satz 4.3. □

Das Analogon zu Korollar 6.2 für stetige Funktionen ist das

Korollar 6.3 (Algebraische Regeln für stetige Funktionen) Sind f und g an der Stelle ξ bzw. im offenen Intervall I stetig, so sind auch Cf ($C \in \mathbb{R}$), $f \pm g$, $f \cdot g$ sowie f/g an der Stelle ξ bzw. in I stetig. Die letzte Aussage gilt nur dann, wenn $g(\xi) \neq 0$ ist.

Eine weitere wichtige Vererbungslinie von Stetigkeit ist die Komposition.

Satz 6.2 (Stetigkeit der Komposition) Seien h an der Stelle ξ und G an der Stelle $h(\xi)$ stetig. Dann ist die Komposition $f = G \circ h$ an der Stelle ξ stetig. Insbesondere: Ist $h : I \to \mathbb{R}$ im offenen Intervall I und $G : h(I) \to \mathbb{R}$ im Bild von h stetig, so ist $G \circ h$ stetig in I.

Beweis: Sei $(x_n)_n$ eine gegen ξ konvergierende Folge. Dann konvergiert wegen der Stetigkeit von h an der Stelle ξ die Folge $h(x_n)$ gegen $h(\xi)$. Daher konvergiert – wegen der Stetigkeit von G an der Stelle $h(\xi)$ – die Folge $f(x_n) = G(h(x_n))$ gegen $f(\xi) = G(h(\xi))$, welches nach dem Folgenkriterium die Stetigkeit von f an der Stelle ξ nach sich zieht. □

Sitzung 6.1 DERIVE kennt die oben angeführten Grenzwertregeln und auch einige weitere Regeln, und kann daher viele Grenzwerte berechnen. Dazu benutzen wir das Kommando `Calculus Limit` und geben nacheinander den Grenzwertausdruck, die Variable sowie den Grenzpunkt ein. Als Alternative dazu können wir auch die DERIVE Funktion **LIM(f,x,a)** benutzen, um den Grenzwert von f für $x \to a$ zu bestimmen. Wir testen **LIM** mit folgenden Beispielen:

Grenzwert	DERIVE Eingabe	Ausgabe
$\lim\limits_{x \to -\frac{1}{2}} \frac{4x^2-1}{4x^2+8x+3}$	`LIM((4 x^2-1)/(4 x^2+8 x+3),x,-1/2)`	-1 ,
$\lim\limits_{x \to -3} \lvert 4x-1 \rvert$	`LIM(|4x-1|,x,-3)`	13 ,
$\lim\limits_{x \to 0} \frac{1}{x}\left(\frac{1}{x+4}-\frac{1}{4}\right)$	`LIM(1/x (1/(x+4)-1/4),x,0)`	$-\frac{1}{16}$,
$\lim\limits_{x \to 0} x \sin \frac{1}{x}$	`LIM(x SIN(1/x),x,0)`	0 .

Wir wollen nun zeigen, daß DERIVE den letzten Grenzwert richtig berechnet hat.

Beispiel 6.4 (Anwendung des Sandwichprinzips auf eine oszillierende Funktion) Das angegebene Beispiel der Funktion[6] $f(x) := x \sin \frac{1}{x}$ für x gegen Null kann durch eine Anwendung des Sandwichprinzips behandelt werden. Wegen $\sin^2 x + \cos^2 x = 1$ gilt für alle $x \in \mathbb{R}$ die Beziehung $\sin^2 x = 1 - \cos^2 x \leq 1$, und folglich

$$|\sin x| \leq 1 , \tag{6.1}$$

so daß $|f(x)| \leq |x|$ oder

$$-|x| \leq f(x) \leq |x| .$$

Aus dem Sandwichprinzip folgt nun, daß $f(x) \to 0$ für $x \to 0$, siehe Abbildung 6.2.

Setzt man f fort auf ganz $\mathbb{R}$ durch die Festsetzung

$$f(x) := \begin{cases} x \sin \frac{1}{x} & \text{falls } x \neq 0 \\ 0 & \text{falls } x = 0 \end{cases} ,$$

dann wird f dadurch zu einer an der Stelle 0 stetigen Funktion. Wegen der Stetigkeit der Identität folgt mit einer iterativen Anwendung von Satz 6.2 die Stetigkeit von f für alle $x \neq 0$, sofern nur die Sinusfunktion in ganz $\mathbb{R}$ stetig ist. Dies werden wir in Satz 6.3 zeigen. Also ist f auf ganz $\mathbb{R}$ stetig.

Beispiel 6.5 (Eine weitere oszillierende Funktion) Wir betrachten nun

$$g(x) := x^2 \sin \frac{1}{x} .$$

In diesem Fall finden wir die Abschätzung $-x^2 \leq g(x) \leq x^2$, haben also die untere bzw. obere Funktion $-x^2$ bzw. x^2. Wir folgern daraus, daß ebenfalls $\lim\limits_{x \to 0} g(x) = 0$ ist, siehe Abbildung 6.3.

[6] Man beachte, daß der natürliche Definitionsbereich von f die Menge $\mathbb{R} \setminus \{0\}$ ist.

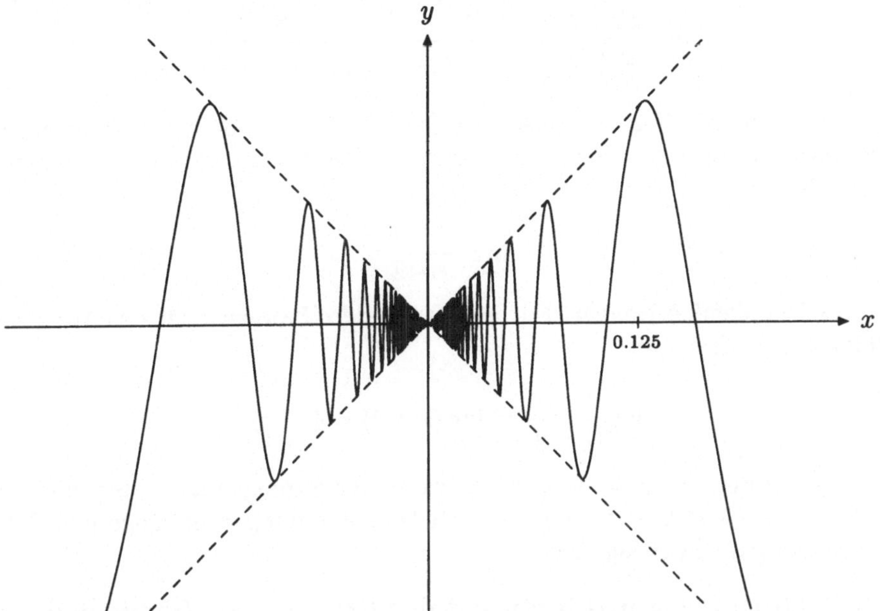

Abbildung 6.2 Eine Funktion, deren Graph zwischen $|x|$ und $-|x|$ liegt

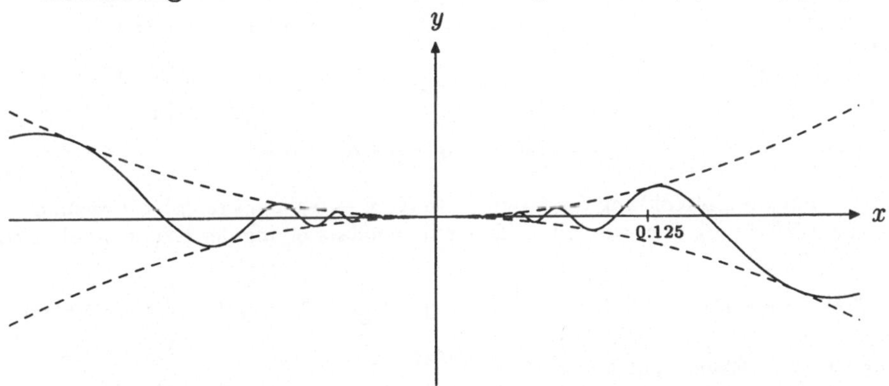

Abbildung 6.3 Ein zweites, „glatteres" Beispiel: $x^2 \sin \frac{1}{x}$

Beispiel 6.6 (Stetigkeit rationaler Funktionen) Rationale Funktionen $r(x) = \frac{p(x)}{q(x)}$ sind stetig an allen Stellen $x \in \mathbb{R}$, an denen der Nenner $q(x) \neq 0$ nicht verschwindet. Dies folgt induktiv durch eine Anwendung der Regeln von Korollar 6.3 aus der Stetigkeit der konstanten Funktionen und der Identität gemäß Beispiel 6.1[7].

Als Beispiel für die Grenzwertberechnung betrachten wir

[7] Dies liefert uns u. a. zusammen mit dem Korollar 6.1 über die Vertauschung stetiger Funktionen mit dem Grenzprozeß $n \to \infty$ wieder die Regel von Bemerkung 4.5, die in Beispiel 4.7 behandelt worden war.

$$\lim_{x\to 2}\frac{x^2+6}{x+2}=\frac{\lim\limits_{x\to 2}(x^2+6)}{\lim\limits_{x\to 2}(x+2)}=\frac{4+6}{2+2}=\frac{5}{2},$$

da der Grenzwert des Nenners verschieden von Null ist. Andererseits können rationale Funktionen auch an Stellen, an denen der Nenner verschwindet, Grenzwerte besitzen. Zum Beispiel hat

$$\lim_{x\to 2}\frac{x^2-4}{x-2}$$

einen verschwindenden Nenner. Für $x\neq 2$ hat der Quotient aber den Wert $x+2$ und folglich den Grenzwert

$$\lim_{x\to 2}\frac{x^2-4}{x-2}=\lim_{x\to 2}(x+2)=4\,. \quad \triangle$$

Wir berechnen nun einige wichtige Grenzwerte der Exponential-, Sinus- und Kosinusfunktion mit Hilfe ihrer definierenden Reihendarstellungen und folgern, daß diese Funktionen in ganz $\mathbb{R}$ stetig sind.

Satz 6.3 (Grenzwerte und Stetigkeit der Exponential-, Sinus- und Kosinusfunktion) Es gelten die folgenden Grenzwertbeziehungen.

(a) $\lim\limits_{x\to 0} e^x=1$, (b) $\lim\limits_{x\to 0}\sin x=0$, (c) $\lim\limits_{x\to 0}\cos x=1$,

(d) $\lim\limits_{x\to 0}\dfrac{e^x-1}{x}=1$, (e) $\lim\limits_{x\to 0}\dfrac{\sin x}{x}=1$, (f) $\lim\limits_{x\to 0}\dfrac{\cos x-1}{x^2}=-\dfrac{1}{2}$.

Die Funktionen e^x, $\sin x$ sowie $\cos x$ sind in ganz $\mathbb{R}$ stetig.

Beweis: Für die Betrachtung der Grenzwerte für $x\to 0$ genügt es, $|x|<1$ anzunehmen. Für solche x-Werte erhalten wir mit Hilfe der Reihendarstellung der Exponentialfunktion

$$|e^x-1|=\left|x+\frac{x^2}{2!}+\frac{x^3}{3!}+\frac{x^4}{4!}+\cdots\right|\le|x|\cdot\left(1+\frac{1}{2!}+\frac{1}{3!}+\frac{1}{4!}+\cdots\right)=(e-1)\,|x|\,.$$

Hieraus folgt (a). Ebenso gilt für $|x|\le 1$

$$|e^x-(1+x)|\le\sum_{k=2}^{\infty}\frac{|x|^k}{k!}\le|x|^2\sum_{k=2}^{\infty}\frac{1}{k!}=(e-2)|x|^2\,,$$

daher

$$\left|\frac{e^x-1}{x}-1\right|=\left|\frac{e^x-(1+x)}{x}\right|\le(e-2)|x|\,,$$

und wir haben (d). Die Aussagen für die Sinus- und Kosinusfunktion werden analog bewiesen, s. Übungsaufgabe 6.5.

Nun zu den Aussagen über die Stetigkeit. Wegen (a) ist e^x also stetig an der Stelle 0. Nun folgt aus dem Additionstheorem der Exponentialfunktion für beliebiges $\xi\in\mathbb{R}$

$$\lim_{x\to\xi}e^x=\lim_{x\to\xi}e^{x-\xi}e^{\xi}=\lim_{x\to\xi}e^{x-\xi}\lim_{x\to\xi}e^{\xi}=e^{\xi}\,,$$

da $\lim\limits_{x\to\xi} e^{x-\xi} = 1$ gemäß (a). Folglich ist e^x in ganz $\mathbb{R}$ stetig. Die Stetigkeit von $\sin x$ und $\cos x$ folgt entsprechend aus (b) und (c) und den Additionstheoremen der Sinus- und Kosinusfunktion. □

Am Ende dieses Abschnitts werden wir noch ein häufig benutztes Lemma beweisen.

Lemma 6.1 (Lokale Vorzeichentreue stetiger Funktionen) Sei $f : I \to \mathbb{R}$ eine auf einem offenen Intervall definierte Funktion und $\xi \in I$. Ist nun f stetig an der Stelle ξ und gilt $f(\xi) > 0$, dann gibt es ein ganzes ξ umfassendes Intervall $J \subset I$, in dem f positiv ist.

Beweis: Sei $f(\xi) = \eta > 0$. Wir wählen $\varepsilon := \frac{\eta}{2}$. Wegen der Stetigkeit von f an der Stelle ξ existiert ein $\delta > 0$, so daß für alle $x \in J := [\xi - \delta, \xi + \delta]$ die Beziehung $|f(x) - \eta| \leq \frac{\eta}{2}$ folgt und somit

$$f(x) = \eta - (\eta - f(x)) \geq \eta - |\eta - f(x)| \geq \eta - \frac{\eta}{2} = \frac{\eta}{2} > 0 .$$

□

ÜBUNGSAUFGABEN

◇ **6.1** *Berechne die folgenden Grenzwerte, sofern sie existieren. Stelle die Funktionen graphisch mit* DERIVE *dar und überprüfe die Ergebnisse mit* DERIVE.

(a) $\lim\limits_{x\to 0} \left(x^4+12x^2-4\right)$, (b) $\lim\limits_{x\to 2\pi} \dfrac{\sin x}{x-2\pi}$, (c) $\lim\limits_{x\to -1} \dfrac{x+1}{x^2-x-2}$,

(d) $\lim\limits_{x\to 3} \dfrac{x-3}{x^4-81}$, (e) $\lim\limits_{x\to 3} \left(4x^3-5x^2+18\right)$, (f) $\lim\limits_{x\to 2} \dfrac{1/x-1/2}{x-2}$,

(g) $\lim\limits_{x\to -1} \left|\dfrac{x^3-2x-1}{x+1}\right|$, (h) $\lim\limits_{x\to 0} \dfrac{\sin(2x)}{\sin x}$, (i) $\lim\limits_{x\to y} \dfrac{x^n-y^n}{x-y}$,

(j) $\lim\limits_{x\to 4} \dfrac{2-\sqrt{x}}{4-x}$, (k) $\lim\limits_{x\to 0} \left|\dfrac{1-\sqrt{1-x^2}}{x}\right|$, (l) $\lim\limits_{x\to 0} \dfrac{(a+x)^{1/3}-a^{1/3}}{x}$.

◇ **6.2** *Benutze* DERIVE, *um die folgenden Grenzwerte zu bestimmen und die Funktionen graphisch darzustellen.*

(a) $\lim\limits_{x\to 1} \dfrac{1-\sqrt{x}}{1-x}$, (b) $\lim\limits_{x\to 0} \dfrac{1-\sqrt{1-x^2}}{x^2}$, (c) $\lim\limits_{x\to 0} \dfrac{1-\sqrt{1-x^3}}{x^3}$,

(d) $\lim\limits_{x\to 0} \dfrac{\sin(mx)}{x}$, (e) $\lim\limits_{x\to 0} \dfrac{\sin^2(3x)}{x^2}$, (f) $\lim\limits_{h\to 0} \dfrac{\sin(x+h)-\sin x}{h}$,

(g) $\lim\limits_{x\to y} \dfrac{x^2-y^2}{\sin(x-y)}$, (h) $\lim\limits_{x\to 1} \dfrac{x^3-1}{x-1}$, (i) $\lim\limits_{h\to 0} \dfrac{\cos(x+h)-\cos x}{h}$,

(j) $\lim\limits_{x\to 0} \dfrac{x\tan x}{1-\cos x}$, (k) $\lim\limits_{x\to 0} \dfrac{x+\sin^4 x}{4x}$, (l) $\lim\limits_{x\to 0} \left|\dfrac{\sqrt{x^2+x^4}-|x|}{x^3}\right|$.

6.3 *Prüfe die mit* DERIVE *gefundenen Grenzwerte der vorangegangenen Übungsaufgabe schriftlich nach.*

6.4 *Zeige, daß neben (6.1) auch die Beziehung* $|\cos x| \le 1$ *für alle* $x \in \mathbb{R}$ *gilt. Gelten die Beziehungen auch für* $x \in \mathbb{C}$*?*

6.5 *Berechne die Grenzwerte* (b), (c), (e) *und* (f) *aus Satz* 6.3.

6.6 *Zeige: Sind* $f : I \to \mathbb{R}$ *und* $g : I \to \mathbb{R}$ *in einem offenen Intervall* I *stetige Funktionen, so sind auch* $|f|$ *sowie* $\max(f,g)$ *und* $\min(f,g)$*, welche durch*

$$\max(f,g)(x) := \max\{f(x), g(x)\} \qquad \text{bzw.} \qquad \min(f,g)(x) := \min\{f(x), g(x)\}$$

erklärt sind, in I *stetig.*

⋆ **6.7** *Zeige mit Hilfe der* ε*–*δ*–Definition der Stetigkeit, daß die Funktionen* $f(x) = x^n$ *und* $f(x) = \sqrt[n]{x}$ *auf ihrer Definitionsmenge stetig sind.*

◇ **6.8** *Sei*

$$f(x) := \begin{cases} -2\sin x & \text{für } x \le -\frac{\pi}{2} \\ A\sin x + B & \text{für } -\frac{\pi}{2} < x < \frac{\pi}{2} \\ \cos x & \text{für } x \ge \frac{\pi}{2} \end{cases} .$$

Wähle die Zahlen $A, B \in \mathbb{R}$ *derart, daß* f *stetig ist auf* $\mathbb{R}$*, und erzeuge eine graphische Darstellung von* f*.*

6.9 *In der Aussage von Korollar 6.1 folgt aus der Konvergenz von* $f(x_n)$ *für eine in* I *stetige Funktion* $f : I \to \mathbb{R}$ *nicht die Konvergenz der Folge* $(x_n)_n$*. Gib ein Beispiel.*

⋆ **6.10** *In § 3.5 war die Einsetzungsmethode zur Bestimmung der Partialbruchzerlegung einer rationalen Funktion behandelt worden. Man zeige die Korrektheit dieser Vorgehensweise durch eine Stetigkeitsbetrachtung.*

6.2 Einseitige Grenzwerte

Die Sprungfunktion aus Beispiel 6.3 ist an der Stelle ξ unstetig. Nähert man sich aber der Stelle ξ ausschließlich von links bzw. rechts, dann gibt es jeweils einen Grenzwert. Diese Situation wird nun genauer untersucht.

Definition 6.2 (Einseitige Grenzwerte und Stetigkeit) Sei $a < \xi < b$, ferner $I_-^\xi := (a, \xi)$ und $I_+^\xi := (\xi, b)$ und schließlich $f : I_-^\xi \to \mathbb{R}$ bzw. $f : I_+^\xi \to \mathbb{R}$ eine reelle Funktion. Die Zahl $\eta \in \mathbb{R}$ heißt *linksseitiger* bzw. *rechtsseitiger Grenzwert* von $f(x)$ für x gegen ξ, wenn es zu jeder vorgegebenen Zahl $\varepsilon > 0$ eine Zahl $\delta > 0$ gibt, so daß

$$|f(x) - \eta| \le \varepsilon ,$$

für alle $x \in I_-^\xi$ bzw. $x \in I_+^\xi$ mit

$$|x - \xi| \leq \delta .$$

Wir schreiben dafür

$$\lim_{x \to \xi^-} f(x) = \eta \qquad \text{bzw.} \qquad \lim_{x \to \xi^+} f(x) = \eta .$$

Ist f auch an der Stelle ξ definiert, ist also $f : (a, \xi] \to \mathbb{R}$ bzw. $f : [\xi, b) \to \mathbb{R}$, so heißt f *linksseitig* bzw. *rechtsseitig stetig an der Stelle* ξ, falls

$$f(\xi) = \lim_{x \to \xi^-} f(x) \qquad \text{bzw.} \qquad f(\xi) = \lim_{x \to \xi^+} f(x)$$

gilt. $\triangle$

Der Beweis des folgenden Lemmas ist sehr einfach und bleibt als Übungsaufgabe.

Lemma 6.2 Die Funktion $f : I \to \mathbb{R}$ sei definiert in einem offenen Intervall I um den Punkt ξ. Dann existiert $\lim\limits_{x \to \xi} f(x)$ genau dann, wenn sowohl der linksseitige als auch der rechtsseitige Grenzwert dieser Funktion an der Stelle ξ existieren und gleich sind. Insbesondere: f ist stetig an der Stelle ξ genau dann, wenn linksseitiger und rechtsseitiger Grenzwert für $x \to \xi$ existieren und

$$\lim_{x \to \xi^-} f(x) = f(\xi) = \lim_{x \to \xi^+} f(x) . \qquad \square$$

Eine Funktion $f : (a, b) \to \mathbb{R}$ ist also genau dann an der Stelle $\xi \in (a, b)$ unstetig, falls die einseitigen Grenzwerte $\lim\limits_{x \to \xi^-} f(x)$ und $\lim\limits_{x \to \xi^+} f(x)$

(a) existieren und übereinstimmen, aber von $f(\xi)$ verschieden sind, oder

(b) existieren und verschieden sind, oder

(c) wenigstens einer von ihnen nicht existiert.

Definition 6.3 (Sprungstelle) Existieren für eine an der Stelle $\xi \in (a, b)$ unstetige Funktion $f : (a, b) \to \mathbb{R}$ die beiden einseitigen Grenzwerte $\lim\limits_{x \to \xi^-} f(x)$ und $\lim\limits_{x \to \xi^+} f(x)$, tritt also einer der Fälle (a) oder (b) ein, so sprechen wir von einer *Sprungstelle* von f. Die Differenz $\lim\limits_{x \to \xi^+} f(x) - \lim\limits_{x \to \xi^-} f(x)$ nennen wir den *Sprung von* f *an der Stelle* ξ.

Beispiel 6.7 (Stufenfunktion) Wir betrachten die *Stufenfunktion*, welche mit Hilfe der Vorzeichenfunktion definiert werden kann als

$$\text{STEP}\,(x) = \frac{1}{2}(1 + \text{sign}(x)) = \begin{cases} 0 & \text{falls } x < 0 \\ \frac{1}{2} & \text{falls } x = 0 \\ 1 & \text{falls } x > 0 \end{cases} .$$

Die Stufenfunktion hat den Wert Null für alle negativen Werte von x und den Wert 1 für alle positiven Werte. Daher ist

$$\lim_{x \to 0^+} \text{STEP}(x) = 1 \qquad \text{und} \qquad \lim_{x \to 0^-} \text{STEP}(x) = 0 \,.$$

Wegen der Konvention $\text{sign}(0) = 0$ ist $\text{STEP}(0) = \frac{1}{2}$, und somit ist STEP an der Stelle 0 weder links- noch rechtsseitig stetig.

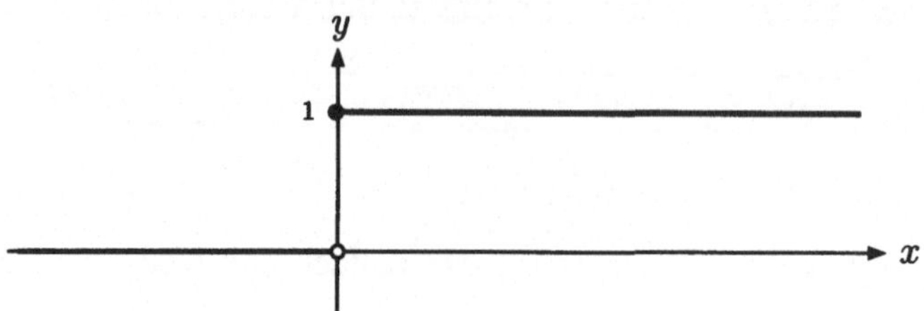

Abbildung 6.4 Die Heaviside-Funktion

Andererseits ist die Funktion H, definiert durch[8]

$$H(x) = \begin{cases} \text{STEP}(x) & \text{falls } x \neq 0 \\ 1 & \text{falls } x = 0 \end{cases},$$

rechtsseitig stetig bei 0, denn $\lim_{x \to 0^+} H(x) = 1 = H(0)$, siehe Abbildung 6.4. Man beachte, daß bei der Abbildung ein *gefüllter* kleiner Kreis bedeutet, daß der Wert angenommen wird, wohingegen ein *nicht ausgefüllter* kleiner Kreis bedeutet, daß der Wert *nicht* angenommen wird.

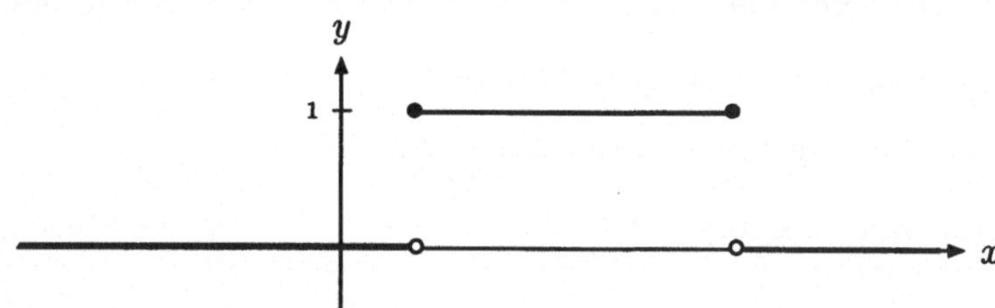

Abbildung 6.5 Die Indikatorfunktion eines abgeschlossenen Intervalls $[a, b]$

Beispiel 6.8 (Die Indikatorfunktion) Sei eine Teilmenge $M \subset \mathbb{R}$ gegeben. Dann heißt die Funktion[9] χ_M

$$\chi_M(x) := \begin{cases} 1 & \text{falls } x \in M \\ 0 & \text{sonst} \end{cases}$$

[8] H ist bekannt als die Heaviside-Funktion (Oliver Heaviside [1850–1925]).

[9] Der Buchstabe χ ist das griechische „chi“, siehe auch (6.2).

die *Indikatorfunktion*[10] der Menge M. Die Indikatorfunktion von $M = \mathbb{Q}$ z. B. ist die Dirichlet-Funktion (3.33).

Für ein abgeschlossenes Intervall $M = I = [a, b]$, s. Abbildung 6.5, ist χ_I stetig in ganz $\mathbb{R}$, außer an den Endpunkten a und b. Für $x \neq a, b$ kann offensichtlich $\chi_I(x)$ dargestellt werden durch

$$\mathrm{CHI}\,(a, x, b) = \chi_I(x) = \frac{1}{2}\Big(\operatorname{sign}(x-a) - \operatorname{sign}(x-b)\Big)\,. \tag{6.2}$$

Sitzung 6.2 DERIVE kann mit rechtsseitigen und linksseitigen Grenzwerten umgehen. Verwendet man das `Calculus Limit` Menü, dann wird bei der Frage nach dem Grenzpunkt auch nach der Grenzwertrichtung **`Both Left Right`** gefragt. Oder man verwendet die Funktion **`LIM(f,x,a,direction)`**, wobei der Wert von **`direction`** 0 sein sollte für einen beidseitigen, negativ für einen linksseitigen bzw. positiv für einen rechtsseitigen Grenzwert. Daher ergibt die Anwendung von `Simplify` auf den Ausdruck **`LIM(SIGN(x),x,0,1)`** den Wert 1, während **`LIM(SIGN(x),x,0,-1)`** zu −1 vereinfacht wird.

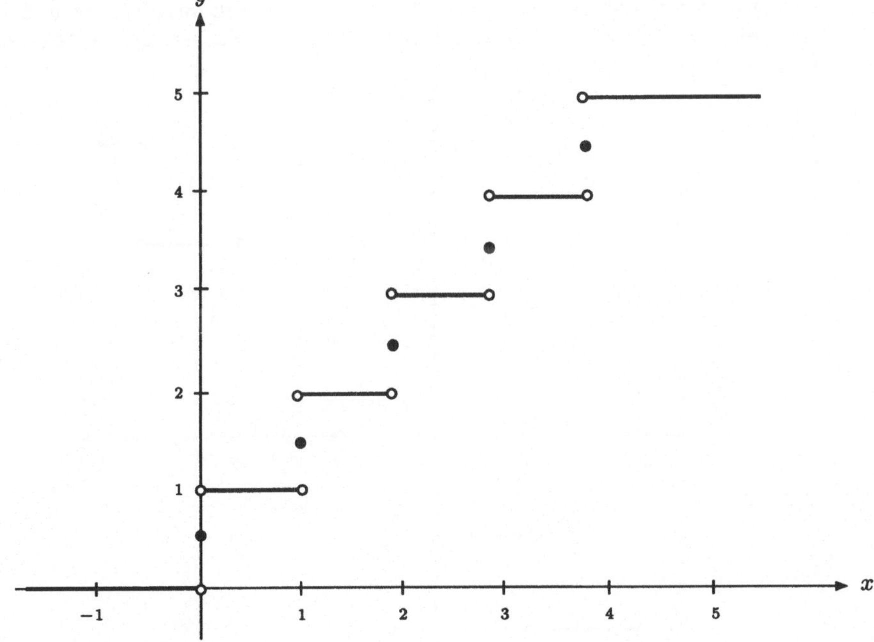

Abbildung 6.6 Eine Treppenfunktion mit 5 Stufen

DERIVE kennt die Funktionen **`CHI(a,x,b)`** und **`STEP(x)`**. Der Ausdruck **`CHI(a,x,b)`** wird mit `Simplify` vereinfacht zu

$$\frac{\mathrm{SIGN}\,(x-a)}{2} - \frac{\mathrm{SIGN}\,(x-b)}{2},$$

[10] Manchmal wird diese Funktion auch als *charakteristische Funktion* bezeichnet.

in Übereinstimmung mit (6.2). Ersetzt man mit **Manage Substitute** die Variable a durch den Wert 1/2 und die Variable b durch den Wert 3, so erhält man mit **Plot** wiederum die Abbildung 6.5.

Erstellen wir nun die Treppenfunktion aus Abbildung 6.6 mit DERIVE. Offenbar haben wir die Darstellung `SUM(STEP(x-k),k,0,4)`, welche mit **Simplify** vereinfacht wird zu

$$\frac{\text{SIGN}(x-1)}{2}+\frac{\text{SIGN}(x-2)}{2}+\frac{\text{SIGN}(x-3)}{2}+\frac{\text{SIGN}(x-4)}{2}+\frac{\text{SIGN}(x)}{2}+\frac{5}{2}\,.$$

Eine graphische Darstellung mit **Plot** zusammen mit geeignet eingestellter Skalierung durch **Scale** erzeugt Abbildung 6.6[11].

Obwohl wir mit Hilfe der vorgestellten DERIVE Funktionen `SIGN`, `STEP` und `CHI` Funktionen definieren können, die verschiedenen Formeln in verschiedenen Intervallen entsprechen, ist es oft bequemer, diese Formeln direkt zu gebrauchen. Dies kann man mit der `IF` Funktion erreichen.

So können wir z. B. den Ausdruck `IF(x<0,0,x^2)` definieren, welcher für $x \neq 0$ offensichtlich mit der Funktion `x^2 STEP(x)` übereinstimmt. Erzeuge nun für beide Ausdrücke eine graphische Darstellung mit **Plot**. Für welche $x \in \mathbb{R}$ ist die Funktion stetig?

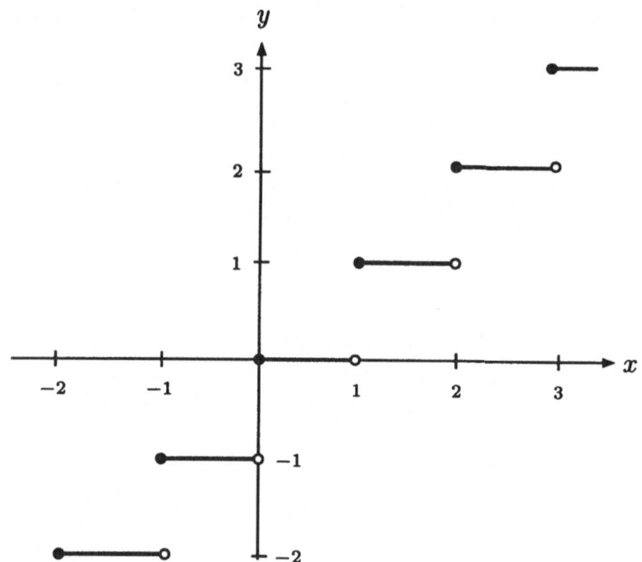

Abbildung 6.7 Die Funktion des ganzzahligen Anteils

Beispiel 6.9 (Ein Beispiel mit unendlich vielen Sprüngen) Betrachte die *Funktion des ganzzahligen Anteils*[12]

[11] Sollte dies nicht der Fall sein, so muß man möglicherweise die Genauigkeit mit **Plot Options Accuracy** vergrößern.

[12] Englisch: floor function

$$\mathrm{FLOOR}\,(x) = [x] := \max\{n \in \mathbb{Z} \mid n \leq x\}\ .$$

Die Funktion des ganzzahligen Anteils ist in Abbildung 6.7 dargestellt. Man beachte, daß sie für ganzzahlige Werte $k \in \mathbb{N}$ immer den Wert k annimmt, d. h. den jeweils *größeren* zweier benachbarter Werte. Wir werden diese Funktion noch im einzelnen in der Übungsaufgabe 6.13 betrachten.

Beispiel 6.10 (Eine Funktion, die an einer Stelle keine einseitigen Grenzwerte besitzt) Wir betrachten die Funktion $f(x) := \sin\frac{1}{x}$, deren Graph in Abbildung 6.8 dargestellt ist. Es ist leicht einzusehen, daß $\sin(1/x)$ für $x \to 0$ keine einseitigen Grenzwerte hat. Wählt man z. B. die Nullfolge $x_n = \frac{2}{\pi}\frac{1}{4n+1}$ $(n \in \mathbb{N})$, dann ist $f(x_n) = 1$, während für die Nullfolge $y_n = \frac{1}{n\pi}$ $(n \in \mathbb{N})$ die Funktionswerte $f(y_n) = 0$ sind. Daher kann nach dem Folgenkriterium der rechtsseitige Grenzwert für $x \to 0^+$ nicht existieren. Genauso folgt die Nichtexistenz des linksseitigen Grenzwerts für $x \to 0^-$. △

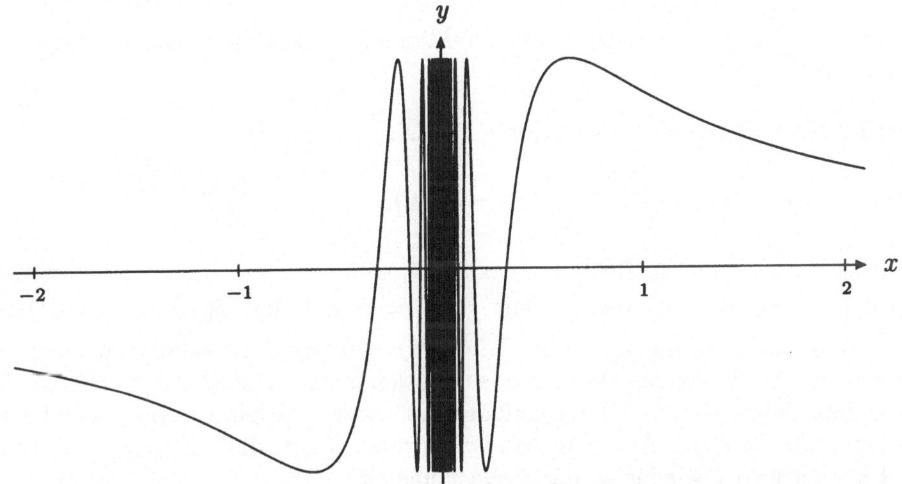

Abbildung 6.8 Eine Funktion, die an einer Stelle keine einseitigen Grenzwerte hat

Nach diesem Beispiel ist klar, daß Funktionen i. a. keine einseitigen Grenzwerte haben müssen. Bei monotonen Funktionen allerdings kann solch ein Fall nicht auftreten.

Satz 6.4 (Monotone Funktionen besitzen einseitige Grenzwerte) Eine in einem offenen Intervall $I = (a, b)$ monotone Funktion $f : I \to \mathbb{R}$ besitzt in jedem Punkt von I einen links- und rechtsseitigen Grenzwert. Ist speziell f wachsend (fallend), so sind

$$\lim_{x \to \xi^-} f(x) = \sup\{f(x) \mid x < \xi\} \quad \text{und} \quad \lim_{x \to \xi^+} f(x) = \inf\{f(x) \mid x > \xi\}$$

bzw.

$$\lim_{x\to\xi^-} f(x) = \inf\{f(x) \mid x < \xi\} \quad \text{und} \quad \lim_{x\to\xi^+} f(x) = \sup\{f(x) \mid x > \xi\}$$

für alle $\xi \in I$.

Beweis: Dies folgt sofort aus dem Folgenkriterium (Satz 6.1) und dem entsprechenden Satz für monotone Folgen (Satz 4.4). Dazu brauchen wir nur zu zeigen, daß f in der Umgebung eines jeden Punkts $\xi \in I$ beschränkt ist. Ist nun z. B. f wachsend, dann gibt es für alle $\xi \in I$ ein $\varepsilon > 0$, so daß $\xi+\varepsilon \in (\xi, b)$, und damit $f(x) \leq f(\xi+\varepsilon)$ für alle $x \in (a, \xi+\varepsilon)$, d. h. f ist beschränkt in $(\xi - \varepsilon, \xi + \varepsilon)$. Entsprechendes gilt für fallende Funktionen. □

Der Satz hat folgende Konsequenz.

Korollar 6.4 Eine in einem offenen Intervall I monotone Funktion $f : I \to \mathbb{R}$ ist genau dann an der Stelle $\xi \in I$ stetig, wenn die (immer vorhandenen) einseitigen Grenzwerte $\lim\limits_{x\to\xi^-} f(x)$ und $\lim\limits_{x\to\xi^+} f(x)$ übereinstimmen. Insbesondere hat f nur sprunghafte Unstetigkeitsstellen.

Nun werden wir noch Beispiele von Funktionen betrachten, deren Unstetigkeitsmenge „sehr groß" ist.

Beispiel 6.11 (Dirichlet-Funktion) Die Dirichlet-Funktion

$$(3.33) \qquad f(x) := \text{DIRICHLET}\,(x) = \chi_{\mathbb{Q}}(x) = \begin{cases} 1 & \text{falls } x \text{ rational} \\ 0 & \text{falls } x \text{ irrational} \end{cases}$$

ist für kein $x \in \mathbb{R}$ stetig. Denn ist x rational, so konvergiert die Folge irrationaler Zahlen $\left(x_n := x + \frac{\sqrt{2}}{n}\right)_n$ gegen x mit $f(x_n) = 0$ und $\lim\limits_{n\to\infty} f(x_n) = 0 \neq f(x) = 1$, und f ist somit unstetig an der Stelle x. Ist x irrational, so kann man nicht entscheiden, ob die Zahlen x_n rational oder irrational sind. Daher wählen wir diesmal eine andere Folge. Gemäß Übungsaufgabe 1.33 liegt in jedem der Intervalle (x, x_n) eine rationale Zahl y_n. Aus dem Sandwichprinzip folgt, daß $y_n \to x$, und wegen $f(y_n) = 1$ ist also f wieder an der Stelle x unstetig.

Beispiel 6.12 (Ein merkwürdiges Beispiel) Ändern wir die Dirichlet-Funktion auf die folgende Weise ab

$$f(x) := \begin{cases} \frac{1}{q} & \text{falls } x = \frac{p}{q} \text{ rational, gekürzt} \\ 0 & \text{falls } x \text{ irrational} \end{cases}, \qquad (6.3)$$

so erhalten wir eine Funktion, deren Unstetigkeitsstellen genau bei den rationalen Zahlen liegen, d. h. sowohl Stetigkeitsstellen als auch Unstetigkeitsstellen liegen dicht. Ist nämlich x rational, so folgt wie eben die Unstetigkeit von f an der Stelle x. Wir wollen nun zeigen, daß f andererseits an einer irrationalen Stelle x stetig ist. Ohne Beschränkung der Allgemeinheit sei $x > 0$ und ferner $\varepsilon > 0$ vorgegeben. Es gibt nur endlich viele natürliche Zahlen q mit $q < \frac{1}{\varepsilon}$, und folglich auch nur endlich viele positive rationale Zahlen $\frac{p}{q}$ $(p, q \in \mathbb{N})$ mit einem solchen q, die kleiner gleich $x + \varepsilon$ sind. Ist nun irgendeine gegen x konvergierende Folge $(x_n)_n$ gegeben, dann liegen zunächst ab einem Index alle Folgenglieder im Intervall $[x-\varepsilon, x+\varepsilon]$, sind also insbesondere kleiner gleich $x+\varepsilon$. Da nur endlich viele dieser Folgenglieder eine rationale Darstellung der Form $\frac{p}{q}$ $(p, q \in \mathbb{N})$ mit $q < \frac{1}{\varepsilon}$ haben können, gibt es ein $N \in \mathbb{N}$ derart, daß für alle $n \geq N$ die Zahlen x_n entweder irrational sind oder eine Darstellung der Form $\frac{p}{q}$ mit $q \geq \frac{1}{\varepsilon}$ haben. In beiden Fällen haben wir aber $(n \geq N)$

$$|f(x_n)| = f(x_n) = \left\{ \begin{array}{cc} \frac{1}{q} & \text{falls } x = \frac{p}{q} \text{ rational} \\ 0 & \text{falls } x \text{ irrational} \end{array} \right\} \leq \varepsilon ,$$

so daß f also stetig an der Stelle x ist.

Man versuche sich, den Graph dieser Funktion vorzustellen!

Sitzung 6.3 Es ist möglich, mit DERIVE *beliebige* oder *willkürliche Funktionen* zu behandeln. Zum Beispiel deklariert das Kommando `F(x):=` die Funktion f in Abhängigkeit von einer Variablen, die hier mit x bezeichnet wurde, ordnet ihr jedoch keinerlei Wert zu. Dasselbe Ergebnis kann über das `Declare Function` Menü erreicht werden, indem man f als Funktion der Variablen x ohne Wertangabe erklärt. Wir sprechen dann von einer willkürlichen Funktion[13].

Ist nun f als eine willkürliche Funktion erklärt und vereinfachen wir den Ausdruck $\lim_{x \to a} f(x)$ mit `Simplify`, so erhalten wir $f(a)$! Dies bedeutet, daß DERIVE davon ausgeht, daß *alle willkürlich definierten Funktionen* überall stetig sind! Trotz der Existenz unstetiger Funktionen gibt es gute Gründe für dieses formale Vorgehen, man sollte sich allerdings dieser Tatsache bewußt sein.

Wir arbeiten nun mit *deklarierten Funktionen*. Der Ausdruck `H(x):=SIN(x) COS(x)` z. B. deklariert H als eine *Funktion* von einer Variablen mit dem Wert $H(x) = \sin x \cos x$. Wenn wir später $H(x)$ benutzen, so wird dies bei einer Vereinfachung durch den definierten Wert $\sin x \cos x$ ersetzt. Wir können x aber auch durch jede beliebige andere Variable ersetzen, so daß `H(a)` z. B. mit `Simplify` vereinfacht wird zu $\sin a \cos a$, dem Wert von H an der Stelle a.

Andererseits arbeitet man oft nicht mit *Funktionen*, sondern mit *Variablen* oder *Ausdrücken*. Diese können auch mit der „`:=`" Operation erklärt werden[14]. Schreiben wir z. B. `h:=SIN(x) COS(x)`, so ist die *Variable* h deklariert und hat den Wert $\sin x \cos x$. Man beachte, daß h in diesem Falle von DERIVE *nicht* mit einem Großbuchstaben angegeben wird. Hängen Variablen mit zugewiesenem Wert von anderen Variablen ab, so können wir mit ihnen genauso arbeiten, als wären sie Funktionen mit zugewiesenem Wert, nur mit dem Unterschied, daß sie an die Variablen *gebunden* sind, die in ihrer Definition verwendet wurden. Die oben erklärte Variable `h:=SIN(x) COS(x)` hängt von der Variablen x ab und nicht von irgendeinem anderen Symbol. Jedes weitere Vorkommen von h wird durch den definierten Wert $\sin x \cos x$ ersetzt. Was können wir jedoch tun, um den Wert von h an der Stelle a zu erhalten? Die Ausweg aus dieser Situation ist, daß wir, statt $h(a)$, den *Grenzwert* $\lim_{x \to a} h(x)$ berechnen. Ist h stetig, so sind diese Ausdrücke gleich. `LIM(h,x,a)` vereinfacht sich mit `Simplify` zu $\sin a \cos a$, dem Wert von h an der Stelle a.[15]

[13] Man beachte, daß eine deklarierte Funktion von DERIVE immer in Großbuchstaben geschrieben wird, ungeachtet der Tatsache, ob ihr ein Wert zugewiesen wurde oder nicht.

[14] Um eine Variable zu deklarieren, kann man alternativ auch das `Declare Variable` Menü benutzen, welches nach der benötigten Information fragt.

[15] Diese Verfahrensweise wurde bei der Definition der DERIVE Funktion `QUOTIENTENKRITERIUM` in DERIVE-Sitzung 4.4 bereits verwendet.

Übungsaufgaben

6.11 *Zeige: Für beliebige Mengen $A, B \subset \mathbb{R}$ gelten die Beziehungen*

(a) $\chi_{A\cap B} = \chi_A \cdot \chi_B$, (b) $\chi_{A\setminus B} = \chi_A - \chi_A\chi_B$, (c) $\chi_{A\cup B} = \chi_A + \chi_B - \chi_A\chi_B$.

6.12 *Gib eine Funktion an, die genau an den Stellen $x = 1, 1/2, 1/3, \ldots$ unstetig und sonst in ganz $\mathbb{R}$ stetig ist.*

◇ **6.13** *Die Funktion des ganzzahligen Anteils $[x]$ heißt in* Derive `FLOOR(x)`[16]. *Stelle die folgenden Funktionen f mit* Derive *graphisch dar, gib den größtmöglichen Definitionsbereich von f an und bestimme, wo f stetig bzw. links- oder rechtsseitig stetig ist.*

(a) $f(x) := \dfrac{1}{\left[\frac{1}{x}\right]}$, (b) $f(x) := \dfrac{1}{[x]} - x$, (c) $f(x) := 1 + [x] + [-x]$,

(d) $f(x) := \big[[x]\big]$, (e) $f(x) := \left[\dfrac{1}{x}\right]$, (f) $f(x) := \left[\dfrac{1}{[x]}\right]$,

(g) $f(x) := \dfrac{1}{\left[\frac{1}{x^2}\right]}$, (h) $f(x) = x - [x]$, (i) $f(x) = \sqrt{x - [x]}$.

Stelle die beiden Funktionen $-\frac{1}{[-x^2]}$ sowie $\frac{1}{1+[x^2]}$ graphisch dar und beweise bzw. widerlege die sich aufdrängende Vermutung.

6.14 *Zeige, daß die Funktion $f : \mathbb{R} \to \mathbb{R}$, gegeben durch*

$$f(x) := [x] + \sqrt{x - [x]} ,$$

stetig und wachsend ist.

◇ **6.15** *Benutze* Derive, *um die folgenden einseitigen Grenzwerte zu finden:*

(a) $\lim\limits_{x\to 1-} \dfrac{|1-x|}{1-x}$, (b) $\lim\limits_{x\to 1+} \dfrac{|1-x|}{1-x}$, (c) $\lim\limits_{x\to -3+} \sqrt{6 - x - x^2}$,

(d) $\lim\limits_{x\to 1-} e^{\frac{1}{1+x}}$, (e) $\lim\limits_{x\to 0-} \dfrac{x}{x - |x|}$, (f) $\lim\limits_{x\to -4-} x \operatorname{sign}(16 - x^2)$.

6.16 *Zeige: Eine auf $[a, b]$ monotone Funktion besitzt abzählbar viele Unstetigkeitsstellen.*

⋆ **6.17** *Für welche $x \in \mathbb{R}$ sind die folgenden Funktionen f stetig?*

(a) $f(x) = \begin{cases} 0 & \text{falls } x \text{ rational} \\ x & \text{falls } x \text{ irrational} \end{cases}$,

[16] Dies gilt ab der Version 2.09. Bei der Arbeit mit einer früheren Version muß man die Funktion explizit definieren, z. B. durch

```
FLOOR(x):=IF(0<=x AND x<1,0,IF(x>=1,FLOOR(x-1)+1,FLOOR(x+1)-1)).
```

(b) $f(x) = \begin{cases} \frac{1}{q} & \text{falls } x = \frac{p}{q} \text{ rational, gekürzt} \\ 1 & \text{falls } x \text{ irrational} \end{cases}$,

(c) $f(x) = \begin{cases} x & \text{falls } x \text{ rational} \\ 1 - x & \text{falls } x \text{ irrational} \end{cases}$,

(d) $f(x) = \begin{cases} p & \text{falls } x = \frac{p}{q} \text{ rational, gekürzt} \\ 1 & \text{falls } x \text{ irrational} \end{cases}$.

◇ **6.18** *Benutze geschachtelte* IF *Ausdrücke, um die Treppenfunktion aus Abbildung 6.6 in* DERIVE *zu definieren und erzeuge eine graphische Darstellung.*

6.19 *Untersuche die Funktion*

$$f(x) = \frac{\tan(x)^2}{\exp(\tan(x)) - 1}$$

auf Stetigkeit und bestimme an den kritischen Stellen links- und rechtsseitige Grenzwerte.

6.3 Fundamentale Eigenschaften stetiger Funktionen

Bisher hatten wir uns bei der Betrachtung stetiger Funktionen auf offene Intervalle I beschränkt, da man auf diesen stetige Funktionen in natürlicher Weise definieren kann, weil dann zu jedem Punkt $\xi \in I$ noch ein ganzes den Punkt ξ enthaltendes Intervall zu I gehört. Wir wollen nun aber stetige Funktionen auf abgeschlossenen Intervallen betrachten und definieren dazu

Definition 6.4 (Stetigkeit in einem abgeschlossenen Intervall) Eine auf einem abgeschlossenen Intervall $I = [a, b]$ erklärte Funktion $f : I \to \mathbb{R}$ heißt dort *stetig*, falls f in (a, b) stetig ist sowie rechtsseitig stetig an der Stelle a und linksseitig stetig an der Stelle b. △

Definitionsgemäß ist die Stetigkeit an einer Stelle eine *lokale* Eigenschaft einer Funktion. Liegt diese allerdings in einem abgeschlossenen Intervall vor, so können wir daraus auch *globale* Eigenschaften ableiten. Dies wollen wir nun tun. Dazu brauchen wir den Begriff einer beschränkten Funktion.

Definition 6.5 (Beschränkte Funktion) Eine auf einer Menge $D \subset \mathbb{R}$ definierte Funktion $f : D \to \mathbb{R}$ heißt *beschränkt* in D, wenn es eine Konstante M gibt, so daß

$$|f(x)| \leq M \qquad \text{für alle } x \in D\,.$$

Ist dies nicht der Fall, so sagen wir, f sei *unbeschränkt* in D. △

Mit anderen Worten: Wir nennen eine Funktion $f : D \to \mathbb{R}$ beschränkt, falls $f(D)$ beschränkt ist. Es gilt nun der

Satz 6.5 (Stetigkeit impliziert Beschränkheit) Eine auf einem abgeschlossenen Intervall $I = [a,b]$ stetige Funktion $f : I \to \mathbb{R}$ ist dort beschränkt.

Beweis: Nehmen wir an, f sei unbeschränkt. Dann gäbe es zu jedem $n \in \mathbb{N}$ einen Funktionswert y_n mit $|y_n| \geq n$, der, sagen wir, an der Stelle $x_n \in [a,b]$ angenommen werde

$$|f(x_n)| = |y_n| \geq n .$$

Entweder ist nun das Vorzeichen unendlich vieler der Werte y_n positiv oder wir haben unendlich viele negative y_n. Es trete o. B. d. A.[17] der erste Fall ein. Dann können wir uns durch die Auswahl einer Teilfolge auf den Fall beschränken, daß (y_n) bestimmt gegen ∞ divergiert. Wegen der Beschränktheit der Folge $(x_n)_n$ folgt mit dem Satz von Bolzano-Weierstraß die Existenz einer konvergenten Teilfolge, die wir der Einfachheit halber wieder mit $(x_n)_n$ bezeichnen, sagen wir $x_n \to x$. Die Zahlen $y_n := f(x_n)$ divergieren dann immer noch bestimmt gegen ∞. Wegen der Abgeschlossenheit des Intervalls $[a,b]$ liegt andererseits x nun wieder in $[a,b]$ (s. Korollar 6.2 (f)). Wir haben daher mit der Stetigkeit von f an der Stelle x

$$f(x) = \lim_{n\to\infty} f(x_n) = \lim_{n\to\infty} y_n = \infty$$

im Widerspruch zur Existenz von $f(x) = y \in \mathbb{R}$. Damit war die Annahme der Unbeschränktheit offenbar falsch. □

Es gilt sogar noch mehr, wie der folgende Satz zeigt.

Satz 6.6 (Stetige Funktionen nehmen ihre Extremalwerte an) Eine auf einem abgeschlossenen Intervall $I = [a,b]$ stetige Funktion $f : I \to \mathbb{R}$ nimmt dort ihr Supremum und Infimum an, d. h. es gibt Stellen $x_1, x_2 \in [a,b]$ mit

$$f(x_1) = \sup\{f(x) \in \mathbb{R} \mid x \in [a,b]\} = \max\{f(x) \in \mathbb{R} \mid x \in [a,b]\}$$

sowie

$$f(x_2) = \inf\{f(x) \in \mathbb{R} \mid x \in [a,b]\} = \min\{f(x) \in \mathbb{R} \mid x \in [a,b]\} .$$

Beweis: Wir beweisen die Aussage über das Maximum. Die Aussage über das Minimum wird genauso bewiesen. Sei $\eta := \sup\{f(x) \in \mathbb{R} \mid x \in [a,b]\}$. Dann gibt es für jedes $n \in \mathbb{N}$ einen Funktionswert $y_n \geq \eta - \frac{1}{n}$, der, sagen wir, an der Stelle $x_n \in [a,b]$ angenommen werde (s. Übungsaufgabe 1.34)

$$\eta \geq f(x_n) = y_n \geq \eta - \frac{1}{n} .$$

Mit dem Sandwichprinzip folgt hieraus $\lim\limits_{n\to\infty} y_n = \eta$. Wegen des Satzes von Bolzano-Weierstraß gibt es dann eine konvergente Teilfolge von $(x_n)_n$, die wir der Einfachheit halber wieder mit $(x_n)_n$ bezeichnen, sagen wir $x_n \to x$, und $y_n := f(x_n)$ konvergiert weiterhin gegen η. Wegen der Abgeschlossenheit des Intervalls liegt andererseits x wieder in $[a,b]$. Wir haben dann wegen der Stetigkeit von f an der Stelle x

$$f(x) = \lim_{n\to\infty} f(x_n) = \lim_{n\to\infty} y_n = \eta ,$$

was zu zeigen war. □

[17] Diese Abkürzung bedeutet: „ohne Beschränkung der Allgemeinheit". Englisch: without loss of generality

Bemerkung 6.1 Wir bemerken, daß die Abgeschlossenheit des Intervalls für die Aussage des Satzes wesentlich ist. Zum Beispiel nimmt die Einschränkung der identischen Funktion auf $(0,1)$ weder Supremum noch Infimum an.

Beispiel 6.13 (Unstetige Funktionen eines abgeschlossenen Intervalls) In einigen Fällen kann dieses Ergebnis dazu benutzt werden, um zu zeigen, daß eine Funktion auf einem Intervall unstetig ist. Betrachten wir zum Beispiel die Funktion f, die auf dem abgeschlossenen Intervall $[0,1]$ definiert ist durch

$$f(x) := \begin{cases} \frac{1}{x} & \text{falls } 0 < x \leq 1 \\ 0 & \text{falls } x = 0 \end{cases} .$$

Da f auf $[0,1]$ unbeschränkt ist, kann f dort auch nicht stetig sein.

Als weiteres Beispiel betrachten wir $g : [0,1] \to \mathbb{R}$, definiert durch

$$g(x) := \begin{cases} \frac{1}{x}\sin\left(\frac{1}{x}\right) & \text{falls } 0 < x \leq 1 \\ 0 & \text{falls } x = 0 \end{cases} .$$

Wir wissen, daß g in jedem Intervall $(\varepsilon, 1]$ stetig ist, sofern $0 < \varepsilon < 1$. Andererseits ist g unbeschränkt in $[0,1]$ (man zeige dies!) und muß somit an der Stelle 0 unstetig sein. $\triangle$

Im nächsten Satz behandeln wir die sogenannte *Zwischenwerteigenschaft*[18] stetiger Funktionen. BOLZANO[19] war der erste, der erkannte, daß es sich bei dieser Eigenschaft keineswegs um eine Trivialität, sondern um eine zu beweisende Tatsache handelt. Die Aussage ist ja z. B. falsch in $\mathbb{Q}$: Die Quadratfunktion $\mathrm{sqr}\big|_{\mathbb{Q}}$ nimmt ja bekanntlich den Wert 2 *nicht* an!

Wir benutzen hier die wichtige Beweismethode der Konstruktion einer schrumpfenden Intervallschachtelung durch Halbierung. Wir nennen dieses Verfahren die *Halbierungsmethode* bzw. das *Bisektionsverfahren*.

Satz 6.7 (Zwischenwertsatz von BOLZANO) Eine auf einem abgeschlossenen Intervall $I = [a,b]$ stetige Funktion $f : I \to \mathbb{R}$ nimmt dort jeden Wert zwischen $f(a)$ und $f(b)$ an.

Beweis: O. B. d. A. sei $f(a) \leq f(b)$, ferner sei $\eta \in [f(a), f(b)]$. Wir wählen $I_0 = [a_0, b_0] := [a,b]$ als Startintervall einer Intervallschachtelung. Hier haben wir $f(a_0) \leq \eta \leq f(b_0)$. Wir betrachten nun den Mittelpunkt zwischen a_0 und b_0. Es ist entweder $f\left(\frac{a_0+b_0}{2}\right) < \eta$, $f\left(\frac{a_0+b_0}{2}\right) > \eta$ oder $f\left(\frac{a_0+b_0}{2}\right) = \eta$. Im letzten Fall sind wir fertig, denn wir haben dann eine Stelle ξ, an der $f(\xi) = \eta$ gilt, gefunden. Gilt aber die erste Beziehung, so definieren wir $I_1 = [a_1, b_1] := \left[\frac{a_0+b_0}{2}, b_0\right]$, andernfalls $I_1 = [a_1, b_1] := \left[a_0, \frac{a_0+b_0}{2}\right]$. In beiden Fällen gilt dann $f(a_1) \leq \eta \leq f(b_1)$, und wir haben in diesem ersten Schritt die Intervallänge halbiert.

[18] Englisch: intermediate value property

[19] BERNHARD BOLZANO [1781–1848] war Theologe und Hobby-Mathematiker.

Wir führen dieses Halbierungsverfahren nun induktiv fort, und entweder finden wir nach endlich vielen Unterteilungen einen Intervallendpunkt ξ, für den $f(\xi) = \eta$ gilt, oder wir bekommen auf diese Weise eine Intervallschachtelung $(I_0, I_1, I_2, \ldots)$, die wegen $|I_n| = \frac{b-a}{2^n}$ gegen eine reelle Zahl ξ schrumpft. Somit gilt $\lim\limits_{n\to\infty} a_n = \lim\limits_{n\to\infty} b_n = \xi$, und da für alle $n \in \mathbb{N}_0$ die Ungleichungskette

$$f(a_n) \leq \eta \leq f(b_n)$$

gilt, folgt wegen der Stetigkeit von f an der Stelle ξ nun schließlich mit dem Sandwichprinzip $\lim\limits_{n\to\infty} f(a_n) = f(\xi) = \eta$, und wir sind fertig. □

Ein spezieller Fall dieses Satzes ist der

Korollar 6.5 (Nullstellensatz) Eine auf einem abgeschlossenen Intervall $[a, b]$ stetige Funktion $f : [a, b] \to \mathbb{R}$ mit $f(a) < 0 < f(b)$ bzw. $f(b) < 0 < f(a)$ besitzt eine Nullstelle in $[a, b]$.

Bemerkung 6.2 Stetigkeit auf dem *gesamten* Intervall ist notwendig, damit der Satz gilt. Ist f z. B. die Heaviside-Funktion

$$H(x) := \begin{cases} 0 & \text{falls } x < 0 \\ 1 & \text{falls } x \geq 0 \end{cases},$$

dann gibt es auf $[-1, 1]$ keine Stelle ξ mit $f(\xi) = \frac{1}{2}$, obwohl $f(0) = 0$ und $f(1) = 1$ gilt und f in $(0, 1]$ stetig ist.

Beispiel 6.14 (Das Bisektionsverfahren) Der Beweis von Satz 6.7 liefert einen algorithmischen Zugang für eine näherungsweise Bestimmung einer Nullstelle einer stetigen Funktion in einem abgeschlossenen Intervall $[a, b]$, die an einem Endpunkt negativ und an dem anderen Endpunkt positiv ist.

Angenommen, wir suchen nach dem Näherungswert für eine Nullstelle der Funktion $f(x) := x^2 - 2$ im Intervall $[0, 2]$, d. h. eine Approximation von $\sqrt{2}$. Das Bisektionsverfahren liefert die folgende Intervallschachtelung $I_n = [a_n, b_n]$ $(n = 1, 2, \ldots, 21)$.

$$\begin{array}{rrr}
I_1 = [1.00000, 2.00000] & I_2 = [1.00000, 1.50000] & I_3 = [1.25000, 1.50000] \\
I_4 = [1.37500, 1.50000] & I_5 = [1.37500, 1.43750] & I_6 = [1.40625, 1.43750] \\
I_7 = [1.40625, 1.42187] & I_8 = [1.41406, 1.42187] & I_9 = [1.41406, 1.41796] \\
I_{10} = [1.41406, 1.41601] & I_{11} = [1.41406, 1.41503] & I_{12} = [1.41406, 1.41455] \\
I_{13} = [1.41406, 1.41430] & I_{14} = [1.41418, 1.41430] & I_{15} = [1.41418, 1.41424] \\
I_{16} = [1.41418, 1.41421] & I_{17} = [1.41419, 1.41421] & I_{18} = [1.41420, 1.41421] \\
I_{19} = [1.41421, 1.41421] & I_{20} = [1.41421, 1.41421] & I_{21} = [1.41421, 1.41421]
\end{array}$$

Somit kennen wir beim 19. Schritt $\sqrt{2}$ mit einer 6-stelligen Genauigkeit

$$\sqrt{2} \approx 1.41421\,. \quad \triangle$$

Sitzung 6.4 Man kann das Bisektionsverfahren mit DERIVE durch

```
BISEKTION_AUX(f,x,a,b):=
ITERATE(
  IF(LIM(f,x,(ELEMENT(g_,1)+ELEMENT(g_,2))/2)=0,
    [(ELEMENT(g_,1)+ELEMENT(g_,2))/2,(ELEMENT(g_,1)+ELEMENT(g_,2))/2],
    IF(LIM(f,x,(ELEMENT(g_,1)+ELEMENT(g_,2))/2)*LIM(f,x,ELEMENT(g_,1))<0,
      [ELEMENT(g_,1),(ELEMENT(g_,1)+ELEMENT(g_,2))/2],
      [(ELEMENT(g_,1)+ELEMENT(g_,2))/2,ELEMENT(g_,2)]
      )
    ),g_,[a,b])

BISEKTION(f,x,a,b):=IF(LIM(f,x,b)*LIM(f,x,a)<0,
                       ELEMENT(BISEKTION_AUX(f,x,a,b),1),
                       "Bisektionsverfahren nicht anwendbar",
                       "Randbedingung nicht verifizierbar"
                      )
```

implementieren.

Die wiederholte Anwendung einer Operation heißt *Iteration*. Zur Durchführung von Iterationen stellt DERIVE die Funktion `ITERATES(f,x,x0,n)` zur Verfügung, mit der man den Ausdruck `f` `n`-mal bzgl. der Variablen `x` auswerten kann. Dabei ist `x0` der Startwert der Iteration. Im Falle einer konvergierenden Iteration kann man das vierte Argument `n` auch weglassen. Die Philosphie dabei ist, daß es gewöhnlich eine Iterationstiefe gibt, ab der sich das Ergebnis bzgl. der eingestellten Genauigkeit nicht mehr ändert. DERIVE beendet die Iteration dann, wenn ein Wert vorkommt, der im Verlauf der Iteration schon einmal aufgetreten ist. DERIVEs symbolische Rechenfähigkeiten sollten in diesem Falle nicht verwendet werden, da bei symbolischen Iterationen die erwähnte Bedingung für den Abbruch der Iteration fast nie erfüllt wird. Man sollte also immer `approX` und nicht `Simplify` in Verbindung mit Ausdrücken dieser Art verwenden[20]. Die Ausgabe des `ITERATES` Befehles ist der Vektor aller berechneten Iterationen. Interessiert man sich nur für den letzten Wert, d. h. für die vermutete Lösung der Iteration, kann man die entsprechende Prozedur `ITERATE` verwenden, deren Resultat der zuletzt berechnete Wert der Iteration ist.

In unserem Beispiel iteriert der Aufruf von `ITERATE` das Halbieren des Intervalls. Die definierte Prozedur `BISEKTION(f,x,a,b)` berechnet nun eine Näherung für eine Stelle $\xi \in [a, b]$, für die $f(\xi) = 0$ gilt. Wir testen die Funktion für das oben angegebene Beispiel. Eine `approX`imation des Ausdrucks `BISEKTION(x^2-2,x,0,2)` ergibt 1.41421, während sich die erste positive Nullstelle der Kosinusfunktion mit Hilfe des Aufrufs `BISEKTION(COS(x),x,0,2)` zu 1.57080 ergibt.

Das letzte Beispiel zeigt, daß wir es jetzt in der Hand haben, die Existenz einer ersten positiven Nullstelle der Kosinusfunktion – welche wir in § 5.4 postuliert haben – nachzuweisen.

Korollar 6.6 (Zur Definition von π) Die Kosinusfunktion hat im Intervall $[0, 2]$ genau eine Nullstelle. Diese bezeichnen wir mit $\frac{\pi}{2}$.

[20] Oder man arbeitet im `Options Precision Approximate` Modus.

Beweis: Die Reihe

$$\cos 2 = \sum_{k=0}^{\infty}(-1)^k \frac{2^k}{(2k)!} = 1 - 2 + \frac{2}{3} \mp \cdots$$

ist eine alternierende Reihe abnehmender Terme ($2^k \leq (2k)!$ für $k \in \mathbb{N}$), so daß das Leibniz-Kriterium anwendbar ist, und wir bekommen die Fehlerabschätzung

$$\cos 2 \leq 1 - 2 + \frac{2}{3} = -\frac{1}{3} < 0 .$$

Wegen $\cos 0 = 1$ besitzt die Kosinusfunktion also auf Grund des Nullstellensatzes im Intervall $[0, 2]$ eine Nullstelle. Es bleibt zu zeigen, daß es keine zwei Nullstellen in $[0, 2]$ gibt. Dies folgt aus der strengen Monotonie: Das Leibniz-Kriterium ist für $x \in (0, 2]$ auf die Reihe

$$\sin x = \sum_{k=0}^{\infty}(-1)^k \frac{x^{2k+1}}{(2k+1)!} = x - \frac{x^3}{6} \pm \cdots$$

anwendbar, und es folgt

$$\sin x \geq x - \frac{x^3}{6} = x\left(1 - \frac{x^2}{6}\right) > 0 .$$

Für $0 \leq x_1 < x_2 \leq 2$ haben wir also (s. Übungsaufgabe 5.16)

$$\cos x_2 - \cos x_1 = -2 \sin \frac{x_2 + x_1}{2} \sin \frac{x_2 - x_1}{2} < 0 ,$$

und damit ist die Kosinusfunktion streng fallend in $[0, 2]$. □

Eine weitere Folge von Satz 6.7 ist

Korollar 6.7 Eine auf einem abgeschlossenen Intervall $I = [a, b]$ stetige Funktion $f : I \to \mathbb{R}$ nimmt dort jeden Wert zwischen ihrem Minimum und ihrem Maximum an. Mit anderen Worten: $f(I)$ ist ein Intervall, und zwar

$$f(I) = [\inf \{f(x) \in \mathbb{R} \mid x \in [a, b]\} , \sup \{f(x) \in \mathbb{R} \mid x \in [a, b]\}] . \qquad \square$$

Wir betrachten nun eine weitere wichtige Begriffsbildung. Ist eine Funktion stetig in einem Intervall I, so gibt es definitionsgemäß zu jedem $x \in I$ und zu jedem $\varepsilon > 0$ ein $\delta > 0$, das im allgemeinen von x sowie von ε abhängen wird, derart, daß für alle $x, \xi \in I$ mit $|x - \xi| \leq \delta$ die Beziehung $|f(x) - f(\xi)| \leq \varepsilon$ folgt. Der Haken ist, daß die Wahl von δ von der Wahl des Punkts x abhängt. Es ist eine besondere Situation, wenn dies nicht der Fall ist.

Definition 6.6 (Gleichmäßige Stetigkeit) Eine Funktion $f : I \to \mathbb{R}$ eines Intervalls I heißt *gleichmäßig stetig*[21] *in* I, wenn zu jedem $\varepsilon > 0$ ein $\delta > 0$ existiert, derart, daß für alle $x, \xi \in I$ mit $|x - \xi| \leq \delta$ die Beziehung $|f(x) - f(\xi)| \leq \varepsilon$ folgt.

[21] Englisch: uniformly continuous

Beispiel 6.15 Natürlich ist jede in einem Intervall gleichmäßig stetige Funktion erst recht stetig. Die Umkehrung ist aber i. a. nicht richtig. Betrachte z. B. die Funktion $f : (0,1) \to \mathbb{R}$ mit $f(x) = \frac{1}{x}$. Die Funktion f ist stetig in $(0,1)$. Wäre f aber gleichmäßig stetig in $(0,1)$, so gäbe es insbesondere zu $\varepsilon := 1$ ein $\delta > 0$ derart, daß $|f(x) - f(\xi)| \leq 1$ für alle $x, \xi \in (0,1)$ mit $|x - \xi| \leq \delta$ wäre. Zu diesem δ gibt es aber eine natürliche Zahl $n > 1$ mit $\left|\frac{1}{2n} - \frac{1}{n}\right| = \frac{1}{2n} \leq \delta$, für die aber

$$\left|f\left(\frac{1}{2n}\right) - f\left(\frac{1}{n}\right)\right| = |2n - n| = n > \varepsilon$$

gilt, im Widerspruch zur Voraussetzung. △

Es ist nun eine wesentliche Eigenschaft von in abgeschlossenen Intervallen stetigen Funktionen, sogar automatisch gleichmäßig stetig zu sein.

Satz 6.8 (Gleichmäßige Stetigkeit in abgeschlossenen Intervallen) Ist die Funktion $f : I \to \mathbb{R}$ stetig in einem abgeschlossenen Intervall $I = [a, b]$. Dann ist f sogar gleichmäßig stetig in I.

Beweis: Wir beweisen die Aussage durch Widerspruch. Wäre also f nicht gleichmäßig stetig in I, dann gäbe es ein $\varepsilon > 0$ derart, daß für alle $n \in \mathbb{N}$ Punkte $x_n, \xi_n \in I$ existierten, für die einerseits

$$|x_n - \xi_n| \leq \frac{1}{n}\,, \tag{6.4}$$

und andererseits

$$|f(x_n) - f(\xi_n)| > \varepsilon\,. \tag{6.5}$$

Da $(x_n)_n$ beschränkt ist, gibt es dann nach dem Satz von Bolzano-Weierstraß eine konvergente Teilfolge $(x_{n_k})_k$, sagen wir $\lim\limits_{k\to\infty} x_{n_k} = x$. Die entsprechende Teilfolge $(\xi_{n_k})_k$ hat wegen (6.4) denselben Grenzwert $\lim\limits_{k\to\infty} \xi_{n_k} = x$. Wegen der Abgeschlossenheit von I liegt $x \in I$. Da f an der Stelle x stetig ist, folgt nun

$$\lim_{k\to\infty} \left(f\left(x_{n_k}\right) - f\left(\xi_{n_k}\right)\right) = f(x) - f(x) = 0\,,$$

im Widerspruch zu (6.5). □

Übungsaufgaben

★ **6.20** *Gib einen Beweis für Satz* 6.5 *mit Hilfe der Halbierungsmethode.*

★ **6.21** *Gib einen Beweis für Satz* 6.6 *mit Hilfe der Halbierungsmethode.*

★ **6.22** *Gib einen Beweis für Satz* 6.7 *mit der Methode aus Satz* 6.6.

6.23 *Bestimme, welche der folgenden Funktionen nach oben bzw. nach unten beschränkt sind, und welche ihr Maximum bzw. Minimum auf dem angegebenen Intervall I annehmen.*

(a) $f(x) = x^3 \quad (I = (-1,1))$, (b) $f(x) = x \quad (I = \mathbb{R})$,

(c) $f(x) = \dfrac{1}{x^2+1}$ $(I = \mathbb{R})$, (d) $f(x) = \dfrac{1}{1-x^2}$ $(I = (-1,1))$,

(e) $f(x) = [x]$, $(I = [-\pi,\pi])$, (f) $f(x) = \tan \dfrac{\pi \cos x}{4}$ $(I = [-\pi,\pi])$,

(g) $f(x) = \begin{cases} x^2 & \text{falls } x \le 1 \\ 1 & \text{falls } x > 1 \end{cases}$ $(I = \mathbb{R})$,

(h) $f(x) = \begin{cases} x^2 & \text{falls } x \le a \\ 2a+1 & \text{falls } x > a \end{cases}$ $(I = \mathbb{R})$,

(i) $f(x) = \begin{cases} 0 & \text{falls } x \text{ irrational} \\ \frac{1}{q} & \text{falls } x = \frac{p}{q} \text{ rational, gekürzt} \end{cases}$ $(I = [0,1])$.

6.24 *Zeige, daß die Funktion $f : [0,2] \to \mathbb{R}$ definiert durch*

$$f(x) := \begin{cases} x & \text{falls } 0 \le x < 1 \\ 1+x & \text{falls } 1 \le x \le 2 \end{cases}$$

die Zwischenwerteigenschaft nicht erfüllt, und somit unstetig sein muß. Zeige, daß andererseits $g : [0,1] \to \mathbb{R}$ definiert durch

$$g(x) := \begin{cases} x & \text{falls } x \text{ rational} \\ 1-x & \text{falls } x \text{ irrational} \end{cases}$$

die Zwischenwerteigenschaft erfüllt, aber nur an der Stelle $\frac{1}{2}$ stetig ist.

⋆ **6.25** *Gib ein Beispiel einer unstetigen Funktion $f : [-1,1] \to \mathbb{R}$, die die Zwischenwerteigenschaft in jedem abgeschlossenen Teilintervall von $[-1,1]$ erfüllt.*

◇ **6.26** *Verwende die* DERIVE *Funktion* `BISEKTION(f,x,a,b)` *aus* DERIVE*-Sitzung* 6.4 *zur Nullstellenbestimmung der folgenden Funktionen im angegebenen Intervall.*

(a) $\cos x - x$ $(x \in [0,1])$, (b) $x^3 + 2x^2 + 10x - 20$ $(x \in [1,2])$,

(c) $\tan x$ $(x \in [0,2])$, (d) $x^3 - 5x^2 - 10x + 1$ $(x \in [-3,3])$,

(e) $e^x - \dfrac{3}{2}$ $(x \in [0,1])$, (f) $x^3 - 5x^2 - 10x + 1$ $(x \in [-3,0])$,

(g) e^{ax} $(x \in [0,1])$, (h) $x^3 - 5x^2 - 10x + 1$ $(x \in [0,3])$,

(i) $\sin x$ $(x \in [1,4])$, (j) $\sin x$ $(x \in [-4,4])$,

(k) $\sin x$ $(x \in [-4,5])$, (l) $\sin x$ $(x \in [-5,3.5])$.

Kontrolliere die Ergebnisse mit Hilfe einer graphischen Darstellung.

◇ **6.27** *Erkläre, warum die* DERIVE *Funktion* `BISEKTION(f,x,a,b)` *aus* DERIVE*-Sitzung* 6.4 *beim Beispiel* `BISEKTION(x,x,-1,2)` *versagt, obwohl man die Nullstelle in diesem Fall sogar mit bloßem Auge erkennen kann. Wie kann man sich in solchen Fällen behelfen?*

◇ **6.28** *Gib eine graphische sowie eine numerische Lösung für die Gleichungen*

(a) $x = e^{-x}$, (b) $x = \cosh x - 1$.

6.29 *Seien f und g stetig auf $[a,b]$. Weiterhin sei $f(a) < g(a)$, jedoch $f(b) > g(b)$. Beweise, daß es einen Punkt $c \in (a,b)$ gibt mit $f(c) = g(c)$.*

⋆ **6.30 (Fixpunktsatz)** *Sei f stetig auf $[a,b]$ mit $f([a,b]) \subset [a,b]$. Zeige, daß es mindestens einen Punkt $c \in (a,b)$ gibt, an dem $f(c) = c$ gilt.*

6.31 *Zeige, daß es für eine in einem abgeschlossenen Intervall $[a,b]$ stetige und positive Funktion f eine Zahl $\alpha > 0$ gibt, derart, daß sogar $f(x) \geq \alpha$ gilt für alle $x \in [a,b]$.*

6.32 *Hat eine in einem abgeschlossenen Intervall $[a,b]$ stetige Funktion f keine Nullstelle in $[a,b]$, so gibt es eine Zahl $\alpha > 0$ derart, daß für alle $x \in [a,b]$ entweder $f(x) \geq \alpha$ oder $f(x) \leq -\alpha$ gilt.*

◇ **6.33** *Verwende die* DERIVE *Funktion* ITERATE *bzw.* ITERATES, *um die folgende Iteration durchzuführen. Sei eine Funktion f gegeben. Sie sei die Startfunktion $f_0(x)$ einer Funktionenfolge $(f_n(x))_n$, und ihr Wert am Ursprung sei der Anfangswert $y_0 := f_0(0)$ einer Zahlenfolge $(y_n)_n$. Dann hat die Funktion $f_0(x) - y_0$ eine Nullstelle für $x = 0$, und wir dividieren durch x und erhalten somit eine neue Funktion*

$$f_1(x) := \frac{f_0(x) - f_0(0)}{x} ,$$

deren Grenzwert für $x \to 0$ (sofern er existiert!) den neuen Wert $y_1 := \lim\limits_{x \to 0} f_1(x)$ ergibt. Iterativ bestimmen wir dann

$$f_{n+1}(x) := \frac{f_n(x) - f_n(0)}{x} \qquad \text{sowie} \qquad y_{n+1} := \lim_{x \to 0} f_{n+1}(x) .$$

Wie sieht die Zahlenfolge y_n eines Polynoms aus? Wie die einer Potenzreihe? Gib ein Beispiel einer Funktion, bei der einer der auftretenden Grenzwerte nicht existiert.

◇ **6.34** *Bearbeite noch einmal Übungsaufgabe 4.15, verwende diesmal aber* ITERATE *bzw.* ITERATES. *Beachte, wie dies die Problemlösung vereinfacht!*

◇ **6.35** *Verwende die* DERIVE *Funktion* ITERATES *zur Definition einer* DERIVE *Funktion* PRIMZAHLLISTE(x,n), *die die Liste der ersten n Primzahlen ausgibt, die auf die natürliche Zahl x folgen. Hinweis: Man benutze* NEXT_PRIME, *s. Übungsaufgabe 13.6.*

⋆ **6.36** *Man zeige, daß die Funktion $f(x) = \sqrt{x}$ auf $\mathbb{R}_0^+$ gleichmäßig stetig ist, daß aber die Funktion $g(x) = x^2$ auf $\mathbb{R}_0^+ := \mathbb{R}^+ \cup \{0\}$ diese Eigenschaft nicht besitzt.*

◇ **6.37** *Beim Bisektionsverfahren zur Nullstellenbestimmung wird das Intervall stur halbiert, auch dann, wenn z. B. die Nullstelle ganz nahe bei einem der Randpunkte liegt. Entsprechend langsam konvergiert das Verfahren. Definiere eine* DERIVE *Funktion* `SEKANTENMETHODE(f,x,a,b)` *zur Bestimmung einer Nullstelle ξ von f im Intervall $[a, b]$, indem der Randpunkt des nächsten Intervalls als Schnittpunkt der Sekante durch die Punkte $(a, f(a))$ und $(b, f(b))$ des Graphen von f mit der x-Achse gewählt wird, s. Abbildung 6.9. Teste die Funktion mit den Beispielen dieses Abschnitts und vergleiche die Anzahl nötiger Iterationen mit dem Bisektionsverfahren.*

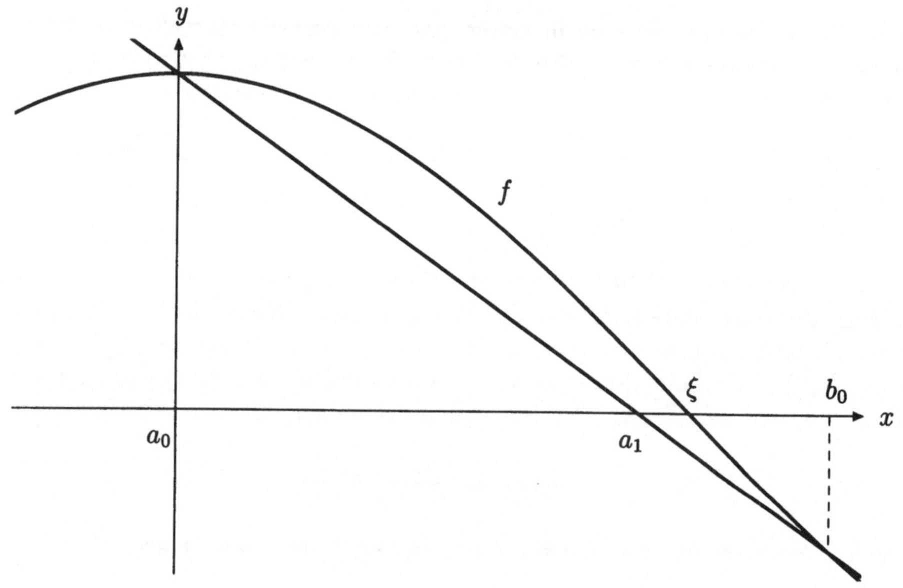

Abbildung 6.9 Ein Sekantenverfahren zur Nullstellenbestimmung

6.4 Uneigentliche Grenzwerte und Grenzwerte für $x \to \pm\infty$

Wir haben an der graphischen Darstellung von rationalen Funktionen gesehen, daß die Werte der Funktion unbeschränkt sind, wenn x sich einer Polstelle der Funktion nähert. Ist dies für eine Funktion f an einem Punkt ξ der Fall, so folgt, daß der Grenzwert $\lim_{x\to\xi} f(x)$ nicht existiert. Andererseits haben rationale Funktionen an Polstellen trotzdem noch ein recht reguläres Verhalten: die Werte steigen (oder fallen) gegen ∞ $(-\infty)$. Deshalb geben wir die folgende Definition[22].

Definition 6.7 (Uneigentliche Grenzwerte) Sei $f : I \to \mathbb{R}$ in einem Intervall $I := (a, b)$ gegeben, und sei $\xi \in I$. Existiert zu jedem $M > 0$ ein $\delta > 0$, so daß

[22] Wir bemerken erneut, daß wir ∞ nicht als *Zahl* betrachten, sondern als ein *Symbol*, mit dem wir nicht wie mit einer Zahl rechnen können. Zum Beispiel $\infty - \infty \neq 0$!

$$f(x) \geq M \qquad \text{für alle} \quad x \in (\xi, \xi + \delta)\,, \tag{6.6}$$

dann sagen wir, daß f an der Stelle ξ den rechtsseitigen Grenzwert ∞ hat, und wir schreiben $\lim\limits_{x \to \xi+} f(x) = \infty$. Gilt jedoch stattdessen $f(x) \leq -M$, so sagen wir, daß f an der Stelle ξ den rechtsseitigen Grenzwert $-\infty$ hat, und wir schreiben $\lim\limits_{x \to \xi+} f(x) = -\infty$.

Wir erhalten die linksseitigen Grenzwerte $\lim\limits_{x \to \xi-} f(x) = \infty$ und $\lim\limits_{x \to \xi-} f(x) = -\infty$, wenn wir das Intervall $(\xi, \xi + \delta)$ in Gleichung (6.6) durch $(\xi - \delta, \xi)$ ersetzen. Stimmen linksseitiger und rechtsseitiger Grenzwert überein, so sagen wir auch, daß f den (uneigentlichen) Grenzwert ∞ (bzw. $-\infty$) hat, und wir schreiben dies als

$$\lim_{x \to \xi} f(x) = \pm\infty\,.$$

Hat f an einer Stelle ξ den (einseitigen) Grenzwert $\pm\infty$, so nennen wir ξ eine *Polstelle* von f. $\triangle$

Wir geben hier einige Beispiele dieses Typs.

Beispiel 6.16 (Rationale Funktionen) Betrachten wir zwei einfache rationale Funktionen, damit wir den wesentlichen Unterschied ihres Verhaltens erkennen, s. Abbildung 3.4 auf S. 60.

Die Funktion $f(x) := \frac{1}{x^2}$ ist unbeschränkt für x gegen 0. Allerdings ist f auf $\mathbb{R}$ positiv, so daß $\lim\limits_{x \to 0} \frac{1}{x^2} = \infty$.

Die Funktion $g(x) := \frac{1}{x}$ dagegen zeigt eine anderes Verhalten. Zwar ist auch g positiv für alle positiven Argumente, und somit ist der rechtsseitige Grenzwert $\lim\limits_{x \to 0+} \frac{1}{x} = \infty$, jedoch ist g negativ für alle negativen Argumente, so daß für den linksseitigen Grenzwert gilt $\lim\limits_{x \to 0-} \frac{1}{x} = -\infty$.

Beispiel 6.17 (Eine trigonometrische Funktion) Es gibt außer den rationalen Funktionen noch andere Funktionen mit Polstellen. Ein Beispiel dafür ist die Kotangensfunktion $\cot x$. Sie ist bei allen ganzzahligen Vielfachen von π unbeschränkt, siehe Abbildung 5.3 auf S. 130. Auf Grund der π-Periodizität von $\cot x$ brauchen wir nur einen solchen Punkt betrachten, da bei allen weiteren das Verhalten dasselbe ist. Wir wählen den Ursprung. Man beachte, daß $\cot x$ positiv ist für $x \in \left(0, \frac{\pi}{2}\right)$, so daß für den rechtsseitigen Grenzwert gilt $\lim\limits_{x \to 0+} \cot x = \infty$. In ähnlicher Weise ist $\cot x$ negativ für alle $x \in \left(-\frac{\pi}{2}, 0\right)$, so daß für den linksseitigen Grenzwert gilt $\lim\limits_{x \to 0-} \cot x = -\infty$.

Beispiel 6.18 Nicht alle unbeschränkten Funktionen besitzen Polstellen. Zum Beispiel ist die Funktion $f : [0,1] \to \mathbb{R}$, erklärt durch

$$f(x) := \begin{cases} 0 & \text{falls } x \text{ rational} \\ \frac{1}{x} & \text{falls } x \text{ irrational} \end{cases},$$

sicher unbeschränkt, da zu jedem $x > 0$ eine irrationale Zahl $\xi \in (0, x)$ existiert, deren Funktionswert dann gleich $\frac{1}{\xi} \geq \frac{1}{x}$ ist, und für $x \to 0^+$ folgt die Behauptung. Die Stelle $x = 0$ ist aber keine Polstelle von f, da zu jedem $x > 0$ auch eine rationale Zahl $\xi \in (0, x)$ existiert, deren Funktionswert Null ist, es strebt also $f(x)$ nicht gegen ∞ für $x \to 0^+$.

Sitzung 6.5 DERIVE unterstützt uneigentliche Grenzwerte. Zusätzlich zu $\pm\infty$ gibt es bei DERIVE ein weiteres Symbol: $\frac{1}{0}$, welches als Ergebnis einer Grenzwertoperation auftreten kann. Die Berechnungen `LIM(1/x^2,x,0)` und `LIM(COT^2(x),x,0)` ergeben ∞, während `LIM(1/x,x,0)` mit `Simplify` den Wert $\frac{1}{0}$ ergibt. Der Wert $\frac{1}{0}$ repräsentiert `complexinfinity`, welches das Streben gegen *unendlich in alle Richtungen der komplexen Ebene* darstellt. DERIVEs Antwort ist also

- ∞ oder $-\infty$ im Falle eines reellen (uneigentlichen) Grenzwerts.
- Kann die Frage, ob der Grenzwert ∞ oder $-\infty$ ist, nicht entschieden werden, existiert aber der (uneigentliche) komplexe Grenzwert `complexinfinity`, wird $\frac{1}{0}$ ausgegeben.

Eine andere offene Frage ist das Verhalten einer Funktion, wenn wir uns entweder nach links auf dem Zahlenstrahl gegen $-\infty$ oder nach rechts auf dem Zahlenstrahl gegen ∞ bewegen. Hierfür geben wir die folgende Definition.

Definition 6.8 (Grenzwert für $\pm\infty$) Sei $f : (a, \infty) \to \mathbb{R}$ gegeben. Dann heißt η Grenzwert von $f(x)$ für x gegen∞, wenn es für jedes $\varepsilon > 0$ eine Zahl $M > 0$ gibt, so daß

$$|f(x) - \eta| \leq \varepsilon,$$

für alle $x \geq M$. Wir schreiben dies als

$$\lim_{x \to \infty} f(x) = \eta \, .$$

Für den Grenzwert bei $-\infty$ muß für $f : (-\infty, a) \to \mathbb{R}$ die Relation $x \leq -M$ erfüllt sein. $\triangle$

Wir bemerken, daß die Grenzwertregeln (Korollar 6.2) genauso wie das Folgenkriterium (Satz 6.1) auch für Grenzwerte $x \to \pm\infty$ gelten.

Beispiel 6.19 (Ein rationales Beispiel) Wir betrachten die Funktion $f(x) = \frac{1-x^2}{1+x+x^2}$, siehe Abbildung 6.10. Da wir am Wert von f für große Werte von $|x|$ interessiert sind, gibt uns die rechte Abbildung die bessere Information. Hier ist es einfach, den Wert analytisch zu bestimmen:

$$\lim_{x \to \infty} \frac{1 - x^2}{1 + x + x^2} = \lim_{x \to \infty} \frac{\frac{1}{x^2} - 1}{\frac{1}{x^2} + \frac{1}{x} + 1} = -1 \, ,$$

da alle Terme $\frac{1}{x}$ und $\frac{1}{x^2}$ offensichtlich für $x \to \infty$ gegen Null streben. Ebenso folgt $\lim\limits_{x \to -\infty} \frac{1-x^2}{1+x+x^2} = -1$.

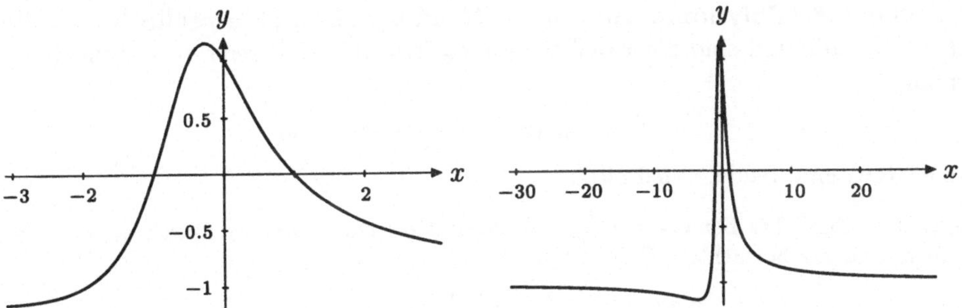

Abbildung 6.10 Die Funktion $\dfrac{1-x^2}{1+x+x^2}$ mit unterschiedlicher Skalierung

Als eine Anwendung von Grenzwerten für $x \to \pm\infty$ und des Nullstellensatzes zeigen wir einen Spezialfall des Fundamentalsatzes der Algebra, s. auch Übungsaufgabe 3.35. Zunächst berechnen wir die Grenzwerte von Polynomen für $x \to \pm\infty$.

Satz 6.9 (Grenzwerte von Polynomen für $x \to \pm\infty$) Für ein Polynom

$$p(x) := x^n + a_{n-1}x^{n-1} + \cdots + a_1 x + a_0$$

mit reellen Koeffizienten $a_k \in \mathbb{R}$ $(k = 0, \ldots, n-1)$ gilt

$$\lim_{x\to\infty} p(x) = \infty \qquad \text{und} \qquad \lim_{x\to-\infty} p(x) = \begin{cases} \infty & \text{falls } n \text{ gerade} \\ -\infty & \text{falls } n \text{ ungerade} \end{cases} .$$

Beweis: Die Aussage stimmt offenbar, wenn alle Koeffizienten $a_k = 0$ $(k = 0, \ldots, n-1)$ sind. Was wir also zu zeigen haben, ist, daß der führende Term x^n beim Wachstum von p für $x \to \pm\infty$ die Oberhand behält. Dies ist natürlich dann der Fall, wenn die Gesamtsumme des Rests $a_{n-1}x^{n-1} + \cdots + a_1 x + a_0$ für $|x| \geq M$ betragsmäßig von $|x^n|$ deutlich überboten wird. Dies erreichen wir durch die Wahl

$$M := \max\{1, 2n|a_0|, 2n|a_1|, \ldots, 2n|a_{n-1}|\} ,$$

denn dann folgt für alle $|x| \geq M$ zunächst die Beziehung $|x| \geq 2n|a_k|$ $(k = 0, \ldots, n-1)$, daher $|a_k| \leq \frac{|x|}{2n}$, und somit[23]

$$\left|\sum_{k=0}^{n-1} a_k x^k\right| \leq \sum_{k=0}^{n-1} |a_k||x|^k \leq \sum_{k=0}^{n-1} \frac{|x|^{k+1}}{2n} \leq \sum_{k=0}^{n-1} \frac{|x|^n}{2n} = \frac{|x|^n}{2} ,$$

und damit z. B. für $x \geq M$

$$p(x) = x^n + \sum_{k=0}^{n-1} a_k x^k \geq x^n - \left|\sum_{k=0}^{n-1} a_k x^k\right| \geq x^n - \frac{x^n}{2} = \frac{x^n}{2} \to +\infty.$$

Entsprechend wird für $x \to -\infty$ argumentiert. □

Als eine Folge haben wir den Nullstellensatz

[23] Man suche die Stelle der Ungleichungskette, wo die Bedingung $|x| \geq 1$ benutzt wird!

Korollar 6.8 (Polynome ungeraden Grades haben eine reelle Nullstelle) Ist n ungerade und sind die Koeffizienten a_k $(k = 0, \ldots, n)$ reell, so besitzt das Polynom

$$a_n x^n + a_{n-1}x^{n-1} + \cdots + a_1 x + a_0$$

mindestens eine reelle Nullstelle.

Beweis: Zunächst bemerken wir, daß wir mittels einer Division durch a_n annehmen können, daß das betrachtete Polynom die Form

$$p(x) := x^n + a_{n-1}x^{n-1} + \cdots + a_1 x + a_0$$

hat. Da n ungerade ist, ist also nach Satz 6.9 $\lim\limits_{x\to\pm\infty} p(x) = \pm\infty$, und somit gibt es ein Paar Zahlen $x_1 < x_2$, für die $f(x_1) < 0$ bzw. $f(x_2) > 0$ gilt. Die Behauptung folgt daher wegen der Stetigkeit von p direkt aus dem Nullstellensatz für stetige Funktionen. □

Wir bemerken, daß Polynome geraden Grades keine reellen Nullstellen haben müssen, wie die Funktionen $f_n(x) := x^{2n} + 1$ belegen.

Wir wenden uns nun einigen speziellen Grenzwerten der Exponentialfunktion zu.

Satz 6.10 (Asymptotisches Verhalten der Exponentialfunktion) Die Exponentialfunktion hat folgende Grenzwerte:

(a) $\lim\limits_{x\to\infty} e^x = \infty\,,$ (b) $\lim\limits_{x\to-\infty} e^x = 0\,,$ (c) $\lim\limits_{x\to\infty} e^{-x} = 0\,,$

(d) $\lim\limits_{x\to\infty} \dfrac{e^x}{x^m} = \infty \quad (m \in \mathbb{N})\,,$ (e) $\lim\limits_{x\to\infty} x^m e^{-x} = 0 \quad (m \in \mathbb{N})\,.$

Beweis: Wegen $e^x = \sum\limits_{k=0}^{\infty} \frac{x^k}{k!}$ gilt für $x \geq 0$ insbesondere $e^x \geq x$, und somit gilt (a). Aus $e^{-x} = 1/e^x$ folgen (b) sowie (c). Aus der Reihenentwicklung folgt für $x \geq 0$ sowie für beliebiges $m \in \mathbb{N}$ auch die Beziehung $e^x \geq \frac{x^{m+1}}{(m+1)!}$, so daß

$$\frac{e^x}{x^m} \geq \frac{x}{(m+1)!} \to \infty\,,$$

und damit (d). Die Aussage (e) folgt wieder mit $e^{-x} = 1/e^x$. □

Bemerkung 6.3 Wir bemerken, daß die Aussage (d) besagt, daß die Exponentialfunktion schneller gegen ∞ wächst als jedes Polynom.

Als Anwendung dieser Resultate geben wir ein weiteres wichtiges Beispiel einer in ganz $\mathbb{R}$ stetigen Funktion.

Beispiel 6.20 Aus Satz 6.10 (c) folgt $\lim\limits_{x\to 0} e^{-\frac{1}{x^2}} = 0$, da $-\frac{1}{x^2}$ immer negativ ist und mit $x \to 0$ gegen $-\infty$ strebt. Somit ist die Funktion

$$f(x) := \begin{cases} e^{-\frac{1}{x^2}} & \text{falls } x \neq 0 \\ 0 & \text{sonst} \end{cases} \tag{6.7}$$

in ganz $\mathbb{R}$ stetig, s. Abbildung 6.11.

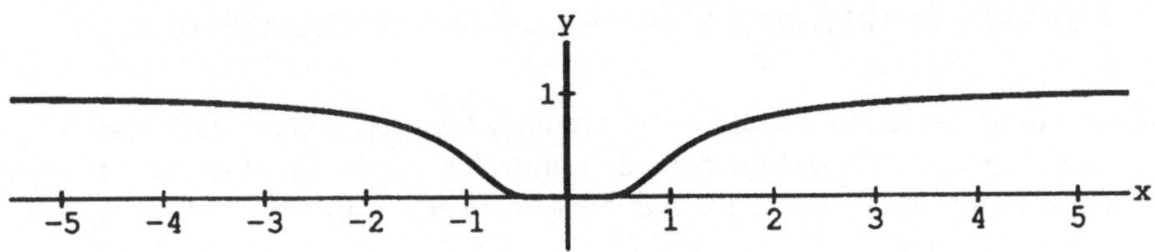

Abbildung 6.11 Die Funktion $e^{-\frac{1}{x^2}}$ $(x \neq 0)$

ÜBUNGSAUFGABEN

◇ **6.38** *Benutze* DERIVE, *um die folgenden Grenzwerte zu bestimmen:*

(a) $\lim\limits_{x\to\infty} \dfrac{x+\sqrt{x}}{x}$, (b) $\lim\limits_{x\to\infty} \dfrac{1+\sqrt{1+x^2}}{5x}$, (c) $\lim\limits_{x\to\infty} \dfrac{1+\sqrt{1+x^3}}{x^3}$,

(d) $\lim\limits_{x\to-\infty} x\sin\dfrac{1}{mx}$, (e) $\lim\limits_{x\to\infty} x^2\sin^2\dfrac{1}{3x}$, (f) $\lim\limits_{x\to\infty} \dfrac{\sin x}{x}$,

(g) $\lim\limits_{x\to\infty} \dfrac{x\cos x}{1+x^2}$, (h) $\lim\limits_{x\to\infty} \dfrac{x+\sin^4 x}{4x+84}$, (i) $\lim\limits_{x\to\infty} \sqrt{x^2+x}-x$.

6.39 *Rechne die Ergebnisse von* DERIVE *für die Probleme aus Übungsaufgabe* 6.38 *mit der Hand nach.*

6.40 *Berechne den folgenden Grenzwert*

$$\lim_{x\to\infty} \frac{a_n x^n + \cdots + a_0}{b_m x^m + \cdots + b_0}, \quad \text{wobei } a_n \neq 0 \text{ und } b_m \neq 0\,.$$

Mache dabei eine geeignete Fallunterscheidung.

6.41 *Beweise, daß*

(a) $\lim\limits_{x\to 0+} f(1/x) = \lim\limits_{x\to\infty} f(x)$, (b) $\lim\limits_{x\to 0-} f(1/x) = \lim\limits_{x\to-\infty} f(x)$,

(c) $\lim\limits_{x\to\infty} f(x) = \lim\limits_{x\to-\infty} f(-x)$.

6.42 *Kann man die Funktion* $f : \mathbb{R}\setminus\{0\} \to \mathbb{R}$, *die durch* $f(x) := e^{-\frac{1}{|x|}}$ *gegeben ist, stetig am Ursprung fortsetzen? Wenn ja, mit welchem Funktionswert?*

⋆ **6.43 (Asymptoten)** *Hat eine Funktion* f *für* $x \to \infty$ *(bzw.* $x \to -\infty$*) einen eigentlichen oder uneigentlichen Grenzwert, und gilt für zwei Zahlen* $m, b \in \mathbb{R}$

$$\lim_{x\to\infty} \frac{f(x)}{mx+b} = 1 \qquad \text{bzw.} \qquad \lim_{x\to-\infty} \frac{f(x)}{mx+b} = 1\,,$$

so nennen wir die lineare Funktion $mx + b$ *eine Asymptote von* f *für* $x \to \infty$ *(bzw.* $x \to -\infty$*). Zeige: Unter den angegebenen Bedingungen gibt es höchstens eine Asymptote für* $x \to \infty$ *(bzw.* $x \to -\infty$*). Gib Formeln für die Steigung* m *der Asymptote sowie ihren Achsenabschnitt* b *an.*

6.5 Umkehrfunktionen der elementaren Funktionen

Der Zwischenwertsatz für stetige Funktionen garantiert gemäß Korollar 6.7, daß Intervalle auf Intervalle abgebildet werden, und dies ergibt die Surjektivität stetiger Funktionen, wenn der Wertevorrat das dort angegebene Intervall ist. Es gilt sogar

Satz 6.11 (Stetigkeit der Umkehrfunktion) Sei $f : I \to \mathbb{R}$ eine streng monotone stetige Funktion eines offenen Intervalls[24] I. Dann ist $J := f(I)$ ein offenes Intervall, und f ist injektiv. Die Umkehrfunktion $f^{-1} : J \to I$ bildet das Intervall J stetig und bijektiv auf I ab. Dabei ist $J = (f(a), f(b))$, falls f wächst, und $J = (f(b), f(a))$, falls f fällt[25].

Beweis: Daß J das angegebene Intervall ist, ist der Inhalt von Korollar 6.7, und daß f^{-1} existiert und bijektiv ist, folgt gemäß Satz 3.5. Es bleibt also lediglich die Stetigkeit von f^{-1} zu zeigen. Sei nun ein $\eta = f(\xi) \in J$ gegeben. Um die Stetigkeit von f^{-1} an der Stelle η zu zeigen, sei weiter ein beliebiges $\varepsilon > 0$ gegeben. Da das Teilintervall $I \cap (\xi - \varepsilon, \xi + \varepsilon)$ auf ein Intervall $(\eta - \delta_1, \eta + \delta_2)$ abgebildet wird, können wir $\delta := \min\{\delta_1, \delta_2\}$ wählen, und wir bekommen für alle y mit $|y - \eta| \leq \delta$

$$|f^{-1}(y) - f^{-1}(\eta)| = |f^{-1}(y) - \xi| \leq \varepsilon ,$$

was zu zeigen war. □

Beispiel 6.21 (Stetigkeit der Wurzelfunktionen) Als Anwendung betrachten wir die Umkehrfunktion der Potenzfunktion $f_n(x) := x^n$, die Wurzelfunktion $f_n^{-1}(x) := \sqrt[n]{x}$, die auch schon in Übungsaufgabe 6.7 behandelt worden war. Für ungerades n nehmen wir $(-\infty, \infty)$ als Definitionsbereich I_n von f und setzen $I_n := \mathbb{R}^+$ für gerades n. Dann ist für alle $n \in \mathbb{N}$ das Monom f_n in ganz I_n streng wachsend mit

$$f_n(I_n) =: J_n = \begin{cases} (-\infty, \infty) & \text{falls } n \text{ ungerade} \\ \mathbb{R}^+ & \text{sonst} \end{cases} ,$$

und $\sqrt[n]{x}$ ist somit auf J_n stetig und streng wachsend. △

In geeigneten Intervallen haben auch die Exponentialfunktion, die trigonometrischen sowie die hyperbolischen Funktionen Umkehrfunktionen, denen wir uns nun zuwenden.

Satz 6.12 (Die Logarithmusfunktion) Die Exponentialfunktion $\exp : \mathbb{R} \to \mathbb{R}^+$ ist streng wachsend und bijektiv. Ihre stetige Umkehrfunktion $\ln : \mathbb{R}^+ \to \mathbb{R}$, deren Graph in Abbildung 6.12 zu sehen ist, heißt der *natürliche Logarithmus*[26].

[24] Es dürfen in diesem Satz durchaus eine oder beide Intervallgrenzen $-\infty$ bzw. ∞ sein.

[25] Falls einer der Intervallendpunkte $a = -\infty$ oder $b = \infty$ ist, so muß der entsprechende Funktionswert, z. B. $f(a)$, durch den entsprechenden Grenzwert $\lim_{x \to -\infty} f(x)$ ersetzt werden.

[26] Die Abkürzung ln steht für „logarithmus naturalis“. In vielen Lehrbüchern wird allerdings stattdessen das Symbol log verwendet.

Beweis: Für $\varepsilon > 0$ ist $e^\varepsilon = 1 + \varepsilon + \frac{\varepsilon^2}{2} + \ldots > 1$, so daß für $x_1 < x_2 = x_1 + \varepsilon$

$$e^{x_2} = e^{x_1+\varepsilon} = e^{x_1} \cdot e^\varepsilon > e^{x_1} ,$$

d. h., die Exponentialfunktion ist streng wachsend und somit injektiv. Die Surjektivität bezüglich des Wertevorrats $\mathbb{R}^+$, d. h. die Tatsache, daß jeder Wert zwischen 0 und ∞ auch angenommen wird, folgt aus dem Zwischenwertsatz zusammen mit den Grenzwertbeziehungen aus Satz 6.10

$$\lim_{x\to-\infty} e^x = 0 \qquad \text{sowie} \qquad \lim_{x\to\infty} e^x = \infty .$$

Die Stetigkeit folgt aus Satz 6.11. □

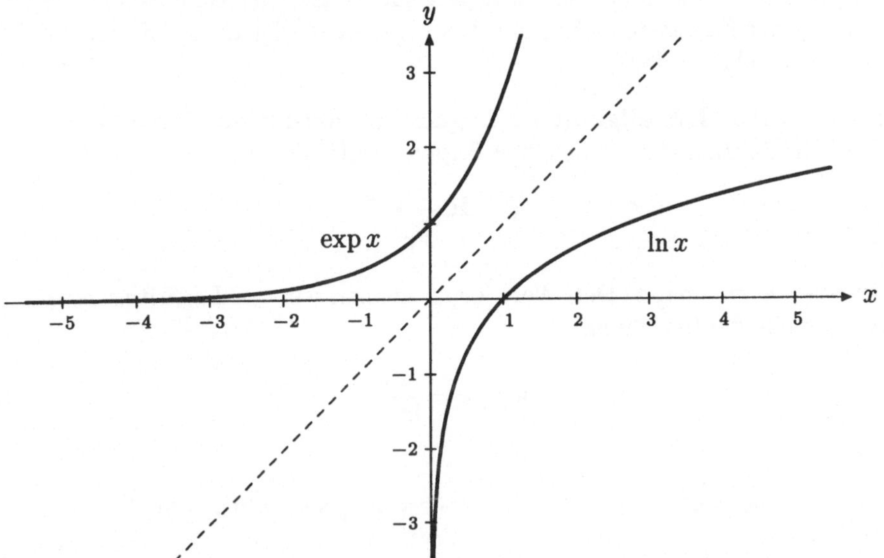

Abbildung 6.12 Exponential- und Logarithmusfunktion

Wir können nun auch die allgemeine Exponentialfunktion definieren.

Definition 6.9 (Die allgemeine Exponentialfunktion) Für $a \in \mathbb{R}^+$ und $x \in \mathbb{R}$ definieren wir

$$a^x := e^{x \ln a} . \quad \triangle$$

Für die allgemeine Exponentialfunktion gelten wieder die Funktionalgleichungen (3.30)–(3.31).

Lemma 6.3 (Funktionalgleichungen der allgemeinen Exponentialfunktion) Für die allgemeine Exponentialfunktion gelten die Funktionalgleichungen

$$a^{x+y} = a^x a^y \qquad \text{sowie} \qquad (a^x)^y = a^{xy} \qquad (a > 0,\ x, y \in \mathbb{R}) .$$

Beweis: Nach Definition gilt mit dem Additionstheorem von exp

$$a^{x+y} = e^{(x+y)\ln a} = e^{x\ln a + y\ln a} = e^{x\ln a} \cdot e^{x\ln b} = a^x a^y .$$

Wegen $a^x = e^{x\ln a}$ ist $\ln(a^x) = x\ln a$ und somit auch

$$(a^x)^y = e^{y\ln(a^x)} = e^{yx\ln a} = a^{xy} .$$

Sind nun $p \in \mathbb{Z}$ und $q \in \mathbb{N}$, so ist also □

$$a^{\frac{p}{q}} = e^{\frac{p}{q}\ln a} = e^{\frac{1}{q}\ln(a^p)} = \left(e^{\ln(a^p)}\right)^{\frac{1}{q}} = \sqrt[q]{a^p} ,$$

und folglich stellt die eben definierte allgemeine Exponentialfunktion die stetige Fortsetzung der für rationale Exponenten gegebenen allgemeinen Exponentialfunktion aus Beispiel 3.12 dar.

Definition 6.10 (Die allgemeine Logarithmusfunktion) Sei $a > 0$. Die stetige Umkehrfunktion der allgemeinen Exponentialfunktion

$$a^x : \begin{array}{l} \mathbb{R} \to \mathbb{R}^+ \\ x \mapsto a^x \end{array}$$

bezeichnen wir mit $\log_a x$. Den Wert $\log_a x$ nennen wir den *Logarithmus von x zur Basis a*. Es gilt die Beziehung

$$\log_a x = \frac{\ln x}{\ln a} , \tag{6.8}$$

die aus

$$(y = a^x \Leftrightarrow y = e^{x\ln a}) \Longleftrightarrow (x = \log_a y \Leftrightarrow x\ln a = \ln y)$$

folgt. △

Beispiel 6.22 (Funktionalgleichungen der Logarithmusfunktion) Aus den Funktionalgleichungen der allgemeinen Exponentialfunktion

$$a^{x+y} = a^x a^y \qquad \text{sowie} \qquad (a^x)^y = a^{xy} \qquad (x, y \in \mathbb{R})$$

folgen die Funktionalgleichungen der allgemeinen Logarithmusfunktion

$$\log_a(uv) = \log_a u + \log_a v \qquad \text{sowie} \qquad \log_a(u^v) = v\log_a u \qquad (u, v \in \mathbb{R}^+)$$

zusammen mit der Surjektivität der Exponentialfunktion. △

Die Logarithmusfunktion wurde als Umkehrfunktion der Exponentialfunktion definiert. Wir geben nun eine Darstellung durch einen Grenzwert. In Beispiel 4.9 (c) hatten wir gezeigt, daß $\lim\limits_{n\to\infty} \sqrt[n]{a} = 1$ ist für alle $a \in \mathbb{R}^+$, und somit $\sqrt[n]{a} - 1 \to 0$. Die folgende Aussage präzisiert diesen Sachverhalt.

Korollar 6.9 (Die Logarithmusfunktion als Grenzwert) Für alle $a \in \mathbb{R}^+$ gilt

$$\ln a = \lim_{n\to\infty} n\left(\sqrt[n]{a} - 1\right) . \tag{6.9}$$

Beweis: Sei $a \in \mathbb{R}^+$. Dann gibt es genau ein $x \in \mathbb{R}$ mit $a = e^x$, nämlich $x = \ln a$. Wir haben dann

$$\lim_{n\to\infty} n\left(\sqrt[n]{a} - 1\right) = \lim_{n\to\infty} n\left(\sqrt[n]{e^x} - 1\right) = \lim_{n\to\infty} n\left(e^{x/n} - 1\right) = \lim_{n\to\infty} x\frac{\left(e^{x/n} - 1\right)}{x/n} = x = \ln a$$

nach Satz 6.3 (d). □

Sitzung 6.6 DERIVE kennt die allgemeine Exponential- und Logarithmusfunktion. Wenn wir z. B. den Ausdruck `a^x a^y` vereinfachen, bekommen wir

2 : a^{x+y} ,

also (3.30). Diese Transformationsrichtung des Zusammenfassens der Exponenten ist die Standardvorgabe in DERIVE. Benutzen wir aber `Manage Exponential Expand`, wechselt DERIVE die Transformationsrichtung hin zur Ausmultiplikation von exponentiellen Termen, und der Ausdruck `#2` wird wieder zurück in $a^x a^y$ umgewandelt. Mit dieser Einstellung wird auch a^{-x} in $1/a^x$ umgeformt. Bei jeder der beiden Einstellungen wird aus `a^0` mit `Simplify` 1. Die Vereinfachungsregel (3.31) schließlich wird nur ausgeführt, sofern die Variable `a` mit `Declare Variable Domain` als `Positive` deklariert wurde.

Der allgemeine Logarithmus $\log_a x$ entspricht der DERIVE Funktion `LOG(x,a)`. Die Vereinfachung von `LOG(1,a)` liefert `0`, und `LOG(x,a)` wird gemäß Regel (6.8) in `LN(x)/LN(a)` umgewandelt, intern arbeitet DERIVE also ausschließlich mit dem natürlichen Logarithmus `LN(x)`. Die Logarithmusregeln werden wiederum nur angewandt, wenn die auftretenden Variablen als positiv deklariert sind. Erklärt man x und y als positive Variablen, dann wird mit der Einstellung `Manage Logarithm Expand` der Ausdruck `LN(x y)` in `LN(x)+LN(y)` umgewandelt, während die Einstellung `Manage Logarithm Collect` diesen Prozeß umkehrt. Unabhängig von der Einstellung von `Manage Logarithm` wird `LN(x^y)` in `y LN(x)` übergeführt.

Ferner wird auch der der Grenzwertausdruck `LIM(n(a^(1/n)-1),n,inf)` zu `LN(a)` vereinfacht.

Als nächstes betrachten wir die Umkehrfunktionen der trigonometrischen Funktionen.

Satz 6.13 (Die inversen trigonometrischen Funktionen)

(a) Die Sinusfunktion ist im Intervall $\left[-\frac{\pi}{2}, \frac{\pi}{2}\right]$ streng wachsend und bildet dieses Intervall bijektiv auf $[-1, 1]$ ab. Ihre stetige Umkehrfunktion $\arcsin : [-1, 1] \to \left[-\frac{\pi}{2}, \frac{\pi}{2}\right]$, deren Graph in Abbildung 6.13 zu sehen ist, heißt die *inverse Sinusfunktion* oder *Arkussinusfunktion*[27].

[27]Die Abkürzung asin steht für „arcus sinus". In den meisten amerikanischen Lehrbüchern wird allerdings stattdessen die Bezeichnung $\sin^{-1}$ verwendet. Entsprechendes gilt für die anderen Arkusfunktionen. Unsere Bezeichnung hat auch den Vorteil, daß es keine Verwechslung mit $\frac{1}{\sin x}$ geben kann wie bei $\sin^{-1} x$. Wer diese Schreibweise gewöhnt ist, sollte vorsichtig sein mit DERIVE. DERIVE unterstützt die Eingabe `SIN^2 x` für $\sin^2 x$, und vereinfacht auch `SIN^(-1) x` zu $\frac{1}{\sin x}$!

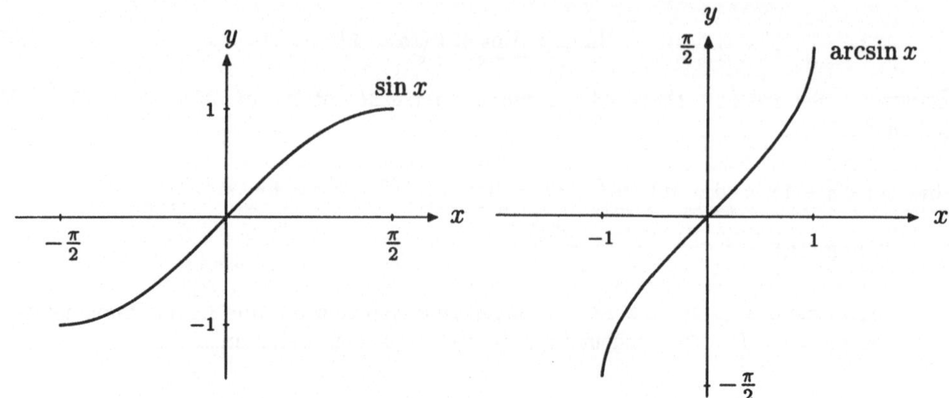

Abbildung 6.13 Die Arkussinusfunktion

(b) Die Kosinusfunktion ist im Intervall $[0, \pi]$ streng fallend und bildet dieses Intervall bijektiv auf $[-1, 1]$ ab. Ihre stetige Umkehrfunktion $\arccos : [-1, 1] \to [0, \pi]$ heißt die *inverse Kosinusfunktion* oder *Arkuskosinusfunktion*.

(c) Die Tangensfunktion ist im Intervall $\left(-\frac{\pi}{2}, \frac{\pi}{2}\right)$ streng wachsend und bildet dieses Intervall bijektiv auf $\mathbb{R}$ ab. Ihre stetige Umkehrfunktion $\arctan : \mathbb{R} \to \left(-\frac{\pi}{2}, \frac{\pi}{2}\right)$ heißt die *inverse Tangensfunktion* oder *Arkustangensfunktion*, s. Abbildung 6.14.

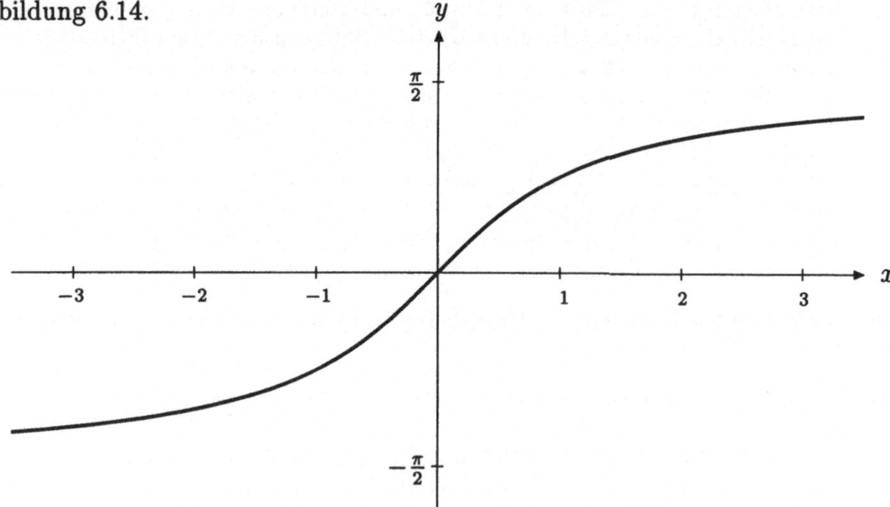

Abbildung 6.14 Die Arkustangensfunktion

(d) Die Kotangensfunktion ist im Intervall $(0, \pi)$ streng fallend und bildet dieses Intervall bijektiv auf $\mathbb{R}$ ab. Ihre stetige Umkehrfunktion $\operatorname{arccot} : \mathbb{R} \to (0, \pi)$ heißt die *inverse Kotangensfunktion* oder *Arkuskotangensfunktion*.

Beweis: In Korollar 6.6 bewiesen wir, daß die Kosinusfunktion in $[0, 2]$, d. h. insbesondere in $\left[0, \frac{\pi}{2}\right]$ streng fällt. Wegen

$$\cos x = \cos((x-\pi)+\pi) = \cos(x-\pi)\cos\pi - \sin(x-\pi)\sin\pi = -\cos(x-\pi) = -\cos(\pi - x)$$

ist die Kosinusfunktion dann auch in $\left[\frac{\pi}{2}, \pi\right]$ streng fallend, und die Aussage (b) folgt aus Satz 6.11.

In Korollar 6.6 bewiesen wir weiter, daß die Sinusfunktion in $[0, 2]$ positiv ist. Daher ist $\sin\frac{\pi}{2} = \sqrt{1-\cos^2\frac{\pi}{2}} = 1$, und folglich

$$\begin{aligned} \sin x &= \sin\left(\left(x-\frac{\pi}{2}\right)+\frac{\pi}{2}\right) \qquad (6.10)\\ &= \sin\left(x-\frac{\pi}{2}\right)\cos\frac{\pi}{2} + \cos\left(x-\frac{\pi}{2}\right)\sin\frac{\pi}{2} = \cos\left(x-\frac{\pi}{2}\right) = \cos\left(\frac{\pi}{2}-x\right), \end{aligned}$$

und es folgt aus (b), daß die Sinusfunktion in $\left[-\frac{\pi}{2}, \frac{\pi}{2}\right]$ streng wächst, und damit (a). Ist nun $0 \le x_1 < x_2 < \frac{\pi}{2}$, so ist $\sin x_1 < \sin x_2$ sowie $\cos x_1 > \cos x_2$, und folglich $\tan x_1 < \tan x_2$, also wächst die Tangensfunktion streng in $\left[0, \frac{\pi}{2}\right)$. Da die Tangensfunktion ungerade ist, wächst sie sogar in $\left(-\frac{\pi}{2}, \frac{\pi}{2}\right)$. Weil für $x \in \left(0, \frac{\pi}{2}\right)$ sowohl die Sinusfunktion als auch die Kosinusfunktion positiv sind und ferner $\cos\frac{\pi}{2} = 0$ ist, strebt

$$\tan x = \frac{\sin x}{\cos x} \to +\infty$$

für $x \uparrow \frac{\pi}{2}$. Die Tangensfunktion ist ungerade, und damit $\lim\limits_{x \downarrow -\frac{\pi}{2}} \tan x = -\infty$, und somit haben wir (c). Die Aussage (d) folgt aus (c) zusammen mit der Beziehung[28]

$$\begin{aligned} \cot x &= \cot\left(\left(x-\frac{\pi}{2}\right)+\frac{\pi}{2}\right)\\ &= \frac{\cot\left(x-\frac{\pi}{2}\right)\cot\frac{\pi}{2} - 1}{\cot\left(x-\frac{\pi}{2}\right)+\cot\frac{\pi}{2}} = -\frac{1}{\cot\left(x-\frac{\pi}{2}\right)} = -\tan\left(x-\frac{\pi}{2}\right), \end{aligned}$$

wobei wir die Beziehung $\cot(\pi/2) = 0$ (s. Satz 5.7) benutzt haben. □

Natürlich kann man auch bzgl. anderer Intervalle Umkehrfunktionen für die trigonometrischen Funktionen finden. Die sich ergebenden Umkehrfunktionen unterscheiden sich nur um konstante Vielfache von 2π bzw. π. Die speziellen Umkehrfunktionen, die wir angegeben haben, nennt man auch die *Hauptwerte* der trigonometrischen Umkehrfunktionen.

Eine Folge des Satzes ist

Korollar 6.10 (Nullstellen der Sinus- und Kosinusfunktion)

(a) Die Sinusfunktion hat außer den Nullstellen $k\pi$ $(k \in \mathbb{Z})$ keine weiteren reellen Nullstellen.

(b) Die Kosinusfunktion hat außer den Nullstellen $\frac{\pi}{2}+k\pi$ $(k \in \mathbb{Z})$ keine weiteren reellen Nullstellen.

[28] Das Additionstheorem der Kotangensfunktion war in Satz 5.7 (f) behandelt worden.

(c) Die Gleichung $e^{ix} = 1$ hat genau die reellen Lösungen $x = 2k\pi$ $(k \in \mathbb{Z})$.

Beweis: Gemäß Satz 6.13 (b) hat die Kosinusfunktion in $[0, \pi]$ genau eine Nullstelle $\frac{\pi}{2}$, und da die Kosinusfunktion gerade ist, hat sie in $[-\pi, 0]$ genau eine Nullstelle $-\frac{\pi}{2}$. Wegen der 2π-Periodizität gilt also die Aussage (b), und (a) folgt aus der Darstellung (6.10). Mit

$$\sin\frac{x}{2} = \frac{e^{i\frac{x}{2}} - e^{-i\frac{x}{2}}}{2i} = \frac{e^{-i\frac{x}{2}}}{2i}\left(e^{ix} - 1\right)$$

folgt (c) aus (a). □

Einige der Identitäten der trigonometrischen Funktionen führen wie bei der Exponential- und Logarithmusfunktion zu Identitäten für die Arkusfunktionen. Wir notieren die folgenden.

Satz 6.14 (Identitäten der inversen trigonometrischen Funktionen) Für alle $x \in [-1, 1]$ gilt

(a) $\sin(\arccos x) = \cos(\arcsin x) = \sqrt{1 - x^2}$,

(b) $\arcsin x + \arccos x = \dfrac{\pi}{2}$,

und für alle $x \in \mathbb{R} \setminus \{0\}$

(c) $\tan(\operatorname{arccot} x) = \cot(\arctan x) = \dfrac{1}{x}$,

(d) $\arctan x + \operatorname{arccot} x = \dfrac{\pi}{2}$,

(e) $\operatorname{arccot} x = \begin{cases} \arctan\frac{1}{x} + \pi & \text{falls } x < 0 \\ \arctan\frac{1}{x} & \text{falls } x > 0 \end{cases}$.

Beweis: Da $\sin(\arcsin x) = x$ und $\cos(\arccos x) = x$ gilt, erhalten wir mit dem trigonometrischen Satz des Pythagoras

$$\cos^2(\arcsin x) = 1 - \sin^2(\arcsin x) = 1 - x^2$$

sowie

$$\sin^2(\arccos x) = 1 - \cos^2(\arccos x) = 1 - x^2 ,$$

und damit ist (a) bis auf das Vorzeichen klar. Nach Definition ist jedoch

$$\cos(\arcsin([-1, 1])) = \cos\left(\left[-\frac{\pi}{2}, \frac{\pi}{2}\right]\right) = [0, 1]$$

sowie

$$\sin(\arccos([-1, 1])) = \sin([0, \pi]) = [0, 1] .$$

Weiter folgt aus dem Additionstheorem der Sinusfunktion

$$\begin{aligned} \sin(\arcsin x + \arccos x) &= \sin(\arcsin x)\cos(\arccos x) + \sin(\arccos x)\cos(\arcsin x) \\ &\overset{(a)}{=\!=} x^2 + (1 - x^2) = 1 , \end{aligned}$$

und eine Anwendung der Arkussinusfunktion liefert (b). Den Beweis von (c)–(e) lassen wir als Übungsaufgabe 6.51. □

Bemerkung 6.4 Die Eigenschaften (b) und (d) zeigen, wie sich die graphischen Darstellungen der Arkuskosinus- bzw. Arkuskotangensfunktion direkt aus den Darstellungen des Arkussinus bzw. Arkustangens ergeben. △

Als Folge der Surjektivität der Sinus- und Kosinusfunktion können wir folgende neue Begriffsbildung für komplexe Zahlen erklären.

Definition 6.11 (Argument einer komplexen Zahl, Polarkoordinaten) Jede komplexe Zahl $z \in \mathbb{C}$ hat eine Darstellung der Form[29]

$$z = re^{i\vartheta} = r(\cos\vartheta + i\sin\vartheta)$$

mit $r := |z| \geq 0$. Die Zahl ϑ heißt das *Argument* von z und ist für $z \neq 0$ bis auf Vielfache von 2π eindeutig bestimmt. Schränkt man also das Argument z. B. auf Werte in $(-\pi, \pi]$ ein, so ist es eindeutig. Das Argument ϑ einer komplexen Zahl z wird mit $\arg z$ notiert, und arg heißt die *komplexe Argumentfunktion*. Das Wertepaar $(|z|, \arg z)$ nennt man die *Polarkoordinaten* von z.

Beweis: Die jetzigen Betrachtungen stellen eine Fortsetzung des Beispiels 5.8 dar. Dort zeigten wir, daß für alle $\vartheta \in \mathbb{R}$ die Beziehung $|e^{i\vartheta}| = 1$ gilt. Gibt es nun zu jeder Zahl $w \in \mathbb{C}$ mit $|w| = 1$ auch ein $\vartheta \in \mathbb{R}$ mit $w = e^{i\vartheta}$, dann hat für beliebiges $z \in \mathbb{C}$ natürlich $w := \frac{z}{|z|}$ den Betrag 1, und somit gilt mit der Eulerschen Identität

$$z = |z|w = |z|e^{i\vartheta} = |z|(\cos\vartheta + i\sin\vartheta) .$$

Sei nun $w \in \mathbb{C}$ mit $|w| = 1$ gegeben. Dann ist $\operatorname{Re} w \in [-1, 1]$, und es existiert also

$$\vartheta := \begin{cases} \arccos \operatorname{Re} w \in [0, \pi] & \text{falls } \operatorname{Im} w \geq 0 \\ -\arccos \operatorname{Re} w \in (-\pi, 0) & \text{sonst} \end{cases} .$$

Im ersten Fall ist dann wegen $|w| = 1$

$$\begin{aligned} e^{i\vartheta} &= \cos\vartheta + i\sin\vartheta = \cos(\arccos \operatorname{Re} w) + i\sin(\arccos \operatorname{Re} w) \\ &= \operatorname{Re} w + i\sqrt{1 - \operatorname{Re}^2 w} = \operatorname{Re} w + i\operatorname{Im} w = w , \end{aligned}$$

und im zweiten Fall folgt entsprechend

$$e^{i\vartheta} = \overline{e^{-i\vartheta}} = \operatorname{Re} w - i\sqrt{1 - \operatorname{Re}^2 w} = \operatorname{Re} w + i\operatorname{Im} w = w .$$

Daß es nun zu jeder Zahl $w \in \mathbb{C}$ mit $|w| = 1$ sogar genau ein $\vartheta \in (-\pi, \pi]$ mit $w = e^{i\vartheta}$ gibt, folgt aber aus Korollar 6.10 (c), da $w = e^{i\vartheta_1} = e^{i\vartheta_2}$ die Beziehung $e^{i(\vartheta_2 - \vartheta_1)} = 1$ nach sich zieht. □

Das Argument einer komplexen Zahl z gibt den im Bogenmaß und im Gegenuhrzeigersinn gemessenenen Winkel zwischen der positiven x-Achse und dem Punkt z der Gaußschen Zahlenebene an, s. Beispiel 5.8.

[29] Das Symbol ϑ ist der griechische Buchstabe „theta".

Sitzung 6.7 DERIVE kennt die inversen trigonometrischen Funktionen unter den Bezeichnungen **ASIN**, **ACOS**, **ATAN** sowie **ACOT**. Der Ausdruck `SIN(ACOS(x))` z. B. wird umgewandelt in `SQRT(1-x^2)`. Die komplexe Argumentfunktion wird in DERIVE `PHASE(z)` genannt. So wird z. B. `PHASE(1+î)` zu $\pi/4$ vereinfacht, während der Ausdruck `PHASE(CONJ(z))` in

$$\frac{\pi}{2} - \frac{\pi \operatorname{SIGN}(z)}{2}$$

umgewandelt wird. Diese Formel ist für reelle z richtig, und DERIVE setzt ja automatisch reelle Variable voraus. Für komplexe z gilt immer $\arg \overline{z} = -\arg z$. In Übungsaufgabe 6.58 werden wir weitere Regeln für die komplexe Argumentfunktion behandeln. Für den Ausdruck `PHASE(x+îy)` bekommt man nach `Simplify`

$$\frac{\pi \operatorname{SIGN} y}{2} - \operatorname{ATAN}\left(\frac{x}{y}\right) .$$

Man zeige die Gültigkeit dieser Umformung!

Als letztes wenden wir uns nun den Umkehrfunktionen der hyperbolischen Funktionen zu.

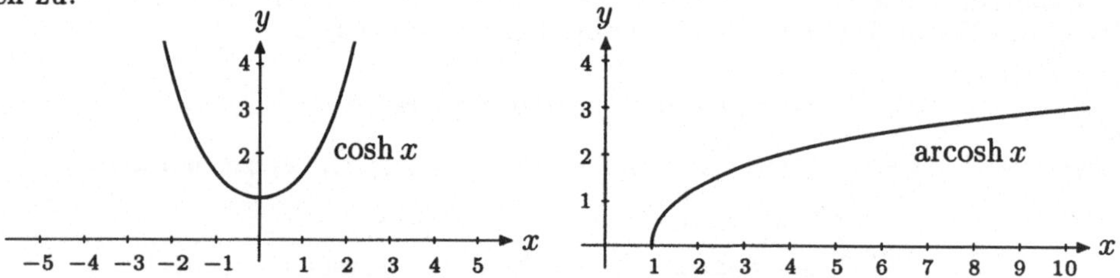

Abbildung 6.15 Die inverse hyperbolische Kosinusfunktion

Satz 6.15 (Die inversen hyperbolischen Funktionen)

(a) Die hyperbolische Sinusfunktion ist streng wachsend und bijektiv. Ihre stetige Umkehrfunktion $\operatorname{arsinh} : \mathbb{R} \to \mathbb{R}$ heißt die *inverse hyperbolische Sinusfunktion*[30].

(b) Die hyperbolische Kosinusfunktion ist in $\mathbb{R}^+$ streng wachsend und bildet dieses Intervall bijektiv auf $(1, \infty)$ ab. Ihre stetige Umkehrfunktion $\operatorname{arcosh} : (1, \infty) \to \mathbb{R}^+$ heißt die *inverse hyperbolische Kosinusfunktion*, s. Abbildung 6.15.

(c) Die hyperbolische Tangensfunktion ist streng wachsend und bildet $\mathbb{R}$ bijektiv auf $(-1, 1)$ ab. Ihre stetige Umkehrfunktion $\operatorname{artanh} : (-1, 1) \to \mathbb{R}$ heißt die *inverse hyperbolische Tangensfunktion*.

[30]Die Abkürzung arsinh steht für „area sinus hyperbolici".

Beweis: Die hyperbolische Sinusfunktion $\sinh x = \frac{e^x}{2} - \frac{e^{-x}}{2}$ ist als Differenz einer streng wachsenden und einer streng fallenden Funktion offenbar streng wachsend, und mit

$$\lim_{x\to\pm\infty} \sinh x = \lim_{x\to\pm\infty} \frac{e^x}{2} - \frac{e^{-x}}{2} = \pm\infty$$

folgt (a) aus Satz 6.11. Wegen der Beziehung $\cosh x = \sqrt{1+\sinh^2 x}$ ist für positive x zunächst $\sinh^2 x$ als das Produkt zweier positiver streng wachsender Funktionen und schließlich auch $\cosh x$ ebenfalls streng wachsend, s. Abbildung 6.15. Aus

$$\cosh 0 = 1 \qquad \text{sowie} \qquad \lim_{x\to\infty} \cosh x = \lim_{x\to\infty} \frac{e^x}{2} + \frac{e^{-x}}{2} = \infty$$

folgt (b). Die Monotonie von tanh folgt aus

$$\tanh y - \tanh x = \frac{e^y - e^{-y}}{e^y + e^{-y}} - \frac{e^x - e^{-x}}{e^x + e^{-x}} = 2\frac{e^{2y} - e^{2x}}{(e^{2x}+1)(e^{2y}+1)} ,$$

und die Behauptung ergibt sich aus den Grenzwertbeziehungen

$$\lim_{x\to\pm\infty} \tanh x = \lim_{x\to\pm\infty} \frac{e^x - e^{-x}}{e^x + e^{-x}} = \lim_{x\to\pm\infty} \frac{1-e^{-2x}}{1+e^{-2x}} = \pm 1 .$$ □

Die inversen hyperbolischen Funktionen lassen sich alle durch die Logarithmusfunktion darstellen.

Korollar 6.11 (Darstellungen der inversen hyperbolischen Funktionen) Es gilt

(a) $\operatorname{arsinh} x = \ln\left(x + \sqrt{x^2+1}\right)$, (b) $\operatorname{arcosh} x = \ln\left(x + \sqrt{x^2-1}\right)$,

(c) $\operatorname{artanh} x = \frac{1}{2} \ln \frac{1+x}{1-x}$.

Beweis: Sei $y = \operatorname{arsinh} x$, also $x = \sinh y = \frac{1}{2}\left(e^y + e^{-y}\right)$. Dann folgt für e^y die quadratische Gleichung

$$(e^y)^2 - 2xe^y - 1 = 0$$

mit den beiden Lösungen $e^y = x \pm \sqrt{x^2+1}$. Da aber immer $e^y > 0$ ist, kommt nur das positive Vorzeichen in Betracht, und wir haben also

$$e^y = x + \sqrt{x^2+1} \qquad \text{oder} \qquad y = \operatorname{arsinh} x = \ln\left(x + \sqrt{x^2+1}\right) ,$$

also (a). Ähnliche Betrachtungen liefern (b) und (c), s. Übungsaufgabe 6.60. □

Sitzung 6.8 DERIVE kennt die inversen hyperbolischen Funktionen unter den Bezeichnungen `ASINH`, `ACOSH` sowie `ATANH`, arbeitet intern aber nur mit der Logarithmusfunktion, so daß alle inversen hyperbolischen Funktionen gemäß den Beziehungen von Korollar 6.11 umgewandelt werden. Zum Beispiel wird `ASINH(x)` vereinfacht zu

$$\text{LN}\left(\sqrt{x^2+1} + x\right) .$$

ÜBUNGSAUFGABEN

6.44 *Zeige, daß die durch Definition 6.9 gegebene allgemeine Exponentialfunktion die stetige Fortsetzung der für rationale Exponenten gegebenen Exponentialfunktion aus Beispiel 3.12 darstellt.*

6.45 *Vereinfache die folgenden Ausdrücke, und gib an, für welche Variablenbereiche sie gültig sind. Teste die Ergebnisse mit* DERIVE.

(a) $\left(e^{\ln x}\right)^3$, (b) $e^{\ln(-x)}$, (c) $\ln\left(\frac{1}{x^3}\right)$,

(d) $\exp\left(\ln\left(1+x\right)\right)$, (e) $e^{\frac{1}{2}\ln\frac{1+x}{1-x}}$, (f) $\ln\left(1-\exp\left(x^2\right)\right)$.

6.46 *Bestimme die reellen Lösungen der Gleichungen*

(a) $e^{2x}+e^x-\ln\left(e^2\right)=0$, (b) $e^x \pm e^{-x}=2$,

(c) $u^{x-2}=v^{x+3}$ *für* $u,v\in\mathbb{R}^+$, *und speziell für* $u=100, v=10$.

6.47 (Einheitswurzeln) *Zeige: Für jedes* $n\in\mathbb{N}$ *sind genau die Zahlen*

$$x_k := e^{2\pi i\frac{k}{n}} \quad (k=1,\ldots,n)$$

die Lösungen der Gleichung $z^n=1$. *Diese Zahlen heißen die* n. *Einheitswurzeln*[31]. *Es gilt* $x_k=x_1^k$ *und*

$$\sum_{k=1}^{n} x_k = 0\,.$$

Gib eine geometrische Deutung dieser Beziehung!

6.48 *Finde für alle* $n\in\mathbb{N}$ *die Lösungen* $z\in\mathbb{C}$ *der Gleichung*

$$\sum_{k=0}^{n} z^k = 0\,.$$

Hinweis: *Verwende Aufgabe 6.47.*

6.49 *Gib eine geometrische Deutung der Multiplikation zweier komplexer Zahlen* $z_1, z_2\in\mathbb{C}$ *mit Hilfe ihrer Polarkoordinaten.*

◇ **6.50 (Tschebyscheff-Polynome)** *Zeige durch Induktion: Die Funktion* $T_n(x) := \cos(n\arccos x)$ *ist ein Polynom vom Grad* n. T_n *heißt das* n. *Tschebyscheff-Polynom*[32]. *Beim Beweis treten auf natürliche Weise andere Polynome auf. Wie sind sie definiert? Berechne die ersten 10 Tschebyscheff-Polynome mit* DERIVE.

[31] Englisch: roots of unity

[32] Englisch: Chebyshev polynomials

6.51 *Zeige die in Satz 6.14 (c)–(e) postulierten Eigenschaften der inversen trigonometrischen Funktionen.*

6.52 *Beweise* $\arctan x + \arctan y = \arctan\left(\frac{x+y}{1-xy}\right)$ *und gib eine entsprechende Summenformel für die Arkuskotangensfunktion an.*

◇ **6.53** *Berechne*

(a) $\operatorname{arccos}\left(\tan\dfrac{\pi}{4}\right)$, (b) $\cos\left(2\arccos\dfrac{3}{5}\right)$, (c) $\sin\left(2\arcsin\dfrac{4}{5}\right)$,

(d) $\operatorname{arccot}\left(\sin\dfrac{\pi}{2}\right)$, (e) $\cos\left(2\arcsin\dfrac{3}{5}\right)$,

(f) $\cos\left(\arcsin\dfrac{1}{3}+\arccos\dfrac{2}{3}\right)$, (g) $\tan\left(\arcsin\dfrac{2}{3}+\arccos\dfrac{1}{3}\right)$.

6.54 *Die Funktion*[33] $\operatorname{cis}: \mathbb{R} \to \{z \in \mathbb{C} \mid |z| = 1\}$, *die durch*

$$\operatorname{cis}(x) := e^{ix} = \cos x + i \sin x$$

erklärt ist, ist surjektiv. Ihre Einschränkung $\operatorname{cis}\Big|_{(-\pi,\pi]}$ *ist bijektiv.*

6.55 *Ist* $|w| = 1$, *so ist*

$$\arg w = \frac{1}{2}\arg(1+w)\,.$$

Deute dies geometrisch!

6.56 (Stetige Argumentfunktion) *Zeige, daß für das Argument einer nichtnegativen und von Null verschiedenen komplexen Zahl* $z = x + iy$ $(x, y \in \mathbb{R})$ *die Beziehung*

$$\arg z = \frac{1}{2}\arctan\frac{y}{r+x} = \frac{1}{2}\arctan\frac{y}{\sqrt{x^2+y^2}+x}$$

gilt. Hinweis: *Man verwende Aufgabe 6.55.*

◇ **6.57** *Stelle mit* DERIVE *die Funktionen* $\arcsin(\sin x)$, $\arccos(\cos x)$, $\arctan(\tan x)$ *und* $\operatorname{arccot}(\cot x)$ *graphisch dar und beweise die beobachteten Beziehungen.*

6.58 *Zeige: Für die komplexe Argumentfunktion gelten die folgenden Regeln modulo* 2π, *d. h. bis auf Vielfache von* 2π $(z, w \in \mathbb{C} \setminus \{0\})$

(a) $\arg z = 0 \quad (z > 0)$, (b) $\arg z = \pi \quad (z < 0)$,

(c) $\arg(zw) = \arg z + \arg w$, (d) $\arg \overline{z} = -\arg z$,

(e) $\arg\dfrac{1}{z} = -\arg z$, (f) $\arg(-z) = \arg z + \pi$.

[33]Die Abkürzung cis steht für $\cos + i \sin$.

◇ **6.59** *Während* DERIVE *trigonometrische Ausdrücke ausgezeichnet umzuformen vermag, ist es nicht so leicht, Ausdrücke, die inverse trigonometrische Funktionen enthalten, umzuformen. Ist man allerdings nur an Resultaten bis auf Vielfache von* π *bzw.* 2π *– man sagt auch modulo* π *bzw.* 2π *– interessiert, so kann man die Einstellung* `Manage Trigonometry Expand` *und eine der* DERIVE *Funktionen*

```
SIMPLIFY_MOD_PI(f):=ATAN(TAN(f))
SIMPLIFY_MOD_2PI(f):=ASIN(SIN(f))
```

benutzen. Man erkläre die Wirkungsweise dieser Funktionen und vereinfache

(a) $\arccos\frac{1}{3} + 2\arccos\frac{\sqrt{3}}{3}$, (b) $\arcsin\frac{1}{3} + 2\arctan\frac{\sqrt{2}}{2}$,

(c) $4\arctan\frac{1}{5} - \arctan\frac{1}{239}$, (d) $2\arctan\frac{1}{5} + \arctan\frac{1}{7} + 2\arctan\frac{1}{8}$.

6.60 *Beweise Korollar* 6.11 (b) und (c).

6.61 *Zeige die Identität* $\ln(\sqrt{1+x^2} - x) + \ln(\sqrt{1+x^2} + x) = 0$.

6.62 *Beweise die folgenden Grenzwerteigenschaften der Logarithmusfunktion:*

(a) $\lim\limits_{x\to 1}\frac{\ln x}{x-1} = 1$, (b) $\lim\limits_{x\to 0+} x^\alpha \ln x = 0 \quad (\alpha > 0)$,

(c) $\lim\limits_{x\to\infty}\frac{\ln x}{x^\alpha} = 0 \quad (\alpha > 0)$, (d) $\lim\limits_{x\to 0+} x^x = 1$.

6.63 *Zeige unter Benutzung der Logarithmusfunktion, daß für alle* $x \in \mathbb{R}$ *die Beziehung*

$$\lim_{n\to\infty}\left(1 + \frac{x}{n}\right)^n = e^x$$

gilt.

6.64 *In Übungsaufgabe* 3.6 *war die implizite Funktion betrachtet worden, die durch die Gleichungen*

$$y^3 - 3y - x = 0 \qquad \text{sowie} \qquad y(0) = 0$$

gegeben ist. Mit Hilfe von DERIVE *konnten die drei Zweige dieser Funktion durch Auflösen nach* y *berechnet werden. Man bestätige* DERIVE*s Berechnungen.*

6.65 *Wie viele Lösungen hat die Gleichung* $\sin x = \frac{x}{100}$*?*

◇ **6.66** *Man stelle die Funktion* $f(x) := \arcsin\sqrt{1-x^2}$ *graphisch dar und gebe eine Darstellung ohne Quadratwurzeln.*

7 Das Riemann-Integral

7.1 Riemann-Integrierbarkeit

Die Analysis basiert auf dem Konzept des Grenzwerts und auf zwei bestimmten Grenzwertoperationen: der Integration und der Differentiation. Es wird sich herausstellen, daß die beiden Konzepte in gewisser Weise zueinander inverse Operationen darstellen. Doch dazu später.

Das Konzept der Integration ist geschichtlich bedeutend älter als das der Differentiation. Es entspringt dem Wunsch, geometrischen Objekten, die komplizierter sind als Rechteck oder Quader, einen Flächen- bzw. Rauminhalt zuzuordnen. Die wesentlichen Ideen waren bereits DEMOKRIT[1] bekannt, der das Volumen von Kegeln und Pyramiden bestimmte. ARCHIMEDES benutzte Demokrits Methode, um viele andere Volumina und Flächeninhalte zu berechnen.

Vertraut mit Grenzwerten, haben wir natürlich einen Vorteil gegenüber Demokrit, und wir werden ihn zu nutzen wissen. Wir beschäftigen uns nun mit der folgenden konkreten Fragestellung, auf die viele andere Probleme zurückgeführt werden können. Gesucht ist der Flächeninhalt A des ebenen Bereichs, der durch

- den Graphen einer positiven Funktion f (oben),
- die x-Achse (unten) und (7.1)
- die zwei vertikalen Geraden $x = a$ und $x = b$ (links und rechts)

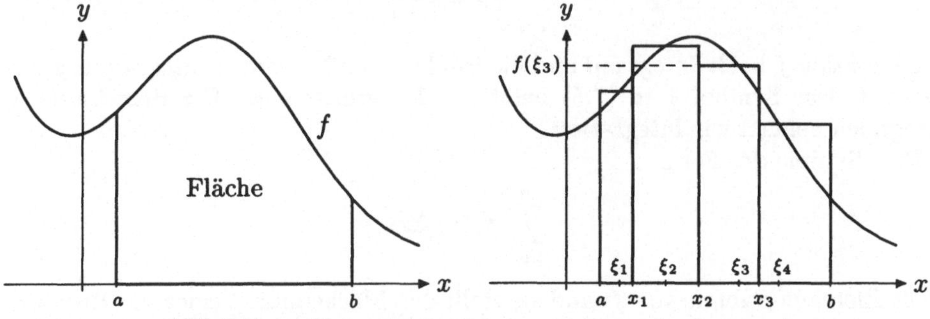

Abbildung 7.1 Flächeninhalt und Riemann-Summe

berandet ist, s. Abbildung 7.1 links.

RIEMANN[2] gab zur Lösung dieses Problems folgende allgemeine Definition.

[1] DEMOKRIT [5. Jahrhundert v. Chr.]
[2] BERNHARD RIEMANN [1826–1866]

Definition 7.1 (Zerlegung eines Intervalls, Riemann-Integrierbarkeit) Sei $[a, b]$ ein abgeschlossenes Intervall. Eine *Zerlegung* $\mathcal{P}$ von $[a, b]$ ist eine Menge von Punkten $x_k \in [a, b]$ $(k = 0, \ldots, n)$, für die

$$a =: x_0 < x_1 < x_2 < \cdots < x_{n-1} < x_n := b \tag{7.2}$$

gilt. Insbesondere ist für jede Zerlegung von $[a, b]$

$$b - a = \sum_{k=1}^{n} (x_k - x_{k-1}) = \sum_{k=1}^{n} \Delta x_k \,, \tag{7.3}$$

wobei wir mit Δx_k die Länge des k. Teilintervalls bezeichnen. Das Maximum der Längen Δx_k heißt die *Feinheit* der Zerlegung und wird abgekürzt durch

$$\|\mathcal{P}\| := \max_{k=1,\ldots,n} \Delta x_k \,.$$

Ist nun f eine auf $[a, b]$ beschränkte Funktion, dann heißt f *Riemann-integrierbar* (oder einfach integrierbar) über $[a, b]$, wenn der Grenzwert

$$\lim_{\|\mathcal{P}\| \to 0} \sum_{k=1}^{n} f(\xi_k)\, \Delta x_k \tag{7.4}$$

existiert, wobei $\mathcal{P}$ alle Zerlegungen des Intervalls durchläuft und $\xi_k \in [x_{k-1}, x_k]$ gilt. Ist f integrierbar über $[a, b]$, dann heißt der Grenzwert (7.4) das *(bestimmte) (Riemann-)Integral* von f über $[a, b]$ oder von a nach b, und wir schreiben

$$\int_a^b f(x)\, dx := \lim_{\|\mathcal{P}\| \to 0} \sum_{k=1}^{n} f(\xi_k)\, \Delta x_k. \tag{7.5}$$

Die Funktion f heißt *Integrand* und die Punkte a und b werden *Integrationsgrenzen* genannt. Das Symbol $\int$ in (7.5) heißt das *Integralzeichen*[3]. Die Berechnung von Integralen nennen wir *Integration*.

Eine Summe der Form

$$\sum_{k=1}^{n} f(\xi_k)\, \Delta x_k$$

heißt *Riemann-Summe* von f, und sie stellt den Flächeninhalt eines aus Rechtecken bestehenden Näherungsbereichs dar, s. Abbildung 7.1 rechts.

[3]Das Integralzeichen wurde von Leibniz 1675 eingeführt. Es steht für ein „langes S", mit „S" für „Summe".

Beispiel 7.1 (Arithmetische Zerlegungen) Sind alle Längen Δx_k gleich, nennen wir $\mathcal{P}$ eine *arithmetische Zerlegung des Intervalls.* Die gemeinsame Länge ergibt sich gemäß (7.3) zu

$$\Delta x := \frac{b-a}{n} \,,$$

und für die Stützstellen der Zerlegung gilt dann

$$x_k = x_0 + k\,\Delta x = a + k\,\frac{b-a}{n} \qquad (k = 0, \ldots, n)\,. \tag{7.6}$$

Bemerkung 7.1 Weiß man von einer Funktion f, daß sie in $[a, b]$ integrierbar ist, so genügt es, zur Berechnung des Integralwerts spezielle Riemann-Summen zu verwenden, man kann dann z. B. $\int\limits_a^b f(x)\,dx$ als Grenzwert arithmetischer Riemann-Summen für $n \to \infty$ berechnen. $\triangle$

Wir werden uns nun Kriterien für die Integrierbarkeit erarbeiten, die die Berechnung von Riemann-Integralen durch Anwendung von Bemerkung 7.1 ermöglichen, da eine direkte Anwendung der Definition 7.5 im allgemeinen viel zu umständlich ist. Dazu definieren wir zunächst

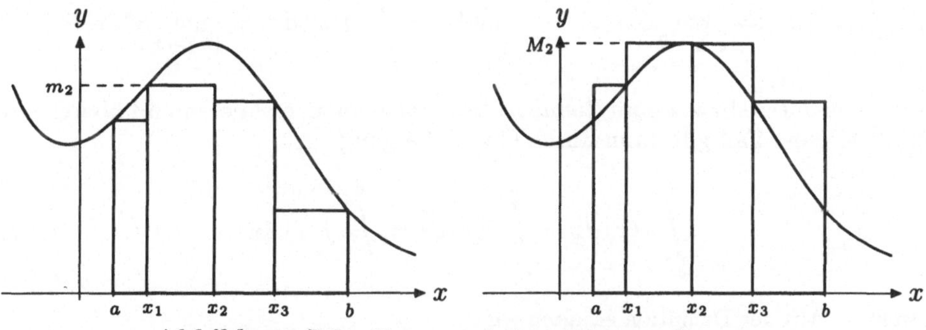

Abbildung 7.2 Untere und obere Riemann-Summen

Definition 7.2 (Untere und obere Riemann-Summe) Sei $[a, b]$ ein Intervall, $\mathcal{P}$ eine Zerlegung[4] von $[a, b]$, und f eine in $[a, b]$ beschränkte Funktion. Für $k = 1, \ldots, n$ seien m_k und M_k das Infimum bzw. das Supremum[5] von f im k. Teilintervall $I_k = [x_{k-1}, x_k]$ von $\mathcal{P}$

$$m_k := \inf_{x \in I_k} f(x) \qquad \text{bzw.} \qquad M_k := \sup_{x \in I_k} f(x)\,.$$

Dann sind die *untere Riemann-Summe* $S_*(f, \mathcal{P})$ und die *obere Riemann-Summe* $S^*(f, \mathcal{P})$ definiert durch

[4]Mit $\mathcal{P}$ sei immer die Zerlegung (7.2) bezeichnet.

[5]Für $\sup\,\{f(x) \mid x \in M\}$ schreiben wir auch $\sup\limits_{x \in M} f(x)$.

$$S_*(f,\mathcal{P}) := \sum_{k=1}^{n} m_k \,\Delta x_k \qquad \text{bzw.} \qquad S^*(f,\mathcal{P}) := \sum_{k=1}^{n} M_k \,\Delta x_k \,.$$

Diese Zerlegungen sind sehr wichtig, da *jede* Riemann-Summe einer beliebigen Zerlegung $\mathcal{P}$ zwischen $S_*(f,\mathcal{P})$ und $S^*(f,\mathcal{P})$ liegt, wie folgendes Lemma zeigt, s. Abbildung 7.2.

Lemma 7.1 Seien f, $[a,b]$ und $\mathcal{P}$ wie in Definition 7.2, und sei

$$\sum_{k=1}^{n} f(\xi_k)\,\Delta x_k$$

eine beliebige Riemann-Summe mit Punkten $\xi_k \in [x_{k-1}, x_k]$. Dann gilt

$$S_*(f,\mathcal{P}) \le \sum_{k=1}^{n} f(\xi_k)\,\Delta x_k \le S^*(f,\mathcal{P})\,. \tag{7.7}$$

Insbesondere: Eine beschränkte Funktion $f : [a,b] \to \mathbb{R}$ ist genau dann Riemann-integrierbar über $[a,b]$, wenn die Grenzwerte

$$\int_{*a}^{b} f(x)\,dx := \lim_{\|\mathcal{P}\|\to 0} S_*(f,\mathcal{P}) \qquad \text{und} \qquad \int_{a}^{*b} f(x)\,dx := \lim_{\|\mathcal{P}\|\to 0} S^*(f,\mathcal{P})\,,$$

die wir das *untere* bzw. *obere Riemann-Integral* nennen, existieren und übereinstimmen. In diesem Fall gilt dann durch Grenzübergang

$$\int_{*a}^{b} f(x)\,dx = \int_{a}^{b} f(x)\,dx = \int_{a}^{*b} f(x)\,dx\,. \tag{7.8}$$

Beweis: Aus der Definition erhalten wir

$$m_k \le f(\xi_k) \le M_k \qquad (k = 1, \ldots, n)\,,$$

und damit

$$\sum_{k=1}^{n} m_k\,\Delta x_k \le \sum_{k=1}^{n} f(\xi_k)\,\Delta x_k \le \sum_{k=1}^{n} M_k\,\Delta x_k\,,$$

also (7.7), und Gleichung (7.8) folgt dann aus dem Sandwichprinzip. □

Bemerkung 7.2 Das Ergebnis von Lemma 7.1 kann man auch wie folgt formulieren: Die Funktion f ist über $[a,b]$ genau dann integrierbar, wenn es zu jedem $\varepsilon > 0$ eine Zerlegung $\mathcal{P}$ von $[a,b]$ gibt, so daß der Fehlerterm

$$E(f,\mathcal{P}) := S^*(f,\mathcal{P}) - S_*(f,\mathcal{P}) \le \varepsilon \tag{7.9}$$

ist. △

Mit Hilfe des Lemmas haben wir uns von der Willkürlichkeit der Zwischenpunkte $\xi_k \in [x_{k-1}, x_k]$ befreit.

Beispiel 7.2 (Eine nicht Riemann-integrierbare Funktion) Die Dirichlet-Funktion

$$f(x) := \text{DIRICHLET}\,(x) = \begin{cases} 1 & \text{falls } x \text{ rational} \\ 0 & \text{falls } x \text{ irrational} \end{cases} \tag{3.33}$$

auf dem Intervall $[0, 1]$ zeigt, daß nicht alle beschränkten Funktionen Riemann-integrierbar sind. Für jede Zerlegung $\mathcal{P}$ von $[0, 1]$ ist nämlich

$$m_k = \inf_{x \in [x_{k-1}, x_k]} f(x) = 0 \qquad \text{sowie} \qquad M_k = \sup_{x \in [x_{k-1}, x_k]} f(x) = 1\,,$$

da in jedem Intervall $[x_{k-1}, x_k]$ sowohl rationale als auch irrationale Punkte enthalten sind. Folglich gilt für das untere bzw. obere Integral

$$\lim_{\|\mathcal{P}\| \to 0} S_*(f, \mathcal{P}) = \lim_{\|\mathcal{P}\| \to 0} \sum_{k=1}^{n} m_k\, \Delta x_k = 0$$

bzw.

$$\lim_{\|\mathcal{P}\| \to 0} S^*(f, \mathcal{P}) = \lim_{\|\mathcal{P}\| \to 0} \sum_{k=1}^{n} M_k\, \Delta x_k = \lim_{\|\mathcal{P}\| \to 0} \sum_{k=1}^{n} \Delta x_k = 1\,. \quad \triangle$$

Aber auch die untere und obere Riemann-Summe werden hauptsächlich in der Theorie (Sätze, Beweise etc.) verwendet und sind nicht von praktischem Interesse, da sie die Berechnung des Infimums m_k und des Supremums M_k in jedem Teilintervall I_k erfordern. Für die wichtige Klasse der monotonen Funktionen ist die Berechnung jedoch trivial.

Satz 7.1 (Monotone Funktionen) Jede monotone Funktion $f : [a, b] \to \mathbb{R}$ ist in $[a, b]$ integrierbar.

Beweis: Sei o. B. d. A. f monoton wachsend. Zunächst gilt dann für alle $x \in [a, b]$ die Beziehung $f(x) \le f(b)$, also ist f beschränkt. Sei $\varepsilon > 0$ vorgegeben. Ist nun eine Zerlegung $\mathcal{P}$ mit $\Delta x_k = x_k - x_{k-1} \le \varepsilon$ gegeben, so ist wegen des Wachstums von f

$$m_k = \inf_{x \in [x_{k-1}, x_k]} f(x) = f(x_{k-1}) \qquad \text{und} \qquad M_k = \sup_{x \in [x_{k-1}, x_k]} f(x) = f(x_k)\,, \tag{7.10}$$

und daher gilt für den Fehlerterm

$$\begin{aligned} E(f, \mathcal{P}) &= \sum_{k=1}^{n} f(x_k)\Delta x_k - \sum_{k=1}^{n} f(x_{k-1})\Delta x_k = \sum_{k=1}^{n} \Big(f(x_k) - f(x_{k-1}) \Big) \Delta x_k \\ &\le \varepsilon \sum_{k=1}^{n} \Big(f(x_k) - f(x_{k-1}) \Big) = \varepsilon\, (f(b) - f(a))\,, \end{aligned}$$

welcher also für $\varepsilon \to 0$ gegen 0 strebt. □

Beispiel 7.3 (Linke und rechte arithmetische Riemann-Summen) Der Satz samt seinem Beweis zeigt also erstens, daß monotone Funktionen immer integrierbar sind, und zweitens, daß es zur Bestimmung ihres Integralwerts genügt, spezielle konvergente Unter- oder Obersummen zu betrachten. Wir können uns z. B. auf arithmetische Zerlegungen einschränken. Wählen wir nun $\xi_k \in I_k$ als linken bzw. rechten Endpunkt von I_k, so stellen die entsprechenden Riemann-Summen

$$\text{LINKS}\,(f,[a,b],n) := \sum_{k=1}^{n} f\left(a+(k-1)\,\frac{b-a}{n}\right)\frac{b-a}{n} \tag{7.11}$$

bzw.

$$\text{RECHTS}\,(f,[a,b],n) := \sum_{k=1}^{n} f\left(a+k\,\frac{b-a}{n}\right)\frac{b-a}{n} \tag{7.12}$$

gemäß (7.10) untere und obere Schranken für $\int\limits_a^b f(x)\,dx$ dar. Für gegebenes f und $[a,b]$ hängen diese besonderen Riemann-Summen nur von n ab und lassen sich in manchen Fällen einfach bestimmen.

Wir betrachten z. B. die Funktion $f(x) = x^2$ im Intervall $[0,1]$. Die zwei Riemann-Summen (7.11) und (7.12) ergeben sich dann gemäß (1.11) zu

$$\text{LINKS}\,(x^2,[0,1],n) = \sum_{k=1}^{n}\left(\frac{k-1}{n}\right)^2\frac{1}{n} = \frac{1}{n^3}\sum_{k=1}^{n}(k-1)^2 = \frac{(n-1)(2n-1)}{6n^2}\,,$$

bzw.

$$\text{RECHTS}\,(x^2,[0,1],n) = \sum_{k=1}^{n}\left(\frac{k}{n}\right)^2\frac{1}{n} = \frac{1}{n^3}\sum_{k=1}^{n}k^2 = \frac{(n+1)(2n+1)}{6n^2}\,.$$

Für $n \to \infty$ haben die beiden Riemann-Summen denselben Grenzwert $\frac{1}{3}$ – den Wert des Integrals von x^2 von 0 bis 1. Nehmen wir bei derselben Funktion ein beliebiges Intervall $[a,b]$, so werden zwar die Rechnungen nicht grundsätzlich schwieriger, aber doch viel umfangreicher, so daß wir dies lieber DERIVE überlassen.

Sitzung 7.1 Wir können DERIVE benutzen, um die arithmetischen Riemann-Summen (7.11) und (7.12) zu berechnen. Die DERIVE Funktionen

```
LINKS(f,x,a,b,n):=(b-a)*SUM(LIM(f,x,a+(k_-1)*(b-a)/n),k_,1,n)/n

RECHTS(f,x,a,b,n):=(b-a)*SUM(LIM(f,x,a+k_*(b-a)/n)),k_,1,n)/n
```

berechnen diese Riemann-Summen für einen Ausdruck f der Variablen x bezüglich des Intervalls $[a,b]$ bei einer Zerlegung in n gleich große Intervalle. Die gegebenen Prozeduren können mit Erfolg z. B. auf folgende Beispielfunktionen f angewendet werden:

DERIVE Eingabe	DERIVE Ausgabe[6]
`LINKS(x^2,x,a,b,n)`	$\dfrac{(b-a)\Big(a^2(2n^2+3n+1)+2ab(n^2-1)+b^2(2n^2-3n+1)\Big)}{6n^2}$,
`LINKS(x^3,x,a,b,n)`	$\dfrac{\Big(a(n+1)+b(n-1)\Big)(b-a)\Big(a^2(n+1)+b^2(n-1)\Big)}{4n^2}$,
`LINKS(EXP(x),x,a,b,n)`	$\dfrac{\hat{e}^{a/n}(b-a)\left(\hat{e}^a-\hat{e}^b\right)}{n\left(\hat{e}^{a/n}-\hat{e}^{b/n}\right)}$,
`LINKS(SIN(x),x,a,b,n)`	$\dfrac{(a-b)\,\mathrm{COS}\big(a\big(\frac{1}{2n}+1\big)-\frac{b}{2n}\big)}{2n\,\mathrm{SIN}\left(\frac{a}{2n}-\frac{b}{2n}\right)}+\dfrac{(b-a)\,\mathrm{COS}\big(\frac{a}{2n}+\frac{b(2n-1)}{2n}\big)}{2n\,\mathrm{SIN}\left(\frac{a}{2n}-\frac{b}{2n}\right)}$,
`LINKS(COS(x),x,a,b,n)`	$\dfrac{(b-a)\,\mathrm{SIN}\left(a\left(\frac{1}{2n}+1\right)-\frac{b}{2n}\right)}{2n\,\mathrm{SIN}\left(\frac{a}{2n}-\frac{b}{2n}\right)}+\dfrac{(a-b)\,\mathrm{SIN}\left(\frac{a}{2n}+\frac{b(2n-1)}{2n}\right)}{2n\,\mathrm{SIN}\left(\frac{a}{2n}-\frac{b}{2n}\right)}$.

Die Prozedur **RECHTS** liefert ähnliche Resultate. Man kann nun auf all diese Ausdrücke die eingebaute Grenzwertfunktion anwenden und erhält dann für $n \to \infty$

$f(x)$	DERIVE Eingabe	DERIVE Ausgabe nach **Expand**
x^2	`LIM(LINKS(x^2,x,a,b,n),n,inf)`	$\dfrac{b^3}{3}-\dfrac{a^3}{3}$,
x^3	`LIM(LINKS(x^3,x,a,b,n),n,inf)`	$\dfrac{b^4}{4}-\dfrac{a^4}{4}$,
e^x	`LIM(LINKS(EXP(x),x,a,b,n),n,inf)`	$\hat{e}^b-\hat{e}^a$,
$\sin x$	`LIM(LINKS(SIN(x),x,a,b,n),n,inf)`	$\mathrm{COS}\,(a)-\mathrm{COS}\,(b)$,
$\cos x$	`LIM(LINKS(COS(x),x,a,b,n),n,inf)`	$\mathrm{SIN}\,(b)-\mathrm{SIN}\,(a)$

und die gleichen Resultate ganz entsprechend für die Prozedur **RECHTS**.

Man sieht, daß es bei der Integration von e^x (bzw. $\sin x, \cos x$) auf die Bestimmung eines Grenzwerts der Form

$$\lim_{n\to\infty} n\left(1-e^{c/n}\right)=-c \qquad \text{bzw.} \qquad \lim_{n\to\infty} n\sin\frac{c}{n}=c \tag{7.13}$$

ankommt, und zwar für alle Werte a und b. Die Grenzwerte (7.13) hatten wir in Satz 6.3 behandelt. Der schwierigere Teil der Berechnung besteht allerdings darin, für die auftretenden Summen explizite Formeln zu finden. Die interessante Frage, welcher Art diese Summenformeln bei den obigen Beispielen sind, ist der Inhalt von Übungsaufgabe 7.5.

Es zeigt sich allerdings, daß wir mit regelmäßigen arithmetischen Zerlegungen längst nicht für alle monotonen Funktionen die Integralwerte bestimmen können. Wir wollen uns jetzt etwas Neues einfallen lassen, um noch weitere Funktionen

[6] Bei den ersten beiden Ausdrücken verwende man **Factor**.

behandeln zu können. Einfluß haben wir auf die Wahl der Punkte ξ_k, und wählt man z. B. den jeweiligen Mittelpunkt

$$\xi_k = \frac{x_k - x_{k-1}}{2} ,$$

kann man die Formel für die entsprechende Riemann-Summe MITTEL(f, x, a, b, n) ebenfalls sofort hinschreiben. Es ergeben sich aber ganz analoge Resultate wie bei LINKS und RECHTS und somit lassen sich keine neuen Funktionen behandeln.[7]

Einfluß haben wir aber auch auf die Wahl der Zerlegung. Um eine möglichst einfache Formel zu bekommen, sollte die Zerlegung allerdings so regelmäßig wir möglich sein. Bei den bisher betrachteten arithmetisch regelmäßigen Zerlegungen waren immer die Abstände, d. h. die Differenzen aufeinanderfolgender Punkte x_{k-1} und x_k gleich. Wir setzen nun stattdessen die Quotienten aufeinanderfolgender Punkte x_{k-1} und x_k als gleich voraus und bekommen eine *regelmäßige geometrische Zerlegung*. Hierbei müssen wir allerdings annehmen, daß die Intervallendpunkte a und b gleiches Vorzeichen haben, z. B. beide positiv sind. Dann ergibt sich aus

$$\frac{x_k}{x_{k-1}} = c ,$$

daß

$$\frac{b}{a} = \frac{x_n}{x_0} = \frac{x_n}{x_{n-1}} \cdot \frac{x_{n-1}}{x_{n-2}} \cdots \frac{x_2}{x_1} \cdot \frac{x_1}{x_0} = c^n ,$$

also $c = \left(\frac{b}{a}\right)^{1/n}$, und folglich

$$x_k = \frac{x_k}{x_{k-1}} \cdot \frac{x_{k-1}}{x_{k-2}} \cdots \frac{x_2}{x_1} \cdot \frac{x_1}{x_0} \cdot a = c^k a = \left(\frac{b}{a}\right)^{k/n} a .$$

Die entsprechenden linken und rechten Riemann-Summen sind also gegeben durch

$$\begin{aligned} \text{LINKS\_GEOM}\,(f, [a,b], n) \quad &:= \quad \sum_{k=1}^{n} f\,(x_{k-1})\,(x_k - x_{k-1}) \\ &= \quad \sum_{k=1}^{n} f\left(\left(\frac{b}{a}\right)^{\frac{k-1}{n}} a\right)\left(\left(\frac{b}{a}\right)^{\frac{k}{n}} - \left(\frac{b}{a}\right)^{\frac{k-1}{n}}\right) a \end{aligned}$$

bzw.

$$\begin{aligned} \text{RECHTS\_GEOM}\,(f, [a,b], n) \quad &:= \quad \sum_{k=1}^{n} f\,(x_k)\,(x_k - x_{k-1}) \\ &= \quad \sum_{k=1}^{n} f\left(\left(\frac{b}{a}\right)^{\frac{k}{n}} a\right)\left(\left(\frac{b}{a}\right)^{\frac{k}{n}} - \left(\frac{b}{a}\right)^{\frac{k-1}{n}}\right) a . \end{aligned}$$

[7] Allerdings wird der Fehlerterm i. a. kleiner.

Sitzung 7.2 Die zugehörigen DERIVE Funktionen

```
LINKS_GEOM(f,x,a,b,n):=
SUM(LIM(f,x,a(b/a)^((k_-1)/n))(a(b/a)^(k_/n)-a(b/a)^((k_-1)/n)),k_,1,n)

RECHTS_GEOM(f,x,a,b,n):=
SUM(LIM(f,x,a(b/a)^(k_/n))(a(b/a)^(k_/n)-a(b/a)^((k_-1)/n)),k_,1,n)
```

sind schnell aufgeschrieben. Mit ihnen können wir nun z. B. die folgenden Beispiele behandeln.

DERIVE Eingabe	DERIVE Ausgabe[8]
`LINKS_GEOM(x^m,x,a,b,n)`	$\dfrac{a^{m/n}\,(b^{1/n}-a^{1/n})\,(a\,a^m-b\,b^m)}{a^{1/n}\,a^{m/n}-b^{1/n}\,b^{m/n}}$
`LINKS_GEOM(1/x,x,a,b,n)`	$n\dfrac{b^{1/n}}{a^{1/n}}-n\,,$
`LINKS_GEOM(LN(x),x,a,b,n)`	

$$\frac{na^{1/n}\,(a\,\mathrm{LN}\,(a)-b\,\mathrm{LN}\,(b))+b^{1/n}\Big((a+b(n-1))\,\mathrm{LN}\,(b)-(a(n+1)-b)\,\mathrm{LN}\,(a)\Big)}{n\,(b^{1/n}-a^{1/n})}\,,$$

wenn wir vorher die Zahlen a und b mit `Declare Variable Domain` als `Positive` deklarieren. Das heißt, diese Methode liefert z. B. durch Grenzübergang $n\to\infty$ ohne Mühe das Integral der allgemeinen Potenzfunktion x^m ($m\in\mathbb{R}$) für einen *beliebigen* Exponenten:

$f(x)$	DERIVE Eingabe	DERIVE Ausgabe
x^m	`LIM(LINKS_GEOM(x^m,x,a,b,n),n,inf)`	$\dfrac{b\,b^m-a\,a^m}{m+1}\,,$
$1/x$	`LIM(LINKS_GEOM(1/x,x,a,b,n),n,inf)`	$-\mathrm{LN}\left[\dfrac{a}{b}\right]\,,$
$\ln x$	`LIM(LINKS_GEOM(LN(x),x,a,b,n),n,inf)`	$-a\,\mathrm{LN}\,(a)+b\,\mathrm{LN}\,(b)+a-b\,.$

Wieder lassen sich die berechneten Summen und Grenzwerte genauer analysieren, und der wichtige Grenzwert (6.9) ist entscheidend bei der Integration von $1/x$, s. Übungsaufgabe 7.7.

Nun haben wir zunächst genügend viele konkrete Beispielfunktionen behandelt. Als nächstes geben wir eine weitere wichtige Beispielklasse integrierbarer Funktionen: die stetigen Funktionen.

Satz 7.2 (Stetige Funktionen) Jede in $[a,b]$ stetige Funktion f ist in $[a,b]$ integrierbar.

[8]Der erste Ausdruck wurde mit `Manage Exponential Expand` faktorisiert.

Beweis: Eine in einem abgeschlossenen Intervall $[a, b]$ stetige Funktion ist gemäß Satz 6.8 dort sogar gleichmäßig stetig. Daher gibt es zu jedem $\varepsilon > 0$ ein $\delta > 0$ derart, daß für alle $\xi_1, \xi_2 \in [a, b]$ mit $|\xi_2 - \xi_1| \leq \delta$ für die entsprechenden Funktionswerte die Beziehung $|f(\xi_2) - f(\xi_1)| \leq \varepsilon$ gilt. Ist nun eine Zerlegung $\mathcal{P}$ mit $\Delta x_k = x_k - x_{k-1} \leq \delta$ gegeben, so folgt daher für alle $k = 1, \ldots, n$ die Beziehung $M_k - m_k \leq \varepsilon$, und somit für den Fehlerterm

$$\begin{aligned} S^*(f,\mathcal{P}) - S_*(f,\mathcal{P}) &= \sum_{k=1}^{n} M_k \Delta x_k - \sum_{k=1}^{n} m_k \Delta x_k \\ &= \sum_{k=1}^{n} \Big(M_k - m_k\Big)\Delta x_k \leq \varepsilon \sum_{k=1}^{n} \Delta x_k = \varepsilon\,(b-a)\,, \end{aligned}$$

welcher also für $\varepsilon \to 0$ gegen 0 strebt. □

Wir können in Satz 7.2 zulassen, daß f eine endliche Menge von Unstetigkeiten besitzt.

Definition 7.3 (Stückweise Stetigkeit) Eine beschränkte Funktion f heißt *stückweise stetig*[9] im Intervall $[a, b]$, wenn man das Intervall derart in endlich viele Teilintervalle

$$a = x_0 < x_1 < \cdots < x_n = b$$

zerlegen kann, daß f für $k = 1, \ldots, n$ in jedem offenen Teilintervall (x_{k-1}, x_k) stetig ist. △

Für stückweise stetige Funktionen gilt

Korollar 7.1 Ist f in $[a, b]$ stückweise stetig, dann ist f über $[a, b]$ integrierbar.

Den einfachen Beweis stellen wir als Übungsaufgabe 7.11. □

Sitzung 7.3 Wir werden in Kapitel 11 weitere Methoden behandeln, die uns das Integrieren wesentlich erleichtern werden. Vorab allerdings weisen wir darauf hin, daß DERIVE recht gut integrieren kann[10].

Will man mit DERIVE das Integral

$$\int_a^b f(x)\,dx \tag{7.5}$$

berechnen, so vereinfacht man den Ausdruck `INT(f,x,a,b)` oder man verwendet das `Calculus Integrate` Menü, bei dem DERIVE die benötigte Information dann abfragt: den Integranden f, die Integrationsvariable x sowie die Integrationsgrenzen a und b.

Zum Beispiel ergibt eine Vereinfachung von `INT(EXP(x) SIN(x),x,a,b)`

[9] Englisch: piecewise continuous

[10] Computeralgebrasysteme haben es da – wie beim Faktorisieren von Polynomen – leichter als wir: Sie können auf Algorithmen zurückgreifen, die ungemein kompliziert sein können. Zum Integrieren gibt es einen auf Risch zurückgehenden Algorithmus, s. z. B. [DST].

$$\hat{e}^a \left(\frac{\mathrm{COS}\,(a)}{2} - \frac{\mathrm{SIN}\,(a)}{2} \right) + \hat{e}^b \left(\frac{\mathrm{SIN}\,(b)}{2} - \frac{\mathrm{COS}\,(b)}{2} \right),$$

und `INT(x^5 SIN(2x),x,0,pi)` liefert

$$-\frac{\pi(2\pi^4 - 10\pi^2 + 15)}{4},$$

Ergebnisse, welche wir mit unseren bisherigen Mitteln noch nicht berechnen können.

Wir werden nun weitere Eigenschaften des Riemann-Integrals untersuchen. Dazu verwenden wir die folgende

Definition 7.4 Sei $\mathcal{P}$ eine Zerlegung von $[a, b]$ mit den Zerlegungspunkten

$$a = x_0 < x_1 < x_2 < \cdots < x_{n-1} < x_n = b$$

und $\mathcal{Q}$ eine endliche Menge von Punkten aus $[a, b]$, die die obigen $n + 1$ Punkte enthält. Dann ist $\mathcal{Q}$ ebenfalls eine Zerlegung von $[a, b]$ und heißt *feiner* als $\mathcal{P}$. △

Die folgenden Eigenschaften sind direkte Folgerungen aus dieser Definition.

Lemma 7.2 Seien $\mathcal{P}$ und $\mathcal{Q}$ Zerlegungen von $[a, b]$, $\mathcal{Q}$ sei feiner als $\mathcal{P}$ und f sei beschränkt. Dann gilt:

(a) $\|\mathcal{P}\| \geq \|\mathcal{Q}\|$,

(b) $S_*(f, \mathcal{P}) \leq S_*(f, \mathcal{Q}) \leq S^*(f, \mathcal{Q}) \leq S^*(f, \mathcal{P})$. □

Die folgenden Eigenschaften des Integrals folgen direkt aus den Eigenschaften von Grenzwerten.

Satz 7.3 (Eigenschaften des Integrals) Die Funktionen f und g seien über $[a, b]$ integrierbar und α sei eine Konstante. Dann gilt:

(a) Die Funktion αf ist über $[a, b]$ integrierbar, und es gilt

$$\int_a^b \alpha\, f(x)\, dx = \alpha \int_a^b f(x)\, dx .$$

(b) Die Funktion $f + g$ ist über $[a, b]$ integrierbar und es gilt

$$\int_a^b \Big(f(x) + g(x)\Big)\, dx = \int_a^b f(x)\, dx + \int_a^b g(x)\, dx .$$

(c) Ist $a \leq c < d \leq b$, dann ist f integrierbar über $[c, d]$.

(d) Für alle $c \in [a, b]$ gilt

$$\int_a^b f(x)\,dx = \int_a^c f(x)\,dx + \int_c^b f(x)\,dx\,, \tag{7.14}$$

s. Abbildung 7.3.

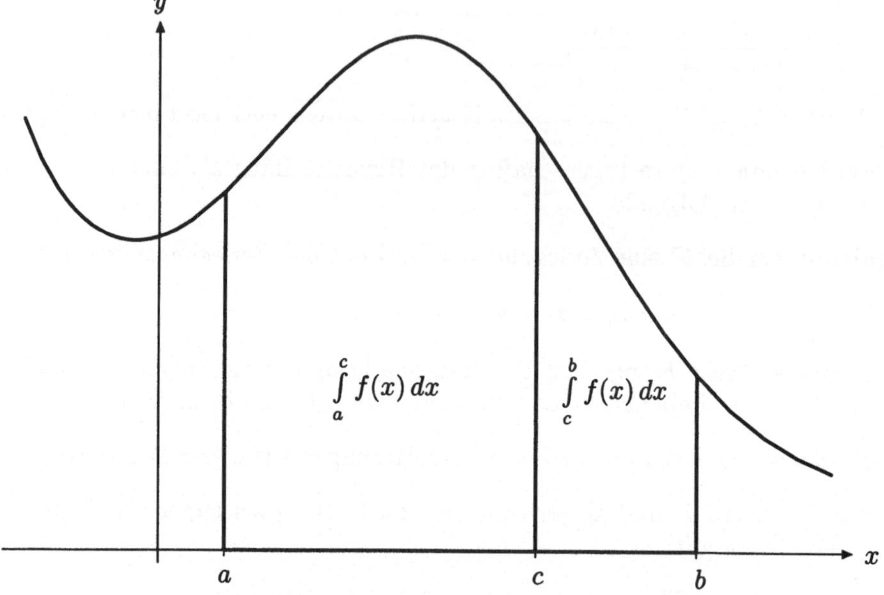

Abbildung 7.3 Additivität des Integrals

(e) Gilt

$$f(x) \le g(x) \quad \text{für alle } a \le x \le b\,, \tag{7.15}$$

dann gilt auch

$$\int_a^b f(x)\,dx \le \int_a^b g(x)\,dx\,. \tag{7.16}$$

Beweis: (a) Für den Grenzwert der Riemann-Summen der Funktion αf gilt

$$\lim_{\|\mathcal{P}\|\to 0} \sum_{k=1}^{n} \alpha\, f(\xi_k)\,\Delta x_k = \alpha \lim_{\|\mathcal{P}\|\to 0} \sum_{k=1}^{n} f(\xi_k)\,\Delta x_k = \alpha \int_a^b f(x)\,dx\,,$$

da f über $[a, b]$ integrierbar ist.
(b) Entsprechend gilt

$$\begin{aligned}\lim_{\|\mathcal{P}\|\to 0} \sum_{k=1}^{n} \Big(f(\xi_k) + g(\xi_k)\Big)\,\Delta x_k &= \lim_{\|\mathcal{P}\|\to 0} \sum_{k=1}^{n} f(\xi_k)\,\Delta x_k + \lim_{\|\mathcal{P}\|\to 0} \sum_{k=1}^{n} g(\xi_k)\,\Delta x_k \\ &= \int_a^b f(x)\,dx + \int_a^b g(x)\,dx\,,\end{aligned}$$

da f und g integrierbar sind.

(c) Sei $[c, d]$ ein Teilintervall von $[a, b]$. Dann ist für jede Zerlegung $\widetilde{\mathcal{P}}$ von $[a, b]$ die (vielleicht feinere) Zerlegung $\mathcal{P} := \widetilde{\mathcal{P}} \cup \{c\} \cup \{d\}$ die Vereinigung

$$\mathcal{P} = \mathcal{P}_{[a,\,c]} \cup \mathcal{P}_{[c,\,d]} \cup \mathcal{P}_{[d,\,b]} \,,$$

wobei $\mathcal{P}_{[x,\,y]}$ jeweils eine Zerlegung des Intervalls $[x, y]$ bezeichne. Die untere Riemann-Summe $S_*(f, \mathcal{P})$ hat daher die Darstellung

$$S_*(f, \mathcal{P}) = S_*(f, \mathcal{P}_{[a,c]}) \cdot \chi_{[a,c]} + S_*(f, \mathcal{P}_{[c,d]}) \cdot \chi_{[c,d]} + S_*(f, \mathcal{P}_{[d,b]}) \cdot \chi_{[d,b]}$$

und Entsprechendes gilt für die obere Riemann-Summe $S^*(f, \mathcal{P})$. Der Näherungsfehler (7.9) ist deshalb die Summe der drei Fehler

$$E(f, \mathcal{P}) = E(f, \mathcal{P}_{[a,\,c]}) + E(f, \mathcal{P}_{[c,\,d]}) + E(f, \mathcal{P}_{[d,\,b]}) \,, \tag{7.17}$$

die den drei Teilintervallen $[a, c]$, $[c, d]$ und $[d, b]$ entsprechen. Die Integrabilität von f über $[a, b]$ bedeutet nun, daß der Grenzwert der linken Seite von (7.17) für $\|\mathcal{P}\| \to 0$ Null ist. In diesem Fall streben die drei Terme auf der rechten Seite folglich ebenfalls gegen Null, da sie nichtnegativ sind. Insbesondere gilt

$$\lim_{\|\mathcal{P}_{[c,\,d]}\| \to 0} E(f, \mathcal{P}_{[c,\,d]}) = 0 \,,$$

woraus die Integrierbarkeit von f über $[c, d]$ folgt.

(d) Der Beweis ist analog zum Beweis von (c).

(e) Gilt (7.15), dann gelten für jede Zerlegung $\mathcal{P}$ von $[a, b]$ die Beziehungen

$$S_*(f, \mathcal{P}) \le S_*(g, \mathcal{P}) \qquad \text{sowie} \qquad S^*(f, \mathcal{P}) \le S^*(g, \mathcal{P})$$

und damit

$$\lim_{\|\mathcal{P}\| \to 0} S_*(f, \mathcal{P}) \le \lim_{\|\mathcal{P}\| \to 0} S_*(g, \mathcal{P}) \qquad \text{sowie} \qquad \lim_{\|\mathcal{P}\| \to 0} S^*(f, \mathcal{P}) \le \lim_{\|\mathcal{P}\| \to 0} S^*(g, \mathcal{P}) \,,$$

was (7.16) beweist. □

Bemerkung 7.3 (Linearität) Eigenschaften (a) und (b) sagen aus, daß die Integration eine *lineare Operation* ist. Die Linearität wurde von der Linearität der Grenzwertbildung vererbt.

Bemerkung 7.4 Eigenschaft (c) besagt, daß sich die Integrierbarkeit auf kleinere Intervalle vererbt.

Bemerkung 7.5 (Linearität bzgl. der Vereinigung von Intervallen) Eigenschaft (d) besagt, daß das Integral als Funktion von Intervallen *additiv* ist.[11]

[11] Man beachte, daß $[a, c]$ und $[c, b]$ den Endpunkt c gemeinsam haben. Obwohl so der Punkt c „doppelt gezählt" wird, so ist sein Beitrag zum Integral wegen (7.19) gleich Null. Es ist eine tiefliegende Fragestellung, „wieviele" Punkte es sein dürfen, damit der Integralwert unbeeinflußt bleibt. Derartige Fragen werden in der Maßtheorie gelöst und führen zum Lebesgueschen Integralbegriff, HENRI LEBESGUE [1875–1941].

Bemerkung 7.6 Wenn (7.14) für alle c (nicht nur für $c \in [a,b]$) gelten soll, so muß man Integrale von c nach b mit $b < c$ wie folgt definieren:

$$\int_c^b f(t)\,dt := -\int_b^c f(t)\,dt\,. \tag{7.18}$$

Insbesondere folgt aus (7.18) dann für jedes $x \in [a,b]$ die Gültigkeit von

$$\int_x^x f(t)\,dt = 0\,. \tag{7.19}$$

Bemerkung 7.7 (Monotonie) Eigenschaft (e) ist eine *Monotonieeigenschaft*. Kurz: Man darf Ungleichungen integrieren. Gilt insbesondere

$$m \le f(x) \le M \quad \text{für alle } a \le x \le b\,,$$

dann folgt aus (e)

$$\int_a^b m\,dx \le \int_a^b f(x)\,dx \le \int_a^b M\,dx\,,$$

woraus man die Beziehung

$$m\,(b-a) \le \int_a^b f(x)\,dx \le M\,(b-a) \tag{7.20}$$

erhält, s. Abbildung 7.4.

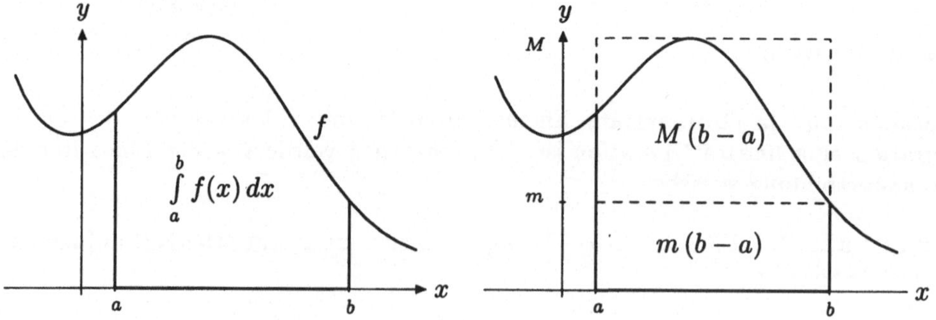

Abbildung 7.4 Das Integral als Mittelwert

Wir wollen hieraus einige weitere wichtige Eigenschaften von Integralen folgern.

Korollar 7.2 (Dreiecksungleichung für Integrale) Ist $f : [a,b] \to \mathbb{R}$ integrierbar in $[a,b]$, dann gilt

$$\left| \int_a^b f(x)\,dx \right| \le \int_a^b |f(x)|\,dx\,.$$

Ist insbesondere $|f(x)| \le M$ für $x \in [a,b]$, so folgt weiter

$$\left| \int_a^b f(x)\,dx \right| \le \int_a^b |f(x)|\,dx \le M\,(b-a)\,. \tag{7.21}$$

Beweis: Dies folgt aus Satz 7.3 (e) mit Hilfe der Ungleichungen $-f \le |f|$ sowie $f \le |f|$. □

Die Monotonieeigenschaft des Integrals führt uns zu einer neuen Deutung des Integrals sowie zum Mittelwertsatz der Integralrechnung[12]. Dazu folgende

Definition 7.5 (Gewichtete Mittelwerte) Es seien die Zahlen[13] $f_1, f_2, \ldots, f_n$ gegeben, und $\lambda_1, \lambda_2, \ldots, \lambda_n$ seien Zahlen, die den Beziehungen

$$\lambda_k \ge 0 \quad (k = 1, \ldots, n) \quad \text{und} \quad \sum_{k=1}^{n} \lambda_k = 1$$

genügen. Dann heißt

$$\sum_{k=1}^{n} \lambda_k\, f_k \tag{7.22}$$

der *gewichtete Mittelwert* der Zahlen f_k mit den Gewichten λ_k $(k = 1, \ldots, n)$. Den gewöhnlichen *arithmetischen Mittelwert*

$$\frac{1}{n} \sum_{k=1}^{n} f_k$$

erhält man aus (7.22) mit gleichen Gewichten $\lambda_k = 1/n$ $(k = 1, \ldots, n)$. △

Wir untersuchen nun die Mittelwert-Eigenschaften von Riemann-Summen und Integralen. Sei f über $I = [a,b]$ integrierbar. Für jede Zerlegung $\mathcal{P}$ von I sei

$$S(f, \mathcal{P}) = \sum_{k=1}^{n} f(\xi_k)\,\Delta x_k$$

eine Riemann-Summe. Dividieren wir nun diese Gleichung durch $(b-a)$, so erhalten wir mit (7.3)

---

[12] Englisch: Integral Mean Value Theorem

[13] Sie können durchaus auch komplex sein.

$$\frac{S(f,\mathcal{P})}{b-a} = \sum_{k=1}^{n} \frac{\Delta x_k}{\sum\limits_{j=1}^{n} \Delta x_j} f(\xi_k) \, .$$

Die rechte Seite ist ein gewichteter Mittelwert der Werte von f an den Stellen ξ_k mit den Gewichten

$$\lambda_k = \frac{\Delta x_k}{\sum\limits_{j=1}^{n} \Delta x_j} \qquad (k = 1, \ldots, n) \, .$$

Im Grenzfall, für $\|\mathcal{P}\| \to 0$, definieren wir den *Integralmittelwert* von f in $I = [a, b]$ als[14]

$$\text{MITTELWERT}\,(f, I) \; := \; \frac{\int\limits_a^b f(x)\,dx}{b-a} \, . \tag{7.23}$$

Beispiel 7.4 Das Integral von $\sin x$ über $[0, \pi]$ hat gemäß DERIVE-Sitzung 7.1 den Wert

$$\int\limits_0^{\pi} \sin x \, dx = \cos 0 - \cos \pi = 2 \, . \tag{7.24}$$

Der Integralmittelwert von $\sin x$ im Intervall $[0, \pi]$ ist deshalb

$$\text{MITTELWERT}\,(\sin x, [0, \pi]) = \frac{2}{\pi} \approx 0.63662\ldots \, .$$

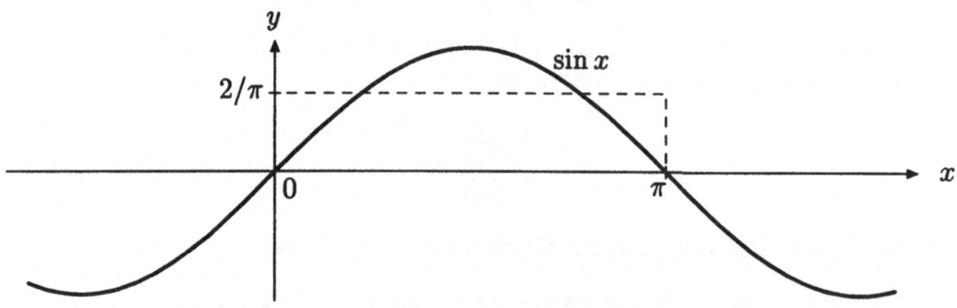

Abbildung 7.5 Der Integralmittelwert von $\sin x$

In Abbildung 7.5 haben wir den Graphen der Sinusfunktion und den Graphen der Konstanten $2/\pi$ dargestellt. Aus der Definition (7.23) folgt, daß das Integral (7.24), also die Fläche zwischen dem Graphen der Sinusfunktion und der x-Achse im Intervall $[0, \pi]$, dem Flächeninhalt des von den Koordinatenachsen und den schraffierten Strecken erzeugten Rechtecks entspricht.

[14]Besteht das Intervall I aus einem einzelnen Punkt $I = [a, a]$, definieren wir den MITTELWERT (f, I) als $f(a)$.

Wir erhalten nun den

Satz 7.4 (Mittelwertsatz der Integralrechnung) Sei f in $I = [a, b]$ stetig. Dann gibt es einen Punkt ξ in I, so daß

$$\int_a^b f(x)\,dx = f(\xi)(b-a)\ .$$

gilt.

Beweis: Aus (7.20) folgt

$$m \le \text{MITTELWERT}\,(f, I) \le M,$$

wobei m und M das Minimum bzw. das Maximum von f in I sind. Da f stetig ist, nimmt die Funktion gemäß Korollar 6.7 jeden Wert zwischen m und M an. □

Die Stelle ξ, an der f seinen Integralmittelwert in I annimmt, ist einer der x-Werte der Schnittpunkte des Graphen von f mit der horizontalen Geraden $y =$ MITTELWERT (f, I). Im allgemeinen ist ξ nicht eindeutig bestimmt, s. Abbildung 7.5. Hier gibt es in $[0, \pi]$ zwei Stellen ξ, an denen der Integralmittelwert von $\sin x$ angenommen wird (man berechne sie!).

Beispiel 7.5 Es gilt gemäß DERIVE-Sitzung 7.1

$$\int_1^3 x^2\,dx = \frac{3^3 - 1^3}{3} = \frac{26}{3}\ .$$

Daher ergibt sich für den Integralmittelwert von x^2 in $[1, 3]$:

$$\text{MITTELWERT}\,(x^2,\ [1,3]) = \frac{\int_1^3 x^2\,dx}{3-1} = \frac{13}{3}\ .$$

Der Integralmittelwert wird an der Stelle $\xi = \sqrt{\frac{13}{3}}$ angenommen.

Am Ende dieses Abschnitts behandeln wir noch eine Erweiterung des Mittelwertsatzes der Integralrechnung.

Satz 7.5 (Erweiterter Mittelwertsatz der Integralrechnung) Sei f in $[a, b]$ stetig und p eine in $[a, b]$ integrierbare Funktion, die keine negativen Werte annimmt. Dann gibt es einen Punkt $\xi \in [a, b]$, so daß

$$\int_a^b f(x)p(x)\,dx = f(\xi)\int_a^b p(x)\,dx$$

gilt.

Beweis: Der Beweis ergibt sich durch Integration der Ungleichungskette

$$\min_{x\in[a,b]} f(x)\,p(x) \le f(x)\,p(x) \le \max_{x\in[a,b]} f(x)\,p(x)$$

wie bei Satz 7.4. Das Produkt fp ist immer integrierbar, s. Übungsaufgabe 7.17. □

ÜBUNGSAUFGABEN

7.1 *Man beweise für eine beliebige Zerlegung $\mathcal{P}$ eines endlichen Intervalls $[a,b]$:*

(a) *Aus $\|\mathcal{P}\| \to 0$ folgt für die Anzahl der Teilintervalle $n \to \infty$.*

(b) *$n \to \infty$ impliziert nicht generell $\|\mathcal{P}\| \to 0$.*

7.2 *Man finde zu zwei gegebenen Zerlegungen $\mathcal{P}$ und $\mathcal{Q}$ von $[a,b]$ eine Zerlegung $\mathcal{R}$ mit einer minimalen Anzahl von Punkten, die sowohl feiner als $\mathcal{P}$ als auch feiner als $\mathcal{Q}$ ist.*

7.3 *Beweise Lemma 7.2.*

7.4 *Sei $a < c < b$, $\mathcal{P}_{[a,c]}$ eine beliebige Zerlegung von $[a,c]$ und $\mathcal{P}_{[c,b]}$ eine beliebige Zerlegung von $[c,b]$. Dann ist*

$$\mathcal{P} := \mathcal{P}_{[a,c]} \cup \mathcal{P}_{[c,b]} \tag{7.25}$$

eine Zerlegung von $[a,b]$ mit der Feinheit

$$\|\mathcal{P}\| = \max\{\|\mathcal{P}_{[a,c]}\|, \|\mathcal{P}_{[c,b]}\|\}\,.$$

Fügt man umgekehrt bei der Zerlegung $\widetilde{\mathcal{P}}$ von $[a,b]$ zu den Zerlegungspunkten von $\widetilde{\mathcal{P}}$ einen Punkt c hinzu, dann erhält man eine Zerlegung[15] *$\mathcal{P}$ von $[a,b]$, die (7.25) genügt, wobei nun $\mathcal{P}_{[a,c]}$ und $\mathcal{P}_{[c,b]}$ Zerlegungen von $[a,c]$ bzw. $[c,b]$ sind.*

7.5 *Bestätige durch Nachrechnen die Resultate aus* DERIVE*-Sitzung 7.1 und zeige, auf welche Summenformeln und Grenzwerte es ankommt.*

7.6 *Bestätige die Formel*

$$\int_a^b \frac{1}{x^2} = \frac{1}{a} - \frac{1}{b}$$

für $0 < a < b$ durch Riemannsche Summen und Wahl der Zwischenpunkte

$$\xi_k := \sqrt{x_{k-1}x_k} \in [x_{k-1}, x_k]\,.$$

[15] Ist der Punkt c ein Punkt der Zerlegung $\widetilde{\mathcal{P}}$, dann sind die Zerlegungen $\widetilde{\mathcal{P}}$ und $\mathcal{P}$ identisch. Andernfalls ist $\mathcal{P}$ feiner als $\widetilde{\mathcal{P}}$.

7.7 *Bestätige durch Nachrechnen die Resultate aus* DERIVE*-Sitzung* 7.2 *und zeige, auf welche Summenformeln und Grenzwerte es ankommt.*

7.8 *Man gebe einen Beweis von Korollar* 7.2 *mit Hilfe von Riemann-Summen.*

7.9 *Sei f in $[a,b]$ monoton und sei $\mathcal{P}$ die arithmetische Zerlegung von $[a,b]$ in n Teilintervalle. Dann gilt für den Näherungsfehler* (7.9) *die Ungleichung*

$$E(f,\mathcal{P}) \le \frac{(b-a)^2}{n} .$$

7.10 *Ist die Funktion*

$$f(x) = \begin{cases} x \sin \frac{1}{x} & \text{falls } x \neq 0 \\ 0 & \text{sonst} \end{cases}$$

über $[0,1]$ *integrierbar?*

7.11 *Beweise Korollar* 7.1.

7.12 *Man bestimme den Integralmittelwert von $\sin x$ in $[\pi, 2\pi]$ sowie in $[-\pi, \pi]$ und vergleiche das Ergebnis mit Beispiel* 7.4. *Warum gibt es kein Intervall I, in dem der Integralmittelwert von $\sin x$ größer als* 1 *ist?*

⋆ **7.13** *Zeige, daß die Funktion*

$$f(x) := \begin{cases} \frac{1}{q} & \text{falls } x = \frac{p}{q} \text{ rational, gekürzt} \\ 0 & \text{falls } x \text{ irrational} \end{cases} \tag{6.3}$$

im Gegensatz zur Dirichlet-Funktion über $[0,1]$ *integrierbar ist. Berechne ihren Integralwert.* Hinweis: *Man verwende ähnliche Argumente wie in Beispiel* 6.12.

◇ **7.14** *Man definiere eine* DERIVE*-Funktion* `MITTELWERT(f,x,a,b)`, *die den Integralmittelwert der Funktion f bzgl. der Variablen x im Intervall $I = [a,b]$ berechnet. Man berechne damit den Integralmittelwert von*

(a) $\sin^k x \; (k = 1, \ldots, 10)$ für $I = [0,\pi]$,

(b) $\cos^k x \; (k = 1, \ldots, 10)$ für $I = [0,\pi]$,

(c) $x^k \; (k = 1, \ldots, 10)$ für $I = [0,1]$,

(d) $\dfrac{1}{x^k} \; (k = 1, \ldots, 10)$ für $I = [1,2]$.

Überprüfe durch eine Grenzwertbetrachtung mit DERIVE, *daß unsere Definition des Integralmittelwerts für $b = a$ vernünftig ist. Unter welcher Bedingung an f ist der Integralmittelwert stetig an der Stelle $b = a$?*

◇ **7.15** *Man verwende die Funktion* `LINKS` *aus* DERIVE*-Sitzung* 7.1, *um die Integrale* $\int_a^b x\, e^x \, dx$ *sowie* $\int_a^b x^2\, e^x \, dx$ *zu bestimmen.* Hinweis: *Man verwende* **Expand** .

◇ **7.16** *Die* DERIVE-*Funktion*

```
INTEGRAL_MWS_GRAPH(f,x,a,b):=[[f],[MITTELWERT(f,x,a,b)*CHI(a,x,b)]]
```

(s. Übungsaufgabe 7.14) eignet sich zur graphischen Darstellung des Mittelwertsatzes der Integralrechnung. Man wende sie auf die Funktionen aus Übungsaufgabe 7.14 für $k = 1, \ldots, 3$ an und stelle die Ergebnisse graphisch dar.

⋆ **7.17** *Man zeige: Ist f in $[a,b]$ integrierbar, so ist auch die Funktion $|f|$ in $[a,b]$ integrierbar. Ist umgekehrt $|f|$ integrierbar, so braucht f nicht integrierbar zu sein.*

Sind f und g in $[a,b]$ integrierbar, so sind auch die Funktionen $f \cdot g$, f/g (falls $1/g$ beschränkt ist), $\max\{f,g\}$ und $\min\{f,g\}$ in $[a,b]$ integrierbar. Hinweis: *Man zeige zuerst die Integrierbarkeit von f^2 und dann die von $f \cdot g = \frac{(f+g)^2-(f-g)^2}{4}$.*

7.18 *Ist f stetig in $[a,b]$ und $f(x) \geq 0$ $(x \in [a,b])$, dann gilt*

$$\int_a^b f(x)\,dx = 0 \qquad \Longrightarrow \qquad f \equiv 0\,, \text{ d.h. } f(x) = 0 \ \ (x \in [a,b])\,.$$

Ist f also an einer Stelle $c \in [a,b]$ positiv, so ist $\int_a^b f(x)dx > 0$.

7.2 Integrale und Flächeninhalt

Für eine positive Funktion f stellt das Riemann-Integral eine *Definition* des Flächeninhalts (7.1) dar. Die Definition des Riemann-Integrals setzt die Positivität von f jedoch nicht voraus. Wir beschäftigen uns nun mit der Frage, welche geometrische Bedeutung das Riemann-Integral für stetige Integranden im allgemeinen hat.

Beispiel 7.6 (Das Integral einer negativen Funktion) Für $f < 0$ in $[a,b]$ folgt aus der Linearität des Integrals, daß

$$\int_a^b f(x)\,dx = -\int_a^b (-f)(x)\,dx = -\int_a^b |f(x)|\,dx.$$

Ist f also negativ in $[a,b]$, dann ist $\int_a^b f(x)\,dx$ das Negative des Flächeninhaltes des Gebiets, das von

- dem Graphen von $y = f(x)$ (unten),
- der x-Achse (oben) und
- den beiden senkrechten Geraden $x = a$ und $x = b$ (links und rechts)

begrenzt wird.

Beispiel 7.7 Der Flächeninhalt zwischen dem Graphen der Funktion

$$f(x) := \frac{x^2}{2} - 2x + 1$$

und der x-Achse im Intervall $[0, 5]$ ergibt sich also unter Verwendung des Ergebnisses aus DERIVE-Sitzung 7.1 zu

$$\int_0^{2-\sqrt{2}} f(x)\,dx - \int_{2-\sqrt{2}}^{2+\sqrt{2}} f(x)\,dx + \int_{2+\sqrt{2}}^{5} f(x)\,dx = \frac{8\sqrt{2}}{3} + \frac{5}{6},$$

da die Nullstellen von f bei $2 \pm \sqrt{2}$ liegen, s. Abbildung 7.6. △

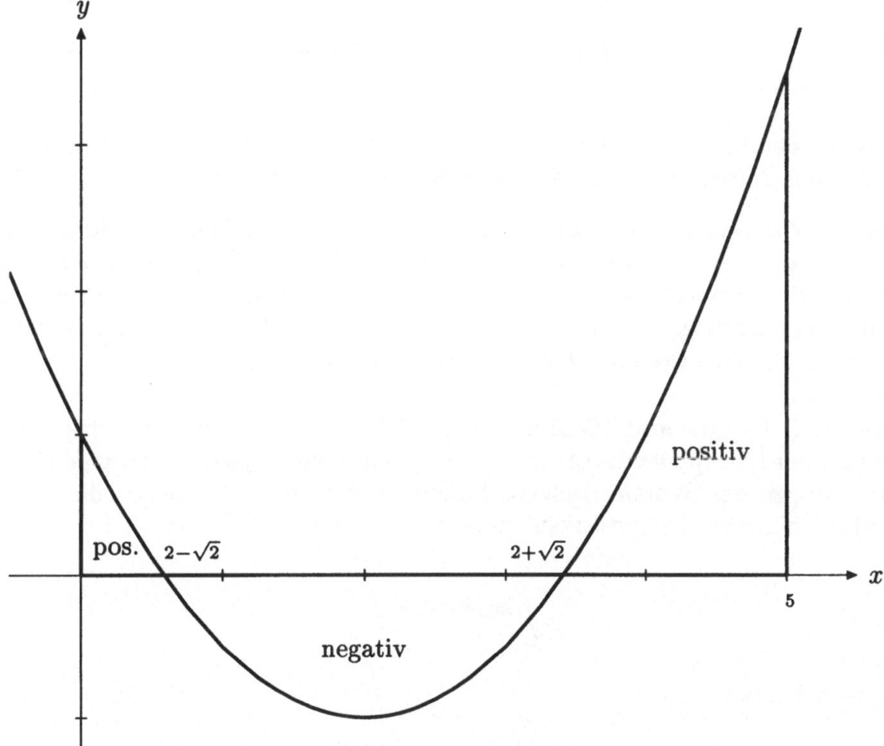

Abbildung 7.6 Der Flächeninhalt bei Vorzeichenwechsel

Auch wenn die Funktion f sowohl positive als auch negative Werte in $[a, b]$ annimmt, kann man das Integral über $[a, b]$ somit noch mit Flächeninhalten in Verbindung bringen.

Korollar 7.3 (Das Integral als Flächeninhalt) Die Funktion f sei im Intervall $[a, b]$ stetig und habe Nullstellen genau an den Stellen

$$a \leq x_1 < x_2 < \cdots < x_{n-1} \leq b \,. \tag{7.26}$$

Zu den Punkten (7.26) nehmen wir die beiden Endpunkte

$$x_0 := a, \qquad x_n := b$$

hinzu, falls sie nicht bereits dazugehören, wodurch $[a, b]$ in n Teilintervalle

$$I_k = [x_{k-1}, x_k] \qquad (k = 1, \ldots, n)$$

unterteilt wird mit $[a, b] = I_1 \cup I_2 \cup \cdots \cup I_n$, und zwar derart, daß f in jedem Teilintervall I_k konstantes Vorzeichen besitzt. Für $k = 1, \ldots, n$ sei R_k das Gebiet, das von dem Graphen von f, der x-Achse sowie den beiden senkrechten Geraden $x = x_{k-1}$ und $x = x_k$ begrenzt wird. Dann ist

$$\int\limits_a^b f(x)\,dx = \sum_{k=1}^{n} \int\limits_{x_{k-1}}^{x_k} f(x)\,dx$$

die Summe der Flächeninhalte R_k derjenigen Intervalle I_k, in denen f positiv ist, abzüglich der Summe der Flächeninhalte R_k, wo f negativ ist.

Beweis: Wir müssen zeigen, daß f tatsächlich in jedem der Teilintervalle I_k konstantes Vorzeichen hat. Dann folgt die Aussage des Korollars durch Induktion. Hätte aber f in I_k einen Vorzeichenwechsel, dann hätte es wegen der Stetigkeit nach dem Zwischenwertsatz (Satz 6.7) im offenen Intervall (x_{k-1}, x_k) eine Nullstelle, im Widerspruch zur Voraussetzung, daß (7.26) eine Liste aller Nullstellen von f in $[a, b]$ sei. □

Beispiel 7.8 (Sinus und Kosinus von 0 bis 2π) Wir betrachten das Integral von $\sin x$ über $[0, 2\pi]$. Der Integrand ist zwischen 0 und π positiv und von π bis 2π negativ. Wegen der Symmetrieeigenschaften der Sinusfunktion heben die „negativen" Flächeninhalte die „positiven" gerade auf, und es gilt[16]

$$\int\limits_0^{2\pi} \sin x\,dx = 0 \,.$$

Genauso bekommt man

$$\int\limits_0^{2\pi} \cos x\,dx = 0$$

und allgemeiner für eine ganze Zahl $n \in \mathbb{Z}$

$$\int\limits_0^{2\pi} \sin(nx)\,dx = 0 \qquad \text{sowie} \qquad \int\limits_0^{2\pi} \cos(nx)\,dx = 0 \,. \tag{7.27}$$

[16] Wir können natürlich auch das Ergebnis aus DERIVE-Sitzung 7.1 anwenden.

Die beiden letzten Gleichungen folgen durch Zerlegung des Intervalls $[0, 2\pi]$ in n Teilintervalle gleicher Länge, wobei sich in jedem die „positiven" und die „negativen" Flächeninhalte gerade aufheben. Wir illustrieren (7.27) für $n = 3$ in Abbildung 7.7, wo das Integral

$$\int_0^{2\pi} \sin(3x)\, dx$$

die Summe der Flächeninhalte oberhalb der x-Achse abzüglich der Summe der Flächeninhalte unterhalb der x-Achse ist.

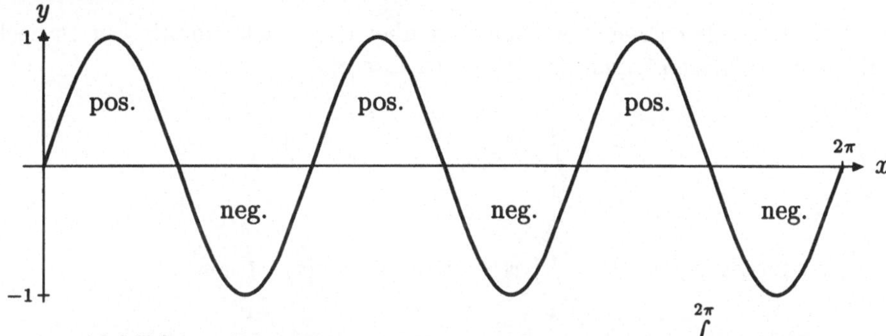

Abbildung 7.7 Flächeninhalte zur Darstellung von $\int_0^{2\pi} \sin(3x)\, dx$

Beispiel 7.9 (Produkte von Sinus und Kosinus) Aus den trigonometrischen Identitäten

$$\begin{aligned}
\sin((m+n)x) &= \sin(mx)\cos(nx) + \cos(mx)\sin(nx)\,, \\
\sin((m-n)x) &= \sin(mx)\cos(nx) - \cos(mx)\sin(nx)\,, \\
\cos((m+n)x) &= \cos(mx)\cos(nx) - \sin(mx)\sin(nx)\,, \\
\cos((m-n)x) &= \cos(mx)\cos(nx) + \sin(mx)\sin(nx)
\end{aligned}$$

folgt durch Addition und Subtraktion die Gültigkeit von

$$\begin{aligned}
2\sin(mx)\sin(nx) &= \cos((m-n)x) - \cos((m+n)x)\,, \\
2\cos(mx)\cos(nx) &= \cos((m-n)x) + \cos((m+n)x)\,, \\
2\sin(mx)\cos(nx) &= \sin((m+n)x) + \sin((m-n)x)\,.
\end{aligned}$$

Aus diesen Gleichungen folgt mit (7.27) für beliebige ganze Zahlen $m, n \in \mathbb{Z}$ weiter

$$\int_0^{2\pi} \sin(mx)\sin(nx)\, dx = \begin{cases} \pi & \text{falls } m = n \neq 0 \\ -\pi & \text{falls } m = -n \neq 0 \\ 0 & \text{sonst} \end{cases} \tag{7.28}$$

$$\int_0^{2\pi} \cos(mx)\cos(nx)\, dx = \begin{cases} \pi & \text{falls } m = n \neq 0 \\ \pi & \text{falls } m = -n \neq 0 \\ 2\pi & \text{falls } m = n = 0 \\ 0 & \text{sonst} \end{cases} \tag{7.29}$$

sowie

$$\int_0^{2\pi} \sin(mx)\cos(nx)\,dx = 0\,. \tag{7.30}$$

Im Fall $m = \pm n$ haben wir $\cos 0 = 1$ und $\int_0^{2\pi} 1\,dx = 2\pi$ verwendet.

Übungsaufgaben

7.19 *Man verwende elementare Tatsachen über den Flächeninhalt von Dreiecken und Trapezen zur Berechnung der folgenden Integrale:*

(a) $\int_0^1 x\,dx$, (b) $\int_{-1}^1 x\,dx$, (c) $\int_{-1}^1 |x|\,dx$,

(d) $\int_{-1}^1 (x+|x|)\,dx$, (e) $\int_{-4}^4 (|x|-2)\,dx$, (f) $\int_{-1}^2 x\,dx$.

7.20 *Man zeige durch geometrische Überlegungen, daß* $\int_0^{2\pi} \sin^2 x\,dx = \pi$. Hinweis: $\sin^2 x + \cos^2 x = 1$.

7.21 *Man zeige mit elementaren Tatsachen über den Flächeninhalt von Rechtecken die Gültigkeit von*

$$\int_a^b \operatorname{sign} x\,dx = |b| - |a|$$

für alle $a, b \in \mathbb{R}$.

7.22 (Die Fläche zwischen zwei Graphen) *Mit Integralen kann man allgemeinere Flächeninhalte als in (7.1) berechnen. Seien f und g Funktionen im Intervall $[a, b]$ mit*

$$f(x) \le g(x) \quad \text{für alle} \quad a \le x \le b. \tag{7.31}$$

Man betrachte das Gebiet $\mathcal{R}$, das durch[17]

- *den Graphen von $y = g(x)$ (oben),*
- *den Graphen von $y = f(x)$ (unten) und*
- *die beiden senkrechten Geraden $x = a$ und $x = b$ (links und rechts),*

[17]Mit $f(x) = 0$ sehen wir, daß das Gebiet (7.1) ein Spezialfall ist.

begrenzt wird, s. Abbildung 7.8.

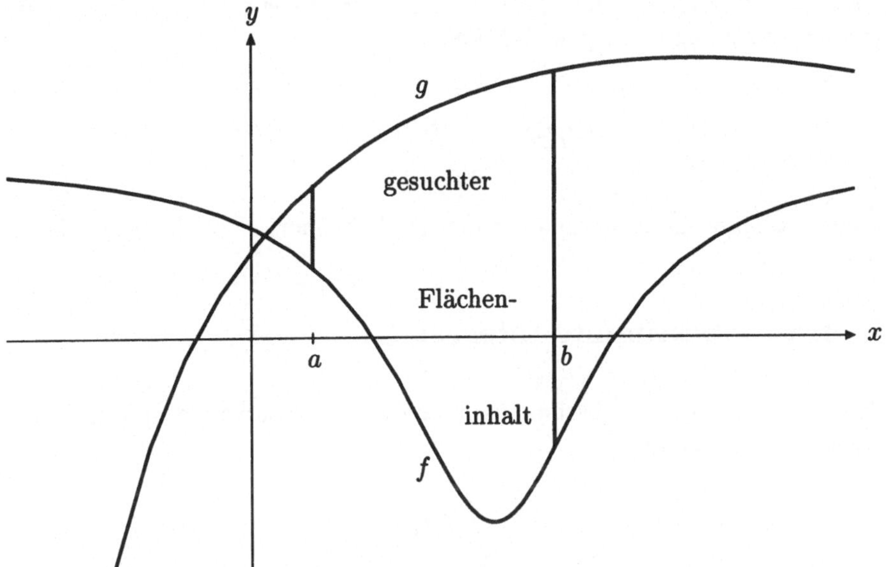

Abbildung 7.8 Die Fläche zwischen zwei Graphen

Man beweise: Der Flächeninhalt $A(\mathcal{R})$ *von* $\mathcal{R}$ *ist das Integral der Differenz* $g - f$,

$$A(\mathcal{R}) = \int_a^b (g(x) - f(x))\, dx.$$

Man beachte, daß der Integrand $g - f$ *wegen* (7.31) *nichtnegativ ist.*

Man berechne den Flächeninhalt zwischen den Graphen von

(a) $\sin x$ *und* $\cos x$ *im Intervall* $[0, \pi/2]$,

(b) $\ln x$ *und* $x - 1$ *im Intervall* $[1, 2]$,

(c) $\cosh x$ *und* $\sinh x$ *im Intervall* $[0, t]$,

(d) $\cos x$ *und* $1 - x^2/2$ *im Intervall* $[0, \pi/2]$.

Ferner bestimme man den Flächeninhalt, der von den Graphen von $x^2 - 1$ *und* $x + 5$ *begrenzt wird.*

◇ **7.23** *Man verwende* DERIVE *zur Bestimmung der Integrale* (7.28)–(7.30). *Man benutze die Beziehungen*

$$\sin(2k\pi) = 0 \qquad \text{und} \qquad \cos(2k\pi) = 1 \qquad (k \in \mathbb{Z}).$$

7.24 *Man erkläre den folgenden Sachverhalt geometrisch: Ist $f : [0,a] \to \mathbb{R}$ stetig und streng wachsend mit $f(0) = 0$, so gilt (Existenz von f^{-1} ist unter den angegebenen Bedingungen gewährleistet)*

$$\int_0^a f(x)\,dx + \int_0^{f(a)} f^{-1}(y)\,dy = a\,f(a)\,.$$

In Übungsaufgabe 11.29 werden wir dies auch rechnerisch nachweisen können.

7.3 Das unbestimmte Integral

In den vorangegangenen Abschnitten haben wir ein Intervall $[a,b]$ festgehalten und betrachteten das Integral[18]

$$\int_a^b f(t)\,dt\,,$$

welches als Ergebnis eine reelle Zahl liefert. Ist nun eine Funktion f in $[a,b]$ integrierbar, so existiert gemäß Satz 7.3 (d) auch das Integral

$$F(x) := \int_a^x f(t)\,dt \tag{7.32}$$

für alle $x \in [a,b]$, m.a.W. wird mit dieser Definition eine *Funktion* $F : [a,b] \to \mathbb{R}$ erklärt. Man nennt F eine *Integralfunktion* von f. Ersetzen wir nun den Punkt a in der Definition (7.32) von F durch einen anderen Punkt c, bekommen wir wieder eine Integralfunktion

$$F_1(x) = \int_c^x f(t)\,dt = \int_a^x f(t)\,dt - \int_a^c f(t)\,dt = F(x) - C$$

mit $C = \int_a^c f(t)\,dt$, d. h. die beiden Integralfunktionen F und F_1 unterscheiden sich lediglich um eine Konstante

$$F(x) = F_1(x) + C \qquad \left(C = \int_a^c f(t)\,dt\right)\,.$$

[18]Wir verwenden hier für die Integrationsvariable ein anderes Symbol, was den Wert des Integrals natürlich in keiner Weise beeinflußt. Wie eine Summationsvariable ist eine Integrationsvariable beim *bestimmten* Integral nur ein Hilfssymbol.

Definition 7.6 (Unbestimmtes Integral) Sei f integrierbar in $[a, b]$. Dann nennen wir für jede Zahl $\alpha \in [a, b]$ die Funktion

$$F(x) = \int_{\alpha}^{x} f(t)\,dt$$

ein *unbestimmtes Integral von f*. Manchmal wird auch die Schreibweise

$$F(x) = \int f(x)\,dx + C \tag{7.33}$$

für das unbestimmte Integral benutzt, um einerseits auszudrücken, daß es nur bis auf eine Konstante C eindeutig bestimmt ist. Die Konstante wird als *Integrationskonstante* bezeichnet. Andererseits lassen wir in (7.33) die Integrationsgrenzen weg, und die Integrationsvariable bekommt nun doch eine Bedeutung: Sie stellt die Variable der Integralfunktion F dar.[19] Alternativ kann man auch die sauberere Bezeichnung $F(x) = \int^{x} f(t)\,dt$ verwenden.

Sitzung 7.4 Um mit DERIVE ein unbestimmtes Integral des Ausdrucks `f` bzgl. der Variablen `x` zu finden, verwendet man `INT(f,x)`[20] oder das `Calculus Integrate` Menü, bei dem man DERIVEs Nachfrage nach den Integrationsgrenzen einfach unbeantwortet läßt.

Zum Beispiel erhalten wir folgende Resultate

DERIVE Eingabe	DERIVE Ausgabe	DERIVE Ausgabe nach `Simplify`
`INT(x^2,x)`	$\int x^2\,dx$	$\frac{x^3}{3}$,
`INT(SIN(x),x)`	$\int \mathrm{SIN}\,(x)\,dx$	$-\mathrm{COS}\,(x)$,
`INT(1/x,x)`	$\int \frac{1}{x}\,dx$	$\mathrm{LN}\,(x)$,
`INT(x^n,x)`	$\int x^n\,dx$	$\frac{x^{n+1}-1}{n+1}$.

DERIVE gibt für $\int x^n\,dx$ also eine andere Integrationskonstante als üblich.[21] Das liegt daran, daß die übliche Formel für $n = -1$ falsch ist. DERIVEs Formel hat die folgende Stetigkeitseigenschaft: Für $n \to -1$ bekommt man dieselbe Formel wie für $\int \frac{1}{x}\,dx$:

DERIVE Eingabe	DERIVE Ausgabe	DERIVE Ausgabe nach `Simplify`
`LIM(INT(x^n,x),n,-1)`	$\lim\limits_{n\to -1} \int x^n\,dx$	$\mathrm{LN}\,(x)$.

[19]Dies ist eigentlich eine recht unsaubere Notation, die sich aber reger Beliebtheit erfreut. Auch in DERIVE kann das unbestimmte Integral auf die angegebene Art angesprochen werden.

[20]Gibt man allerdings `INT(f,x)` ohne Spezifikation von `f` ein, wird `f` als bzgl. `x` konstant aufgefaßt und das Ergebnis fx ausgegeben.

[21]Die in Lehrbüchern übliche Fassung ist $\int x^n\,dx = \frac{x^{n+1}}{n+1}$.

DERIVE versucht bei der Anwendung von `Simplify` [22] auf ein bestimmtes Integral, eine Formel für die Integralfunktion zu finden. Wie wir später sehen werden, ist dies nicht immer möglich. Findet DERIVE kein unbestimmtes Integral, so gibt es wieder die Eingabe aus, z. B. bei

DERIVE Eingabe	DERIVE Ausgabe	DERIVE Ausgabe nach `Simplify`
`INT(SIN(x)/x,x)`	$\int \frac{\text{SIN}(x)}{x}\,dx$	$\int \frac{\text{SIN}(x)}{x}\,dx$.

Hat man eine unbestimmte Integralfunktion F von f gefunden, so wird die Berechnung bestimmter Integrale ein Kinderspiel.

Satz 7.6 Sei f integrierbar im Intervall $[c, d]$ und sei F ein unbestimmtes Integral von f. Dann gilt für alle $a, b \in [c, d]$

$$\int_a^b f(x)\,dx = F(b) - F(a)\ . \tag{7.34}$$

Beweis: Das unbestimmte Integral F ist definitionsgemäß gegeben durch

$$F(x) = \int_\alpha^x f(t)\,dt$$

für ein geeignetes α. Damit haben wir

$$\int_a^b f(t)\,dt \overset{(7.14)}{=\!=} \int_\alpha^b f(t)\,dt + \int_a^\alpha f(t)\,dt \overset{(7.18)}{=\!=} \int_\alpha^b f(t)\,dt - \int_\alpha^a f(t)\,dt = F(b) - F(a)\ . \quad \square$$

Bemerkung 7.8 Das Muster $F(b)-F(a)$ für bestimmte Integrale sollte aufmerksamen Leserinnen und Lesern bereits bei den Beispielen aus den DERIVE-Sitzungen 7.1 und 7.2 aufgefallen sein.

Bemerkung 7.9 Satz 7.6 liefert die Begründung, warum wir uns darauf einlassen, daß das unbestimmte Integral nur bis auf eine Konstante bestimmt ist: Bei der Berechnung bestimmter Integrale fällt die Integrationskonstante ohnehin weg. △

Für die Auswertung unbestimmter Integrale gemäß Satz 7.6 führen wir folgende Notation ein:

$$\int_a^b f(t)\,dt = F(b) - F(a) =: F(t)\Big|_a^b$$

[22] Ebenso bei `Factor` oder `Expand`.

Beispiel 7.10 Zum Beispiel haben wir gemäß DERIVE-Sitzung 7.4

$$\int_a^b x^2\,dx = \left.\frac{x^3}{3}\right|_a^b = \frac{1}{3}\,(b^3 - a^3)$$

sowie

$$\int_0^\pi \sin x\,dx = \left. -\cos x\right|_0^\pi = -\cos\pi - (-\cos 0) = 2\,.$$

Wir haben bereits gesehen, daß auch unstetige Funktionen integrierbar sein können. Andererseits stellt sich heraus, daß unbestimmte Integralfunktionen immer stetig sind: Integration verbessert die „Glattheit" einer Funktion.

Satz 7.7 (Stetigkeit des unbestimmten Integrals) Sei f integrierbar in $[a, b]$ und sei F ein unbestimmtes Integral von f. Dann ist F stetig in $[a, b]$.

Beweis: Die Funktion f ist integrierbar und somit definitionsgemäß beschränkt, z. B.

$$|f(x)| \le M \qquad (x \in [a, b])\,.$$

Sei $x \in [a, b]$ und $\varepsilon > 0$ gegeben. Aus der Dreiecksungleichung für Integrale (7.21) folgt nun für alle ξ mit $|\xi - x| \le \delta := \varepsilon/M$

$$|F(\xi) - F(x)| = \left|\int_x^\xi f(x)\,dx\right| \le M\,|\xi - x| \le M\,\delta = \varepsilon\,,$$

und folglich ist F stetig an der Stelle x. □

Am Ende dieses Abschnitts wollen wir auflisten, welche unbestimmten Integrale wir inzwischen kennengelernt haben. Integrationskonstanten lassen wir weg.

Satz 7.8 (Eine Integralliste)

(1) $\int 0\,dx = 0\,,$ (2) $\int \alpha\,dx = \alpha x \quad (\alpha \in \mathbb{R})\,,$

(3) $\int x^\alpha\,dx = \dfrac{x^{\alpha+1} - 1}{\alpha + 1} \quad (\alpha \ne -1)\,,$ (4) $\int \dfrac{1}{x}\,dx = \ln x \quad (x > 0)\,,$

(5) $\int e^x\,dx = e^x\,,$ (6) $\int \ln x\,dx = x \ln x - x\,,$

(7) $\int \sin x\,dx = -\cos x\,,$ (8) $\int \cos x\,dx = \sin x\,,$

(9) $\int \sinh x\,dx = \cosh x\,,$ (10) $\int \cosh x\,dx = \sinh x\,.$

Beweis: Es bleiben nur die Aussagen über die hyperbolischen Funktionen zu beweisen, welche aus der Linearität des Integrals und ihrer Definition durch die Exponentialfunktion folgen, z. B.

$$\int \cosh x \, dx = \frac{1}{2}\left(\int e^x \, dx + \int e^{-x} \, dx\right) = \frac{1}{2}\left(e^x - \int e^x \, dx\right) = \frac{1}{2}\left(e^x - e^{-x}\right) = \sinh x \, .$$

Dabei haben wir beim Integral $\int e^{-x} dx$ die Integrationsgrenzen gemäß Regel (7.18) vertauscht! □

Bemerkung 7.10 Bei der Formel (4)

$$\int \frac{1}{x} \, dx = \ln x + C \, , \tag{7.35}$$

gibt es eine kleine Schwierigkeit: Während die rechte Seite nur für positive x sinnvoll ist, ist der Integrand $1/x$ auch für negative x definiert (sowie stetig und somit integrierbar). Mit (7.18) bekommen wir für $x < 0$

$$\int \frac{1}{x} \, dx = \ln(-x) + C \, . \tag{7.36}$$

In vielen Mathematikbüchern steht die Formel

$$\int \frac{1}{x} \, dx = \ln|x| + C \, , \tag{7.37}$$

die die Formeln (7.35) und (7.36) zu kombinieren scheint. Gleichung (7.37) ist aber falsch im komplexen und zumindest fragwürdig im reellen Fall. Da ein unbestimmtes Integral definitionsgemäß ein bestimmtes Integral über einem variablen Intervall darstellt und die Funktion $1/x$ in *keinem* Intervall integrierbar ist, das den Ursprung enthält, kann die Formel (7.37) nicht die beiden Formeln (7.35) und (7.36) mit *derselben Integrationskonstanten* zusammenfassen! Daher müssen wir ohnehin die beiden Fälle $x > 0$ und $x < 0$ getrennt behandeln, und Gleichung (7.37) ist überflüssig. Aus diesem Grund verwendet DERIVE Formel (7.37) nicht.

ÜBUNGSAUFGABEN

7.25 *Bestätige den Grenzwert*

$$\lim_{n \to -1} \frac{x^{n+1} - 1}{n+1} = \ln x$$

aus DERIVE-*Sitzung* 7.4.

∘ **7.26** *Man beweise für* $n \neq -1$ *die Integralformel*

$$\int (x + \alpha)^n \, dx = \frac{(x + \alpha)^{n+1}}{n+1} \tag{7.38}$$

unter Benutzung der Binomialformel.

7.27 *Zeige: Sei $f : [a,b] \to \mathbb{R}$ integrierbar über $[a,b]$. Dann gibt es zu einem beliebig vorgegebenen Punkt $P_0 = (x_0, y_0)$ $(x_0 \in [a,b])$ genau ein unbestimmtes Integral F derart, daß der Graph von F den Punkt P_0 enthält*

$$F(x_0) = y_0 \, .$$

Für F gilt die Formel

$$F(x) = y_0 + \int_{x_0}^{x} f(t)\, dt \, .$$

◇ **7.28** *Benutze* DERIVE, *um für folgende Beispielfunktionen f das unbestimmte Integral $\int f(x)\,dx$ zu bestimmen, dessen Graph durch den Punkt P geht.*

(a) $f(x) = x^3, \quad P = (-1, 0)$, (b) $f(x) = \cos x, \quad P = (\pi/2, -2)$,

(c) $f(x) = \frac{1}{x}, \quad P = (1, 0)$, (d) $f(x) = \tan x, \quad P = (0, 2)$,

(e) $f(x) = e^x, \quad P = (0, -1)$, (f) $f(x) = \frac{1}{1+x^2}, \quad P = (1, \pi/2)$.

7.29 *Bestimme ein unbestimmtes Integral für die Funktion* $\operatorname{sign} x$.

⋆ **7.30** *Zeige, daß für eine Integralfunktion F einer stetigen Funktion $f : [a,b] \to \mathbb{R}$ und alle $x \in (a,b)$ der Grenzwert*

$$\lim_{h \to 0} \frac{F(x+h) - F(x)}{h}$$

existiert. Folgere, daß für stetige Integranden f die Integralmittelwertfunktion MITTELWERT $(f, [x, \xi])$ *an der Stelle $\xi = x$ stetig ist, vgl. Übungsaufgabe 7.14.* Hinweis: *Wende den Mittelwertsatz der Integralrechnung an.*

8 Numerische Integration

8.1 Wozu numerische Integration?

Wir wollen in diesem Kapitel das Problem betrachten, das bestimmte Integral

$$\int_a^b f(x)\,dx \tag{7.5}$$

für gegebenes f, a und b zu approximieren. Kennt man ein unbestimmtes Integral F von f, so kann man das Integral mit der Formel

$$\int_a^b f(x)\,dx = F(b) - F(a) \tag{7.34}$$

berechnen. In vielen Fällen können wir auf diese Weise das Integralproblem exakt lösen. Wenn wir auch später weitere Techniken zum Auffinden von Integralfunktionen kennenlernen werden, so stellt sich jedoch heraus, daß es nicht in allen Fällen eine elementar darstellbare Integralfunktion gibt, s. § 11.2.

Weiterhin kann es vorkommen, daß der Integrand f nicht durch eine Formel, sondern nur durch Werte an endlich vielen Stellen ξ_k $(k = 1, \ldots, n)$

$$f(\xi_1),\ f(\xi_2),\ \ldots\ ,\ f(\xi_n)$$

gegeben ist, die beobachtet oder gemessen wurden[1].

In diesen Fällen verwenden wir passende Kombinationen von Riemann-Summen, um das bestimmte Integral anzunähern. Eine Methode ist das *Trapezverfahren*, das in § 8.2 vorgestellt wird. Eine weitere Methode stellt die *Simpsonsche Formel* aus § 8.3 dar.

Bei beiden Methoden verwenden wir arithmetische Zerlegungen von $[a, b]$, haben also die Zerlegungspunkte

$$x_k := x_0 + k\,\Delta x = a + k\,\frac{b-a}{n}\,, \tag{7.6}$$

und die Teilintervalle

$$I_k = [x_{k-1}, x_k] = \left[a + (k-1)\,\frac{b-a}{n},\ a + k\,\frac{b-a}{n}\right] \qquad (k = 1, \ldots, n)\,. \tag{8.1}$$

[1] Dies tritt häufig in Ingenieur- und Naturwissenschaften auf. Hier erhält man Funktionen oft durch empirische Ergebnisse, z. B. durch Messungen auf der Basis von Laborexperimenten.

8.2 Das Trapezverfahren

Es seien $n+1$ Werte von f an den Zerlegungspunkten (7.6) gegeben. Wir schreiben

$$f_k := f(x_k)$$

für diese Werte und betrachten in jedem Teilintervall (8.1) diejenige Gerade, die durch die beiden Punkte

$$L_k = (x_{k-1}, f_{k-1}) \qquad \text{und} \qquad R_k = (x_k, f_k) \tag{8.2}$$

des Graphen von f geht, s. Abbildung 8.1.

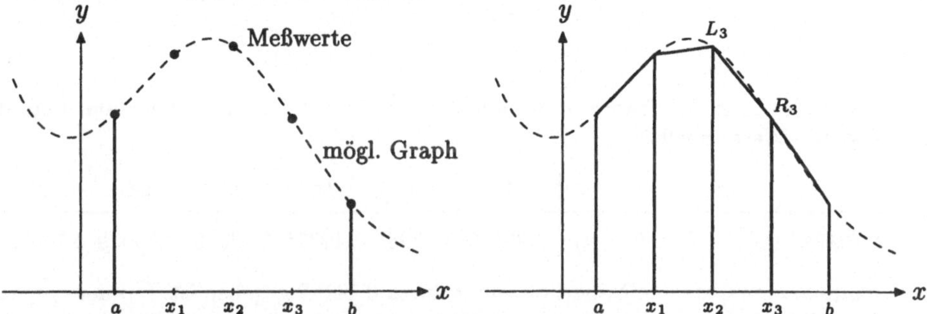

Abbildung 8.1 Approximation des Flächeninhalts durch Trapeze

Die Fläche unter dieser Geraden in I_k ist die Fläche des *Trapezes*[2] mit der *Höhe* Δx (auf der x-Achse) und den *Seitenlängen* f_{k-1} und f_k. Für den Flächeninhalt A_k des Trapezes ergibt sich

$$A_k = \frac{f_{k-1} + f_k}{2} \frac{b-a}{n} .$$

Ist n groß, dann erwartet man, daß A_k eine gute Näherung für den Flächeninhalt zwischen dem Graphen von f und der x-Achse in I_k ist.[3] Summieren wir die Flächeninhalte A_k über alle Teilintervalle auf, so erhalten wir folgende Näherung für das Integral (7.5):[4]

$$\int_a^b f(x)\,dx \approx \sum_{k=1}^{n} A_k = (f_0 + 2f_1 + 2f_2 + \cdots + 2f_{n-2} + 2f_{n-1} + f_n)\,\frac{b-a}{2n} .$$

Dies ist die sog. *Trapezregel*. Wir benutzen für die rechte Seite die Abkürzung

$$\text{TRAPEZ}\,(f, [a,b], n) := (f_0 + 2f_1 + 2f_2 + \cdots + 2f_{n-2} + 2f_{n-1} + f_n)\,\frac{b-a}{2n} . \tag{8.3}$$

[2]Falls f_{k-1} und f_k positiv sind.

[3]Über die Güte des Trapezverfahrens werden wir in Satz 11.9 mehr erfahren.

[4]Das Zeichen $\approx$ bedeutet „ungefähr gleich". Über die Güte dieser ungefähren Gleichheit sagt das Zeichen nichts aus.

Sitzung 8.1 Die folgende DERIVE-Funktion berechnet die Trapezsumme (8.3).

```
TRAPEZ(f,x,a,b,n):=(b-a)*(
                    LIM(f,x,a)
                    +2*SUM(LIM(f,x,a+k_*(b-a)/n),k_,1,n-1)
                    +LIM(f,x,b)
                    )/(2*n)
```

Wir können nun z. B. die Trapezformel zur Approximation der Zahl π verwenden. Da eine Kreisscheibe mit Radius 1 den Flächeninhalt π hat,[5] folgt aus der Kreisgleichung

$$\pi = 4 \int_0^1 \sqrt{1-x^2}\, dx\,. \tag{8.4}$$

Verwendet man die Trapezformel mit $n = 2^k$ $(k = 2, \ldots, 7)$, so bekommt man die folgende Wertetabelle:

n	4	8	16	32	64	128
4 TRAPEZ $(\sqrt{1-x^2}, x, 0, 1, n)$	2.99570	3.08981	3.12325	3.13510	3.13929	3.14078

,

während eine 6-stellige Näherung von π durch 3.14159 gegeben ist. Bei dem gegebenen Beispiel ist das Verfahren besonders schlecht und einer Handberechnung nicht zugängig. Dies liegt an der Tatsache, daß die Einheitskreislinie an der Stelle $x = 1$ eine senkrechte Tangente hat. Man mache sich geometrisch klar, warum in diesem Fall das Trapezverfahren besonders schlechte Ergebnisse liefert!

Berechnet man dagegen einen Näherungswert für das Integral

$$\int_0^\pi \sin x\, dx\,, \tag{8.5}$$

welches gemäß DERIVE-Sitzung 7.1 den exakten Wert 2 besitzt, so zeigt sich, daß die Methode viel besser ist. Mit 6-stelliger Genauigkeit bekommen wir:

n	4	8	16	32	64	128
TRAPEZ $(\sin x, x, 0, \pi, n)$	1.89611	1.97423	1.99357	1.99839	1.99959	1.99989

.

Natürlich liefert die Trapezregel für lineare Funktionen exakte Resultate. Wie genau die Trapezregel bei einem allgemeinen quadratischen Polynom ist, kann man mit dem Fehlerterm `TRAPEZ(u x^2+v x+w,x,a,b,n)-INT(u x^2+v x+w,x,a,b)` bestimmen, der mittels `Factor` zu

$$\frac{u(b-a)^3}{6n^2}$$

vereinfacht wird.

[5] Noch können wir dies nicht beweisen. Wir wissen dies allerdings aus der Elementargeometrie.

Beispiel 8.1 (Stirlingsche Formel) Wir berechnen für das Integral

$$\int_1^n \ln x \, dx$$

mit der Trapezregel einen Näherungswert bei einer Zerlegung in $n-1$ Teilintervalle und erhalten

$$\text{TRAPEZ}(\ln x, [1, n], n-1) = \frac{1}{2} \ln 1 + \sum_{k=2}^{n-1} \ln k + \frac{1}{2} \ln n = \ln n! - \frac{1}{2} \ln n \ . \quad (8.6)$$

Andererseits hat das Integral nach DERIVE-Sitzung 7.2 den exakten Wert

$$\int_1^n \ln x \, dx = n \ln n - n + 1 \ ,$$

so daß

$$\ln n! \approx \left(n + \frac{1}{2}\right) \ln n - n + 1 \ ,$$

woraus wir den Näherungswert für $n!$

$$n! \approx e \sqrt{n} \left(\frac{n}{e}\right)^n \quad (8.7)$$

erhalten, vgl. (4.6), s. auch Übungsaufgabe 8.4. In Übungsaufgabe 11.25 werden wir eine weitere Verbesserung dieser Formel erhalten.

ÜBUNGSAUFGABEN

8.1 *Man zeige, daß die Trapezsumme (8.3) der Mittelwert der linken Riemann-Summe (7.11) und der rechten Riemann-Summe (7.12) ist, also*

$$\text{TRAPEZ}(f, [a, b], n) = \frac{1}{2} \left(\text{LINKS}(f, [a, b], n) + \text{RECHTS}(f, [a, b], n)\right)$$

gilt. Stellt diese Formel eine effiziente Methode zur Berechnung der Trapezsumme dar?

◇ **8.2** *Die Funktion f sei unbekannt, aber man habe die folgenden 21 Werte empirisch erhalten:*

x	0	0.1	0.2	0.3	0.4	0.5	0.6	0.7	0.8	0.9
y	0.09	0.06	0.17	0.34	0.61	0.83	1.07	1.22	1.45	1.72

x	1	1.1	1.2	1.3	1.4	1.5	1.6	1.7	1.8	1.9	2
y	1.85	2.02	2.26	2.36	2.47	2.54	2.62	2.72	2.74	2.73	2.77

.

Man stelle die Daten graphisch mit DERIVE *dar, schätze den Flächeninhalt zwischen der Datenkurve und der x-Achse und approximiere*

$$\int_0^2 f(x)\,dx$$

durch Anwendung der Trapezregel.

◇ **8.3** *Man berechne für das Integral*

$$\int_0^1 \left(3x^4 - 7x^3 + 5x^2 + 12x + 8\right)\,dx$$

Näherungswerte mit der Trapezmethode für $n = 10,\ 100,\ 1000$ *bei einer* 10*-stelligen Genauigkeit und vergleiche die Resultate mit dem korrekten Ergebnis.*

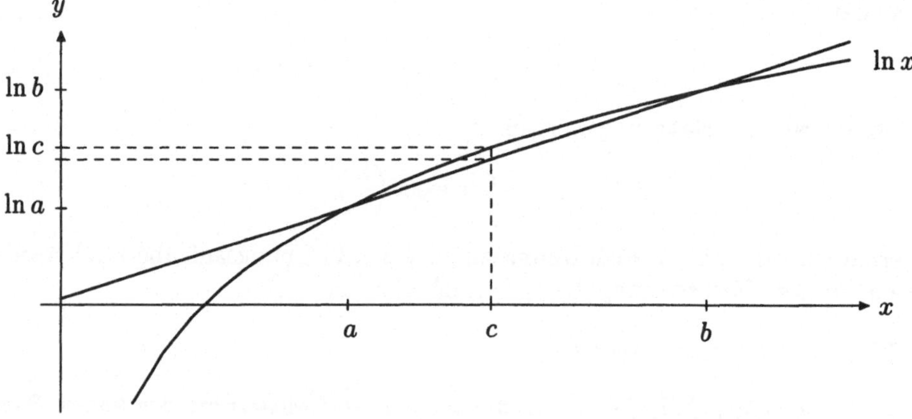

Abbildung 8.2 Zur Konkavität der Logarithmusfunktion

⋆ **8.4** *Benutzt man die Konkavität der Logarithmusfunktion, d. h. die Eigenschaft, daß für alle* $0 < a < c < b$

$$\ln c \geq \ln a + \frac{\ln b - \ln a}{b - a}(c - a)$$

gilt (Beweis!), s. Abbildung 8.2*, folgt aus der Herleitung in Beispiel* 8.1 *statt* (8.7) *die Beziehung*

$$\ln n! \leq \left(n + \frac{1}{2}\right) \ln n - n + 1\,. \tag{8.8}$$

Man zeige hiermit, daß die Ungleichungskette

$$0 \le s := \lim_{n\to\infty} \frac{n!}{\sqrt{n}\,(n/e)^n} \le e$$

gilt (sofern der Grenzwert s existiert). Man berechne den auftretenden Grenzwert mit DERIVE. *(Wir werden in Übungsaufgabe* 11.25 *sehen, daß $s = \sqrt{2\pi}$ ist.)*

◇ **8.5** *Man schreibe eine* DERIVE *Funktion* `TRAPEZ_GRAPH(f,x,a,b,n)`*,die eine graphische Darstellung des Trapezverfahrens für die Funktion f im Intervall $[a,b]$ bei einer Zerlegung in n gleich große Teilintervalle erzeugt. Wende die Funktion zur Darstellung des Trapezverfahrens für $\sin x$ in $[0,\pi]$ $(n=5)$ und für e^x in $[-4,2]$ $(n=6)$ an.*

◇ **8.6** *Man rechne Beispiel* 8.1 *mit* DERIVE *nach.*

8.3 Die Simpsonsche Formel

Beim Trapezverfahren wird der Integrand f in jedem Teilintervall $[x_{k-1}, x_k]$ durch diejenige lineare Funktion angenähert, deren Graph durch die Punkte

$$(8.2) \qquad L_k = (x_{k-1}, f(x_{k-1})) \quad \text{und} \quad R_k = (x_k, f(x_k))$$

des Graphen von f geht. Für die Simpsonsche Formel approximiert man f dagegen in jedem Teilintervall durch eine quadratische Funktion

$$q(x) = ax^2 + bx + c\ ,$$

s. Abbildung 8.3.

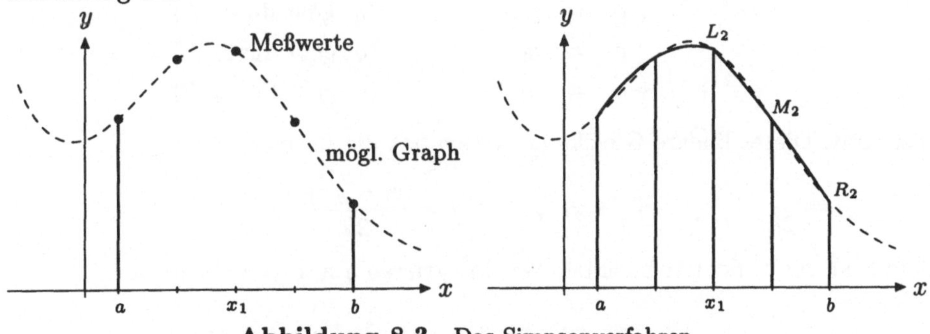

Abbildung 8.3 Das Simpsonverfahren

Da eine quadratische Funktion durch drei Punkte eindeutig bestimmt ist, nehmen wir die beiden Punkte (8.2) und zusätzlich denjenigen Punkt, der dem Mittelpunkt von x_{k-1} und x_k entspricht. Der Graph der quadratischen Funktion q ist die (eindeutige) Parabel, die durch die drei Punkte

$$L := (x_{k-1}, f(x_{k-1}))\,, M := \left(\tfrac{x_{k-1}+x_k}{2}, f\left(\tfrac{x_{k-1}+x_k}{2}\right)\right) \text{ und } R := (x_k, f(x_k)) \quad (8.9)$$

des Graphen von f geht. Unsere Lösung hat drei Schritte:

Schritt 1. Bestimmung des quadratischen Polynoms q, das durch die drei Punkte (8.9) gegeben ist.

Schritt 2. Integration von q über $[x_{k-1}, x_k]$.

Schritt 3. Berechnung der Summe über alle Teilintervalle.

Das Ergebnis der Schritte 1 und 2 hängt von den drei Funktionswerten

$$f(x_{k-1})\,, \qquad f\left(\tfrac{x_{k-1}+x_k}{2}\right) \qquad \text{und} \qquad f(x_k) \tag{8.10}$$

ab. Um die Berechnungen zu vereinfachen, zentrieren wir (für den Moment) das Teilintervall $[x_{k-1}, x_k]$, indem wir den Mittelpunkt mit dem Ursprung $x = 0$ identifizieren und die Endpunkte x_{k-1} und x_k mit $x = -h$ und $x = h$ bezeichnen, wobei

$$h = \frac{b-a}{2n} \tag{8.11}$$

die halbe Länge des ursprünglichen Teilintervalls ist. Für die drei Funktionswerte (8.10) schreiben wir

$$y_{-1} := f(x_{k-1}) = f(-h)\,, \quad y_0 := f\left(\tfrac{x_{k-1}+x_k}{2}\right) = f(0) \quad \text{und} \quad y_1 := f(x_k) = f(h)\,.$$

Das quadratische Polynom q, dessen Graph durch

$$L := (-h, y_{-1}), \qquad M := (0, y_0) \qquad \text{und} \qquad R := (h, y_1)$$

geht, wird durch Lösung der drei linearen Gleichungen

$$\begin{aligned} ah^2 - bh + c &= y_{-1} && (q \text{ geht durch } L)\,, \\ c &= y_0 && (q \text{ geht durch } M)\,, \\ ah^2 + bh + c &= y_1 && (q \text{ geht durch } R) \end{aligned}$$

bestimmt. Dieses lineare Gleichungssystem hat die Lösung

$$a = \frac{1}{2h^2}\,(y_{-1} - 2y_0 + y_1)\,, \qquad b = \frac{y_1 - y_{-1}}{2h}, \qquad c = y_0\,. \tag{8.12}$$

Damit ist der 1. Schritt beendet. Wir integrieren q nun von $-h$ bis h

$$\int_{-h}^{h} (ax^2 + bx + c)\,dx = a\,\frac{x^3}{3} + b\,\frac{x^2}{2} + c\,x\Big|_{-h}^{h} = a\,\frac{2h^3}{3} + 2ch$$

und ersetzen a und c gemäß (8.12). Dies liefert

$$\int_{-h}^{h} (ax^2+bx+c)\,dx = \frac{1}{2h^2}\,(y_{-1} - 2y_0 + y_1)\,\frac{2h^3}{3} + 2y_0\,h = \frac{h}{3}\,(y_{-1} + 4y_0 + y_1)\,. \tag{8.13}$$

Wir beginnen nun mit dem 3. Schritt, also der Addition der Beiträge (8.13) aller n Teilintervalle. Für jedes Teilintervall hat man drei Werte (8.10), verteilt auf die $2n+1$ äquidistanten Punkte

$$x_k = a + kh = a + k\frac{b-a}{2n} \quad (k = 0, 1, \ldots, 2n)\,,$$

wobei ungerade k-Werte den Mittelpunkten der n Teilintervalle entsprechen. Wir ordnen diese Werte f_0, f_1, ... , f_{2n} so in Dreiergruppen an, daß sie den Teilintervallen entsprechen

$$\{f_0, f_1, f_2\},\ \{f_2, f_3, f_4\},\ \ldots\ ,\ \{f_{2n-4}, f_{2n-3}, f_{2n-2}\},\ \{f_{2n-2}, f_{2n-1}, f_{2n}\}\,,$$

und summieren gemäß (8.13). Dies ergibt schließlich

$$\frac{h}{3}\left(f_0 + 4f_1 + 2f_2 + 4f_3 + 2f_4 + \cdots + 2f_{2n-2} + 4f_{2n-1} + f_{2n}\right), \tag{8.14}$$

die sog. *Simpsonsche*[6] *Formel* (*Simpsonsche Regel*) zur Berechnung einer Näherungslösung für das Integral (7.5). Damit wir die Methode mit anderen Methoden wie z. B. der Trapezregel vergleichen können, schreiben wir obige Summe mit $n+1$ Werten[7] $f_0, \ldots, f_n$ unter Berücksichtigung von (8.11)

$$\text{SIMPSON}\,(f, [a,b], n) := (f_0 + 4f_1 + 2f_2 + \cdots + 2f_{n-2} + 4f_{n-1} + f_n)\,\frac{b-a}{3n}\,. \tag{8.15}$$

Für die Gültigkeit von (8.15) muß n *gerade* gewählt sein (da wir $2n$ in (8.14) durch n ersetzt haben).

Sitzung 8.2 Die folgende DERIVE-Funktion berechnet die Simpson-Summe (8.15).

```
SIMPSON(f,x,a,b,n):=(b-a)*(
                          LIM(f,x,a)
                          +2*SUM(LIM(f,x,a+2*k_*(b-a)/n),k_,1,((n/2)-1))
                          +4*SUM(LIM(f,x,a+(2*k_-1)*(b-a)/n),k_,1,n/2)
                          +LIM(f,x,b)
                          )/(3*n)
```

Wir berechnen damit wieder einen Näherungswert für das Integral

$$\pi = 4\int_0^1 \sqrt{1-x^2}\,dx \tag{8.4}$$

und erhalten für $n = 2^k$ $(k = 2, \ldots, 7)$ die Ergebnisse

n	4	8	16	32	64	128
4 **SIMPSON** $(\sqrt{1-x^2}, x, 0, 1, n)$	3.08359	3.12118	3.13439	3.13905	3.14069	3.14127

[6] THOMAS SIMPSON [1710–1761]

[7] Formal: Wir ersetzen n durch $n/2$.

Diese Werte streben etwas schneller als beim Trapezverfahren gegen $\pi \approx 3.14159...$, s. DERIVE-Sitzung 8.1, aber auch die Simpsonmethode ist bei diesem Beispiel besonders schlecht wegen der senkrechten Tangente des Integranden am Randpunkt $x = 1$.

Als nächstes wollen wir wieder (8.5) approximieren. Mit 6-stelliger Genauigkeit bekommen wir nun

n	4	8	16	32	64	128
SIMPSON ($\sin x, x, 0, \pi, n$)	2.00455	2.00026	2	2	2	2

,

und rechnet man sogar mit einer 10-stelligen Genauigkeit, so liefert die Simpsonformel die Tabelle:

n	4	8	16	32
SIMPSON ($\sin x, x, 0, \pi, n$)	2.004559754	2.000269169	2.000016591	2.000001033

.

Daß die Simpsonformel bei diesem Beispiel so gut ist, ist kein Zufall. Der Graph der Sinusfunktion weicht im Intervall $[0, \pi]$ von einer (nach unten gerichteten) Parabel kaum ab, und da bei der Simpsonformel der Graph durch parabolische Kurvenstücke approximiert wird, ist der Fehler sehr klein. In der Tat liefert die Simpsonformel auf Grund ihrer Herleitung für quadratische Polynome immer den genauen Integralwert – unabhängig von n. Daß dies auch noch für kubische Polynome zutrifft, läßt sich mit DERIVE leicht zeigen. Die Differenz zwischen dem Integralwert

$$\int_a^b \left(ux^4 + vx^3 + wx^2 + yx + z\right) dx$$

eines beliebigen Polynoms $ux^4 + vx^3 + wx^2 + yx + z$ vierten Grades ($u, v, w, y, z \in \mathbb{R}$) und dem Näherungswert, den die Simpsonformel liefert, ergibt sich durch Faktorisierung des Ausdrucks

```
SIMPSON(ux^4+vx^3+wx^2+yx+z,x,a,b,n)-INT(ux^4+vx^3+wx^2+yx+z,x,a,b)
```

mit dem Ergebnis

$$\frac{2u(b-a)^5}{15n^4} .$$

Der Fehler der Methode fällt mit wachsendem n wie $1/n^4$.

ÜBUNGSAUFGABEN

◇ **8.7** *Berechne einen Näherungswert von π mit der Simpsonmethode gemäß*

$$\pi = 8\left(\int_0^{\sqrt{2}/2} \sqrt{1-x^2} - \frac{1}{4}\right) ,$$

s. Abbildung 8.4.

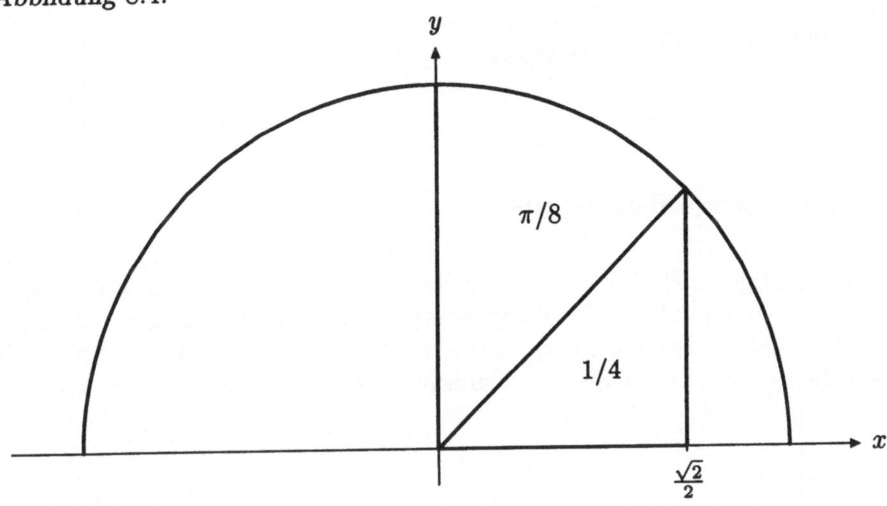

Abbildung 8.4 Zur Approximation von π mit Hilfe der Simpsonformel

◇ **8.8** *Man berechne für* $\int\limits_0^2 f(x)\,dx$ *einen Näherungswert mit der Simpsonschen Formel unter Verwendung der Daten aus Übungsaufgabe 8.2.*

◇ **8.9** *Wende auf das Beispiel von Übungsaufgabe 8.3 mit einer 20-stelligen Genauigkeit die Simpsonsche Formel an.*

◇ **8.10** *Man approximiere $n!$ durch Anwendung der Simpsonschen Formel auf die Integralsumme*[8] $\int\limits_1^n \ln x\,dx + \int\limits_2^{n+1} \ln x\,dx$ *wie in Beispiel 8.1 und vergleiche die Güte der beiden Approximationen von $n!$ mit* DERIVE. *Wie in Übungsaufgabe 8.4 schätze man den Grenzwert* $s = \lim\limits_{n\to\infty} \frac{n!}{\sqrt{n}\,(n/e)^n}$ *ab.*

◇ **8.11** *Wendet man in* DERIVE *auf ein bestimmtes Integral den* `approX` *Befehl an, so integriert* DERIVE *numerisch unter Verwendung einer Simpsonartigen Methode. Man bestimme die folgenden Integrale sowohl exakt als auch numerisch mit* DERIVE *und erläutere die Ergebnisse.*

(a) $\displaystyle\int\limits_0^1 \sqrt{1-x^2}\,dx$, (b) $\displaystyle\int\limits_0^\pi \sin x\,dx$, (c) $\displaystyle\int\limits_{-1}^1 \frac{1}{x^2}\,dx$,

(d) $\displaystyle\int\limits_0^1 \sin\frac{1}{x}\,dx$, (e) $\displaystyle\int\limits_0^\pi \frac{\sin x}{x}\,dx$, (f) $\displaystyle\int\limits_0^1 \left(\int\limits_0^1 \sqrt{x^2+y^2}\,dy\right) dx$.

[8] Warum betrachten wir gerade diese Summe?

9 Differentiation

9.1 Das Tangentenproblem

Eine der wichtigsten Fragen der Analysis ist es, zu einem gegebenen Punkt des Graphen einer reellen Funktion die Tangente zu bestimmen. Diese Frage, die sich oft in Anwendungsfällen stellt und deren Tragweite wir bald zu schätzen lernen werden, untersuchen wir in diesem Kapitel. Zunächst betrachten wir folgendes Beispiel.

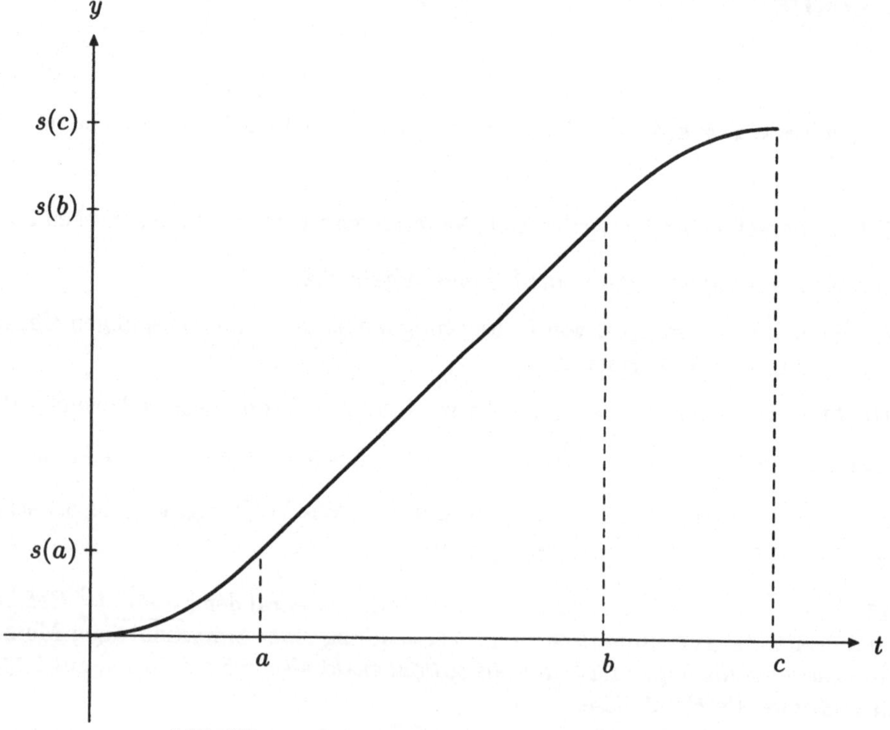

Abbildung 9.1 Ein Auto startet, fährt und hält

Beispiel 9.1 (Die Geschwindigkeit) Angenommen, man fährt mit einem Auto von einer Ampel zur nächsten. Am Anfang – zum Zeitpunkt $t = 0$ – beschleunigt man das Auto von der Startgeschwindigkeit $v(0) := 0$ auf eine Geschwindigkeit $v(a) := 50$ km/h. Zwischen den Zeitpunkten $t = a$ und $t = b$ fahre man mit einer konstanten Geschwindigkeit. Am Ende der Fahrt bremst man das Auto wieder auf die Geschwindigkeit $v(c) := 0$ ab. Die Fahrt wird ungefähr wie in Abbildung 9.1

aussehen. Dort ist die Wegfunktion $s(t)$ dargestellt, die die Wegstrecke s angibt, welche zum Zeitpunkt t zurückgelegt wurde. Die *Durchschnittsgeschwindigkeit* der Fahrt ist der Quotient „Gesamtweg durch Gesamtzeit", d. h. $\frac{s(c)-s(0)}{c-0} = \frac{s(c)}{c}$. Wie kann man aber die *Momentangeschwindigkeit*[1], also die Geschwindigkeit zu einem bestimmten Zeitpunkt der Fahrt berechnen? Der Tatsache, daß zwischen den Zeitpunkten $t = a$ und $t = b$ die Momentangeschwindigkeit konstant ist, entspricht die Konstanz der Steigung in Abbildung 9.1 zwischen den Zeitpunkten a und b. Vor dem Zeitpunkt a beschleunigt der Wagen, seine Geschwindigkeit und die Steigung des Graphen wachsen, während nach dem Zeitpunkt b die Geschwindigkeit des Autos und die Steigung des Graphen wieder abnehmen. Es wird sich in der Tat herausstellen, daß die Steigung des Graphen und die Geschwindigkeit des Autos übereinstimmen. △

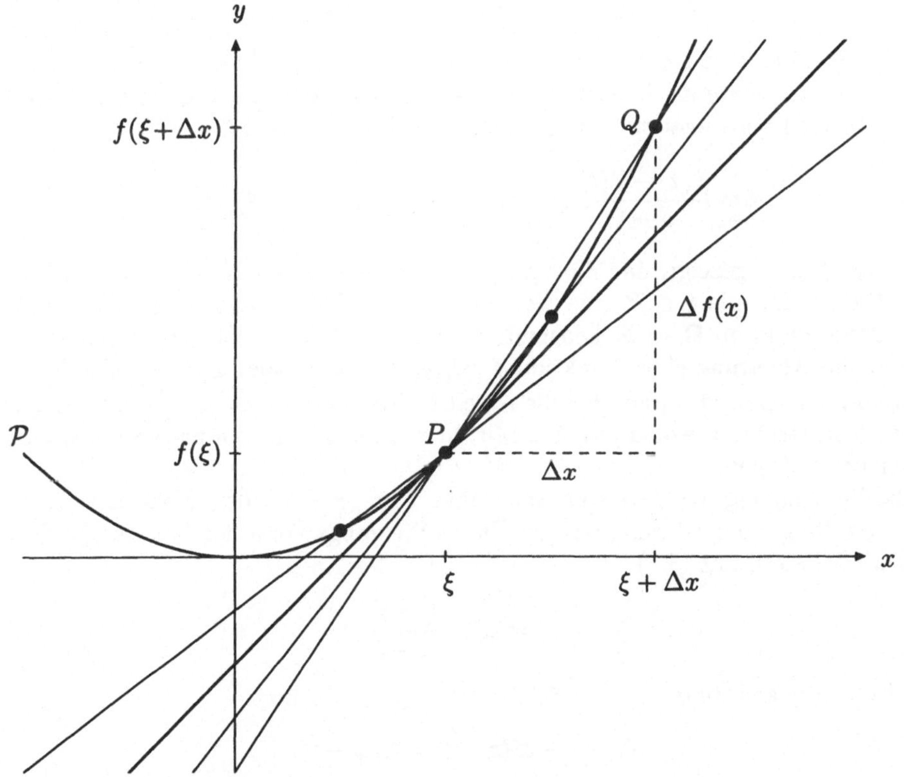

Abbildung 9.2 Eine Tangente an eine Parabel

Wir betrachten nun die Definition einer Tangente im allgemeinen Fall. Können wir die lokale Steigung der Tangente an einer bestimmten Stelle eines Graphen bestimmen, dann können wir auch leicht die Tangentengleichung mit Hilfe der Punkt-Steigungs-Form einer Geradengleichung angeben. Daher hat der Begriff der lokalen

[1] Diese wird vom Tachometer angegeben.

Steigung die höchste Priorität.

Beispiel 9.2 (Die Tangente als Grenzfall von Sekanten) Wir wollen uns die Situation anhand von Abbildung 9.2 genauer ansehen. Angenommen, wir wollen die Tangente an die Parabel $\mathcal{P}$ – dem Graphen der Funktion $f(x) = x^2$ – im Punkt $P := (\xi, f(\xi) = \xi^2)$ bestimmen. Wir haben in Abbildung 9.2 *Sekanten* eingezeichnet, die die Parabel $\mathcal{P}$ im Punkt P und jeweils einem weiteren Punkt Q schneiden. Je näher nun Q an P heranrückt, desto besser scheint sich die Sekante einer Grenzgeraden zu nähern. Es liegt also auf der Hand, die *Tangente* durch diesen Grenzprozeß zu definieren.

Die Steigung der Sekanten ist offensichtlich durch die Formel

$$\frac{\Delta f}{\Delta x} = \frac{f(x) - f(\xi)}{x - \xi} = \frac{x^2 - \xi^2}{x - \xi}$$

gegeben, wobei x und ξ die x-Koordinaten der Schnittpunkte Q bzw. P sind. Wir haben die Tangente als Grenzfall der Sekanten definiert, wenn Q gegen P strebt. Entsprechend berechnet sich die Steigung der Tangente gemäß

$$\lim_{x \to \xi} \frac{f(x) - f(\xi)}{x - \xi} = \lim_{x \to \xi} \frac{x^2 - \xi^2}{x - \xi} = \lim_{x \to \xi} (x + \xi) = 2\xi \ .$$

Wir haben also gezeigt, daß die Tangentensteigung in $P = (\xi, f(\xi))$ den Wert 2ξ hat. Da wir für alle $\xi \in \mathbb{R}$ eine Antwort erhalten haben, haben wir offensichtlich eine *neue Funktion* $\mathbb{R} \to \mathbb{R}$ konstruiert. Diese Funktion heißt die *Ableitung*[2] von f. Für die Ableitung einer Funktion f schreibt man f' oder auch $\frac{df}{dx}$. Die letztere Schreibweise erinnert daran, daß die Ableitung der Grenzwert von $\frac{\Delta f}{\Delta x}$ ist, wenn Δx gegen Null strebt, s. Abbildung 9.2. Mit ihr werden wir uns im nächsten Abschnitt näher beschäftigen.

Da die Steigung der Tangente am Punkt $P = (\xi, f(\xi))$ den Wert $m = 2\xi$ hat, folgt die Tangentengleichung aus der Punkt-Steigungs-Form der Geradengleichung, und wir erhalten mit (3.8)

$$m = 2\xi = \frac{y - \xi^2}{x - \xi}$$

die Tangentengleichung

$$y = \xi^2 + 2\xi(x - \xi) = 2\xi x - \xi^2 \ .$$

Sitzung 9.1 Man stelle mit DERIVE den Graphen der Funktion $y = x^2$ sowie die Geradenschar `VECTOR(2 k x-k^2,k,-4,4,1/2)` bei einer geeigneten Skalierung graphisch dar und beobachte die Tangenteneigenschaft der Geraden. Man verwende die Funktion `ZWEIPUNKTEFORM`, die in der DERIVE-Sitzung 3.1 definiert wurde, um die Folge der Sekanten durch die Punkte `VECTOR([1/2+1/k,(1/2+1/k)^2],k,1,5)` und durch $P := (1/2, 1/4)$ darzustellen.

[2] Englisch: derivative

Beispiel 9.3 (Die Geschwindigkeit als Ableitung) Wir können nun das Beispiel 9.1 fortsetzen. Die Geschwindigkeit ist allgemein ein Maß für das Verhältnis zwischen der Änderung des Weges und der Änderung der Zeit und entspricht somit dem Quotienten $\frac{\Delta s(t)}{\Delta t}$.

Wir können somit die Momentangeschwindigkeit $v(t_0)$ zu einem bestimmten Zeitpunkt $t := t_0$ als den Grenzwert

$$\lim_{t \to t_0} \frac{s(t) - s(t_0)}{t - t_0} = \lim_{t \to t_0} \frac{\Delta s(t)}{\Delta t}$$

definieren, der nichts anderes als die Ableitung von $s(t)$ zum Zeitpunkt t_0 ist. Diese Überlegungen führen zu der Beziehung

$$v(t) = \dot{s}(t) \tag{9.1}$$

zwischen einer beliebigen Wegfunktion $s(t)$ und der entsprechenden Geschwindigkeitsfunktion $v(t)$. Mit $\dot{}$ wird die Ableitung bzgl. der Zeitvariablen t bezeichnet.

Übungsaufgaben

9.1 *Zeige, daß die Ableitung f' der Funktion $f(x) = ax^2$ ($a \in \mathbb{R}$) die Funktion $f'(x) = 2ax$ ist.*

9.2 *Wie lautet die geometrische Bedingung für den Graphen der Wegfunktion $s(t)$, wenn zu einem bestimmten Zeitpunkt t die Geschwindigkeit Null ist? Wann tritt dies in Beispiel 9.1 auf?*

9.3 *Man berechne die Ableitung der Funktion $f(x) = x^k$ ($k = 3, \ldots, 6$).*

9.2 Die Ableitung

Die Ausführungen des vorhergehenden Abschnitts führen zu folgender

Definition 9.1 (Differenzierbarkeit, Ableitung) Sei $f : I \to \mathbb{R}$ eine reelle Funktion eines Intervalls I. Dann heißt f *differenzierbar an der Stelle* $\xi \in I$, falls der Grenzwert

$$f'(\xi) = \frac{df}{dx}(\xi) = \frac{d}{dx}f(\xi) := \lim_{x \to \xi} \frac{f(x) - f(\xi)}{x - \xi} = \lim_{\Delta x \to 0} \frac{f(\xi + \Delta x) - f(\xi)}{\Delta x}$$

existiert. Ist f in allen Punkten $x \in I$ differenzierbar, so heißt f differenzierbar in I, und die Funktion $f' : I \to \mathbb{R}$ heißt *Ableitung von* f.

Bemerkung 9.1 (Differentiale) Die verwendeten Symbole dx und df werden *Differentiale* genannt. $\frac{df}{dx}$ heißt daher auch *Differentialquotient*. Wie die Differenzen Δx und $\Delta f(x)$, die den Abständen in x- bzw. y-Richtung zwischen den beiden Punkten $(x, f(x))$ und $(x + \Delta x, f(x + \Delta x))$ entsprechen, entsprechen die Differentiale dx und $df(x)$ den x- und y-Abständen der zugehörigen Tangente, s. Abbildung 9.3.

Bemerkung 9.2 (Differentialoperator) Bei der Notation $\frac{d}{dx}f$ steht im Vordergrund, daß die Differentiation aus der Funktion f eine neue Funktion erzeugt. Das Symbol $\frac{d}{dx}$ wird *Differentialoperator* genannt.

Bemerkung 9.3 Um als Variable für die Ableitung f' nicht das Symbol ξ, sondern wieder das Symbol x zu verwenden, tauschen wir häufig die Symbole und schreiben $f'(x) = \lim\limits_{\xi \to x} \frac{f(\xi)-f(x)}{\xi - x}$. △

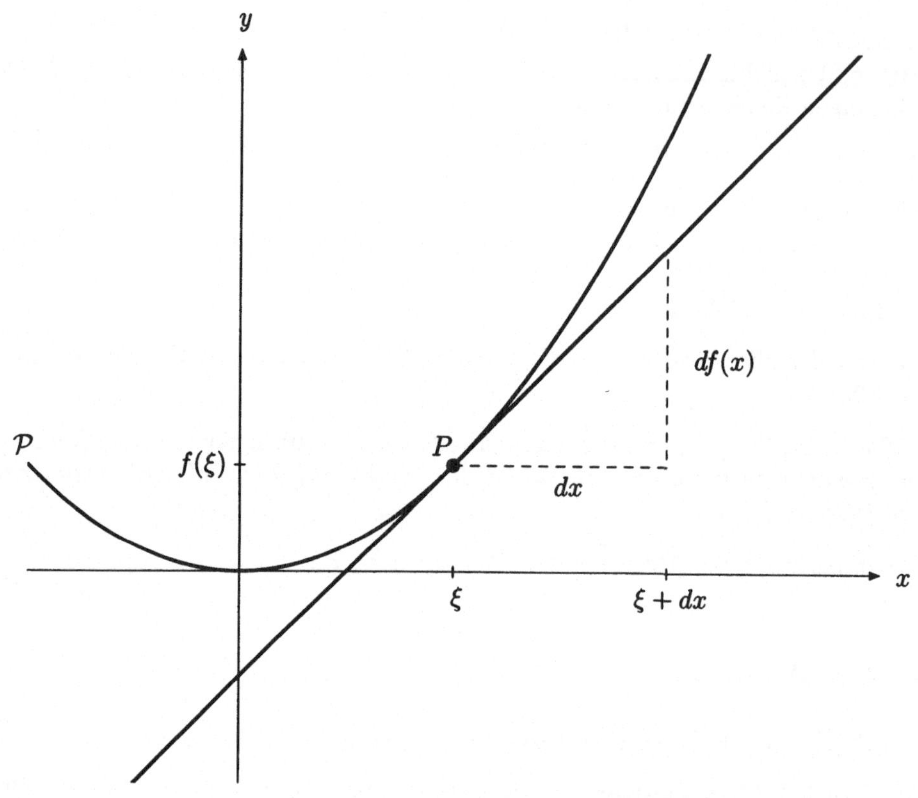

Abbildung 9.3 Zur Definition der Differentiale

Wir zeigen zunächst, daß eine Funktion nicht überall differenzierbar sein muß.

Beispiel 9.4 (Eine Funktion, die an einer Stelle nicht differenzierbar ist) Man betrachte Abbildung 3.1 auf Seite 46 und versuche zu erraten, an welchen Stellen die Betragsfunktion $f(x) := |x|$ differenzierbar ist.

Sei $x > 0$. Dann existieren die Ableitungen

$$f'(x) = \lim_{\xi \to x} \frac{f(\xi) - f(x)}{\xi - x} = \lim_{\xi \to x} \frac{|\xi| - |x|}{\xi - x} = \lim_{\xi \to x} \frac{\xi - x}{\xi - x} = 1 \, .$$

Wir haben hier die Tatsache verwendet, daß es für $x > 0$ genügt, beim Grenzübergang $\xi \to x$ nur $\xi > 0$ zu betrachten. Für $x < 0$ erhalten wir entsprechend

$$f'(x) = \lim_{\xi \to x} \frac{f(\xi) - f(x)}{\xi - x} = \lim_{\xi \to x} \frac{|\xi| - |x|}{\xi - x} = \lim_{\xi \to x} \frac{-\xi + x}{\xi - x} = -1\,.$$

Es stellt sich jedoch heraus, daß f für $x = 0$ nicht differenzierbar ist. Dies liegt daran, daß der linksseitige Grenzwert

$$\lim_{\xi \to 0-} \frac{f(\xi) - f(0)}{\xi - 0} = \lim_{\xi \to 0-} \frac{|\xi| - |0|}{\xi - 0} = -1$$

ergibt, während für den rechtsseitigen Limes

$$\lim_{\xi \to 0+} \frac{f(\xi) - f(0)}{\xi - 0} = \lim_{\xi \to 0+} \frac{|\xi| - |0|}{\xi - 0} = 1$$

gilt. Der Grenzwert $\lim\limits_{\xi \to 0} \frac{|\xi|}{\xi}$ kann also nicht existieren. Geometrisch entspricht dies der Tatsache, daß die Betragsfunktion an der Stelle $x = 0$ einen *Knick* und keine Tangente hat. $\triangle$

Nach diesem Beispiel liegt es nahe, auch einseitige Ableitungen zu betrachten, die Halbtangenten des Graphen entsprechen.

Definition 9.2 Sei $f : I \to \mathbb{R}$ eine reelle Funktion in einem Intervall I, und für eine Stelle $x \in I$ existiere einer der Grenzwerte

$$f'_-(x) := \lim_{\xi \to x-} \frac{f(\xi) - f(x)}{\xi - x} \qquad \text{oder} \qquad f'_+(x) := \lim_{\xi \to x+} \frac{f(\xi) - f(x)}{\xi - x}\,.$$

Dann heißt f *linksseitig* bzw. *rechtssseitig differenzierbar* an der Stelle x. Offensichtlich ist eine Funktion f genau dann an einer Stelle x differenzierbar, wenn sie sowohl rechts- als auch linksseitig differenzierbar ist und die beiden einseitigen Ableitungen übereinstimmen.

Sitzung 9.2 Wir wollen mit DERIVE die Ableitung des Monoms $f(x) := x^n$ ($n \in \mathbb{N}$) bestimmen. Dazu verwenden wir zuerst den `Options Input Word` Befehl (um die zweibuchstabige Variable **xi** eingeben zu können) und vereinfachen den Ausdruck `LIM((xi^n-x^n)/(xi-x),xi,x)` zu

2 : $\quad nx^{n-1}\,.$

Wir können aber auch direkt zurückgreifen auf DERIVEs Fähigkeiten, Funktionen zu differenzieren. Die DERIVE Prozedur `DIF(f,x)` bestimmt die Ableitung des Ausdrucks f bezüglich der Variablen x. Zum Beispiel liefert `DIF(x^n,x)` zunächst

4 : $\quad \frac{d}{dx}x^n\,.$

DERIVE benutzt also die Operatornotation für den Differentialquotienten. Vereinfacht man nun diesen Ausdruck, ergibt sich wieder

5 : $\quad nx^{n-1}\,.$

Man kann auch mit dem `Calculus Differentiate` Menü differenzieren.

Beispiel 9.5 (Potenzen) Wir berechnen nun die Ableitung des Monoms $f(x) := x^n$ $(n \in \mathbb{N})$. Gemäß (3.16) haben wir

$$\frac{x^n - \xi^n}{x - \xi} = x^{n-1} + \xi x^{n-2} + \cdots + \xi^{n-1} = \sum_{k=0}^{n-1} x^{n-k}\xi^k \tag{9.2}$$

und damit

$$f'(x) = \lim_{\xi \to x} \frac{x^n - \xi^n}{x - \xi} = \lim_{\xi \to x} \left(x^{n-1} + \xi x^{n-2} + \cdots + \xi^{n-1}\right) = nx^{n-1} ,$$

da es beim Grenzübergang $\xi \to x$ genau n Summanden mit dem Wert x^{n-1} gibt. In Übungsaufgabe 9.5 soll dasselbe Resultat mit der Binomialformel hergeleitet werden.

Man beachte insbesondere, daß für die Gerade $f(x) = x$ die Tangentensteigung in jedem Punkt den konstanten Wert 1 hat. Dies hatten wir schon in § 3.2 beobachtet.

Die Formel $f'(x) = nx^{n-1}$ gilt auch für $n = 0$, d. h. für die konstante Funktion $f(x) = 1$. Wir erhalten hier nämlich

$$\lim_{\xi \to x} \frac{f(\xi) - f(x)}{\xi - x} = \lim_{\xi \to x} \frac{1 - 1}{\xi - x} = 0$$

für alle $x \in \mathbb{R}$, der geometrischen Tatsache entsprechend, daß die konstante Funktion $f(x) = 1$ überall eine horizontale Tangente besitzt. △

Wir haben also

Satz 9.1 (Ableitung der Potenzen) Das Monom $f(x) = x^n$ $(n \in \mathbb{N}_0)$ hat die Ableitung $f'(x) = nx^{n-1}$.

Es wird sich zeigen, daß es genügt, die Ableitungen der Monome zu kennen, um die Ableitung beliebiger rationaler Funktion berechnen zu können. Zu diesem Zweck leiten wir in § 9.3 geeignete Regeln her.

Wir betrachten nun als weitere Beispiele die wichtigsten elementaren transzendenten Funktionen.

Satz 9.2 (Ableitung der Exponential-, Sinus- und Kosinusfunktion) Die Exponential-, Sinus- und Kosinusfunktion sind in ganz $\mathbb{R}$ differenzierbar, und für ihre Ableitungen gilt:

(a) $(e^x)' = e^x$, (b) $(\sin x)' = \cos x$, (c) $(\cos x)' = -\sin x$.

Beweis: Die Resultate folgen – wie schon die Berechnung der Integralfunktionen, s. (7.13) – aus den Additionstheoremen und den Grenzwerten, die wir in Satz 6.3 bestimmt hatten. Wir haben

$$\begin{aligned}
(e^x)' &= \lim_{\Delta x\to 0}\frac{e^{x+\Delta x}-e^x}{\Delta x} = e^x \lim_{\Delta x\to 0}\frac{e^{\Delta x}-1}{\Delta x} = e^x\,,\\
(\sin x)' &= \lim_{\Delta x\to 0}\frac{\sin(x+\Delta x)-\sin x}{\Delta x} = \lim_{\Delta x\to 0}\frac{\sin x\cos\Delta x+\cos x\sin\Delta x-\sin x}{\Delta x}\\
&= \sin x\lim_{\Delta x\to 0}\frac{\cos\Delta x-1}{\Delta x}+\cos x\lim_{\Delta x\to 0}\frac{\sin\Delta x}{\Delta x} = \cos x\,,\\
(\cos x)' &= \lim_{\Delta x\to 0}\frac{\cos(x+\Delta x)-\cos x}{\Delta x} = \lim_{\Delta x\to 0}\frac{\cos x\cos\Delta x-\sin x\sin\Delta x-\cos x}{\Delta x}\\
&= \cos x\lim_{\Delta x\to 0}\frac{\cos\Delta x-1}{\Delta x}-\sin x\lim_{\Delta x\to 0}\frac{\sin\Delta x}{\Delta x} = -\sin x\,.
\end{aligned}$$ □

Weitere Beispiele differenzierbarer Funktionen und ihrer Ableitungen wollen wir an dieser Stelle nicht geben. Wir werden später sehen, daß wir alle Funktionen, die sich durch algebraische Operationen aus den bereits betrachteten bilden lassen, differenzieren können.

Zum Schluß dieses Abschnitts bringen wir jedoch die Differenzierbarkeit mit der Stetigkeit in Verbindung. Geometrisch betrachtet scheint es offensichtlich, daß die Existenz einer Tangente an einer Stelle eines Graphen die Stetigkeit an dieser Stelle bedingt. Dies ist tatsächlich immer richtig.

Satz 9.3 (Aus der Differenzierbarkeit folgt die Stetigkeit) Sei $f : I \to \mathbb{R}$ an einer Stelle $x \in I$ differenzierbar. Dann ist f in x stetig. Insbesondere ist die Funktion f in ganz I stetig, wenn sie dort differenzierbar ist.

Beweis: Ist f an der Stelle $x \in I$ differenzierbar, so existiert der Grenzwert

$$\lim_{\xi\to x}\frac{f(\xi)-f(x)}{\xi-x} = a \in \mathbb{R}\,. \tag{9.3}$$

Durch Umformung von Gleichung (9.3) erhält man

$$\lim_{\xi\to x}\Big(f(\xi)-f(x)\Big) = a\lim_{\xi\to x}(\xi-x) = 0\,,$$

d. h.

$$\lim_{\xi\to x} f(\xi) = f(x)\,.$$

Damit ist f stetig an der Stelle x. □

Übungsaufgaben

9.4 *Ist eine Funktion $f : I \to \mathbb{R}$ in einem symmetrischen Intervall $I := [-a, a]$ differenzierbar, dann ist die Ableitung f'*

(a) *gerade, wenn f ungerade ist, und* (b) *ungerade, wenn f gerade ist.*

9.5 *Man berechne die Ableitung des Monoms $f(x) = x^m$ $(m \in \mathbb{N})$ mit Hilfe der Binomialformel.* Hinweis: *Verwende die Darstellung $\xi := x + \Delta x$.*

◇ **9.6** *Definiere die* DERIVE*-Funktionen* `DIFF1(f,x)` *und* `DIFF2(f,x)`*, die die Ableitung gemäß der Definitionen*

$$\mathrm{DIFF1}\,(f,x) := \lim_{xi \to x} \frac{f(xi) - f(x)}{xi - x}$$

und

$$\mathrm{DIFF2}\,(f,x) := \lim_{dx \to 0} \frac{f(x + dx) - f(x)}{dx}$$

berechnen. Man berechne mit Hilfe dieser Funktionen die Ableitungen einiger Funktionen. Verwende nun die in DERIVE *vorhandene Prozedur zur Berechnung derselben Ableitungen und vergleiche die erhaltenen Rechenzeiten der drei Methoden.*[3]

○ **9.7** *Ist die Funktion $f : I \to \mathbb{R}$ an einer Stelle $x \in I$ differenzierbar, dann ist die Funktion $g : I \to \mathbb{R}$ mit*

$$g(\xi) := \begin{cases} \frac{f(\xi)-f(x)}{\xi - x} & \text{falls } \xi \neq x \\ f'(x) & \text{falls } \xi = x \end{cases}$$

stetig an der Stelle $\xi = x$. Ist f darüberhinaus in $I \setminus \{x\}$ stetig, dann ist g in ganz I stetig.

◇ **9.8** *Man zeige, daß die* DERIVE *Funktion*

```
TANGENTE(f,x,x0):=LIM(f,x,x0)+(x-x0)LIM(DIF(f,x),x,x0)
```

die rechte Seite der expliziten Tangentengleichung an den Graphen von f bzgl. der Variablen x im Punkt $(x_0, f(x_0))$ angibt. Verwende diese Funktion zur Berechnung der Tangenten der Funktionen

(a) $f(x) = x^2$, (b) $f(x) = \sin \dfrac{\pi x}{4}$, (c) $f(x) = e^x$

an den Stellen $x := -4, -3, \ldots, 3, 4$ und stelle die Graphen von f sowie die entsprechenden Tangenten mit DERIVE *dar.*

◇ **9.9** *Erkläre eine* DERIVE *Funktion* `SEKANTE(f,x,x1,x2)`*, die die rechte Seite der Funktionsgleichung der Sekante von f bzgl. der Variablen x durch die Punkte $(x_1, f(x_1))$ und $(x_2, f(x_2))$ berechnet.*

◇ **9.10** *Man differenziere* `SIGN(x)` *mit* DERIVE*. Stimmt das Ergebnis?*[4]

---

[3]Unsere Definitionen stellen *keine* Methode zur Differentiation dar, die mit der in DERIVE implementierten Prozedur konkurrieren könnte, da es meist einfacher ist, Funktionen zu differenzieren als Grenzwerte zu bilden. DERIVE verwendet deshalb zur Berechnung der Ableitungen dieselben Regeln, die wir in § 9.3 herleiten werden, und nicht die Definition der Ableitung. Dagegen werden bei der `LIM` Prozedur Ableitungen verwendet, z. B. die Regel von de l'Hospital, die wir in § 10.4 entwickeln werden.

[4]Man sollte sich bei der Arbeit mit einem symbolischen Algebra-System wie DERIVE an derartige Beispiele erinnern. Unser Beispiel zeigt, daß *immer* der Benutzer das System führen muß und sich nicht von diesem führen lassen darf. Es kann einen sonst in die Irre führen, da die meisten implementierten Operationen nur unter der Annahme, daß die betrachteten Funktionen stetig oder sogar differenzierbar sind, korrekt sind. Ist dies nicht der Fall, muß *der Benutzer* darauf achten, daß die Ergebnisse von DERIVE auch richtig sind.

◇ **9.11** *Sei $\mathcal{P}$ eine beliebige Parabel und Graph der Funktion $f(x)=ax^2+bx+c$. Sei ferner ein beliebiger Bogen der Parabel mit Endpunkten P_1, P_2 gegeben, s. Abbildung 9.4. Zeige:*

(a) *Die Sekante $S := \overline{P_1P_2}$ ist parallel zur Tangente T von $\mathcal{P}$ an demjenigen Punkt der Parabel, dessen x-Koordinate der arithmetische Mittelwert der x-Koordinaten von P_1 und P_2 ist.*

(b) *Der Flächeninhalt A zwischen T, S und den vertikalen Geraden durch P_1 und P_2 wird von $\mathcal{P}$ im Verhältnis von 2 zu 1 geteilt.*

Zeige ferner, daß die Aussage (b) auch für ein beliebiges Polynom dritten Grades richtig bleibt, zeige aber durch ein Beispiel, wieviel komplizierter die geometrische Situation in diesem Fall sein kann. Hinweis: O. B. d. A. kann man P_1 und P_2 symmetrisch zur y-Achse wählen (warum?).

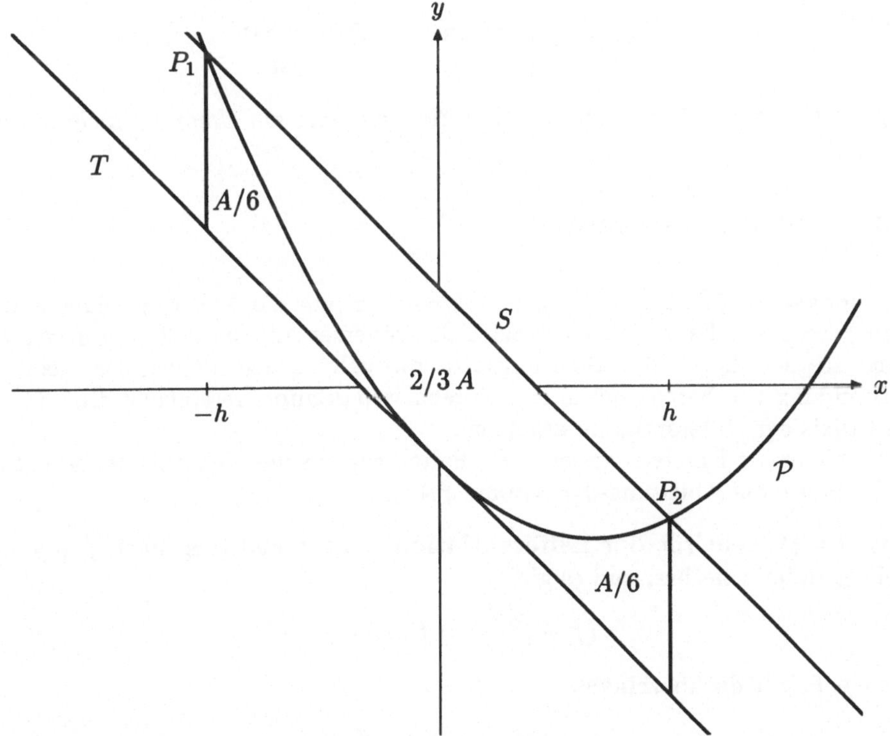

Abbildung 9.4 Das Verhältnis der von einer Parabel erzeugten Flächeninhalte

◇ **9.12** *Berechne mit* DERIVE *die Ableitung der Betragsfunktion. Für welche $x \in \mathbb{R}$ ist* DERIVE*s Antwort korrekt?*[5]

[5] Man beachte, daß nach der Philosophie von DERIVE der Wert `SIGN(0)` nicht definiert ist und deshalb nicht vereinfacht wird.

◇ **9.13** *Deklariere zwei Funktionen* `DIFF_LINKS(f,x,x0)` *und* `DIFF_RECHTS(f,x,x0)`, *die die links- bzw. die rechtsseitige Ableitung von f bzgl. der Variablen x an der Stelle x_0 berechnen. Berechne mit diesen Funktionen die links- und rechtsseitige Ableitung der Betrags- und der Vorzeichenfunktion in $x_0 = 0$.*

9.14 *Bestimme die Ableitung von $f_n(x) := |x^n + 1|$, wo sie existiert, und stelle die Funktionen f_n für $n := 1, \ldots, 5$ mit* DERIVE *graphisch dar.*

9.15 *Man bestimme die Ableitung von*

(a) $f(x) = \cosh x$, (b) $f(x) = \sinh x$, (c) $f(x) = e^{ix} = \cos x + i \sin x$.

⋆ **9.16** *Bestimme die Ableitungen der Logarithmus- sowie der inversen Sinus- und Kosinusfunktion.*

⋆ **9.17** *Zeige, daß die Funktion $f : \mathbb{R} \to \mathbb{R}$ mit*

$$f(x) := \begin{cases} x^2 \sin \frac{1}{x} & \text{falls } x \neq 0 \\ 0 & \text{sonst} \end{cases}$$

in ganz $\mathbb{R}$ differenzierbar ist, daß aber die Ableitung am Ursprung nicht stetig ist.

9.3 Ableitungsregeln

Wir können natürlich Definition 9.1 verwenden, um die Ableitung einer Funktion f zu berechnen. Es ist jedoch wesentlich bequemer, die *spezielle Form von f* und einige Regeln, die für die Ableitungsprozedur gelten, auszunutzen. Da uns dies die Verwendung von bereits bekannten Ergebnissen erlaubt, vereinfacht diese Methode die Praxis der Differentiation erheblich.

Als ein erstes Ergebnis dieser Art erhalten wir aus der Kenntnis der Ableitungen von f und g die Ableitung der Summe $f + g$.

Satz 9.4 (Linearität der Differentiation) Mit f und g ist auch $f + g$ an der Stelle x differenzierbar, und es gilt

$$(f + g)'(x) = f'(x) + g'(x) .$$

Für $c \in \mathbb{R}$ gilt darüberhinaus

$$(cf)'(x) = c \cdot f'(x) .$$

Beweis: Dies folgt unmittelbar aus der Linearitätseigenschaft der Grenzwertoperation, da

$$\begin{aligned} (f + g)'(x) &= \lim_{\xi \to x} \frac{(f(\xi) + g(\xi)) - (f(x) + g(x))}{\xi - x} \\ &= \lim_{\xi \to x} \frac{f(\xi) - f(x)}{\xi - x} + \lim_{\xi \to x} \frac{g(\xi) - g(x)}{\xi - x} = f'(x) + g'(x) \end{aligned}$$

und

$$(cf)'(x) = \lim_{\xi \to x} \frac{cf(\xi) - cf(x)}{\xi - x} = c \cdot \lim_{\xi \to x} \frac{f(\xi) - f(x)}{\xi - x} = c \cdot f'(x)$$

gilt. □

Auf Grund der Linearität der Ableitung können wir nun leicht die Ableitung eines beliebigen Polynoms berechnen. Polynome sind Linearkombinationen von Monomen und die Ableitungen von Monomen kennen wir ja, so daß wir durch Induktion bekommen:

Korollar 9.1 (Ableitung von Polynomen) Das Polynom

$$p(x) = a_0 + a_1 x + \cdots + a_n x^n = \sum_{k=0}^{n} a_k x^k$$

hat die Ableitung

$$p'(x) = a_1 + 2a_2 x + \cdots + n a_n x^{n-1} = \sum_{k=1}^{n} k a_k x^{k-1} \,.$$ □

Nachdem wir festgestellt haben, daß die Ableitung einer Summe einfach die Summe der Ableitungen ist, stellt sich die Frage, ob man die Ableitungen von Produkten und Quotienten ebenso einfach berechnen kann. Dies ist in der Tat möglich.

Satz 9.5 (Produkt- und Quotientenregel) Die Funktionen u und v seien an der Stelle x differenzierbar. Dann ist auch das Produkt $u \cdot v$ an der Stelle x differenzierbar, und es gilt

$$(u \cdot v)'(x) = u'(x)v(x) + v'(x)u(x) \,. \tag{9.4}$$

Gilt darüberhinaus $v'(x) \neq 0$, dann sind $1/v$ und u/v an der Stelle x differenzierbar, und es gilt

$$\left(\frac{1}{v}\right)'(x) = -\frac{v'(x)}{(v(x))^2} \tag{9.5}$$

sowie

$$\left(\frac{u}{v}\right)'(x) = \frac{u'(x)v(x) - v'(x)u(x)}{(v(x))^2} \,. \tag{9.6}$$

Beweis: Auch diese Regeln sind einfache Folgerungen aus der Definition der Ableitung zusammen mit der Linearität der Grenzwertbildung. Wir haben

$$\begin{aligned} (u \cdot v)'(x) &= \lim_{\xi \to x} \frac{u(\xi)v(\xi) - u(x)v(x)}{\xi - x} \\ &= \lim_{\xi \to x} \frac{u(\xi)v(\xi) - u(x)v(\xi) + u(x)v(\xi) - u(x)v(x)}{\xi - x} \\ &= \lim_{\xi \to x} \frac{u(\xi) - u(x)}{\xi - x} \lim_{\xi \to x} v(\xi) + u(x) \lim_{\xi \to x} \frac{v(\xi) - v(x)}{\xi - x} \\ &= u'(x)v(x) + v'(x)u(x) \,. \end{aligned}$$

Hier haben wir verwendet, daß v auf Grund von Satz 9.3 an der Stelle x stetig ist und dehalb $\lim\limits_{\xi\to x} v(\xi) = v(x)$ gilt. Auf ähnliche Weise erhalten wir

$$\left(\frac{1}{v}\right)'(x) = \lim_{\xi\to x}\frac{\frac{1}{v(\xi)}-\frac{1}{v(x)}}{\xi - x} = \frac{1}{v(x)}\lim_{\xi\to x}\frac{1}{v(\xi)}\lim_{\xi\to x}\frac{v(x)-v(\xi)}{\xi - x} = -\frac{v'(x)}{(v(x))^2}$$

auf Grund der Stetigkeit von v und schließlich

$$\left(\frac{u}{v}\right)'(x)=\left(u\cdot\frac{1}{v}\right)'(x)=\frac{u'(x)}{v(x)}+u(x)\left(\frac{1}{v(x)}\right)'=\frac{u'(x)}{v(x)}-\frac{u(x)v'(x)}{(v(x))^2}=\frac{u'(x)v(x)-v'(x)u(x)}{(v(x))^2},$$

wobei wir die beiden ersten Regeln verwendet haben (wo?). □

Die Regeln (9.4)–(9.6) heißen *Produktregel*[6], *Reziprokenregel* bzw. *Quotientenregel.* In ihrer Kurzform (ohne Argument) sind sie einfacher zu behalten:

$$(u\cdot v)' = u'v + v'u\,, \qquad \left(\frac{1}{v}\right)' = -\frac{v'}{v^2} \qquad \text{und} \qquad \left(\frac{u}{v}\right)' = \frac{u'v - v'u}{v^2}\,.$$

Mit der Quotientenregel können wir nun alle rationalen Funktionen differenzieren. Eine rationale Funktion $r(x) = \frac{p(x)}{q(x)}$ ist ja der Quotient zweier Polynome p und q, für welche wir die Ableitungen schon berechnen können. Wir geben einige Beispiele zur Berechnung von Ableitungen rationaler Funktionen.

Beispiel 9.6 (Quotientenregel) Wir wollen $f(x) = \frac{1+x}{-6+5x+2x^2-x^3}$ differenzieren. Dazu setzen wir $u(x) := 1+x$ und $v(x) := -6+5x+2x^2-x^3$. Mit der Quotientenregel erhalten wir

$$f'(x) = \frac{u'(x)v(x)-v'(x)u(x)}{(v(x))^2} = \frac{(-6+5x+2x^2-x^3)-(1+x)(5+4x-3x^2)}{(-6+5x+2x^2-x^3)^2}\,.$$

Beispiel 9.7 (Produktregel) Auch wenn wir im Prinzip alle Polynomausdrücke mit der allgemeinen Formel aus Korollar 9.1 ableiten können, ist dies nicht immer bequem. Um z. B. die Ableitung von $f(x) = (1+x+x^2)(1-x+x^2)$ mit der allgemeinen Formel zu berechnen, müssen wir das Polynom f zuerst ausmultiplizieren. Wir erhalten so $f(x) = (1+x+x^2)(1-x+x^2) = 1+x^2+x^4$ und damit die Ableitung $f'(x) = 2x+4x^3$.

Auf der anderen Seite läßt die spezielle Form von f die Anwendung der Produktregel zu. Auf diese Weise erhalten wir sofort das Ergebnis

$$f'(x) = (1+2x)(1-x+x^2) + (-1+2x)(1+x+x^2)\,,$$

das nun allerdings nicht ausmultipliziert ist.

[6]Englisch: product rule

Beispiel 9.8 (Reziprokenregel) Wir betrachten nun die Monome mit negativem Exponenten. Sei $m \in \mathbb{N}$, $x \neq 0$ und $f(x) = x^{-m} = \frac{1}{x^m}$. Wir können dann $f(x) = \frac{1}{v(x)}$ mit $v(x) = x^m$ schreiben. Für v ist Satz 9.1 anwendbar, d. h. es gilt $v'(x) = mx^{m-1}$. Durch Anwendung der Reziprokenregel erhalten wir

$$f'(x) = \left(\frac{1}{v}\right)'(x) = -\frac{v'(x)}{(v(x))^2} = -\frac{mx^{m-1}}{x^{2m}} = -mx^{-m-1}\,.$$

Schreiben wir n für $-m$, sehen wir, daß dies die alte Potenzregel ist – jetzt für Potenzen mit negativem ganzen Exponenten $n \in \mathbb{Z}$. Dieses Ergebnis, zusammen mit Satz 9.1, ist Inhalt von

Satz 9.6 (Ableitung von Potenzen mit ganzzahligem Exponenten) Sei $n \in \mathbb{Z}$. Die Potenzfunktion $f(x) = x^n$ hat die Ableitung $f'(x) = nx^{n-1}$, wobei für $n < 0$ die Bedingung $x \neq 0$ gelten muß. □

Nun können wir auch die restlichen trigonometrischen Funktionen differenzieren.

Satz 9.7 (Ableitung der Tangens- und Kotangensfunktion) Die Tangens- und die Kotangensfunktion sind in ganz $\mathbb{R}$ bis auf die Polstellen differenzierbar, und für ihre Ableitungen gilt:

$$\text{(a)}\quad (\tan x)' = 1 + \tan^2 x = \frac{1}{\cos^2 x}\,, \qquad \text{(b)}\quad (\cot x)' = -(1 + \cot^2 x) = -\frac{1}{\sin^2 x}\,.$$

Beweis: Wir haben

$$\begin{aligned}(\tan x)' &= \left(\frac{\sin x}{\cos x}\right)' = \frac{\cos^2 x - (-\sin^2 x)}{\cos^2 x} = 1 + \tan^2 x = \frac{1}{\cos^2 x}\,,\\ (\cot x)' &= \left(\frac{\cos x}{\sin x}\right)' = \frac{-\sin^2 x - (\cos^2 x)}{\sin^2 x} = -(1 + \cot^2 x) = -\frac{1}{\sin^2 x}\,.\end{aligned}$$ □

Sitzung 9.3 Geben wir `DIF(f,x)` ein, antwortet DERIVE

$$1: \quad \frac{d}{dx} f\,,$$

und mit `Simplify` erhalten wir

$$2: \quad 0\,.$$

Dies gilt, da wir f nicht deklariert haben. Daher wird f als Konstante betrachtet und ist damit von x unabhängig, und die Ableitung von f ist also 0. Mit der Zuweisung `f:=x^5` ergibt die Vereinfachung von `#1`

$$4: \quad 5x^4\,.$$

Wir können jedoch auch willkürliche Funktionen mit DERIVE differenzieren. Man deklariere die willkürlichen Funktionen $F(x)$, $G(x)$ und $H(x)$. Dann führt der Ausdruck `DIF(F(x)G(x),x)` zu der Ausgabe

$$8: \quad \frac{d}{dx}F(x)G(x)\,,$$

und **Simplify** ergibt

$$9: \quad G(x)\frac{d}{dx}F(x) + F(x)\frac{d}{dx}G(x)\,,$$

also die Produktregel! Auf ähnliche Weise kann man die Quotientenregel erzeugen oder auch weitere Regeln wie die Vereinfachung des Ausdrucks `DIF(F(x)^5,x)` zu

$$11: \quad 5F(x)^4\frac{d}{dx}F(x)\,.$$

Man beweise dieses Ergebnis durch Anwendung der Produktregel! Auch die Ableitung des dreifachen Produkts `DIF(F(x)G(x)H(x),x)` kann vereinfacht werden. **Expand** erzeugt das symmetrische Ergebnis

$$13: \quad H(x)G(x)\frac{d}{dx}F(x) + H(x)F(x)\frac{d}{dx}G(x) + G(x)F(x)\frac{d}{dx}H(x)\,.$$

ÜBUNGSAUFGABEN

9.18 *Man beweise die Regel für die Ableitung des Monoms $f(x) = x^m$ ($m \in \mathbb{N}$), also Satz 9.1, mittels Induktion unter Verwendung der Ableitung von $u(x) = x$ und der Produktregel.*

9.19 *Bestimme die Ableitung von $f(x) := x(x-1)(x-2)(x+1)(x+2)$ sowie ihre Nullstellen. Warum wurden diese Zahlen in Übungsaufgabe 3.14 erwähnt?*

9.20 *Man bestimme die Ableitung von*

(a) $f(x)=\dfrac{1+x^2}{x^3-2x-1}$, (b) $f(x)=\dfrac{1}{x^4-1}$, (c) $f(x)=\dfrac{3x^4}{x^3-1}$,

(d) $f(x)=\tanh x$, (e) $f(x)=\coth x$, (f) $f(x)=x^n e^x$ ($n \in \mathbb{N}$),

(g) $f(x)=\sin^2 x$, (h) $f(x)=\cos^2 x$, (i) $f(x)=\tan^2 x$,

(j) $f(x)=x^4+x^3-2x^2-6x-4$, (k) $f(x)=\dfrac{1}{(x-2)(x-1)x(x+1)(x+2)}$.

○ **9.21** *Zeige, daß $f(x) = (1+x)^n$ ($n \in \mathbb{N}$) die Ableitung $f'(x) = n(1+x)^{n-1}$ hat.* Hinweis: *Man verwende die Binomialformel.*

◇ **9.22** *Versuche, mit Hilfe von* DERIVE *die allgemeine Formel für die Ableitung eines Produkts $f_1(x)f_2(x)\cdots f_n(x)$ von n Funktionen zu erraten, und beweise das Resultat mittels Induktion.*

◇ **9.23** *Man bestimme die Ableitung von $f(x) := \left|\frac{1+x}{1-x}\right|$ an den Stellen, an denen sie existiert und stelle die Graphen von f und f' mit* DERIVE *dar.*

9.24 *Man kann die Produktregel in die Form*

$$\frac{d(uv)}{dx} = u\frac{dv}{dx} + v\frac{du}{dx}$$

bringen, oder – indem man die Gleichung mit dx multipliziert – als formale Gleichung

$$d(uv) = udv + vdu$$

für die zugehörigen Differentiale schreiben. Man versuche, diese Situation anhand von Abbildung 9.5 geometrisch zu deuten. Wie lautet die entsprechende Form der Quotientenregel und wie läßt sie sich geometrisch deuten?

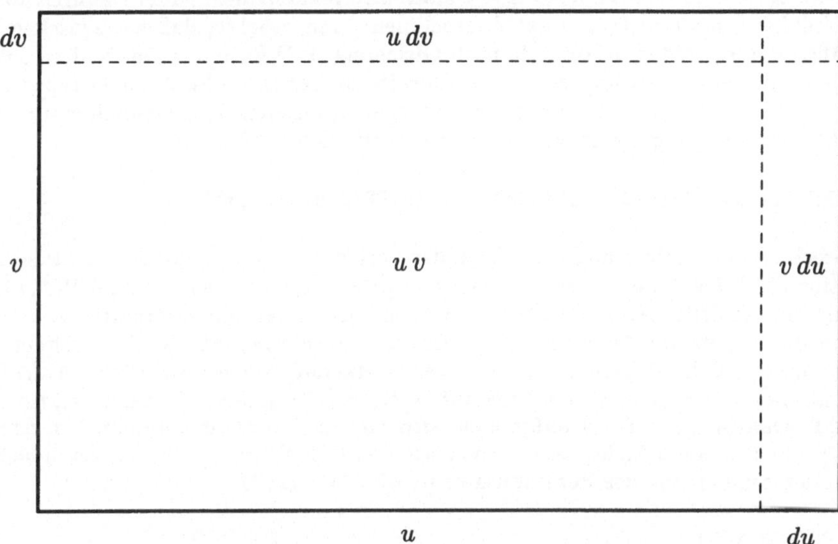

Abbildung 9.5 Illustration der Produktregel

9.4 Höhere Ableitungen

Durch die Konstruktion der Ableitung f' einer Funktion f haben wir eine neue Funktion erzeugt. Wir können dieselbe Prozedur auf f' anwenden und erhalten dadurch die Ableitung von f', die wir die *zweite Ableitung* von f nennen. Wir schreiben hierfür

$$f''(x) := (f')'(x) .$$

So ist z. B. für $f(x) = x^5$ die erste Ableitung $f'(x) = 5x^4$ und die zweite Ableitung $f''(x) = 20x^3$. Man kann die Definition natürlich nur anwenden, wenn der entsprechende Grenzwert existiert. Die Ableitungen höherer Ordnung erklären wir rekursiv durch

Definition 9.3 Sei $n \in \mathbb{N}$ eine natürliche Zahl, $f : I \to \mathbb{R}$ und $x \in I$. Existieren die entsprechenden Grenzwerte, so nennen wir

$$f^{(n)}(x) = \frac{d^n f}{dx^n}(x) = \frac{d^n}{dx^n} f(x) := \begin{cases} f'(x) & \text{falls } n = 1 \\ \left(f^{(n-1)}\right)'(x) & \text{sonst} \end{cases} \tag{9.7}$$

die n. *Ableitung von* f an der Stelle x. Man beachte, daß $f^{(1)}$ die gewöhnliche Ableitung ist und $f^{(2)} = f''$ gilt. Existiert $f^{(n)}(x)$ für alle $x \in I$, sagen wir, f sei n*-mal differenzierbar in* I.

Wir wollen die n. Ableitung mit DERIVE implementieren.

Sitzung 9.4 In DERIVE kann man Funktionen rekursiv definieren. Dadurch können wir obige Definition fast direkt übernehmen. Man beachte, daß wir zwischen zwei Fällen unterscheiden müssen, da nach Gleichung (9.7) für $n = 1$ eine andere definierende Formel gilt als im Fall $n > 1$. Dies ist für rekursive Funktionen typisch und kann mit der `IF` Prozedur behandelt werden. In unserem Fall beinhaltet $n = 1$ die *Abbruchbedingung* des rekursiven Aufrufs. Die DERIVE Funktion

```
DIFF(f,x,n):=IF(n=1, DIF(f,x), DIF(DIFF(f,x,n-1),x))
```

berechnet die n. Ableitung von f bzgl. der Variablen x und entspricht direkt der Definition (9.7). Die Funktion ruft im Fall $n = 1$ die eingebaute Ableitung `DIF(f,x)` auf. Gilt für das dritte Argument aber $n \neq 1$, so wird die zweite Alternative verwendet, und die eingebaute Ableitung des Ausdrucks `DIFF(f,x,n-1)` wird berechnet. Das bedeutet, daß die Funktion `DIFF` ein zweites Mal aufgerufen wird. Dieser Aufruf ruft wiederum selbst die Funktion `DIFF` auf, wobei $n-1$ durch $n-2$ ersetzt ist, usw., bis `DIFF` schließlich für $n = 1$ aufgerufen wird und die Prozedur abbricht. Um nachzuvollziehen, was geschieht, beschreiben wir DERIVEs Schritte interner Vereinfachung bei der Auswertung des Funktionsaufrufs `DIFF(x^5,x,3)`.

```
DIFF(x^5,x,3)
DIF(DIFF(x^5,x,2),x)
DIF(DIF(DIFF(x^5,x,1),x),x)
DIF(DIF(DIF(x^5,x),x),x)
DIF(DIF(5x^4,x),x)
DIF(20x^3,x)
60x^2
```

Im ersten Schritt wird der Aufruf durch die zweite Alternative der `DIFF` Funktion ersetzt. Im nächsten Schritt geschieht dasselbe mit dem innersten Funktionsaufruf `DIFF(x^5,x,2)`. Der nächste Aufruf von `DIFF` führt zur terminierenden Alternative. Schließlich wird die eingebaute Ableitungsfunktion dreimal ausgewertet, und das letzte Ergebnis ist auf dem Bildschirm zu sehen.

In DERIVE ist die Berechnung der n. Ableitung aber auch eingebaut. Man benutze dazu die Funktion `DIF(f,x,n)` oder das `Calculus Differentiate` Menü unter Angabe der Ableitungsordnung.

DERIVE kann mit höheren Ableitungen auch symbolisch arbeiten. Deklariert man z.B. willkürliche Funktionen $F(x)$ und $G(x)$, dann vereinfacht sich der Ausdruck `DIF(F(x)G(x),x,2)` zu

$$4: \qquad G(x)\left[\frac{d}{dx}\right]^2 F(x) + 2\left[\frac{d}{dx}G(x)\right]\frac{d}{dx}F(x) + F(x)\left[\frac{d}{dx}\right]^2 G(x)\,.$$

Versuche dasselbe mit höheren Ableitungen. Wie wird die allgemeine Formel für $(fg)^{(n)}(x)$ aussehen? Die Antwort findet sich in Übungsaufgabe 9.27.

Wir behandeln ein Beispiel für das Auftreten höherer Ableitungen.

Beispiel 9.9 (Die Beschleunigung als zweite Ableitung) Wir setzen Beispiel 9.3 fort. Dort haben wir gezeigt, daß die Momentangeschwindigkeit $v(t)$ die Ableitung der Wegfunktion $s(t)$ ist, s. Gleichung (9.1). Erneutes Betrachten von Abbildung 9.1 auf S. 228 zeigt uns, daß in unserer Beispielfahrt der Graph der Geschwindigkeitsfunktion $v(t)$ wie in Abbildung 9.6 dargestellt aussieht.

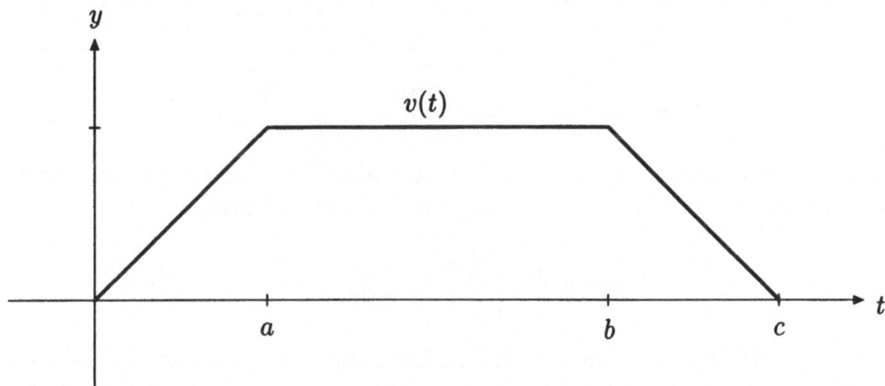

Abbildung 9.6 Die Momentangeschwindigkeit bei unserer Autofahrt

Zwischen $t = 0$ und $t = a$ steigt die Geschwindigkeit an, zwischen $t = a$ und $t = b$ bleibt sie konstant, während sie zwischen $t = b$ und $t = c$ wieder auf 0 abfällt. Was hat die *Momentanbeschleunigung* $a(t)$ des Autos mit der Geschwindigkeit zu tun? Wir sagen, daß das Auto zum Zeitpunkt t beschleunigt, wenn die Momentangeschwindigkeit wächst. Je schneller die Geschwindigkeit ansteigt, d. h. je größer die Steigung des Graphen von $v(t)$ ist, desto größer ist die Beschleunigung. Dies führt zur Definition der Beschleunigung als Ableitung der Geschwindigkeitsfunktion

$$a(t) = \dot{x}(t) = \ddot{s}\,(t)\,.$$

In unserem Beispiel ist die Beschleunigung zwischen $t = a$ und $t = b$ gleich Null, da sich die Geschwindigkeit nicht ändert. Zwischen $t = b$ und $t = c$ haben wir eine negative Beschleunigung, die das Auto abbremst. $\triangle$

Beispiel 9.10 Als weiteres Beispiel betrachten wir die Funktion

$$f(x) := \begin{cases} \frac{x}{1+x} & \text{falls } x > 0 \\ \frac{x}{1-x} & \text{falls } x \leq 0 \end{cases}\,.$$

Wir zeigen, daß f in ganz $\mathbb{R}$ differenzierbar ist und die Ableitung

$$f'(x) = \begin{cases} \frac{1}{(1+x)^2} & \text{falls } x > 0 \\ \frac{1}{(1-x)^2} & \text{falls } x \leq 0 \end{cases} \tag{9.8}$$

hat. Man stelle f und seine Ableitung f' mit DERIVE graphisch dar, um einen Einblick in die Situation zu erhalten, s. Übungsaufgabe 9.28. Man beachte, daß man Formel (9.8) leicht für $x > 0$ und $x < 0$ mit der Quotientenregel beweisen kann. Die Tatsache, daß die Formel auch für $x = 0$ gilt, muß getrennt bewiesen werden. Man erinnere sich an die Betragsfunktion, für die die Ableitung an der Stelle $x = 0$ nicht existiert. Für die einseitigen Ableitungen bekommen wir

$$f'_-(0) := \lim_{\xi \to 0-} \frac{f(\xi) - f(0)}{\xi - 0} = \lim_{\xi \to 0-} \frac{1}{1 - \xi} = 1$$

und

$$f'_+(0) := \lim_{\xi \to 0+} \frac{f(\xi) - f(0)}{\xi - 0} = \lim_{\xi \to 0+} \frac{1}{1 + \xi} = 1 .$$

Da diese übereinstimmen, gilt $f'(0) = 1$. Auf ähnliche Weise kann man die zweite Ableitung von f berechnen. Mit der Quotientenregel erhalten wir

$$f''(x) = \begin{cases} \frac{-2}{(1+x)^3} & \text{falls } x > 0 \\ \frac{2}{(1-x)^3} & \text{falls } x < 0 \end{cases} .$$

Wie man leicht sieht, ist f' in $x = 0$ nicht differenzierbar, und damit f zwar einmal, aber nicht zweimal differenzierbar an der Stelle $x = 0$, s. Übungsaufgabe 9.28.

ÜBUNGSAUFGABEN

◇ **9.25** *Man berechne die folgenden Ableitungen mit der* DERIVE *Funktion* `DIFF` *sowie der eingebauten Ableitungsfunktion* `DIF` *und vergleiche die Rechenzeiten:*

(a) $(\sin x)^{(100)}$, (b) $(\tan x)^{(20)}$.

◇ **9.26** *Was geschieht, wenn man die* DERIVE *Funktion* `DIFF(f,x,n)` *mit* $n \notin \mathbb{N}$ *aufruft, z. B. für negative, rationale bzw. symbolische* n*?*

9.27 *Man zeige die* Leibnizsche Regel *oder* verallgemeinerte Produktregel *für die* n*. Ableitung* ($n \in \mathbb{N}$)

$$(u \cdot v)^{(n)} = \sum_{k=0}^{n} \binom{n}{k} u^{(k)} v^{(n-k)} .$$

◇ **9.28** *Definiere die Funktion* f *aus Beispiel* 9.10 *mit* DERIVE *und berechne die ersten beiden Ableitungen von* f*. Zeige mit den* DERIVE *Funktionen* `DIFF_LINKS(f,x,x0)` *und* `DIFF_RECHTS(f,x,x0)` *aus Übungsaufgabe 9.13, daß* f *in* $x = 0$ *differenzierbar ist. Stelle* f*,* f' *und* f'' *graphisch dar und gib eine geometrische Deutung des Sachverhalts, daß* f *an der Stelle* 0 *nicht zweimal differenzierbar ist.*

◇ **9.29** *Bestimme die gerade Funktion f, die für $x > 0$ den Wert $f(x) := x^2$ hat, und differenziere f. Deklariere die Funktion mit* DERIVE *und stelle f, f' und f'' mit* DERIVE *graphisch dar.*

◇ **9.30** *Mache dasselbe wie in Übungsaufgabe 9.29 für $f(x) := \frac{x}{1+x^3}$.*

◇ **9.31** *Man schreibe eine rekursive Funktion* `DIFFERENZ(f,x,h,n)`, *die*

1. *den Differenzenquotienten $\frac{f(x+h)-f(x)}{h}$ für $n = 1$ und*
2. *den Differenzenquotienten von* `DIFFERENZ(f,x,h,n-1)` *für $n \in \mathbb{N}, n > 1$*

berechnet. Man berechne

(a) `DIFFERENZ(x^m,x,h,k)` *für $k = 1, 2, 3$,*

(b) *den Grenzwert für $h \to 0$ dieser Resultate,*

(c) *sowie* `DIFFERENZ(A(n),n,1,k)`, *$k = 1, \ldots, 4$ für eine willkürliche Funktion* `A`.

9.32 *Man bestimme für symbolisches n die n. Ableitung der Funktion e^{ax} ($a \in \mathbb{R}$).*

9.5 Lokale Eigenschaften differenzierbarer Funktionen

Da die Ableitung einer Funktion f an der Stelle x der Steigung der Tangente an den Graphen von f im Punkt $P := (x, f(x))$ entspricht, bedeutet die spezielle Situation

$$f'(x) = 0 ,$$

daß der Graph von f eine horizontale Tangente in P besitzt.

Dieser wichtige Fall tritt immer dann auf, wenn eine differenzierbare Funktion einen lokalen Extremwert besitzt.

Definition 9.4 (Lokales Extremum) Sei $f : I \to \mathbb{R}$ eine reelle Funktion in einem Intervall I. Eine Stelle $x \in I$ (oder auch der Punkt $(x, f(x))$ des Graphen von f) heißt *lokales Maximum* von f, wenn die Ungleichung

$$f(\xi) \leq f(x)$$

für alle $\xi \in J$ eines offenen Intervalls $J \subset I$ um x gilt. Entsprechend heißt x *lokales Minimum* von f, wenn die Ungleichung

$$f(\xi) \geq f(x)$$

für alle $\xi \in J$ gilt. Tritt einer dieser beiden Fälle auf, so heißt x *lokales Extremum* von f. △

Lokale Extrema sind deshalb so wichtig, da sie uns auch zu den globalen Extrema differenzierbarer Funktionen führen werden. Der folgende Satz verbindet lokale Extrema von f mit den Punkten des Graphen von f, die eine horizontale Tangente besitzen.

Satz 9.8 (Bedingung für ein lokales Extremum) Sei $f : I \to \mathbb{R}$ in einem inneren Punkt $x \in I$ differenzierbar und habe an dieser Stelle ein lokales Extremum. Dann gilt $f'(x) = 0$.

Beweis: Nach Voraussetzung besitzt f ein lokales Extremum in x. Angenommen, es handelt sich um ein lokales Maximum. Dann gibt es nach Definition des lokalen Maximums ein offenes Intervall $J \subset I$, das x enthält, mit

$$f(\xi) \leq f(x)$$

für alle $\xi \in J \setminus \{x\}$. Für diese ξ erhalten wir also

$$\frac{f(\xi) - f(x)}{\xi - x} \begin{cases} \leq 0 & \text{falls } \xi > x \\ \geq 0 & \text{falls } \xi < x \end{cases} .$$

Da f an der Stelle x differenzierbar ist, besitzt der Differenzenquotient einen Grenzwert für $\xi \to x$. Auf Grund der abgeleiteten Ungleichungen muß dieser Grenzwert sowohl ≤ 0 als auch ≥ 0 sein. Damit erhalten wir

$$f'(x) = \lim_{\xi \to x} \frac{f(\xi) - f(x)}{\xi - x} = 0 .$$

Entsprechend wird der Fall eines Minimums behandelt. □

> **Sitzung 9.5** Stelle die Funktion $f(x) := 3x^4 - 8x^3 + 6x^2 - 2$ graphisch dar. Wo kann man lokale Extrema feststellen und wo liegen Punkte mit horizontaler Tangente?
>
> Wir analysieren nun die Ableitung. Mit `Factor` vereinfacht sich die Ableitung von f zu
>
> 4 : $12x(x-1)^2$.
>
> An dieser Darstellung der Ableitung von f kann man sofort ablesen, daß $f'(x) = 0$ genau für $x = 0$ und $x = 1$ gilt. Am Graph sieht man aber, daß nur an der Stelle $x = 0$ ein lokales Extremum, nämlich ein lokales Minimum, liegt.

Dieses Beispiel zeigt, daß Satz 9.8 nicht umkehrbar ist.

Wir benötigen also eine weitere Bedingung, die uns zusammen mit der Bedingung für eine horizontale Tangente – $f'(x) = 0$ – die Entscheidung ermöglicht, ob ein Extremum vorliegt und welcher Art es ist. Die Betrachtung des Graphen von $f(x) := 3x^4 - 8x^3 + 6x^2 - 2$ zeigt, daß f für $x < 0$ fällt und für $x > 0$ wächst. Dies ist tatsächlich der Fall und kann auch mit Hilfe der Ableitung bewiesen werden. Globale Resultate wie dieses stellen wir jedoch bis § 10.1 zurück. Im Augenblick wollen wir uns mit der folgenden lokalen Version zufrieden geben.

Satz 9.9 (Kriterium für lokale Monotonie) Sei $f : I \to \mathbb{R}$ im Intervall I stetig und an dem inneren Punkt $x \in I$ differenzierbar. Gilt $f'(x) > 0$ ($f'(x) < 0$), dann gibt es ein offenes Intervall $J \subset I$, das x enthält, in dem f streng monoton wächst (fällt).

Beweis: Sei $f'(x) > 0$ an der Stelle $x \in I$. Dann ist gemäß Übungsaufgabe 9.7 die Funktion $g : I \to \mathbb{R}$ mit

$$g(\xi) := \begin{cases} \frac{f(\xi)-f(x)}{\xi - x} & \text{falls } \xi \neq x \\ f'(x) & \text{falls } \xi = x \end{cases}$$

stetig in I und $g(x) > 0$ nach Voraussetzung. Also gibt es nach Lemma 6.1 ein offenes Intervall $J \subset I$, das x enthält, mit $g(\xi) > 0$ für alle $\xi \in J$. Daraus folgt mit der Definition von g

$$\frac{f(\xi) - f(x)}{\xi - x} > 0$$

für $\xi \in J$ oder äquivalent

$$f(\xi) - f(x) \begin{cases} > 0 & \text{falls } \xi > x \\ < 0 & \text{falls } x > \xi \end{cases} ,$$

d. h. f wächst monoton in J. Die zweite Aussage wird entsprechend bewiesen. □

Beispiel 9.11 Für die Funktion $f(x) := 3x^4 - 8x^3 + 6x^2 - 2$ aus DERIVE-Sitzung 9.5 gilt $f'(x) = 12x(x-1)^2$. Also sind die Bedingungen $f'(x) < 0$ für $x < 0$ und $f'(x) > 0$ für $x \in (0, 1)$ und $x > 1$ erfüllt. Nach dem Satz fällt f lokal für alle $x < 0$ und wächst lokal für alle $x \in (0, 1)$ und $x > 1$.

ÜBUNGSAUFGABEN

9.33 *Man bestimme die Stellen ξ mit $f'(\xi) = 0$ und die Intervalle, in denen f lokal monoton wächst bzw. fällt für die folgenden Funktionen:*

(a) $f(x) = x(1 - x^2)$, (b) $f(x) = \dfrac{x}{1 - x^2}$,

(c) $f(x) = \dfrac{1}{1 - x^2}$, (d) $f(x) = x\dfrac{1 - x^2}{1 + x^2}$.

Stelle die Funktionen mit DERIVE *graphisch dar und überprüfe die Ergebnisse.*

9.6 Die Kettenregel und implizite Differentiation

In Übungsaufgabe 9.21 hatten wir die Ableitung von $f(x) = (1 + x)^n$ ($n \in \mathbb{N}$) berechnet, die sich zu $f'(x) = n(1+x)^{n-1}$ ergab. Der Beweis erwies sich als nichttrivial, da wir die Binomialformel zweimal anwenden mußten.

Auf der anderen Seite läßt das Resultat jedoch vermuten, daß die Regel für Monome anwendbar ist. Wir werden nun beweisen, daß dies in der Tat der Fall ist. Wir beobachten, daß die gegebene Funktion f eine spezielle Form hat (die weder eine Summe, ein Quotient noch ein Produkt ist, so daß die entsprechenden Ableitungsregeln nicht anwendbar sind). Die Funktion f ist die Komposition der Funktion $h(x) := 1 + x$ mit der Monomfunktion $G(y) = y^n$, also

$$f(x) = (1+x)^n = G(h(x)) .$$

Die Funktion h heißt *innere Funktion* und G *äußere Funktion* der zusammengesetzten Funktion $G \circ h$.

Der nächste Satz sagt uns, wie man die Ableitung zusammengesetzter Funktionen berechnen kann.

Satz 9.10 (Kettenregel[7]) Sei h an der Stelle x und G and der Stelle $h(x)$ differenzierbar. Dann ist die Komposition $f = G \circ h$ an der Stelle x differenzierbar mit der Ableitung

$$f'(x) = G'(h(x)) \cdot h'(x) .$$

Beweis: Wir nehmen zuerst $h'(x) \neq 0$ an. Dann gilt $h(\xi) - h(x) \neq 0$ für ξ nahe genug bei x, und wir erhalten

$$\begin{aligned} f'(x) &= (G(h(x))'(x) = \lim_{\xi \to x} \frac{G(h(\xi)) - G(h(x))}{\xi - x} \\ &= \lim_{\xi \to x} \frac{G(h(\xi)) - G(h(x))}{h(\xi) - h(x)} \lim_{\xi \to x} \frac{h(\xi) - h(x)}{\xi - x} = \lim_{\xi \to x} \frac{G(h(\xi)) - G(h(x))}{h(\xi) - h(x)} h'(x) . \end{aligned}$$

Sei nun $y := h(x)$ und $\eta := h(\xi)$. Da h nach Voraussetzung an der Stelle x differenzierbar und damit nach Satz 9.3 dort stetig ist, erhalten wir $\lim\limits_{\xi \to x} h(\xi) = h(x)$, d. h. $\eta \to y$ falls $\xi \to x$, und folglich

$$\lim_{\xi \to x} \frac{G(h(\xi)) - G(h(x))}{h(\xi) - h(x)} = \lim_{\eta \to y} \frac{G(\eta) - G(y)}{\eta - y} = G'(y) = G'(h(x)) ,$$

was den Beweis für diesen Fall beendet. Sei nun $h'(x) = 0$. Aus der Differenzierbarkeit von G an der Stelle $h(x)$ folgt, daß der Differenzenquotient in der Nähe von $h(x)$ beschränkt ist, d. h. für ein $M \in \mathbb{R}$ gilt

$$\left| \frac{G(h(\xi)) - G(h(x))}{h(\xi) - h(x)} \right| \leq M$$

bzw.

$$|G(h(\xi)) - G(h(x))| \leq M \, |h(\xi) - h(x)| .$$

Damit erhalten wir

$$|f'(x)| = \left| \Big(G(h(x))\Big)'(x) \right| = \left| \lim_{\xi \to x} \frac{G(h(\xi)) - G(h(x))}{\xi - x} \right| \leq M \lim_{\xi \to x} \left| \frac{h(\xi) - h(x)}{\xi - x} \right| .$$

[7]Englisch: chain rule

Da der Differenzenquotient von h für $\xi \to x$ gegen Null strebt, ist also $f'(x) = 0$. □

Die Kettenregel stellt die wichtigste Ableitungsregel dar.[8] Im vorgestellten Fall heißt die Funktion h' *innere Ableitung* und $G'(h)$ heißt *äußere Ableitung*. Also ist die Ableitung einer zusammengesetzten Funktion das Produkt aus innerer und äußerer Ableitung.

Im Zusammenhang mit der Kettenregel ist es vorteilhaft, die Ableitung wieder als Differentialquotient zu schreiben. Die Kettenregel lautet dann

$$\frac{d(G(h))}{dx}(x) = \frac{dG}{dh}(h(x))\frac{dh}{dx}(x) =: \left.\frac{dG(h)}{dh}\right|_{h=h(x)} \frac{dh}{dx}(x)$$

oder kürzer – wenn wir die Variable x weglassen –

$$\frac{dG(h)}{dx} = \frac{dG}{dh}\frac{dh}{dx}\,. \tag{9.9}$$

Hierbei bedeutet $F(h)\Big|_{h=h(x)}$, daß die Funktion F an der Stelle $h = h(x)$ ausgewertet werden soll.

Man kann die Kettenregel also als *Kürzungsregel* für Differentialquotienten interpretieren. Dies ist nicht weiter erstaunlich, da wir das Ergebnis ja durch Kürzen der entsprechenden Differenzenquotienten bewiesen haben. In der Form von Gleichung (9.9) ist die Kettenregel am leichtesten zu behalten. Es folgen nun einige Beispiele für ihre Anwendung.

Beispiel 9.12 (Kettenregel) Zunächst betrachten wir noch einmal das Beispiel $f(x) = (1+x)^n$ ($n \in \mathbb{N}$). Es ist $f = G \circ h$ mit $h(x) := 1 + x$ sowie $G(y) = y^n$ und damit mit der Kettenregel

$$f'(x) = G'(h(x)) \cdot h'(x) = n\Big(h(x)\Big)^{n-1} \cdot h'(x) = n(1+x)^{n-1}\,,$$

diesmal ohne Benutzung der Binomialformel. Als weiteres Beispiel wollen wir die Ableitung von $f(x) = \left(\frac{1+x}{1-x}\right)^n$ bestimmen. Mit $h(x) := \frac{1+x}{1-x}$ und $G(y) := y^n$ ist $f = G \circ h$, und die Kettenregel ergibt

$$\begin{aligned} f'(x) &= G'(h(x)) \cdot h'(x) = n\Big(h(x)\Big)^{n-1} \cdot \frac{2}{(1-x)^2} \\ &= n\left(\frac{1+x}{1-x}\right)^{n-1} \frac{2}{(1-x)^2} = \frac{2n(1+x)^{n-1}}{(1-x)^{n+1}}\,. \end{aligned}$$

Man sieht, daß es sehr schwierig gewesen wäre, die Ableitung von f ohne die Kettenregel zu bestimmen, obwohl die gegebene Funktion für $n \in \mathbb{Z}$ rational ist. Da der Exponent n jedoch symbolisch gegeben ist, müßte man bei Anwendung der Quotientenregel sowohl Nenner als auch Zähler mit Hilfe der Binomialformel ausmultiplizieren. △

[8] Aus ihr folgen z. B. die Produkt- und Quotientenregel, s. Übungsaufgabe 9.42.

Wir betrachten ein weiteres Beispiel für den Gebrauch der Kettenregel.

Beispiel 9.13 (Implizite Ableitung) Wir wollen die Ableitung der Wurzelfunktion $f(x) = \sqrt{x}$ $(x > 0)$ bestimmen. Der direkte Weg unter Verwendung der Definition der Ableitung führt zum Ausdruck

$$f'(x) = \lim_{\xi \to x} \frac{\sqrt{\xi} - \sqrt{x}}{\xi - x} = \lim_{\xi \to x} \frac{\sqrt{\xi} - \sqrt{x}}{\xi - x} \cdot \frac{\sqrt{\xi} + \sqrt{x}}{\sqrt{\xi} + \sqrt{x}} = \lim_{\xi \to x} \frac{1}{\sqrt{\xi} + \sqrt{x}} = \frac{1}{2\sqrt{x}}\,.$$

Auf der anderen Seite erhalten wir aus der Definition der Wurzelfunktion als Umkehrfunktion der Quadratfunktion die Beziehung

$$\Big(f(x)\Big)^2 = x\,.$$

Wenn wir nun *annehmen*, daß f im Punkt x differenzierbar ist, dann können wir beide Seiten dieser Gleichung differenzieren[9] und erhalten

$$2f(x)f'(x) = 1\,. \tag{9.10}$$

Wir haben hier auf der linken Seite die Kettenregel zur Bestimmung des Differentialquotienten angewendet. Löst man (9.10) nach $f'(x)$ auf, so erhält man die Formel

$$f'(x) = \frac{1}{2f(x)} = \frac{1}{2\sqrt{x}}\,. \tag{9.11}$$

Das ist tatsächlich die Ableitung der Wurzelfunktion. Man erinnere sich jedoch daran, daß wir die Existenz der Ableitung annehmen mußten. Existiert die Ableitung, dann muß sie Gleichung (9.11) genügen. Im nächsten Satz werden wir zeigen, daß die Ableitung der Umkehrfunktion tatsächlich unter bestimmten Voraussetzungen generell existiert. In diesen Fällen funktioniert die Methode der *impliziten Differentiation*, die wir in unserem Beispiel angewendet haben. Häufig kann man eine Ableitung am einfachsten durch implizite Differentiation bestimmen.

Satz 9.11 (Ableitung der Umkehrfunktion) Sei $f : I \to \mathbb{R}$ in einem Intervall I stetig und dort entweder streng monoton wachsend oder fallend. Die Umkehrfunktion[10] $\varphi = f^{-1}$ sei im Punkt $y = f(x)$ differenzierbar und habe dort die Ableitung $\varphi'(y) \neq 0$. Dann ist f an der Stelle x differenzierbar und hat die Ableitung

$$f'(x) = \left.\frac{1}{\varphi'(y)}\right|_{y=f(x)} = \frac{1}{\varphi'(f(x))}\,.$$

[9]Die Ableitung einer Funktion ist eindeutig bestimmt. Deshalb müssen die Ableitungen der rechten und der linken Seite einer Gleichung übereinstimmen.

[10]Das Symbol φ ist der griechische Buchstabe „phi".

Beweis: Sei $f(\xi) = \eta$. Wir erhalten dann für den Differenzenquotienten

$$\frac{f(\xi) - f(x)}{\xi - x} = \frac{\eta - y}{\varphi(\eta) - \varphi(y)} = \frac{1}{\frac{\varphi(\eta)-\varphi(y)}{\eta - y}} \to \frac{1}{\varphi'(\eta)},$$

falls $\xi \to x$, wodurch das Ergebnis bewiesen ist. □

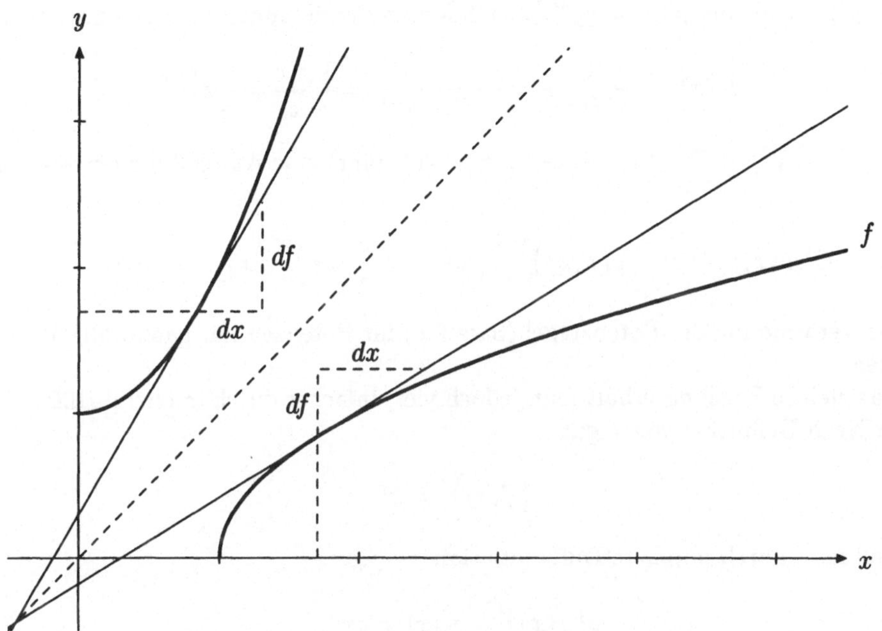

Abbildung 9.7 Die Ableitung der Umkehrfunktion

Bemerkung 9.4 Verwendet man in Satz 9.11 Differentialquotienten, so liest sich dieser als weitere Umformungsregel für Quotienten:

$$\frac{df}{dx} = \frac{1}{\frac{dx}{df}}.$$

Die geometrische Deutung der Umkehrfunktion und der Steigung beleuchten ebenfalls den Inhalt des Satzes, s. Abbildung 9.7.

Wir können nun die Ableitung von Potenzen mit rationalen Exponenten angeben.

Beispiel 9.14 (Ableitung von Potenzen mit rationalen Exponenten) Wir wollen die Ableitung der Potenzfunktion

$$f(x) := \sqrt[q]{x^p} = x^{\frac{p}{q}} = x^\alpha$$

mit rationalem Exponenten $\alpha = \frac{p}{q}$ $(p \in \mathbb{Z},\ q \in \mathbb{N})$ für $x \in \mathbb{R}^+$ bestimmen.

Als erstes versuchen wir, Satz 9.11 direkt anzuwenden. Man sieht zwar leicht, daß f stetig ist und auf $\mathbb{R}^+$ streng monoton wächst, jedoch kann Satz 9.11 deswegen nicht angewendet werden, da wir die Ableitung der Umkehrfunktion von f nicht kennen.

Daher bestimmen wir zuerst die Ableitung der einfacheren Funktion $h(x) = \sqrt[q]{x}$ (hier ist die Umkehrfunktion sogar für negative $x \in \mathbb{R}$ definiert, falls q ungerade ist, s. § 3.7). Die Bedingungen von Satz 9.11 sind also erfüllt. Die Umkehrfunktion von h ist $\varphi(y) = y^q$ mit $\varphi'(y) = qy^{q-1}$, so daß man durch Anwendung von Satz 9.11

$$h'(x) = \frac{1}{\varphi'(f(x))} = \frac{1}{q(f(x))^{q-1}} = \frac{1}{q}\frac{\sqrt[q]{x}}{x} = \frac{1}{q}x^{\frac{1}{q}-1}$$

erhält. Da $f(x) = G(h(x))$ mit $G(y) = y^p$ gilt, führt eine Anwendung der Kettenregel zu

$$f'(x) = G'(h(x))\cdot h'(x) = p\Big(h(x)\Big)^{p-1}\frac{1}{q}x^{\frac{1}{q}-1} = \frac{p}{q}\Big(x^{\frac{1}{q}}\Big)^{p-1}x^{\frac{1}{q}-1} = \alpha x^{\frac{p}{q}-1} = \alpha x^{\alpha-1},$$

unter Verwendung der Potenzregel (Satz 9.6) für Potenzen mit ganzzahligen Exponenten.

Das gleiche Ergebnis erhält man jedoch viel einfacher durch implizite Differentiation. Nach Definition von f gilt

$$\Big(f(x)\Big)^q = x^p\,,$$

so daß man durch implizite Differentiation

$$q\Big(f(x)\Big)^{q-1}f'(x) = px^{p-1}$$

bekommt. Löst man nach f' auf, ergibt sich

$$f'(x) = \frac{p}{q}\frac{x^{p-1}}{(f(x))^{q-1}} = \alpha\frac{x^{p-1}}{x^{p-\frac{p}{q}}} = \alpha x^{\frac{p}{q}-1} = \alpha x^{\alpha-1}\,. \quad \triangle$$

Unser Beispiel zeigt, daß man die Ableitungsregel für Potenzen auf rationale Exponenten erweitern kann.

Satz 9.12 (Ableitung von Potenzen mit rationalen Exponenten) Die Ableitung der Funktion $f(x) = \sqrt[q]{x^p} = x^\alpha$ ($p \in \mathbb{Z}, q \in \mathbb{N}$) für $x \in \mathbb{R}^+$ ist $f'(x) = \frac{p}{q}\frac{\sqrt[q]{x^p}}{x} = \alpha x^{\alpha-1}$.

Sitzung 9.6 DERIVE kann die Kettenregel als formale Regel teilweise anwenden. Deklariert man die willkürlichen Funktionen $H(x)$ und $G(h)$, dann wird der Ausdruck `DIF(G(H(x)),x)` *nicht* mit Hilfe der Kettenregel vereinfacht, sondern bleibt unverändert:

$$4: \quad \frac{d}{dx}G(H(x))\,.$$

Daß DERIVE die Kettenregel im allgemeinen nicht symbolisch anwenden kann, liegt daran, daß eine passende Darstellung für $G'(h(x))$, d. h. für die Auswertung der Ableitung G' an der Stelle $h(x)$, fehlt. Wird jedoch die äußere Funktion $G(h)$ spezifiziert, gibt DERIVE die formale Antwort mit der Kettenregel. Ist z. B. `G(h):=h^n`, dann vereinfacht DERIVE den Ausdruck **#4** mit `Simplify` zu

$$6: \quad n\,H(x)^{n-1}\left[\frac{d}{dx}H(x)\right].$$

Die Deklaration `G(h):=SQRT(1+h)` führt nach Vereinfachung von **#4** zur Ableitungsregel

$$9: \quad \frac{\frac{d}{dx}H(x)}{2\sqrt{H(x)+1}}.$$

Man kann auch implizit differenzieren. Wir wiederholen Beispiel 9.13. Nachdem F als willkürliche Funktion von x deklariert wurde, können wir die Gleichung `F(x)^2=x` eingeben. Ableitung der Gleichung ergibt

$$12: \quad \frac{d}{dx}(F(x)^2 = x)$$

und Vereinfachung mit `Simplify` liefert

$$13: \quad 2F(x)\frac{d}{dx}F(x) = 1\,.$$

Wir können nun die gesamte Gleichung durch `2F(x)` teilen und erhalten mit `Simplify`

$$14: \quad \frac{d}{dx}F(x) = \frac{1}{2F(x)}\,,$$

wie vorher.

Satz 9.13 (Ableitung der inversen transzendenten Funktionen) Die inversen transzendenten Funktionen sind in ihren Definitionsbereichen differenzierbar und für ihre Ableitungen gilt:

(a) $(\ln x)' = \dfrac{1}{x}$,

(b) $(\arcsin x)' = \dfrac{1}{\sqrt{1-x^2}}$, (c) $(\arccos x)' = -\dfrac{1}{\sqrt{1-x^2}}$,

(d) $(\arctan x)' = \dfrac{1}{1+x^2}$, (e) $(\operatorname{arccot} x)' = -\dfrac{1}{1+x^2}$.

Beweis: Wir haben

$$
\begin{aligned}
(\ln x)' &= \frac{1}{(e^y)'\Big|_{y=\ln x}} = \frac{1}{e^{\ln x}} = \frac{1}{x}\,, \\
(\arcsin x)' &= \frac{1}{(\sin y)'\Big|_{y=\arcsin x}} = \frac{1}{\cos(\arcsin x)} = \frac{1}{\sqrt{1-x^2}}\,, \\
(\arccos x)' &= \frac{1}{(\cos y)'\Big|_{y=\arccos x}} = \frac{1}{-\sin(\arccos x)} = -\frac{1}{\sqrt{1-x^2}}\,, \\
(\arctan x)' &= \frac{1}{(\tan y)'\Big|_{y=\arctan x}} = \frac{1}{(1+\tan^2)(\arctan x)} = \frac{1}{1+x^2}\,, \\
(\operatorname{arccot} x)' &= \frac{1}{(\cot y)'\Big|_{y=\operatorname{arccot} x}} = -\frac{1}{(1+\cot^2)(\operatorname{arccot} x)} = -\frac{1}{1+x^2}\,.
\end{aligned}
$$

□

Wir können nun also folgende Liste aufstellen:

Satz 9.14 (Eine Ableitungsliste)

(1) $(x^\alpha)' = \alpha x^{\alpha-1} \quad (\alpha \in \mathbb{R})$,

(2) $(a^x)' = \ln a \cdot a^x \quad (a > 0)$,

(3) $(\sin x)' = \cos x$,

(4) $(\cos x)' = -\sin x$,

(5) $(\tan x)' = 1 + \tan^2 x = \dfrac{1}{\cos^2 x}$,

(6) $(\cot x)' = -(1 + \cot^2 x) = -\dfrac{1}{\sin^2 x}$,

(7) $(\sinh x)' = \cosh x$,

(8) $(\cosh x)' = \sinh x$,

(9) $(\arcsin x)' = \dfrac{1}{\sqrt{1-x^2}}$,

(10) $(\arccos x)' = -\dfrac{1}{\sqrt{1-x^2}}$,

(11) $(\arctan x)' = \dfrac{1}{1+x^2}$,

(12) $(\operatorname{arccot} x)' = -\dfrac{1}{1+x^2}$,

(13) $(\ln x)' = \dfrac{1}{x}$,

(14) $(\operatorname{arsinh} x)' = \dfrac{1}{\sqrt{x^2+1}}$,

(15) $(\operatorname{arcosh} x)' = \dfrac{1}{\sqrt{x^2-1}}$,

(16) $(\operatorname{artanh} x)' = \dfrac{1}{1-x^2}$.

Beweis: Die Aussagen über die hyperbolischen Funktionen sind Bestandteil von Übungsaufgabe 9.15 und diejenigen über die inversen hyperbolischen Funktionen von Übungsaufgabe 9.40. Es bleibt, die Gültigkeit von (1) für beliebiges $\alpha \in \mathbb{R}$ sowie von (2) für $a > 0$ zu zeigen. Mit der Kettenregel folgt aus der Definition der allgemeinen Exponentialfunktion

$$(x^\alpha)' = \left(e^{\alpha \ln x}\right)' = \frac{\alpha}{x} \cdot e^{\alpha \ln x} = \alpha x^{\alpha-1}$$

sowie

$$(a^x)' = \left(e^{x \ln a}\right)' = \ln a \cdot a^x\,.$$

□

Alles in allem liefert uns die Gesamtheit der behandelten Ableitungsregeln den

Satz 9.15 (Existenz der Ableitung) Jede aus den behandelten elementaren Funktionen durch eine endliche Anzahl algebraischer Operationen (Addition, Subtraktion, Multiplikation, Division sowie Komposition) erzeugte Funktion ist in ihrem Definitionsbereich differenzierbar und die Ableitung läßt sich ebenfalls algebraisch durch elementare Funktionen darstellen. □

Damit ist – im Gegensatz zu der Situation bei der Integration – das Differenzieren vollständig algorithmisch gelöst.

Man kann auch Ableitungen symbolischer Ordnung betrachten.

Beispiel 9.15 (Ableitungen symbolischer Ordnung) Wir wollen die n. Ableitung der Funktion $f(x) := \frac{1}{1-x}$ bestimmen, und zwar für symbolisches n. Die ersten Ableitungen ergeben sich mit der Kettenregel zu

$$\begin{aligned}
f(x) = f^{(0)}(x) &= (1-x)^{-1} \\
f'(x) = f^{(1)}(x) &= (1-x)^{-2} \\
f''(x) = f^{(2)}(x) &= 2\,(1-x)^{-3} \\
f'''(x) = f^{(3)}(x) &= 2 \cdot 3\,(1-x)^{-4} \\
\vdots \quad &= \quad \vdots \qquad ,
\end{aligned}$$

und wir vermuten, daß $f^{(n)}(x) = n!\,(1-x)^{-n-1}$ ist. Dies stimmt für $n = 0$, und stimmt es für ein $n \in \mathbb{N}$, so folgt

$$f^{(n+1)}(x) = \left(f^{(n)}(x)\right)' = \left(n!\,(1-x)^{-n-1}\right)' = (n+1)!\,(1-x)^{-n-2} ,$$

und der Induktionsbeweis ist komplett.

Man beachte, daß wir der Bequemlichkeit halber die Konvention der nullten Ableitung $f^{(0)} := f$ für f eingeführt haben.

ÜBUNGSAUFGABEN

9.34 *Berechne die Ableitungen der folgenden Funktionen.*

(a) $\sqrt{5+x} - \sqrt{5-x}$, (b) $\sqrt{1-x^2}$, (c) $\sqrt[3]{1+x}$,

(d) $\sqrt{\cosh x}$, (e) x^x , (f) $e^{\sin x}$,

(g) $\left(1 + \frac{x}{n}\right)^n$ $(n \in \mathbb{N})$, (h) $\cos(n \arcsin x)$ $(n \in \mathbb{N})$.

◇ **9.35** *Man berechne die Steigung der Tangente an der oberen Hälfte der Einheitskreislinie durch implizite Differentiation der Gleichung*

$$x^2 + \left(f(x)\right)^2 = 1$$

und zeige, daß man die Tangentengleichung im Punkt (x_0, y_0) *von* f *in der Form*

$$xx_0 + yy_0 = 1$$

schreiben kann.

9.36 *In Übungsaufgabe 3.48 wurde die implizite Funktion $x \mapsto y(x)$*

$$(x^2 + y^2)^2 = 9(x^2 - y^2)$$

graphisch dargestellt. Man bestimme die (lokale) Ableitung $y'(x)$ durch implizite Differentiation, zeige, daß $P := (\sqrt{5}, 1)$ ein Punkt des Graphen ist und berechne y' an der Stelle P. Man stelle die implizite Funktion sowie die Tangente in P graphisch dar.

9.37 *Man beweise die folgende rekursive Version der Kettenregel. Ist f die Komposition von n Funktionen g_k $(k = 1, \ldots, n)$*

$$f(x) = g_n\left(g_{n-1}\left(\cdots\left(g_1(x)\right)\right)\right) ,$$

dann gilt für die Ableitung die Formel

$$f'(x) = \frac{dg_n}{dg_{n-1}} \frac{dg_{n-1}}{dg_{n-2}} \cdots \frac{dg_1}{dx}$$

entsprechend (9.9), wobei wir die Argumente weggelassen haben.

◇ **9.38** *Berechne mit* DERIVE *die Ableitung von $\Big(f(x)g(x)\Big)^n$ für differenzierbare Funktionen f und g.*

9.39 *Berechne die Ableitung von $|f(x)|$ und vergleiche das Ergebnis mit dem von* DERIVE.

9.40 *Zeige:*

(a) $(\operatorname{arsinh} x)' = \dfrac{1}{\sqrt{x^2+1}}$, (b) $(\operatorname{arcosh} x)' = \dfrac{1}{\sqrt{x^2-1}}$,

(c) $(\operatorname{artanh} x)' = \dfrac{1}{1-x^2}$, (d) $(\log_x a)' = -\dfrac{\log_x a}{x \ln x}$ $(a \in \mathbb{R}^+)$.

★ **9.41** *Bestimme die n. Ableitung für symbolisches n bei*

(a) $f(x) = -\ln(1-x)$, (b) $f(x) = \arctan x$, (c) $f(x) = (1+x)^\alpha$ $(\alpha \in \mathbb{R})$,

(d) $f(x) = \arcsin x$, (e) $f(x) = \sin x$, (f) $f(x) = \cos x$,

(g) $f(x) = a^x$ $(a > 0)$, (h) $f(x) = x \sin x$, (i) $f(x) = x^2 \sin x$.

9.42 *Folgere die Produkt- und Quotientenregel aus der Kettenregel. Hinweis: Verwende die Logarithmusfunktion. Für welche x ist diese Herleitung unbrauchbar?*

9.43 (Logarithmische Ableitung) *Unter der logarithmischen Ableitung einer in einem Intervall I differenzierbaren Funktion f, die dort den Wert Null nicht annimmt, versteht man die Ableitung von $\ln f$, also nach der Kettenregel f'/f. Zeige durch logarithmisches Ableiten erneut das Resultat aus Übungsaufgabe 9.22 für die Ableitung eines Produkts $f_1(x)f_2(x)\cdots f_n(x)$.*

10 Globale Eigenschaften differenzierbarer Funktionen

10.1 Der Mittelwertsatz der Differentialrechnung

In diesem Abschnitt stellen wir einige technische Sätze vor, die globale Aussagen ermöglichen. Die wichtigste Beweistechnik ist die Anwendung des Satzes vom Maximum für stetige Funktionen (Satz 6.6).

Mit diesem technischen Rüstzeug können wir dann die angekündigten Monotoniekriterien sowie die wichtige Regel von de l'Hospital zur Bestimmung von Grenzwerten in § 10.4 beweisen.

Die Aussagen dieses Abschnitts sind vom geometrischen Standpunkt her offensichtlich, bedürfen aber dennoch eines Beweises.

Unseren ersten Schritt stellt ein Ergebnis von ROLLE[1] dar.

Satz 10.1 (Satz von Rolle) Die Funktion f sei im abgeschlossenen Intervall $[a, b]$ stetig, im offenen Intervall (a, b) differenzierbar, und es gelte $f(a) = f(b)$. Dann gibt es mindestens ein $\xi \in (a, b)$ mit $f'(\xi) = 0$.

Beweis: Ist f konstant, dann ist der Satz offensichtlich wahr. Andernfalls gibt es eine Zahl $c \in (a, b)$ mit $f(c) > f(a)$ oder $f(c) < f(a)$. Im ersten Fall verwenden wir die Tatsache, daß die stetige Funktion f ihr globales Maximum in $[a, b]$ nach Satz 6.6 an einem inneren Punkt $\xi \in (a, b)$ annimmt. Mit dem lokalen Ergebnis aus Satz 9.8 folgt, daß dort $f'(\xi) = 0$ gilt. Der zweite Fall wird durch eine ähnliche Argumentation mit Hilfe des globalen Minimums gezeigt. □

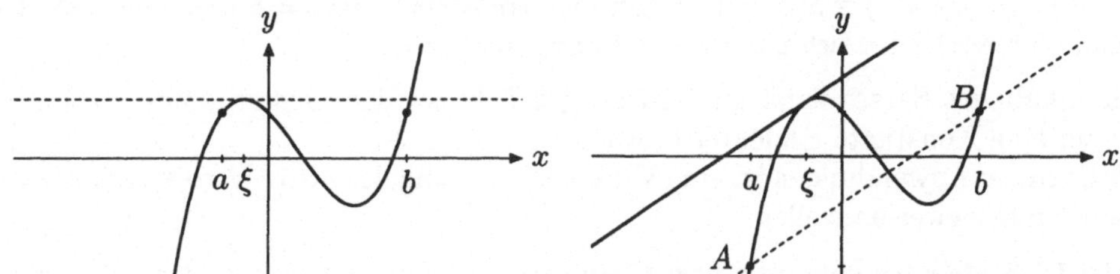

Abbildung 10.1 Geometrische Deutung des Satzes von Rolle und des Mittelwertsatzes

Es gibt eine geometrische Deutung des Satzes von Rolle. Der Satz sagt aus, daß es für jede differenzierbare Funktion f eines abgeschlossenen Intervalls, die an den Intervallgrenzen jeweils denselben Wert besitzt, einen inneren Punkt des Intervalls gibt, an dem der Graph von f eine horizontale Tangente besitzt, s. Abbildung 10.1 links.

[1] MICHAEL ROLLE [1652–1719]

Ebenso ist es geometrisch klar, daß es zwischen zwei Punkten A und B des Graphen einer differenzierbaren Funktion einen Punkt geben sollte, an dem die Funktion dieselbe Steigung hat wie die Sekante durch A und B, s. Abbildung 10.1 rechts. Dies ist tatsächlich der Fall und Inhalt des Mittelwertsatzes[2].

Satz 10.2 (Mittelwertsatz) Die Funktion f sei stetig im abgeschlossenen Intervall $[a, b]$ und im offenen Intervall (a, b) differenzierbar. Dann gibt es mindestens ein $\xi \in (a, b)$ mit

$$\frac{f(b) - f(a)}{b - a} = f'(\xi) \, .$$

Beweis: Sei $h(x) := f(x) - \frac{f(b)-f(a)}{b-a}(x - a)$. Dann gilt $h'(x) = f'(x) - \frac{f(b)-f(a)}{b-a}$. Also gilt $h(a) = f(a)$, $h(b) = f(b) - (f(b) - f(a)) = f(a)$, und nach dem Satz von Rolle gibt es eine Stelle $\xi \in (a, b)$ mit $h'(\xi) = f'(\xi) - \frac{f(b)-f(a)}{b-a} = 0$, woraus der Satz folgt. □

Als erste Anwendung wollen wir zeigen, daß man eine Funktion aus ihrer Ableitung rekonstruieren kann. Dazu zunächst die folgende

Definition 10.1 (Stammfunktion) Sei $f : I \to \mathbb{R}$ auf dem Intervall I gegeben. Gilt für eine Funktion $F : I \to \mathbb{R}$ die Beziehung[3] $F' = f$ in I, so heißt F *Stammfunktion*[4] *von* f.

Korollar 10.1 (Eindeutigkeit der Stammfunktion) Es gelte $f'(x) = g'(x)$ für zwei reelle Funktion $f : [a, b] \to \mathbb{R}$ und $g : [a, b] \to \mathbb{R}$ und für alle $x \in (a, b)$. Dann unterscheiden sich f und g nur um eine Konstante.

Beweis: Sei $h(x) := f(x) - g(x)$. Dann gilt nach Voraussetzung $h'(x) = f'(x) - g'(x) = 0$ für alle $x \in (a, b)$. Wir wenden nun den Mittelwertsatz auf h und das Intervall $[a, x]$ (bzw. $[x, a]$) an, wobei x ein beliebiger Punkt in (a, b) sei, und erhalten

$$h(x) - h(a) = h'(\xi)(x - a)$$

für ein $\xi \in (a, x)$. Da $h'(\xi) = 0$ ist, haben wir also $h(x) = h(a)$. Dies gilt nun für alle $x \in (a, b)$, so daß $h(x) \equiv h(a)$ in (a, b) gilt und damit $f(x) - g(x) = h(a) = \text{const.}$ ist, d. h. f und g unterscheiden sich nur um eine Konstante. □

Der Inhalt des Satzes kann auch so ausgedrückt werden: Jede Stammfunktion ist bis auf eine Konstante eindeutig bestimmt.

Für einige Anwendungen ist eine Verallgemeinerung des Mittelwertsatzes nützlich, die wir nun beweisen wollen.

Satz 10.3 (Mittelwertsatz von Cauchy) Die Funktionen f und g seien stetig im abgeschlossenen Intervall $[a, b]$ und im offenen Intervall (a, b) differenzierbar. Hat g' keine Nullstelle in (a, b), dann gibt es mindestens ein $\xi \in (a, b)$ mit

$$\frac{f(b) - f(a)}{g(b) - g(a)} = \frac{f'(\xi)}{g'(\xi)} \, .$$

---

[2] Englisch: Mean Value Theorem

[3] Ist I abgeschlossen, so ist die Differenzierbarkeit am Rand als einseitige Differenzierbarkeit aufzufassen.

[4] Englisch: antiderivative

Beweis: Aus dem Mittelwertsatz und der Tatsache, daß g' nicht verschwindet, folgt $g(b) - g(a) \neq 0$. Durch Anwendung des Satzes von Rolle auf die Funktion

$$h(x) := f(x) - \frac{f(b) - f(a)}{g(b) - g(a)}\Big(g(x) - g(a)\Big) \tag{10.1}$$

erhalten wir das Ergebnis, s. Übungsaufgabe 10.2. □

Übungsaufgaben

∘ **10.1** *Ist $f : [a, b] \to \mathbb{R}$ stetig in $[a, b]$, differenzierbar in (a, b) und gilt für alle $\xi \in (a, b)$*

$$m \leq f'(\xi) \leq M$$

mit Konstanten $m, M \in \mathbb{R}$, dann gelten für alle $x, \xi \in [a, b]$ die Ungleichungen

$$m \leq \frac{f(\xi) - f(x)}{\xi - x} \leq M \ .$$

10.2 *Zeige, daß die Funktion h aus Gleichung (10.1) die Voraussetzungen des Satzes von Rolle erfüllt.*

10.3 *Gib eine geometrische Deutung des Mittelwertsatzes von Cauchy.*

10.4 *Für $f(x) := \sqrt[3]{(x-1)^2}$ gilt $f(0) = f(2) = 1$. Gibt es eine Zahl $\xi \in (0, 2)$ mit $f'(\xi) = 0$?*

10.5 *Ist f differenzierbar in (a, b) mit genau n Nullstellen in (a, b), so hat f' mindestens $n - 1$ Nullstellen in (a, b).*

10.6 *Gelten für eine Funktion $f : \mathbb{R} \to \mathbb{R}$ die Beziehungen*

$$f' = f \qquad \text{und} \qquad f(0) = 1 \ ,$$

so ist $f(x) = e^x$. Hinweis: *Betrachte die Funktion $e^{-x} f$.*

∘ **10.7 (Beweis von Identitäten durch Ableiten)** *Eine gebräuchliche Methode zum Beweis einer Identität in der Variablen x besteht darin zu zeigen, daß die Ableitungen der beiden Seiten der betreffenden Gleichung bzgl. der Variablen x übereinstimmen und daß die Gleichung an einer Stelle $x = \xi$ gilt. Man zeige, daß dieses Verfahren zulässig ist, und beweise damit die Identitäten*

(a) $\sin^2 x + \cos^2 x = 1$, (b) $\arcsin x + \operatorname{arccot} x = \frac{\pi}{2}$,

(c) $\sin(\arccos x) = \sqrt{1 - x^2}$, (d) $\operatorname{arsinh} x = \ln(x + \sqrt{1 + x^2})$,

(e) $\operatorname{artanh} x = \frac{1}{2} \ln\left(\frac{1+x}{1-x}\right)$, (f) $\operatorname{arcosh} x = \ln(x + \sqrt{x^2 - 1})$ $(x > 1)$,

(g) $\arg(x + iy) = \frac{1}{2} \arctan \frac{y}{\sqrt{x^2 + y^2} + x}$ $(x, y \in \mathbb{R}$, $\arg(x + iy) \in (-\pi/2, \pi/2)$.

Hinweis: *Bei (g) mache man eine geeignete Fallunterscheidung.*

◇ **10.8** *Man schreibe eine* DERIVE-*Funktion* `MWS_GRAPH(f,x,a,b)`, *die eine graphische Darstellung (s. Übungsaufgabe 7.16) des Mittelwertsatzes der Differentialrechnung für den Ausdruck f bzgl. der Variablen x im Intervall $I = [a, b]$ ermöglicht. Wende* `MWS_GRAPH` *an für*

(a) $f(x) = e^x \quad (I := [-1, 1])$, (b) $f(x) = \sin x \quad (I := [0, 4])$,

(c) $f(x) = \tan x \quad (I := [-3/2, 1])$, (d) $f(x) = \dfrac{x}{4 - x^2} \quad (I := [-1, 1/2])$,

(e) $f(x) = e^{-x} \sin x \quad (I := [0, 2])$, (f) $f(x) = x^x \quad (I := [1/100, 1])$.

Hinweis: *Zur Nullstellenbestimmung verwende man die Funktion* `BISEKTION` *aus* DERIVE-*Sitzung* 6.4.

10.2 Globale Extremwerte und Monotonieeigenschaften

Wir können nun globale Monotonieeigenschaften aus dem Ableitungsverhalten differenzierbarer Funktionen ablesen.

Satz 10.4 (Globales Monotoniekriterium) Sei $f : [a, b] \to \mathbb{R}$ differenzierbar in (a, b) und stetig in $[a, b]$. Dann gilt $f'(x) \geq 0$ ($f'(x) \leq 0$) für alle $x \in (a, b)$ genau dann, falls f in $[a, b]$ wachsend (fallend) ist. Gilt sogar $f'(x) > 0$ ($f'(x) < 0$), dann ist f streng wachsend (streng fallend) in $[a, b]$.

Beweis: Sei zunächst f in $[a, b]$ wachsend. Dann gilt für $x < \xi$ die Beziehung $f(x) \leq f(\xi)$ und für $\xi < x$ gilt $f(\xi) \leq f(x)$, also ist ($x, \xi \in (a, b)$)

$$\frac{f(\xi) - f(x)}{\xi - x} \geq 0 ,$$

und für $\xi \to x$ folgt $f'(x) \geq 0$. Entsprechend verfährt man, wenn f fällt.

Ist andererseits $f'(x) > 0$ für alle $x \in (a, b)$, und sei $a \leq c < d \leq b$. Zu zeigen ist, daß dann $f(d) > f(c)$ gilt. Nach dem Mittelwertsatz gibt es aber ein $\xi \in (c, d)$ derart, daß

$$\frac{f(d) - f(c)}{d - c} = f'(\xi) ,$$

und da nach Voraussetzung $f'(\xi) > 0$ ist, folgt

$$f(d) - f(c) = f'(\xi)\,(d - c) > 0 .$$

Die restlichen Fälle ergeben sich entsprechend. □

Beispiel 10.1 Gegeben sei die Funktion $f : [0, \infty) \to \mathbb{R}$ mit $f(x) = x\,e^{-x}$, deren Graph in Abbildung 10.2 dargestellt ist. Wir suchen Monotoniebereiche von f. Wegen $f'(x) = (1 - x)\,e^{-x}$ ist f' positiv für $x \in [0, 1)$ und negativ für $x > 1$, also ist f gemäß Satz 10.4 streng wachsend in $[0, 1]$ sowie streng fallend in $[1, \infty)$. △

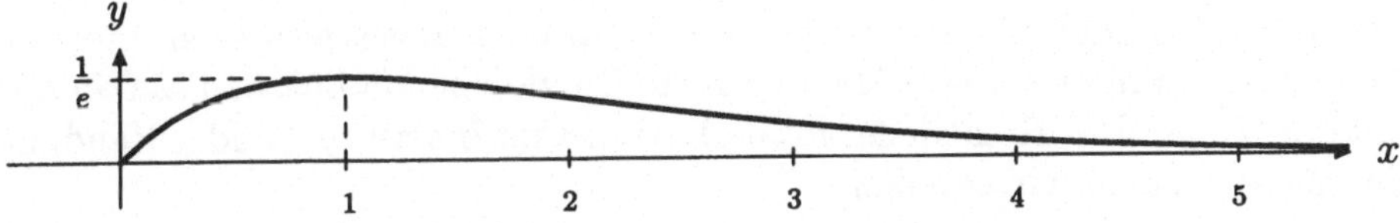

Abbildung 10.2 Monotonie und Extremwerte der Funktion $x\,e^{-x}$ in $\mathbb{R}^+$

An den Stellen, wo wachsende und fallende Bereiche sich ablösen, liegen offenbar Extremwerte. Wir haben also

Satz 10.5 (Hinreichende Bedingung für Extremwerte) Sei $f : [a, b] \to \mathbb{R}$ differenzierbar in (a, b). Ist $f'(\xi) = 0$ für ein $\xi \in (a, b)$, so hat f an der Stelle ξ ein lokales Minimum (Maximum), falls $f'(x) \leq 0$ $(f'(x) \geq 0)$ in einem Intervall links (rechts) sowie $f'(x) \geq 0$ $(f'(x) \leq 0)$ in einem Intervall rechts (links) von ξ gilt. □

Beispiel 10.2 In Beispiel 10.1 von eben liegt also gemäß Satz 10.5 an der Stelle $\xi = 1$ ein lokales Maximum vor. Der Wert des Maximums ist $f(1) = 1/e$. △

Bei zweimal stetig differenzierbaren Funktionen haben wir das einfachere Kriterium

Korollar 10.2 (Kriterium für ein lokales Extremum) Sei $f : [a, b] \to \mathbb{R}$ zweimal stetig differenzierbar in (a, b). Ist $f'(\xi) = 0$ für ein $\xi \in (a, b)$, so hat f an der Stelle ξ

$$\text{ein lokales} \left\{ \begin{array}{l} \text{Minimum,} \\ \text{Maximum,} \end{array} \right\} \text{falls} \left\{ \begin{array}{l} f''(\xi) > 0 \\ f''(\xi) < 0 \end{array} \right\} \text{ist.}$$

Beweis: Gelte $f'(\xi) = 0$ und $f''(\xi) > 0$. Da f'' nach Voraussetzung stetig an der Stelle ξ ist, gibt es ein Intervall I, das ξ enthält, in dem $f''(x) > 0$ bleibt. Folglich ist f' monoton wachsend in I und wegen $f'(\xi) = 0$ negativ im linken Teilintervall sowie positiv im rechten Teilintervall von I. Nach Satz 10.5 liegt dann an der Stelle ξ ein Minimum vor. Entsprechendes gilt für $f''(\xi) < 0$. □

Bemerkung 10.1 Während die Bedingungen von Satz 10.5 häufig nicht leicht verifiziert werden können, da man das Vorzeichen von f' in einem ganzen Intervall bestimmen muß, ist die Bedingung über das Vorzeichen von f'' an der Stelle ξ leicht zu überprüfen. Dafür braucht man allerdings die zweimalige stetige Differenzierbarkeit.

Beispiel 10.3 Die Funktion $f(x) = x\,e^{-x}$ aus Beispiel 10.1 ist zweimal stetig differenzierbar mit $f''(x) = (x - 2)\,e^{-x}$ und somit $f''(\xi) = f''(1) = -\frac{1}{e} < 0$, woran man wieder erkennt, daß f an der Stelle $\xi = 1$ ein lokales Maximum hat.

Beispiel 10.4 Bei den Funktionen $f(x) = x^n$ $(n \geq 3)$ gilt $f'(0) = 0$, und es ist auch $f''(0) = 0$. Für gerade n hat f ein Minimum, während für ungerade n kein Extremum vorliegt. Ist also $f''(\xi) = 0$, so ist das Kriterium von Korollar 10.2 nicht anwendbar. △

Jede stetige Funktion nimmt auf einem beschränkten, abgeschlossenen Intervall bekanntlich ihr Minimum sowie Maximum an. Da globale Minima und Maxima einer Funktion $f : [a, b] \to \mathbb{R}$ entweder lokale Extrema im Innern (a, b) oder Randpunkte sein müssen, haben wir also den

Satz 10.6 (Globale Extremwerte) Sei $f : [a, b] \to \mathbb{R}$ stetig in $[a, b]$ und bis auf endlich viele Werte differenzierbar. Dann wird das globale Maximum (Minimum) von f in $[a, b]$ an einem kritischen Punkt oder an einem der Randpunkte a, b angenommen. Dabei heißt ξ *kritischer Punkt von f in $[a, b]$*, falls f an der Stelle ξ nicht differenzierbar ist oder $f'(\xi) = 0$ gilt.

Beweis: Die Funktion f sei in $[a, b]$ nicht differenzierbar an den Stellen $x_1 < x_2 < \cdots < x_{n-1}$. Zusammen mit den Randpunkten $x_0 = a$ und $x_n = b$ ergibt sich eine Zerlegung von $[a, b]$ in endlich viele Teilintervalle I_k $(k = 1, \ldots, n)$, in denen f jeweils im Innern differenzierbar ist. Dort findet man also die jeweils globalen Maxima und Minima entweder am Rand oder aber an Ableitungsnullstellen im Innern. Daraus folgt das Resultat. □

Während wir uns im allgemeinen Fall mit einem Existenzbeweis für das Maximum und das Minimum zufriedenstellen mußten, geben uns die Ergebnisse dieses Abschnitts eine Konstruktionsmöglichkeit dieser Extremwerte.[5] Hierzu können wir auch DERIVE anwenden.

Sitzung 10.1 Die DERIVE Funktion

```
EXTREMWERTE(f,x,a,b):=SOLVE(DIF(f,x)=0,x,a,b)
```

erledigt die Suche nach den Ableitungsnullstellen einer Funktion f im Intervall $[a, b]$. Befindet man sich im (normalen) `Options Precision Exact` Modus, kann man beim Aufruf von **EXTREMWERTE** auf die Angabe von a und b verzichten, und DERIVE sucht nach exakten Lösungen der Gleichung $f'(x) = 0$. Bleibt dies erfolglos, wechselt man in den `Options Precision Approximate` Modus, und DERIVE sucht numerische Nullstellen von f' im Intervall $[a, b]$. Wir erhalten z. B.

DERIVE Eingabe	`Precision Exact`	`Approximate`
`EXTREMWERTE(x EXP(-x),x,0,inf)`	$[x = 1]$	$[x = 1]$,
`EXTREMWERTE(x^x,x,0,inf)`	$[x = e^{-1}]$	$[x = 0.367879]$,
`EXTREMWERTE(x-x^3,x,0,2)`	$\left[x = -\frac{\sqrt{3}}{3}, x = \frac{\sqrt{3}}{3}\right]$	$[x = 0.577354]$,
`EXTREMWERTE(|x|,x,-1,1)`	$[\ ]$	$[\ ]$,
`EXTREMWERTE(x^4,x,-1,1)`	$[x = 0]$	$[x = 0]$,
`EXTREMWERTE(EXP(a x),x,0,inf)`	$[\ ]$	$\left[x = \frac{1}{0}\right]$,
`EXTREMWERTE(x EXP(a x),x,0,inf)`	$\left[x = -\frac{1}{a}\right]$	$\left[x = -\frac{1}{a}, x = \frac{1}{0}\right]$.

[5] Anders ausgedrückt: Wir haben das Problem in ein Nullstellenproblem konvertiert.

Mit der DERIVE Funktion

```
EXTREMALTYP(f,x,x0):=IF(NOT(LIM(DIF(f,x),x,x0)=0),
                        "kein Extremum",
                        IF(LIM(DIF(f,x,2),x,x0)>0,
                           "Minimum",
                           IF(LIM(DIF(f,x,2),x,x0)<0,
                              "Maximum",
                              "Typ nicht entscheidbar"
                             ),
                          "Bedingung nicht überprüfbar")
                       )
```

läßt sich nun herausfinden, um welche Art von Extremum es sich bei den gefundenen Ableitungsnullstellen handelt. Für die obigen Beispiele gilt

DERIVE Eingabe	Options Precision Exact
`EXTREMALTYP(x EXP(-x),x,1)`	`"Maximum"` ,
`EXTREMALTYP(x^x,x,#e^(-1))`	`"Minimum"` ,
`EXTREMALTYP(x-x^3,x,SQRT(3)/3)`	`"Maximum"` ,
`EXTREMALTYP(x^4,x,0)`	`"Typ nicht entscheidbar"` ,
`EXTREMALTYP(x EXP(a x),x,-1/a)`	`"Bedingung nicht überprüfbar"` .

ÜBUNGSAUFGABEN

◇ **10.9** *Zerlege den natürlichen Definitionsbereich $D \subset \mathbb{R}$ der folgenden Funktionen f in Intervalle, in denen f monoton ist. Bestimme den Typ aller lokaler Extrema. Stelle die Funktionen mit DERIVE graphisch dar.*

(a) $f(x) = \dfrac{1+x}{-6+5x+2x^2-x^3}$, (b) $f(x) = (1+x+x^2)(1-x+x^2)$,

(c) $f(x) = \dfrac{1+x^2}{x^3-2x-1}$, (d) $f(x)=x(x-1)(x-2)(x+1)(x+2)$,

(e) $f(x) = \dfrac{1}{x^4-1}$, (f) $f(x) = \dfrac{3x^4}{x^3-1}$.

10.10 *Berechne die Maxima und Minima bzw. Suprema und Infima der folgenden Funktionen $f : D \to \mathbb{R}$ und stelle die Funktionen mit DERIVE graphisch dar.*

(a) $f(x)=x\sqrt{3-x^2}-x \; (D = [0,\sqrt{2}])$, (b) $f(x) = \dfrac{x^2\sqrt{1-x^2}}{1+x-x^2} \; (D = [-1,1])$,

(c) $f(x) = x^2 e^{-x} \; (D = [0,\infty))$, (d) $f(x) = \dfrac{\sin x}{x} \; (D = [0,\infty))$,

(e) $f(x) = x(1-x)e^{-x} \; (D = [0,\infty))$,

(f) $f(x) = x\,(-3+6x-2x^2)\,e^{-x} \quad (D = [0,\infty))$,

(g) $f(x) = \dfrac{1}{(x-2)(x-1)x(x+1)(x+2)} \quad (D = (a, a+1)\ (a = -2, -1, \ldots, 1))$.

10.11 *Zeige, daß für* $x \in \left(0, \frac{\pi}{2}\right)$ *die Beziehung* $\tan x \geq x$ *gilt.*

10.3 Konvexität

In diesem Abschnitt wollen wir das globale Verhalten der zweiten Ableitung näher untersuchen. Hierbei stoßen wir auf die wichtige Menge der *konvexen Funktionen*, für die die folgende, von der Differentiation völlig unabhängige, Definition gilt.

Definition 10.2 (Konvexität, Konkavität) Liegt der Graph einer Funktion $f : I \to \mathbb{R}$ des Intervalls I für jedes Teilintervall $[x_1, x_2]$ unterhalb (oberhalb) der durch $(x_1, f(x_1))$ und $(x_2, f(x_2))$ gehenden Sekante des Graphen von f, gilt also für alle $x_1, x_2 \in I$ und $\lambda \in (0,1)$ die Ungleichung

$$f\Big(\lambda x_1 + (1-\lambda)\,x_2\Big) \left\{\begin{matrix} \leq \\ < \\ \geq \\ > \end{matrix}\right\} \lambda f(x_1) + (1-\lambda)\,f(x_2), \text{ so heißt } f \text{ in } I \left\{\begin{matrix} \textit{konvex} \\ \textit{streng konvex} \\ \textit{konkav} \\ \textit{streng konkav} \end{matrix}\right\}.$$

Eine Darstellung der Konkavität hatten wir in Abbildung 8.2 auf S. 222. Weiter ist z. B. die Betragsfunktion in ganz $\mathbb{R}$ konvex, obwohl sie am Ursprung nicht differenzierbar ist. Ist eine Funktion aber zweimal differenzierbar, dann gilt

Satz 10.7 (Kriterium für Konvexität) Sei $f : (a,b) \to \mathbb{R}$ zweimal differenzierbar. Dann ist f genau dann (streng) konvex, wenn für alle $x \in (a,b)$ die Beziehung $f''(x) \geq 0$ ($f''(x) > 0$) gilt.

Beweis: Sei zunächst f konvex. Wäre die Schlußfolgerung falsch, so gäbe es also eine Stelle $\xi \in (a,b)$ mit $f''(\xi) < 0$. Die Funktion

$$\varphi(x) := f(x) - f'(\xi)\,(x-\xi)$$

ist dann zweimal differenzierbar mit $\varphi'(\xi) = 0$ und $\varphi''(\xi) = f''(\xi) < 0$. Also hat φ nach Korollar 10.2 ein lokales Maximum an der Stelle ξ, d. h., es gibt ein $h > 0$ mit $\xi \pm h \in (a,b)$ und $\varphi(\xi \pm h) < \varphi(\xi)$, woraus die Ungleichung

$$f(\xi) = \varphi(\xi) > \frac{1}{2}\Big(\varphi(\xi-h) + \varphi(\xi+h)\Big) = \frac{1}{2}\Big(f(\xi-h) + f(\xi+h)\Big)$$

folgt im Widerspruch zur Konvexität. Entsprechend folgt die Aussage über die strenge Konvexität.

Ist nun $f''(x) \geq 0$ für alle $x \in (a,b)$, dann ist also nach Satz 10.4 f' wachsend. Seien $a < x_1 < x_2 < b$ und $\lambda \in (0,1)$ derart, daß

$$x = \lambda x_1 + (1-\lambda)\, x_2 \,. \tag{10.2}$$

Nach dem Mittelwertsatz gibt es wegen $x_1 < x < x_2$ zwei Zahlen $\xi_1 \in (x_1, x)$ und $\xi_2 \in (x, x_2)$ mit

$$\frac{f(x)-f(x_1)}{x-x_1} = f'(\xi_1) \le f'(\xi_2) = \frac{f(x_2)-f(x)}{x_2-x} \,.$$

Aus (10.2) folgt

$$\begin{aligned} x - x_1 &= (\lambda x_1 + (1-\lambda)\, x_2) - x_1 = (1-\lambda)\,(x_2 - x_1) \quad \text{sowie} \\ x_2 - x &= x_2 - (\lambda x_1 + (1-\lambda)\, x_2) = \lambda\,(x_2 - x_1)\,, \end{aligned}$$

so daß

$$\frac{f(x)-f(x_1)}{1-\lambda} \le \frac{f(x_2)-f(x)}{\lambda}$$

oder

$$f(x) \le \lambda f(x_1) + (1-\lambda)\, f(x_2)\,,$$

d. h., f ist konvex. □

Natürlich gilt ein entsprechender Satz für konkave Funktionen.

Beispiel 10.5 Beispielsweise folgt aus $(e^x)'' = e^x > 0$, daß die Exponentialfunktion überall streng konvex ist. Auf der anderen Seite ist $(\ln x)'' = -\frac{1}{x^2} < 0$ für alle $x > 0$, und die Logarithmusfunktion ist somit streng konkav. Dies ist kein Zufall, s. Übungsaufgabe 10.12, und liefert nun einen einfachen Beweis für (8.8), s. Übungsaufgabe 8.4.

Übungsaufgaben

10.12 *Zeige, daß die Umkehrfunktion einer injektiven konvexen Funktion konkav ist und umgekehrt.*

10.13 (Jensensche[6] Ungleichung) *Zeige: Ist $f : [a,b] \longrightarrow \mathbb{R}$ konvex und sind für $k = 1, \ldots, n$ die Punkte $x_k \in [a,b]$ sowie $\lambda_k > 0$ reelle Zahlen mit $\sum\limits_{k=1}^{n} \lambda_k = 1$, dann gilt*

$$f\left(\sum_{k=1}^{n} \lambda_k x_k\right) \le \sum_{k=1}^{n} \lambda_k f(x_k)\,.$$

10.14 (Ungleichung zwischen arithmetischem und geometrischem Mittel) *Zeige als Anwendung von Übungsaufgabe 10.13 die Gültigkeit der Ungleichung*

$$\sqrt[n]{x_1 \cdots x_n} \le \frac{1}{n} \sum_{k=1}^{n} x_k$$

für alle $n \in \mathbb{N}$ und $x_k > 0$ $(k = 1, \ldots, n)$. Hinweis: *Man verwende die Exponentialfunktion.*

[6] Johann Ludwig Jensen [1859–1925]

10.4 Die Regel von de l'Hospital

Bei der Berechnung von Grenzwerten können zwei Situationen auftreten. Entweder hat man eine stetige Funktion f, dann stimmt der Grenzwert $\lim\limits_{\xi \to x} f(\xi)$ mit dem Funktionswert $f(x)$ überein, oder der Grenzwert hat eine der *unbestimmten Formen* $\infty - \infty$, $\frac{0}{0}$, 0^0 o. ä. Ein typisches Beispiel dafür ist der Differentialquotient, der immer die unbestimmte Form $\frac{0}{0}$ hat. Viele unbestimmte Ausdrücke können in diese Form gebracht werden.

Haben wir einen Ausdruck der Form $\lim\limits_{\xi \to x} \frac{f(\xi)}{g(\xi)}$, wobei f und g an der Stelle $\xi = x$ den Wert 0 annehmen, die Ableitungen von f und g an der Stelle ξ existieren und nicht verschwinden, so zeigt eine einfache Rechnung, daß

$$\lim_{\xi \to x} \frac{f(\xi)}{g(\xi)} = \lim_{\xi \to x} \frac{f(\xi) - f(x)}{g(\xi) - g(x)} = \lim_{\xi \to x} \frac{\frac{f(\xi)-f(x)}{\xi - x}}{\frac{g(\xi)-g(x)}{\xi - x}} = \frac{f'(x)}{g'(x)} \tag{10.3}$$

gilt. Diese Formel ermöglicht die Berechnung von Grenzwerten. Wir geben hierfür ein Beispiel.

Beispiel 10.6 Man betrachte den Grenzwert

$$\lim_{\xi \to 0} \frac{f(\xi)}{g(\xi)} = \lim_{\xi \to 0} \frac{\sqrt{5+\xi} - \sqrt{5-\xi}}{\xi} .$$

Sowohl Zähler als auch Nenner haben an der Stelle $\xi = 0$ den Grenzwert 0, es liegt also eine unbestimmte Form vom Typ $\frac{0}{0}$ vor. Auf der anderen Seite können wir wegen Gleichung (10.3) versuchen, den Wert von $\frac{f'(0)}{g'(0)}$ zu bestimmen. Mit Hilfe der Kettenregel ergibt sich die Ableitung f' zu

$$f'(\xi) = \frac{1}{2\sqrt{5+\xi}} + \frac{1}{2\sqrt{5-\xi}} ,$$

also gilt $f'(0) = \frac{1}{\sqrt{5}}$, und mit $g'(0) = 1$ erhalten wir

$$\lim_{\xi \to 0} \frac{f(\xi)}{g(\xi)} = \lim_{\xi \to 0} \frac{\sqrt{5+\xi} - \sqrt{5-\xi}}{\xi} = \frac{f'(0)}{g'(0)} = \frac{1}{\sqrt{5}} . \quad \triangle$$

Die Formel (10.3) kann jedoch nur angewendet werden, wenn $f'(x)$ und $g'(x)$ existieren und $g'(x)$ von Null verschieden ist. Es ist andererseits einleuchtend, die rechte Seite von Gleichung (10.3) – also $\frac{f'(x)}{g'(x)}$ – durch den Grenzwert $\lim\limits_{\xi \to x} \frac{f'(\xi)}{g'(\xi)}$ zu ersetzen. Dies ist nach DE L'HOSPITAL[7] tatsächlich erlaubt.

Satz 10.8 (Regel von de l'Hospital) Die Funktionen $f : I \to \mathbb{R}$ und $g : I \to \mathbb{R}$ seien in einem Intervall $I \subset \mathbb{R}$ um den Punkt $x \in I$ differenzierbar mit $g'(\xi) \neq 0$ für $\xi \in I$, und es gelte entweder

[7] GUILLAUME FRANÇOIS ANTOINE MARQUIS DE L'HOSPITAL [1661–1704]

(a) $\lim\limits_{\xi \to x} f(\xi) = 0$ und $\lim\limits_{\xi \to x} g(\xi) = 0$,

oder

(b) $\lim\limits_{\xi \to x} g(\xi) = -\infty$ oder $\lim\limits_{\xi \to x} g(\xi) = \infty$.

Dann gilt

$$\lim_{\xi \to x} \frac{f(\xi)}{g(\xi)} = \lim_{\xi \to x} \frac{f'(\xi)}{g'(\xi)},$$

sofern der rechte Grenzwert existiert. Dasselbe Ergebnis gilt für einseitige Grenzwerte sowie für $x = \infty$ oder $x = -\infty$.

Beweis: Wir wollen zuerst den Fall (a) betrachten. Da f und g im Punkt $\xi = x$ nicht definiert sein müssen, setzen wir $f(x) = g(x) := 0$, so daß f und g in $\xi = x$ stetig sind. Damit sind die Voraussetzungen des Mittelwertsatzes von Cauchy (Satz 10.3) in einem Intervall $[x, b]$ rechts von x erfüllt, so daß es eine Zahl $c \in [x, b]$ mit

$$\frac{f(b)}{g(b)} = \frac{f(b) - f(x)}{g(b) - g(x)} = \frac{f'(c)}{g'(c)} \tag{10.4}$$

gibt. Strebt b gegen x, dann strebt c ebenfalls gegen x, da $c \in [x, b]$ liegt. Somit ergibt sich der rechtsseitige Grenzwert von Gleichung (10.4) für $b \to x+$ zu

$$\lim_{b \to x+} \frac{f(b)}{g(b)} = \lim_{c \to x+} \frac{f'(c)}{g'(c)}.$$

Der Beweis für den linksseitigen Grenzwert erfolgt genauso und liefert das Ergebnis.

Für $x = \infty$ zeigt eine zunächst formale Rechnung

$$\lim_{\xi \to \infty} \frac{f(\xi)}{g(\xi)} = \lim_{t \to 0+} \frac{f\left(\frac{1}{t}\right)}{g\left(\frac{1}{t}\right)} \overset{\text{(a)}}{=\!=} \lim_{t \to 0+} \frac{\frac{d}{dt} f\left(\frac{1}{t}\right)}{\frac{d}{dt} g\left(\frac{1}{t}\right)} = \lim_{t \to 0+} \frac{-f'\left(\frac{1}{t}\right) t^{-2}}{-g'\left(\frac{1}{t}\right) t^{-2}} = \lim_{\xi \to \infty} \frac{f'(\xi)}{g'(\xi)}.$$

Da der rechte Grenzwert nach Voraussetzung existiert, kann man die Gleichungskette auch von rechts nach links lesen, woraus sich der Satz ergibt. Für $x = -\infty$ führt eine analoge Überlegung zum Ziel.

Zum Beweis von (b) betrachten wir den Fall, daß $\lim\limits_{\xi \to x+} g(\xi) = \infty$, und setzen voraus, es existiere

$$\lim_{\xi \to x+} \frac{f'(\xi)}{g'(\xi)} = A \in \mathbb{R}.$$

(Im Fall eines uneigentlichen Grenzwerts $A = \pm\infty$ betrachtet man die Kehrwerte.) Zu $\varepsilon > 0$ gibt es also ein rechtsseitiges Intervall $J = (x, y]$ von x, so daß für alle $\xi \in J$ die Beziehung

$$A - \varepsilon \leq \frac{f'(\xi)}{g'(\xi)} \leq A + \varepsilon$$

gilt. Da g' keine Nullstelle in I besitzt, kann man J ferner so klein wählen, daß g' wegen $\lim\limits_{\xi \to x+} g(\xi) = \infty$ in J negativ und g somit fallend ist. Mit dem Cauchyschen Mittelwertsatz folgt dann

$$A-\varepsilon \leq \frac{f(\xi)-f(y)}{g(\xi)-g(y)} \leq A+\varepsilon$$

oder durch Multiplikation mit $g(\xi)-g(y)>0$

$$f(y)+(A-\varepsilon)\,(g(\xi)-g(y)) \leq f(\xi) \leq f(y)+(A+\varepsilon)\,(g(\xi)-g(y))$$

bzw. nach Division durch $g(\xi)>0$

$$\frac{f(y)}{g(\xi)}+(A-\varepsilon)-\frac{(A-\varepsilon)\,g(y)}{g(\xi)} \leq \frac{f(\xi)}{g(\xi)} \leq \frac{f(y)}{g(\xi)}+(A+\varepsilon)-\frac{(A+\varepsilon)\,g(y)}{g(\xi)}\,.$$

Da $g(\xi)\to\infty$ für $\xi\to x+$, folgt dann aber in einem eventuell kleineren rechtsseitigen Intervall von x

$$A-2\varepsilon \leq \frac{f(\xi)}{g(\xi)} \leq A+2\varepsilon$$

und somit die Behauptung. Der linksseitige Grenzwert wird ebenso behandelt. □

Wir zeigen nun, wie man die Regeln von de l'Hospital in DERIVE anwenden kann.

Sitzung 10.2 DERIVEs Fähigkeiten zur Berechnung von Grenzwerten sind so fortgeschritten, daß man die Regel von de l'Hospital meist nicht explizit anwenden muß. DERIVE benutzt diese Regel intern, und selbst, wenn die Regel von de l'Hospital versagt, ist DERIVE häufig in der Lage, die gewünschten Grenzwerte zu bestimmen. Wir werden jedoch zur Übung DERIVE Funktionen erklären, mit denen wir die Regel von de l'Hospital explizit anwenden können. Wir konzentrieren uns auf den Fall der unbestimmten Form vom Typ $\frac{0}{0}$. Dazu deklarieren wir die Funktion

```
HOSPITAL(f,g,x,x0):=IF(LIM(f,x,x0)=0 AND LIM(g,x,x0)=0,
                       LIM(DIF(f,x),x,x0)/LIM(DIF(g,x),x,x0),
                       LIM(f,x,x0)/LIM(g,x,x0)
                      )
```

Diese Funktion berechnet den Grenzwert von $\frac{f(x)}{g(x)}$ für $x\to x_0$, wenn $\lim\limits_{x\to x_0} f(x) = \lim\limits_{x\to x_0} g(x)=0$ gilt, mit Hilfe der Regel von de l'Hospital. Die logische Funktion `AND` kombiniert hierbei die beiden Anforderungen miteinander. Beide Bedingungen müssen wahr sein, damit DERIVE mit der ersten Alternative des `IF` Befehls weitermacht. Ist dies der Fall, d. h. kann DERIVE entscheiden, daß $\lim\limits_{x\to x_0} f(x) = \lim\limits_{x\to x_0} g(x)=0$ gilt, dann wird die Regel von de l'Hospital angewendet. Ist eine der beiden Bedingungen falsch, so wird der Quotient der entsprechenden Grenzwerte ausgegeben.

Der Ausdruck `HOSPITAL(1-x^2,1-x,x,1)` wird zu dem gewünschten Grenzwert 2 vereinfacht, und für `HOSPITAL(1-x^2,1-x,x,0)` erhält man die Ausgabe 1. Hier wird die zweite Alternative verwendet. Der Grenzwert

$$\lim_{x\to 0} \frac{\sqrt{1+x+x^2}-\sqrt{1+x}}{x^2} \tag{10.5}$$

wird jedoch nicht berechnet, und `HOSPITAL(SQRT(1+x+x^2)-SQRT(1+x),x^2,x,0)` führt zum Ergebnis

```
?.
```

Dies liegt daran, daß wir die Regel von de l'Hospital in diesem Beispiel zweimal anwenden müssen. Wie können wir mit dieser Situation umgehen? Wir müssen DERIVE mitteilen, die Regel von de l'Hospital rekursiv anzuwenden! Dies geschieht durch die Funktion

```
HOSPITAL_REKURSIV(f,g,x,x0):=IF(LIM(f,x,x0)=0 AND LIM(g,x,x0)=0,
                              HOSPITAL_REKURSIV(DIF(f,x),DIF(g,x),x,x0),
                              LIM(f,x,x0)/LIM(g,x,x0)
                               )
```

Man berechne nun die Grenzwerte (10.5) und $\lim_{x\to 0} x^{15}/x^{15}$. Wie oft muß dabei die Regel von de l'Hospital jeweils angewendet werden?

Beispiel 10.7 (Mehrfache Anwendung der Regel von de l'Hospital) Es folgt ein weiteres Beispiel für eine Situation, in der wir die Regel von de l'Hospital mehrmals anwenden. Wir wollen

$$\lim_{n\to\infty}\left(\sqrt[3]{n^6+3n^4+n^3}-n^2\right)$$

bestimmen. Dieser Ausdruck hat *nicht* die gewünschte unbestimmte Form $\frac{0}{0}$. Wir müssen den Ausdruck also erst passend umformen und erhalten

$$\begin{aligned}\lim_{n\to\infty}\left(\sqrt[3]{n^6+3n^4+n^3}-n^2\right) &= \lim_{n\to\infty} n^2\left(\sqrt[3]{1+\frac{3}{n^2}+\frac{1}{n^3}}-1\right)\\ &= \lim_{x\to 0+}\frac{\sqrt[3]{1+3x^2+x^3}-1}{x^2}\,.\end{aligned}$$

Der letzte Ausdruck hat nun die unbestimmte Form $\frac{0}{0}$. Durch doppelte Anwendung der Regel von de l'Hospital erhalten wir

$$\lim_{x\to 0+}\frac{\sqrt[3]{1+3x^2+x^3}-1}{x^2} \overset{\left(\frac{0}{0}\right)}{=\!=} \lim_{x\to 0+}\frac{\frac{x^2+2x}{(1+3x^2+x^3)^{2/3}}}{2x} \overset{\left(\frac{0}{0}\right)}{=\!=} \lim_{x\to 0+}\frac{\frac{2(1+x-x^2)}{(1+3x^2+x^3)^{5/3}}}{2} = 1\,.$$

Bei diesem Beipiel hätten wir jedoch feststellen können, daß der zweite Ausdruck in dieser Gleichung vereinfacht werden kann, wodurch die zweite Anwendung der Regel von de l'Hospital überflüssig wird:

$$\lim_{x\to 0+}\frac{\frac{x^2+2x}{(1+3x^2+x^3)^{2/3}}}{2x} = \lim_{x\to 0+}\frac{x+2}{2(1+3x^2+x^3)^{2/3}} = 1\,.$$

ÜBUNGSAUFGABEN

10.15 *Man wende die Regel von de l'Hospital auf den Grenzwert*

$$\lim_{\xi\to x}\frac{\xi^n-x^n}{\xi-x}$$

aus der Definition der Ableitung von Monomen an.

◇ **10.16** *Deklariere f als willkürliche Funktion einer Variablen in* DERIVE *und versuche,*

$$\lim_{\xi \to x} \frac{f(\xi) - f(x)}{\xi - x}$$

zu bestimmen. Verwende unsere Funktion `HOSPITAL` *zur Berechnung desselben Grenzwerts und vergleiche die Ergebnisse.*

◇ **10.17** *Verwende die* DERIVE *Funktion* `HOSPITAL` *und zeige damit, daß man durch einmalige Anwendung der Regel von de l'Hospital den Grenzwert*

$$\lim_{n \to 0} \frac{x^n - 1}{n}$$

berechnen kann. Führe die Rechnungen auch von Hand durch!

10.18 *Man bestimme die Grenzwerte*

(a) $\lim\limits_{x \to 0} \dfrac{(1+x)^m - 1}{x}$,

(b) $\lim\limits_{n \to \infty} \sqrt{n}(\sqrt{1+n} - \sqrt{n})$,

(c) $\lim\limits_{x \to 0} \dfrac{1 - \sqrt{(1-ax)(1-bx)}}{x}$,

(d) $\lim\limits_{x \to 0+} \dfrac{x^x - 1}{x}$,

(e) $\lim\limits_{x \to 0+} \dfrac{x^x - 1}{\sqrt{x}}$,

(f) $\lim\limits_{x \to 0+} \ln x\,(x^x - 1)$.

◇ **10.19** *Man versuche,*

$$\lim_{x \to 0} \frac{(1-x)^m - (1-mx)}{x^2}$$

mit Hilfe von `HOSPITAL_REKURSIV` *zu bestimmen. Man stellt fest, daß* DERIVE *eine formale Antwort liefert, die eine* `IF` *Anweisung enthält. Dies liegt daran, daß* DERIVE *nicht entscheiden kann, ob die Bedingung $m(m-1) = 0$ richtig ist. Man verwende die* `IF` *Anweisung mit 4 Argumenten zur Definition von* `HOSPITAL_REKURSIV` *derart, daß dieser Fall abgedeckt ist. Die so geänderte Funktion ist in der Lage, obigen Grenzwert zu bestimmen.*

◇ **10.20** *Zweimalige Anwendung der Regel von de l'Hospital erzeugt eine Formel für den Grenzwert*

$$\lim_{\xi \to x} \left(\frac{x f'(x)}{f(x) - f(\xi)} - \frac{\xi}{x - \xi} \right) ,$$

wobei f eine Funktion ist, die so oft differenzierbar sei, daß die Voraussetzungen der Regelanwendungen erfüllt sind. Führe die notwendigen Rechnungen in DERIVE *durch. Hinweis: Da* DERIVE *keine Werte für Variablen in formalen Ausdrücken mit Ableitungen einsetzen kann, kann die Prozedur* `HOSPITAL_REKURSIV` *nicht funktionieren. Daher muß man das* `Manage Substitute` *Menü verwenden.*

10.21 *Man berechne die Grenzwerte*

(a) $\lim\limits_{x\to 0} \dfrac{x^3-8}{x^4-16}$, (b) $\lim\limits_{n\to\infty} \dfrac{\sqrt{n^2+4}}{\sqrt{4n^2-1}}$, (c) $\lim\limits_{x\to 0} \dfrac{\sqrt[3]{1+x}-\sqrt[3]{1-x}}{x}$.

10.22 (Symmetrische Ableitung) *Zeige: Ist f differenzierbar, dann gilt*

$$\lim_{h\to 0} \frac{f(x+h)-f(x-h)}{2h} = f'(x)\,.$$

Ist f zweimal differenzierbar, gilt außerdem

$$\lim_{h\to 0} \frac{f(x+h)-2f(x)+f(x-h)}{h^2} = f''(x)\,.$$

Die Umkehrung gilt i. a. nicht.

10.23 *Man gebe an, wie man bei den folgenden Typen unbestimmter Formen von Grenzwerten die Regel von de l'Hospital verwenden kann:*

(a) 0^∞, (b) 0^0, (c) ∞^0, (d) 1^∞.

Gib jeweils zwei Beispiele mit verschiedenen Ergebnissen. Kann man für den Typ $\infty-\infty$ eine allgemeine Strategie angeben?

10.24 *Mit Hilfe von Übungsaufgabe 10.23 löse man (oder zeige gegebenenfalls, daß der Grenzwert nicht existiert):*

(a) $\lim\limits_{n\to\infty} \left(1+\dfrac{x}{n}\right)^n$, (b) $\lim\limits_{n\to\infty} \left(1+\dfrac{x}{n^2}\right)^n$, (c) $\lim\limits_{x\to 0} x^x$,

(d) $\lim\limits_{x\to 0} \left(x\sin\dfrac{1}{x}\right)^x$, (e) $\lim\limits_{x\to 0} \left(e^{1/|x|}\right)^{|x|}$, (f) $\lim\limits_{x\to 0} \left(e^{1/x^2}\right)^{x^2}$.

10.25 *Man gebe ein Beispiel eines Grenzwerts, bei dem die rekursive Anwendung der l'Hospitalschen Regel nicht abbricht.*

★ **10.26** *Hat man einen Grenzwert $\lim\limits_{x\to 0} f(x)^{g(x)}$ vom Typ 0^0, gilt also $\lim\limits_{x\to 0} f(x) = \lim\limits_{x\to 0} g(x) = 0$, und gilt ferner in einem Intervall um den Ursprung*

$$f(x) > 0 \qquad \text{sowie} \qquad |g(x)| \le M\,(f(x))^\alpha$$

für Zahlen $M>0$ und $\alpha>0$, so ist $\lim\limits_{x\to 0} f(x)^{g(x)} = 1$.

◇ **10.27** *In Beispiel 10.7 sahen wir, daß es u. U. von Vorteil ist, bei der mehrfachen Anwendung der Regel von de l'Hospital Zwischenergebnisse zu vereinfachen. Man ändere* `HOSPITAL_REKURSIV` *entsprechend und teste die Funktion mit den problematischen Beispielen aus Übungsaufgabe 10.24.*

10.5 Das Newton-Verfahren

Man kann eine Gleichung bzgl. der Variablen x häufig nicht (explizit) nach x auflösen. Dieser Fall tritt z. B. bei Polynomen auf, die einen Grad größer als 4 besitzen, und erst recht bei transzendenten Gleichungen. In dieser Situation ist man an einer möglichst genauen Approximation der Lösung interessiert. Ein Verfahren für die näherungsweise Nullstellenbestimmung war das Bisektionsverfahren. In diesem Abschnitt behandeln wir eine i. a. schnellere Methode. Angenommen, wir wollen eine Näherungslösung für die Gleichung

$$f(x) = 0 \tag{10.6}$$

bestimmen. NEWTONS[8] Idee besteht darin, eine Folge von Näherungswerten dadurch zu berechnen, daß man ausgehend von einer Näherung x_n eine (hoffentlich bessere) Näherung x_{n+1} durch Auflösen der *linearisierten* Hilfsgleichung

$$y = f(x_n) + (x - x_n)f'(x_n) = 0$$

nach x, also

$$x_{n+1} = x_n - \frac{f(x_n)}{f'(x_n)} \tag{10.7}$$

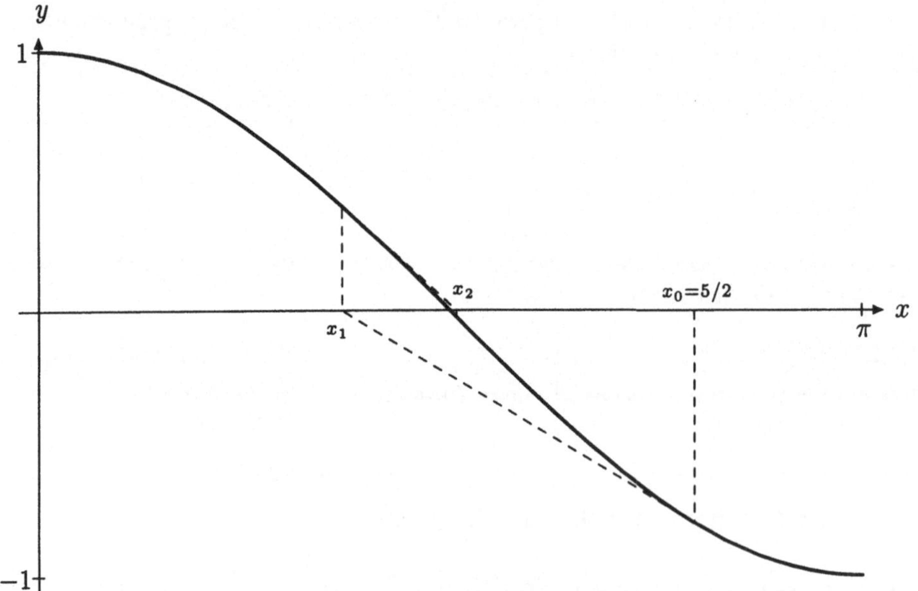

Abbildung 10.3 Die geometrische Idee des Newton-Verfahrens

[8] ISAAC NEWTON, [1642–1727] war einer der Entdecker der Differential- und Integralrechnung.

erhält. Linearisierung bedeutet somit, daß man statt der Gleichung von f die Tangentengleichung im Punkt $(x_n, f(x_n))$ verwendet. Geometrisch heißt dies dann, daß man den Graphen von f durch die Tangente durch den Punkt $(x_n, f(x_n))$ ersetzt, s. Abbildung 10.3.

Diese iterative Prozedur heißt *Newton-Verfahren* und liefert i. a. immer genauer werdende Näherungen einer Nullstelle von Gleichung (10.6).

Als Beispiel berechnen wir eine numerische Näherung von $\pi/2$ unter Verwendung der Definition von $\pi/2$ als erster positiver Nullstelle der Kosinusfunktion.

Beispiel 10.8 (Newton-Verfahren) In Abbildung 10.3 sieht man den Graphen der Kosinusfunktion $f(x) = \cos x$. Wir wollen eine numerische Näherung für die erste positive Nullstelle der Kosinusfunktion, also für die Lösung der Gleichung

$$f(x) = \cos x = 0 \tag{10.8}$$

bestimmen. Als erste Schätzung nehmen wir den (schlechten) Wert $x_0 := 5/2$. Diese Anfangsbedingung liefert die nächsten Werte

$$\begin{aligned} x_1 &= x_0 - \frac{f(x_0)}{f'(x_0)} = 5/2 + \cot(5/2) = 1.16135187169... \\ x_2 &= x_1 + \cot x_1 = 1.59532274595... \\ x_3 &= x_2 + \cot x_2 = 1.57079140769... \end{aligned}$$

Man sieht an Abbildung 10.3, daß die Methode zu funktionieren scheint und immer bessere Näherungen für eine Lösung von Gleichung (10.8) liefert. Beginnen wir jedoch mit dem „Schätzwert" $x_0 := 0$, führt die Methode zu keinem Ergebnis, da $f'(0) = 0$ gilt und damit Gleichung (10.7) für $n = 0$ bedeutungslos ist. △

Bevor wir einen Satz vorstellen, der hinreichende Bedingungen dafür angibt, wann das Newton-Verfahren erfolgreich ist, werden wir das Verfahren mit DERIVE implementieren.

Sitzung 10.3 Zur Ausführung von Iterationen stellt DERIVE ja die Prozeduren `ITERATE(f,x,x0,n)` und `ITERATES(f,x,x0,n)` zur Verfügung. Aus didaktischen Gründen empfiehlt es sich, zunächst das `ITERATES` Kommando zu verwenden, das die Zwischenergebnisse mit ausgibt. Beim Newton-Verfahren wird der Ausdruck $x - \frac{f(x)}{f'(x)}$ iterativ ausgewertet, und dies wird beim Anfangswert x_0 von der DERIVE Funktion

```
NEWTONS(f,x,x0,n):=ITERATES(x-f/DIF(f,x),x,x0,n)
```

erledigt, die man mit optionalem numerischen vierten Argument `n` aufrufen kann, welches die Iteration nach n Schritten abbricht. Die entsprechende Funktion

```
NEWTON(f,x,x0,n):=ITERATE(x-f/DIF(f,x),x,x0,n)
```

hat nur den gesuchten Endwert als Ergebnis.

Wenden wir **NEWTONS** auf unsere Beispielfunktion $\cos x$ mit dem ersten Schätzwert $x_0 := 5/2$ an, d. h. das `approX` Kommando auf **NEWTONS(COS(x),x,5/2)**, so erhalten wir den Vektor

4 : [2.5, 1.16135, 1.59532, 1.57079, 1.57079]

bei der üblichen 6-stelligen Genauigkeit. Wie vermutet, konvergiert die Iteration sehr schnell, und schon der vierte Wert x_3 entspricht auf 6 Stellen dem Endergebnis.

Die DERIVE Funktion **NEWTON_GRAPH**, die durch

```
TANGENTE(f,x,x0):=LIM(f,x,x0)+(x-x0)LIM(DIF(f,x),x,x0)

NEWTON_AUX(f,x,a,n):=VECTOR(TANGENTE(f,x,ELEMENT(a,k_))*
                        ABS(CHI(ELEMENT(a,k_+1),x,ELEMENT(a,k_))),
                        k_,1,n
                       )

NEWTON_GRAPH(f,x,x0,n):=[[f],NEWTON_AUX(f,x,NEWTONS(f,x,x0,n),n)]
```

gegeben ist, kann zur graphischen Darstellung verwendet werden. Eine Anwendung von `approX` auf **NEWTON_GRAPH(COS(x),x,5/2,3)** ergibt dann einen Vektor zur graphischen Darstellung des Ergebnisses.

Wir betrachten als weiteres Beispiel die Funktion $\frac{(1+x)^2}{4} - 2$ mit dem ersten Schätzwert $x_0 := 4$, d. h. wir wenden `APPROX` auf **NEWTONS((1+x)^2/4-2,x,4)** an mit dem Ergebnis

9 : [4, 2.3, 1.86212, 1.82862, 1.82842, 1.82842, 1.82842, 1.82842] .

Hier entspricht der fünfte Wert x_4 auf 6 Stellen bereits dem Endergebnis. Warum bricht DERIVE aber nicht ab, nachdem zweimal dieselbe Zahl berechnet wurde? Die Antwort liegt in der internen Speicherung reeller Zahlen durch rationale Näherungen. Wenden wir `Simplify` auf den letzten Vektor an, so erhalten wir

$$10: \quad \left[4, \frac{23}{10}, \frac{1229}{660}, \frac{15472}{8461}, \frac{12671}{6930}, \frac{8323}{4552}, \frac{12671}{6930}\right].$$

Also erst die letzte Näherung stimmt rational mit einer der vorherigen überein.

Im vorliegenden Fall stimmt die letzte Näherung nicht mit der vorletzten, sondern mit einer früheren überein[9] mit der Folge, daß der Aufruf von **ITERATE** als Antwort auf **NEWTON((1+x)^2/4-2,x,4)** ein Fragezeichen produziert. Ist dieses Verhalten unerwünscht, möchte man also immer das zuletzt berechnete Ergebnis ausgeben lassen, so kann man **NEWTON** stattdessen wie folgt erklären:

```
ITERATE_AUX(f,x,x0,aux,n):=ELEMENT(aux,DIMENSION(aux))

NEWTON(f,x,x0,n):=ITERATE_AUX(f,x,x0,ITERATES(x-f/DIF(f,x),x,x0,n),n)
```

[9] Dies ist allerdings versionsabhängig.

Wir werden nun einen Satz beweisen, der besagt, daß das Newton-Verfahren für f – unter sehr geringfügigen Anforderungen an die Regularität von f – konvergiert, sofern nur der Anfangswert nahe genug bei einer Nullstelle von f liegt.

Satz 10.9 (Lokale Konvergenz des Newton-Verfahrens) Sei $f : I \to \mathbb{R}$ eine reelle Funktion des Intervalls $I = (a, b)$ mit den Eigenschaften

(a) $f(\xi) = 0$ für einen inneren Punkt $\xi \in I$,

(b) f ist in I differenzierbar, und f' ist in ξ stetig,

(c) $f'(\xi) = m \neq 0$.

Dann gibt es ein Teilintervall $J \subset I$ mit $\xi \in J$, so daß die Newton-Folge $(x_n)_{n \in \mathbb{N}}$ mit

$$x_{n+1} := x_n - \frac{f(x_n)}{f'(x_n)} \tag{10.7}$$

für einen beliebigen Startwert $x_0 \in J$ gegen ξ konvergiert.

Gilt umgekehrt die Bedingung (b) zusammen mit

(d) $f'(x) \neq 0$ für alle $x \in I$,

und konvergiert das Newton-Verfahren gegen $\xi \in I$, dann ist ξ eine Nullstelle von f.

Beweis: Wir stellen als erstes fest, daß es mit $f'(\xi) = m \neq 0$, und weil f' in ξ stetig ist, ein Intervall $J_1 \subset I$ mit $\xi \in J_1$ gibt, so daß

(e) $|f'(x)| \geq \frac{m}{2}$ für alle $x \in J_1$ gilt.

Sei nun eine beliebige Zahl $\varepsilon > 0$ gegeben. Dann folgt aus der Differenzierbarkeit von f an der Stelle ξ die Gültigkeit der Beziehung

(f) $\left|f'(\xi) - \frac{f(x)-f(\xi)}{x-\xi}\right| \leq \varepsilon$ für alle $x \in J_2$

für ein Intervall $J_2 \subset I$ mit $\xi \in J_2$. Aus der Stetigkeit von f' in ξ folgt schließlich noch

(g) $|f'(x) - f'(\xi)| \leq \varepsilon$ für alle $x \in J_3$

in einem Intervall $J_3 \subset I$ mit $\xi \in J_3$. In $J := J_1 \cap J_2 \cap J_3$ gelten alle obigen Eigenschaften. Man beachte, daß J von der Wahl von ε abhängt. Wir können nun folgern, daß für $x_n \in J$

$$\begin{aligned}
|x_{n+1} - \xi| &= \left|x_n - \frac{f(x_n)}{f'(x_n)} - \xi\right| = \frac{|(x_n - \xi)f'(x_n) - f(x_n)|}{|f'(x_n)|} \\
&\leq \frac{2}{m}|x_n - \xi|\left|f'(x_n) - \frac{f(x_n) - f(\xi)}{x_n - \xi}\right| \qquad \text{wegen (a) und (e)} \\
&= \frac{2}{m}|x_n - \xi|\left|f'(x_n) - f'(\xi) + f'(\xi) - \frac{f(x_n) - f(\xi)}{x_n - \xi}\right| \\
&\leq \frac{2}{m}|x_n - \xi|\left(\left|f'(x_n) - f'(\xi)\right| + \left|f'(\xi) - \frac{f(x_n) - f(\xi)}{x_n - \xi}\right|\right) \\
&\leq \frac{2}{m}|x_n - \xi|\,(\varepsilon + \varepsilon) = \frac{4\varepsilon}{m}|x_n - \xi| \qquad \text{wegen (f) und (g).}
\end{aligned}$$

Wir können nun ε und damit J beliebig klein wählen und so die Konvergenz erzwingen. Hinreichend ist z. B. $\varepsilon := \frac{m}{8}$.

Gelten jedoch (b) und (d), dann folgt mit dem Cauchykriterium aus der Konvergenz von (x_n) auf Grund von Gleichung (10.7) die Gültigkeit von

$$|x_{n+1} - x_n| = \left|\frac{f(x_n)}{f'(x_n)}\right| \leq \varepsilon$$

für alle $\varepsilon > 0$, und deshalb strebt $f(x_n) \to 0$ für $n \to \infty$. □

Bemerkung 10.2 Man kann die Bedingungen (b) und (c) meist nicht nachweisen, da die Nullstelle ξ ja unbekannt ist. Man muß also zeigen, daß f' in ganz I stetig ist, bzw. Bedingung (d) statt (c).

Der zweite Teil des Satzes besagt, daß jedes konvergente Newton-Verfahren eine Nullstelle von f erzeugt. Der Satz sagt jedoch *nicht*, daß f keine Nullstelle besitzt, wenn das Newton-Verfahren für bestimmte Werte von f, I und $x_0 \in I$ divergiert. Denn es ist möglich, daß wir uns nur noch nicht nahe genug an der Nullstelle befinden.

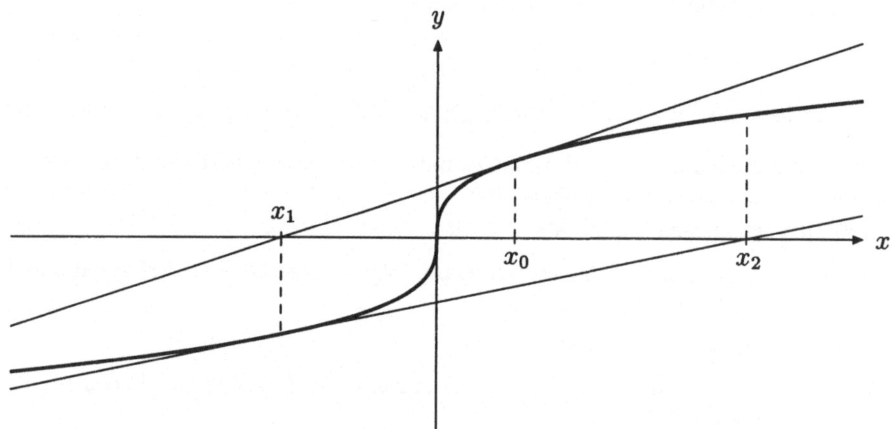

Abbildung 10.4 Divergenz des Newton-Verfahrens für $f(x) := \sqrt[3]{x}$

Beispiel 10.9 (Gegenbeispiele zum Newton-Verfahren) Wir wollen an zwei Beispielen zeigen, daß Satz 10.9 in bezug auf die Voraussetzungen (b) und (c) im allgemeinen nicht verbessert werden kann. Wir betrachten dazu zuerst die Funktion $f(x) := \sqrt[3]{x}$, die genau eine Nullstelle besitzt, und zwar $\xi = 0$, s. Abbildung 10.4. Diese Funktion ist in ganz $\mathbb{R}\setminus\{0\}$ differenzierbar und hat die Ableitung $f'(x) = \frac{1}{3}x^{-2/3}$. Für $x \to 0$ strebt die Ableitung jedoch gegen $+\infty$. Für eine Newton-Folge von f gilt

$$x_{n+1} = x_n - \frac{f(x_n)}{f'(x_n)} = x_n - \frac{\sqrt[3]{x_n}}{\frac{1}{3}{x_n}^{-2/3}} = x_n - 3x_n = -2x_n \qquad (10.9)$$

und somit die Formel $x_n = (-2)^n x_0$ (man beweise dies durch Induktion!), d. h. (x_n) divergiert für alle (!) Startwerte $x_0 \neq 0$.

Unser zweites Beispiel zeigt, daß für die Folgerung auch die Bedingung (c) wesentlich ist. Für

$$f(x) := \begin{cases} (x-1)^2 & \text{falls } x > 1 \\ 0 & \text{falls } x \in [-1,1] \\ (x+1)^2 & \text{falls } x < -1 \end{cases} , \tag{10.10}$$

s. Abbildung 10.5, besteht das ganze Intervall $[-1, 1]$ aus Nullstellen von f. Die Funktion f ist offensichtlich an der Stelle $\xi = 0$ mit $f'(0) = 0$ differenzierbar (f ist sogar in ganz $\mathbb{R}$ differenzierbar). Das Newton-Verfahren konvergiert jedoch nicht gegen 0, sondern je nach Vorzeichen von x_0 gegen -1 oder 1, s. Übungsaufgabe 10.35. △

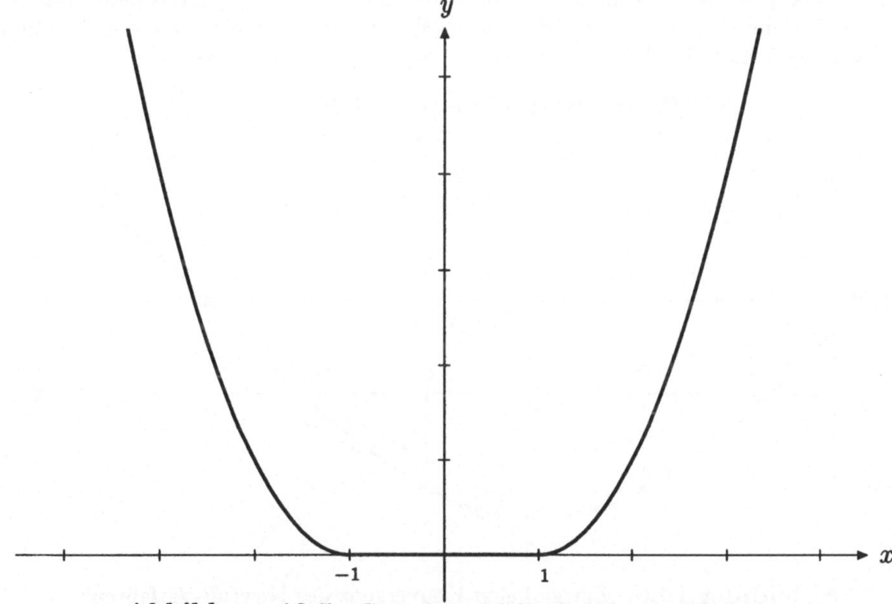

Abbildung 10.5 Gegenbeispiel für das Newton-Verfahren

Um globale Aussagen machen zu können, muß die Funktion f in der Nähe ihrer Nullstelle besonders gutartige Eigenschaften besitzen. Insbesondere hätten wir gerne ein Verfahren, das ähnlich wie das Bisektionsverfahren nach einer Nullstelle in einem gegebenen Intervall (a, b) sucht.

Ein Kriterium dieser Art ist

Satz 10.10 (Globale Konvergenz des Newton-Verfahrens) Die Funktion $f : [a, b] \to \mathbb{R}$ sei zweimal differenzierbar und konvex in $[a, b]$ und habe die Eigenschaften

(a) $f(a) < 0$ und $f(b) > 0$.

Dann besitzt f genau eine Nullstelle ξ in $[a,b]$, und die Newton-Folge (10.7) fällt für jedes $x_0 \in [a,b]$ mit $f(x_0) \geq 0$ gegen ξ. Gilt weiterhin

(b) $|f'(\xi)| = m > 0$

und

(c) $|f''(x)| \leq K$ für alle $x \in (\xi, b)$,

dann ist die Ungleichung

$$|x_{n+1} - \xi| \leq \frac{K}{2m}(x_n - x_{n-1})^2 \leq \frac{K}{2m}|x_n - \xi|^2 \tag{10.11}$$

erfüllt.

Beweis: Da f in $[a,b]$ zweimal differenzierbar und konvex ist, gilt gemäß Satz 10.7 $f''(x) \geq 0$ für alle $x \in [a,b]$. Also ist f' in $[a,b]$ monoton wachsend. Da die Funktion f stetig ist, nimmt sie in $[a,b]$ ihr Minimum an, sagen wir an der Stelle c:

$$f(c) = \min\{f(x) \mid x \in [a,b]\} \leq f(a) < 0\,.$$

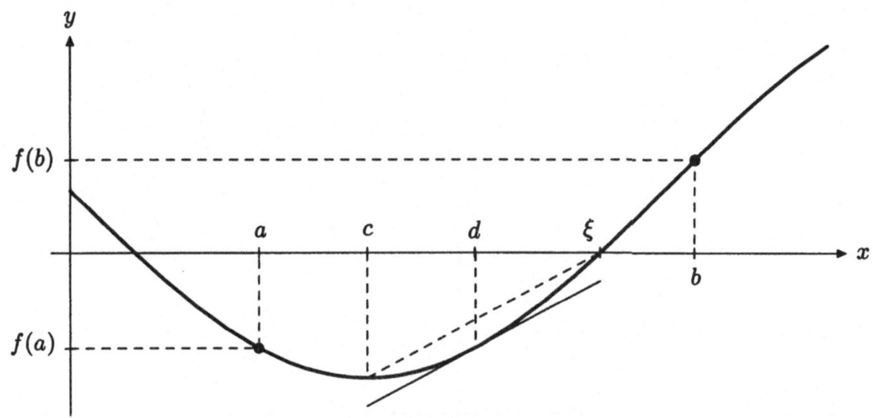

Abbildung 10.6 Zur globalen Konvergenz des Newton-Verfahrens

Ist nun $c \neq a$, so ist $c \in (a,b)$ und folglich $f'(c) = 0$. Da f' wächst, ist also f' nichtpositiv in (a,c) und f fällt hier. Daher kann in jedem Fall eine Nullstelle von f nur in (c,b) liegen, wo f' nichtnegativ und wachsend ist.

Nach dem Zwischenwertsatz gibt es in (c,b) mindestens eine Nullstelle von f. Ist nun ξ eine Nullstelle von f, dann gibt es nach dem Mittelwertsatz ein $d \in (c,\xi)$ mit

$$f'(d) = \frac{f(\xi) - f(c)}{\xi - c} = -\frac{f(c)}{\xi - c} > 0\,,$$

und da f' wachsend ist, ist insbesondere $f'(x) > 0$ für alle $x \in [\xi, b]$. Die Funktion f ist also in $[\xi, b]$ streng wachsend und kann keine zweite Nullstelle besitzen.

Sei nun $x_0 \in [a,b]$ mit $f(x_0) \geq 0$ gegeben. Dann ist offenbar $x_0 \geq \xi$. Durch Induktion zeigen wir, daß für die Newton-Folge (10.7)

$$f(x_n) \geq 0 \qquad \text{sowie} \qquad \xi \leq x_{n+1} \leq x_n \tag{10.12}$$

für alle $n \in \mathbb{N}_0$ gilt. Für $n = 0$ ist (10.12) nach Voraussetzung erfüllt. Gilt (10.12) aber für $n-1$, so folgt zunächst mit $f'(x_{n-1}) \geq f'(\xi) > 0$, daß

$$x_n = x_{n-1} - \frac{f(x_{n-1})}{f'(x_{n-1})} < x_{n-1} \, .$$

Als nächstes zeigen wir, daß $f(x_n) \geq 0$ gilt. Dazu betrachten wir die Hilfsfunktion

$$\varphi(x) := f(x) - f(x_{n-1}) - f'(x_{n-1})\,(x - x_{n-1}) \, .$$

Da f' wachsend ist, gilt

$$\varphi'(x) = f'(x) - f'(x_{n-1}) \leq 0$$

für $x \leq x_{n-1}$, d. h. φ fällt für $x \leq x_{n-1}$. Somit ist wegen $\varphi(x_{n-1}) = 0$

$$\begin{aligned} 0 &\leq \varphi(x_n) = f(x_n) - f(x_{n-1}) - f'(x_{n-1})(x_n - x_{n-1}) \\ &= f(x_n) - f(x_{n-1}) - f'(x_{n-1}) \left(x_{n-1} - \frac{f(x_{n-1})}{f'x_{n-1})} - x_{n-1} \right) = f(x_n) \, . \end{aligned}$$

Mit $f(x_n) \geq 0$ muß aber $x_n \geq \xi$ gelten, da f links von ξ kleiner als 0 ist.

Daß x_n gegen ξ konvergiert, folgt nun aus Satz 10.9.

Wir kommen nun zu der Abschätzung (10.11). Gemäß (b) ist $f'(\xi) = m > 0$, und da f' monoton wächst, ist auch $f'(x) \geq m$ für alle $x \geq \xi$. Mit dem Mittelwertsatz folgt weiter, daß $f(x) \geq m\,(x - \xi)$ für $x \geq \xi$ und somit insbesondere

$$|x_n - \xi| \leq \frac{f(x_n)}{m} \, . \tag{10.13}$$

Zur Abschätzung von $f(x_n)$ betrachten wir diesmal die Hilfsfunktion[10]

$$\psi(x) := f(x) - f(x_{n-1}) - f'(x_{n-1})\,(x - x_{n-1}) - \frac{K}{2}(x - x_{n-1})^2 \, ,$$

für die

$$\psi'(x) = f'(x) - f'(x_{n-1}) - K\,(x - x_{n-1})$$

und nach Voraussetzung (c)

$$\psi''(x) = f''(x) - K \leq 0 \qquad \text{für alle } x \in (\xi, b)$$

gilt. Die Funktion ψ' ist also in (ξ, b) fallend. Mit $\psi'(x_{n-1}) = 0$ folgt daraus, daß $\psi'(x) \geq 0$ für $x \in [\xi, x_{n-1}]$, also ist ψ wachsend in $[\xi, x_{n-1}]$ und wegen $\psi(x_{n-1}) = 0$ folgt weiter $\psi(x) \leq 0$ für $x \in [\xi, x_{n-1}]$, also insbesondere

$$\psi(x_n) = f(x_n) - \frac{K}{2}(x_n - x_{n-1})^2 \leq 0$$

oder

$$f(x_n) \leq \frac{K}{2}(x_n - x_{n-1})^2 \, ,$$

und damit zusammen mit (10.13)

$$|x_n - \xi| \leq \frac{K}{2m}(x_n - x_{n-1})^2 \, .$$

□

[10] Das Symbol ψ ist der griechische Buchstabe „psi“.

Bemerkung 10.3 Natürlich gilt ein ganz entsprechender Satz auch für konkave Funktionen.

Bemerkung 10.4 Eine Folge (a_n), die einer Relation vom Typ (10.11) genügt, heißt *quadratisch konvergent*. Liegt die Konstante $\frac{K}{2m}$ in Ungleichung (10.11) ungefähr bei 1, so bedeutet dies: Hat x_n den absoluten Fehler $|x_n - \xi|$ von 10^k für ein $k \in \mathbb{N}$, d. h. die ersten k Dezimalstellen sind exakt, so hat der nächste Wert x_{n+1} einen absoluten Fehler von höchstens 10^{-2k} und ist deshalb auf mindestens $2k$ Dezimalstellen genau. Jede Iteration verdoppelt also ungefähr[11] die Anzahl der signifikanten Dezimalstellen des Grenzwerts. $\triangle$

Wir können nun mit dem Newton-Verfahren ein schnelles Rechenverfahren zur numerischen Berechnung von Quadratwurzeln angeben.[12] Die Prozedur, die wir in DERIVE-Sitzung 1.5 verwendet haben, war dazu sehr unbequem.

Beispiel 10.10 (Berechnung von Quadratwurzeln) Die Zahl $\xi := \sqrt{a}$ ist eine Nullstelle der Funktion $f(x) := x^2 - a$. Hier ist die Newton-Folge durch

$$x_{n+1} := \frac{1}{2}\left(x_n + \frac{a}{x_n}\right) \tag{10.14}$$

gegeben. Man sieht leicht, daß die Bedingungen von Satz 10.10 in $\mathbb{R}^+$ erfüllt sind,[13] so daß die Folge (10.14) für alle $x_0 > 0$ gegen $\sqrt{a}$ konvergiert.

ÜBUNGSAUFGABEN

◇ **10.28** *Man definiere in DERIVE die Newton-Folge rekursiv.*

◇ **10.29** *Man betrachte die Partialsummen $(f_n)_{n\in\mathbb{N}}$*

$$f_n(x) := \sum_{k=0}^{n} \frac{(-1)^k}{(2k)!} x^{2k}$$

der Kosinusreihe. Jedes Polynom f_n hat eine Nullstelle zwischen $x = 0$ und $x = 2$. Bestimme mit dem Newton-Verfahren die Nullstellen für $n := 1, \ldots, 10$. Stelle die Funktionen graphisch dar und interpretiere die Ergebnisse.

◇ **10.30** *Man stelle mit DERIVE die folgenden Funktionen $f(x)$ graphisch dar und bestimme ihre reellen Nullstellen mit dem Newton-Verfahren.*

(a) $f(x) = x^3 - 2x + 1$, (b) $f(x) = 1 - \frac{x}{2} + \frac{x^2}{3} - \frac{x^3}{4}$,

(c) $f(x) = \sum_{k=0}^{n} \frac{x^k}{k!}$ für $n = 1, 3, 5, 7, 9$, (d) $f(x) = x - \frac{x^3}{3!} + \frac{x^5}{5!} - \frac{x^7}{7!} + \frac{x^9}{9!}$,

(e) $f(x) = 4 + 3x - 15x^2 + 5x^4$, (f) $f(x) = 1 - 10x + 7x^3$.

[11]Die Ungleichung (10.11) zeigt diese Aussage *asymptotisch*, d. h. für $n \to \infty$.

[12]Dieses Verfahren heißt nach dem griechischen Mathematiker HERON VON ALEXANDRIA [um 130] Heronsches Verfahren.

[13]Wenn nicht für x_0, so spätestens für x_1.

◇ **10.31** *Behandle die Beispiele aus Übungsaufgabe 6.26 mit dem Newton-Verfahren und vergleiche die Rechengeschwindigkeit zwischen Bisektions- und Newton-Verfahren.*

◇ **10.32** *Stelle die Funktionen aus Beispiel 10.9 mit* DERIVE *graphisch dar und beobachte einige Newton-Folgen. Hinweis: Zur graphischen Darstellung der Funktion* $\sqrt[3]{x}$ *benutze man* `Manage Branch Real`*, da bei der Standardeinstellung* `Manage Branch Principal` *für* $x < 0$ *komplexe Funktionswerte berechnet werden.*

10.33 *Man zeige, daß die Funktion* f *aus Gleichung (10.10) in ganz* $\mathbb{R}$ *differenzierbar ist, und stelle* f' *graphisch dar.*

10.34 *Man zeige durch Induktion: Aus der Rekursion (10.9) folgt* $a_n = (-2)^n a_0$.

10.35 *Man beweise, daß jede Newton-Folge der Funktion (10.10) mit* $|x_0| \geq 1$ *gegen* $\operatorname{sign} x_0$ *konvergiert.*

◇ **10.36** *Man verwende das Heronsche Verfahren aus Beispiel 10.10 zur Berechnung numerischer Werte von* $\sqrt{k}$ *für* $k := 2, 3, \ldots, 10$. *Man führe die Berechnungen auf 6, 15 und 25 Stellen genau durch. Man gebe mit Hilfe von Satz 10.10 eine Genauigkeitsabschätzung für das Verfahren.*

◇ **10.37** **(*m*. Wurzeln)** *Betrachte das Newton-Verfahren für* $f(x) := x^m - a$ *für* $m > 2$ *und* $a \in \mathbb{R}^+$, *zeige seine Konvergenzeigenschaft und berechne damit numerische Werte für*

(a) $\sqrt[3]{4}$, (b) $\sqrt[5]{120}$, (c) $\sqrt[4]{2}$,

(d) $\sqrt[123]{456}$, (e) $\sqrt[3]{27}$, (f) $\sqrt[12]{2^7}$.

Untersuche die Genauigkeit der Approximationen mittels Satz 10.10.

◇ **10.38** *Man berechne die natürlichen Logarithmen* $\ln \xi$ *für* $\xi := 2, 3, \ldots, 10$ *mit einem auf der Definition der Logarithmusfunktion basierenden Newton-Verfahren. Beschreibe das Verfahren und zeige seine Konvergenz.*

◇ **10.39** *Man kann mit* DERIVE *und der* `NEWTON` *Prozedur die rationalen Lösungen von Gleichungen, z. B. die rationalen Nullstellen von Polynomen, exakt bestimmen, wenn man eine ausreichend große Genauigkeit verwendet, da* DERIVE *alle reellen Zahlen als rationale Zahlen speichert.*

Man berechne dazu den Ausdruck `NEWTON(f,x,x0)` *mit* `approX` *und vereinfache das Ergebnis, um den rationalen Wert zu erhalten. Man setze das Ergebnis in* f *ein. Erhält man Null, so ist man fertig. Andernfalls muß man die Genauigkeit erhöhen und die Berechnungen erneut durchführen.*

Bestimme die rationalen Nullstellen der Polynome

(a) $f(x) = 12x^2 + 11x - 15$, (b) $f(x) = 3x^2 - 38x + 119$,

(c) $f(x) = 86086415630x^2 - 34753086513x - 5555555505$,

(d) $f(x) = 1245x^3 - 82236x^2 - 165717x - 254178$,

(e) $f(x) = 6720x^5 - 27656x^4 + 45494x^3 - 37391x^2 + 15354x - 2520$.

10.40 *Suche ein weiteres Beispiel einer Funktion f, für die die Newton-Folge wie im ersten Teil von Beispiel* 10.9 *immer divergiert.*

10.41 *Man betrachte das Newton-Verfahren für $f(x) := x^2$ und berechne die Newton-Folge. Zeigt diese quadratische Konvergenz? Man erkläre das Ergebnis!*

10.42 *Entwickle mit $f(x) := \frac{1}{x^2} - a$ ein Verfahren zur Berechnung von $1/\sqrt{a}$ und behandle die Kehrwerte der Beispiele aus Übungsaufgabe* 10.36. *Welchen Vorteil hat diese Methode bei der Berechnung der Kehrwerte von Quadratwurzeln ganzer Zahlen gegenüber der direkten Anwendung des Heronschen Verfahrens?*

◇ **10.43** *Verwendet man komplexe Startwerte (oder hat die betrachtete Funktion komplexe Koeffizienten), so kann das Newton-Verfahren auch gegen eine komplexe Nullstelle konvergieren. Man bestimme damit die komplexen Faktorisierungen der folgenden reellen Funktionen.*

(a) $f(x) = x^2 + 2x + 2$, (b) $f(x) = x^2 + 6x + 10$,

(c) $f(x) = x^4 - 1$, (d) $f(x) = 4x^4 + 1$.

Bei den Beispielen (c) *und* (d) *teile man nach Bestimmung einer Nullstelle x_k den Rest durch $x - x_k$ und eliminiere die Nullstellen sukzessive mit* `Simplify`.

⋆ **10.44** *Man untersuche das Newton-Verfahren für $f(x) = x^2 \sin \frac{1}{x}$. Für welche Anfangswerte x_0 konvergiert das Verfahren und gegebenenfalls gegen welche Nullstelle von f?*

10.45 *Man gebe eine Genauigkeitsabschätzung der Bestimmung von $\pi/2$ gemäß Beispiel* 10.8.

◇ **10.46** *Die folgende* DERIVE *Funktion stellt eine verbesserte Version zur graphischen Darstellung des Newton-Verfahrens dar. Sie funktioniert im konvergenten Fall auch ohne Angabe des vierten Arguments n. Man erkläre ihre Wirkungsweise.*

```
NEWTON_AUX(f,x,a):=VECTOR(LIM(f,x,ELEMENT(a,k_))/
                   (ELEMENT(a,k_)-ELEMENT(a,k_+1))*(x-ELEMENT(a,k_+1))*
                   ABS(CHI(ELEMENT(a,k_+1),x,ELEMENT(a,k_))),
                   k_,1,DIMENSION(a)-2)

NEWTON_GRAPH_AUX(f,x,x0,aux,n):=
VECTOR(IF(j_=0,[f],[ELEMENT(aux,j_)]),j_,0,DIMENSION(aux))

NEWTON_GRAPH(f,x,x0,n):=
NEWTON_GRAPH_AUX(f,x,x0,NEWTON_AUX(f,x,NEWTONS(f,x,x0,n+1)),n+1)
```

10.6 Chaos in der Analysis

In den letzten Jahren ist es sehr populär geworden, von allen möglichen Arten chaotischen Verhaltens mathematischer Strukturen zu sprechen. Wir wollen hier Beispiele vorstellen, die im Zusammenhang mit dem Newton-Verfahren auftreten. Wie wir gesehen haben, konvergiert das zu einer Gleichung $f(x) = 0$ gehörige Newton-Verfahren – unter bestimmten, sehr leicht zu erfüllenden Bedingungen – immer lokal gegen eine Nullstelle von f. Es stellt sich natürlich die Frage nach dem größten Intervall, für das die Newton-Folge konvergiert, und ferner, was außerhalb dieses Intervalls im Falle von Divergenz geschieht. Wir untersuchen ein Beispiel mit DERIVE.

Sitzung 10.4 Definiere `f:=3x/(x^2+3)` und stelle f graphisch dar. Wir spielen nun ein wenig mit der Funktion `NEWTONS(f,x,x0,n)`. Verwende den `approX` Befehl und rufe `NEWTONS(f,x,x0)` mit einigen Werten x_0 auf, die größer als Null, aber kleiner als 1 sind. In allen Fällen konvergiert das Newton-Verfahren ziemlich schnell gegen die einzige Nullstelle $\xi = 0$ von f. Je näher x_0 bei 1 liegt, desto mehr Iterationen sind dazu allerdings notwendig. Man versuche es nun mit $x_0 := 1$. Das Ergebnis ist der Vektor

$$[1, -1, 1] \, .$$

`ITERATES` beendet die Iteration, obwohl die beiden letzten Werte nicht übereinstimmen. Der letzte Wert entspricht jedoch dem Startwert, und da die Folge der Werte nun wieder von vorne beginnt, stoppt die Iteration. Der Befehl `NEWTONS(f,x,1,10)` erzeugt daher die Ausgabe

$$[1, -1, 1, -1, 1, -1, 1, -1, 1, -1, 1] \, .$$

Man überprüfe dieses Verhalten durch die graphische Darstellung der Situation mittels `NEWTON_GRAPH`.

Man vergrößere nun x_0 etwas und beobachte, was geschieht. Warum kann man nicht vorhersehen, ob die Folgen gegen $+\infty$ oder $-\infty$ divergieren? Man verwende die Startwerte $x_0 := 1.1384737$, $x_0 := 1.13847372$, $x_0 := 1.0325$ sowie $x_0 := 1.0326$ bei 12-stelliger Genauigkeit und erkläre die Ergebnisse.

Auch im konvergenten Fall kann total chaotisches Verhalten auftreten. Wendet man z. B. das Newton-Verfahren auf die Kosinusfunktion an, so wird generell eine der unendlich vielen Nullstellen erzeugt. Es läßt sich aber i. a. nicht vorhersagen, welche. So erhält man z. B. die folgenden Ergebnisse

DERIVE Eingabe	DERIVE Ausgabe nach `approX`
`NEWTON(COS(x),x,31.41)`	-136.659280431 ,
`NEWTON(COS(x),x,31.42)`	278.030949842 ,
`NEWTON(COS(x),x,3.1415)`	-10789.7999687 ,
`NEWTON(COS(x),x,3.1416)`	$1.36123638887 \; 10^5$.

Warum verwenden wir Startwerte in der Nähe von 31.4 bzw. 3.14?

ÜBUNGSAUFGABEN

10.47 *Betrachte das Newton-Verfahren nochmals für $f(x) := \frac{3x}{x^2+3}$. Berechne den positiven Wert x_0 mit $f'(x_0) = 0$. Für den Startwert x_0 funktioniert das Newton-Verfahren offensichtlich nicht. Berechne die Zahl $\xi \in \mathbb{R}$ mit $\xi - \frac{f(\xi)}{f'(\xi)} = x_0$. Deute x_0 und ξ geometrisch und interpretiere das Verhalten des Newton-Verfahrens, wenn man ξ oder einen Wert in der Nähe als Startwert wählt. Was geschieht, wenn der Startwert etwas über 1 liegt?*

◇ **10.48** *Man betrachte mit* DERIVE *das Newton-Verfahren für*

(a) $f(x) = x(x^2 - 3)$, (b) $f(x) = \dfrac{1}{1+x^2} - \dfrac{1}{4}$, (c) $f(x) = \dfrac{x^2}{1+x^2}$,

(d) $f(x) = \begin{cases} \sqrt{x} & \text{falls } x > 0 \\ -\sqrt{x} & \text{falls } x \le 0 \end{cases}$, (e) $f(x) = \begin{cases} \frac{x}{1+x} & \text{falls } x > 0 \\ \frac{x}{1-x} & \text{falls } x \le 0 \end{cases}$.

Man berechne die Extremstellen von f, die Konvergenzintervalle und erläutere das Verhalten im divergenten Bereich.

11 Integrationstechniken

11.1 Der Hauptsatz der Differential- und Integralrechnung

Wir haben das unbestimmte Integral einer Funktion f mit Hilfe des Grenzprozesses des Riemann-Integrals definiert und ihre Stammfunktion mit Hilfe der Umkehroperation der Differentiation, der *Antidifferentiation*. Wir zeigen nun, daß sich diese beiden Konzepte im wesentlichen entsprechen. Das ist in doppelter Hinsicht bedeutsam: Erstens zeigt es uns, daß wir die wesentlich schwierigere Operation der Flächenberechnung mit Hilfe gelöster Differentiationsprobleme angehen können, und zweitens, daß wir eine Funktion aus ihrem Änderungsverhalten, nämlich ihrer Ableitung, durch Integration rekonstruieren können.

Satz 11.1 (Hauptsatz der Differential- und Integralrechnung)

(a) Sei f in $I := [a, b]$ stetig, dann ist die Integralfunktion

(7.32)
$$F(x) := \int_a^x f(t)\,dt$$

in I differenzierbar, und es gilt $F'(x) = f(x)$, d. h. F ist eine Stammfunktion von f.
(b) Die Funktion f sei integrierbar über $I := [a, b]$ und F sei eine beliebige Stammfunktion von f. Dann gilt

(7.34)
$$\int_a^b f(t)\,dt = F(b) - F(a)\,.$$

Beweis: (a) Eine stetige Funktion ist nach Satz 7.2 integrierbar. Also ist $F(x)$ für $x \in I$ definiert. Für hinreichend kleine Δx liegt $x + \Delta x$ ebenfalls in I, also gilt

$$\begin{aligned} F(x+\Delta x) - F(x) &= \int_x^{x+\Delta x} f(t)\,dt \quad \text{nach Satz 7.3 (d)} \\ &= f(\xi)\,\Delta x \end{aligned}$$

nach dem Mittelwertsatz der Integralrechnung (Satz 7.4) für ein $\xi \in [x, x + \Delta x]$.[1] Damit erhalten wir

$$\frac{F(x+\Delta x) - F(x)}{\Delta x} = f(\xi).$$

Da f stetig ist und ξ für $\Delta x \to 0$ gegen x strebt, ist $f(x)$ der Grenzwert der rechten Seite für $\Delta x \to 0$.

[1] bzw. $\xi \in [x + \Delta x, x]$ für negative Δx.

(b) Sei $\mathcal{P} = \{a = x_0, x_1, \dots, x_n = b\}$ eine beliebige Zerlegung (7.2) von $[a,b]$. Auf Grund des Mittelwertsatzes der Differentialrechnung (Satz 10.2) gibt es für jedes $k = 1, \dots, n$ eine Stelle ξ_k in $I_k = [x_{k-1}, x_k]$ mit

$$F(x_k) - F(x_{k-1}) = F'(\xi_k)\,\Delta x_k = f(\xi_k)\,\Delta x_k\,,$$

da F eine Stammfunktion von f ist. Bilden wir die Teleskopsumme, so erhalten wir

$$F(b) - F(a) = \sum_{k=1}^{n} \Big(F(x_k) - F(x_{k-1})\Big) = \sum_{k=1}^{n} f(\xi_k)\,\Delta x_k\,,$$

und (7.34) folgt durch Grenzübergang für $\|\mathcal{P}\| \to 0$. □

Im allgemeinen Fall muß das unbestimmte Integral jedoch keine Stammfunktion sein. Dies wollen wir an folgendem Beispiel verdeutlichen.

Beispiel 11.1 Die Vorzeichenfunktion $\operatorname{sign} x$ ist über jedem endlichen Intervall $[a,b]$ integrierbar und es gilt

$$\int_a^x \operatorname{sign} t\,dt = |x| - |a|\,,$$

für alle $a, x \in \mathbb{R}$, s. Übungsaufgabe 7.21. Also ist $F(x) = |x|$ ein unbestimmtes Integral von $\operatorname{sign} x$. Die Betragsfunktion $|x|$ ist jedoch an der Stelle $x = 0$ nicht differenzierbar und deshalb in keinem Intervall, das den Ursprung enthält, eine Stammfunktion der Vorzeichenfunktion. $\triangle$

Als eine Folge des Hauptsatzes können wir nun sofort unsere Integralliste (Satz 7.8) durch „Rückwärtslesen" der Ableitungsliste (Satz 9.14) erweitern.

Satz 11.2 (Erweiterte Integralliste)

(1) $\int 0\,dx = 0\,,$ (2) $\int \alpha\,dx = \alpha x \quad (\alpha \in \mathbb{R})\,,$

(3) $\int x^\alpha\,dx = \frac{x^{\alpha+1}-1}{\alpha+1} \quad (\alpha \neq -1)\,,$ (4) $\int \frac{1}{x}\,dx = \ln x \quad (x > 0)\,,$

(5) $\int a^x\,dx = \frac{a^x}{\ln a} \quad (a > 0)\,.$ (6) $\int \ln x\,dx = x \ln x - x\,,$

(7) $\int \sin x\,dx = -\cos x\,,$ (8) $\int \cos x\,dx = \sin x\,,$

(9) $\int \sinh x\,dx = \cosh x\,,$ (10) $\int \cosh x\,dx = \sinh x\,,$

(11) $\int \frac{1}{\cos^2 x}\,dx = \tan x\,,$ (12) $\int \frac{1}{\sin^2 x}\,dx = -\cot x\,,$

(13) $\int \frac{1}{\sqrt{1-x^2}}\,dx = \arcsin x\,,$ (14) $\int \frac{1}{1+x^2}\,dx = \arctan x\,,$

(15) $\displaystyle\int \frac{1}{\sqrt{x^2+1}}\,dx = \operatorname{arsinh} x$, (16) $\displaystyle\int \frac{1}{\sqrt{x^2-1}}\,dx = \operatorname{arcosh} x$,

(17) $\displaystyle\int \frac{1}{1-x^2}\,dx = \operatorname{artanh} x \quad (x \in (-1,1))$,

(18) $\displaystyle\int \frac{1}{1-x^2}\,dx = \operatorname{arcoth} x \quad (x > 1 \text{ oder } x < -1)$. □

Der Hauptsatz erschließt zudem weitere Integrationstechniken, denen wir uns in den nächsten Abschnitten zuwenden, und die es ermöglichen werden, eine Vielzahl weiterer Integralfunktionen anzugeben.

Wir betrachten jetzt nochmals das bestimmte Integral, nun aber mit Integrationsgrenzen, die Funktionen der Variablen x sind. Das Integral

$$\varphi(x) := \int_{g(x)}^{h(x)} f(t)\,dt \tag{11.1}$$

ist dann auch eine Funktion von x. Beispielsweise existiert

$$\int_{x}^{1+x^2} \frac{dt}{t^2} \tag{11.2}$$

für alle x im offenen Intervall $(0,\infty)$, jedoch nicht für $x = 0$.

Wie sieht die Ableitung $\varphi'(x)$ der Funktion (11.1) aus? Sind die Funktionen g und h differenzierbar, so ist die Anwort ziemlich einfach.

Korollar 11.1 Die Funktionen $g(x)$ und $h(x)$ seien im Intervall $I = (a,b)$ differenzierbar und f sei stetig in $[g(x), h(x)]$ für alle $x \in I$. Dann ist (11.1) für alle $x \in I$ differenzierbar, und es gilt

$$\varphi'(x) = \frac{d}{dx}\int_{g(x)}^{h(x)} f(t)\,dt = f(h(x))h'(x) - f(g(x))g'(x)\,. \tag{11.3}$$

Beweis: Aus dem Hauptsatz der Differential- und Integralrechnung (b) erhält man für alle $x \in I$

$$\varphi(x) = \int_{g(x)}^{h(x)} f(t)\,dt = F(h(x)) - F(g(x))\,,$$

wobei F irgendeine Stammfunktion von f ist. Die rechte Seite ist differenzierbar, und mit der Kettenregel erhält man die Ableitung

$$\varphi'(x) = F'(h(x))\,h'(x) - F'(g(x))\,g'(x) = f(h(x))\,h'(x) - f(g(x))\,g'(x)\,. \qquad \square$$

Bemerkung 11.1 Man beachte, daß man aus (11.3) die Ableitung $\varphi'(x)$ ohne Berechnung des Integrals $\varphi(x)$ erhält. Ferner beachte man, daß für die Gültigkeit des Korollars der Integrand f natürlich *nur* von t, jedoch nicht von x abhängen darf.

Beispiel 11.2 Wir berechnen die Ableitung von (11.2) auf zwei Arten.

(a) Zuerst integrieren, dann differenzieren:

$$\frac{d}{dx}\int_x^{1+x^2}\frac{dt}{t^2}=\frac{d}{dx}\left(-\frac{1}{t}\bigg|_x^{1+x^2}\right)=\frac{d}{dx}\left(\frac{1}{x}-\frac{1}{1+x^2}\right)=\frac{2x}{(1+x^2)^2}-\frac{1}{x^2}$$

(b) Mit (11.3):

$$\frac{d}{dx}\int_x^{1+x^2}\frac{dt}{t^2}=\frac{1}{(1+x^2)^2}\frac{d}{dx}(1+x^2)-\frac{1}{x^2}\frac{d}{dx}x=\frac{2x}{(1+x^2)^2}-\frac{1}{x^2}.$$

Sitzung 11.1 DERIVE kennt den Hauptsatz der Differential- und Integralrechnung in allen Varianten. Sind die willkürlichen Funktionen $F(x)$, $G(x)$ und $H(x)$ deklariert, so erhält man z. B.

DERIVE Eingabe	DERIVE Ausgabe	nach `Simplify`
`DIF(INT(F(x),x),x)`	$\frac{d}{dx}\int F(x)\,dx$	$F(x)$,
`DIF(INT(F(t),t,a,x),x)`	$\frac{d}{dx}\int_a^x F(t)\,dt$	$F(x)$,
`DIF(INT(F(t),t,x,b),x)`	$\frac{d}{dx}\int_x^b F(t)\,dt$	$-F(x)$,
`INT(DIF(F(x),x),x,a,b)`	$\int_a^b \frac{d}{dx}F(x)\,dx$	$F(b)-F(a)$,

und das Resultat von Korollar 11.2 bekommt man durch

DERIVE Eingabe	DERIVE Ausgabe nach `Simplify`
`DIF(INT(F(t),t,G(x),H(x)),x)`	$F(H(x))\frac{d}{dx}H(x)-F(G(x))\frac{d}{dx}G(x)$.

Man beachte, daß DERIVE den Hauptsatz generell anwendet und damit die Gültigkeit seiner Voraussetzungen wie Stetigkeit oder Differenzierbarkeit annimmt.

ÜBUNGSAUFGABEN

11.1 *Man verifiziere die Aussagen aus* DERIVE*-Sitzung* 11.1 *und gebe hinreichende Bedingungen für ihre Gültigkeit.*

11.2 *Die Ableitungsfunktion f von $F(x) = x^2 \sin\frac{1}{x}$ erfüllt den Hauptsatz* (a), *obwohl f am Ursprung unstetig ist.*

11.3 *Man berechne die Ableitungen von*

(a) $\int\limits_{x}^{x} f(t)\,dt$, (b) $\frac{1}{2}\int\limits_{-x}^{x} f(t)\,dt$, (c) $\int\limits_{0}^{\sqrt{x}} e^{-t^2}\,dt$,

(d) $\int\limits_{g(x)}^{h(x)} \Big(g(x)-t\Big)\,dt$, (e) $\int\limits_{g(x)}^{h(x)} (x-t)\,dt$, (f) $\frac{1}{2}\int\limits_{-f(x)}^{f(x)} \Big(g(x)-t\Big)\,dt$,

(g) $\int\limits_{0}^{x} f(x-t)\,g(t)\,dt$, (h) $\int\limits_{0}^{h(x)} f(x-t)\,g(t)\,dt$, (i) $\int\limits_{0}^{x^2} f(t)\,dt$.

11.2 Integration rationaler Funktionen

In diesem Abschnitt zeigen wir, daß rationale Funktionen elementar integrierbar sind.

Definition 11.1 Eine integrierbare Funktion f heißt *elementar integrierbar*, wenn die Integralfunktion eine Darstellung mit einer endlichen Anzahl algebraischer Operationen (Addition, Subtraktion, Multiplikation, Division sowie Komposition) aus den behandelten elementaren Funktionen erzeugt werden kann. △

Der Nachweis, daß manche Funktionen wie z. B. $\sin(x^2)$, e^{-x^2} oder $\frac{\cos x}{x}$ *nicht* elementar integrierbar sind, ist absolut nichttrivial und kann hier nicht gegeben werden.

Sitzung 11.2 Die nicht elementare Integralfunktion

$$\operatorname{erf}(x) := \frac{2}{\sqrt{\pi}} \int\limits_{0}^{x} e^{-t^2}\,dt,$$

ist in der Statistik von großer Bedeutung und heißt *Gaußsche Fehlerfunktion*[2]. DERIVE kennt die Fehlerfunktion. Daher wird der Ausdruck `INT(EXP(-t^2),t,0,x)` zu

$$2: \quad \frac{\sqrt{\pi}\,\mathrm{ERF}(x)}{2}$$

vereinfacht.

[2]Das Kürzel erf ist eine Abkürzung des englischen Namens „error function".

Nun zu dem angekündigten Satz über die elementare Integrierbarkeit rationaler Funktionen.

Satz 11.3 (Elementare Integrierbarkeit der rationalen Funktionen) Jede rationale Funktion läßt sich elementar integrieren durch eine (reelle) Partialbruchzerlegung des Integranden.

Beweis: Nach einer (reellen) Partialbruchzerlegung (s. Satz 3.2) ist der Integrand als Summe eines Polynoms sowie Ausdrücken der Form ($j \in \mathbb{N}$)

$$\frac{c_{kj}}{(x-x_k)^j} \quad \text{bzw.} \quad \frac{a_{kj}x+b_{kj}}{(x^2+A_kx+B_k)^j}$$

dargestellt, wobei die quadratischen Polynome $x^2 + A_kx + B_k$ keine reellen Nullstellen haben, und die Diskriminante $D := 4B_k - A_k^2 > 0$ ist also positiv. Die folgenden Integrationsregeln, die allesamt durch Differentiation der rechten Seiten verifizierbar sind, zeigen die Existenz elementarer Stammfunktionen für all diese Summanden, und das Ergebnis folgt mit der Linearität der Integration.

(1) $$\int \frac{1}{x-x_k}\,dx = \ln(x-x_k) \quad (x > x_k)\,,$$

(2) $$\int \frac{1}{x-x_k}\,dx = \ln(x_k-x) \quad (x < x_k)\,,$$

(3) $$\int \frac{1}{(x-x_k)^j}\,dx = \frac{1}{(1-j)(x-x_k)^{j-1}} \quad (j \geq 2)\,,$$

(4) $$\int \frac{1}{x^2+A_kx+B_k}\,dx = \frac{2}{\sqrt{D}}\arctan\frac{2x+A_k}{\sqrt{D}}\,,$$

(5) $$\int \frac{x}{x^2+A_kx+B_k}\,dx = \frac{1}{2}\ln(x^2+A_kx+B_k) - \frac{A_k}{\sqrt{D}}\arctan\frac{2x+A_k}{\sqrt{D}}\,,$$

(6) $$\begin{aligned}\int \frac{1}{(x^2+A_kx+B_k)^j}\,dx &= \frac{1}{(j-1)D}\,\frac{2x+A_k}{(x^2+A_kx+B_k)^{j-1}}\\ &\quad +\frac{2(2j-3)}{(j-1)D}\int\frac{1}{(x^2+A_kx+B_k)^{j-1}}\,dx \quad (j\geq 2)\,,\end{aligned}$$

(7) $$\begin{aligned}\int \frac{x}{(x^2+A_kx+B_k)^j}\,dx &= -\frac{1}{2(j-1)(x^2+A_kx+B_k)^{j-1}}\\ &\quad -\frac{A_k}{2}\int\frac{1}{(x^2+A_kx+B_k)^{j}}\,dx \quad (j\geq 2)\,.\end{aligned}$$

Dabei liefern Regeln (6) und (7) rekursive Verfahren zur Berechnung dieser Integrale. □

Bemerkung 11.2 Man beachte, daß der Beweis des Satzes kein reiner Existenzbeweis ist, sondern einen Algorithmus zur Berechnung der Integralfunktion einer rationalen Funktion liefert, da wir in den Abschnitten 3.5 und 3.6 angegeben hatten, wie man die Partialbruchzerlegung einer rationalen Funktion algorithmisch finden kann. Daher kann z. B. DERIVE rationale Funktionen generell integrieren, sofern der Speicherplatz ausreicht.

Beispiel 11.3 Man betrachte das Integral

$$\int \frac{2x^2+2x-4}{x^4-2x^3+2x^2-2x+1}\,dx\,.$$

Partialbruchzerlegung des Integranden ergibt

$$\frac{2x^2+2x-4}{x^4-2x^3+2x^2-2x+1} = \frac{-1-3x}{x^2+1} - \frac{3}{x-1}$$

und daher auf Grund der Linearität des Integrals mit Hilfe der Integralliste aus Satz 11.3

$$\int \frac{2x^2+2x-4}{x^4-2x^3+2x^2-2x+1}\,dx = -\arctan x - \frac{3}{2}\ln\left(x^2+1\right) + 3\ln\left(x-1\right)\,.$$

Sitzung 11.3 Wenden wir `Expand` auf die Funktion

$$1: \quad \frac{x^4-4x^3+7x^2-16x+12}{x^7+2x^6-2x^5-4x^4-7x^3-14x^2-4x-8}$$

an, erhalten wir die Partialbruchzerlegung

$$2: \quad \frac{6x}{5(x^2+1)^2} + \frac{x}{x^2+1} - \frac{18}{25(x^2+1)} - \frac{6}{5(x+2)^2} - \frac{49}{50(x+2)} - \frac{1}{50(x-2)}\,,$$

und wir können mit dem `Calculus Integrate` Befehl integrieren, was

$$4: \quad -\frac{18\,\mathrm{ATAN}\,(x)}{25} + \frac{\mathrm{LN}\,(x^2+1)}{2} - \frac{49\,\mathrm{LN}\,(x+2)}{50} - \frac{\mathrm{LN}\,(x-2)}{50} + \frac{3x(2x-1)}{5(x+2)(x^2+1)}$$

ergibt.[3]

ÜBUNGSAUFGABEN

◇ **11.4** *Man verwende* DERIVE, *um die Integrationsregeln, die in Satz* 11.3 *angegeben sind, durch Differentiation der rechten Seiten nachzuweisen.*

11.5 LEIBNIZ, *einer der Entdecker der Differential- und Integralrechnung, glaubte, nicht jede rationale Funktion sei elementar integrierbar, da es ihm nicht gelang, die Funktion* $(a > 0)$

$$f(x) := \frac{1}{x^4+a^4}$$

in Partialbrüche zu zerlegen. Bestimme die reelle Partialbruchzerlegung von f *sowie die Integralfunktion* $\int f(x)\,dx$. Hinweis: *Verwende die Faktorisierung aus Übungsaufgabe* 3.34.

[3] Die direkte Integration von Zeile 1 (ohne Partialbruchzerlegung) dauert länger als die Summe der Berechnungszeiten für die Partialbruchzerlegung und die folgende Integration von Zeile #2. Augenscheinlich probiert DERIVE andere Methoden, bevor es sich für die Partialbruchzerlegung entscheidet.

11.6 *Man stelle die folgenden Funktionen graphisch dar und bestimme ihre Ableitungen.*

(a) $f(x) = \operatorname{erf} x$, (b) $f(x) = e^{x^2} \operatorname{erf} x$, (c) $f(x) = e^{-x^2} \operatorname{erf} x$,

(d) $f(x) = \int\limits_{-x}^{x} e^{-t^2}\, dt$, (e) $f(x) = \int\limits_{0}^{x^2} \operatorname{erf} t\, dt$, (f) $f(x) = \int\limits_{0}^{\operatorname{erf} x} (x-t)\, dt$.

11.7 *Man beweise*

$$\int \frac{1}{a^2 - x^2}\, dx = \frac{1}{2a} \ln\left(\frac{a+x}{a-x}\right),$$

gebe den Gültigkeitsbereich dieser Integration an und vergleiche das Resultat mit den entsprechenden Regeln aus Satz 11.2 (17) *und* (18).

11.8 *Man berechne:*

(a) $\displaystyle\int \frac{x^2 - 2x - 8}{x^5+3x^4+4x^3+8x^2-16}\, dx$, (b) $\displaystyle\int \frac{x^3 - 7x + 6}{x^5-5x^4+8x^3-8x^2+7x-3}\, dx$.

◇ **11.9** *Durch numerische Partialbruchzerlegung berechne man*

$$\int \frac{x^3 + x^2 + x}{x^5 - 18.8512\, x^4 + 96.1361\, x^3 - 187.362\, x^2 + 130.362\, x - 13.5639}\, dx .$$

Vergleiche das Ergebnis der bestimmten Integration von 4 bis 10 mit dem Ergebnis, das man durch numerische Integration erhält.

11.3 Integration durch Substitution

In den nächsten beiden Abschnitten behandeln wir Integrationstechniken, d. h. Methoden, um Integralfunktionen bzw. Stammfunktionen zu finden. Die beiden Hauptmethoden, die man im wesentlichen aus der Ketten- und Produktregel gewinnt, sind

- die Methode der *Integration durch Substitution*

sowie

- die Methode der *partiellen Integration.*

Zunächst wenden wir uns der Integration durch Substitution zu. Sowohl bestimmte Integrale $\int\limits_a^b f(x)\, dx$ als auch unbestimmte Integrale $\int f(x)\, dx$ werden oft vereinfacht, indem die ursprüngliche Variable x durch eine besser passende ersetzt wird, die von der Variablen x abhängig ist. Die Idee ist eine Anwendung der *Kettenregel.*

Satz 11.4 (Integration durch direkte Substitution) Sei $f : I \to \mathbb{R}$ eine stetige Funktion und $\varphi : [a,b] \to \mathbb{R}$ stetig differenzierbar mit $\varphi([a,b]) \subset I$. Dann gilt

$$\int_a^b f(\varphi(t))\,\varphi'(t)\,dt = \int_{\varphi(a)}^{\varphi(b)} f(x)\,dx\,.$$

Für die entsprechenden unbestimmten Integrale gilt daher

$$\int f(\varphi(t))\,\varphi'(t)\,dt = \int f(x)\,dx\bigg|_{x=\varphi(t)}\,. \tag{11.4}$$

Beweis: Sei $F : I \to \mathbb{R}$ eine Stammfunktion von f. Für $F \circ \varphi : [a,b] \to \mathbb{R}$ gilt nach der Kettenregel

$$(F \circ \varphi)'(t) = F'(\varphi(t))\,\varphi'(t) = f(\varphi(t))\,\varphi'(t)$$

und daher durch zweimalige Anwendung des Hauptsatzes der Differential- und Integralrechnung (b), da φ' nach Voraussetzung stetig ist

$$\int_a^b f(\varphi(t))\,\varphi'(t)\,dt = (F \circ \varphi)(t)\Big|_a^b = F(\varphi(b)) - F(\varphi(a)) = \int_{\varphi(a)}^{\varphi(b)} f(x)\,dx\,.$$

Bei variabler oberer Grenze erhält man die Aussage über die unbestimmten Integrale. □

Bemerkung 11.3 (Differentialschreibweise) Bei der Integration durch Substitution erweist sich die von LEIBNIZ eingeführte Differentialschreibweise erneut als sehr hilfreich: Ersetzt man $x = \varphi(t)$, so ist $\frac{dx}{dt} = \varphi'(t)$ oder

$$dx = \varphi'(t)\,dt = \frac{dx}{dt}\,dt\,, \tag{11.5}$$

und man erhält (11.4) durch formales Einsetzen von (11.5)

$$\int f(\varphi(t))\,\varphi'(t)\,dt = \int f(x)\,\frac{dx}{dt}\,dt\bigg|_{x=\varphi(t)} = \int f(x)\,dx\bigg|_{x=\varphi(t)}\,.$$

So läßt sich die Substitutionsregel besonders bequem merken.

Beispiel 11.4 Um die Integralfunktion von $\tan t = \frac{\sin t}{\cos t}$ für $t \in (-\pi/2, \pi/2)$ zu bestimmen, setzen wir

$$x = \cos t \qquad \text{mit} \qquad dx = \frac{dx}{dt}\,dt = -\sin t\,dt \tag{11.6}$$

und erhalten

$$\int \tan t\,dt = -\int \frac{1}{\cos t}\cdot(-\sin t)\,dt = -\int \frac{1}{x}\,dx\bigg|_{x=\cos t} = -\ln x\Big|_{x=\cos t} = -\ln\cos t\,.$$

Man beachte, daß die Substitution $x = \sin t$ statt (11.6) nicht weiterhilft. In vielen Fällen ist von vornherein nicht offensichtlich, welche Substitution gewählt werden sollte. Solche Weisheit kommt mit der Erfahrung.

Beispiel 11.5 Um

$$\int \sin^n t \, \cos t \, dt$$

zu bestimmen, substituiere man $x = \sin t$, $dx = \cos t \, dt$. So ergibt sich

$$\int \sin^n t \, \cos t \, dt = \int x^n \, dx = \begin{cases} \dfrac{\sin^{n+1} t}{n+1} & \text{falls } n \neq -1 \\ \ln \sin t & \text{falls } n = -1 \end{cases} ,$$

d. h. insbesondere

$$\int \cot x \, dx = \ln \sin x \, .$$

Beispiel 11.6 Das Integral

$$\int \sqrt{3t^2 + 5} \, t \, dt$$

wird durch die Substitution $x = 3t^2 + 5$ mit $dx = 6t \, dt$ vereinfacht zu

$$\int \sqrt{3t^2 + 5} \, t \, dt = \frac{1}{6} \int \sqrt{3t^2 + 5} \, 6t \, dt = \frac{1}{6} \int \sqrt{x} \, dx \bigg|_{x=3t^2+5} = \frac{1}{9} (3t^2 + 5)^{\frac{3}{2}} \, .$$

Beispiel 11.7 (Lineare Substitution) Ein Integral der Form ($\alpha, \beta \in \mathbb{R}, \alpha \neq 0$)

$$\int f(\alpha \, t + \beta) \, dt \qquad \text{bzw.} \qquad \int_a^b f(\alpha \, t + \beta) \, dt$$

wird mit der Substitution $x = \alpha \, t + \beta$ wegen $dx = \alpha \, dt$ in

$$\int f(\alpha \, t + \beta) \, dt = \frac{1}{\alpha} \int f(x) \, dx \bigg|_{x=\alpha \, t+\beta} \qquad \text{bzw.} \qquad \int_a^b f(\alpha \, t + \beta) \, dt = \frac{1}{\alpha} \int_{\alpha \, a+\beta}^{\alpha \, b+\beta} f(x) \, dx$$

umgeformt. Daher ist z. B.

$$\int_0^1 (t + 2)^2 \, dt = \int_2^3 x^2 \, dx = \frac{x^3}{3} \bigg|_2^3 = \frac{1}{3} (3^3 - 2^3) = \frac{19}{3}$$

bzw.

$$\int \cos (at) \, dt = \frac{1}{a} \int \cos x \, dx \bigg|_{x=at} = \frac{1}{a} \sin x \bigg|_{x=at} = \frac{\sin (at)}{a} \, .$$

Sitzung 11.4 Zwar kann DERIVE viele Integrale direkt lösen. Trotzdem wollen wir die Substitutionsregel des Satzes 11.4 mit DERIVE verwenden.

Direkt läßt sich (11.4) nicht anwenden, da DERIVE selbstverständlich (genau wie wir auch) nicht automatisch erkennen kann, wie die Funktion φ gewählt werden soll. Diese Substitutionsfunktion müssen wir schon angeben. Um (11.4) benutzen zu können, nehmen wir zusätzlich an, φ sei injektiv. Setzen wir dann für den Integranden

$$y(t) := f(\varphi(t))\,\varphi'(t)\,, \tag{11.7}$$

dann bekommen wir mit $x = \varphi(t)$

$$f(x) = \frac{y(t)}{\varphi'(t)} = \frac{y(\varphi^{-1}(x))}{\varphi'(\varphi^{-1}(x))} = y(\varphi^{-1}(x)) \cdot \left(\varphi^{-1}\right)'(x)$$

unter Verwendung der Regel über die Ableitung der Umkehrfunktion. In dieser Form kann man die Substitution (11.4) unter Angabe des Integranden (11.7) direkt benutzen, sofern man die inverse Funktion φ^{-1} findet.

Die DERIVE Funktion

```
INVERSE(f,x,t):=ITERATE(f,x,t,-1)
```

gibt in vielen Fällen die Umkehrfunktion von $f(x)$ als Funktion der Variablen t an. Zum Beispiel liefert `INVERSE(COS(a x),x,t)` das Ergebnis

$$3: \quad \frac{\pi}{2\,a} - \frac{\text{ASIN}\,(t)}{a}\,,$$

während `INVERSE(TAN(x/2),x,t)` bzw. `INVERSE(EXP(a x)+b,x,t)` in

$$5: \quad 2\,\text{ATAN}\,(t) \qquad \text{bzw.} \qquad 7: \quad \frac{\text{LN}\,(t-b)}{a}$$

umgeformt werden. **INVERSE** findet die Inverse für trigonometrische, aber nicht für deren inverse Funktionen.

Man kann nun folgende DERIVE Funktionen erklären:

```
INT_SUBST(y,t,g,x_):=
LIM(INT(LIM(y,t,INVERSE(g,t,x_))*DIF(INVERSE(g,t,x_),x_),x_),x_,g)

BEST_INT_SUBST(y,t,a,b,g,x_):=INT(LIM(y,t,INVERSE(g,t,x_))*
                               DIF(INVERSE(g,t,x_),x_),
                               x_,LIM(g,t,a,1),LIM(g,t,b,-1)
                              )
```

die $\int y(t)\,dt$ bzw. $\int_a^b y(t)\,dt$ mit Hilfe der Substitution $x\_ = g(t)$ umformen.

Das Integral $\int \tan t\,dt$ wird direkt von DERIVE gefunden mit dem Ergebnis

$$11: \quad -\text{LN}\,(\text{COS}\,(t))\,,$$

die Substitution $x\_ = \cos t$ liefert durch Anwendung von `Simplify` auf den Ausdruck `INT_SUBST(TAN(t),t,COS(t))` wieder $-\ln\cos t$, während der Ausdruck `INT_SUBST(TAN(t),t,TAN(t))` in

$$15: \quad -\mathrm{LN}\,|\mathrm{COS}\,(t)|$$

umgewandelt wird und `INT_SUBST(TAN(t),t,TAN(t/2))`

$$17: \quad -\mathrm{LN}\,(-\mathrm{COS}\,(t))$$

liefert. Diese Ergebnisse unterscheiden sich um (komplexe) Konstanten. Man beachte, daß wir als Hilfsvariable immer $x\_$ verwendet haben, da wir bei unseren Aufrufen von `INT_SUBST` kein viertes Argument angegeben haben.

Wir erhalten weiter z. B. folgende Ergebnisse:

DERIVE Eingabe	Ausgabe nach `Simplify`
`INT(SIN(t)^n COS(t),t)`	$\frac{\mathrm{SIN}\,(x)^{n+1}}{n+1}$,
`INT_SUBST(SIN(t)^n COS(t),t,SIN(t))`	$\frac{\mathrm{SIN}\,(x)^{n+1}-1}{n+1}$,
`INT_SUBST(SIN(t)^n COS(t),t,COS(t))`	$\frac{\lvert\mathrm{SIN}\,(t)\rvert\,\lvert\mathrm{SIN}\,(t)\rvert^{n}}{n+1}-\frac{1}{n+1}$,
`INT(SQRT(3t^2+5)t,t)`	$\frac{(3t^2+5)^{3/2}}{9}$,
`INT_SUBST(SQRT(3t^2+5)t,t,3t^2+5)`	$\frac{(3t^2+5)^{3/2}}{9}$,
`BEST_INT_SUBST(SQRT(3t^2+5)t,t,0,1,3t^2+5)`	$\frac{16\sqrt{2}}{9}-\frac{5\sqrt{5}}{9}$.

Die direkte Substitutionsregel (11.4) erlaubt es, ein unbestimmtes Integral bzgl. der Variablen t durch ein (hoffentlich einfacheres) Integral bzgl. der Variablen x zu ersetzen, sofern der Integrand die spezielle Gestalt $f(\varphi(t))\,\varphi'(t)$ hat. In der Praxis wird dies nicht immer der Fall sein, und man muß den umgekehrten Weg gehen: Um $\int f(x)\,dx$ zu bestimmen, versucht man, eine bijektive Funktion $\varphi(t)$ derart zu finden, daß man (11.4) an der Stelle $\varphi^{-1}(x)$ auswerten kann, und man hat daher den

Satz 11.5 (Integration durch indirekte Substitution) Sei $f : I \to \mathbb{R}$ stetig und $\varphi : [a,b] \to \mathbb{R}$ stetig differenzierbar und bijektiv mit $\varphi([a,b]) \subset I$. Dann gilt die Substitutionsregel

$$\int f(x)\,dx = \int f(\varphi(t))\,\varphi'(t)\,dt\bigg|_{t=\varphi^{-1}(x)} . \qquad \square$$

Bemerkung 11.4 Es empfiehlt sich, sich nicht lange mit der Überprüfung der Voraussetzungen für die Anwendbarkeit der Substitutionsregel aufzuhalten. Wendet man sie einfach formal an, kann man das erzielte Ergebnis leicht durch Differentiation auf Korrektheit überprüfen. △

Wir geben nun einige Beispielsklassen von Funktionen, die sich mit Hilfe geeigneter Substitutionen elementar integrieren lassen, da sie sich auf die Integration rationaler Funktionen zurückführen lassen.

Wir nennen eine Funktion R der beiden Variablen x und y eine *rationale Funktion bzgl. x und y*, wenn sie bei konstantem x rational bzgl. y und bei konstantem y rational bzgl. x ist.

Satz 11.6 (Klassen elementar integrierbarer Funktionen) Sei $R(x,y)$ bzw. $R(x,y,z)$ rational bzgl. x und y bzw. x, y und z. Dann sind die folgenden Funktionen elementar integrierbar: $(a, b, c, d \in \mathbb{R})$

(a) $R\left(x, \sqrt[k]{ax+b}\right) \quad (k \in \mathbb{N})$, (b) $R\left(x, \sqrt[k]{\frac{ax+b}{cx+d}}\right) \quad (k \in \mathbb{N})$,

(c) $R(\sin(ax), \cos(ax))$, (d) $R(e^{ax}, e^{-ax})$,

(e) $R\left(x, \sqrt{ax^2+bx+c}\right)$, (f) $R\left(x, \sqrt{ax+b}, \sqrt{cx+d}\right)$.

Beweis: Der Beweis besteht in der Angabe einer jeweils erfolgreichen Substitution bzw. einer Kette von Substitutionen. Bei konkreten Beispielen sind die angebenen Substitutionen naturgemäß nicht in jedem Fall bestmöglich, sie stellen allerdings eine algorithmische Methode dar, die immer erfolgreich ist.

Wir führen die Substitutionen mit DERIVE vor. Für ihren Erfolg ist jeweils notwendig, daß nach der Substitution $t = \varphi(x)$ alle Argumente von R sowie $\frac{dx}{dt}$ rational bzgl. t sind. Wir erhalten zunächst folgende Ergebnisse für (a)–(d) (die letzte Spalte erhält man, nachdem man x mit Hilfe von `Manage Substitute` eingesetzt hat):

Substitution	`soLve` [4]	DERIVE Eingabe	`Simplify`
$t=(ax+b)^{\frac{1}{k}}$	$x = \frac{t^k}{a} - \frac{b}{a}$	$\left[x, \frac{d}{dt}x\right]$	$\left[\frac{t^k}{a} - \frac{b}{a}, \frac{kt^{k-1}}{a}\right]$,
$t=\left(\frac{ax+b}{cx+d}\right)^{\frac{1}{k}}$	$x = \frac{b-dt^k}{ct^k-a}$	$\left[x, \frac{d}{dt}x\right]$	$\left[\frac{b-dt^k}{ct^k-a}, \frac{kt^{k-1}(ad-bc)}{(ct^k-a)^2}\right]$,
$t = \tan(x/2)$	$x = 2\,\mathrm{ATAN}(t)$	$\left[\mathrm{SIN}(x), \mathrm{COS}(x), \frac{d}{dt}x\right]$	$\left[\frac{2t}{t^2+1}, \frac{1-t^2}{t^2+1}, \frac{2}{t^2+1}\right]$,
$t = \hat{e}^{ax}$	$x = \frac{\mathrm{LN}(t)}{a}$	$\left[\hat{e}^{ax}, \hat{e}^{-ax}, \frac{d}{dt}x\right]$	$\left[t, \frac{1}{t}, \frac{1}{at}\right]$,
$t = \hat{e}^{ax}$	$x = \frac{\mathrm{LN}(t)}{a}$	$\left[\mathrm{COSH}(ax), \mathrm{SINH}(ax), \frac{d}{dt}x\right]$	$\left[\frac{t^2+1}{2t}, \frac{t^2-1}{2t}, \frac{1}{at}\right]$.

Die angegebenen Substitutionen sind direkt erfolgreich. Bei (c) haben wir o. B. d. A. $a = 1$ behandelt, im allgemeinen Fall muß vorher eine lineare Substitution $ax = t$ durchgeführt

[4] Damit DERIVE die Gleichungen $t = \varphi(x)$ nach x auflöst, erkläre man a, b, c, d, x und t als positiv. Man überzeuge sich davon, daß diese Einschränkungen eigentlich nicht notwendig sind.

werden. Gemäß (d) kann offenbar auch eine Funktion $R(\sinh(ax), \cosh(ax))$ behandelt werden.

Bei (e) führt eine der folgenden Substitutionen (die man abhängig vom Vorzeichen von $b^2 - 4ac$ auswählt) zu einem rationalen Integranden mit möglichem Argument $\sqrt{1-t^2}$, $\sqrt{t^2-1}$ bzw. $\sqrt{1+t^2}$:

Substitution	soLve	DERIVE Eingabe	Simplify
$t = \dfrac{2ax+b}{\sqrt{4ac-b^2}}$	$x = \dfrac{t\sqrt{4ac-b^2}-b}{2a}$	$\left[ax^2+bx+c, \dfrac{d}{dt}x\right]$	$\left[\dfrac{(t^2+1)(4ac-b^2)}{4a}, \dfrac{\sqrt{4ac-b^2}}{2a}\right]$,
$t = \dfrac{2ax+b}{\sqrt{b^2-4ac}}$	$x = \dfrac{t\sqrt{b^2-4ac}-b}{2a}$	$\left[ax^2+bx+c, \dfrac{d}{dt}x\right]$	$\left[\dfrac{(1-t^2)(4ac-b^2)}{4a}, \dfrac{\sqrt{b^2-4ac}}{2a}\right]$.

Derartige Integrale lassen sich mit Hilfe der Substitutionen

$$
\begin{aligned}
t = \sin s \quad &\Longrightarrow \quad \sqrt{1-t^2} = \cos s \text{ und } \tfrac{d}{ds}t = \cos s \\
t = \cosh s \quad &\Longrightarrow \quad \sqrt{t^2-1} = \sinh s \text{ und } \tfrac{d}{ds}t = \sinh s \\
t = \sinh s \quad &\Longrightarrow \quad \sqrt{1+t^2} = \cosh s \text{ und } \tfrac{d}{ds}t = \cosh s
\end{aligned}
$$

auf die Fälle (c) bzw. (d) zurückführen. Der Fall (f) wird folgendermaßen auf (e) zurückgeführt:

Substitution	soLve	DERIVE Eingabe	Simplify
$t = \sqrt{ax+b}$	$x = \dfrac{t^2-b}{a}$	$\left[x, \sqrt{ax+b}, \sqrt{cx+d}, \dfrac{d}{dt}x\right]$	$\left[\dfrac{t^2-b}{a}, t, \dfrac{\sqrt{ad-c(b-t^2)}}{\sqrt{a}}, \dfrac{2t}{a}\right]$. □

Beispiel 11.8 (Flächeninhalt einer Kreisscheibe) Wir sind nun in der Lage, die bereits angesprochene Gleichung

$$\pi = 4\int_0^1 \sqrt{1-x^2}\,dx \tag{8.4}$$

zu beweisen, und wir können sogar die Integralfunktion von $\sqrt{1-x^2}$ bestimmen. Mit der Substitution $x = \sin t$, $dx = \cos t\,dt$ ergibt sich

$$
\begin{aligned}
\int \sqrt{1-x^2}\,dx &= \int \cos^2 t\,dt\bigg|_{t=\arcsin x} = \frac{1}{2}\int \Big(\cos(2t)+1\Big)\,dt\bigg|_{t=\arcsin x} \\
&= \frac{\sin(2t)}{4} + \frac{t}{2}\bigg|_{t=\arcsin x} = \frac{1}{2}\arcsin x + \frac{1}{2}x\sqrt{1-x^2}\,,
\end{aligned}
$$

also insbesondere

$$\int_0^1 \sqrt{1-x^2}\,dx = \frac{1}{2}\arcsin x + \frac{1}{2}x\sqrt{1-x^2}\bigg|_0^1 = \frac{1}{2}\arcsin 1 = \frac{\pi}{4}\,.$$

Sitzung 11.5 [5] Auch die indirekte Substitution läßt sich mit DERIVE anwenden. Wir definieren wieder **INVERSE(f,x,t)** wie in DERIVE-Sitzung 11.4. Dic DERIVE Funktionen

```
INT_SUBST_INV(y,x,g,t):=LIM(INT(LIM(y,x,g)*DIF(g,t),t),t,INVERSE(g,t,x))

BEST_INT_SUBST_INV(y,x,a,b,g,t):=INT(LIM(y,x,g)*DIF(g,t),t,
                                  LIM(INVERSE(g,t,x),x,a,1),
                                  LIM(INVERSE(g,t,x),x,b,-1)
                                 )
```

formen die Integrale $\int y(x)\,dx$ bzw. $\int_a^b y(x)\,dx$ mit Hilfe der Substitution $x = g(t)$ um.

Als eine Anwendung betrachten wir wieder das Integral

$$\int \sqrt{1-x^2}\,dx\,.$$

DERIVE liefert das Resultat

$$5: \quad \frac{\mathrm{ASIN}\,(x)}{2} + \frac{x\sqrt{1-x^2}}{2}\,.$$

Wir wollen dieses Ergebnis nun noch einmal durch Substitution bestätigen. Wir verwenden die Substitution $x = \cos t$. **INT_SUBST_INV(SQRT(1-x^2),x,COS(t),t)** wird mit **Simplify** in

$$7: \quad \sqrt{-\mathrm{SIGN}\,(x^2-1)}\,\frac{\pi\,\mathrm{FLOOR}\left[\frac{1}{2}-\frac{\mathrm{ASIN}\,(x)}{\pi}\right]+\mathrm{ASIN}\,(x)+x\sqrt{1-x^2}}{2}$$

umgeformt. Dies sieht recht kompliziert aus, was daran liegt, daß DERIVE nicht weiß, daß nur x-Werte im Intervall $(-1,1)$ in Frage kommen. Deklarieren wir x mit **Declare Variable Domain** als Variable im Intervall $(-1,1)$, so vereinfacht sich der Ausdruck wieder zu

$$8: \quad \frac{\mathrm{ASIN}\,(x)}{2} + \frac{x\sqrt{1-x^2}}{2}\,.$$

Man beachte, daß bei den Funktionen **INT_SUBST_INV** und **BEST_INT_SUBST_INV** die Angabe der bei der Substitutionsfunktion g verwendeten Variablen t als viertes Argument unerläßlich ist.

Auf ähnliche Weise erhalten wir z. B. folgendes Ergebnis

DERIVE Eingabe	DERIVE Ausgabe
BEST_INT_SUBST_INV(SQRT(1-x^2)/(1+x^2),x,0,1,SIN(t),t)	$\pi\left(\frac{\sqrt{2}}{2}-\frac{1}{2}\right)$.

[5] Wir weisen darauf hin, daß die Ergebnisse dieser DERIVE-Sitzung sehr stark von der benutzten DERIVE-Version abhängen.

Man beachte, daß das Integral $\int \frac{\sqrt{1-x^2}}{1+x^2} dx$ von DERIVE direkt nicht gefunden wird. Es gibt etliche Integralfunktionen, insbesondere solche, deren Integranden Wurzeln enthalten, die DERIVE nicht findet. Hier kann eine geeignete Substitution helfen.

Beispiel 11.9 (Rekursion durch Substitution) Wir werden durch Substitution zeigen, daß die Beziehungen

$$(-1)^n \int_0^x \tan^{2n} t\, dt = x + \sum_{k=0}^{n-1} \frac{(-1)^{k+1}}{2k+1} \tan^{2k+1} x \quad (n \in \mathbb{N}) \tag{11.8}$$

und

$$(-1)^{n+1} \int_0^x \tan^{2n+1} t\, dt = \ln\cos x + \sum_{k=1}^{n} \frac{(-1)^{k+1}}{2k} \tan^{2k} x \quad (n \in \mathbb{N}) \tag{11.9}$$

gelten. Wegen $(\tan x)' = 1 + \tan^2 x$ ist mit der Substitution $t = \tan x$ für $n \neq 1$

$$\begin{aligned} \int \tan^n x\, dx + \int \tan^{n-2} x\, dx &= \int \tan^{n-2} x\,(1+\tan^2 x)\, dx = \int t^{n-2}\, dt \bigg|_{t=\tan x} \\ &= \frac{t^{n-1}}{n-1}\bigg|_{t=\tan x} = \frac{\tan^{n-1} x}{n-1}, \end{aligned}$$

und folglich gilt die Rekursionsformel

$$\int \tan^n x\, dx = \frac{\tan^{n-1} x}{n-1} - \int \tan^{n-2} x\, dx \quad (n \neq 1).$$

Mit den Anfangsbedingungen

$$\int_0^x \tan^0 t\, dt = \int_0^x 1\, dt = x \qquad \text{sowie} \qquad \int_0^x \tan^1 t\, dt = \int_0^x \tan t\, dt = -\ln\cos x$$

folgen durch Induktion (11.8) und (11.9).

Wir setzen nun speziell $x = \pi/4$ und betrachten $n \to \infty$. Wir zeigen zunächst, daß

$$\lim_{n\to\infty} \int_0^{\pi/4} \tan^n t\, dt = 0, \tag{11.10}$$

was aus geometrischen Gründen einleuchtend ist, da im Innern des Intervalls $(0, \pi/4)$ die Relation $\tan x < 1$ gilt. Sei $\varepsilon > 0$ gegeben, dann ist wegen $\alpha := \tan \pi/4 - \varepsilon/2 < 1$

$$\left| \int_0^{\pi/4} \tan^n t\, dt \right| \leq \left| \int_0^{\pi/4-\varepsilon/2} \tan^n t\, dt \right| + \left| \int_{\pi/4-\varepsilon/2}^{\pi/4} \tan^n t\, dt \right| \leq \alpha^n \frac{\pi}{4} + \frac{\varepsilon}{2},$$

und es gibt somit ein $N \in \mathbb{N}$ derart, daß für alle $n \geq N$ der Term $\alpha^n \frac{\pi}{4} \leq \frac{\varepsilon}{2}$ ist, was die Behauptung (11.10) zeigt. Setzen wir nun $x = \pi/4$ in (11.8) ein, so erhalten wir

$$(-1)^n \int_0^{\pi/4} \tan^{2n} t\, dt = \frac{\pi}{4} + \sum_{k=0}^{n-1} \frac{(-1)^{k+1}}{2k+1} \tan^{2k+1} \frac{\pi}{4} = \frac{\pi}{4} + \sum_{k=0}^{n-1} \frac{(-1)^{k+1}}{2k+1} \quad (n \in \mathbb{N}),$$

und für $n \to \infty$ folgt

$$\sum_{k=0}^{\infty} \frac{(-1)^k}{2k+1} = \frac{\pi}{4}.$$

Aus (11.9) bekommt man entsprechend

$$\begin{aligned}(-1)^{n+1} \int_0^{\pi/4} \tan^{2n+1} t\, dt &= \ln\cos\frac{\pi}{4} + \sum_{k=1}^{n} \frac{(-1)^{k+1}}{2k} \tan^{2k} \frac{\pi}{4} \\ &= \ln\frac{1}{\sqrt{2}} + \sum_{k=1}^{n} \frac{(-1)^{k+1}}{2k} \quad (n \in \mathbb{N})\end{aligned}$$

und mit $n \to \infty$

$$\sum_{k=1}^{\infty} \frac{(-1)^{k+1}}{k} = -2\ln\frac{1}{\sqrt{2}} = \ln 2.$$

Wir erinnern daran, daß die Werte dieser beiden Reihen im Zusammenhang mit dem Leibnizkriterium in Beispiel 4.17 behandelt worden waren. Damals konnten wir die Grenzwerte nicht angeben.

Übungsaufgaben

11.10 *Man berechne den Flächeninhalt der Ellipse mit Halbachsen a und b, deren Randkurve die Gleichung*

$$\frac{x^2}{a^2} + \frac{y^2}{b^2} = 1$$

erfüllt.

11.11 *Man beweise für $n \neq -1$ erneut die Integralformel*

$$(7.38) \qquad \int (x+\alpha)^n\, dx = \frac{(x+\alpha)^{n+1}}{n+1},$$

durch Substitution. Diese Lösung ist erheblich einfacher als die in Übungsaufgabe 7.26 benutzte Methode.

11.12 *Welche der rationalen Integrale aus dem Beweis von Satz 11.3 kann man durch Substitution finden?*

11.13 *Man zeige*

$$\int \sin^2 x\,dx = \frac{x}{2} - \frac{\sin(2x)}{4} \qquad \text{und} \qquad \int \cos^2 x\,dx = \frac{x}{2} + \frac{\sin(2x)}{4}\,.$$

◇ **11.14** *Man finde die folgenden elementaren Stammfunktionen:*

(a) $\displaystyle\int \frac{\sqrt{1+x^2}}{1-x^2}dx$, (b) $\displaystyle\int \frac{\sqrt{x^2-1}}{1+x^2}dx$, (c) $\displaystyle\int \frac{\sqrt{1-x^2}}{1+x^2}dx$,

(d) $\displaystyle\int \frac{1}{(1+x^2)\left(1+\arctan^2 x\right)}dx$, (e) $\displaystyle\int \frac{1}{\sqrt{1-x^2}\left(1+\arcsin^2 x\right)}dx$,

(f) $\displaystyle\int \frac{1}{\sqrt{(1-x^2)\left(1-\arcsin^2 x\right)}}dx$, (g) $\displaystyle\int \sqrt{x^2+y^2}\,dx$.

11.15 *Die Funktion* $L : \mathbb{R}^+ \longrightarrow \mathbb{R}$, *erklärt durch*

$$L(x) := \int_1^x \frac{1}{t}\,dt$$

hat die Eigenschaften

(a) $L\left(\dfrac{1}{x}\right) = -L(x)$, (b) $L(xy)=L(x)+L(y)$, (c) $\displaystyle\lim_{x\to 0} \frac{L(1+x)}{x} = 1$,

(d) *L ist stetig, streng wachsend und konkav.*

Man zeige diese Eigenschaften nur mit Hilfe der Eigenschaften des Integrals, d. h. ohne explizite Verwendung der Logarithmusfunktion.

11.16 *Man gebe eine Formel für die Integrale* $\int_0^x \cot^n t\,dt$.

11.17 (Arkustangens- und Logarithmusreihe) *Beweise: Für alle* $t \in (-1, 1]$ *gelten die Reihenformeln*

$$\arctan t = \sum_{k=0}^{\infty} \frac{(-1)^k}{2k+1} t^{2k+1}$$

sowie

$$\ln(1+t) = \sum_{k=1}^{\infty} \frac{(-1)^k}{k} t^k\,.$$

Dies Reihen heißen die Arkustangens- *bzw.* Logarithmusreihe. Hinweis: *Verwende* (11.8) *und* (11.9).

11.18 *Berechne den Flächeninhalt des Kreissektors zwischen den beiden Punkten r und $r\,e^{it}$ ($t \in [0, \pi/2]$) der Kreisperipherie als Summe einer Dreiecksfläche sowie einem Integral, s. Abbildung* 11.1, *und deute das Ergebnis.*

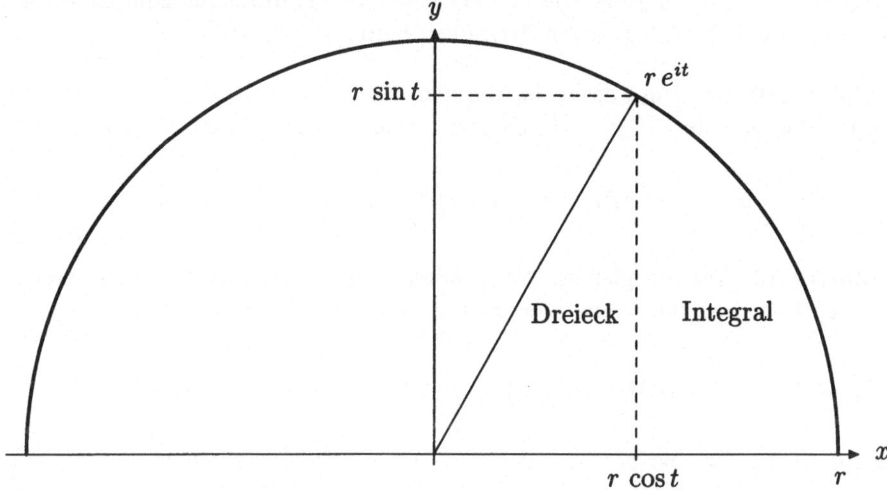

Abbildung 11.1 Flächeninhalt eines Kreissektors

11.4 Partielle Integration

In diesem Abschnitt verwenden wir die *Produktregel* und erhalten eine weitere sehr nützliche Integrationstechnik.

Satz 11.7 (Partielle Integration) Seien u und v auf $[a, b]$ stetig differenzierbar. Dann gelten in $[a, b]$ die Integrationsregeln

$$\int u'(x)v(x)\,dx = u(x) \cdot v(x) - \int v'(x)u(x)\,dx \qquad (11.11)$$

sowie

$$\int\limits_a^b u'(x)v(x)\,dx = u(x) \cdot v(x)\Big|_a^b - \int\limits_a^b v'(x)u(x)\,dx\,. \qquad (11.12)$$

Beweis: Wir verwenden die Produktregel

$$(9.4) \qquad (u \cdot v)'(x) = u'(x)v(x) + v'(x)u(x)\,,$$

aus der wir durch Integration mit dem Hauptsatz

$$u \cdot v = \int u'(x)v(x)\,dx + \int v'(x)u(x)\,dx$$

und damit (11.11) sowie (11.12) erhalten. □

Bemerkung 11.5 Man beachte, daß der Erfolg der partiellen Integration ähnlich wie die Substitutionsmethode von der geschickten Wahl der Produktfunktionen u' und v des Integranden $u' \cdot v$ abhängt. Trifft man eine ungeschickte Wahl, kann das Integral auf der rechten Seite von (11.11) bzw. (11.12) durchaus komplizierter sein als das ursprüngliche Integral auf der linken Seite.

Beispiel 11.10 Um $\int \ln x\, dx$ zu bestimmen, verwenden wir $u'(x) = 1$, $v(x) = \ln x$, also z. B. $u(x) = x$ und $v'(x) = \frac{1}{x}$, und wir erhalten wie in DERIVE-Sitzung 7.2

$$\int \ln x\, dx = x \ln x - \int \frac{x}{x}\, dx = x \ln x - x\,.$$

Beispiel 11.11 Auf die gleiche Weise können wir $\int \arctan x\, dx$ bestimmen: Mit $u'(x) = 1$, $v(x) = \arctan x$, also $u(x) = x$ sowie $v'(x) = \frac{1}{1+x^2}$ erhalten wir

$$\int \arctan x\, dx = x \arctan x - \int \frac{x}{1+x^2}\, dx = x \arctan x - \frac{1}{2} \ln\left(1+x^2\right).$$

Beispiel 11.12 Ebenso bestimmen wir $\int \arcsin x\, dx$. Die Wahl $u'(x) = 1$, $v(x) = \arcsin x$, also $u(x) = x$ sowie $v'(x) = \frac{1}{\sqrt{1-x^2}}$ liefert zunächst

$$\int \arcsin x\, dx = x \arcsin x - \int \frac{x}{\sqrt{1-x^2}}\, dx\,,$$

und die Substitution $t = 1 - x^2$, $dt = -2x\, dx$ ergibt weiter

$$\int \arcsin x\, dx = x \arcsin x + \frac{1}{2} \int \frac{1}{\sqrt{t}}\, dt \bigg|_{t=1-x^2} = x \arcsin x + \sqrt{1-x^2}\,.$$

Beispiel 11.13 (Rekursion durch partielle Integration) Hat man ein Integral der Form $\int x^n f(x)\, dx$, wobei f eine stetige Funktion und $n \in \mathbb{N}$ ist, so kann man mit der partiellen Integration $u'(x) = f(x)$, $v(x) = x^n$ bzw. $u(x) = \int f(x)\, dx$ und $v'(x) = n\, x^{n-1}$ die gültige Formel

$$\int x^n f(x)\, dx = x^n \int f(x)\, dx - n \int x^{n-1} \left(\int f(x)\, dx \right) dx \tag{11.13}$$

erzeugen. Unter der Voraussetzung, daß die iterierten Integrale $\int f(x)\, dx$, $\int \left(\int f(x)\, dx\right) dx, \ldots$ gefunden werden können, stellt dies eine Rekursionsformel zur Bestimmung von $\int x^n f(x)\, dx$ dar. Zum Beispiel bekommen wir

$$\int x \cos x\, dx = x \sin x - \int \sin x\, dx = x \sin x + \cos x$$

oder durch eine zweimalige Anwendung

$$\begin{aligned}\int x^2 e^{-x}\,dx &= -x^2 e^{-x} + 2\int x\,e^{-x}\,dx \\ &= -x^2 e^{-x} + 2\left(-x\,e^{-x} + \int e^{-x}\,dx\right) \\ &= -x^2 e^{-x} + 2\left(-x\,e^{-x} - e^{-x}\right) = -e^{-x}\left(x^2 + 2x + 2\right) .\end{aligned}$$

Auch für Integrale vom Typ $\int (f(x))^n\,dx$ mit einer stetigen Funktion f und einer Zahl $n \in \mathbb{N}$ kann eine Rekursion gefunden werden. Mit der partiellen Integration $u'(x) = (f(x))^{n-1}$, $v(x) = f(x)$ bzw. $u(x) = \int (f(x))^{n-1}\,dx$ und $v'(x) = f'(x)$ folgt

$$\int (f(x))^n\,dx = f(x)\left(\int (f(x))^{n-1}\,dx\right) - \int f'(x)\left(\int (f(x))^{n-1}\,dx\right)dx\,. \quad (11.14)$$

Sitzung 11.6 Die partielle Integration kann durch die DERIVE Funktionen

```
INT_PARTIELL(ustrich,v,x):=
v*INT(ustrich,x)-INT(INT(ustrich,x)*DIF(v,x),x)

BEST_INT_PARTIELL(ustrich,v,x,a,b):=
LIM(v*INT(ustrich,x),x,b,-1)-LIM(v*INT(ustrich,x),x,a,1)-
INT(INT(ustrich,x)*DIF(v,x),x,a,b)
```

definiert werden in direkter Übertragung der Formeln (11.11) und (11.12), während die DERIVE Funktionen `INTX_N(f,x,n)` bzw. `INT_N(f,x,n)`

```
INTX_N(f,x,n):=IF(n=0,INT(f,x),x^n*INT(f,x)-n*INTX_N(INT(f,x),x,n-1))

INT_N(f,x,n):=IF(n=0,x,f*INT_N(f,x,n-1)-INT(DIF(f,x)*INT_N(f,x,n-1),x))
```

die Integrale $\int x^n f(x)\,dx$ bzw. $\int (f(x))^n\,dx$ gemäß (11.13) bzw. (11.14) rekursiv bestimmen.

Mit **INT_PARTIELL** bekommen wir wieder die Ergebnisse

Integral	DERIVE Eingabe	Ausgabe nach **Simplify**
$\int \ln x\,dx$	`INT_PARTIELL(1,LN(x),x)`	$x\,\mathrm{LN}\,(x) - x$,
$\int \arctan x\,dx$	`INT_PARTIELL(1,ATAN(x),x)`	$x\,\mathrm{ATAN}\,(x) - \dfrac{\mathrm{LN}\,(x^2+1)}{2}$,
$\int \arcsin x\,dx$	`INT_PARTIELL(1,ASIN(x),x)`	$x\,\mathrm{ASIN}\,(x) + \sqrt{1-x^2}$,
$\int \arccos x\,dx$	`INT_PARTIELL(1,ACOS(x),x)`	$-x\,\mathrm{ASIN}\,(x) + \dfrac{\pi x}{2} - \sqrt{1-x^2}$,
$\int \operatorname{arccot} x\,dx$	`INT_PARTIELL(1,ACOT(x),x)`	$-x\,\mathrm{ATAN}\,(x) + \dfrac{\mathrm{LN}\,(x^2+1)}{2} + \dfrac{\pi x}{2}$.

DERIVE wendet allerdings partielle Integration von selbst an und löst alle obigen Integrale auch ohne unsere Hilfestellung.

Mit den Funktionen **INTX_N** bzw. **INT_N** erhalten wir z. B. die Integralfunktionen

Integral	DERIVE Eingabe	DERIVE Ausgabe nach `Simplify` [6]
$\int x \cos x \, dx$	`INTX_N(COS(x),x,1)`	$\mathrm{COS}\,(x) + x\,\mathrm{SIN}\,(x)$,
$\int x^2 e^{-x} \, dx$	`INTX_N(EXP(-x),x,2)`	$-\hat{e}^{-x}\,(x^2+2x+2)$,
$\int \cos^5 x \, dx$	`INT_N(COS(x),x,5)`	$\frac{\mathrm{SIN}\,(x)^5}{5} - \frac{2\,\mathrm{SIN}\,(x)^3}{3} + \mathrm{SIN}\,(x)$.

Zuletzt wollen wir eine Rekursionsformel für das Integral $\int \sin^n x \, dx$ unter Verwendung einer besonders geschickten partiellen Integration herleiten. Dazu geben wir die Identität

$$\int \mathrm{SIN}\,(x)^n \, dx = \mathrm{INT\_PARTIELL}\,(\mathrm{SIN}\,(x), \mathrm{SIN}\,(x)^{n-1}, x)$$

ein. `Simplify` liefert

$$\int \mathrm{SIN}\,(x)^n \, dx = (1-n) \left[\int \mathrm{SIN}\,(x)^n \, dx - \int \mathrm{SIN}\,(x)^{n-2} \, dx \right] - \mathrm{SIN}\,(x)^{n-1}\,\mathrm{COS}\,(x) \, .$$

Um alle auftretenden Terme $\int \sin^n x \, dx$ auf die linke Seite zu bringen, bilden wir den Ausdruck `(<F4>-(1-n) INT (SIN (x)^n, x))/n` und erhalten nach erneutem `Simplify`

$$\int \mathrm{SIN}\,(x)^n \, dx = \frac{(n-1) \int \mathrm{SIN}\,(x)^{n-2} \, dx}{n} - \frac{\mathrm{SIN}\,(x)^{n-1}\,\mathrm{COS}\,(x)}{n} \, ,$$

die gewünschte Rekursionsformel.

Die eben gewonnene Rekursionsformel kann zum Beweis der Formel von WALLIS[7] herangezogen werden.

Satz 11.8 (Wallisprodukt) Es gilt folgende Produktformel

$$\prod_{k=1}^{\infty} \frac{4k^2}{4k^2-1} = \lim_{n \to \infty} \prod_{k=1}^{n} \frac{4k^2}{4k^2-1} = \frac{2}{1} \cdot \frac{2}{3} \cdot \frac{4}{3} \cdot \frac{4}{5} \cdot \frac{6}{5} \cdot \frac{6}{7} \cdots = \frac{\pi}{2} \, . \tag{11.15}$$

Beweis: Es sei

$$W_n := \int_0^{\pi/2} \sin^n x \, dx \quad (n \in \mathbb{N}_0) \, .$$

Nach der soeben erzielten Rekursionsformel für $\int \sin^n x \, dx$ gilt insbesondere für $n \geq 2$

[6] Wir benutzen die Einstellung `Manage Trigonometry Expand` Toward `Sines`.
[7] JOHN WALLIS [1616–1703]

$$W_n = \frac{n-1}{n} W_{n-2} ,$$

und mit den Anfangsbedingungen

$$W_0 = \int_0^{\pi/2} 1\,dx = \frac{\pi}{2} \qquad \text{sowie} \qquad W_1 = \int_0^{\pi/2} \sin x\,dx = -\cos x \Big|_0^{\pi/2} = 1$$

erhält man für gerade bzw. ungerade n mittels Induktion die Werte

$$W_{2n} = \frac{(2n-1)(2n-3)\cdots 3\cdot 1}{2n(2n-2)\cdots 4\cdot 2}\,\frac{\pi}{2} \quad (n \in \mathbb{N}) , \tag{11.16}$$

$$W_{2n+1} = \frac{2n(2n-2)\cdots 4\cdot 2}{(2n+1)(2n-1)\cdots 3\cdot 1} \quad (n \in \mathbb{N}) . \tag{11.17}$$

Nun folgt andererseits aus der Beziehung $0 \le \sin x \le 1$, die für $x \in \left[0, \frac{\pi}{2}\right]$ gilt, für alle $n \in \mathbb{N}$

$$0 \le \sin^{2n+1} x \le \sin^{2n} x \le \sin^{2n-1} x$$

und daher

$$0 \le \int_0^{\pi/2} \sin^{2n+1} x\,dx \le \int_0^{\pi/2} \sin^{2n} x\,dx \le \int_0^{\pi/2} \sin^{2n-1} x\,dx \quad .$$

Folglich ist W_n fallend und nach unten beschränkt und somit konvergent. Daher gilt auch

$$\lim_{n\to\infty} \frac{W_{2n+1}}{W_{2n}} = 1$$

und wegen (11.16) und (11.17) folglich (11.15). □

Mit partieller Integration läßt sich der Fehler bei der Trapezregel abschätzen. Es gilt nämlich

Satz 11.9 (Trapezregel) Sei $f : [a,b] \to \mathbb{R}$ zweimal stetig differenzierbar. Dann gilt die folgende exakte Form der Trapezregel bzgl. einer arithmetischen Zerlegung des Intervalls $[a,b]$ in n gleich große Teilintervalle

$$\begin{aligned} \int_a^b f(x)\,dx &= \left(\frac{1}{2}f(a) + \sum_{k=1}^{n-1} f\left(a + k\,\frac{b-a}{n}\right) + \frac{1}{2}f(b)\right)\frac{b-a}{n} \\ &\quad -\frac{1}{12}\left(\frac{b-a}{n}\right)^3 \sum_{k=1}^{n} f''(\xi_k) , \end{aligned} \tag{11.18}$$

wobei $\xi_k \in [x_{k-1}, x_k]$ $(k = 1, \ldots, n)$ geeignete Zwischenpunkte sind.

Gilt insbesondere $|f''(x)| \le K$ für alle $x \in [a,b]$, dann erhält man die Fehlerabschätzung

$$\left| \int_a^b f(x)\,dx - \left(\frac{1}{2}f(a) + \sum_{k=1}^{n-1} f\left(a + k\,\frac{b-a}{n}\right) + \frac{1}{2}f(b)\right)\frac{b-a}{n} \right| \le \frac{(b-a)^3\,K}{12\,n^2} .$$

Beweis: Wir betrachten eines der Teilintervalle $[x_{k-1}, x_k]$ und nehmen o. B. d. A. an, es sei das Intervall $[0,1]$. Die Funktion $g(x) := x(1-x)$ ist positiv in $(0,1)$ (man überprüfe dies!) und hat an den Intervallendpunkten 0 und 1 den Wert 0. Zweimalige partielle Integration liefert

$$\int_0^1 g(x)\, f''(x)\, dx = g(x)\, f'(x)\Big|_0^1 - \int_0^1 (1-2x)\, f'(x)\, dx = -(1-2x)\, f(x)\Big|_0^1 - 2\int_0^1 f(x)\, dx\,.$$

Auflösen dieser Gleichung nach $\int_0^1 f(x)\, dx$ liefert unter Verwendung des erweiterten Mittelwertsatzes der Integralrechnung (Satz 7.5)

$$\int_0^1 f(x)\, dx = -\frac{1-2x}{2} f(x)\Big|_0^1 - \frac{1}{2} f''(\xi) \int_0^1 g(x)\, dx = \frac{f(0)+f(1)}{2} - \frac{1}{12} f''(\xi)$$

für einen Zwischenwert $\xi \in [0,1]$. Summation der sich für die Intervalle $[x_{k-1}, x_k]$ durch eine lineare Substitution ergebenden Gleichungen liefert die Behauptung. □

ÜBUNGSAUFGABEN

11.19 *Welche der rationalen Integrale aus dem Beweis von Satz 11.3 kann man durch partielle Integration finden?*

11.20 *Man berechne die Integrale*

(a) $\int \operatorname{arsinh} x\, dx$, (b) $\int \operatorname{arcosh} x\, dx$, (c) $\int \operatorname{artanh} x\, dx$

mit Hilfe partieller Integration.

◇ **11.21 (Rekursionsformeln)** *Man beweise folgende Rekursionsformeln ($n \in \mathbb{N}$):*

(a) $\displaystyle\int (a^2+x^2)^n\, dx = \frac{x\,(x^2+a^2)^n}{2n+1} + \frac{1}{2n+1}\int (a^2+x^2)^{n-1}\, dx \quad (a \in \mathbb{R})$,

(b) $\displaystyle\int x^n\, e^{\alpha x}\, dx = \frac{1}{\alpha} x^n\, e^{\alpha x} - \frac{n}{\alpha}\int x^{n-1}\, e^{\alpha x}\, dx$,

(c) $\displaystyle\int x^n \sin x\, dx = x^{n-1}(n \sin x - x \cos x) - n\,(n-1)\int x^{n-2} \sin x\, dx$,

(d) $\displaystyle\int x^n \cos x\, dx = x^{n-1}(n \cos x + x \sin x) - n\,(n-1)\int x^{n-2} \cos x\, dx$,

(e) $\displaystyle\int x^n\, e^{-x^2}\, dx = -\frac{1}{2} x^{n-1}\, e^{-x^2} + \frac{n+1}{2}\int x^{n-2}\, e^{-x^2}\, dx$.

◇ **11.22** *Man finde eine Rekursionsformel für $\int \cos^n x\, dx$.*

11.23 *Zeige für die Partialprodukte des Wallisprodukts die Abschätzung*

$$\frac{\pi}{2} \le \prod_{k=1}^{n} \frac{4k^2}{4k^2-1} \le \frac{\pi}{2}\left(1+\frac{1}{2n}\right).$$

11.24 *Man bestimme* $\lim\limits_{n\to\infty} \frac{\sqrt{n}}{4^n}\binom{2n}{n}$. Hinweis: *Verwende das Wallisprodukt und drücke* $\prod\limits_{k=1}^{n} \frac{4k^2}{4k^2-1}$ *durch Fakultäten aus.*

⋆ **11.25 (Stirlingsche Formel)** *Man beweise die* Stirlingsche Formel:

$$\sqrt{2\pi n}\left(\frac{n}{e}\right)^n < n! < \sqrt{2\pi n}\left(\frac{n}{e}\right)^n e^{\frac{1}{12(n-1)}} \quad (n \in \mathbb{N}),$$

insbesondere

$$\lim_{n\to\infty} \frac{n!}{\sqrt{n}\,(n/e)^n} = \sqrt{2\pi}.$$

Hinweis: *Durch Anwendung der Trapezregel* (11.18) *auf die Logarithmusfunktion zeige man zunächst die Existenz der Grenzwerte (vgl. Beispiel* 8.1*)*

$$\lim_{n\to\infty}\left(\sum_{k=1}^{n} \ln k - \left(n+\frac{1}{2}\right)\ln n - n\right) \quad \text{bzw.} \quad \lim_{n\to\infty} c_n = \lim_{n\to\infty} \frac{n!}{\sqrt{n}\,(n/e)^n} = c. \quad (11.19)$$

Man berechne dann c mit Hilfe des Wallisprodukts aus der Beziehung $c = \lim\limits_{n\to\infty} \frac{c_n^2}{c_{2n}}$.

Der Nachweis der Existenz der Grenzwerte (11.19) *ist notwendig, da es Folgen* $(c_n)_n$ *gibt, die nicht konvergieren, bei denen aber* $\lim\limits_{n\to\infty} \frac{c_n^2}{c_{2n}}$ *existiert. Gib ein Beispiel einer solchen Folge.*

◇ **11.26 (Euler-Mascheronische[8] Konstante)** *Zeige, daß der Grenzwert*[9]

$$\gamma := \lim_{n\to\infty}\left(\sum_{k=1}^{n} \frac{1}{k} - \ln n\right)$$

existiert und berechne eine 6-stellige Näherung.

11.27 *Man leite aus einer Rekursionsformel eine explizite Formel für die Integralfunktionen* $\int \ln^n x \, dx$ $(n \in \mathbb{N}_0)$ *ab.*

[8] Lorenzo Mascheroni [1750–1800]

[9] Das Symbol γ ist der griechische Buchstabe „gamma".

◇ **11.28** *Bestätige die Rekursionsformeln* $(n \geq 2)$

$$\int \arcsin^n x\,dx = n\sqrt{1-x^2}\arcsin^{n-1} x + x\arcsin^n x + n(1-n)\int \arcsin^{n-2} x\,dx$$

sowie

$$\int_0^1 \arcsin^n x\,dx = \left(\frac{\pi}{2}\right)^n + n(1-n)\int_0^1 \arcsin^{n-2} x\,dx\,.$$

Schließlich beweise man eine explizite Formel für $\int_0^1 \arcsin^n x\,dx$. Hinweis: *Man wende partielle Integration sowohl mit* $u'(x) = 1$ *als auch mit* $u'(x) = \arcsin x$ *an und fasse die beiden Resultate in geeigneter Weise zusammen.*

11.29 *Man beweise mit Hilfe von Substitution und partieller Integration den in Übungsaufgabe* 7.24 *geometrisch interpretierten Sachverhalt: Ist* $f : [0,a] \to \mathbb{R}$ *stetig und streng wachsend mit* $f(0) = 0$, *so gilt*

$$\int_0^a f(x)\,dx + \int_0^{f(a)} f^{-1}(y)\,dy = a\,f(a)\,.$$

11.30 *Man erstelle eine Integralliste als Zusammenfassung aller bisher erzielten Ergebnisse.*

11.5 Uneigentliche Integrale

Bislang hatten wir Integrale für in abgeschlossenen beschränkten Intervallen beschränkte Funktionen f betrachtet. Ist eine dieser Voraussetzungen verletzt, d. h. ist entweder f oder das Intervall I unbeschränkt oder gar beides, so heißt das Integral *uneigentlich*.

Definition 11.2 (Uneigentliche Integrale) Ist etwa $I = [a, \infty)$ und f für alle $b > a$ integrierbar in $[a, b]$, so definieren wir

$$\int_a^\infty f(x)\,dx := \lim_{b\to\infty} \int_a^b f(x)\,dx \quad ,$$

falls dieser Grenzwert existiert. Entsprechend gilt

$$\int_{-\infty}^b f(x)\,dx := \lim_{a\to-\infty} \int_a^b f(x)\,dx$$

und

$$\int_{-\infty}^{\infty} f(x)\,dx := \lim_{a\to-\infty} \int_{a}^{0} f(x)\,dx + \lim_{b\to\infty} \int_{0}^{b} f(x)\,dx\,. \tag{11.20}$$

Im letzten Fall betrachten wir auch den speziellen Grenzwert

$$\lim_{b\to\infty} \int_{-b}^{b} f(x)\,dx\,,$$

welcher, falls er existiert, der *Cauchysche Hauptwert* des Integrals $\int_{-\infty}^{\infty} f(x)\,dx$ genannt wird.

Ist nun andererseits der Integrand f im offenen Intervall (a, b) unbeschränkt, aber für alle $\varepsilon \in (0, b-a)$ im Intervall $[a+\varepsilon, b]$ integrierbar, definieren wir

$$\int_{a}^{b} f(x)\,dx := \lim_{\varepsilon\to 0+} \int_{a+\varepsilon}^{b} f(x)\,dx\,,$$

und entsprechend, falls f für alle $\varepsilon \in (0, b-a)$ in $[a, b-\varepsilon]$ integrierbar ist

$$\int_{a}^{b} f(x)\,dx := \lim_{\varepsilon\to 0+} \int_{a}^{b-\varepsilon} f(x)\,dx\,.$$

Existiert ein endlicher Grenzwert, heißt das entsprechende Integral konvergent, andernfalls divergent. Ist der Grenzwert $\pm\infty$, so nennen wir das Integral bestimmt divergent.

Ist sowohl f als auch das Integrationsintervall I unbeschränkt, wird das uneigentliche Integral entsprechend definiert. $\triangle$

Wir geben einige Beispiele.

Beispiel 11.14 Für das Integral $\int_{1}^{\infty} \frac{1}{x^\alpha}\,dx$ erhalten wir

$$\int_{1}^{\infty} \frac{1}{x^\alpha}\,dx = \lim_{b\to\infty} \int_{1}^{b} \frac{1}{x^\alpha}\,dx = \lim_{b\to\infty} \frac{x^{1-\alpha}}{1-\alpha}\bigg|_{1}^{b} = \lim_{b\to\infty} \frac{b^{1-\alpha}-1}{1-\alpha} = \frac{1}{\alpha-1}$$

für $\alpha > 1$ Konvergenz. Ist andererseits $\alpha \leq 1$, so divergiert das Integral bestimmt gegen $+\infty$.

Beispiel 11.15 Bei dem Integral $\int\limits_0^1 \frac{1}{x^\alpha}\,dx$ erhalten wir dagegen

$$\int\limits_0^1 \frac{1}{x^\alpha}\,dx = \lim_{\varepsilon\to 0+} \int\limits_\varepsilon^1 \frac{1}{x^\alpha}\,dx = \lim_{\varepsilon\to 0+} \left.\frac{x^{1-\alpha}}{1-\alpha}\right|_\varepsilon^1 = \lim_{\varepsilon\to 0+} \frac{1-\varepsilon^{1-\alpha}}{1-\alpha} = \frac{1}{1-\alpha}$$

für $\alpha < 1$ Konvergenz. Dieses Integral divergiert für $\alpha \geq 1$ bestimmt gegen $+\infty$.

Beispiel 11.16 (Grenzwert existiert nicht) Das Integral $\int\limits_0^\infty \sin x\,dx$ existiert nicht. Tatsächlich oszilliert $\int\limits_0^b \sin x\,dx = 1 - \cos b$ für große b zwischen 0 und 2, und der Grenzwert für $b \to \infty$ existiert nicht. Erst recht existiert dann $\int\limits_{-\infty}^\infty \sin x\,dx$ nicht, da dazu sowohl $\int\limits_0^\infty \sin x\,dx$ als auch $\int\limits_{-\infty}^0 \sin x\,dx$ existieren müßten. Andererseits existiert der Cauchysche Hauptwert

$$\lim_{b\to\infty} \int\limits_{-b}^b \sin x\,dx = \lim_{b\to\infty} (-\cos x)\Big|_{-b}^b = 0\,,$$

also ist die Existenz des Cauchyschen Hauptwerts nicht hinreichend für die Konvergenz des Integrals (11.20).

Konvergiert aber (11.20), ist dieser Wert gleich dem Cauchyschen Hauptwert.

Beispiel 11.17

$$\begin{aligned}\int\limits_{-1}^1 \frac{1}{\sqrt{1-x^2}}\,dx &= \lim_{\varepsilon\to 0+} \int\limits_{-1+\varepsilon}^0 \frac{1}{\sqrt{1-x^2}}\,dx + \lim_{\varepsilon\to 0+} \int\limits_0^{1-\varepsilon} \frac{1}{\sqrt{1-x^2}}\,dx \\ &= -\lim_{\varepsilon\to 0+} \arcsin(\varepsilon - 1) + \lim_{\varepsilon\to 0+} \arcsin(1-\varepsilon) = \pi\,.\end{aligned}$$

Beispiel 11.18

$$\begin{aligned}\int\limits_{-\infty}^\infty \frac{1}{1+x^2}\,dx &= \lim_{a\to-\infty} \int\limits_a^0 \frac{1}{1+x^2}\,dx + \lim_{b\to\infty} \int\limits_0^b \frac{1}{1+x^2}\,dx \\ &= -\lim_{a\to-\infty} \arctan a + \lim_{b\to\infty} \arctan b = \pi\,. \quad \triangle\end{aligned}$$

Wir werden in der Folge der Einfachkeit halber dem Substitutionssymbol die folgende neue Bedeutung geben:

$$F(x)\Big|_a^b := \lim_{x\to b-} F(x) - \lim_{x\to a+} F(x)\,.$$

Damit spart man sich die explizite Erwähnung vieler Grenzwerte. Bei unseren DERIVE Funktionen hatten wir ohnehin bereits diese Definition verwendet.

Wir bemerken an dieser Stelle, daß sich alle Integrationsregeln wie Linearität, Integration durch Substitution oder partielle Integration sinngemäß auf uneigentliche Integrale anwenden lassen.

Als nächstes geben wir ein Konvergenzkriterium für uneigentliche Integrale, dessen Beweis wir als Übungsaufgabe lassen.

Satz 11.10 (Vergleichskriterium für uneigentliche Integrale) Sei $\int\limits_a^b f(x)\,dx$ ein uneigentliches Integral.[10]

(a) Ist $\int\limits_a^b g(x)\,dx$ konvergent und gilt $|f(x)| \le g(x)$ für alle $x \in (a,b)$, dann konvergiert auch $\int\limits_a^b f(x)\,dx$.

(b) Ist $\int\limits_a^b g(x)\,dx$ divergent und gilt $f(x) \ge g(x) \ge 0$ für alle $x \in (a,b)$, dann divergiert auch $\int\limits_a^b f(x)\,dx$. □

Beispiel 11.19 (Laplace-Transformation) Sei f stückweise stetig für $x \ge 0$ und sei

$$|f(x)| \le K\,e^{\alpha x} \qquad \text{für alle } x \ge b$$

für geeignete Konstanten α, b und $K > 0$. Dann konvergiert

$$\widehat{f}(s) := \int\limits_0^\infty e^{-sx}\, f(x)\,dx$$

für alle $s > \alpha$. Das ist eine unmittelbare Anwendung von Satz 11.10 (a), denn

$$\int\limits_0^\infty e^{-sx}\, e^{\alpha x}\,dx = \int\limits_0^\infty e^{(\alpha-s)\,x}\,dx = \left.\frac{e^{(\alpha-s)\,x}}{\alpha-s}\right|_0^\infty = \frac{1}{s-\alpha}\,.$$

Die Funktion $\widehat{f}$ heißt die *Laplace-Transformierte*[11] von f. In Übungsaufgabe 11.36 sind die Laplace-Transformierten einiger elementarer Funktionen zu bestimmen. △

Man kann nun folgenden Zusammenhang zwischen der Konvergenz von Reihen und der unbestimmter Integrale feststellen.

[10] Wir erlauben hier, daß $\pm\infty$ als Integrationsgrenzen auftreten.

[11] PIERRE SIMON LAPLACE [1749–1827]

Satz 11.11 (Integralkriterium für Reihen) Sei $f : [0,\infty) \to \mathbb{R}$ eine positive fallende Funktion. Dann konvergiert die Reihe $\sum\limits_{k=0}^{\infty} f(k)$ genau dann, wenn das uneigentliche Integral $\int\limits_0^{\infty} f(x)\,dx$ konvergiert. Genauer gilt die Abschätzung

$$\sum_{k=1}^{\infty} f(k) \le \int_0^{\infty} f(x)\,dx \le \sum_{k=0}^{\infty} f(k)\,. \tag{11.21}$$

Beweis: Wegen der Monotonie gilt die Ungleichungskette

$$f(k) \le f(x) \le f(k-1) \qquad (x \in [k-1,k])$$

und durch Integration von $k-1$ bis k erhalten wir

$$f(k) \le \int_{k-1}^{k} f(x)\,dx \le f(k-1)\,.$$

Summieren wir von $k = 1$ bis n, ergibt sich

$$\sum_{k=1}^{n} f(k) \le \int_0^{n} f(x)\,dx \le \sum_{k=0}^{n-1} f(k)\,.$$

Konvergiert nun $\int\limits_0^{\infty} f(x)\,dx$, ist die Reihe $\sum\limits_{k=1}^{n} f(k)$ der Partialsummen beschränkt und daher konvergent. Wird umgekehrt $\sum\limits_{k=0}^{n} f(k)$ als konvergent vorausgesetzt, folgt monotones Wachstum und Beschränktheit von $\int\limits_0^{n} f(x)\,dx$ und daher Konvergenz von $\int\limits_0^{\infty} f(x)\,dx$. Durch Grenzübergang $n \to \infty$ erhalten wir (11.21). □

Eine Anwendung auf Beispiel 11.14 liefert

Korollar 11.2 Die Reihe

(4.12) $$\sum_{k=1}^{\infty} \frac{1}{k^{\alpha}} \quad (\alpha > 0)$$

konvergiert für $\alpha > 1$ und divergiert für $\alpha \le 1$. □

Das nächste Beispiel zeigt eine vieler Möglichkeiten, wie Fakultäten durch uneigentliche Integrale ausgedrückt werden können.

Beispiel 11.20 (Eulersche Gammafunktion) Das unbestimmte Integral[12]

$$\Gamma(x) := \int_0^\infty t^{x-1}\, e^{-t}\, dt \tag{11.22}$$

heißt *Gammafunktion*. Zunächst zeigen wir, daß $\Gamma(x)$ für alle $x > 0$ wohldefiniert ist. Das Integral ist sowohl bzgl. des linken als auch bzgl. des rechten Intervallendes uneigentlich. Die Konvergenz folgt aus Satz 11.10 wegen der Beziehungen

$$t^{x-1}\, e^{-t} \le \frac{1}{t^{1-x}} \quad (t > 0) \qquad \text{sowie} \qquad t^{x-1} \le K\, e^{t/2} \quad (t > b)$$

aus den Beispielen 11.14 bzw. 11.19.

Wir berechnen die Gammafunktion zunächst für natürliche Argumente. Für $n = 1$ wird das Integral zu

$$\Gamma(1) = \int_0^\infty e^{-t}\, dt = -e^{-t}\Big|_0^\infty = 1\,, \tag{11.23}$$

und für $x \neq 1$ integrieren wir partiell und erhalten die Rekursion

$$\begin{aligned} \Gamma(x) &= \int_0^\infty t^{x-1}\, e^{-t}\, dt = -e^{-t}\, t^{x-1}\Big|_0^\infty + (x-1)\int_0^\infty t^{x-2}\, e^{-t} dt \\ &= (x-1)\,\Gamma(x-1)\,. \end{aligned} \tag{11.24}$$

Zusammen mit dem Anfangswert (11.23) erhalten wir durch Induktion die Werte

$$\Gamma(n) = (n-1)! \qquad (n \in \mathbb{N})\,.$$

Man beachte, daß die Rekursionsformel (11.24) für alle $x > 1$ gültig ist.

Sitzung 11.7 DERIVE kann uneigentliche Integrale aller betrachteten Typen berechnen. Z. B. erzeugt der Ausdruck `VECTOR(INT(t^k EXP(-t),t,0,inf),k,0,6)` die Integrale

$$\left[\int_0^\infty \hat{e}^{-t}\, dt, \int_0^\infty t\, \hat{e}^{-t}\, dt, \int_0^\infty t^2\, \hat{e}^{-t}\, dt, \int_0^\infty t^3\, \hat{e}^{-t}\, dt, \int_0^\infty t^4\, \hat{e}^{-t}\, dt, \int_0^\infty t^5\, \hat{e}^{-t}\, dt, \int_0^\infty t^6\, \hat{e}^{-t}\, dt\right],$$

und `Simplify` liefert

2: [1, 1, 2, 6, 24, 120, 720] .

[12] Das Symbol Γ ist der große griechische Buchstabe „Gamma".

DERIVE kennt die Gammafunktion $\Gamma(x)$, und sie kann mit **GAMMA(x)** oder mit Hilfe der Tastenkombination **<ALT> G** eingegeben werden. Der Ausdruck **GAMMA(x)** wird durch `Simplify` in $(x-1)!$ konvertiert. Eine graphische Darstellung der Gammafunktion liefert Abbildung 11.2. Nach Definition (11.22) ist die Gammafunktion nur für $x > 0$ definiert. Man setzt aber die Gammafunktion gemäß der Rekursion (11.24) sukzessive auf die negative reelle Achse fort. Die resultierende Funktion hat Pole an den Stellen $-n$ ($n \in \mathbb{N}_0$).

Das uneigentliche Integral $\int\limits_0^\infty \frac{1}{\sqrt{e^{2x}+1}}dx$ ist ein Beispiel eines Integrals, das DERIVE nicht finden kann,[13] das aber durch direkte Substitution gelöst werden kann. Mit `Manage Logarithm Collect` wird der Ausdruck

```
BEST_INT_SUBST(1/SQRT(EXP(2 x)+1),x,0,inf,EXP(2 x)+1)
```

zu $-\ln(\sqrt{2}-1)$ vereinfacht.

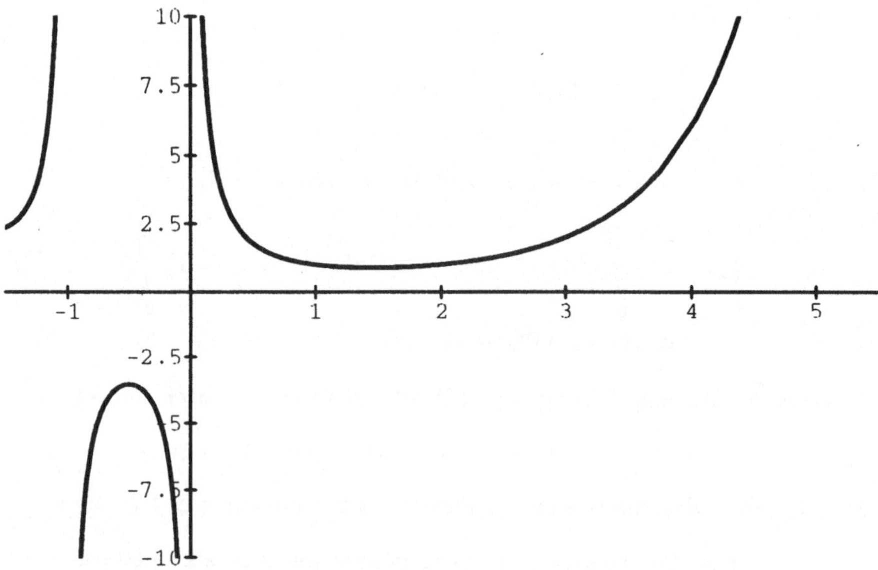

Abbildung 11.2 Eine graphische Darstellung der Gammafunktion

ÜBUNGSAUFGABEN

◇ **11.31** *Man berechne die folgenden Integrale*

$$\text{(a)} \int\limits_0^1 \frac{1}{\sqrt{1-x^2}\,(1+x^2)}dx, \text{ (b)} \int\limits_2^\infty \frac{1}{\sqrt{1+x^2}\,(1-x^2)}dx, \text{ (c)} \int\limits_1^\infty \frac{1}{\sqrt{x^2-1}\,(1+x^2)}dx\,.$$

11.32 *Man beweise Satz 11.10.*

[13] DERIVE findet zwar eine Stammfunktion, aber nicht deren Grenzwerte an den Intervallenden.

◇ **11.33** *Für jedes der untenstehenden Integrale bestimme man, ob es konvergiert (und berechne es in diesem Fall, gegebenenfalls numerisch), divergiert oder nicht existiert.*

(a) $\int\limits_0^\infty e^{-\sqrt{x}}\,dx$, (b) $\int\limits_0^\infty e^{-x}\sin x\,dx$, (c) $\int\limits_1^\infty e^{-x}\ln x\,dx$,

(d) $\int\limits_{-\infty}^0 e^{x}\,dx$, (e) $\int\limits_0^\infty x\,e^{-x^2}\,dx$, (f) $\int\limits_{-\infty}^0 x^n e^{x}\,dx \quad (n \in \mathbb{N}_0)$,

(g) $\int\limits_0^\infty \frac{1}{\sqrt{x}}\,dx$, (h) $\int\limits_1^\infty \frac{\sin x}{x^2}\,dx$, (i) $\int\limits_0^1 \frac{\sin x}{x}\,dx$.

11.34 *Zeige die folgende Darstellung der Partialsummen der Exponentialreihe ($n \in \mathbb{N}_0$)*

$$\sum_{k=0}^{n} \frac{x^k}{k!} = \frac{e^x}{n!} \int\limits_x^\infty t^n\,e^{-t}\,dt\,.$$

Hinweis: *Benutze den Hauptsatz der Differential- und Integralrechnung.*

⋆ **11.35** *Berechne:*

(a) $\int\limits_0^1 x^m \ln^n x\,dx \quad (m, n \in \mathbb{N})$, (b) $\int\limits_0^1 x^n (1-x)^m\,dx \quad (m, n \in \mathbb{N}_0)$,

(c) $\int\limits_0^\infty \frac{1}{(1+x^2)^n}\,dx \quad (n \in \mathbb{N}_0)$, (d) $\int\limits_0^1 \frac{x^n}{\sqrt{1-x^2}}\,dx \quad (n \in \mathbb{N}_0)$.

Hinweis: *Man führe geeignete Substitutionen durch, um eines der bekannten Integrale $\int\limits_0^{\pi/2} \sin^n t\,dt$ (s. (11.16) und (11.17)) bzw. $\int\limits_0^\infty t^n e^{-t}\,dt = n!$ nutzen zu können, oder leite durch partielle Integration geeignete Rekursionsformeln her.*

◇ **11.36** *Man berechne die Laplace-Transformierten $\widehat{f}(s)$ der Funktionen*

(a) $f(x) = e^{ax} \quad (a \in \mathbb{R})$, (b) $f(x) = \sin(ax) \quad (a \in \mathbb{R})$,

(c) $f(x) = \cos(ax) \quad (a \in \mathbb{R})$, (d) $f(x) = \sinh(ax) \quad (a \in \mathbb{R})$,

(e) $f(x) = \cosh(ax) \quad (a \in \mathbb{R})$, (f) $f(x) = e^{-x^2}$,

(g) $f(x) = g(ax) \quad (a \in \mathbb{R})$, (h) $f(x) = \mathrm{STEP}\,(x-a) \quad (a > 0)$,

(i) $f(x) = x^a \quad (a > 0)$, (j) $f(x) = \chi_{[a,b]}(x) \quad (0 < a < b)$,

und gebe an, für welche $s \in \mathbb{R}$ sie definiert sind.

◇ **11.37** *Zeige die Identität*

$$\int_0^1 -\frac{\ln(1-t)}{t}dt = \int_0^\infty \frac{x\,e^{-x}}{1-e^{-x}}dx = \int_0^1 \left(\int_0^1 \frac{1}{1-xy}\,dx\right) dy\,.$$

Berechne die Integrale numerisch. Ihr exakter Wert ist $\pi^2/6$.

11.38 *Berechne die folgenden uneigentlichen Integrale*

(a) $\displaystyle\int_0^1 \frac{x^5}{\sqrt{1-x^3}}dx$, (b) $\displaystyle\int_0^1 \frac{x^7}{\sqrt{1-x^4}}dx$, (c) $\displaystyle\int_0^1 \frac{x^9}{\sqrt{1-x^5}}dx$,

(d) $\displaystyle\int_1^\infty \frac{1}{\sinh x\,\cosh^2 x}dx$, (e) $\displaystyle\int_2^\infty \frac{1}{\sqrt{x}\,(1-x)}dx$, (f) $\displaystyle\int_0^1 \frac{-\ln x}{\sqrt{x}}dx$,

(g) $\displaystyle\int_0^1 \arcsin^5 x\,dx$, (h) $\displaystyle\int_{-\infty}^\infty \frac{1}{1+x^4}\,dx$, (i) $\displaystyle\int_0^\infty \left(\frac{\pi}{2}-\arctan(x^2)\right) dx$,

(j) $\displaystyle\int_0^\infty \frac{1}{1+x^3}\,dx$, (k) $\displaystyle\int_{-1}^\infty \frac{1}{1+x^2}\,dx$, (l) $\displaystyle\int_{-1}^\infty \frac{1}{1+x^4}\,dx$.

11.6 Volumen- und Oberflächenberechnungen

Als eine Anwendung der Integration behandeln wir in diesem Abschnitt Techniken zur Approximation von Volumina und Oberflächeninhalten durch Riemann-Summen, welche schließlich ermöglichen, diese Volumina und Oberflächeninhalte durch Integrale zu berechnen. Wir nehmen hierzu einen elementargeometrischen Standpunkt bezüglich der auftretenden Begriffe Volumen, Schnitt- bzw. Oberfläche ein.

Zunächst betrachten wir einen Körper K in $\mathbb{R}^3$ sowie ferner eine senkrecht zur x-Achse stehende Ebene $E_\xi = \{x = \xi\} := \{(x, y, z) \in \mathbb{R}^3 \mid x = \xi\}$. Die Schnittfläche der Ebene E_ξ mit dem Körper K habe einen Flächeninhalt $A(\xi)$. Schneiden sich E_ξ und K nicht, setzen wir $A(\xi) = 0$.

Wir sprechen vom *Volumen* von K *zwischen* $x = a$ *und* $x = b$ als dem Volumen desjenigen Teils von K, der zwischen den Ebenen $\{x = a\}$ und $\{x = b\}$ liegt, und schreiben hierfür VOLUMEN (K, x, a, b).

Zerlegen wir $[a, b]$ in n Teilintervalle $I_k = [x_{k-1}, x_k]$ $(k = 1, \ldots, n)$, können wir dieses Volumen als die Summe

$$\text{VOLUMEN}\,(K, x, a, b) = \sum_{k=1}^n \text{VOLUMEN}\,(K, x, x_{k-1}, x_k) \tag{11.25}$$

der Volumina kleinerer Scheiben schreiben. Ist die Länge $\Delta x_k = x_k - x_{k-1}$ von I_k hinreichend klein, so können wir das Volumen der k. Scheibe für ξ_k in I_k durch

$$\text{VOLUMEN}\,(K, x, x_{k-1}, x_k) \approx A(\xi_k)\,\Delta x_k \tag{11.26}$$

annähern. Kombinieren wir (11.25) und (11.26), so wird also das Volumen durch die Riemann-Summe

$$\text{VOLUMEN}\,(K, x, a, b) \approx \sum_{k=1}^{n} A(\xi_k)\,\Delta x_k$$

approximiert. Im Grenzfall erhalten wir gegebenenfalls

$$\text{VOLUMEN}\,(K, x, a, b) := \int_a^b A(x)\,dx\,. \tag{11.27}$$

Wir nennen dies die *Scheibenmethode* zur Volumenberechnung, deren Erfolg von der Berechenbarkeit des Schnittflächeninhalts $A(x)$ abhängt. Wir bemerken, daß wir das Volumen einfach durch das Integral definieren. Eine zufriedenstellende Definition des Volumens würde allerdings erfordern, daß wir zeigen, daß sie vom gewählten Koordinatensystem unabhängig ist. Derartige Fragestellungen müssen an dieser Stelle allerdings unbeantwortet bleiben.

Beispiel 11.21 (Das Volumen einer Pyramide) Wir betrachten eine Ebene E in $\mathbb{R}^3$, ein Gebiet G in E und einen Punkt P, der außerhalb von E liegt. Indem wir P mit allen Punkten von G verbinden, erhalten wir eine *Pyramide*, deren *Grundfläche* G ist, und deren *Höhe* die Entfernung von P zu E ist. Schon DEMOKRIT wußte, daß sich das Volumen dieser Pyramide zu

$$V = \frac{Ah}{3}$$

ergibt, wobei A der Flächeninhalt der Grundfläche und h die Höhe der Pyramide ist. Um dies zu beweisen, wählen wir P als Ursprung des Koordinatensystems und E als die Ebene $\{x = h\}$, so daß h die Höhe der Pyramide ist. Wir zerschneiden die Pyramide senkrecht zur x-Achse, wobei $A(\xi)$ der Flächeninhalt der Schnittfläche der Pyramide mit der Ebene $\{x = \xi\}$ ist, und erhalten

$$A(h) = A \qquad \text{und} \qquad A(0) = 0\,.$$

Aus dem Strahlensatz folgt die Beziehung $(0 \le \xi \le h)$

$$A(\xi) = \frac{\xi^2}{h^2}\,A(h)\,. \tag{11.28}$$

Das Volumen der Pyramide ergibt sich also zu

$$V = \int_0^h A\,\frac{x^2}{h^2}\,dx = \frac{A}{h^2}\,\frac{x^3}{3}\bigg|_0^h = \frac{Ah}{3}\,.$$

Beispiel 11.22 (Volumen einer Kugel) Zur Berechnung des Volumens V einer *Kugel* mit dem Radius r wählen wir den Ursprung als Mittelpunkt. Der Flächeninhalt der Schnittfläche der Kugel mit der Ebene $\{x = \xi\}$ ist $(0 \leq \xi \leq r)$

$$A(\xi) = \pi\,(r^2 - \xi^2)\,. \tag{11.29}$$

Wir erhalten also

$$V = \int_{-r}^{r} A(x)\,dx = \int_{-r}^{r} \pi(r^2 - x^2)\,dx = \pi\left(r^2 x - \frac{x^3}{3}\right)\Bigg|_{-r}^{r} = \frac{4\pi r^3}{3}\,. \quad \triangle \tag{11.30}$$

In der Folge betrachen wir Rotationskörper. Hierzu sei G ein Gebiet der xy-Ebene, das oberhalb der x-Achse liege und das nun um die x-Achse gedreht wird. Dabei geht jeder Punkt $(\xi, \eta) \in G$ in die Kreislinie

$$y^2 + z^2 = \eta^2\,, \qquad x = \xi$$

in $\mathbb{R}^3$ über. Der erhaltene Körper heißt *Rotationskörper*. Dreht man G um die y-Achse, so erhält man einen völlig anderen Rotationskörper, s. auch Übungsaufgabe 11.41.

Wir wollen nun Volumen und Oberflächeninhalt eines Rotationskörpers bestimmen. Das Volumen eines Rotationskörpers K kann man leicht mit der Schnittmethode berechnen: Jede Schnittfläche von K ist nämlich eine Kreisscheibe. Sei die Funktion auf $[a, b]$ nichtnegativ, und das Gebiet G sei durch

(7.1)
- den Graphen von f (oben),
- die x-Achse (unten) und
- die zwei vertikalen Geraden $x = a$ und $x = b$ (links und rechts)

bestimmt, sei ferner K der Rotationskörper, den man erhält, wenn man G um die x-Achse dreht. Schneiden wir K bei $x = \xi$, so ist die Schnittfläche eine Kreisscheibe mit Radius $f(\xi)$, also gilt

$$A(\xi) = \pi\, f(\xi)^2\,.$$

Somit erhält man mit (11.27)

$$\text{VOLUMEN}\,(K, x, a, b) = \pi \int_a^b f(x)^2\,dx\,. \tag{11.31}$$

Dies ist die sog. *Kreisscheibenmethode* zur Berechnung des Volumens eines Rotationskörpers.

Beispiel 11.23 (Nochmals die Kugel) Die Kugel

$$x^2 + y^2 + z^2 = r^2$$

ist ebenfalls ein Rotationskörper, den man erhält, wenn man das Gebiet (7.1) um die x-Achse dreht. Hier sind $f(x) = \sqrt{r^2 - x^2}$, $a = -r$ und $b = r$. Man kann deshalb das Volumen V der Kugel auch durch

$$V = \pi \int_{-r}^{r} (r^2 - x^2)\, dx = \pi \left(r^2 x - \frac{x^3}{3} \right) \Bigg|_{-r}^{r} = \frac{4}{3} \pi r^3$$

berechnen, entsprechend (11.30).

Sitzung 11.8 Die DERIVE-Funktion

```
ROTATIONSVOLUMEN(f,x,a,b):=pi INT(f^2,x,a,b)

RV(f,x,a,b):=ROTATIONSVOLUMEN(f,x,a,b)
```

berechnet das Volumen des Rotationskörpers, den man erhält, wenn man den Graphen von f zwischen $x = a$ und $x = b$ um die x-Achse dreht, entsprechend Gleichung (11.31). Wir vereinfachen z. B. für das Volumen einer Kugel mit dem Radius r den Ausdruck `RV(SQRT(r^2-x^2),x,-r,r)` zu

$$2: \quad \frac{4\pi r^3}{3}.$$

Weitere Beispiele für Volumenberechnungen von Rotationskörpern sind

Bezeichnung	DERIVE Eingabe	DERIVE Ausgabe[14]
Sinusfunktion	`RV(SIN(x),x,0,pi)`	$\frac{\pi^2}{2}$,
einschaliges Hyperboloid	`RV(b SQRT(x^2/a^2+1),x,0,h)`	$\frac{\pi b^2 h^3}{3a^2} + \pi b^2 h$,
zweischaliges Hyperboloid	`RV(b SQRT(x^2/a^2-1),x,a,h)`	$\frac{\pi b^2(2a^3-3a^2h+h^3)}{3a^2}$,
Ellipsoid	`RV(b SQRT(1-x^2/a^2),x,-a,a)`	$\frac{4\pi a b^2}{3}$,
Paraboloid	`RV(SQRT(x),x,0,h)`	$\frac{\pi h^2}{2}$,
Kegel der Öffnung α	`RV(TAN(alpha/2)x,x,0,h)`	$\frac{\pi h^3 \operatorname{TAN}\left[\frac{\alpha}{2}\right]^2}{3}$.

Beispiel 11.24 (Unbeschränkte Körper) Wir können bei der Volumenberechnung (11.27) oder (11.31) auch den Fall unbeschränkter Integrationsgrenzen a und b und damit uneigentliche Integrale betrachten. Der fragliche Körper ist dann unbeschränkt, kann jedoch trotzdem ein endliches Volumen besitzen.

[14] Die Ergebnisse wurden mit `Simplify`, `Expand` bzw. `Factor` erzielt. Man finde heraus, welches Kommando an welcher Stelle sinnvoll ist.

Man betrachte beispielsweise das Gebiet G, daß durch (7.1) mit $f(x) = \frac{1}{x}$, $a = 1$ und $b = \infty$ erklärt wird. Dreht man G um die x-Achse, so erhält man einen Körper mit dem Volumen

$$V = \pi \int_1^\infty \frac{1}{x^2}\, dx = -\frac{\pi}{x}\Big|_1^\infty = \pi\,. \quad \triangle$$

Man kann auch den Oberflächeninhalt eines Rotationskörpers bestimmen. Die *Rotationsfläche* ROTATIONSFLÄCHE (f, x, a, b) eines Rotationskörpers erhalten wir wie folgt: Zerlegen wir das Intervall $[a, b]$ in n Teilintervalle $I_k = [x_{k-1}, x_k]$, so wird die Rotationsfläche in n Streifen zerlegt

$$\text{ROTATIONSFLÄCHE}\,(f, x, a, b) = \sum_{k=1}^{n} \text{ROTATIONSFLÄCHE}\,(f, x, x_{k-1}, x_k)\,.$$

Wir nehmen in der Folge an, daß f differenzierbar ist. Ist Δx_k hinreichend klein, dann können wir den k. Streifen für jedes ξ_k in I_k durch einen Kegelabschnitt oder gleichwertig durch einen Kreiszylinder der Höhe

$$\sqrt{\Delta x_k^2 + \Delta f(x_k)^2} = \sqrt{1 + \left(\frac{f(x_k) - f(x_{k-1})}{x_k - x_{k-1}}\right)^2}\,\Delta x_k \approx \sqrt{1 + f'(\xi_k)^2}\,\Delta x_k$$

und dem Radius $f(\xi_k)$ approximieren, s. Abbildung 11.3.

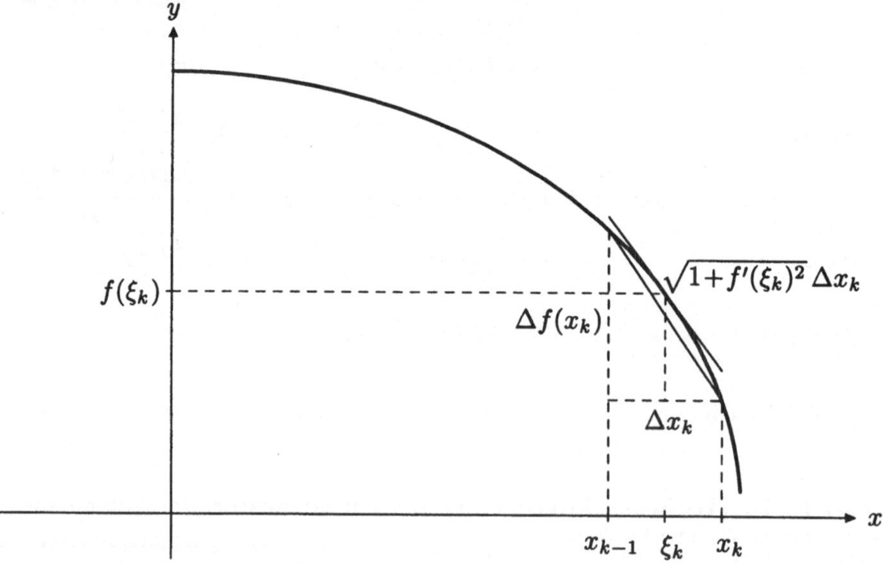

Abbildung 11.3 Zur Berechnung des Flächeninhalts einer Rotationsfläche

Wir erhalten also

$$\text{ROTATIONSFLÄCHE}\,(f, x, x_{k-1}, x_k) \approx 2\pi f(\xi_k)\sqrt{1 + f'(\xi_k)^2}\,\Delta x_k$$

und können so die Rotationsfläche durch die Riemann-Summe

$$\text{ROTATIONSFLÄCHE}\,(f, x, a, b) \approx 2\pi \sum_{k=1}^{n} f(\xi_k)\sqrt{1 + f'(\xi_k)^2}\,\Delta x_k$$

annähern. Im Grenzfall ergibt sich

$$\text{ROTATIONSFLÄCHE}\,(f, x, a, b) = 2\pi \int_a^b f(x)\sqrt{1 + f'(x)^2}\,dx \tag{11.32}$$

Beispiel 11.25 (Oberfläche einer Kugel) Wir wollen den Oberflächeninhalt A einer Kugel mit Radius r berechnen und wählen hierzu wieder den Ursprung als Mittelpunkt. Man erhält die Kugel als Rotationsfläche von $\sqrt{r^2 - x^2}$ zwischen $x = -r$ und $x = r$. Damit ergibt sich

$$\begin{aligned} A &= 4\pi \int_0^r f(x)\,\sqrt{1 + f'(x)^2}\,dx = 4\pi \int_0^r \sqrt{r^2 - x^2}\sqrt{1 + \left(\frac{-x}{\sqrt{r^2 - x^2}}\right)^2}\,dx \\ &= 4\pi \int_0^r \sqrt{r^2 - x^2}\sqrt{\frac{r^2}{r^2 - x^2}}\,dx = 4\pi r \int_0^r dx = 4\pi r^2\,. \end{aligned}$$

Sitzung 11.9 Die DERIVE-Funktion

```
ROTATIONSFLÄCHE(f,x,a,b):=2 pi INT(f SQRT(1+DIF(f,x)^2),x,a,b)
RF(f,x,a,b):=ROTATIONSFLÄCHE(f,x,a,b)
```

berechnet den Oberflächeninhalt des Rotationskörpers, den man erhält, wenn man den Graphen von f zwischen $x = a$ und $x = b$ um die x-Achse dreht, entsprechend Gleichung (11.32).

Beispiele für Oberflächenberechnungen von Rotationskörpern sind

DERIVE Eingabe	Ausgabe nach `Simplify`
`RF(SQRT(r^2-x^2),x,-r,r)`	$4\pi r\,\lvert r\rvert$,
`RF(1/x,x,1,inf)`	∞ ,
`RF(SIN(x),x,0,pi)`	$2\,\pi\,\text{LN}\left(\sqrt{2}+1\right) + 2\sqrt{2}\,\pi$,
`RF(TAN(alpha/2)x,x,0,h)`	$\dfrac{\sqrt{2}\,\pi\,h^2\,(1 - \text{COS}\,(\alpha))^{3/2}}{\text{SIN}\,(\alpha)\ \lvert\text{SIN}\,(\alpha)\rvert}$.

Es folgen approximierte Werte der Oberflächeninhalte `ROTATIONSFLÄCHE(x^n,x,0,1)` für $n = 10^k$ $(k = 0, 1, 2, 3)$.

n	1	10	100	1000
ROTATIONSFLÄCHE $(x^n, x, 0, 1)$	4.4288	3.22326	3.14331	3.14159

Dies nähert sich für $n \to \infty$ offenbar π. Warum?

ÜBUNGSAUFGABEN

11.39 *Man beweise (11.28) und (11.29) elementargeometrisch.*

11.40 *Wir haben den Fall der Drehung eines ebenen Gebiets um die x-Achse behandelt. Man stelle das Volumen des Körpers, den man erhält, wenn man das Gebiet (7.1) für eine streng monotone Funktion f um die y-Achse dreht, durch ein Integral dar.*

◇ **11.41** *Man betrachte das Gebiet G, das durch die Geraden*

$$y = 1 + x, \quad y = 2x, \quad y = 6 - x$$

begrenzt wird. Man berechne das Volumen des Rotationskörpers, der entsteht, wenn man G um folgende Achsen dreht:

(a) *die x-Achse,* (b) *die horizontale Gerade $y = -1$,*

(c) *die y-Achse,* (d) *die vertikale Gerade $x = -1$.*

◇ **11.42** **(Torus)** *Man berechne das Volumen und die Oberfläche des Körpers, den man erhält, wenn man die Kreisscheibe $(0 < a \leq r)$*

$$x^2 + (y - r)^2 \leq a^2$$

um die x-Achse dreht. Der entstehende Rotationskörper ist ein sog. Torus. Hinweis: *Zur Vermeidung komplexer Größen lösche man die Eintragung* `x y z` *bei* `Manage Ordering`.

◇ **11.43** *Man berechne das Volumen der Kugel mit dem Radius r. Es sei dabei ein rundes Loch mit dem Radius $s < r$ zentral durch die Kugel gebohrt.*

◇ **11.44** *Man berechne die Rotationsflächen*

(a) *des einschaligen Hyperboloids im Intervall $[0, h]$,*

(b) *des zweischaligen Hyperboloids im Intervall $[a, h]$,*

(c) *des Ellipsoids im Intervall $[-a, a]$ sowie*

(d) *des Paraboloids im Intervall $[0, h]$.*

Hinweis: *Man erkläre a, b und h mit* `Declare Variable` *als positive Variable und verwende* `Manage Branch Any`, *um die sich ergebenden Integranden zu vereinfachen, und überzeuge sich von der Korrektheit der Resulate. Danach schalte man unbedingt wieder in den* `Manage Branch Principal` *Modus um!*

◇ **11.45** *Man vereinfache das in* DERIVE-*Sitzung* 11.9 *für die Mantelfläche eines Kegels des Öffnungswinkels* α *durch* `RF(TAN(alpha/2)x,x,0,h)` *erzeugte Resultat.*

11.46 *Man begründe geometrisch, warum bei dem in* DERIVE-Sitzung 11.9 *betrachteten Beispiel in der Tat* `ROTATIONSFLÄCHE(x^n,x,0,1)` $\rightarrow \pi$ *konvergiert.*

12 Gleichmäßige Konvergenz und Potenzreihen

12.1 Gleichmäßige Konvergenz

Betrachten wir eine Folge von Funktionen $f_n : [a,b] \to \mathbb{R}$ eines abgeschlossenen Intervalls $[a,b]$, so können wir punktweise für jedes $x \in [a,b]$ die Konvergenz der Zahlenfolge $(f_n(x))_n$ untersuchen. Liegt punktweise Konvergenz vor, erhält man eine Grenzfunktion $f : [a,b] \to \mathbb{R}$ durch die Vorschrift

$$f(x) := \lim_{n\to\infty} f_n(x) .$$

Wir geben zunächst einige Beispiele, die belegen, daß dieser Konvergenzbegriff seine Tücken hat.

Beispiel 12.1 Die Funktionenfolge $f_n : [0,1] \to \mathbb{R}$, definiert durch

$$f_n(x) = x^n ,$$

ist eine Folge stetiger Funktionen auf $[0,1]$. Sie konvergiert punktweise gegen

$$f(x) := \lim_{n\to\infty} x^n = \begin{cases} 0 & \text{falls } x \in [0,1) \\ 1 & \text{falls } x = 1 \end{cases} ,$$

d. h., die Grenzfunktion ist unstetig.

Beispiel 12.2 Auch, was die Integration betrifft, verliert die Grenzfunktion bei punktweiser Konvergenz unter Umständen Eigenschaften der Funktionenfolge. Sei $f_n : [0,1] \to \mathbb{R}$ $(n \geq 2)$ gegeben durch

$$f_n(x) := \max\left\{n - n^2\left|x - \frac{1}{n}\right|, 0\right\} = \begin{cases} n^2 x & \text{falls } x \in [0,1/n] \\ 2n - n^2 x & \text{falls } x \in (1/n, 2/n) \\ 0 & \text{falls } x \in [2/n, 1] \end{cases} ,$$

s. Abbildung 12.1. Man sieht leicht, daß f_n stetige Funktionen sind mit Grenzfunktion

$$f(x) = \lim_{n\to\infty} f_n(x) = 0 ,$$

da für jedes $x \in (0,1]$ ein $N \in \mathbb{N}$ existiert derart, daß $f_n(x) = 0$ für alle $n \geq N$, und wegen $f_n(0) = 0$. Für die bestimmten Integrale $\int_0^1 f_n(x)\,dx$ gilt

$$\begin{aligned}\int_0^1 f_n(x)\,dx &= \int_0^{1/n} n^2\,x\,dx + \int_{1/n}^{2/n} (2\,n - n^2\,x)\,dx \\ &= \left.\frac{n^2\,x^2}{2}\right|_0^{1/n} + \left.\left(2nx - \frac{n^2\,x^2}{2}\right)\right|_{1/n}^{2/n} = \frac{1}{2} + \left(4 - 2 - 2 + \frac{1}{2}\right) = 1\,,\end{aligned}$$

während $\int_0^1 f(x)\,dx = 0$ ist. In Übungsaufgabe 12.1 ist ein ähnliches Beispiel mit differenzierbaren Funktionen zu konstruieren.

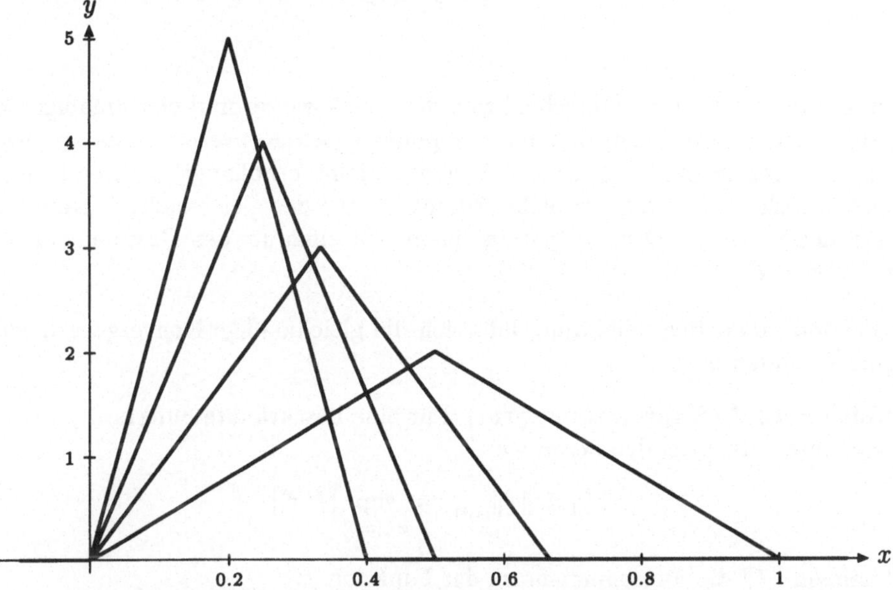

Abbildung 12.1 Die Funktionenfolge $f_n(x) := \max\left\{n - n^2\,|x - 1/n|\,,0\right\}$

Beispiel 12.3 Unser drittes Beispiel betrifft Ableitungen. Sei $f_n : [0, 2\pi] \to \mathbb{R}$ definiert durch

$$f_n(x) = \frac{\sin{(nx)}}{\sqrt{n}}\,.$$

Diese Funktionenfolge konvergiert wegen $|f_n(x)| \leq \frac{1}{\sqrt{n}}$ punktweise gegen 0, hier ist die Grenzfunktion also stetig. Die Funktionen f_n sind aber auch differenzierbar mit Ableitung

$$f_n'(x) = \sqrt{n}\,\cos{(nx)}\,.$$

Seltsamerweise divergiert die Ableitungsfolge in ganz $[0, 2\pi]$! Würde nämlich für ein $x \in [0, 2\pi]$ Konvergenz vorliegen, sagen wir $\sqrt{n}\,\cos{(nx)} \to a$, dann müßte $\cos{(nx)} \to 0$ konvergieren, und daher auch für die Teilfolge $\cos{(2nx)} \to 0$ gelten. Wegen $\cos{(2nx)} = 2\,\cos^2{(nx)} - 1$ ergäbe sich dann aber für $n \to \infty$ die Beziehung $0 = -1$, ein Widerspruch. $\triangle$

Die gegebenen Beispiele haben alle gemeinsam, daß zwar f_n (bzw. f'_n) an jeder Stelle $x \in [a, b]$ konvergiert, diese Konvergenz andererseits in ihrer Güte von Punkt zu Punkt verschieden ist. Es zeigt sich, daß der folgende Konvergenzbegriff angemessener ist.

Definition 12.1 (Gleichmäßige Konvergenz) Eine Folge von Funktionen $f_n : [a, b] \to \mathbb{R}$ eines Intervalls[1] $[a, b]$ heißt *gleichmäßig konvergent auf* $[a, b]$ *gegen die Funktion* $f : [a, b] \to \mathbb{R}$, falls für alle $\varepsilon > 0$ ein Index $N \in \mathbb{N}$ derart existiert, daß für alle $x \in [a, b]$ und alle $n \geq N$

$$|f_n(x) - f(x)| \leq \varepsilon$$

gilt.

Bemerkung 12.1 Der Unterschied zwischen punktweiser und gleichmäßiger Konvergenz besteht also darin, daß bei der punktweisen Konvergenz das zu gewähltem $\varepsilon > 0$ gefundene $N \in \mathbb{N}$ i. a. von der Stelle x abhängt, während dies bei der gleichmäßigen Konvergenz nicht erlaubt ist. Bei der gleichmäßigen Konvergenz müssen alle Werte $f_n(x)$ für $n \geq N$ in einem ε-Streifen um den Graphen der Funktion f liegen. $\triangle$

Mit der folgenden Begriffsbildung läßt sich die gleichmäßige Konvergenz noch bequemer formulieren.

Definition 12.2 (Supremumsnorm) Für eine beschränkte Funktion $f : [a, b] \to \mathbb{R}$ eines Intervalls $[a, b]$ definieren wir

$$\|f\| = \|f\|_{[a,b]} := \sup_{x \in [a,b]} |f(x)|$$

und nennen $\|f\|$ die *Supremumsnorm* der Funktion f.

Bemerkung 12.2 Mit Hilfe der Supremumsnorm läßt sich die gleichmäßige Konvergenz folgendermaßen ausdrücken: Eine Folge von Funktionen $f_n : [a, b] \to \mathbb{R}$ eines Intervalls $[a, b]$ ist genau dann gleichmäßig konvergent auf $[a, b]$ gegen die Funktion $f : [a, b] \to \mathbb{R}$, falls

$$\lim_{n \to \infty} \|f_n - f\| = 0$$

gilt. $\triangle$

Die Supremumsnorm erfüllt folgende Eigenschaften einer *Norm*.

Satz 12.1 (Normeigenschaften) Für beliebige beschränkte $f, g : [a, b] \to \mathbb{R}$ gilt:

(a) $\|f\| \geq 0$, wobei $\|f\| = 0$ genau dann gilt, wenn $f = 0$ ist[2].

[1] Man kann die gleichmäßige Konvergenz natürlich auch für andere reelle Teilmengen erklären. Wir werden sie jedoch nur für abgeschlossene Mengen verwenden.

[2] Das letztere bedeutet, daß $f(x) = 0$ für alle $x \in [a, b]$ ist.

(b) $\|\alpha f\| = |\alpha| \cdot \|f\|$ für alle $\alpha \in \mathbb{R}$.

(c) $\|f + g\| \leq \|f\| + \|g\|$.

Beweis: Die Aussagen (a) und (b) folgen direkt aus der Definition und den Eigenschaften der Betragsfunktion. Als besonders wichtig wird sich herausstellen, daß die Supremumsnorm wie die Betragsfunktion eine *Dreiecksungleichung* (c) erfüllt. Es gilt nämlich für alle $x \in [a, b]$ die Ungleichungskette

$$|f(x) + g(x)| \leq |f(x)| + |g(x)| \leq \|f\| + \|g\|$$

und durch Übergang zum Supremum auch

$$\|f + g\| \leq \|f\| + \|g\| .$$ □

Wir wollen nun die Eigenschaften der Grenzfunktion unter gleichmäßiger Konvergenz untersuchen. Der nächste Satz zeigt, daß bei gleichmäßiger Konvergenz Beispiel 12.1 nicht auftreten kann.

Satz 12.2 (Stetigkeit der Grenzfunktion) Die Grenzfunktion f einer auf $[a, b]$ gleichmäßig konvergenten Folge $(f_n)_n$ stetiger Funktionen ist wieder stetig.

Beweis: Sei $x \in [a, b]$ und $\varepsilon > 0$. Wegen der gleichmäßigen Konvergenz von $(f_n)_n$ gibt es ein $N \in \mathbb{N}$ derart, daß

$$|f_N(\xi) - f(\xi)| \leq \varepsilon$$

für alle $\xi \in [a, b]$. Da f_N an der Stelle x stetig ist, existiert ein $\delta > 0$ derart, daß

$$|f_N(x) - f_N(\xi)| \leq \varepsilon ,$$

falls $|x - \xi| \leq \delta$. Für solche $\xi \in [a, b]$ gilt dann aber mit der Dreiecksungleichung

$$|f(x) - f(\xi)| \leq |f(x) - f_N(x)| + |f_N(x) - f_N(\xi)| + |f_N(\xi) - f(\xi)| \leq 3\varepsilon ,$$

was zu zeigen war. □

Auch Beispiel 12.2 ist bei gleichmäßiger Konvergenz nicht möglich.

Satz 12.3 (Integral der Grenzfunktion) Die Grenzfunktion f einer auf $[a, b]$ gleichmäßig konvergenten Folge $(f_n)_n$ stetiger Funktionen hat die Eigenschaft

$$\int_a^b f(x)\,dx = \lim_{n \to \infty} \int_a^b f_n(x)\,dx .$$

Beweis: Wegen Satz 12.2 ist f zunächst stetig und damit integrierbar. Weiter folgt aus der gleichmäßigen Konvergenz

$$\left| \int_a^b f(x)\,dx - \int_a^b f_n(x)\,dx \right| = \left| \int_a^b \Big(f(x) - f_n(x) \Big)\,dx \right| \leq \|f - f_n\|\,(b - a) \to 0 .$$ □

Schließlich kann auch Beispiel 12.3 unter geeigneten Bedingungen nicht auftreten.

Satz 12.4 Seien $f_n : [a,b] \to \mathbb{R}$ stetig differenzierbare Funktionen des Intervalls $[a,b]$ mit den Eigenschaften:

(a) f_n konvergiere punktweise gegen f,

(b) f_n' konvergiere gleichmäßig.

Dann ist die Grenzfunktion f stetig differenzierbar, und es gilt für alle $x \in [a,b]$

$$f'(x) = \lim_{n\to\infty} f_n'(x)\,.$$

Beweis: Gemäß Satz 12.2 ist die Grenzfunktion f^* der Ableitungen f_n' stetig auf $[a,b]$. Ferner gilt für alle $n \in \mathbb{N}$ und beliebiges $x \in [a,b]$ mit dem Hauptsatz der Differential- und Integralrechnung

$$f_n(x) = f_n(a) + \int_a^x f_n'(t)\,dt\,,$$

und aus Satz 12.3 folgt für $n \to \infty$

$$f(x) = f(a) + \int_a^x f^*(t)\,dt\,.$$

Nach dem Hauptsatz der Differential- und Integralrechnung ist daher f differenzierbar mit

$$f'(x) = f^*(x) = \lim_{n\to\infty} f_n'(x)\,. \qquad \square$$

Bemerkung 12.3 Alle drei vorstehenden Sätze gehören in die Kategorie von Sätzen, die Aussagen über die Vertauschung von Grenzprozessen machen. Satz 12.2 z. B. besagt, daß bei gleichmäßiger Konvergenz

$$f(x) = \lim_{\xi\to x}\lim_{n\to\infty} f_n(\xi) = \lim_{n\to\infty}\lim_{\xi\to x} f_n(\xi)$$

ist, während Satz 12.3 die Aussage

$$\int_a^b \Big(\lim_{n\to\infty} f_n(x)\Big)\,dx = \lim_{n\to\infty}\int_a^b f_n(x)\,dx$$

enthält. Unter den Voraussetzungen von Satz 12.4 gilt

$$f'(x) = \lim_{\xi\to x}\frac{\lim\limits_{n\to\infty} f_n(\xi) - \lim\limits_{n\to\infty} f_n(x)}{\xi - x} = \lim_{n\to\infty}\lim_{\xi\to x}\frac{f_n(\xi) - f_n(x)}{\xi - x}\,. \qquad \triangle$$

Die vorstehenden Sätze zeigen die Wichtigkeit des Begriffs der gleichmäßigen Konvergenz deutlich auf. Wir brauchen daher Kriterien, mit denen wir gleichmäßige Konvergenz nachprüfen können. Zunächst gilt das folgende Cauchykriterium.

Satz 12.5 (Cauchykriterium) Eine Folge von Funktionen $f_n : [a,b] \to \mathbb{R}$ konvergiert genau dann gleichmäßig auf $[a,b]$, falls es zu jedem $\varepsilon > 0$ ein $N \in \mathbb{N}$ gibt mit

$$\|f_n - f_m\| \leq \varepsilon \tag{12.1}$$

für alle $n, m \geq N$.

Beweis: Konvergiere zunächst f_n gleichmäßig gegen f. Dann gibt es zu $\varepsilon > 0$ ein $N \in \mathbb{N}$ mit

$$\|f_n - f\| \leq \varepsilon$$

für alle $n \geq N$. Sind nun $n, m \geq N$, dann folgt

$$\|f_n - f_m\| \leq \|f_n - f\| + \|f - f_m\| \leq 2\varepsilon\,.$$

Gilt nun andererseits für alle $n, m \geq N$ (12.1), folgt zunächst, daß $(f_n(x))$ punktweise eine Cauchyfolge ist. Daher liegt punktweise Konvergenz vor, sagen wir $f_n(x) \to f(x)$. Mit $m \to \infty$ folgt dann aber

$$|f_n(x) - f(x)| \leq \varepsilon$$

für alle $n \geq N$ sowie $x \in [a,b]$. □

In der Praxis treten häufiger Reihen auf. Eine Reihe heißt naturgemäß gleichmäßig konvergent, falls die Folge der Partialsummen gleichmäßig konvergiert. Wir geben nun Kriterien für die gleichmäßige Konvergenz von Reihen an.

Korollar 12.1 (Weierstraßsches Majorantenkriterium) Eine Funktionenreihe $\sum\limits_{k=0}^{\infty} f_k$ von Funktionen $f_k : [a,b] \to \mathbb{R}$ konvergiert absolut und gleichmäßig in $[a,b]$, wenn die Reihe der Normen

$$\sum_{k=0}^{\infty} \|f_k\|$$

konvergiert. Wir sprechen in diesem Fall von einer *normal konvergenten* Reihe.

Beweis: Sei $x \in [a,b]$. Wegen $|f_n(x)| \leq \|f_n\|$ konvergiert $F(x) := \sum\limits_{k=0}^{\infty} f_n(x)$ absolut, insbesondere ist die Grenzfunktion $F : [a,b] \to \mathbb{R}$ wohldefiniert. Konvergiert nun die Reihe der Normen, dann gibt es zu jedem $\varepsilon > 0$ ein $N \in \mathbb{N}$ derart, daß

$$\left\| \sum_{k=n+1}^{m} f_k \right\| \leq \sum_{k=n+1}^{m} \|f_k\| \leq \varepsilon$$

für alle $m > n \geq N$, und die gleichmäßige Konvergenz folgt aus dem Cauchykriterium. □

Bemerkung 12.4 Das Weierstraßsche Kriterium ist deshalb so wichtig, weil es die Frage der gleichmäßigen Konvergenz einer Funktionenreihe auf die Untersuchung der Konvergenz einer Zahlenreihe zurückführt.

Im nächsten Abschnitt wenden wir die erzielten Ergebnisse auf Potenzreihen an, die zu den wichtigsten Beispielen von Funktionenreihen gehören.

ÜBUNGSAUFGABEN

⋆ **12.1** *Bilde mit Hilfe der Funktion* $\frac{1}{1+x^2}$ *eine in ganz* $\mathbb{R}$ *punktweise gegen 0 konvergierende Funktionenfolge* $f_n : \mathbb{R} \to \mathbb{R}$ *differenzierbarer Funktionen mit der Eigenschaft* $\int\limits_{-\infty}^{\infty} f_n(x)\,dx = n$.

12.2 *Zeige, daß man Differentiation und Grenzwertbildung bei der Folge*

$$f_n(x) := \frac{x}{1+n^2x^2} \quad \text{für} \quad x \in [-1,1]$$

nicht vertauschen kann.

12.3 *Zeige, daß die Reihe*

$$\sum_{k=1}^{\infty} \frac{1}{(x-k)^2}$$

in jedem abgeschlossenen Intervall $[a,b] \subset \mathbb{R} \setminus \mathbb{N}$ *normal konvergiert.*

◇ **12.4** *Die Reihe* $\sum\limits_{k=1}^{\infty} \frac{\cos(kx)}{k^2}$ *konvergiert normal in* $\mathbb{R}$. *Die Grenzfunktion ist also stetig. Betrachte die Konvergenz der Graphen der Partialsummen mit* DERIVE.

12.5 (Kotangenspartialbruchdarstellung) *Man zeige, daß die Reihe*

$$\frac{1}{x} + \sum_{k=1}^{\infty} \frac{2x}{x^2-k^2}$$

in jedem abgeschlossenen Intervall $[a,b] \subset \mathbb{R} \setminus \mathbb{Z}$ *gleichmäßig konvergiert. (Dies ist die sogenannte Partialbruchdarstellung von* $\pi \cot(\pi x)$*).*

12.6 *Zeige: Die Funktionenfolge*

$$f_n(x) := x \prod_{k=1}^{n} \left(1+\frac{x}{k}\right) e^{-x/k}$$

konvergiert in jedem abgeschlossenen reellen Intervall gleichmäßig. (Die Grenzfunktion $f(x)$ *hat Nullstellen genau dort, wo die Gammafunktion Pole hat. Man kann zeigen, daß* $\Gamma(x) = e^{-\gamma x}/f(x)$, *wobei* γ *die Euler-Mascheronische Konstante ist (s. Übungsaufgabe 11.26).)*

12.7 *Sind* $f, g : [a,b] \to \mathbb{R}$, *dann ist* $\|f \cdot g\| \le \|f\| \cdot \|g\|$ *und* $\left\|\frac{1}{f}\right\| \ge \frac{1}{\|f\|}$. *Gib Beispiele, wo Ungleichheit eintritt.*

12.8 *Man bestimme die Normen $\|f_n - f\|$ und $\|f_n - f_m\|$ für die Folgen aus den Beispielen 12.1–12.2 sowie $\|f_n - f_m\|$ und $\|f_n' - f_m'\|$ bei Beispiel 12.3 und erkläre jeweils, warum keine gleichmäßige Konvergenz vorliegt.*

⋆ **12.9 (Integral der Grenzfunktion)** *Die Grenzfunktion f einer auf $[a,b]$ gleichmäßig konvergenten Folge $(f_n)_n$ integrierbarer Funktionen ist integrierbar. Die Aussage von Satz 12.3 bleibt gültig.*

⋆ **12.10 (Eine stetige Funktion ohne Tangente)** *Sei $g : \mathbb{R} \to \mathbb{R}$ die durch*

$$g(x) := \frac{1}{\pi}\left(\arccos\left(\cos\left(\pi\, x\right)\right)\right)$$

gegebene Sägezahnfunktion, und sei $f : [0,1] \to \mathbb{R}$ durch

$$f(x) := \sum_{k=0}^{\infty} \frac{g(4^k\, x)}{4^k}$$

gegeben, s. Abbildung 12.2. Zeige:

(a) *Die $f(x)$ definierende Reihe konvergiert für alle $x \in [0,1]$,*

(b) *f ist stetig,*

(c) *f ist an keiner Stelle $x \in [0,1]$ differenzierbar.*

Der Graph der sog. Takagi-Funktion[3] *f hat somit an keiner Stelle eine Tangente.* Hinweis: *Man betrachte den Differenzenquotienten von f für $\Delta x = \frac{1}{4^{n+1}}$ $(n \in \mathbb{N})$.*

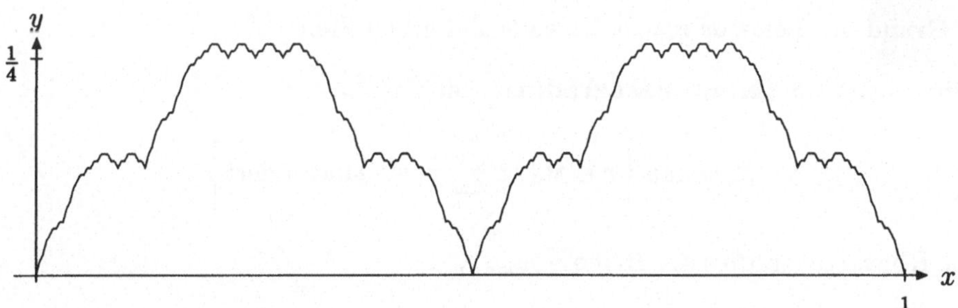

Abbildung 12.2 Die Takagi-Funktion: Eine stetige Funktion ohne Tangente

[3] Teiji Takagi [1875–1960]

12.2 Potenzreihen

Wir hatten die Exponential-, Sinus- und Kosinusfunktion durch in ganz $\mathbb{C}$ konvergente Potenzreihen definiert. Im Rahmen unserer jetzigen Betrachtungen stellen wir fest, daß die Stetigkeit dieser Funktionen kein Zufall ist: Potenzreihen sind wichtige Beispiele gleichmäßig konvergenter Reihen.

Wir untersuchen zunächst das Konvergenzverhalten einer allgemeinen Potenzreihe

$$f(z) := \sum_{k=0}^{\infty} a_k z^k \tag{12.2}$$

mit Koeffizienten a_k. Wir lassen komplexe Werte der Variablen z und komplexe Koeffizienten zu. Zunächst konvergiert jede Potenzreihe für $z = 0$. Auf ABEL[4] geht das folgende Lemma zurück.

Lemma 12.1 Konvergiert die Potenzreihe (12.2) an einer Stelle $\zeta \in \mathbb{C}$ $(\zeta \neq 0)$[5], dann konvergiert sie absolut für alle $z \in \mathbb{C}$ mit $|z| < |\zeta|$.

Beweis: Da $\sum_{k=0}^{\infty} a_k\zeta^k$ konvergiert, folgt $|a_k|\,|\zeta|^k \to 0$ $(k \to \infty)$, und insbesondere ist die Folge $(|a_k|\,|\zeta|^k)_k$ beschränkt, sagen wir durch M. Also ist für $|z| < |\zeta|$

$$|a_k\, z^k| = \left|a_k\, \zeta^k\right| \cdot \left|\frac{z}{\zeta}\right|^k \leq M\, q^k \quad \left(q = \left|\frac{z}{\zeta}\right| < 1\right),$$

und daher ist die geometrische Reihe $\sum_{k=0}^{\infty} M\, q^k$ eine konvergente Majorante. □

Auf Grund des Lemmas macht folgende Definition Sinn.

Definition 12.3 (Konvergenzradius) Die Zahl[6]

$$R := \sup\left\{ r \in \mathbb{R}_0^+ \;\middle|\; \sum_{k=0}^{\infty} a_k\, r^k \ \text{konvergiert} \right\}$$

heißt *Konvergenzradius* der Reihe $\sum a_k\, z^k$. △

Wir können nun folgende Charakterisierung der Konvergenz von Potenzreihen aufstellen.

Satz 12.6 (Konvergenzkreisscheibe) Für eine Potenzreihe (12.2) gilt genau eine der folgenden Aussagen.

(a) $R = 0$: Die Reihe konvergiert lediglich an der Stelle $z = 0$.

---

[4] NIELS HENRIK ABEL [1802–1829]

[5] Das Symbol ζ ist der griechische Buchstabe „zeta".

[6] Wir lassen $R = \infty$ zu.

(b) $R = \infty$: Die Reihe konvergiert in ganz $\mathbb{C}$ absolut und in jeder abgeschlossenen Kreisscheibe[7] $\{z \in \mathbb{C} \mid |z| \leq r\}$ $(r \in \mathbb{R}^+)$ gleichmäßig[8].

(c) $R \in \mathbb{R}^+$: Die Reihe konvergiert in der Kreisscheibe $\{z \in \mathbb{C} \mid |z| < R\}$ absolut und divergiert in $\{z \in \mathbb{C} \mid |z| > R\}$. In jeder abgeschlossenen Kreisscheibe $\{z \in \mathbb{C} \mid |z| \leq r\}$ mit $r < R$ ist sie gleichmäßig konvergent.

Beweis: Die Aussage (a) ist evident und (b) folgt aus dem Lemma, falls $R = \infty$ ist. Die Aussage über die gleichmäßige Konvergenz folgt aus dem Weierstraßschen Majorantenkriterium (Korollar 12.1), da für $|z| \leq r$ die Reihe der Normen

$$\sum_{k=0}^{\infty} \|a_k z^k\| \leq \sum_{k=0}^{\infty} |a_k| r^k < \infty \tag{12.3}$$

wegen $R = \infty$ konvergiert.

Sei nun $R \in \mathbb{R}^+$ und $|z| < R$. Dann gibt es ein ζ mit $|z| < |\zeta| < R$ derart, daß die Potenzreihe an der Stelle ζ konvergiert. Nach dem Lemma konvergiert sie dann an der Stelle z absolut. Wäre die Potenzreihe andererseits für $|z| > R$ konvergent, wäre sie nach dem Lemma für alle r mit $R < r < |z|$ konvergent im Widerspruch zur Definition.

Die Aussage über die gleichmäßige Konvergenz folgt ebenfalls aus dem Weierstraßschen Majorantenkriterium, da wieder (12.3) für $|z| \leq r < R$ gilt. □

Bemerkung 12.5 Die Aussage des Satzes erklärt, warum wir vom Konvergenzradius einer Potenzreihe sprechen. Über die Konvergenz auf dem Rand der Konvergenzkreisscheibe lassen sich keine allgemeinen Angaben machen, s. Übungsaufgabe 12.11. △

Wir geben nun zwei Formeln zur Bestimmung des Konvergenzradius einer Potenzreihe an. Während die erste Formel in der Praxis wichtiger ist, aber nicht in allen Fällen angewendet werden kann, ist die zweite Formel allgemeingültig.

Satz 12.7 (Erste Formel für den Konvergenzradius) Sei $\sum a_k z^k$ eine Potenzreihe, für die[9]

$$\rho := \lim_{k \to \infty} \left| \frac{a_k}{a_{k+1}} \right|$$

existiert. Dann ist der Konvergenzradius $R = \rho$.

Beweis: Nach dem Quotientenkriterium konvergiert die Reihe für alle z mit

$$\lim_{k \to \infty} \left| \frac{a_{k+1} z^{k+1}}{a_k z^k} \right| = \frac{|z|}{\rho} < 1$$

und divergiert, falls

[7] Englisch: disk

[8] Wir haben hier die gleichmäßige Konvergenz in einer Teilmenge von $\mathbb{C}$. Man mache sich durch eine Überprüfung der Beweise klar, welche Sätze des letzten Abschnitts auch für Teilmengen von $\mathbb{C}$ gelten.

[9] Das Symbol ρ ist der griechische Buchstabe „rho".

$$\lim_{k\to\infty}\left|\frac{a_{k+1}z^{k+1}}{a_k z^k}\right| = \frac{|z|}{\rho} > 1$$

ist. Deshalb ist $R = \rho$. □

Bemerkung 12.6 In diesem Zusammenhang setzen wir $1/0 = \infty$ und $1/\infty = 0$.

Beispiel 12.4 (Exponential-, Sinus- und Kosinusreihe) Die Exponentialreihe

$$\exp z = \sum_{k=0}^{\infty} \frac{z^k}{k!} \tag{5.1}$$

hat also – wie wir bereits wissen – den Konvergenzradius

$$R = \lim_{k\to\infty}\left|\frac{a_k}{a_{k+1}}\right| = \lim_{k\to\infty}\frac{(k+1)!}{k!} = \lim_{k\to\infty}(k+1) = \infty\,.$$

Der Konvergenzradius der Sinus- und Kosinusreihe kann hingegen mit der Formel aus Satz 12.7 nicht (direkt) bestimmt werden, da der entsprechende Grenzwert nicht existiert (a_k/a_{k+1} ist abwechselnd 0 und ∞). Zu dieser Fragestellung s. auch Übungsaufgabe 12.12.

Beispiel 12.5 Wir wollen bestimmen, wo die Potenzreihe

$$\sum_{k=0}^{\infty}\left(\frac{k!}{3\cdot 5\cdots(2k+1)}\right)^2 z^k$$

konvergiert. Der Konvergenzradius ergibt sich zu

$$R = \lim_{k\to\infty}\left|\frac{a_k}{a_{k+1}}\right| = \lim_{k\to\infty}\left(\frac{2k+3}{k+1}\right)^2 = 4\,.$$

Die Potenzreihe konvergiert also für alle $z \in \mathbb{C}$ mit $|z| < 4$. Über die Konvergenz der Potenzreihe für $|z| = 4$ sagt Satz 12.7 nichts aus. Zur Untersuchung dieser Fragestellung sind häufig komplizierte Einzelberechnungen nötig, s. auch Übungsaufgabe 12.11.

Sitzung 12.1 Mit der Formel aus Satz 12.7 ist es leicht, DERIVE Konvergenzradien berechnen zu lassen. Die DERIVE Funktion

```
KONVERGENZRADIUS(a,k):=LIM(ABS(a/LIM(a,k,k+1)),k,inf)

KR(a,k):=KONVERGENZRADIUS(a,k)
```

bestimmt den Konvergenzradius einer Potenzreihe $f(z) = \sum a_k\, z^k$ gemäß Satz 12.7. Wir bekommen z. B. folgende Resultate:

$f(z)$	DERIVE Eingabe	Ausgabe
$\sum_{k=0}^{\infty}\left(\frac{k!}{3\cdot 5\cdots(2k+1)}\right)^2 z^k$	`KR((k!/PRODUCT(2j+1,j,1,k))^2,k)`	4 ,
$\sum_{k=0}^{\infty}\frac{1}{k^2}z^k$	`KR(1/k^2,k)`	1 ,
$\sum_{k=0}^{\infty}\frac{1}{k!}z^k$	`KR(1/k!,k)`	∞ ,
$\sum_{k=0}^{\infty}\frac{k^k}{k!}z^k$	`KR(k^k/k!,k)`	$\hat{e}^{-1}$,
$\sum_{k=0}^{\infty}\binom{2k}{k}z^k$	`KR(COMB(2k,k),k)`	$\frac{1}{4}$,
$\sum_{k=0}^{\infty}e^{1/\sin(2/k)}z^k$	`KR(EXP(1/SIN(2/k)),k)`	$\hat{e}^{-1/2}$,
$\sum_{k=0}^{\infty}k!\,z^k$	`KR(k!,k)`	0 .

Die letzte Konvergenzreihe konvergiert also nur am Ursprung.

Aus dem Wurzelkriterium kann man eine allgemeingültige Formel für den Konvergenzradius herleiten. Zu diesem Zweck brauchen wir die folgende

Definition 12.4 (Limes superior, Limes inferior) Sei $(a_n)_n$ eine reelle Folge. Sei weiter

$$A := \left\{ \lim_{k\to\infty} a_{n_k} \;\middle|\; (a_{n_k}) \text{ ist Teilfolge von } (a_n) \right\} .$$

Ist $(a_n)_n$ nach oben bzw. nach unten beschränkt, dann ist nach dem Satz von Bolzano-Weierstraß (Satz 4.5) $A \neq \emptyset$. Wir nennen

$$\limsup_{n\to\infty} a_n := \sup A \tag{12.4}$$

den *Limes superior* und

$$\liminf_{n\to\infty} a_n := \inf A \tag{12.5}$$

den *Limes inferior* der Folge $(a_n)_n$. Ist $(a_n)_n$ nach oben unbeschränkt, setzen wir $\limsup_{n\to\infty} a_n := \infty$, und ist $(a_n)_n$ nach unten unbeschränkt, gilt $\liminf_{n\to\infty} a_n := -\infty$.

Bemerkung 12.7 Unter allen Grenzwerten, die konvergente Teilfolgen von $(a_n)_n$ haben, ist $\limsup_{n\to\infty} a_n$ also der größte und $\liminf_{n\to\infty} a_n$ der kleinste, s. auch Übungsaufgabe 12.14.

Bemerkung 12.8 Eine Folge konvergiert offenbar genau dann, wenn $\liminf_{n\to\infty} a_n = \limsup_{n\to\infty} a_n$ gilt. △

Den Limes superior kann man folgendermaßen beschreiben.

Lemma 12.2 Sei $(a_n)_n$ nach oben beschränkt. Dann gilt:

(a) $x < \limsup_{n\to\infty} a_n \implies$ es gibt unendlich viele $a_n > x$,

(b) $x > \limsup_{n\to\infty} a_n \implies$ es gibt nur endlich viele $a_n \geq x$.

Beweis: (a) Ist $x < \sup A$, so gibt es eine Teilfolge $a_{n_k} \to \xi > x$, und folglich sind unendlich viele a_n größer als x.
(b) Sind unendlich viele $a_n \geq x$, so kann man aus diesen eine Teilfolge mit $a_{n_k} \to \xi \geq x$ auswählen. Dann ist aber $\xi \in A$ und folglich gilt $\sup A \geq \xi \geq x$, im Widerspruch zur Voraussetzung. □

Eine analoge Beschreibung des Limes inferior gibt es natürlich ebenfalls. Hieraus bekommen wir nun die Formel von HADAMARD[10] für den Konvergenzradius:

Satz 12.8 (Zweite Formel für den Konvergenzradius) Der Konvergenzradius R einer Potenzreihe $\sum a_k z^k$ ist gegeben durch

$$R = \frac{1}{\limsup_{k\to\infty} \sqrt[k]{|a_k|}} . \tag{12.6}$$

Beweis: Sei R durch (12.6) definiert. Ist nun $|z| < R$, dann ist

$$\limsup_{k\to\infty} \sqrt[k]{|a_k z^k|} = |z| \cdot \limsup_{k\to\infty} \sqrt[k]{|a_k|} = \frac{|z|}{R} < 1 ,$$

also auch $\limsup_{k\to\infty} \sqrt[k]{|a_k z^k|} = \frac{|z|}{R} < q < 1$ für ein geeignetes $q < 1$. Nach Lemma 12.2 (b) gibt es dann ein $K \in \mathbb{N}$ derart, daß für alle $k \geq K$ gilt

$$|a_k z^k| < q^k ,$$

und die Potenzreihe konvergiert an der Stelle z, da die geometrische Reihe $\sum_{k=K}^{\infty} q^k$ eine konvergente Majorante ist. Ist aber $|z| > R$, dann gilt

$$\limsup_{k\to\infty} \sqrt[k]{|a_k z^k|} = \frac{|z|}{R} > 1 ,$$

und nach Lemma 12.2 (a) gibt es unendlich viele $k_j \in \mathbb{N}$ mit $|a_{k_j} z^{k_j}| > 1$. Daher divergiert die Reihe für dieses z wegen der divergenten Minorante $\sum_{j=0}^{\infty} 1$. □

Aus der gleichmäßigen Konvergenz, die Potenzreihen in abgeschlossenen Teilmengen des Konvergenzbereichs aufweisen, ergeben sich vielfältige Eigenschaften. Zunächst haben wir

[10] JACQUES SALOMON HADAMARD [1865–1963]

Satz 12.9 (Stetigkeit einer Potenzreihe) Die Potenzreihe $f(z) = \sum a_k z^k$ habe den Konvergenzradius $R > 0$. Dann stellt sie für $|z| < R$ eine stetige Funktion f dar.[11]

Beweis: Daß die Grenzfunktion stetig ist, folgt aus der gleichmäßigen Konvergenz mit Satz 12.2. □

Wir wenden uns der Differentiation von Potenzreihen zu. Hierfür betrachten wir ihre Einschränkung auf ihr reelles Konvergenzintervall und nehmen an, daß die Koeffizienten reell sind.

Da Potenzreihen so ähnlich wie Polynome sind, hat man die Hoffnung, daß man sie auch so wie Polynome differenzieren kann: gliedweise. Wir werden nun sehen, daß diese Hoffnung nicht trügt und man in der Tat eine Potenzreihe in ihrem Konvergenzintervall beliebig oft gliedweise differenzieren darf.

Satz 12.10 (Ableitung einer Potenzreihe) Die Potenzreihe $f(x) = \sum\limits_{k=0}^{\infty} a_k\, x^k$ habe den Konvergenzradius $R > 0$. Dann gilt für $|x| < R$

$$f'(x) = \sum_{k=1}^{\infty} k\, a_k\, x^{k-1}\,,$$

und die Reihe der Ableitung hat ebenfalls den Konvergenzradius R.

Beweis: Der Konvergenzradius der Reihe

$$\sum_{k=1}^{\infty} k\, a_k\, x^{k-1} \tag{12.7}$$

ist wegen $\lim\limits_{k\to\infty} \sqrt[k]{k} = 1$ ebenfalls

$$\frac{1}{\limsup\limits_{k\to\infty} \sqrt[k]{|k\, a_k|}} = \frac{1}{\lim\limits_{k\to\infty} \sqrt[k]{k} \cdot \limsup\limits_{k\to\infty} \sqrt[k]{|a_k|}} = \frac{1}{\limsup\limits_{k\to\infty} \sqrt[k]{|a_k|}} = R\,.$$

Sei $x \in \mathbb{R}$ mit $|x| < R$ gegeben. Dann konvergiert nach Satz 12.6 für $r \in (|x|, R)$ die Reihe (12.7) in $\{x \in \mathbb{R} \mid |x| \le r\}$ gleichmäßig. Nach Satz 12.3 bekommen wir mit der Linearität des Integrals

$$\begin{aligned}
\int_0^x \left(\sum_{k=0}^{\infty} k\, a_k\, t^{k-1}\right) dt &= \lim_{n\to\infty} \int_0^x \left(\sum_{k=0}^{n} k\, a_k\, t^{k-1}\right) dt \\
&= \lim_{n\to\infty} \sum_{k=0}^{n} \int_0^x k\, a_k\, t^{k-1}\, dt = \lim_{n\to\infty} \sum_{k=0}^{n} a_k\, x^k = \sum_{k=0}^{\infty} a_k\, x^k\,,
\end{aligned}$$

[11] Die Stetigkeit einer komplexwertigen Funktion wird analog definiert wie die einer reellwertigen Funktion.

und aus dem Hauptsatz der Differential und Integralrechnung folgt dann die Beziehung $f'(x) = \sum_{k=0}^{\infty} k\, a_k\, x^{k-1}$. □

Beispiel 12.6 Für $|x| < 1$ gilt

$$\sum_{k=0}^{\infty} k\, x^k = x \sum_{k=0}^{\infty} k\, x^{k-1} = x \frac{d}{dx}\left(\sum_{k=0}^{\infty} x^k\right) = x \frac{d}{dx}\left(\frac{1}{1-x}\right) = \frac{x}{(1-x)^2}\,.$$

Durch Ableiten bekannter Potenzreihenidentitäten lassen sich also neue Beziehungen herleiten.

Beispiel 12.7 Durch gliedweises Ableiten ihrer Potenzreihe erhalten wir wieder die Ableitung der Exponentialfunktion

$$\frac{d}{dx} e^x = \frac{d}{dx}\left(\sum_{k=0}^{\infty} \frac{1}{k!} x^k\right) = \sum_{k=1}^{\infty} \frac{k}{k!} x^{k-1} = \sum_{k=0}^{\infty} \frac{1}{k!} x^k = e^x\,.$$

Genauso lassen sich die Ableitungen der Sinus- und Kosinusfunktion gewinnen. △

Da die Ableitung einer konvergenten Potenzreihe wieder eine konvergente Potenzreihe ist, liefert eine induktive Anwendung von Satz 12.10:

Satz 12.11 Die Potenzreihe $f(x) = \sum_{k=0}^{\infty} a_k x^k$ habe den Konvergenzradius $R > 0$. Dann ist f für $|x| < R$ beliebig oft differenzierbar, und es gilt für alle $m \in \mathbb{N}$

$$f^{(m)}(x) = \sum_{k=m}^{\infty} \frac{k!}{(k-m)!}\, a_k\, x^{k-m}\,,$$

und die Reihe der m. Ableitung hat ebenfalls den Konvergenzradius R. Insbesondere gelten für jede Potenzreihe $f(x) = \sum_{k=0}^{\infty} a_k x^k$ die Formeln

$$f^{(m)}(0) = m!\, a_m \qquad (m \in \mathbb{N}_0)\,.$$ □

Eine besonders wichtige Reihe ist die Binomialreihe, die den Binomischen Lehrsatz verallgemeinert. Sei dazu für $\alpha \in \mathbb{R}$

$$\binom{\alpha}{k} := \frac{\alpha(\alpha-1)\cdots(\alpha-k+1)}{k!}$$

der *(verallgemeinerte) Binomialkoeffizient.*

Satz 12.12 (Binomialreihe) Für jedes $\alpha \in \mathbb{R}$ und $x \in (-1,1)$ gilt die Darstellung

$$(1+x)^\alpha = \sum_{k=0}^{\infty} \binom{\alpha}{k} x^k\,. \tag{12.8}$$

Beweis: Für $\alpha \in \mathbb{N}_0$ ist (12.8) der Binomische Lehrsatz. Sei also $\alpha \notin \mathbb{N}_0$. In diesem Fall hat die Binomialreihe $f(x) := \sum\limits_{k=0}^{\infty} \binom{\alpha}{k} x^k$ den Konvergenzradius

$$R = \lim_{k\to\infty} \left| \frac{a_k}{a_{k+1}} \right| = \lim_{k\to\infty} \left| \frac{\alpha(\alpha-1)\cdots(\alpha-k+1)(k+1)!}{k!\,\alpha(\alpha-1)\cdots(\alpha-k)} \right| = \lim_{k\to\infty} \left| \frac{k+1}{\alpha-k} \right| = 1 .$$

Daher dürfen wir für $x \in (-1,1)$ gliedweise differenzieren, und wir erhalten

$$f'(x) = \sum_{k=1}^{\infty} k \binom{\alpha}{k} x^{k-1} = \sum_{k=0}^{\infty} (k+1) \binom{\alpha}{k+1} x^k$$

und somit

$$\begin{aligned} &(1+x)\,f'(x) - \alpha\, f(x) \\ = \;& \sum_{k=0}^{\infty} (k+1)\binom{\alpha}{k+1} x^k + \sum_{k=1}^{\infty} k \binom{\alpha}{k} x^k - \sum_{k=0}^{\infty} \alpha \binom{\alpha}{k} x^k \\ = \;& \sum_{k=0}^{\infty} \left((k+1)\binom{\alpha}{k+1} + (k-\alpha)\binom{\alpha}{k} \right) x^k \\ = \;& \sum_{k=0}^{\infty} \left(\frac{(k+1)\,\alpha(\alpha-1)\cdots(\alpha-k)}{(k+1)!} + \frac{(k-\alpha)\,\alpha(\alpha-1)\cdots(\alpha-k+1)}{k!} \right) x^k = 0 . \end{aligned}$$

Für die Funktion $\varphi(x) := f(x) \cdot (1+x)^{-\alpha}$ gilt nun $\varphi(0) = 1$ sowie nach der Produktregel

$$\varphi'(x) = f'(x)\,(1+x)^{-\alpha} - \alpha\, f(x)\,(1+x)^{-\alpha-1} = (1+x)^{-\alpha-1}\Big((1+x)\,f'(x) - \alpha\, f(x)\Big) = 0 .$$

Daher ist also $\varphi(x) = \varphi(0) = 1$, was zu zeigen war. □

Schließlich darf man Potenzreihen auch gliedweise integrieren:

Satz 12.13 (Integral einer Potenzreihe) Die Potenzreihe $f(x) = \sum\limits_{k=0}^{\infty} a_k\, x^k$ habe den Konvergenzradius $R > 0$. Dann gilt für $|x| < R$

$$\int_0^x f(t)\, dt = \sum_{k=0}^{\infty} \frac{a_k}{k+1}\, x^{k+1} ,$$

und die Reihe der Integralfunktion hat ebenfalls den Konvergenzradius R.

Beweis: Sei $x \in \mathbb{R}$ mit $|x| < R$ gegeben. Wegen der gleichmäßigen Konvergenz liefert Satz 12.3

$$\begin{aligned} \int_0^x f(t)\, dt &= \int_0^x \left(\sum_{k=0}^{\infty} a_k\, t^k \right) dt = \lim_{n\to\infty} \int_0^x \left(\sum_{k=0}^{n} a_k\, t^k \right) dt \\ &= \lim_{n\to\infty} \sum_{k=0}^{n} \int_0^x a_k\, t^k\, dt = \lim_{n\to\infty} \sum_{k=0}^{n} \frac{a_k}{k+1}\, x^{k+1} = \sum_{k=0}^{\infty} \frac{a_k}{k+1}\, x^{k+1} . \end{aligned}$$ □

Der vorliegende Satz 12.13 liefert einen Fundus neuer Potenzreihenentwicklungen, da wir für viele elementare Funktionen eine Darstellung mit Hilfe eines Integrals haben. Es gelten z. B. folgende Reihendarstellungen.

Korollar 12.2 Für $x \in (-1, 1)$ gelten die folgenden Potenzreihendarstellungen

(a) $\ln(1+x) = \sum_{k=1}^{\infty} \frac{(-1)^{k+1}}{k} x^k$,

(b) $\frac{1}{2} \ln \frac{1+x}{1-x} = \sum_{k=0}^{\infty} \frac{1}{2k+1} x^{2k+1}$,

(c) $\arctan x = \sum_{k=0}^{\infty} \frac{(-1)^k}{2k+1} x^{2k+1}$,

(d) $\arcsin x = \sum_{k=0}^{\infty} \frac{(-1)^k}{2k+1} \binom{-1/2}{k} x^{2k+1}$.

Beweis: Wir bekommen durch gliedweise Integration der geometrischen bzw. der Binomialreihe

$$
\begin{aligned}
\ln(1+x) &= \int_0^x \frac{1}{1+t} dt = \int_0^x \sum_{k=0}^{\infty} (-1)^k t^k \, dt = \sum_{k=0}^{\infty} \int_0^x (-1)^k t^k \, dt = \sum_{k=1}^{\infty} \frac{(-1)^{k+1}}{k} , \\
\arctan x &= \int_0^x \frac{1}{1+t^2} dt = \int_0^x \sum_{k=0}^{\infty} (-1)^k t^{2k} \, dt = \sum_{k=0}^{\infty} \int_0^x (-1)^k t^{2k} \, dt = \sum_{k=0}^{\infty} \frac{(-1)^k}{2k+1} x^{2k+1}, \\
\arcsin x &= \int_0^x \frac{1}{\sqrt{1-t^2}} dt = \int_0^x \sum_{k=0}^{\infty} (-1)^k \binom{-1/2}{k} t^{2k} \, dt = \sum_{k=0}^{\infty} \int_0^x (-1)^k \binom{-1/2}{k} t^{2k} \, dt \\
&= \sum_{k=0}^{\infty} \frac{(-1)^k}{2k+1} \binom{-1/2}{k} x^{2k+1} .
\end{aligned}
$$

Die Darstellung (b) folgt wegen $\frac{1}{2} \ln \frac{1+x}{1-x} = \frac{1}{2} \ln(1+x) - \frac{1}{2} \ln(1-x)$. □

Bemerkung 12.9 Die Logarithmus- und die Arkustangensreihe waren bereits in Übungsaufgabe 11.17 mit anderen Methoden hergeleitet worden. Damals konnte in Beispiel 11.9 auch gezeigt werden, daß die Formeln noch für $x = 1$ gelten. △

Schließlich erhalten wir noch den

Satz 12.14 (Identitätssatz für Potenzreihen) Seien

$$f(x) = \sum_{k=0}^{\infty} a_k x^k \qquad \text{sowie} \qquad g(x) = \sum_{k=0}^{\infty} b_k x^k$$

zwei Potenzreihen mit positiven Konvergenzradien. Stimmen die beiden Funktionen f und g auf einer gegen 0 konvergierenden Folge überein, so sind f und g bereits völlig identisch, d. h. es gilt $a_n = b_n$ für alle $n \in \mathbb{N}_0$.

Beweis: Nach Voraussetzung gilt

$$f(x_j) = g(x_j)$$

für eine Folge $x_j \to 0$. Zunächst ist wegen der Stetigkeit von f und g

$$a_0 = f(0) = \lim_{j\to\infty} f(x_j) = \lim_{j\to\infty} g(x_j) = g(0) = b_0 \,.$$

Als Induktionsvoraussetzung nehmen wir nun an, es sei $a_k = b_k$ für $j = 0, 1, \ldots, n-1$. Dann folgt aber durch Anwendung des Stetigkeitssatzes auf die Potenzreihe

$$\sum_{k=n}^{\infty} a_k x^{k-n} = \frac{f(x) - \sum\limits_{k=0}^{n-1} a_k x^k}{x^n}$$

die Beziehung

$$\begin{aligned} a_n &= \lim_{j\to\infty} \sum_{k=n}^{\infty} a_k x_j^{k-n} = \lim_{j\to\infty} \frac{f(x_j) - \sum\limits_{k=0}^{n-1} a_k x_j^k}{x_j^n} \\ &= \lim_{j\to\infty} \frac{g(x_j) - \sum\limits_{k=0}^{n-1} b_k x_j^k}{x_j^n} = \lim_{j\to\infty} \sum_{k=n}^{\infty} b_k x_j^{k-n} = b_n \,. \end{aligned}$$

□

ÜBUNGSAUFGABEN

★ **12.11** *Man bestimme die Punkte des Randes des Konvergenzkreises, an denen die Potenzreihen*

(a) $\sum\limits_{k=0}^{\infty} x^k$, (b) $\sum\limits_{k=0}^{\infty} \frac{x^k}{k}$, (c) $\sum\limits_{k=0}^{\infty} \frac{x^k}{k^2}$

konvergieren.

12.12 *Man gebe eine Formel für den Konvergenzradius einer Potenzreihe der Form* ($m \in \mathbb{N}$, $s \in \mathbb{N}_0$)

$$f(z) = \sum_{k=0}^{\infty} a_k \, z^{mk+s} \,,$$

bei der $\lim\limits_{k\to\infty} \left|\frac{a_k}{a_{k+1}}\right|$ *existiert. Berechne damit den Konvergenzradius für die Kosinus- und Sinusreihe sowie für die Reihen*

(a) $\sum\limits_{k=0}^{\infty} \frac{(k!)^2}{(2k)!} x^{2k}$, (b) $\sum\limits_{k=0}^{\infty} \frac{x^{2k+1}}{k}$, (c) $\sum\limits_{k=0}^{\infty} \frac{2^k\,(k+2)}{3^{2k}\,(k+1)} x^{3k+2}$.

12.13 *Man gebe die Binomialentwicklung der Funktion* $f(x) := (r - x^m)^\alpha$ *für* $r \in \mathbb{R}^+$ *und* $m \in \mathbb{N}$ *an und bestimme ihren Konvergenzradius unter Verwendung der Formel aus Übungsaufgabe 12.12.*

⋆ **12.14** *Man zeige, daß jede Folge* $(a_n)_n$ *eine Teilfolge hat, die gegen* $\limsup_{n\to\infty} a_n$ *bzw.* $\liminf_{n\to\infty} a_n$ *konvergiert, mit anderen Worten: Das Supremum bzw. Infimum in (12.4) bzw. (12.5) ist ein Maximum bzw. ein Minimum.*

12.15 *Man bestimme die Konvergenzradien folgender Potenzreihen:*

(a) $\sum_{k=0}^{\infty} a^{k^2} x^k$, (b) $\sum_{k=0}^{\infty} 3^k \binom{2k}{k} x^k$, (c) $\sum_{k=0}^{\infty} k(\sqrt[k]{2} - 1)\, x^k$,

(d) $\sum_{k=0}^{\infty} \frac{1}{k!} x^{k^2}$, (e) $\sum_{k=1}^{\infty} \left(1 + \frac{(-1)^k}{k}\right)^{k^2} x^k$, (f) $\sum_{k=0}^{\infty} x^{k!}$,

(g) $\sum_{k=0}^{\infty} \left(1 + \frac{1}{2} + \frac{1}{3} + \cdots + \frac{1}{k}\right) x^k$, (h) $\sum_{k=0}^{\infty} \frac{(-1)^k\, k^{2k}}{k!\,(n+k)!} x^{2k}$ $(n \in \mathbb{N})$.

12.16 (Gaußsche hypergeometrische Reihe) *Man bestimme den Konvergenzradius der Potenzreihe*

$$\sum_{k=0}^{\infty} \frac{\alpha(\alpha+1)\cdots(\alpha+k-1)\,\beta(\beta+1)\cdots(\beta+k-1)}{\gamma(\gamma+1)\cdots(\gamma+k-1)\,k!} x^k \qquad (\alpha, \beta, \gamma \in \mathbb{R}).$$

12.17 *Gegeben seien zwei Potenzreihen*

$$f(x) = \sum_{k=0}^{\infty} a_k x^k \qquad \text{und} \qquad g(x) = \sum_{k=0}^{\infty} b_k x^k,$$

mit Konvergenzradien R_1 *bzw.* R_2. *Man zeige, daß der Konvergenzradius* R *des Produkts der beiden Reihen mindestens* $R \geq \min\{R_1, R_2\}$ *ist. Man gebe jeweils ein Beispiel für das Ein- bzw. Nichteintreten der Gleichheit.*

12.18 *Finde gültige Potenzreihendarstellungen für* $\operatorname{arsinh} x$ *und* $\operatorname{artanh} x$ *und bestimme ihre Konvergenzradien.*

12.19 *Zeige mit Hilfe von Potenzreihen für* $\alpha, \beta \in \mathbb{R}$:

$$\sum_{k=0}^{n} \binom{\alpha}{k} \cdot \binom{\beta}{n-k} = \binom{\alpha+\beta}{n}.$$

Hinweis: *Vergleiche die Koeffizienten der Potenzreihendarstellung der Identität* $(1+x)^\alpha (1+x)^\beta = (1+x)^{\alpha+\beta}$.

12.20 *Man verwende Potenzreihen, um die folgenden Grenzwerte zu bestimmen und überprüfe die Ergebnisse mit* DERIVE.

(a) $\lim_{x\to 0} \frac{x - \sin x}{e^x - 1 - x - x^2/2}$, (b) $\lim_{x\to 0} \frac{\ln^2(1+x) - \sin^2 x}{1 - e^{-x^2}}$,

(c) $\lim_{x\to 0} \frac{(\ln^2(1+x) - \sin^2 x)^2}{(1 - e^{-x^2})^3}$, (d) $\lim_{x\to 0} \frac{e^{x^4} - 1}{(1 - \cos x)^2}$,

(e) $\lim_{x\to 0} \frac{\sin x - x \cos x}{(x - a \tan x)^3}$ $(a \in \mathbb{R})$, (f) $\lim_{x\to 0} \frac{\sin x - x \cos x}{(x - a\, e^x)^3}$ $(a \in \mathbb{R})$.

12.21 *Bestimme die folgenden Summen*

(a) $\sum_{k=1}^{\infty} \frac{k}{(k+1)!}$, (b) $\sum_{k=1}^{\infty} \frac{k}{2^{k-1}}$, (c) $\sum_{k=1}^{\infty} \frac{(-1)^{k+1} k}{2^k} \binom{1/2}{k}$.

◇ **12.22** *Man schreibe eine* DERIVE *Funktion* **KONVERGENZRADIUS2(a,k)**, *die den Konvergenzradius von $\sum a_k z^k$ nach der Hadamardschen Formel bestimmt, und wende sie auf die Beispiele dieses Abschnitts an.*

12.23 *Man bestimme die Potenzreihendarstellungen von*

(a) $\operatorname{erf} x$, (b) $\int_0^x \cos(t^2)\, dt$, (c) $\int_0^x \frac{e^t - 1}{t} dt$, (d) $\int_0^x \frac{\sin t}{t} dt$.

12.24 *Zeige die Reihendarstellungen*

(a) $-\int_0^x \frac{\ln(1-t)}{t} dt = \sum_{k=1}^{\infty} \frac{x^k}{k^2}$, (b) $\int_0^y \left(\int_0^x \frac{1}{1 - s\,t}\, ds \right) dt = \sum_{k=1}^{\infty} \frac{(xy)^k}{k^2}$.

12.25 *Zeige, daß der Konvergenzradius R der Potenzreihe*

$$f(x) = \frac{1}{1+x^2} = \sum_{k=0}^{\infty} (-1)^k x^{2k}$$

$R = 1$ ist. Die Funktion f ist allerdings in ganz $\mathbb{R}$ erklärt und nicht nur in $(-1,1)$. Wie kann man erklären, daß die Potenzreihe nur in $(-1,1)$ konvergiert?

⋆ **12.26 (Abelscher Grenzwertsatz)** *Hat die Potenzreihe $f(x) = \sum_{k=0}^{\infty} a_k x^k$ den Konvergenzradius $R < \infty$ und konvergiert die darstellende Potenzreihe noch für $x = R$, dann ist die Funktion f an der Stelle $x = R$ linksseitig stetig, d. h. es gilt $\lim_{x\to R-} f(x) = \sum_{k=0}^{\infty} a_k R^k$.* Hinweis: *Man betrachte o. B. d. A. $R = 1$ und benutze die Darstellung*

$$\sum_{k=0}^{\infty} a_k x^k = (1-x) \sum_{n=0}^{\infty} s_n x^n \quad \text{mit} \quad s_n := \sum_{k=0}^{n} a_k .$$

◇ **12.27** *Man schreibe eine* DERIVE *Funktion* `SUM_APPROX(a,k,k0,n)` *zur approximativen Berechnung der unendlichen Reihe* $\sum\limits_{k=k_0}^{\infty} a_k$ *bei symbolischem* n *bzw. zur approximativen Berechnung der endlichen Reihe* $\sum\limits_{k=k_0}^{n} a_k$*, falls* $n \in \mathbb{N}_0$. *Man berechne mit Hilfe von* `SUM_APPROX(a,k,k0,n)` *unter Benutzung geeigneter Potenzreihen die Zahlenwerte* e*,* π *und* $\ln 2$.

12.3 Taylorapproximation

Im letzten Abschnitt haben wir die von Potenzreihen dargestellten Funktionen untersucht. Dabei stellte sich u. a. heraus, daß solche Funktionen immer beliebig oft differenzierbar sind. Wir betrachten nun eine Art Umkehrung dieser Fragestellung: Sei eine beliebig oft differenzierbare Funktion f gegeben. Unter welchen Voraussetzungen hat sie eine Potenzreihendarstellung? Falls f nicht beliebig oft, aber doch immerhin n-mal differenzierbar ist, fragen wir nach einer Polynom-Näherung vom Grad n von f. Da wir diese Fragestellungen nicht nur am Ursprung untersuchen wollen, betrachten wir allgemeinere Reihen der Form

$$\sum_{k=0}^{\infty} a_k\,(x-a)^k$$

für $a \in \mathbb{R}$.

Das einfachste Beispiel eines Näherungspolynoms ist die Approximation der Funktion durch ihre Tangente an der Stelle $x = a$. Dies ist die lineare Approximation

$$f(x) = f(a) + f'(a)\,(x-a) + R_1(x,a)$$

wobei das Restglied $R_1(x,a)$ einer an der Stelle a differenzierbaren Funktion f die Eigenschaft

$$\lim_{x\to a} \frac{R_1(x,a)}{x-a} = \lim_{x\to a} \frac{f(x)-f(a)-f'(a)(x-a)}{x-a} = \lim_{x\to a} \frac{f(x)-f(a)}{x-a} - f'(a) = 0 \quad (12.9)$$

aufweist. Wir wollen diesen Sachverhalt nun auf Approximationen durch Polynome höheren Grades ausdehnen. Die lineare Approximationsfunktion $f(a) + f'(a)\,(x-a)$ hat mit f den Wert sowie den Ableitungswert an der Stelle a gemeinsam. Bei einer n-mal differenzierbaren Funktion f definieren wir analog

Definition 12.5 (Taylorpolynom) Die Funktion f sei n-mal differenzierbar an der Stelle $x = a$. Dann heißt das Polynom n. Grades

$$T_n(x,a) := \sum_{k=0}^{n} \frac{f^k(a)}{k!}(x-a)^k = f(a) + f'(a)\,(x-a) + \frac{f''(a)}{2!}(x-a)^2 + \cdots + \frac{f^{(n)}(a)}{n!}(x-a)^n$$

das n. *Taylorpolynom von f an der Stelle a*. Ist f beliebig oft differenzierbar an der Stelle $x = a$, dann heißt die Potenzreihe

$$\sum_{k=0}^{\infty} \frac{f^k(a)}{k!}(x-a)^k = \lim_{n\to\infty} T_n(x,a)$$

die *Taylorreihe von f an der Stelle a*. $\triangle$

Das Taylorpolynom ist dasjenige Polynom vom Grad n, das mit f an der Stelle a mitsamt den ersten n Ableitungen übereinstimmt.

Der folgende Satz von TAYLOR[12] gibt Auskunft darüber, wie gut das Taylorpolynom die Funktion f approximiert.

Satz 12.15 (Satz von Taylor: Integral-Restglied) Sei $f : I \to \mathbb{R}$ eine $(n+1)$-mal stetig differenzierbare Funktion des Intervalls I und $a \in I$. Dann ist

$$f(x) = \sum_{k=0}^{n} \frac{f^k(a)}{k!}(x-a)^k + R_n(x,a) \tag{12.10}$$

mit dem *Integral-Restglied*[13]

$$R_n(x,a) = \frac{1}{n!}\int_a^x f^{(n+1)}(t)(x-t)^n\,dt\,. \tag{12.11}$$

Beweis: Für $n = 0$ lautet die Behauptung

$$f(x) = f(a) + \int_a^x f'(t)\,dt\,,$$

und dies ist nach dem Hauptsatz der Differential- und Integralrechnung richtig. Wir machen nun einen Induktionsschluß. Sei also die Behauptung für ein $n \in \mathbb{N}$ richtig:

$$f(x) = \sum_{k=0}^{n} \frac{f^k(a)}{k!}(x-a)^k + \frac{1}{n!}\int_a^x f^{(n+1)}(t)\,(x-t)^n\,dt\,.$$

Dann folgt mit partieller Integration ($u'(t) = (x-t)^n$, $v(t) = f^{(n+1)}(t)$, also $u(t) = -\frac{(x-t)^{n+1}}{n+1}$, $v'(t) = f^{(n+2)}(t)$)

$$\begin{aligned} f(x) - \sum_{k=0}^{n} \frac{f^k(a)}{k!}(x-a)^k &= \frac{1}{n!}\int_a^x f^{(n+1)}(t)\,(x-t)^n\,dt \\ &= -\frac{(x-t)^{n+1}}{(n+1)!}f^{(n+1)}(t)\Big|_{t=a}^{t=x} + \frac{1}{(n+1)!}\int_a^x f^{(n+2)}(t)(x-t)^{n+1}\,dt \\ &= \frac{f^{(n+1)}(a)}{(n+1)!}(x-a)^{n+1} + R_{n+1}(x,a)\,. \end{aligned}$$

$\square$

---

[12] BROOK TAYLOR [1685–1731]

[13] Englisch: integral remainder

Das Wesentliche des Satzes von Taylor ist nicht die Darstellung von f gemäß (12.10) – eine solche ist immer möglich –, sondern die Darstellung des Restes $R_n(x,a)$ gemäß (12.11), mit der man untersuchen kann, ob $\lim_{n\to\infty} R_n(x,a) = 0$ ist. Genau dann nämlich konvergieren die Taylorpolynome von f gegen f und wird also f von seiner Taylorreihe dargestellt, wenn dies für alle $x \in I$ gilt. Zur Untersuchung der Konvergenz des Restglieds eignet sich die folgende Formel von Lagrange besser.

Korollar 12.3 (Satz von Taylor: Lagrangesches Restglied) Sei $f : I \to \mathbb{R}$ eine $(n+1)$-mal stetig differenzierbare Funktion des Intervalls I und $a \in I$. Dann gilt (12.10) mit dem *Lagrangeschen Restglied*

$$R_n(x,a) = \frac{f^{(n+1)}(\xi)}{(n+1)!}(x-a)^{n+1} ,$$

wobei $\xi \in [a,x]$ ein geeigneter Zwischenwert ist.[14]

Beweis: Wir wenden den erweiterten Mittelwertsatz der Integralrechnung (Satz 7.5) auf das Integral-Restglied (12.11) an. Da die Funktion $p(t) := (x-t)^n$ im Intervall $[a,x]$ keinen Vorzeichenwechsel hat, gibt es also ein $\xi \in [a,x]$ derart, daß

$$\begin{aligned} R_n(x,a) &= \frac{1}{n!}\int_a^x f^{(n+1)}(t)(x-t)^n\,dt = \frac{1}{n!}\,f^{(n+1)}(\xi)\int_a^x (x-t)^n\,dt \\ &= \frac{1}{(n+1)!}\,f^{(n+1)}(\xi)(x-a)^{n+1} . \end{aligned}$$

□

Mit Hilfe des Lagrangeschen Restglieds kann in vielen Fällen die Frage entschieden werden, ob $\lim_{n\to\infty} R_n(x,a) = 0$ ist. Zum Beispiel bekommen wir folgendes Kriterium.

Korollar 12.4 Sei $f : [a,b] \to \mathbb{R}$ beliebig oft differenzierbar auf $[a,b]$. Dann wird f im Intervall $[a,b]$ durch seine Taylorreihe dargestellt, wenn zwei positive Konstanten $\alpha, M \in \mathbb{R}^+$ existieren, so daß die Ungleichung

$$|f^{(n)}(x)| \le \alpha\, M^n$$

für alle $x \in [a,b]$ und alle $n \in \mathbb{N}$ erfüllt ist.

Beweis: Mit der Voraussetzung bekommen wir für $x \in [a,b]$ mit dem Lagrangeschen Restglied

$$|R_n(x,a)| = \frac{|f^{(n+1)}(\xi)|}{(n+1)!}|x-a|^{n+1} \le \frac{\alpha\, M^{n+1}\,(b-a)^{n+1}}{(n+1)!} \to 0 .$$

□

Das Korollar legt nahe, daß nicht jede Funktion, die beliebig oft differenzierbar ist, durch ihre Taylorreihe dargestellt wird. Wie das folgende Beispiel zeigt, ist dies tatsächlich richtig.

[14] Für $x < a$ gilt natürlich $\xi \in [x,a]$.

Beispiel 12.8 (Ein wichtiges Gegenbeispiel) Wir wollen die in Beispiel 6.20 bereits behandelte Funktion

$$(6.7) \qquad f(x) := \begin{cases} e^{-\frac{1}{x^2}} & \text{falls } x \neq 0 \\ 0 & \text{sonst} \end{cases}$$

erneut betrachten. Durch Induktion kann gezeigt werden, daß f am Ursprung unendlich oft differenzierbar ist und daß $f^{(n)}(0) = 0$ ist für $n \in \mathbb{N}_0$, siehe Übungsaufgabe 12.32. Die Taylorreihe von f um den Ursprung ist also die Nullfunktion und kann wegen $f(x) > 0$ $(x \neq 0)$ deshalb $f(x)$ nur am Ursprung darstellen.

Man sehe sich noch einmal den Graphen von f in Abbildung 6.11 auf Seite 173 an und beobachte, wie langsam die Funktion in der Nähe von $x = 0$ wächst! Das Wachstum ist so langsam, daß die Funktion aus der Sicht der Taylorapproximation nicht von der Nullfunktion unterschieden werden kann: Das beste Näherungspolynom einer jeden Ordnung ist das Nullpolynom. △

Andererseits können wir mit dem Satz von Taylor alle bislang behandelten Potenzreihenentwicklungen der elementaren Funktionen wiedergewinnen.

Beispiel 12.9 (Exponentialfunktion) Die n. Ableitung der Exponentialfunktion $f(x) = e^x$ ist $f^{(n)}(x) = e^x$, und somit ist die Taylorreihe an der Stelle $a \in \mathbb{R}$ gegeben durch

$$\sum_{k=0}^{\infty} \frac{f^k(a)}{k!}(x-a)^k = \sum_{k=0}^{\infty} \frac{e^a}{k!}(x-a)^k . \qquad (12.12)$$

Für $|x| \leq r$ ist

$$|f^{(n)}(x)| = e^x \leq e^r ,$$

so daß die Voraussetzungen von Korollar 12.4 im Intervall $[-r, r]$ erfüllt sind. Dies ist für alle $r > 0$ der Fall, weshalb die Reihe (12.12) in ganz $\mathbb{R}$ die Exponentialfunktion darstellt.

Dies bekommt man auch aus dem Additionstheorem:

$$e^x = e^a \cdot e^{x-a} = e^a \sum_{k=0}^{\infty} \frac{1}{k!}(x-a)^k .$$

Weitere Beispiele dieser Art finden sich in Übungsaufgaben 12.28–12.29. △

Eine direkte Folge von Korollar 12.4 ist die folgende Fehlerabschätzung für die Approximation durch Taylorpolynome.

Korollar 12.5 (Fehler bei der Taylorapproximation) Sei $f : I \to \mathbb{R}$ eine $(n+1)$-mal stetig differenzierbare Funktion. Dann gilt die folgende Fehlerabschätzung der Taylorapproximation $(a, x \in I)$

$$\left| f(x) - \sum_{k=0}^{n} \frac{f^k(a)}{k!}(x-a)^k \right| \leq \frac{\|f^{(n+1)}\|_I \cdot |x-a|^{n+1}}{(n+1)!} . \qquad \Box$$

Sitzung 12.2 DERIVE kann mit der Prozedur `TAYLOR(f,x,a,n)` oder mit dem `Calculus Taylor` Menü das n. Taylorpolynom der Funktion f bzgl. der Variablen x an der Stelle a berechnen. Wir bekommen z. B.

DERIVE Eingabe	DERIVE Ausgabe nach `Simplify`
`TAYLOR(EXP(x),x,0,5)`	$\frac{x^5}{120}+\frac{x^4}{24}+\frac{x^3}{6}+\frac{x^2}{2}+x+1$,
`TAYLOR(SIN(x),x,0,10)`	$\frac{x^9}{362880}-\frac{x^7}{5040}+\frac{x^5}{120}-\frac{x^3}{6}+x$,
`TAYLOR(EXP(x) SIN(x),x,0,6)`	$-\frac{x^6}{90}-\frac{x^5}{30}+\frac{x^3}{3}+x^2+x$,
`TAYLOR(SQRT(1-x^2),x,0,10)`	$-\frac{7x^{10}}{256}-\frac{5x^8}{128}-\frac{x^6}{16}-\frac{x^4}{8}-\frac{x^2}{2}+1$,
`TAYLOR((1+x)^α,x,0,3)`	$\frac{\alpha x^3(\alpha-2)(\alpha-1)}{6}+\frac{\alpha x^2(\alpha-1)}{2}+\alpha x+1$,
`TAYLOR(ASIN(x),x,0,10)`	$\frac{35x^9}{1152}+\frac{5x^7}{112}+\frac{3x^5}{40}+\frac{x^3}{6}+x$.

Dies kann sehr hilfreich sein bei der Bestimmung von Grenzwerten. Zum Beispiel berechnet DERIVE den Grenzwert

$$\lim_{x\to 0}\frac{e^{-x^2}-1+x\sin x}{\sqrt{1-x^2}+a\,x^2-1}$$

zu 0. Dieses Ergebnis stimmt allerdings nicht für alle Werte der Variablen a! Um genauere Information über das Verhalten der Funktion in der Umgebung des Ursprungs $x=0$ zu erhalten, ersetzen wir Zähler und Nenner durch entsprechende Taylorpolynome und erhalten den Ausdruck

```
TAYLOR(TAYLOR(EXP(-x^2)-1+x SIN(x),x,0,4)/
       TAYLOR(SQRT(1-x^2)+a x^2-1,x,0,4),x,0,4),
```

welcher zu

$$\frac{x^4}{6\,(2a-1)^2}+\frac{2\,x^2}{3\,(2a-1)}$$

vereinfacht wird. Dies zeigt, daß der betrachtete Grenzwert für $a\neq 1/2$ wirklich 0 ist. Für $a=1/2$ hingegen bekommen wir durch Vereinfachung von

$$\lim_{x\to 0}\frac{e^{-x^2}-1+x\sin x}{\sqrt{1-x^2}+\frac{1}{2}x^2-1}$$

den Wert $-8/3$.

Beispiel 12.10 (Fibonacci-Zahlen) Wir wenden nun Taylorreihen bei der Untersuchung der Fibonacci-Zahlen an. Die Fibonacci-Zahlen wurden im Rahmen folgender Fragestellung eingeführt: Ein Kaninchenpaar bringe nach zwei Monaten ein weiteres Kaninchenpaar zur Welt. In der Folge mögen alle vorhandenen Kaninchenpaare nach jeweils einem Monat ein weiteres Kaninchenpaar gebären. Wieviele Kaninchenpaare F_{n+1} gibt es nach n Monaten? Wir beginnen also mit $F_1 = 1$ (dem Urpaar), $F_2 = 1$ (weiterhin dem Urpaar), $F_3 = F_1 + F_2 = 1 + 1 = 2$, und ferner allgemein

$$F_n := \begin{cases} 1 & \text{falls } n = 1 \\ 1 & \text{falls } n = 2 \\ F_{n-1} + F_{n-2} & \text{falls } n > 2 \end{cases} .$$

Um die Fibonacci-Zahlen F_n zu berechnen, führen wir die Potenzreihe

$$\psi(x) := \sum_{k=0}^{\infty} F_{k+1}\, x^k$$

ein. Diese heißt die *erzeugende Funktion*[15] der Folge $(F_n)_n$. Wegen $F_n - F_{n-1} = F_{n-2} > 0$ ist die Fibonacci-Folge monoton wachsend, daher

$$\frac{F_{k+1}}{F_k} = \frac{F_k + F_{k-1}}{F_k} = 1 + \frac{F_{k-1}}{F_k} < 2 ,$$

und somit folgt aus dem Quotientenkriterium, daß der Konvergenzradius R der erzeugenden Funktion $R > 1/2$ ist. Multiplizieren wir die Rekursionsgleichung $F_{k+1} = F_k + F_{k-1}$ mit x^k und summieren wir von $k = 1$ bis ∞, erhalten wir $(F_0, F_{-1} := 0)$

$$\sum_{k=1}^{\infty} F_{k+1}\, x^k = \sum_{k=1}^{\infty} F_k\, x^k + \sum_{k=1}^{\infty} F_{k-1}\, x^k$$

oder

$$\psi(x) - 1 = x\,\psi(x) + x^2\,\psi(x) .$$

Lösen wir nun diese algebraische Gleichung nach $\psi(x)$ auf, bekommen wir

$$\psi(x) = \frac{1}{1 - x - x^2} .$$

Um die Potenzreihenentwicklung dieser Funktion angeben zu können, führen wir eine Partialbruchzerlegung durch

$$\psi(x) = \frac{1}{\sqrt{5}} \left(\frac{1}{x + \frac{1+\sqrt{5}}{2}} - \frac{1}{x + \frac{1-\sqrt{5}}{2}} \right) \tag{12.13}$$

und erhalten zusammen mit den Gleichungen $\frac{2}{1+\sqrt{5}} = -\frac{1-\sqrt{5}}{2}$, $\frac{2}{1-\sqrt{5}} = -\frac{1+\sqrt{5}}{2}$ und der geometrischen Reihe die Darstellung

[15]Englisch: generating function

$$\psi(x) = \frac{1}{\sqrt{5}}\left(\frac{\frac{2}{1+\sqrt{5}}}{1+\frac{2}{1+\sqrt{5}}x} - \frac{\frac{2}{1-\sqrt{5}}}{1+\frac{2}{1-\sqrt{5}}x}\right) = \frac{1}{\sqrt{5}}\sum_{k=0}^{\infty}\left(\left(\frac{1+\sqrt{5}}{2}\right)^{k+1} - \left(\frac{1-\sqrt{5}}{2}\right)^{k+1}\right)x^k .$$

Daraus bekommen wir den expliziten Ausdruck für die Fibonacci-Zahlen

$$F_n = \frac{\left(\frac{1+\sqrt{5}}{2}\right)^n - \left(\frac{1-\sqrt{5}}{2}\right)^n}{\sqrt{5}} . \tag{12.14}$$

Sitzung 12.3 Bestimmen wir das 10. Taylorpolynom der erzeugenden Funktion der Fibonacci-Zahlen `TAYLOR(1/(1-x-x^2),x,0,10)` mit DERIVE, erhalten wir nach `Simplify`

$$89\,x^{10} + 55\,x^9 + 34\,x^8 + 21\,x^7 + 13\,x^6 + 8\,x^5 + 5\,x^4 + 3\,x^3 + 2\,x^2 + x + 1 .$$

Wir können die Fibonacci-Zahlen mit DERIVE gemäß Definition durch

```
FIB1(n):=IF(n=1,1,IF(n=2,1,FIB1(n-1)+FIB1(n-2)))
```

ferner gemäß der Formel (12.14) durch

```
FIB2(n):=(((1+SQRT(5))/2)^n-((1-SQRT(5))/2)^n)/SQRT(5)
```

oder mit Hilfe der erzeugenden Funktion durch

```
FIB3(n):=LIM(DIF(1/(1-x-x^2),x,n-1)/(n-1)!,x,0)
```

bestimmen. Man berechne F_{20} mit allen drei Methoden und mache sich Gedanken über die Berechnungszeiten. Wie kann man die Berechnung beschleunigen?

ÜBUNGSAUFGABEN

12.28 *Man zeige, daß die Potenzreihenentwicklungen der Funktionen*

(a) $(1+x)^\alpha$, (b) $\sin x$, (c) $\cos x$,

(d) $\ln(1+x)$, (e) $\arctan x$, (f) $\arcsin x$

die entsprechenden Funktionen im gesamten Konvergenzbereich darstellen, und daß somit das Restglied der Taylorreihe am Ursprung im ganzen Konvergenzbereich gegen Null strebt.

⋆ **12.29** *Man entwickle die Funktionen aus Übungsaufgabe 12.28 an der symbolisch gegebenen Stelle $a \neq 0$ in eine Potenzreihe und bestimme den jeweiligen Gültigkeitsbereich der Darstellung.*

12.30 *Man beweise die folgenden Abschätzungen*

(a) $e^x > 1 + x + \frac{x^2}{2!} + \cdots + \frac{x^{2n+1}}{(2n+1)!}$ *für $n \in \mathbb{N}_0$ und alle $x \neq 0$,*

(b) $\ln x < (x-1) - \frac{(x-1)^2}{2} \pm \cdots + \frac{(x-1)^{2n+1}}{2n+1}$ *für $n \in \mathbb{N}_0$ und $x > 0,\ x \neq 1$.*

12.31 *Es seien f und g n-mal differenzierbar an der Stelle $x = 0$ und $g(0) = 0$. Sei weiter $f(x) = p_n(x) + x^n g(x)$ mit einem Polynom p_n vom Grad $\leq n$. Man zeige, daß p_n das n. Taylorpolynom von f am Ursprung ist.*

12.32 *Man betrachte erneut die durch*

$$f(x) := \begin{cases} e^{-\frac{1}{x^2}} & \text{falls } x \neq 0 \\ 0 & \text{sonst} \end{cases} \tag{6.7}$$

definierte Funktion und zeige, daß alle Ableitungen für $x \neq 0$ sich in der Form $P_n(\frac{1}{x})e^{-\frac{1}{x^2}}$ mit einem Polynom P_n darstellen lassen. Man folgere, daß $f^{(n)}(0) = 0$ für jedes $n \in \mathbb{N}$ gilt.

12.33 *Man betrachte die Beispielfunktion*

$$f(x) := \begin{cases} e^{\frac{1}{x}} & \text{falls } x < 0 \\ 0 & \text{falls } x = 0 \\ e^{-\frac{1}{x}} & \text{falls } x > 0 \end{cases} .$$

Man wiederhole die Berechnungen aus Übungsaufgabe 12.32 und zeige, daß dies ein weiteres Beispiel einer Funktion ist, die nicht mit ihrer Taylorentwicklung übereinstimmt. Gib noch ein Beispiel.

12.34 *Man zeige, daß die erzeugende Funktion $\psi(x)$ der Fibonacci-Zahlen die Differentialgleichung*

$$(1 - x - x^2)\,\psi'(x) - (1 + 2x)\,\psi(x) = 0$$

erfüllt.

12.35 *Man bestimme den Konvergenzradius der erzeugenden Funktion $\psi(x) = \sum\limits_{k=0}^{\infty} F_{k+1}\, x^k$ der Fibonacci-Zahlen und berechne den Konvergenzradius der erzeugenden Funktion der rekursiv durch*

$$a_n = A\,a_{n-1} + B\,a_{n-2} \qquad (A, B \in \mathbb{R})$$

erklärten Folge $(a_n)_n$.

◇ **12.36** *Man zeige die Partialbruchzerlegung aus (12.13) mit* DERIVE. *Hinweis: Falls* DERIVE*'s* `Expand` *Befehl nicht sofort funktioniert, wende man zuerst* `Factor` *mit der* `raDical` *Option auf den Nenner an.*

◇ **12.37** *Man definiere* `FIB1`, `FIB2` *und* `FIB3` *wie in* DERIVE*-Sitzung 12.3, berechne $F_1, F_2, \ldots, F_{10}$ sowie F_{20} mit allen drei Methoden und mache sich Gedanken über die Berechnungszeiten. Wie kann man die Berechnung beschleunigen? Schreibe eine verbesserte Version und berechne F_{100} und F_{1000}.*

◇ **12.38** *Man benutze das Integral-Restglied zur Deklaration einer* DERIVE *Funktion* `INTEGRALTAYLOR(f,x,a,n)`*, die das n. Taylorpolynom von f bzgl. der Variablen x berechnet. Benutze die Funktion mit $n = 5$, um für*

(a) $f(x) = e^x$, (b) $f(x) = \sin x$, (c) $f(x)=\frac{1+x}{1-x}$, (d) $f(x) = \arccos x$

die entsprechenden Taylorpolynome darzustellen. Für symbolisches n gebe man Integraldarstellungen der Taylorpolynome.

◇ **12.39** *In* DERIVE*-Sitzung* 3.10 *war die Funktion* `POLY_COEFF(f,x,k)` *der* `UTILITY` *Datei* `MISC.MTH` *verwendet worden. Man lade sie mit* `Transfer Merge` *und erkläre ihre Wirkungsweise.*

12.4 Lagrange-Interpolation

In § 3.4 hatten wir die Lagrange-Interpolation

$$L(x) = y_1L_1(x) + y_2L_2(x) + \cdots + y_nL_n(x) = \sum_{k=1}^{n} y_kL_k(x) \tag{3.17}$$

unter Zuhilfenahme der Lagrangeschen Polynome

$$L_k(x) := \frac{(x-x_1)(x-x_2)\cdots(x-x_{k-1})}{(x_k-x_1)(x_k-x_2)\cdots(x_k-x_{k-1})}\,\frac{(x-x_{k+1})(x-x_{k+2})\cdots(x-x_n)}{(x_k-x_{k+1})(x_k-x_{k+2})\cdots(x_k-x_n)}$$

behandelt. Man kann die Lagrange-Interpolation auch zur Approximation einer gegebenen Funktion f verwenden. Dazu nimmt man sich ein geeignetes Stützstellensystem x_j $(j = 1, \ldots, n)$ und hat als Interpolationsdaten die Punkte $(x_j, f(x_j))$.

Sitzung 12.4 Die zugehörige DERIVE Funktion

```
POLYNOMINTERPOLATION(f,x,a):=LAGRANGE(
VECTOR([ELEMENT(a,k_),LIM(f,x,ELEMENT(a,k_))],k_,1,DIMENSION(a)),x
                                      )
```

berechnet das durch diese Interpolationsdaten gegebene Interpolationspolynom, wobei **a** hier für den zugehörigen Stützstellenvektor steht. So ergibt sich z. B. für die Sinusfunktion mit Hilfe der Stützstellen $\left\{-\pi, -\frac{\pi}{2}, 0, \frac{\pi}{2}, \pi\right\}$

DERIVE Eingabe	DERIVE Ausgabe
`POLYNOMINTERPOLATION(SIN(x),x,[-pi,-pi/2,0,pi/2,pi])`	$\frac{8x(\pi - x)(\pi + x)}{3\pi^3}$.

In Abbildung 12.3 ist der Graph der Sinusfunktion zusammen mit diesem Interpolationspolynom dargestellt, und man sieht, daß die gegebene Approximation in dem Intervall $[-\pi, \pi]$, in dem die Interpolationsdaten liegen, noch nicht übermäßig gut ist. Für bessere Approximationen siehe Übungsaufgabe 12.42.

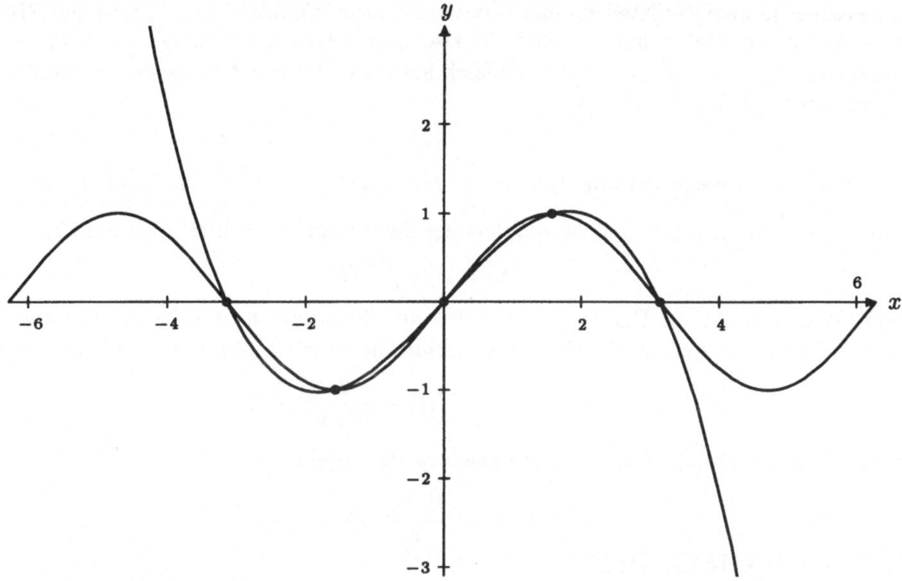

Abbildung 12.3 Ein Interpolationspolynom von $\sin x$

Wir wollen nun den Fehler bei der Lagrange-Interpolation genauer untersuchen. Es gilt folgender

Satz 12.16 Seien die Punkte x_k $(k = 1, \ldots, n)$ in dem Intervall $[a, b]$ vorgegeben. Die Funktion f sei ferner n-mal differenzierbar in $[a, b]$. Dann gibt es für alle $x \in [a, b]$ einen Punkt $\xi \in (a, b)$ derart, daß

$$E(x) := f(x) - \sum_{k=1}^{n} f(x_k)L_k(x) = \frac{f^{(n)}(\xi)}{n!} \prod_{k=1}^{n}(x - x_k) \,. \tag{12.15}$$

Beweis: Zunächst einmal stimmt das Resultat offenbar an den Stellen $x = x_k$ $(k = 1, \ldots, n)$, da dann beide Seiten von (12.15) gleich Null sind. Wir betrachten nun den Fall, daß $x \neq x_k$ ist. Sei die Funktion G im Intervall $[a, b]$ bei gegebenem $x \in [a, b]$ durch

$$G(t) := E(t) - \frac{P(t)}{P(x)}E(x) \tag{12.16}$$

erklärt, wobei P das Polynom

$$P(t) := \prod_{k=1}^{n}(t - x_k) \tag{12.17}$$

bezeichne. Wir stellen fest, daß G Nullstellen hat genau an den Stellen $t = x_k$ $(k = 1, \ldots, n)$ sowie an der Stelle $t = x$, da x nach Voraussetzung keine der Stützstellen x_k ist, d. h. G hat $n+1$ verschiedene Nullstellen in $[a, b]$. Wir betrachten nun die Ableitungen von G und zählen deren Nullstellen. Auf Grund des Mittelwertsatzes der Differentialrechnung gibt es zwischen je zwei Nullstellen einer differenzierbaren Funktion mindestens eine Nullstelle ihrer Ableitung. Daher hat zunächst G' also mindestens n Nullstellen in (a, b), G'' dann mindestens $n-1$ Nullstellen, und schließlich hat also $G^{(n)}$ mindestens eine Nullstelle, sagen wir an der Stelle $\xi \in (a, b)$, d. h.

$$G^{(n)}(\xi) = 0 \,. \tag{12.18}$$

Da ferner das Interpolationspolynom $\sum\limits_{k=1}^{n} f(x_k)L_k(t)$ von $f(t)$ den Grad $n-1$ hat, verschwindet seine n. Ableitung, so daß aus der Definition des Fehlerterms (12.15)

$$E^{(n)}(t) = f^{(n)}(t) \tag{12.19}$$

folgt. Weiter hat P als Polynom n. Grades eine konstante n. Ableitung, und aus (12.17) folgt $P^{(n)}(t) = n!$, und somit erhalten wir schließlich aus (12.16) und (12.19) die Beziehung

$$G^{(n)}(t) = f^{(n)}(t) - \frac{n!}{P(x)} E(x) \,.$$

Zusammen mit (12.18) folgt also das gewünschte Ergebnis

$$E(x) = \frac{f^{(n)}(\xi)}{n!} P(x) \,.$$

□

ÜBUNGSAUFGABEN

★ **12.40** *Man zeige folgende Abschätzung für den Fehler bei der Polynom-Approximation: Seien die Punkte x_k $(k = 1, \ldots, n)$ in dem Intervall $[a, b]$ vorgegeben, wobei der größte Abstand zweier benachbarter Punkte h sei. Die Funktion f sei n-mal differenzierbar in $[a, b]$. Dann gilt für den Fehler bei der Lagrange-Approximation*

$$|E(x)| = \left| f(x) - \sum_{k=1}^{n} f(x_k)L_k(x) \right| \le \frac{\|f^{(n)}\|_{[a,b]}}{n} h^n \,.$$

◇ **12.41** *Man verwende* `POLYNOMINTERPOLATION`, *um die Polynomapproximation für*

(a) $f(x) = x^4$, (b) $f(x) = e^x$, (c) $f(x) = \dfrac{x}{9 - x^2}$

für die Vektoren von x-Werten $\{-1, 0\}$, $\{-1, 0, 1\}$, $\{-1, 0, 1, 2\}$ und $\{-1, 0, 1, 2, 3\}$ zu bestimmen, und berechne jeweils den größtmöglichen Fehler.

◇ **12.42** *Berechne die Polynom-Interpolation für $\sin(2\pi x)$ für die Interpolationsvektoren*

(a) $\left\{-\frac{1}{4}, -\frac{1}{12}, 0, \frac{1}{12}, \frac{1}{4}\right\}$, (b) $\left\{-\frac{1}{4}, -\frac{1}{6}, -\frac{1}{12}, 0, \frac{1}{12}, \frac{1}{6}, \frac{1}{4}\right\}$,

(c) $\left\{\pm\frac{1}{4}, \pm\frac{1}{6}, \pm\frac{1}{8}, \pm\frac{1}{12}, 0\right\}$, (d) $\left\{\frac{k}{24} \,\middle|\, k = -6, \ldots, 6\right\}$.

Stelle die Approximationspolynome graphisch dar und berechne jeweils den größtmöglichen Fehler.

13 Anhang: Einführung in DERIVE

In diesem Anhang werden DERIVEs grundlegende Eigenschaften erklärt, um für die ersten Schritte gewappnet zu sein.

Weitere Erklärungen werden, soweit benötigt, in den verschiedenen DERIVE-Sitzungen im ganzen Buch gegeben. Dieser Anhang sowie jene Erläuterungen sollen das DERIVE *Benutzerhandbuch* (s. S. 376) un terstützen, keineswegs ersetzen.

DERIVE ist ein Softwarepaket, das aus verschieden *Dateien*, im einzelnen

Programmdateien wie z. B. `DERIVE.EXE` und `DERIVE.HLP`,

mathematischen Dateien mit der Endung `.MTH` wie z. B. `MISC.MTH` usw., sowie

Demonstrationsdateien mit der Endung `.DMO`, wie z. B. `ALGEBRA.DMO`

besteht.

```
                       D E R I V E
                  A Mathematical Assistant

                       Version 2.54


              Copyright (C) 1988 through 1992 by
                    Soft Warehouse, Inc.
               3660 Waialae Avenue, Suite 304
              Honolulu, Hawaii, 96816-3236, USA

If you have received this product as "shareware" or "freeware", you have an
unauthorized copy, because it is a violation of our copyright to distribute
DERIVE on a free trial basis.

To obtain a licensed copy, or if you know of any person or company distributing
DERIVE as shareware or freeware, please contact us at the above address or fax
(808) 735-1105.

                      Press H for help
```

Arbeitsfläche

```
COMMAND: Author Build Calculus Declare Expand Factor Help Jump soLve Manage
         Options Plot Quit Remove Simplify Transfer moVe Window approX
Enter option
                              Free:100%            Derive Algebra
```

Menüzeilen
Mitteilungszeile
Statuszeile

Abbildung 13.1 Der Eingangsbildschirm von DERIVE

Man startet DERIVE[1], indem man `derive`[2] eintippt (was die Programmdatei `DERIVE.EXE` aufruft) und die `<RETURN>`- oder `<ENTER>`-Taste (Zeilenschalttaste) drückt.

[1]Gesetzt den Fall, daß es auf dem jeweiligen PC bereits installiert ist (für Schritt-für-Schritt Anweisungen hierzu sehe man im DERIVE Benutzerhandbuch nach).

[2]Das Betriebssystem MS-DOS unterscheidet nicht zwischen Groß- und Kleinschreibung. Ob man also `DERIVE` oder `derive` oder auch `DeRiVe` eingibt, ist egal.

Der Eingangsbildschirm von DERIVE sieht etwa so aus wie Abbildung 13.1. Der obere Teil des Bildschirms (über der Doppellinie) ist die *Arbeitsfläche*, auf der vom Benutzer eingegebene Ausdrücke sowie die Ergebnisse von DERIVE angezeigt werden, siehe z. B. Abbildung 13.6. Der untere Teil des Bildschirms ist die *Menüfläche*, die aus drei Teilen besteht:

Menüzeilen, die den *Titel* des Menüs und die verfügbaren *Befehle* (*Optionen*) anzeigen. Zum Beispiel zeigt Abbildung 13.1 das COMMAND Menü mit 19 Befehlen, von Author bis approX,

einer *Mitteilungszeile*, die beschreibt, was DERIVE gerade tut oder was es vom Benutzer erwartet, sowie

einer *Statuszeile*, die andere Informationen anzeigt wie beispielsweise den Prozentsatz des verfügbaren Speichers (anfangs 100%).

In jedem Optionsnamen findet sich ein einzelner Großbuchstabe, beispielsweise der Buchstabe X im Befehl approX (kurz für *approximate*). Wir kennzeichnen die DERIVE-Optionen, indem wir den Optionsnamen innerhalb eines Kastens wie `approX` schreiben. Den unterscheidenden Buchstaben schreiben wir groß. Innerhalb DERIVEs wird eine Option ausgewählt durch

- *Eingabe des unterscheidenden Buchstabens* oder
- *Bewegen der hervorgehobenen Fläche* auf den Optionsnamen, und zwar durch die <TAB>- (Tabulatortaste) oder <SPACE BAR>-Taste (Leerschrittaste), um nach rechts zu kommen, oder die <SHIFT><TAB>- oder <BACK SPACE>-Taste (Rückschrittaste), um nach links zu kommen. Mit <ENTER> wird die Auswahl abgeschlossen.

Um beispielsweise eine DERIVE-Sitzung zu beenden, wähle man den `Quit` Befehl durch Eingabe von Q (oder q). Um unbeabsichtigtes `Quit`ten zu vermeiden, ohne die Ausdrücke gespeichert zu haben, die später noch benötigt werden könnten, reagiert DERIVE mit der Mitteilung Abandon expressions (Y/N)?,[3] auf die man mit Y (für „yes", um zu beenden) oder N (für „no", um fortzufahren) antwortet.

Anfangs ist der `Author` Befehl hervorgehoben (das ist die vorgeschlagene Auswahl). Um also `Author` im COMMAND Menü (Abbildung 13.1) auszuwählen, müssen wir nur <ENTER> drücken.

```
COMMAND: Author Build Calculus Declare Expand Factor Help Jump soLve Manage
         Options Plot Quit Remove Simplify Transfer moVe Window approX
Enter option
                                 Free:100%             Derive Algebra
```

Abbildung 13.2 Auswahl des `Options` Befehls

[3] Sofern die Arbeitsfläche bereits Ausdrücke enthält.

In einem Menü eine Option auszuwählen, kann in ein *Untermenü* führen. Wählt man beispielsweise den `Options` Befehl, siehe Abbildung 13.2, so gelangt man ins `Options` Untermenü (Abbildung 13.3),

```
OPTIONS: Color Display Execute Input Mute Notation Precision Radix

Enter option
                                  Free:100%            Derive Algebra
```

Abbildung 13.3 Das `Options` Untermenü

in dem `Color` die vorgeschlagene Auswahl ist. Wählt man nun den `Precision` Befehl, kommt man zum `Options Precision` Untermenü von Abbildung 13.4.

```
OPTIONS PRECISION: Mode: Approximate Exact Mixed  Digits: 6

Select arithmetic mode
                                  Free:100%            Derive Algebra
```

Abbildung 13.4 Das `Options Precision` Untermenü

Durch Eingabe der Buchstabenkombination `O P` gelangen wir direkt vom `COMMAND` Menü zum `Options Precision` Untermenü.

Durch Drücken der <ESC>-Taste (Löschtaste) *verläßt* man ein Untermenü in das übergeordnete. Beispielsweise führt <ESC> <ESC> vom `Options Precision` Untermenü zurück zum `COMMAND` Menü.

Wir benutzen DERIVE nun zur Durchführung einiger Berechnungen. Das erste Beispiel ist die Approximation von $\sqrt{2}$. Wir wählen `Author` und schreiben `SQRT(2)`.

```
AUTHOR expression: SQRT(2)_

Enter expression
                                  Free:100%            Derive Algebra
```

Abbildung 13.5 Anwendung von `Author` `SQRT(2)`

Die Menüfläche sieht nun wie in Abbildung 13.5 aus und nach Drücken der <ENTER>-Taste wird $\sqrt{2}$ als #1 in der Arbeitsfläche angezeigt, siehe Abbildung 13.6. Man beachte, daß jede Zeile (Eingabe oder Resultat) innerhalb der Arbeitsfläche von DERIVE eine Nummer bekommt, über die sie angesprochen werden kann. Der letzte Ausdruck wird invers angezeigt, z. B. Ausdruck #8 in Abbildung 13.6. Andere Ausdrücke können markiert werden, indem man die hervorgehobene Fläche mittels der <UP>- (Aufwärtskursortaste) und <DOWN>- (Abwärtskursortaste) Kursortasten bewegt.

```
1:  √2

2:  1.41421

3:  1.41421356237309504880168872420

4:  1.41421356237

5:  π

6:  3.14159265358

7:  ê

8:  2.71828182845

COMMAND: Author Build Calculus Declare Expand Factor Help Jump soLve Manage
         Options Plot Quit Remove Simplify Transfer moVe Window approX
Compute time: 0.0 seconds
Approx(7)                         Free:100%              Derive Algebra
```

Abbildung 13.6 Ein ALGEBRA-Fenster mit approximierten Werten von $\sqrt{2}$, π und e

Nach der Eingabe eines Ausdrucks kann man DERIVE mitteilen, was mit diesem getan werden soll. Mögliche Befehle zur Vereinfachung, Auswertung sowie Umformung von Ausdrücken sind `Simplify`, `approX`, `Expand` und `Factor`.

Für die Approximation durch Dezimalzahlen ist der `approX` Befehl gedacht. Um also das Ergebnis aus Zeile #2 zu bekommen (s. Abbildung 13.6), gebe man X <ENTER> ein. Man beachte, daß die voreingestellte Genauigkeit sechs Stellen beträgt, siehe Abbildung 13.4. Um die Genauigkeit auf beispielsweise 30 Stellen zu ändern, tippe man zuerst O P, um in das `Options Precision` Untermenü zu gelangen, springe mit der <TAB>-Taste mit dem Kursor auf Digits: 6 und ersetze 6 durch 30. Dann drücke man <ENTER>, um zum COMMAND Menü zurückzukehren.

Wir approximieren wiederum den Ausdruck $\sqrt{2}$, indem wir die hervorgehobene Fläche auf den Ausdruck #1 bewegen und `approX` auswählen. Unser neues Ergebnis erscheint in Zeile #3.

Man wiederhole die obige Prozedur, setze die `Precision` auf 12 Stellen und approximiere wieder den Ausdruck #1. Dies liefert Zeile #4.

Als nächstes approximieren wir die Kreiszahl π. Man gebe mit `Author` den Ausdruck pi ein, den DERIVE als π erkennt und auch so in Zeile #5 anzeigt. Approximation von Ausdruck #5 liefert in Zeile #6 die ersten 12 Dezimalstellen von π.

Um e, die Basis des natürlichen Logarithmus, zu approximieren, wende man `Author` auf den Ausdruck #e an, den DERIVE als e erkennt und, wie in Zeile #7, durch $\hat{e}$ darstellt.[4] Approximation liefert dann Zeile #8.

Eine weitere Konstante, die DERIVE bekannt ist, ist die *imaginäre Zahl* i. Sie wird als #i eingegeben und von DERIVE durch $\hat{\imath}$ dargestellt.

DERIVE benutzt die Symbole

[4] Man beachte, daß man #e und nicht e eingeben muß!

`+`,`-` für *Addition* und *Subtraktion*, z. B. `a+b`, `a-b`,

`*` für *Multiplikation*, z. B. `a*b` (eine Leerstelle zwischen zwei Symbolen steht ebenso für Multiplikation, z. B. `a b`),

`/` für *Division*, z. B. `a/b`, oder, um Brüche darzustellen, z. B. `2/3` für $\frac{2}{3}$,

`^` für das *Potenzieren*, z. B. `a^b` für a^b.

DERIVE hält sich an die üblichen Konventionen für die Rechenreihenfolge, siehe auch § 1.2. Im Zweifel verwende man Klammern[5]. Zum Beispiel ist `(1-x^(n+1))/(1-x)` eine korrekte Art, den Ausdruck

$$9: \quad \frac{1-x^{n+1}}{1-x}$$

einzugeben und `(a^2)/(b^3)` ein sicherer Weg für die Eingabe von

$$10: \quad \frac{a^2}{b^3}\,.$$

Als nächstes vereinfachen wir den Ausdruck $e^{i\pi}$. Dazu wende man `Author` auf `#e^(#i*pi)` an, und `<ENTER>` führt zur Anzeige

$$11: \quad \hat{e}^{\,\hat{\imath}\pi}\,.$$

Weil wir die Ausdrücke e (Zeile `#7`) und π (Zeile `#5`) schon eingegeben hatten, ist dies gleichwertig zu `#7^(#i*#5)`.

Nun wende man `Simplify` auf den Ausdruck `#11` an, und man erhält

$$12: \quad -1\,.$$

DERIVE hat so die bekannte Identität

$$e^{i\pi}+1=0$$

erzeugt, die die fünf wichtigsten Konstanten der Mathematik miteinander in Verbindung setzt, s. Kapitel 5.

Eine weitere DERIVE-Konstante ist `deg`, die durch das *Grad*-Symbol ^{o} darstellt wird. Mit `Simplify` wird daraus $\frac{\pi}{180}$. Man benutzt `deg`, um vom *Gradmaß* in das *Bogenmaß* umzurechnen. Beispielsweise ergibt `Simplify`, angewandt auf auf `1 deg`, den Wert $\frac{\pi}{180}$, und `Simplify`, angewandt auf `90 deg`, liefert $\frac{\pi}{2}$ usw.

Die Arbeit mit DERIVE ist in diesem Buch in DERIVE-Sitzungen zusammengefaßt, in denen Ausdrücke und Ergebnisse, die auf dem Bildschirm wie in Abbildung 13.6 dargestellt sind, mit zusätzlichen Erklärungen wiedergegeben werden.

[5] In DERIVE müssen Klammern *rund* eingegeben werden, z. B. `(1-x)` und nicht `[1-x]` oder `{1-x}`. Ist ein eingeklammerter Ausdruck jedoch höher als eine Zeile, verwendet DERIVE für die Bildschirmdarstellung eckige Klammern.

Sitzung 13.1 (Elementare algebraische Operationen) In dieser Sitzung üben wir den interaktiven Gebrauch von DERIVE.

Die *Eingabe* (in der linken Spalte) ist ein arithmetischer Ausdruck (so, wie man ihn mit dem `Author` Befehl eintippen würde). Die nächste Spalte zeigt, wie DERIVE diese Eingabe anzeigt. Dann kommt der DERIVE *Befehl* `Simplify`, `approX`, `Expand` oder `Factor`, auf den in der rechten Spalte das Ergebnis folgt.

Eingabe	Anzeige	Befehl	Ausgabe
`2*3+4^2`	1: $2\,3+4^2$	`Simplify`	2: 22,
`2*(3+4)^2`	3: $2\,(3+4)^2$	`Simplify`	4: 98.

Als nächstes berechnen wir den Sinus von 45°, d. h. `SIN(pi/4)` oder `SIN(45 deg)`:

`SIN(45 deg)`	5: $\mathrm{SIN}\,(45\,^o)$	`Simplify`	6: $\frac{\sqrt{2}}{2}$.

Approximieren wir stattdessen mit `approX`, erhalten wir 7: 0.707106.

Fragen wir umgekehrt, welcher Winkel $\frac{\sqrt{2}}{2}$ als Sinus hat. Die inversen trigonometrischen Funktionen werden in DERIVE mit `ASIN`, `ACOS`, `ATAN` usw. bezeichnet.

`ASIN(SQRT(2)/2)`	8: $\mathrm{ASIN}\left[\frac{\sqrt{2}}{2}\right]$	`Simplify`	9: $\frac{\pi}{4}$.

Dies waren Beispiele *numerischer Berechnungen* mit numerischen Ergebnissen, die entweder *exakt* (beispielsweise die Ausdrücke `#6` und `#9`) oder *Näherungen* durch Dezimalzahlen sein können wie z. B. der Ausdruck `#7`. DERIVE kann auch *symbolische Berechnungen* mit Variablen durchführen. Beispielsweise bekommen wir

`a^m*a^n`	10: $a^m\ a^n$	`Simplify`	11: a^{m+n},
`a^m/a^n`	12: $\frac{a^m}{a^n}$	`Simplify`	13: a^{m-n},
`a^0`	14: a^0	`Simplify`	15: 1,
`(a+b)^2`	16: $(a+b)^2$	`Expand`	17: $a^2+2ab+b^2$.

Verwenden wir `Factor`, so gelangen wir zurück zu 18: $(a+b)^2$.

`(a+b)(a-b)`	19: $(a+b)(a-b)$	`Expand`	20: a^2-b^2.

Verwenden wir `Factor` bei Ausdruck `#20`, so erhalten wir 21: $(a-b)(a+b)$.

Die Menüs `Expand` und `Factor` fragen nach Variablen usw. Meistens funktioniert die vorgeschlagene Auswahl, die durch `<ENTER>` bestätigt wird.

Nun eine wohlbekannte trigonometrische Identität.

`SIN^2 a+COS^2 a`	22: $\mathrm{SIN}\,(a)^{\,2}+\mathrm{COS}\,(a)^{\,2}$	`Simplify`	23: 1.

Als nächstes berechnen wir Summen. Um eine *Summe*

$$\sum_{k=m}^{n} f(k) := f(m) + f(m+1) + \cdots + f(n)$$

einzugeben, wende man **Author** auf den Ausdruck `SUM(f,k,m,n)` an. Alternativ kann man den **Calculus Sum** Befehl benutzen, der nach den benötigten Informationen fragt: dem *Summationsausdruck* f, der *Summationsvariablen* k, der *unteren Grenze* m und der *oberen Grenze* n. Zuerst berechnen wir die Summe $\sum_{k=1}^{n} k^2 = 1 + 2^2 + 3^2 + \cdots + n^2$

`SUM(k^2,k,1,n)` 24: $\sum_{k=1}^{n} k^2$ **Simplify** 25: $\frac{n(n+1)(2n+1)}{6}$

und weiter die Summen $\sum_{k=1}^{n} k^3$ sowie $\sum_{k=0}^{n} x^k = 1 + x + x^2 + \cdots + x^n$:

`SUM(k^3,k,1,n)` 26: $\sum_{k=1}^{n} k^3$ **Simplify** 27: $\frac{n^2\,(n+1)^2}{4}$,

`SUM(x^k,k,0,n)` 28: $\sum_{k=0}^{n} x^k$ **Simplify** 29: $\frac{x^{n+1}}{x-1} + \frac{1}{1-x}$.

Nun betrachten wir Produkte. Um das *Produkt*

$$\prod_{k=m}^{n} f(k) := f(m)\,f(m+1)\cdots f(n)$$

zu berechnen, verwendet man die DERIVE Prozedur `PRODUCT(f,k,m,n)` bzw. den **Calculus Product** Befehl.

Sei $n! := 1 \cdot 2 \cdots n$ die *Fakultät*. DERIVE erkennt das Symbol `!`. Wir benutzen es zur Veranschaulichung von `PRODUCT`:

`PRODUCT(k,k,1,n)` 30: $\prod_{k=1}^{n} k$ **Simplify** 31: $n!$,

in Übereinstimmung mit der Definition von $n!$.

Die obigen Resultate zeigen einfache Anwendungsmöglichkeiten von DERIVE. In den Demonstrationsdateien

`ALGEBRA.DMO`, `ARITH.DMO`, `CALCULUS.DMO`, `FUNCTION.DMO`, `MATRIX.DMO` und `TRIG.DMO`

werden andere Seiten von DERIVE vorgestellt, die in diesem Stadium nützlich sind. Diese Dateien zeigen, wie in DERIVE-Sitzung 13.1, *Eingabe-Ausgabe-Paare* auf dem Bildschirm.

Um eine dieser Dateien, etwa `ARITH.DMO`, innerhalb DERIVEs zu betrachten, wähle man den **Transfer Demo** Befehl und gebe den Dateinamen `ARITH` ein. Durch Drücken einer beliebigen Taste wird man sukzessive durch die Eingabe-Ausgabe-Paare geführt. Am Ende kommt man zurück in das `COMMAND` Menü.

Die folgende DERIVE-Sitzung demonstriert DERIVEs Fähigkeiten, mit großen ganzen Zahlen umzugehen.

Sitzung 13.2 **(Große ganze Zahlen)** Um 50! zu berechnen, wende man `Author` auf den Ausdruck `50!` an, worauf

1 : 50!

angezeigt wird. Nach `Simplify` erhält man

2 : 30414093201713378043612608166064768844377641568960512000000000000 .

`approX` imiert man stattdessen den Ausdruck **#1**, so ergibt sich

3 : $3.04140\ 10^{64}$

in der üblichen Dezimalnotation. Dieser Darstellung sieht man an, daß 50! eine 64-stellige natürliche Zahl ist.

Wir erinnern daran, daß eine *Primzahl* eine natürliche Zahl ≥ 2 ist, die lediglich durch sich selbst und durch 1 teilbar ist.

Wendet man `Factor` auf Ausdruck **#1** an, so erhält man die Primfaktorzerlegung von 50!, nämlich

4 : $2^{47}\, 3^{22}\, 5^{12}\, 7^{8}\, 11^{4}\, 13^{3}\, 17^{2}\, 19^{2}\, 23^{2}\ 29\ \ 31\ \ 37\ \ 41\ \ 43\ \ 47$.

Dies zeigt, daß 47 mal der Faktor 2 in 50! auftaucht, 22 mal der Faktor 3, usw. Man sieht an dieser Darstellung ferner, daß die Primzahlen kleiner 50 die Zahlen

2, 3, 5, 7, 11, 13, 17, 19, 23, 29, 31, 37, 41, 43 und 47

sind (warum?). Die Faktorisierung von **#4** ging sehr schnell, weil alle Primfaktoren klein sind. Im allgemeinen kostet die Primfaktorzerlegung großer natürlicher Zahlen viel Zeit. Als Beispiel betrachte man die *Fermatschen*[6] *Zahlen*

$$F_n := 2^{(2^n)} + 1 \qquad (n = 0, 1, \ldots)\,. \tag{13.1}$$

Wir setzen $n = 5$, wenden `Author` auf den Ausdruck `2^(2^5)+1` an, erhalten

5 : $2^{2^5} + 1$ und mit `Simplify` 6 : 4294967297 .

Faktorisieren von Ausdruck **#5** liefert seine Primfaktoren

7 : 641 6700417 ,

ein Ergebnis, das als erster LEONHARD EULER[7] kannte.[8] Die nächste Fermatsche Zahl F_6

[6] PIERRE DE FERMAT [1601–1655]
[7] LEONHARD EULER [1707–1783]
[8] Wie er damals auf diese Zerlegung gestoßen ist, ist leider nicht übermittelt.

8 : $2^{2^6}+1$ liefert mit Simplify 9 : 18446744073709551617

und mit Factor die Primfaktorzerlegung

10 : 274177 67280421310721 .

Die Faktorisierung von of F_7 allerdings

11 : $2^{2^7}+1$ bzw. 12 : 340282366920938463463374607431768211457

dauert zu lange und muß abgebrochen werden. Um eine gerade laufende Berechnung abzubrechen, drücke man die <ESC>-Taste.

Als nächstes zeigen wir, wie man in DERIVE mit Vektoren arbeiten kann. Ein *Vektor* ist eine geordnete Menge von Elementen, die in DERIVE durch Kommata abgetrennt werden und zwischen eckigen Klammern stehen, beispielsweise ist $[a, b, c]$ der Vektor mit den drei Elementen a, b und c. Dieser Vektor unterscheidet sich von den Vektoren $[a, c, b]$ oder $[c, b, a]$. Die Anzahl der Elemente in einem Vektor wird seine *Dimension* genannt. DERIVE erkennt Vektoren an den eckigen Klammern, die sie umschließen. Beispielsweise interpretiert DERIVE `[x,-5,0,pi,#e]` als den Vektor mit den 5 Elementen

$$x, -5, 0, \pi, e\,.$$

Die Dimension eines gegebenen Vektors `v` wird mit der Funktion `DIMENSION(v)` abgefragt. Wendet man beispielsweise Simplify auf `DIMENSION([a,b,c])` an, erhält man als Ergebnis 3.

Das *k. Element* eines Vektors kann mit der Funktion `ELEMENT(v,k)` ausgewählt werden. Der Ausdruck `ELEMENT([x,-5,0,pi,#e],2)` steht beispielsweise für das 2. Element des Vektors `[x,-5,0,pi,#e]` und ergibt folglich -5.

Sind die Elemente eines Vektors durch eine Formel gegeben, benutzen wir die Funktion `VECTOR(f,k,m,n)` zur Eingabe des $(n-m+1)$-dimensionalen Vektors $(m \leq n)$

$$[f(m),\ f(m+1),\ \ldots,\ f(n-1),\ f(n)]\,.$$

Zum Beispiel ist `VECTOR(k^2,k,3,6)` der 4-dimensionale Vektor $[3^2, 4^2, 5^2, 6^2]$.

Sitzung 13.3 (Vektoren) Vektoren werden komponentenweise addiert. Definiert man beispielsweise die Vektoren

1 : $a := [1,\ 0,\ -3,\ 2,\ x]$ und 2 : $b := [x,\ 3,\ 2,\ -5,\ -1]$,

so läßt sich ihre Summe[9]

3 : $a+b$ mit Simplify zu 4 : $[1+x,\ 3,\ -1,\ -3,\ x-1]$

[9]Man überlege sich und teste, was geschieht, wenn man versucht, Vektoren verschiedener Dimension zu addieren.

vereinfachen.

Um den Vektor der ersten 7 Fermatschen Zahlen zu berechnen

$$F_n := 2^{(2^n)} + 1 \qquad (n = 0, 1, \ldots, 6)\,, \tag{13.1}$$

gibt man mit `Author` den Ausdruck **VECTOR(2^(2^n)+1,n,0,6)** ein und erhält

5 : $\quad \text{VECTOR}\left[2^{2^n} + 1, n, 0, 6\right]$ und mit `Simplify` dann

6 : $\quad [3,\ 5,\ 17,\ 257,\ 65537,\ 4294967297,\ 18446744073709551617]\,.$

Diese ersten 7 Fermatschen Zahlen können wir mit einem einzigen Befehl faktorisieren, nämlich durch Anwendung von `Factor` auf den Ausdruck **#6**, und wir bekommen

7 : $\quad [3,\ 5,\ 17,\ 257,\ 65537,\ 641\ 6700417,\ 274177\ 67280421310721]\,.$

Dies zeigt, daß die ersten fünf Fermatschen Zahlen Primzahlen sind, während die nächsten beiden zusammengesetzt sind.

Beispiel 13.1 Man bezeichne die k. Primzahl mit p_k und benutze DERIVE, um das kleinste n zu finden, für das

$$E_n := p_1 \cdot p_2 \cdots p_n + 1 = \prod_{k=1}^{n} p_k + 1$$

eine zusammengesetzte Zahl ist.

Wir verwenden die DERIVE Funktion `NTH_PRIME(k)`, die die k. Primzahl p_k liefert. Diese Funktion befindet sich in der Datei `MISC.MTH`, die erst durch

`Transfer Load Utility` `MISC.MTH`

geladen werden muß. Der Ausdruck

```
VECTOR(PRODUCT(NTH_PRIME(k),k,1,n)+1,n,1,9)
```

steht für den Vektor der ersten 9 Werte E_n, und wir bekommen zunächst

1 : $\quad \text{VECTOR}\left[\left[\prod_{k=1}^{n} \text{NTH\_PRIME}\ (k)\right] + 1,\ n,\ 1,\ 9\right]$

und mit `Simplify` dann

2 : $\quad [3,\ 7,\ 31,\ 211,\ 2311,\ 30031,\ 510511,\ 9699691,\ 223092871]\,.$

Faktorisierung liefert

3 : $\quad [3,\ 7,\ 31,\ 211,\ 2311,\ 59\ 509,\ 19\ 97\ 277,\ 347\ 27953,\ 317\ 703763]\,,$

was zeigt, daß die ersten 5 Werte E_n Primzahlen, die nächsten vier aber zusammengesetzt sind. Die erste zusammengesetzte Zahl E_n ist deshalb

$$E_6 = 2 \cdot 3 \cdot 5 \cdot 7 \cdot 11 \cdot 13 + 1 = 30031 = 59 \cdot 509 \,. \quad \triangle$$

Die folgende DERIVE-Sitzung beschäftigt sich mit dem Lösen von Gleichungen.

Sitzung 13.4 (Lösung von Gleichungen) Um die quadratische Gleichung

$$ax^2 + bx + c = 0$$

zu lösen, gebe man den Ausdruck `a x^2 + b x + c = 0` ein, so daß

1 : $ax^2 + bx + c = 0$

angezeigt wird. Mit `soLve` erhält man dann die beiden Lösungen

2 : $x = \dfrac{\sqrt{b^2 - 4ac} - b}{2a}$ 3 : $x = -\dfrac{\sqrt{b^2 - 4ac} + b}{2a}$.

Ähnliches gilt für die Lösungen von

4 : $x^2 + 1 = 0$, nämlich

5 : $x = -\hat{\imath}$ und 6 : $x = \hat{\imath}$,

wobei $\hat{\imath}$ für die imaginäre Einheit steht. Die Gleichung

7 : $x^3 = 1$ hat drei Lösungen, die *kubischen Einheitswurzeln* :

8 : $x = 1$, 9 : $x = -\dfrac{1}{2} - \dfrac{\sqrt{3}\,\hat{\imath}}{2}$, 10 : $x = -\dfrac{1}{2} + \dfrac{\sqrt{3}\,\hat{\imath}}{2}$.

Zuletzt lösen wir die Gleichung $e^x = a$. Gibt man den Ausdruck `#e^x = a` ein, so erhält man

11 : $\hat{e}^x = a$ und mit `soLve` dann 12 : $x = \mathrm{LN}(a)$,

den natürlichen Logarithmus von a.

Als letztes beschreiben wir die graphischen Fähigkeiten von DERIVE. Dafür benötigen wir das Konzept der *Fenster*, von denen es drei Arten gibt:

ALGEBRA-*Fenster*, um numerische oder symbolische Eingaben sowie Ergebnisse darzustellen, siehe z. B. Abbildung 13.6,

2-dimensionale PLOT-*Fenster*, die benutzt werden, um die Graphen von Ausdrükken mit einer einzigen Variablen wie etwa x^2 oder $y = x^2$ darzustellen, sowie

3-dimensionale PLOT-*Fenster*, um die Graphen von Ausdrücken mit zwei Variablen wie etwa $x^2 + y^2$ oder $z = x^2 + y^2$ darzustellen.

Man kann ein PLOT-Fenster öffnen, indem man im Menü eines ALGEBRA-Fensters den `Plot` Befehl auswählt.[10]

Hat der im ALGEBRA-Fenster hervorgehobene Ausdruck genau eine Variable, etwa x^2 oder $y = x^2$, dann öffnet DERIVE ein 2-dimensionales PLOT-Fenster. Es werden eine Vielzahl von Optionen (Befehle und/oder Untermenüs) angeboten, wie in Abbildung 13.7 gezeigt.

```
COMMAND: Algebra Center Delete Help Move Options Plot Quit Scale Ticks Window
         Zoom
Enter option
Cross x:1            y:1              Scale x:1        y:1         Derive 2D-plot
```

Abbildung 13.7 Das 2-dimensionale `Plot` Menü

Hat der hervorgehobene Ausdruck zwei Variablen, beispielsweise $x^2 + y^2$ oder auch $z = x^2+y^2$, dann öffnet DERIVE ein 3-dimensionales PLOT-Fenster. Dessen Optionen zeigt Abbildung 13.8.

```
COMMAND: Algebra Center Eye Focal Grids Hide Length Options Plot Quit Window
         Zoom
Enter option
Center x:0           y:0              Length x:10      y:10        Derive 3D-plot
```

Abbildung 13.8 Das 3-dimensionale `Plot` Menü

Der Graph des im Algebra-Fenster hervorgehobenen Ausdrucks wird dann durch den `Plot` Unterbefehl erzeugt. Das Zeichnen wird über die verschiedenen Optionen gesteuert, die zunächst voreingestellte Werte haben. Falls diese Werte eingesehen oder die derzeitige graphische Darstellung verändert werden soll, gehe man durch die verschiedenen Punkte im `Plot` Menü, speziell des `Plot Options` Untermenüs. Im Detail werden diese Optionen im DERIVE Benutzerhandbuch erklärt; einige von ihnen werden im weiteren erläutert.

Die in jedem `Plot` Menü vorgeschlagene Auswahl ist `Algebra`, welche ins ALGEBRA-Fenster zurückführt.

Sitzung 13.5 (Graphische Darstellungen) Wir beginnen mit einer 2-dimensionalen graphischen Darstellung der *Einheitskreislinie.* Diese wird durch die Gleichung

$$x^2 + y^2 = 1 \tag{3.1}$$

beschrieben. Gibt man `x^2+y^2=1` ein, erhält man

[10] Mit dem `Window` Menü kann man jedes beliebige Fenster öffnen, schließen und auf andere Art manipulieren. Insbesondere ist es möglich, ein ALGEBRA- und ein PLOT-Fenster nebeneinander zu haben, was ab DERIVE-Version 2.10 die vorgegebene Einstellung ist, sobald `Plot` aufgerufen wird.

1 : $x^2 + y^2 = 1$ und mit `soLve` nach y aufgelöst, die beiden Lösungen

2 : $y = -\sqrt{1-x^2}$ und 3 : $y = \sqrt{1-x^2}$.

Nun führt P in das `Plot` Menü von Abbildung 13.7, wodurch man in ein Plot Fenster[11] wechselt. Erneute Eingabe von P wählt den `Plot` Befehl aus. Eine graphische Darstellung des Ausdrucks #3 erscheint auf dem Bildschirm, da dieser Ausdruck beim Öffnen des `Plot` Menüs hervorgehoben war. Die obere Hälfte der Einheitskreislinie ist zu sehen, d. h. die positive Lösung von (3.1). Keine Angst, wenn sie mehr wie eine Halb-Ellipse aussieht. Das werden wir bald beheben.

Besteht die Darstellung nur aus einzelnen Punkten, gebe man die richtige Einstellung im `Options Display` Untermenü von Abbildung 13.9 an:

Mode: Graphics

Resolution: High **Set: Extended**

Adapter: Die verwendete Graphikkarte muß bekannt sein, etwa **VGA**.

Die besten Einstellungen für die `Plot` Optionen kann man durch Probieren und/oder durch Konsultieren des DERIVE Benutzerhandbuchs herausfinden. Hat man befriedigende Einstellungen gefunden, so kann man sie für zukünftigen Gebrauch mit dem `Transfer Save State` Befehl des **COMMAND** Menüs *speichern*. Die Einstellungen werden in einer Datei namens **DERIVE.INI** gesichert und bei jedem erneuten Aufruf von DERIVE verwendet. Entscheidet man sich, die Datei **DERIVE.INI** nicht zu *überschreiben*, kann man die Einstellungen in einer anderen Datei (mit der Endung .INI) abspeichern und jedesmal mit dem `Transfer Load State` Befehl wieder laden, wenn man diese Einstellungen benötigt.

```
Mode: Text Graphics  Reso: Medium(High) Text:(Large)Small  Set: Std(Extended)
Adapter: MDA CGA EGA MCGA(VGA)Hercules AT&T T3100 PCjr Other
Select display mode
Cross x:1           y:1            Scale x:1        y:1         Derive 2D-plot
```

Abbildung 13.9 Das `Plot Options Display` Untermenü

Man beachte, daß in DERIVEs 2-dimensionalem **PLOT**-Fenster die Achsen stets mit x und y bezeichnet sind, unabhängig von den im **ALGEBRA**-Fenster verwendeten Variablennamen.

Als nächstes kehre man ins **ALGEBRA**-Hauptfenster zurück. Nun bewege man die hervorgehobene Fläche mit der <UP>-Kursortaste nach oben, um den Ausdruck #2 hervorzuheben, und verwende wieder den `Plot Plot` Befehl, um diesen Ausdruck ebenfalls graphisch darzustellen.

Der Bildschirm zeigt jetzt die gesamte Kreislinie, die allerdings eher einer Ellipse denn einem Kreis gleichen mag. Um das zu verbessern, müssen wir das *Achsenverhältnis* ändern, das das Verhältnis der *Markierungen* auf der x- und y-Achse zueinander beschreibt. Man wähle das `Ticks` Untermenü und gebe neue Werte für

[11] Ab Version 2.10 wird automatisch ein zweites Fenster geöffnet. Wer dies nicht wünscht, sollte die Option `Overlay` wählen.

```
TICKS: Rows: _      Columns: _
```

ein. Mit der <TAB>-Taste kann man zwischen den beiden Eingabefeldern hin- und herspringen. Man wiederhole diese Prozedur solange, bis die Zeichnung wie ein Kreis aussieht.

Ist die Kreislinie zu klein, so kann sie mit dem `Zoom` Untermenü vergrößert werden, und zwar mit den Befehlen `Zoom Both` (beide Achsen) und `In` [12]. Am Schluß sollte der Bildschirm ähnlich wie in Abbildung 13.10 aussehen.

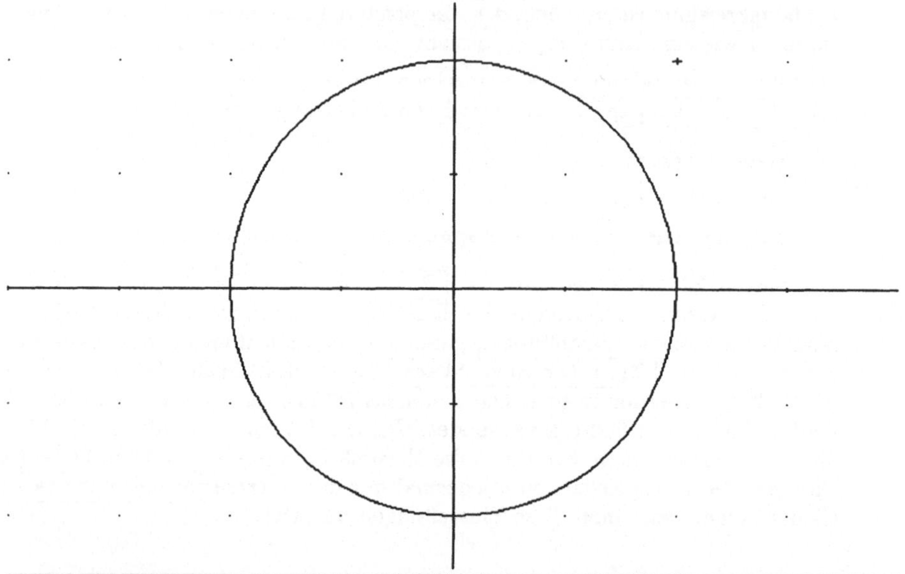

```
COMMAND: Algebra Center Delete Help Move Options Plot Quit Scale Ticks Window
         Zoom
Enter option
Cross x:1            y:1            Scale x:0.5       y:0.5       Derive 2D-plot
```

Abbildung 13.10 Ein zwei-dimensionales PLOT-Fenster von DERIVE

Ein 2-dimensionales PLOT-Fenster speichert eine Liste all jener Ausdrücke, die in das `Plot` Menü eingegeben werden. Diese werden jedesmal gezeichnet, wenn man den `Plot Plot` Befehl ausführt. Man kann einige oder alle diese Ausdrücke mit dem `Delete` Untermenü löschen.

Nun wollen wir einige andere Funktionen graphisch darstellen. Dazu lösche man zuerst die vorherigen graphischen Darstellungen mit dem Befehl `Delete All` des `Plot` Menüs. Dann skaliere man das PLOT-Fenster durch Eingabe der Werte[13]

```
SCALE: x scale: 1  y scale: 1
```

[12] Der Befehl `Zoom Both Out` liefert einen kleineren Kreis, während der Kreis wieder zu einer Ellipse verformt wird, falls man nur eine der Achsen zoomt.

[13] Text überschreibt man mit durch <SPACE> eingegebenen Leerstellen.

mit dem | Scale | Untermenü neu. Ferner kehre man in das **ALGEBRA**-Fenster zurück, gebe den Vektor `[|x|,SIGN(x),x^2,SQRT(x)]` ein und stelle diese vier Funktionen graphisch dar. Das Ergebnis sollte ähnlich aussehen wie Abbildung 3.1 auf Seite 46.

Wir veranschaulichen als letztes anhand des Graphen von $z = (x^2 + y^2)\sin x \sin y$ die 3-dimensionale Graphik. Zuerst gebe man `(x^2+y^2) SIN x SIN y` ein, dann wechsle man mit | Plot | in ein 3-dimensionales PLOT-Fenster. Mit dem | Plot | Untermenü bekommt man dann einen Graphen, der Abbildung 13.11 ähnelt.

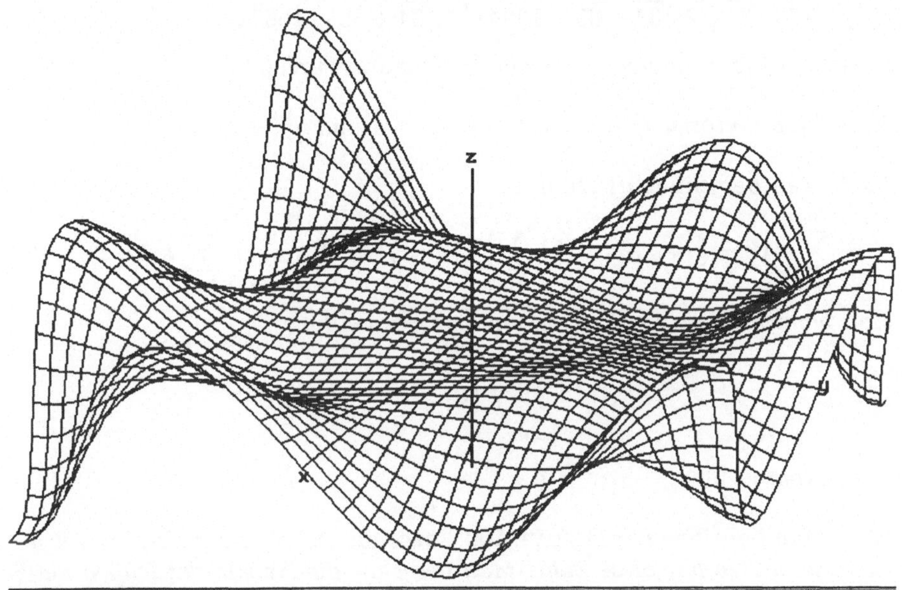


```
COMMAND: Algebra Center Eye Focal Grids Hide Length Options Plot Quit Window
         Zoom
Enter option
Center x:0          y:0          Length x:10       y:10       Derive 3D-plot
```

Abbildung 13.11 3-dimensionale graphische Darstellung von $(x^2 + y^2)\sin x \sin y$

Ist die Darstellung unbefriedigend, probiere man es mit einer neuen Zeichnung mit anderen Einstellungen im 3-dimensionalen PLOT-Fenster. Im einzelnen verwendet die Graphik aus Abbildung 13.11 die Einstellungen:

```
Eye: x:22   y:10   z:200      Auto: Yes (No)
Grids: x:40   y:40
```

| Eye | gibt den Standpunkt des Betrachters an. Unterschiedliche Einstellungen zeigen die Achsen[14] und den Graphen aus verschiedenen Winkeln. Man probiere dies. | Grids | gibt die Feinheit der Unterteilung für die Berechnung von Funktionswerten an. Je höher die Zahl, desto feiner ist der Graph und desto länger dauert es, ihn zu berechnen. Wählt man zu hohe Werte für | Grids |, so kann der Speicher aufgebraucht sein, bevor die Berechnung der graphischen Darstellung abgeschlossen ist. DERIVE liefert bereits mit den eingestellten Werten meist befriedigende Resultate.

[14]Die Achsen im 3-dimensionalen PLOT-Fenster werden, unabhängig von den Variablennamen im ALGEBRA-Fenster, stets mit x, y und z bezeichnet.

ÜBUNGSAUFGABEN

◇ **13.1** *Mit der* DERIVE *Funktion* `SQRT(x)` *bzw.* `x^(1/2)` *wird die Quadratwurzel von* x *dargestellt. Man vereinfache mit* DERIVE*:*

(a) $\sqrt{5+2\sqrt{6}}$, (b) $\sqrt[8]{408\sqrt{2}+577}$, (c) $\sqrt[4]{19601-13860\sqrt{2}}$,

(d) $173\sqrt{34}\sqrt{2\sqrt{34}+35}+1394\sqrt{2\sqrt{34}+35}-1567\sqrt{34}$.

Hinweis: *Man verwende geschachtelte Quadratwurzeln.*

◇ **13.2** *Man faktorisiere die Ausdrücke* n^4+4 *und* $a^{10}+a^5+1$.

◇ **13.3** *Man berechne mit* DERIVE*:*

(a) $\sum_{k=1}^{n} k\,(k-1)$, (b) $\sum_{k=2}^{n} k\,(k-1)\,(k-2)$, (c) $\sum_{k=3}^{n} k(k-1)(k-2)(k-3)$.

Man benutze diese Ergebnisse, um eine Formel für

$$\sum_{k=m}^{n} k\,(k-1)\cdots(k-m)$$

zu erraten.

◇ **13.4** *Man berechne mit* DERIVE 100! *sowie die Primfaktorzerlegung von* 100!. *Wieviele Endnullen hat diese Zahl? Man berechne die Anzahl der Nullen am Ende der Dezimaldarstellung von* 1000! *und vergleiche das erhaltene Ergebnis mit dem von* DERIVE.

◇ **13.5** *Ist* p *eine Primzahl, so nennt man die Zahlen*

$$M_p := 2^p - 1 \qquad (p \text{ Primzahl})$$

die Mersenneschen[15] *Zahlen. Mersenne vermutete, daß diese lediglich für die 10 Werte* $p = 2,3,5,7,17,19,31,67,127,257$ *Primzahlen sind. Diese Vermutung ist falsch*[16]*. Im einzelnen:*

(a) M_{61} *ist eine Primzahl, und 61 ist nicht in Mersennes Liste.*

(b) M_{67} *ist zusammengesetzt, tatsächlich ist*

$$M_{67} = 147\,573\,952\,589\,676\,412\,927 = 193\,707\,721 \times 761\,838\,257\,287\,.$$

(c) M_{257} *ist zusammengesetzt.*

---

[15] M. MERSENNE [1588–1648]

[16] Es gibt 28 bekannte Mersenne-Primzahlen. Die größte davon ist die Mersennsche Zahl M_{86243}, eine Zahl mit etwa 26000 Stellen.

Man weise mit DERIVE *(a) und (b)*[17] *nach. Man versuche nicht, (c) nachzuweisen. Geduld und Speicher des Computers werden zu Ende gehen, bevor die Antwort gefunden ist.*

◇ **13.6** *Die* DERIVE *Funktion* `NEXT_PRIME(n)` *berechnet die erste Primzahl, die größer als n ist. Welche Primzahl folgt direkt auf*

(a) 70, (b) 1 000, (c) 3 333, (d) 1 000 000, (e) 10^{64}?

◇ **13.7** *Es kann lange dauern, eine natürliche Zahl mit großen Primfaktoren zu faktorisieren.*[18]

(a) *Man konstruiere für ein großes n mit* `NEXT_PRIME(n)` *eine Primzahl und versuche dann, sie zu faktorisieren.*

(b) *Man konstruiere zwei große Primzahlen und faktorisiere dann ihr Produkt. Man beobachte, wie lange diese Faktorisierungen brauchen. Man benutze* `<ESC>`*, um eine Berechnung, die zu lange dauert, abzubrechen.*

◇ **13.8** *Verwende* `Factor`*, um zu zeigen, daß das Produkt von 4 aufeinanderfolgenden natürlichen Zahlen um 1 kleiner als eine Quadratzahl ist.*

◇ **13.9** *Man benutze die* `VECTOR` *Funktion, um die Graphen der Summen*

$$\sum_{k=1}^{n} \frac{4\sin((2k-1)\pi x)}{(2k-1)\pi}$$

für $n = 1, \ldots, 5$ darzustellen. Man stelle sich vor, was für immer größer werdendes n geschieht.

⋆ **13.10** *Man vereinfache*

(a) $\sqrt[3]{20+14\sqrt{2}} + \sqrt[3]{20-14\sqrt{2}}$, (b) $\sqrt[3]{5\sqrt{2}+7} - \sqrt[3]{5\sqrt{2}-7}$.

Hinweis: *Die dargestellten Zahlen sind ganz.*

---

[17]Man beachte, wie lange die Faktorisierung von M_{67} braucht. Zuerst wurde diese Zahl 1903 von F. N. Cole faktorisiert. Auf die Frage, wie lange er gebraucht habe, M_{67} zu knacken, sagte er „three years of Sundays", (E. T. Bell, *Mathematics: Queen and Servant of Science*, McGraw-Hill, 1951, S. 228). Mit DERIVE hätte er 3 Jahre gespart...

[18]Die moderne Kryptologie, die Wissenschaft vom Verschlüsseln und Entschlüsseln geheimer Botschaften, baut hierauf auf.

Literatur

An dieser Stelle wollen wir auf Veröffentlichungen zur Benutzung von DERIVE oder Computeralgebra im allgemeinen verweisen:

[Derive1] Rich, A., Rich, J. und Stoutemyer, D.: DERIVE *User Manual*, Version 2, Soft Warehouse, Inc., 3660 Waialae Avenue, Suite 304, Honolulu, Hawaii, 96816-3236.

[Derive2] Rich, A., Rich, J. und Stoutemyer, D.: DERIVE *Handbuch*, Version 2, Deutsche Übersetzung, Soft Warehouse GmbH Europe, Schloß Hagenberg, A-4232 Hagenberg, Österreich.

[Engel] Engel, A.: Eine Vorstellung von DERIVE. Didaktik der Mathematik **18** (1990), 165–182.

[Koepf1] Koepf, W.: Eine Vorstellung von MATHEMATICA und Bemerkungen zur Technik des Differenzierens. Didaktik der Mathematik **21**, 1993, 125–139.

[Koepf2] Koepf, W.: Taylor polynomials of implicit functions, of inverse functions, and of solutions of ordinary differential equations. Complex Variables, 1993, wird erscheinen.

[Koepf3] Koepf, W.: Zur Berechnung der trigonometrischen Funktionen. Preprint A/16-93 Fachbereich Mathematik der Freien Universität Berlin, 1993.

[Koepf4] Koepf, W.: Ein elementarer Zugang zu Potenzreihen. Preprint A/21-93 Fachbereich Mathematik der Freien Universität Berlin, 1993.

[KB] Koepf, W. und Ben-Israel, A.: Integration mit DERIVE, Didaktik der Mathematik **21** (1993), 40–50.

[Kutzler] Kutzler, B.: Der Mathematik-Assistent DERIVE Version 2. [CA], 151–157.

[Scheu] Scheu, G.: Entdeckungen in der Menge der Primzahlen mit DERIVE. Praxis Mathematik 3/34 (1992), 119–122.

[Schönwald] Schönwald, H. G.: Zur Evaluation von Derive. Didaktik der Mathematik **19** (1991), 252–265.

[Treiber] Treiber, D.: Wie genau ist das Newton-Verfahren? Didaktik der Mathematik **20** (1992), 286–297.

[Zeitler] Zeitler, H.: Zur Iteration komplexer Funktionen. Didaktik der Mathematik **20** (1992), 20–38.

Eine ausgezeichnete Quelle zum Stand der Computeralgebra in Deutschland mit einer Präsentation aller gängiger Computeralgebrasysteme ist

[CA] Computeralgebra in Deutschland: Bestandsaufnahme, Möglichkeiten, Perspektiven. Herausgegeben von der Fachgruppe Computeralgebra der GI, DMV, GAMM, Passau und Heidelberg, 1993.

Eine generelle Referenz zur Theorie der Computeralgebra ist

[DST] Davenport, J. H., Siret, Y. und Tournier, E.: Computer-Algebra: Systems and algorithms for algebraic computation. Academic Press, 1988.

Eine Generalreferenz bzgl. der Zahlsysteme ist schließlich

[Zahlen] Zahlen. Herausgeber: Ebbinghaus, H. D. et al. Grundwissen Mathematik I, Springer-Verlag, 1983, 1988.

Symbolverzeichnis

Griechische Buchstaben

DERIVE Stichwortverzeichnis

Stichwortverzeichnis